August Heller

Geschichte der Physik
von Aristoteles bis auf die neueste Zeit
Bd. 1

Heller, August: Geschichte der Physik von Aristoteles bis auf die neueste Zeit, Bd. 1
Hamburg, SEVERUS Verlag 2013
Nachdruck der Originalausgabe, Stuttgart 1882

ISBN: 978-3-86347-549-9
Druck: SEVERUS Verlag, Hamburg, 2013
Textbearbeitung: Esther Gückel

Bibliografische Information der Deutschen Nationalbibliothek:
Die Deutsche Nationalbibliothek verzeichnet diese Publikation in der
Deutschen Nationalbibliografie; detaillierte bibliografische Daten sind
im Internet über http://dnb.d-nb.de abrufbar.

SE**V**ERUS
Verlag

Vorrede.

Längst verhallt sind die Schläge der Axt, welche an die tausend-
jährige Eiche der aristotelischen Naturwissenschaft gelegt, den stolzen
Baum zu Falle brachten. Am Boden liegt nun der Gestürzte, der in
seines Falles Wucht so manchen der kühnen Axtschwinger zu Boden
gerissen und zerschmettert oder wenigstens für Lebenszeit arg verletzt
hat. Sein Sturz hat einer jungen Pflanze Licht und Luft verschafft,
welche ihres Hemmnisses befreit fröhlich heranwachsen und im Laufe
von zwei kurzen Jahrhunderten zum Baum erstarken konnte. Es ist
unsere heutige Naturwissenschaft, was jenem von der Scholastik vorbe-
reiteten Boden entsprosste, die heute in sich gefestigt dasteht und ohne
Unterlass fortfährt, die Menschheit mit köstlichen Früchten zu beschenken.
In immer rascherer Folge sehen wir neue Erfindungen auf dem Gebiete
der Technik entstehen, welche in dem ewigen Kampfe des Menschen mit
der feindlich widerstrebenden Natur zum Siege führen.

Wenn wir das rege Leben in den verschiedenen Zweigen der physikalischen Wissenschaft, wenn wir die rüstige Förderung des Forschungs-
werkes mit Aufmerksamkeit verfolgen, so mag es wohl nahe liegen, ob
der Gegenwart die Vergangenheit zu vergessen, jene Vergangenheit,
welche die Keime alles dessen, was unsere heutige Wissenschaft über
die Erscheinungswelt umfasst, ansetzte, sie treiben liess und zur vollen
Entwicklung brachte. Während man längst eingesehen hat, dass das
Studium irgend eines philosophischen Systemes nothwendigerweise durch
die Geschichte der verschiedenen philosophischen Systeme, d. h. durch
die Geschichte der Philosophie vervollständigt werden müsse, hat man
in den inductiven Naturwissenschaften einzig und allein auf den jeweiligen Stand des Wissens, nicht aber auf den Entstehungsprozess der
Wissenschaft Gewicht gelegt und hat der geschichtlichen Entwicklung
derselben höchstens als einem vom culturhistorischen Standpunkte interessanten Momente Aufmerksamkeit geschenkt. — Mag nun diese Auffassung in einigen naturhistorischen Disciplinen berechtigt erscheinen,

so ist dies doch sicherlich nicht der Fall bezüglich der Entwicklung des Lehrgebäudes unserer heutigen Physik, zu dessen voller Auffassung wir der Kenntniss des historischen Werdeprozesses dieser Wissenschaft unmöglich entrathen können. Allerdings beschäftigt das Prinzip der Arbeitstheilung, welches man in der Wissenschaft mit so grossem Erfolge zur Anwendung gebracht hat, zahlreiche Arbeiter in den verschiedenen Theilen des weiten Baues, ohne dass diese von einander Kenntniss hätten, allein diese Art der Forschung kann unmöglich als definitives Endziel dem Gelehrten gelten, der, wenn er in harter Arbeit die einzelnen Bausteine im fernen Steinbruche gebrochen, behauen, zugerichtet und an Ort und Stelle in die Mauer gefügt hat, sich doch auch von Zeit zu Zeit des Gesammteindruckes freuen will, den der werdende Bau dem Auge darbietet.

Die Aufgabe eines Geschichtsschreibers der Geschichte irgend einer Wissenschaft kann wesentlich keine andere sein, als die eines Geschichtsschreibers der allgemeinen Historie. Auf Grund kritisch gesichteter Quellen entwickelt diese, möglichst mit Ausschluss der die Lücken ergänzenden, nach Plausibilitätsgründen construirenden Hypothesen die Geschehnisse. — Eine lange Reihe von Fundamentalwerken zieht an unserem geistigen Auge vorüber, die werthvollen Reliquien eines langen Zuges grosser Denker und der Denkarbeit der ausgezeichnetsten Geister einer langen Folge von Jahrhunderten. Was uns vor Allem fehlt, das ist eine Literaturgeschichte jener Schriften, auf welchen der Fortschritt der Wissenschaft basierte. Die Späteren haben stets gesucht, den eigentlichen wissenschaftlichen Inhalt, den scientifischen Kern aus den Werken ihrer Vorgänger herauszuschälen und mit ihren eigenen Resultaten in organische Verbindung zu bringen. So kann sich wohl die Wissenschaft ungestört weiter entwickeln, jedoch ist es unmittelbar klar, dass wenn wir überhaupt die Geschichte der Physik als einen wesentlichen Factor des physikalischen Denkens betrachten, wir anderseits die Literaturgeschichte der Physik als die Quellenwissenschaft derselben ansehen müssen. Jedoch damit sind die Quellen unserer Geschichte noch bei weitem nicht erschöpft. Die Thätigkeit jener Förderer unserer Wissenschaft ging an ihren Zeitgenossen nicht spurlos vorüber. Die geistige Bewegung, welche sie einleiteten, pflanzte sich fort und findet in den Schriften von Zeitgenossen und Späterlebenden Ausdruck. Eine reiche Literatur gibt uns Nachricht von dem Leben und den Meinungen der Naturforscher und bildet so den andern Theil der Quellen für unsern Zweck, jenen Theil, der betreffs der Authentizität des Behaupteten eine noch strengere Anwendung der historischen Kritik erfordert, als der erstgenannte. — In unsern Tagen, bei der grossen Anzahl der literarisch Thätigen ist auch die Literatur unseres Gegenstandes mächtig angewachsen. Eine Fülle von Monographien und Spezialuntersuchungen ist durch alle Bibliotheken zerstreut, welche Arbeiten sich mit der Wirksamkeit, den Resultaten, der Bedeutung und schliesslich mit den biographischen Verhältnissen der einzelnen Forscher befassen. Wenn wir trotz dieser zahlreichen Schriften die Verfassung einer Literaturgeschichte der auf Physik bezüglichen Fundamentalwerke heute noch als sehr schwer ausführbar betrachten, so wollen wir damit eben eingestehen, dass das Material noch ein lückenhaftes und stellenweise wenig eingehendes sei, so dass sich hier noch ein reiches Arbeitsfeld eröffnet.

Als erster, als Hauptpunkt der zu lösenden Aufgabe erscheint somit die Berücksichtigung des literarhistorischen Momentes. Sobald wir uns historischen Quellen gegenüber befinden, wird die strenge Kritik zur unausweichlichen Bedingung. Dieselbe muss jedoch den ganzen Gang der Darstellung durchwehen. — Was wir von den Zeiten der Entstehung wissenschaftlicher Meinungen über die Erscheinungen der Natur bis auf die wissenschaftlichen Meinungen unserer Tage vorfinden, das ist eine lange Reihe von Meinungen und Ansichten: gereimte und ungereimte und es fällt jedesfalls schwer, die Extreme zu vermeiden und denselben nicht einen über die Anschauungen jener Zeiten hinausgehenden Sinn unterzulegen oder aber anderseits einen in derlei Ansichten liegenden verborgenen Sinn nicht zu erkennen. Es ist nun allerdings viel bequemer sich mit den Meinungen auf die Weise abzufinden, dass wir über dieselben vom Standpunkt unserer heutigen Wissenschaft aburtheilen: jedoch der Standpunkt des Historikers, derjenige, den man in einer Geschichte der Physik einzunehmen hat, ist dies gewisslich nicht. Es muss vielmehr unsere Aufgabe sein, die gewissenhafte Registrirung der Lehrmeinungen sämmtlicher Forscher auf dem Gebiete der physikalischen Wissenschaft — so fern dies im Allgemeinen möglich ist — vom Standpunkte und dem Geiste jener Zeiten entsprechend. Was wir somit anzustreben haben, das ist die Erforschung der Architektur, des Baustiles und der Constructionsverhältnisse der einzelnen Lehrmeinungen und wissenschaftlichen Systeme, aus denen sich unser heutiges Lehrgebäude entwickelt hat. — Wer mit dem Bewusstsein und der festen Ueberzeugung, dass unsere heutige Auffassung von der Erscheinungs.welt: die atomistische Mechanik in der That apodiktische Gewissheit habe, die Meinungen früherer Jahrhunderte betrachtet, der wird sich nun leicht über dieselben hinwegsetzen, auf sie herabsehen und dabei vergessen, dass der Physiker von der Realität unserer heutigen Ansichten überzeugt sein kann, ihnen jedoch vom historischen Standpunkte genau dieselbe Bedeutung beilegen muss, welche jenen von uns längst als falsch erkannten wissenschaftlichen Ueberzeugungen vergangener Zeiten zukommt. So lange wir die Darstellung der physikalischen Systeme nicht in ihrer vollen Objektivität bewerkstelligen, ist unser Historienschreiben ein rein naturalistisches Versuchen, kann jedoch keinesfalls auf den Namen einer wissenschaftlichen Geschichtsschreibung Anspruch erheben.

Die Geschichte der verschiedenen Systeme, welche man zur Erklärung der Naturerscheinungen aufgestellt hat, kann der Berufung auf die philosophischen Systeme nicht ganz entrathen. Wenn auch die Physik in ihrer heutigen Gestaltung strenge die Grenzen einhält, welche ihre Art zu forschen von jener der metaphysischen Untersuchung trennt, so folgt doch daraus bei weitem noch nicht, dass die Entwicklung der Philosophie nicht von Einfluss auf die Entwicklung der exakten Naturwissenschaft gewesen sei. Thatsächlich war dieser Einfluss immer vorhanden und wird sich derselbe auch stets geltend machen. Hieraus folgt, dass eine Geschichte der Physik ihre Aufmerksamkeit auch einigen Denkern zuwenden müsse, welche sich zwar als Naturforscher keine Verdienste erworben haben, welche jedoch auf die Bildung der Weltanschauung ihres Zeitalters entscheidenden Einfluss genommen haben. Denn die Geschichte der Physik muss in ihren letzten Resultaten uns zur Auffassung jenes Entwicklungsganges führen, den der Werdeprozess unserer heutigen Naturanschauung oder sagen wir lieber Weltanschauung durch die verschiedenen Zeiten, seit den ersten, rohen Anfängen derselben aufweist. Eine anders aufgefasste Darstellung kann wohl die historische Folge der Entstehung von den Grundgesetzen der Erscheinungen geben, oder aber die Geschichte der Erfindungen und Entdeckungen, niemals jedoch, worauf es doch in erster Linie ankommt, die Geschichte der physikalischen Ideen, aus denen sich das Lehrgebäude unserer Tage aufgebaut hat.

Nach den Werken und den Theorien, welche sich in den fundamentalen Schriften der hervorragenden Naturforscher finden, ist an dritter Stelle das biographische Moment als wesentlich zur Darstellung einer Geschichte der Physik zu erwähnen. Zeigt uns auch das gleichzeitige Auftauchen wissenschaftlicher Ideen an räumlich weit von einander liegenden Orten eine gewisse Unabhängigkeit von dem Individuum, so kann doch nicht geläugnet werden, dass die Lebensschicksale und der Bildungsgang der einzelnen Forscher auf den Entwicklungsgang der Wissenschaft von grossem Einfluss gewesen seien. Es braucht ferner nicht näher motivirt zu werden, dass die Art und Weise, in welcher ein hervorragender Forscher seine Ansicht ausspricht, nothwendigerweise von grossem Interesse für uns sein müsse und in ihrer Unmittelbarkeit durch keine — noch so geschickte — spätere Darstellung ganz ersetzbar ist. Die unmittelbare Kenntniss des hohen Geistesschwunges, der grossartigen Conception, wie sie der Stil eines Platon, eines Keppler zeigen, der gewaltigen Sprache und der mächtigen Dialektik eines Galilei tragen in hohem Grade dazu bei, unsere Vorstellung über den Entwicklungsprozess der Wissenschaft zu unterstützen.

Was uns ferner nothwendig ist, das ist die erreichbar höchste historische Treue in der Darstellung von Meinungen und in der Erzählung von Facten. Gewisse Ungenauigkeiten und unrichtige Erzählungen, mögen dieselben manchesmal auch nebensächliche Umstände betreffen, schleppen sich von Buch zu Buch, obwohl sie trotz ihrer allgemeinen Verbreitung, doch jedes Grundes entbehren. Hiedurch verliert die Darstellung das überzeugende individualistische Gepräge, welches der Geschichtserzählung erst den Stempel der historischen Treue aufdrückt.

Wenn wir somit die Haupterfordernisse einer Geschichte der Physik kurz zusammenfassen, so können wir dies in folgenden Punkten bewerkstelligen: Vor allem das Studium der Fundamentalwerke im Allgemeinen oder das Quellenstudium, ferner das Studium der in den Fundamentalwerken enthaltenen Theorien, hierauf die Berücksichtigung der gleichzeitigen Philosophie, eventuell der Physiologie der Sinnesorgane, insofern diese einen Einfluss auf die Physik geübt haben, endlich das biographische Moment, welches in der Schilderung der Lebensführung der hervorragendsten Forscher, in deren Denkrichtung, Ideenwelt, Stil u. s. f. seinen Ausdruck findet. Neben diesen auf den Gehalt bezüglichen Erfordernissen sind als äussere, auf die Methode der Darstellung bezügliche noch anzuführen das Erforderniss der historischen Kritik und das der historischen Genauigkeit und Treue.

Nachdem wir somit die Hauptgesichtspunkte hervorzuheben gesucht, aus welchen eine Geschichte der Physik auszugehen hat, wollen wir es versuchen, das Endziel derselben in kurzen Worten zusammen zu fassen. Als Endziel einer Geschichte der Physik erscheint uns die Entwicklung der Naturanschauung oder besser gesagt physischen Weltanschauung, wie sich dieselbe in den verschiedenen Phasen ihres Bildungsprozesses, von den ältesten Zeiten der Bildung wissenschaftlicher Meinungen angefangen bis auf unsere Zeit herab, darstellt. Wenn wir jedoch den gegenwärtigen Zustand der Vorarbeiten und der bisherigen Leistungen auf diesem Gebiete in Betracht ziehen, so können wir uns der Einsicht nicht verschliessen, dass eine Lösung der Aufgabe in der eben skizzirten allgemeinen und umfassenden Form zur Zeit noch nicht ausführbar sei, sondern dass eine solche vielmehr bloss als ein Versuch einer derartigen Geschichte der Physik betrachtet werden müsse.

Die gegenwärtig vorliegende Schrift ist auf Grund einer Preisarbeit entstanden, mit welcher der Verfasser im Januar des Jahres 1881 den Bugát-Preis bei der „Königlichen Ungarischen Naturwissenschaftlichen Gesellschaft" zu Budapest gewann. Die preisgekrönte Arbeit umfasste jedoch bloss den Zeitraum von Aristoteles bis auf Newton, während vorliegende Schrift sich die Aufgabe gestellt hat, die Geschichte der Physik bis auf die neueste Zeit fortzuführen. Der Verfasser war sich, seit er den Entschluss gefasst hatte, eine Geschichte der Physik zu bearbeiten, der Schwierigkeiten einer solchen Aufgabe zu jeder Stunde wohl bewusst. Er war bemüht, die zahlreichen Monographien über einzelne Zweige der Wissenschaft, sowie über einzelne Forscher zu sammeln und hat es nicht versäumt bezüglich der bedeutenderen, wo es sich um prinzipiell wichtige Sätze, Theorien oder Meinungen handelte, überall auf die letzten Quellen: die Schriften der betreffenden Autoren zurückzugehen. Dessungeachtet ist er sich wohl bewusst, dass die vorliegende „Geschichte der Physik" höchstens ein Versuch über dieselbe genannt zu werden verdiente. Wenn es dem Verfasser dennoch gelungen wäre, durch seine Arbeit die Aufmerksamkeit derjenigen, die sich mit exakten Naturwissenschaften beschäftigen, auf die hohe Bedeutung der historischen Entwicklung der Physik und den unzulänglichen Stand unserer jetzigen Kenntnisse darüber zu lenken, sowie auf die Nothwendigkeit eingehender Quellenstudien, welche seiner Ueberzeugung nach bisher in viel zu wenig ausgedehnter Weise betrieben worden, so würde er die auf die Verfassung dieser Schrift verwendete Zeit und Mühe reichlich aufgewogen betrachten.

Budapest, im Mai 1882.

August Heller.

Inhaltsverzeichniss.

Einleitung.

Die Erforschung der Quellen, aus denen unsere Kenntnisse über die Gesetzmässigkeit der Vorgänge in der Natur fliessen und die Untersuchung über die Entwicklung derselben im Laufe der zwei Jahrtausende umfassenden Geschichte unserer modernen Cultur bietet dem Forscher so viel des Interesse Fesselnden, dass die darauf verwendete Zeit und Mühe reichlich aufgewogen erscheint. Jedoch verursacht die Lösung jener Aufgabe Schwierigkeiten eigenthümlicher Art, veranlasst durch die Beschaffenheit des Gegenstandes. Die Werkstätte des menschlichen Geistes ist derart unzugänglich, dass wir selbst über die Entstehung und Entwicklung unserer eigenen Vorstellungen von einem gewissen Gegenstande in der Mehrzahl der Fälle nicht im Stande sind, Bestimmtes anzugeben. Um wie vieles schwieriger muss es demnach sein, den Ursprung und die Entfaltung jener Prinzipien nachzuweisen, welche die Grundlage unserer Kenntnisse über den gesetzmässigen Verlauf der Naturerscheinungen bilden, um so schwieriger, als sie zum grössten Theil in eine Zeit fallen, deren Ideenkreis und Denkweise wir oft aus sehr mangelhaften Aufzeichnungen bloss zu ahnen in der Lage sind. Wessen Thaten auf die Schicksale eines Volkes oder eines Landes gestaltenden Einfluss übten, dessen Namen und Lebensgang bewahrt getreu Tradition und Geschichte, wessen Thätigkeit jedoch sich bloss im Reiche der Ideen bewegte, dessen Andenken, ja oft selbst sein Name geht unter im Strom der Jahrhunderte. Besonders fühlbar sind die Schwierigkeiten der Geschichtsschreibung auf dem Felde der exakten Naturwissenschaft im Alterthume und der ersten Zeit des Mittelalters; es sind dies jene Perioden, für welche unsere Quellen am spärlichsten fliessen; anders geartet sind jedoch jene Schwierigkeiten, mit denen der Geschichtsschreiber bei der Schilderung unserer eigenen, oder der jüngstvergangenen Zeit zu kämpfen hat, da für diese Zeit sich der Mangel an der nöthigen historischen Perspektive geltend macht.

Die deutsche sowohl, als die Weltliteratur ist überaus arm an solchen Werken, welche die Geschichte der Physik darstellen und auch das Vorhandene entspricht wohl kaum dem Zwecke; theils sind jene Schriften lückenhaft und unvollständig, theils bestehen sie aus einem unübersehbaren Conglomerat von Namen, Erfahrungen und Meinungen, aus welchen man sich ein klares Bild des Entwicklungsganges der physikalischen Ideen unmöglich herstellen kann. Ein anderer sehr allgemeiner Fehler besteht in dem auffälligen Ausserachtlassen der Grundbedingungen jeder Geschichtsschreibung, vor allem die Ignorirung des Quellenstudiums und der historischen Treue in der Erzählung der Facten. Falsche oder ungenaue Citate und solche Anekdoten, welche vor keiner historischen Kritik bestehen, schleppen sich von Buch zu Buch.

Als Hauptaufgabe einer Geschichte der Physik erscheint uns die Darstellung jener Meinungen und Ansichten, aus denen sich das Lehrgebäude unserer Tage aufbaute. Hiezu bildet die Erzählung der Lebensschicksale und des Entwicklungsganges der einzelnen Forscher in Verbindung mit der Schilderung der jeweiligen culturhistorischen Zustände den richtigen Hintergrund, wodurch der ganze Entwicklungsgang erst verständlich wird. Besondere Wichtigkeit ist den Forschern des classischen Alterthums beizumessen, welche eine lange Reihe von grundlegenden Begriffen auffanden und ausbildeten. Allein eben jene Forscher haben das Schicksal selten richtig gewürdigt zu werden, da sie es sind, deren Ansichten über den Mechanismus des Weltsystems aus krausen philosophischen Systemen herauszuschälen sind, von denen wir oft selbst die Terminologie nicht vollständig kennen.

Die Anzahl der Forscher, welchen wir in der Geschichte der Physik begegnen, ist eine sehr bedeutende; gering jedoch ist die Anzahl derjenigen, welche auf den Entwicklungsgang unserer Wissenschaft einen entscheidenden Einfluss übten. In der grossen Menge jener Forscher, deren Bestrebungen auf die Förderung unseres physikalischen Wissens gerichtet waren, begegnen wir nur wenigen Namen, deren Träger der Entwicklung unserer Kenntnisse von den Naturerscheinungen einen frischen Impuls ertheilten. Wenn dies stattgefunden, dann sehen wir plötzlich eine lange Kette thätiger Hände, welche sich bemühen das einmal in Bewegung gesetzte Rad im Umschwunge zu erhalten. Jedoch die Bemühungen der grossen Menge von wissenschaftlichen Arbeitern kann die allmähige Verlangsamung und den endlichen Stillstand nicht verhindern, bis eine neue Idee dem Rade neuen Schwung verleiht. — Mächtigen Gebirgsmassen gleich hebt sich die Gedankenwelt jener Forscher über die Hügelwelt ganzer Jahrhunderte hervor und bildet das Centrum wissenschaftlicher Bestrebungen, um welche sich die Arbeit von Generationen gruppirt.

Hieraus ergibt sich eine Art der Behandlung unseres Stoffes, welche mannigfache Vorzüge zu besitzen scheint. Jene Forscher, welche die Grundprinzipien unserer Wissenschaft enthüllten und durch ihre Denkthätigkeit neue Bahnen eröffneten, bilden naturgemässerweise die Centra, um die sich die wissenschaftliche Thätigkeit ganzer Zeiträume gruppirt, die Thätigkeit jener Gelehrten, welche entweder die Vorläufer und Pionniere jener grundlegenden Forscher waren oder welche in ihre Fussstapfen tretend, förderten und entwickelten, was jene oft bloss anzudeuten in der Lage waren. — Versuchen wir das Programm, das wir uns zur Lösung der vorgesteckten Aufgabe festgestellt, in kurzen Worten zu präcisiren: Die Geschichte der Physik umfasst 1) die Geschichte der Entwicklung des Lehrgebäudes dieser Wissenschaft, besonders jenes Systems von grundlegenden Begriffen, deren Verknüpfung die Grundprinzipien der Physik ausmacht, 2) die Geschichte der Forscher, deren Denkthätigkeit wir den Aufbau jenes Gebäudes verdanken, und welche Denkthätigkeit wieder eine Funktion des Gedankeninhaltes eines gewissen Volkes oder der gebildeten Menschheit eines gewissen Zeitraumes ist. Wir haben demnach ausser dem eigentlich wissenschaftlichen Elemente bei unserer Darstellung noch ein biographisches und ein culturhistorisches Moment zu berücksichtigten, welch letzteres gleichsam den Hintergrund: die Perspectiven des aufzurollenden Gemäldes bilden soll. — Die Entwicklung eines gewissen Werdenden wird erst dann erfassbar, wenn es gelingt die einzelnen Phasen der Evolution von einander abzugrenzen; nur so wird der ganze Verlauf der Auffassung zugänglich. Derlei Ruhepunkte finden wir in der Geschichte der Physik mehrere und fallen dieselben theilweise mit den Hauptabschnitten der allgemeinen Geschichte zusammen.

Die Geschichte der Physik zerfällt in folgende Zeiträume:

1. Die Geschichte des Alterthums von den Zeiten der Entstehung wissenschaftlicher Meinungen bis zur Einnahme und der Zerstörung Alexandria's durch die Araber.

2. Die Geschichte des Mittelalters bis zur Mitte des sechszehnten Jahrhunderts.

3. Die Neuzeit, d. i. das Zeitalter der Renaissance oder die Periode von Coppernicus und Galilei bis zum Tode Newton's in der ersten Hälfte des vorigen Jahrhunderts.

4. Die neueste Zeit vom Tode Newton's bis auf unsere Tage.

Das Alterthum umfasst die Geschichte der Ansichten und Meinungen, wie sich dieselben die alten Culturvölker, besonders das Volk von Hellas über die Vorgänge in der Natur gebildet. Es ist dies das Zeitalter der naiven Erfahrung und der einseitigen, unkritischen Betrachtung der Aussenwelt, welches seine Ansicht über das Weltganze in ein

leicht übersichtliches Schema einkleidet. Als Einleitung dient das Lehr-
gebäude der ionischen, pythagoräischen, eleatischen und platonischen
Naturphilosophie. Mit Aristoteles beginnt die Theilung der einzelnen
Wissenszweige und die Einfügung der verschiedenen Kenntnisse über die
Natur in ein festes System.

Auf das Zeitalter des Aristoteles folgt die Zeit der Alexandriner,
d. i. die Periode der durch die ptolemaeischen Fürsten in Alexandria
gegründeten Akademie und der durch die mit ihr in Berührung
stehenden Gelehrten verursachten Bewegung. Diese letzte Periode der
antiken Wissenschaft ist es vor allem, welcher der Name einer wissenschaftlichen Epoche im modernen Sinne zukommt. In ihr erreicht die
Mathematik und Geometrie einen solchen Grad der Vollendung, dass sie
zur Grundlegung der Mechanik, Optik und Astronomie mit Erfolg benützt werden kann. Der Weise von Syrakus: Archimedes stellt die
Grundprinzipien der Statik und der Hydrostatik auf, Ktesibios und
Heron erfinden zahlreiche Mechanismen, Eukleides und Klaudios
Ptolemaios entdecken das Gesetz der Reflexion des Lichtes und beschreiben das Phänomen der Lichtbrechung. Jenes Gebiet jedoch, auf
welchem die Naturerkenntniss des Alterthums ihre schönsten Erfolge zu
erringen im Stande war, das ist das Gebiet der Astronomie. Die Namen
Philolaos, Platon und Aristarchos von Samos sind mit der Geschichte der richtigen Erkenntniss des Weltsystems in inniger Verbindung,
jedoch das Alterthum war vermöge seiner ganzen Weltanschauung nicht
reif für das. heliocentrische System, und so sehen wir denn, wie
Hipparchos und Ptolemaios von diesem System sich abwenden, um
auf der geocentrischen Hypothese den Bau der antiken Astronomie zu
erheben.

Die wissenschaftlichen Bestrebungen des Alterthums auf dem Gebiete der Physik bewegen sich hauptsächlich in Richtung der Mechanik,
Optik und Astronomie. Der ganze Zeitraum schliesst mit der Jahrhunderte dauernden Zersetzung der antiken Cultur und erreicht seinen
endlichen Abschluss mit der Zerstörung Alexandria's und seiner hohen
Schule bei der Einnahme dieser Stadt durch die Araber im Jahre 642
unserer Zeitrechnung.

Die kriegerischen und eroberungslustigen Araber schlossen in gewaltthätiger Weise die Culturperiode des Alterthums, die culturfreund-
lichen, nach den Schätzen der antiken Wissenschaft dürstenden Araber
einer spätern Zeit eröffnen das zweite Zeitalter der Wissenschaft. Sie
sind es, die mit Eifer und Ausdauer die Schätze hellenischer Wissenschaft sammeln und in ihre Sprache übersetzen und zwar in einer Zeit,
da dem westlichen, in endlosen Wirren befangenen Europa fast jeglicher
Sinn für Wissenschaft abhanden gekommen war. Drei Jahrhunderte
hindurch: von der Mitte des 8. bis zur Mitte des 11. Säculums sind die
Araber die Conservatoren der antiken, allerdings nur in ihren Ruinen

erhaltenen Wissenschaft. Erst zum Beginne des 13. Jahrhunderts, als sich aus den Klosterschulen die Universitäten zu entwickeln beginnen, erwacht allenthalben in der christlichen Welt Gefühl und Sinn für Wissenschaft.

Somit unterscheiden wir im zweiten Zeitalter zwei Epochen: Die erste ist jene der arabischen Culturbestrebungen von 750 bis beiläufig 1050 nach Chr. Geb., da die Araber gleichsam nach vollendeter Mission in ihren ursprünglichen Zustand zurückzusinken beginnen. Diese zweite Epoche beginnt mit der Mitte des 11. und dauert bis um die Mitte des 16. Jahrhunderts. Dieser ganze zweite Zeitraum erstreckt sich über fast tausend Jahre und ist durch eine wahrhaft trostlose Sterilität auf jedem geistigen Gebiete, mit Ausnahme der dogmatischen und dialektischen Spitzfindigkeiten gekennzeichnet.

Das dritte Zeitalter beginnt mit der Epoche der Wiedergeburt der Wissenschaften und Künste, der Zeit der „Renaissance". Coppernicus und Galilei eröffnen diesen für die Wissenschaft glänzenden, ewig denkwürdigen Zeitraum, der erste indem er auf die im Alterthum sporadisch erscheinenden Meinungsäusserungen zurückgreifend die heliocentrische Lehre aufstellt und so einer richtigen Vorstellung über das Weltganze Geltung verschafft, der letztere, da er die Grundlehren der Mechanik aufstellt und so der gesammten Naturwissenschaft ein unermesslich weites Feld der Forschung erschliesst. Während dieser Epoche erfreute sich die physikalische Wissenschaft eines derartigen Aufschwunges, dass auf sie in weniger denn hundert Jahren die Glanzepoche von Huygens und Newton folgen konnte. Der dritte Zeitraum zerfällt ebenfalls in zwei Theile. Die erste, oder italienische Epoche dauert vom Ende des sechzehnten bis in das zweite Drittel des 17. Säculums, da die Wissenschaften in Italien in Verfall gerathen und an die Stelle der Italiener die Franzosen und Engländer treten. Es ist dies die Zeit der Gründung der englischen und der französischen Akademie der Wissenschaften. Die Londoner „Royal Society" wurde 1662, die Pariser „académie des sciences" wurde 1666 gegründet. Den Schluss des Zeitraumes bildet die Vollendung der alten, der Galilei-Newton'schen Physik um die Mitte des 18. Jahrhunderts.

Der vierte und letzte Zeitraum der Geschichte der Physik beginnt mit dem Tode Newton's und dauert bis auf unsere Tage. Es ist dies das Zeitalter der modernen Physik. Während die Physik der vorigen Perioden sich bloss mit dem Probleme der Massenbewegung, d. i. der Mechanik und ausserdem mit der geometrischen Optik beschäftigte, die andern Erscheinungskreise hingegen bloss durch einige vereinzelte, hauptsächlich als Curiosa angeführten Phänomene vertreten waren, hat sich die moderne physikalische Forschung der ganzen Erscheinungswelt zugewendet und sucht sämmtliche Naturerscheinungen auf eine zurückzuführen, nämlich, die allein vollständig aufzufassende der Bewegung.

Wie überall verräth sich auch auf dem Gebiete der Physik der Drang
nach Zurückführung auf einheitliche Prinzipien, welcher in der Tendenz
unserer Wissenschaft, alle Erscheinungen aus der Mechanik abzuleiten,
seinen Ausdruck findet. Es ist diese Epoche das Zeitalter der Wärme-
und Elektricitätslehre. Das Hauptstreben dieser Richtung prägt sich
in der Entdeckung des Gesetzes von der Erhaltung der Energie in charakteristischer Weise aus.

I. Buch.

Das Alterthum.

Von der Zeit der Entstehung wissenschaftlicher Meinungen bis zur
Zerstörung Alexandria's im Jahre 642 n. Chr.

———

Als Endziel der physikalischen Forschung auf jeder Stufe der Entwicklung dieser Wissenschaft können wir kurz das Streben bezeichnen,
die verschiedenen Thatsachen der Erfahrung mit einem gewissen idealen
Systeme von Begriffen in Uebereinstimmung zu bringen. Das Alterthum
mit seiner oberflächlichen, ungenauen Naturbeobachtung und seinen
mangelhaften Kenntnissen von den Vorgängen in der Natur nahm es
leicht mit der Aufstellung eines Systems, in welches sich das ärmliche
Beobachtungsmaterial einfügen liess. Wir können heute ein gewisses
Befremden nur schwer unterdrücken, das wir fühlen, wenn wir uns mit
den naturwissenschaftlichen Bestrebungen des griechischen Alterthums —
da ja von diesem hier in erster Linie gesprochen werden soll — beschäftigen und dabei den immensen Unterschied wahrnehmen, der
zwischen dem Scharfblick für künstlerisches Erfassen und Wiedergeben
von natürlichen Gegenständen und der naiven Unbeholfenheit im philosophischen Betrachten der Vorgänge in der Natur sich zeigt. Es ist
diese Thatsache zugleich ein instructives Beispiel dafür, wie sich der
Sinn und die Fähigkeit des naturwissenschaftlichen Beobachtens als
historischer Prozess im Laufe von Jahrhunderten entwickeln musste. Je
reicher und je vollkommener das Erfahrungsmaterial wurde, um so
schwieriger erschien die Aufgabe ein einheitliches System zu finden, in
welches sich dieses vollständig einfügen liesse, und um so weniger derartige Systeme konnten aufgestellt ·werden. Aus eben diesem Grunde
nehmen wir eine stetige Abnahme in der Anzahl jener Hypothesen wahr,
welche als wahrscheinlichste Annahmen zur Erklärung der Naturerschei-

nungen dienen sollen, trotzdem die Anzahl der zu erklärenden Erscheinungen eine von Tag zu Tag rasch wachsende ist.

Da wir uns die Aufgabe gestellt haben die Geschichte unserer Wissenschaft mit der wissenschaftlichen Thätigkeit eines Mannes zu eröffnen, der gleich einem gewaltigen Leuchtthurme aus der Brandung sich vielfach widersprechender Meinungen und Ansichten ragt und die Grenze des festen Landes der systematischen Wissenschaft bezeichnet, dessen Leuchte die geistige Finsternis zahlreicher Jahrhunderte erhellt, so wollen wir die Bedeutung der voraristotelischen Zeit für die Geschichte der Physik mit kurzen Worten abthun und bloss bei Aristoteles' unmittelbarem Vorgänger Platon etwas länger verweilen.

Die Quellen unserer Kenntniss über die Naturanschauungen der vorplatonischen Zeit fliessen ungemein spärlich und steht quantitativ das Erhaltene in keinem Verhältniss zu dem, was verloren gegangen. Unter solchen Umständen müssen wir uns glücklich preisen, dass die bedeutendsten Sätze, Behauptungen und Meinungen der Denker dieser Epoche von Späteren uns überliefert werden. Die wichtigsten Berichte verdanken wir Xenophon, Platon und Aristoteles, nur dass die beiden letzteren die Ansichten ihrer Vorfahren bloss in der Absicht darstellen, um sie entweder ihrem Systeme einzuverleiben oder aber sie zu widerlegen. Die Schüler des Aristoteles haben ebenfalls fleissig gesammelt, jedoch ist uns von diesen Schriften fast gar nichts erhalten worden. Was wir aus dieser späteren Periode kennen, sind ziemlich unbedeutende Compilationen, welche aus dem einzigen Grunde für uns Werth haben, weil die Originale derselben spurlos untergegangen sind. Hierher gehört vor Allem Einiges aus des Plutarchos sogenannten „moralischen" Abhandlungen, unter denen in erster Linie die Abhandlung „Ueber die Meinungen der Philosophen" (Περὶ τῶν ἀρεσκόντων τοῖς φιλοσόφοις) zu nennen ist, trotzdem wir in derselben keinesfalls ein echtes Werk Plutarchs, sondern höchst wahrscheinlich bloss einen oberflächlichen, zusammenhanglosen Auszug desselben besitzen. Von besonderer Wichtigkeit ist noch die Schrift des Diogenes von Laërte (in Kilikien): „Zehn Bücher über das Leben, die Lehren und Gedenksprüche der in der Philosophie Wohlberühmten" (Περὶ βίων, δογμάτων καὶ ἀποφθεγμάτων τῶν ἐν φιλοσοφίᾳ εὐδοκιμησάντων βιβλία δέκα), so unkritisch zusammengetragen auch dieses Werk sonst sein mag. Unter den römischen Schriftstellern finden wir bei Lucretius: „Ueber die Dinge der Natur" (De natura rerum), Cicero und Seneca, sowie bei Plinius Nachrichten über die Naturansichten der alten griechischen Philosophen.

Neben diesen Berichten besitzen wir auch wirkliche Auszüge von Johannes von Stobi (wahrscheinlich aus dem 6. Jahrhundert unserer Zeitrechnung), der vor allem die Physik des Aristoteles commentirte und dabei werthvolle Bruchstücke und Citate aus älteren Philosophen anführt. Schliesslich sind noch einige Kirchenväter zu erwähnen, wie

Clemens von Alexandrien, Origenes und Eusebios, welche in ihrer Bekämpfung der heidnischen Philosophie zahlreiche Aussprüche der griechischen Gelehrten reproduziren.

Die Anfänge der Geschichte der Physik finden wir vielfach mit den Anfängen der Philosophie verschmolzen. Erst spät begann das Trennen der heterogenen Elemente des Wissens und Meinens, erst Aristoteles scheidet die Physik von der Metaphysik. Wir müssen daher dieselben Systeme unterscheiden, wie sie in der Geschichte der griechischen Philosophie unterschieden werden. Was wir von den Meinungen jener Denker, sofern sich dieselben auf unsere Wissenschaft beziehen, kennen, sind grösstentheils Ansichten über die Entstehung der Welt und über die allgemeine Beschaffenheit der Materie. Die vorsokratische Philosophie hat fast ausschliesslich diese naturphilosophische Richtung. Mit Sokrates kommt die Ethik, mit Platon die Dialektik hinzu und vervollständigt sich hiedurch das System der Philosophie; Aristoteles fügt noch die Wissenschaftslehre hinzu und vollendet somit das Gehäuse, welches die gesammte Wissenschaft des Alterthums und des Mittelalters in sich zu bergen vermochte.

Die griechische Philosophie kann im Allgemeinen in drei Perioden eingetheilt werden. Die erste Periode ist die der Naturphilosophie der vorsokratischen Zeit, die zweite ist die der Begriffssysteme von Sokrates bis einschliesslich Aristoteles, die dritte enthält die praktische Philosophie der nacharistotelischen Zeit, als deren Vertreter wir die Philosophen der Stoa, die Epikuräer, Skeptiker und Neuplatoniker zu nennen haben. Die Denker der erstgenannten Periode, das sind die ionischen, pythagoräischen und eleatischen Philosophen haben einen Zug miteinander gemein, sie suchen nämlich in unmittelbar auf das Ziel lossteuernder, naiver Weise das Prinzip, den Urgrund der mannigfaltigen Erscheinungen.

Die griechische Philosophie jener Zeit, von welcher an sie nämlich den Namen „Philosophie" zu führen verdient, beginnt in vollständig correcter Weise mit der Frage nach dem letzten Grunde aller Dinge und den an denselben wahrnehmbaren Veränderungen, sie tritt somit mit der Hauptfrage aller wissenschaftlichen Forschung, mit der nach dem causalen Zusammenhange der Dinge an das zu lösende Problem der Naturerkenntniss. Wenn wir die Entwicklung der Prinzipien der Naturwissenschaft von einem so allgemeinen Gesichtspunkte betrachten, von welchem aus gesehen, die kleineren Unregelmässigkeiten und Ungleichheiten verschwinden, so entdecken wir eine strenge Folgerichtigkeit in der Entwicklung derselben und zwar begegnen wir der auf den ersten Blick vielleicht merkwürdigen, jedenfalls sehr natürlichen und nothwendigen Thatsache, dass die Ziele des Naturerkennens von Periode zu Periode tiefer gesteckt werden und zwar in dem Masse, als die Kenntnisse über die Natur sich vermehren. Viele Jahrhunderte mussten dahinschwinden, bis man einsehen lernte, dass die letzte Aufgabe des Naturerkennens die vollständige Beschreibung der Naturerscheinungen sei und dass es über diese Grenze hinaus keine physikalischen Probleme, sondern höchstens metaphysische Speculationen gebe. — Der älteste Lösungsversuch der grossen Aufgabe des Naturerkennens ist der der ionischen Philosophen, welche einen Urstoff suchen, aus dem alles hervorgegangen sei. Der Versuch der Pythagoräer, das Wesen der Dinge in ihren Verhältnissen, in den Zahlen zu finden, ist eine jedenfalls abstractere Leistung des philosophischen Denkens jenes Zeitalters. Die letzte der drei vorsokratischen Perioden ist die der eleatischen Philosophen, welche das „unverändert Seiende" als Grundprinzip für alles Bestehende annehmen.

Den Reigen jener Denker, mit deren Meinungen wir uns hier beschäftigen, eröffnet Thales von Milet, den schon Aristoteles den Beginner (ἀρχηγός) der philosophischen Naturforschung nennt *) Thales wurde vor unserer Zeitrechnung um das Jahr 640 geboren und starb um 550 vor Christi. Der Hauptsatz der Naturerkenntniss des Thales lässt sich folgendermassen aussprechen: Alles besteht und entsteht aus Wasser; Wasser ist der Grundstoff der Dinge. So stellt der angebliche Plutarchos in seiner Abhandlung über die Meinungen der Philosophen, ferner Cicero und Aristoteles (Met. I, 3. 8.) die Meinung des Thales hin. Ob nun Thales es wirklich versucht hat, aus seinem Prinzipe die Erscheinungen der Natur zu erklären, darüber wusste selbst das Alterthum nichts Sicheres mehr zu berichten. Nach Aristoteles, dem sichersten Gewährsmann, steht bloss soviel fest, dass Thales als Urstoff der Dinge das Wasser ansieht.

Der Nachfolger, vielleicht auch Schüler des Thales, war Anaximandros, geboren um 611 v. Chr., gestorben um 547. Ueber sein Leben wissen wir weiter nichts zu berichten. Unter dem Titel „Ueber die Naturgegenstände" (Περὶ φύσεως) soll er das erste griechische, philosophische Werk verfasst haben, das jedoch schon im Alterthum sehr selten war. So wie Thales im Wasser den Grundstoff des Alls sucht, so bezeichnet Anaximandros das Unendliche oder Unbegrenzte als diesen Urstoff, welcher jedoch mit keinem der alten vier Elemente identisch ist, sondern ein Mittleres zwischen Wasser und Luft, oder aber Luft und Feuer, oder endlich aus einem Gemische aller Stoffe bestände. Nach der letzteren Ansicht wäre die Ursache aller Veränderung in der Natur eine blosse Ausscheidung einzelner Bestandtheile aus dem allgemeinen Gemenge.

Der dritte in der Reihe der ionischen Philosophen ist Anaximenes, von dessen biographischen Verhältnissen wir weiter nichts wissen, als dass sein Vater Eurystratos hiess. Seine Zeit ist um das Ende des sechsten Jahrhunderts vor unserer Zeitrechnung zu suchen. Der Hauptsatz seiner Lehre kann folgendermassen formulirt werden: Das Grundprinzip

---

*) Aristoteles, Metaphysika I, 3. 7.

aller Dinge ist die Luft, wobei er sich unter Luft — allem Anscheine nach — nichts anderes vorstellte, als eines der vier Elemente. Aus der Luft soll nun nach des Anaximenes Ansicht alles durch Verdünnung oder Verdichtung entstanden sein. Bei diesem Philosophen finden wir schon eine bestimmtere kosmogonische Ansicht. Durch Verdichtung der Luft entstand die Erde, die als weit ausgebreitete, ebene Platte durch die Spannkraft der Luft getragen wird. Von derselben Gestalt dachte er sich Sonne und Gestirne, welchen er ebenfalls irdischen Ursprung zuschrieb. Die kreisförmige, scheinbare Bahn der Gestirne erklärte er aus dem Widerstande der Luft, wobei er dieselben sich in horizontaler Bahn um die tellerförmige Erde herumbewegt vorstellte.

Unter den späteren ionischen Philosophen sind zu erwähnen Hippon, der auf des Thales Ansicht über den Grund aller Dinge zurückgriff, ferner Idaios aus Himera, der sich an Anaximenes anzuschliessen scheint. Am meisten wissen wir über Diogenes von Apollonia, der wieder die Luft als Grundwesen ansah, durch deren Verdichtung und Verdünnung sich zuerst das Schwere aussonderte und sich nach unten hin bewegte, während das Leichte aufwärts stieg. Aus ersterem entstand die Erde, aus letzterem die Sonne und die Gestirne.

Von denen der ionischen Philosophen ganz verschiedene Bahnen schlug die Philosophie der Pythagoräer ein. Es ist heute kaum mehr möglich die Geschichte der Meinungen und Ueberzeugungen dieser Philosophenschule zu entwirren, so dicht ist sie mit einem Gewebe von Sagen umsponnen. Hiezu kommt noch die Spärlichkeit der Quellen, die uns von den Pythagoräern berichten. Immerhin eigenthümlich ist es, dass die Schriftsteller bis auf Aristoteles, selbst den mit dem Pythagoräismus sehr vertrauten Platon nicht ausgenommen, dieser Schule oder ihres Stifters kaum Erwähnung thun. Aristoteles selbst spricht gewöhnlich nicht von Pythagoras, sondern von jenen „die man Pythagoräer nennt" (οἱ καλούμενοι Πυθαγόρειοι), doch sollen unter seinen verloren gegangenen Schriften sich einige auf die pythagoräische Philosophie bezügliche befunden haben. Spätere Gewährsmänner sind: Alexandros Polyhistor, Sextus, Apollonios von Tyana, Jamblichos u. A.

Pythagoras lebte in der zweiten Hälfte des sechsten Jahrhunderts vor Beginn unserer Zeitrechnung. Ueber sein Leben wissen wir wenig Authentisches. Sicher ist bloss, dass er auf der Insel Samos geboren wurde. Sein Vater wird Mnesarchos genannt. Später übersiedelte er in das unteritalische Kroton, wo er einen Bund Gleichgesinnter gründete, der seine geheimen Gesetze und Zwecke hatte. Was sonst von seinem ersten Auftreten in Kroton und seinen Reisen zu den verschiedenen Culturvölkern des Orientes erzählt wird, beruht zum grössten Theile auf Sagen. Da von Pythagoras keinerlei Schrift auf uns gekommen ist, so kennen wir bloss einige wenige Sätze aus dem Gebiete der Astronomie, Physik und Mathematik, deren Entdeckung ihm zugeschrieben wird.

Die physikalischen Grundansichten der Pythagoräer kann man kurz in folgendem darlegen. Zahl und Harmonie sind die Grundprinzipien des ganzen Weltalls. Aristoteles erklärt (Metaphysik I. 5. 1.) die Art und Weise, wie die Pythagoräer zu diesem paradox scheinenden Prinzipe ihrer Philosophie gelangt seien. Als die ersten, die sich erfolgreich mit Mathematik beschäftigten, entdeckten sie viele durch Zahlen ausdrückbare Verhältnisse und wurden so darauf geführt, die Zahl als das eigentliche Wesen, das Prinzip der Dinge anzusehen. Im Anfange war dies nun wohl so, später verschwamm der Grundgedanke immer mehr und es blieb zum Schluss bloss das — jedes Sinnes baare — Symbol zurück, nämlich die Zahl. Unser Hauptgewährsmann für den pythagoräischen Grundgedanken, betreffs der Rolle, welche die Zahlen in ihrem philosophischen Systeme spielen, ist jedenfalls Aristoteles, welcher an einigen Stellen seiner Werke die Bedeutung der Zahl mit der der platonischen Idee vergleicht. So z. B. einige Stellen in seiner Metaphysik, wo er sagt, dass nach pythagoräischer Lehre die Dinge aus Zahlen oder aus den Elementen der Zahlen beständen, und diese Zahlen sollen nicht etwa bloss Eigenschaften einer gewissen Substanz, sondern diese Substanz selbst sein, nicht getrennt von den Dingen, wie die platonischen Ideen, sondern das Wesen der sinnlichen Dinge ausmachend. Es ist nun jedenfalls anzunehmen, dass alle unsere Berichte über die Bedeutung der Zahl in der pythagoräischen Naturphilosophie stark getrübt seien, theils in Folge der Unsicherheit des Ausdruckes von Seiten der pythagoräischen Schriftsteller, theils durch die Manier der Autoren des Alterthums, welche in der Reproduction fremder Meinungen das Ueberraschende an denselben hervorzukehren lieben. So wird durch Stobaios dem pythagoräischen Philosophen Philolaos die Meinung zugeschrieben, dass er in der Zahl nicht bloss das Gesetz und den Zusammenhalt der Welt, die Bedingung der Erkennbarkeit, sondern selbst die Substanz sieht, aus der alles gebildet ist *). Wenn wir zum Schlusse den Sinn der pythagoräischen Lehre formuliren wollen, so könnte das etwa in folgender Weise geschehen: Alles besteht aus Zahlen, die Zahl ist sowohl die Form, als auch die Substanz der Dinge, ja Form und Substanz sind im Allgemeinen noch nicht von einander getrennt, und so kommt es, dass in den Zahlen, die unserer Ansicht nach bloss die quantitativen Beziehungen der Substanzen angeben können, von jenen das eigentliche Wesen der Dinge erblickt wird.

Die Ansicht der Pythagoräer über die Einrichtung des Weltgebäudes beruht ebenfalls auf ihrer Theorie der Zahlen und harmonischen Verhältnisse. Von Pythagoras wird erwähnt, dass er zuerst den Ausdruck „Kosmos" von dem Weltgebäude als ein nach Mass und Zahl geordnetes Ganzes gebraucht habe. Philolaos, einem der bedeutendsten

---

*) Ausführlich über diesen Gegenstand handelt Zeller: Die Philosophie der Griechen. I. Bd.

unter den pythagoräischen Philosophen werden Fragmente aus einem grösseren Werke zugeschrieben, welche wohl spätern Ursprungs sein mögen und so vielleicht die Ansicht jenes Denkers nicht genau angeben, da jedoch die erwähnten Fragmente jedenfalls auf ein ursprüngliches pythagoräisches Werk zurückleiten, so können wir die darinnen niedergelegten Ansichten über das Weltgebäude wohl mit Recht als pythagoräische anführen. In ihren Hauptzügen ist die philolaische Meinung über die Construktion des Weltgebäudes die folgende: Das Weltgebäude erstreckt sich gleichmässig nach allen Seiten und bildet somit eine Kugel. Ueber die Kugel hinaus liegt das Unbegrenzte, derjenige Stoff, der an der Weltbildung nicht Theil genommen. Das Weltsystem athmet diesen Stoff ein und gibt ihn verbraucht wieder zurück. Es strömt daher die unverbrauchte Materie ein und strömt nach ihrer Verbrauchung wieder zurück in den unbegrenzten Weltraum.

Die Mitte des Alls nimmt das Centralfeuer ein: der Herd des Alls (ἑστία τοῦ παντός), welches wir unmittelbar nicht sehen können, da wir auf der vom Centralfeuer abgewendeten Seite der Erde wohnen und bloss das von der Sonne rückgestrahlte Licht sehen. Zehn Weltkörper umkreisen das Centralfeuer. Die Fixsternsphäre, die fünf grossen Planeten (Saturn, Jupiter, Mars, Venus und Merkur), dann Sonne und Mond, endlich Erde und Gegenerde (ἀντίχθων). Jenseits der Fixsternsphäre umgibt feurige Lohe das ganze Universum und trennt die Welt von den Abgründen des Chaos und des Nichts. Wir finden somit, dass nach der Ansicht der Pythagoräer sich die Erde um das Centralfeuer im täglichen Umlaufe bewege, während der Mond dieselbe Bahn in monatlicher, die Sonne in jährlicher Frist beschriebe. Philolaos hat jedoch keineswegs noch die Axendrehung der Erde gelehrt, wie man dies vordem vorausgesetzt. Uebrigens kommen wir auf den Autor der heliocentrischen Ansicht noch zurück.

Unter den Weltkörpern nimmt das Centralfeuer die vornehmste Stelle ein, es bildet den Schwerpunkt und Halt des ganzen Weltgebäudes. Die Erde und die Gegenerde bewegen sich dermassen um das Centralfeuer, dass sie diesem stets dieselbe, und zwar die unbewohnte Seite, zukehren. Befinden sich Erde und Sonne auf einer und derselben Seite des Centralfeuers, so haben wir Tag, im andern Falle Nacht. Sonne und Mond hielten die Pythagoräer für glasartige, kugelförmige Körper, welche Licht und Wärme des Centralfeuers zurückstrahlen, wie wir dies bei Plutarch, Galenos u. a. angeführt finden. Die Planeten galten als erdähnliche mit Atmosphären versehene Körper. Mercur und Venus werden zwischen Sonne und Mars verlegt. Aus der Bewegung der Himmelskörper erklärten die Pythagoräer auch die von ihnen vorausgesetzte Harmonie der Sphären, welche wir nur darum nicht wahrnehmen, weil wir von Jugend auf dieselbe erklingen hören.

Das pythagoräische oder besser gesagt philolaische Weltsytem ist

demnach keineswegs ein heliocentrisches System, jedoch kann ihm das
Verdienst nicht abgesprochen werden, den ersten Schritt zu diesem an-
gebahnt zu haben. Wenn die Bewegung der Erde auch eine um-
laufende, keine rotirende ist, so ist es doch eine von West nach Ost
gehende Bewegung, mithin eine solche, welche im Bewegungssinne der
wirklichen Rotation stattfindet. Die philolaische Vorstellung von der
Umwälzung der Erde um das Centralfeuer hatte die Schwierigkeit der
Annahme einer täglichen Parallaxe der Gestirne im Gefolge, von welcher
in Wirklichkeit doch nichts zu sehen ist. Dass die Pythagoräer diese
Schwierigkeit bemerkt und gefühlt haben, sowie dass für eine Umgehung
derselben gesorgt werden müsse, dafür spricht die folgende Stelle aus
Aristoteles „Περὶ οὐρανοῦ“ (II. 13). „Der Umstand ferner, dass die Erde
„vom Mittelpunkte um einen vollen Halbmesser des von ihr beschriebenen
„Kreises absteht, hindert nach den Pythagoräern nicht, dass die Phä-
„nomene uns so erscheinen, als wenn wir im Mittelpunkte wären, da ein
„merkbarer Unterschied auch dann nicht eintreten würde, wenn man
„annähme, der Mittelpunkt der Erde sei der Mittelpunkt der Welt, und
„wir seien von diesem Centrum um die Hälfte des Erddurchmessers ent-
„fernt.“ Man sieht hieraus, dass die Pythagoräer den Durchmesser des
von der Erde durchlaufenen Kreises nicht viel grösser dachten, als den
Erddurchmesser, und dass sie die Entfernungen auch der nächstgedachten
Himmelskörper als sehr gross voraussetzten. — Andere Schwierigkeiten
ergeben sich noch bei dem System des Philolaos. Diesem zufolge
müsste nämlich die Bewegung der Fixsternsphäre eine bloss scheinbare
sein, was seiner Aeusserung, dass dieselbe einer der zehn umlaufenden
um das Centralfeuer sich bewegenden Körper sei, direkt widerspricht.
Boeckh und Martin suchen diese Schwierigkeit auf verschiedene ge-
künstelte Weisen zu lösen. Es scheint jedoch, dass bei Philolaos so
gut, wie wir dies später bei Platon sehen werden, die Annahme, als
haben diese Philosophen mit ihren primitiven astronomischen Kenntnissen ein in jeder Richtung consequentes und unanfechtbares System
aufgestellt, eine verfehlte sei.

Zu erwähnen ist noch, dass Philolaos die Revolutionszeit der
Planeten, des Mondes und (nach seiner Theorie) der Sonne mit grosser
Genauigkeit angibt, so dass die Grösse des Fehlers nirgends ein Hun-
dertstel des Werthes erreicht.

Finden wir dergestalt bei den Pythagoräern eine wohl ausgedachte
Meinung über die Einrichtung des Weltgebäudes, so sind sie in die Betrachtung der einzelnen Naturerscheinungen dafür um so weniger ein-
gegangen und alles was uns darüber berichtet wird, sind symbolisirende
Bemerkungen von höchster Allgemeinheit.

Wenn wir nun schliesslich die Frage aufwerfen, was von den philosophischen und naturwissenschaftlichen Meinungen von Pythagoras und
was von den Pythagoräern herstamme, so müssen wir bekennen, dass

uns darüber Sicheres nicht bekannt sei. Aristoteles — wie schon früher erwähnt — unsere sicherste Quelle spricht an keiner durchwegs unverdächtigen Stelle von dem Stifter der Philosophenschule selbst, sondern stets nur von den Pythagoräern. Herakleitos von Ephesos und Empedokles sind die einzigen sicheren Quellen einzelner Aussprüche über den Meister selbst, wenn sie dessen Drang, Kenntnisse zu sammeln und seine in die Zukunft blickende Weisheit rühmend erwähnen.

Bevor wir zur dritten philosophischen Schule des vorsokratischen Alterthums übergehen, haben wir noch einige Denker zu erwähnen, welche keiner der angeführten Richtungen zugezählt werden können. Es sind dies Herakleitos von Ephesos, genannt der Dunkle (ὁ σκοτεινός), Empedokles von Akragas, Anaxagoras von Klazomenä, Leukippos und Demokritos. Herakleitos aus Ephesos lebte um das Jahr 500 vor Christi. Er schrieb ein Werk, das den Titel geführt zu haben scheint „Περὶ φύσεως", d. i. „über die natürlichen Dinge". Ausführlich behandelt seine Philosophie Lassalle unter dem Titel: „Die Philosophie Herakleitos des Dunkeln." (Berlin 1858.) Der Hauptsatz seiner Lehre lässt sich folgendermassen aussprechen: Alle Dinge sind in ewigem Flusse, in ruheloser Bewegung und Wandelung. Das Beharren der Dinge ist nur Schein. Hierdurch hat Herakleitos die Erscheinungswelt als im ewigen Kreislauf des Werdens befangen erklärt. Dies Werden hat eine sich widerstrebende Gegeneinanderbewegung zur Folge: „Der Krieg ist der Vater von Allem (Πόλεμος πάντων πατήρ ἐστι.)

Auch Herakleitos nahm ein Grundprinzip an, ein Element welches die Veränderungen in der Natur bewirkt, und zwar ist dies nach ihm das ruhelose, stets hin und her flackernde Feuer. Alles ist aus der Verwandlung des Feuers entstanden. Der Weg nach unten (κάτω ὁδός) ist die Erlöschung des Feuers zu Wasser und Erde, der Weg nach oben (ἄνω ὁδός) ist das Wiederaufleben des Feuers.

Wesentlich für die Naturanschauung des Herakleitos ist es, dass er eine strenge Gesetzmässigkeit im Wechsel der Dinge voraussetzte, dem sich nichts, was geschieht, entziehen könne.

Der zweite der hier zu erwähnenden Denker ist Empedokles. Zu Akragas auf Sicilien geboren lebte dieser Philosoph um die Mitte des fünften Jahrhunderts vor unserer Zeitrechnung. Sein Hauptwerk ist ein Lehrgedicht, das ebenfalls den Titel führt: „Περὶ φύσεως", oder „über die natürlichen Dinge".

Die zwei Hauptpunkte der empedokleischen Lehre sind seine Theorie des Werdens und seine Lehre von den Elementen. — Wirkliches Werden d. i. Entstehen aus Nichts gibt es nach Empedokles ebensowenig als ein Vergehen in Nichts existirt. Entstehen und Vergehen ist also bloss eine Mischung und Entmischung der Dinge. Alle Dinge bestehen in letzter Instanz aus vier Grundstoffen: Feuer, Luft, Wasser und Erde, welche die Wurzeln (ῥιζώματα) aller existirenden Dinge bilden. Die

Kräfte, welche die Mischung und Entmischung der Dinge bewerkstelligen und dieselben im ewigen Flusse des Werdens erhalten, sind nach Empedokles eine verbindende Kraft, die er Liebe nennt und eine trennende, die unter dem Namen Streit erscheint. Ursprünglich waren die vier Elemente untereinander vermischt in Eintracht und bildeten eine Kugel (Sphairos). Da drang die trennende Kraft: der Streit von der Peripherie gegen das Centrum zu in den Sphairos und zersprengte denselben, indem er die Stoffe in die Bewegung des Werdens brachte. Die Liebe verbindet zu Bildungen, wie das Universum oder das organische Wesen, während der Streit die verbundenen Elemente wieder trennt. Nach einer gewissen Zeit kehren die Stoffe wieder in den Sphairos zurück, um den Prozess des Werdens von vorne wieder zu beginnen.

Unsere Betrachtung führt uns nun zum Freunde und Lehrer des Perikles, zu Anaxagoras von Klazomenae (in Kleinasien). Anaxagoras wurde um das Jahr 500 vor unserer Zeitrechnung geboren. Nach den Perserkriegen übersiedelte er nach Athen, wo er in Verbindung mit den hervorragendsten Männern lebte. Im hohen Alter des Atheismus angeklagt, wurde er in das Gefängniss geworfen, jedoch durch den Einfluss seines Freundes Perikles alsbald wieder in Freiheit gesetzt. Der greise Philosoph kehrte hierauf Athen den Rücken und starb in Lampsakos allgemein geehrt im 72. Lebensjahre.

Die Philosophie des Anaxagoras hat vieles mit der des Empedokles gemein, so z. B. die Lehre vom Entstehen und Vergehen der Dinge. Nur das Wesen der bewegenden Ursache nahm er in einer andern Weise an, indem er sich auf den Standpunkt der Zweckmässigkeit, auf den teleologischen Standpunkt stellte. Die allüberall zweckmässig wirkende „Vernunft" der νοὸς ist die Endursache der Ordnung, des Wesens und der Gestaltung der Dinge in der Natur. Seine Schrift über die Natur, von welcher wir Fragmente besitzen*), beginnt mit der Schilderung des Urzustandes der Dinge, des Chaos, welchem der „Nūs" als ordnendes, nicht als schaffendes Prinzip einen Anstoss gab, wodurch eine Wirbelbewegung in der Masse entstand, welche das Ungleichartige von einander trennte, das Gleichartige hingegen zusammenführte und so den gegenwärtigen Zustand des Universums veranlasste. So entstand der Aether, die Luft, das Wasser und die Erde. Einzelne Gesteinsmassen wurden in die Höhe gewirbelt, wo sie vom Aether durchglüht als Gestirne leuchten. Pflanzen und Thiere sind nach Anaxagoras solche Wesen in denen sich der Nūs als selbstbewusstes Individuum documentirt.

---

*) Simplicius hat uns werthvolle Bruchstücke erhalten. Zu finden sind die Fragmente des Werkes von Anaxagoras in der Ausgabe von Schaubach: Anaxagorae fragmenta. Lipsiae 1817, ferner Schorn: Anaxagorae et Diogenis Apolloniatae fragm. Bonnae 1829, endlich Mullachius, fragm. phil. graec. Parisiis. I—II. 1860—67.

Es folgen nun zwei Denker, mit deren Namen die Hypothese der Atome: die Atomistik eng verknüpft ist. Es sind dies die Philosophen Leukippos und Demokritos. Ueber die Lebensverhältnisse des ersteren wissen wir absolut nichts zu berichten, von seinen Schriften ist gar nichts auf uns gekommen. Die Schriftsteller des Alterthums pflegen seinen Namen stets mit dem des Demokritos zu nennen. Demokritos von Abdera in Thrakien war um 40 Jahre jünger als Anaxagoras. Sein bedeutendes Vermögen verwendete er zum grossen Theil auf seine weiten Reisen, auf denen er die ganze, damals civilisirte Welt durchwanderte. Von seinen zahlreichen, über alle Zweige des Wissens sich erstreckenden Werken sind leider nur sehr geringfügige Fragmente auf uns gekommen*).

Die Naturanschauung Demokrit's knüpft an die Meinungen und Ansichten des Empedokles und Anaxagoras an. Alles Werden ist eine Aenderung der Zusammensetzung der Dinge. Die Naturkörper bestehen aus unendlich kleinen, raumerfüllenden, gänzlich untheilbaren Partikeln, welche er Atome nennt**). Diese Atome unterscheiden sich von einander bloss durch Grösse und Gestalt, diese beiden, sowie die veränderte Gruppirung derselben begründen die qualitative Verschiedenheit der verschiedenen Naturgegenstände.

Nachdem Demokritos dergestalt die Constitution der Materie durch Aufstellung der Atomtheorie zu erklären versucht hat, versucht er eine Hypothese für den Urgrund der Erscheinungen zu finden. Hiebei geräth er nun in schroffen Gegensatz mit der Ansicht des Anaxagoras, indem er in der verschiedenen Schwere der Atome und in dem Bestreben der Vereinigung gleichartiger Theilchen die Kräfte sieht, welche als letzte Ursache der Bewegung anzusehen sind. Die Wirkung dieser Kräfte geschieht mit Nothwendigkeit. Indem Demokritos den teleologischen Standpunkt des Anaxagoras verlässt, stellt er eine rein materialistische Theorie auf, an welche die späteren philosophischen Systeme der Epikuräer und Skeptiker anknüpfen. Was der atomistischen Theorie des Demokritos eine besondere Wichtigkeit verleiht, ist die Betonung der Ursächlichkeit (Causalität) der Vorgänge in der Natur und das Bestreben die Erscheinungen als Bewegungserscheinungen zu erklären.

Die Atomtheorie Demokrit's wurde im Zeitalter der Restauration der Naturwissenschaft von bahnbrechender Bedeutung, als im 17. Jahrhunderte Gassendi auf dieselbe zurückgriff und sie in die moderne Naturwissenschaft einführte. Von Gassendi entnahm Boyle die Demokritische Atomtheorie, um sie der Erklärung der chemischen Erscheinungen zu Grunde zu legen; aus derselben Quelle übernahm sie

---

*) Gesammelt durch Mullach. Berlin 1843.
**) Cic. de fin. I. 6. Democritus atomos quas appellat, id est corpora individua.

auch Newton, der sich die Materie ebenfalls aus Atomen constituirt dachte.

Die nun folgende bedeutende Richtung des Denkens, mit der wir uns zu beschäftigen haben, ist die der eleatischen Philosophie, welche sich jedoch in ihren Resultaten von unserm Gegenstande schon viel bedeutender entfernt, als irgend eine der vorhergehenden Richtungen.

Die physikalischen Annahmen der eleatischen Philosophen stehen mit den erkenntnisstheoretischen Resultaten derselben in keinem Verhältnisse und lassen auch kaum einen Zusammenhang mit denselben erkennen. Das Hauptgewicht ihrer Forschungsthätigkeit liegt auf metaphysischem Gebiete, während ihre Meinungen und Vorstellungen über die Vorgänge in der Natur sich nicht über das Niveau der ionischen Philosophenschule erheben. Daraus erklärt sich auch, weshalb die Berichte der alten Schriftsteller über die physikalischen Ansichten der Eleaten so widerspruchsvoll sind. So soll nach einigen Xenophanes der älteste der drei bedeutendsten Eleaten (Xenophanes, Parmenides und Zenon) die Erde, nach andern die Erde und das Wasser als Grundstoff aller Dinge erklärt haben. Aristoteles führt die Meinung des Xenophanes nicht einmal an, wo er von den verschiedenen Elementen spricht, welche von früheren Philosophen angenommen worden. Noch schwankender und ohne bestimmten Charakter sind die Ansichten des Xenophanes über die Natur der Himmelskörper, die er für feurige Wolken und von sehr vergänglicher Art hielt.

Ist dergestalt das direkte Resultat der Naturbetrachtung bei den Eleaten auch ein sehr armseliges, so ist dafür die erkenntnisstheoretische Thätigkeit dieser philosophischen Schule eine um so folgenreichere. Sie waren es, welche den Unterschied zwischen dem Gegenstande und dem Sinneseindruck, den derselbe hervorbringt, zuerst hervorhoben, einen Unterschied, der den Hauptgegenstand des „Kant"ischen Kriticismus bildet. Ferner sind sie es, welche die Objektivität des Raumes in Zweifel zogen und denselben als Gebilde unserer Sinne auffassten. Endlich sind es wieder die Eleaten, welche zur Einsicht gelangten, dass die Veränderungen und Erscheinungen in der Natur in ihrem ursächlichen Zusammenhange nur durch Betrachtung unendlich kleiner Aenderungen dem Verständnisse näher gebracht werden können.

Das philosophische Vermächtniss der Eleaten sollte für die spätere Entwicklung der Naturwissenschaften verhängnissvoll werden. Sie waren es nämlich, welche den gefährlichen Satz aufstellten, dass die Wahrheit nicht aus der sinnlichen Wahrnehmung entspringe, sondern aus dem blossen Nachdenken über einen Gegenstand. Es ist dies der metaphysische Standpunkt, der die Forscher von den Quellen richtiger Naturerkenntniss abzog, um sie wesenlosen Phantasmagorien nachhängen zu lassen. So hat die eleatische Philosophie den Anstoss zu der Denkrichtung der Sophisten gegeben, welche die Objektivität der Wahrheit geradezu bestritten uud nur subjektive Wahrheiten gelten liessen. Seither hat die auf das Wesen und die letzten Gründe der Dinge gerichtete Denkthätigkeit an den verschiedensten Stellen ihre Hebel eingesetzt, um das stets ungelöste Problem aufzulösen, bis die Ueberzeugung immer mehr Platz griff, dass es wohl metaphysische Methoden, aber keine allgemein beweisbaren Wahrheiten der Metaphysik gebe. Diesen Be- strebungen gegenüber hat die Naturwissenschaft ihre Grenzen festzustellen und zu befestigen gesucht und hat dabei sich jener Methoden oft genug mit Erfolg bedient, welche die Metaphysik ursprünglich, jedoch mit wenig Glück für ihre eigenen Zwecke zu verwenden suchte.

Der Stifter der eleatischen Schule Xenophanes wurde zu Kolo- phon in Kleinasien geboren, verbrachte jedoch nach langem Herum- wandern den Rest seines Lebens in Eléa oder Velia in Unteritalien. Von seinen Schriften sind Reste seiner Dichtungen auf uns gekommen, gesammelt von Karsten (Philosophorum graecor. reliquiae), Brandis (Commentat. eleat.) und Mullachius (Fragmenta philos. graecor.).

Der zweite der bedeutenden eleatischen Philosophen ist Parmenides von Elea, geboren um 520 v. Chr. — Von seinen näheren Lebensum- ständen wissen wir nur wenig. Allgemein bekannt ist es, dass Parme- nides Gegenstand der Achtung und Ehrfurcht im ganzen Alterthum war.

Das philosophische System des Parmenides war in seinem epischen Gedichte: „Von der Natur" enthalten, das bruchstückweise auf uns ge- langt ist.

Der dritte der bedeutendsten Eleaten ist Zenon, geboren in Elea um das Jahr 495 v. Chr. Er war der Freund, Schüler und Vertraute des Parmenides, dessen Ansichten er in allen wesentlichen Punkten an- nahm. Von Zenon stammen die bekannten Beweise, mittelst welcher er den Widerspruch nachzuweisen strebte, der zwischen den Sinnesein- drücken und dem wirklichen Wesen der Dinge stattfindet. Hierher ge- hören z. B. seine Beweise gegen die Möglichkeit der Bewegung, unter welchen wieder der bekannteste der sog. „Achilleus" ist, d. h. der Beweis, dass das Langsamste: die Schildkröte, wenn es einen gewissen Vorsprung hat, vom Schnellläufer Achilleus nicht eingeholt werden könne.

Von geringerer Bedeutung als seine Vorgänger ist Melissos aus Samos, der Staatsmann und Feldherr seiner Vaterstadt. Derselbe lebte um die Mitte des fünften Jahrhunderts vor unserer Zeitrechnung. Bruch- stücke eines Werkes von ihm hat Simplicius in seinem Commentar zur Physik des Aristoteles aufbewahrt, von wo sie in die Sammlungen des Brandis und des Mullachius übergingen.

Zenon und Melissos waren die letzten bedeutenderen Philosophen der eleatischen Schule, die mit ihrem Tode ausstarb. Was von derselben noch vorhanden war, ging in die Sophistik über.

Wir verlassen hier die Strasse, welche uns bis hieher in Gemeinschaft mit der Geschichte der Philosophie führte, um unsere Darstellung zwei

solchen Männern zuzuwenden, welche in jener Geschichte in ganz anderer
Verbindung und mit anderer Bedeutung behandelt werden, als diejenige
ist, welche ihnen in einer Geschichte der Physik zukommt. Wenn wir
auf die Meinungen der hier besprochenen Philosophen zurückblicken, so
kann es uns nicht entgehen, dass dieselben mehr oder weniger auf oberflächlichen und ungenauen Erfahrungen des gewöhnlichen Lebens beruhen
und dass in Folge dessen die Naturanschauung bei ihnen eine sehr primi-
tive sei. Wir werden später noch Gelegenheit haben, die wenigen Erfahrungen über einzelne Naturerscheinungen, wie wir sie zerstreut bei
den einzelnen Philosophen der vorsokratischen Periode finden, anzuführen.
Wir würden jedoch sehr irren, wenn wir deshalb, weil das empirische
Wissensmaterial dieses Zeitraumes ein so unbedeutendes war, die Bedeutung desselben für die Geschichte der Naturwissenschaften und zwar
in erster Linie für die Geschichte der Physik gering anschlagen würden.
Es kann nicht genug hervorgehoben und betont werden, dass, wie kin-
disch und naiv auch die Vorstellungen dieser Periode über die Vorgänge
in der Natur gewesen sein mögen, es doch diese Periode sei, in der sich
die Keime der heutigen Grundvorstellungen über die Constitution der
Materie, die von derselben ausgehenden Kräfte und deren Wirkungsweise
vorfinden. Es dauerte lange Zeit, bis die Grundbegriffe der Mechanik
die Werkstätte der menschlichen Denkthätigkeit verlassen konnten, um,
indem sie sich über sämmtliche Erscheinungskreise ausbreiteten, die Grundlage für eine wahrhaft wissenschaftliche Behandlung der Physik abgeben
zu können. So kommt es, dass die Annahmen über Vorgänge in der Natur
in ihrer kritiklosen Naivetät mit der Tiefe und wunderbaren Scharf-
sinnigkeit ihrer allgemeinen Hypothesen über die Constitution und Wirkungsweise der Materie während der ganzen geschilderten Periode in
argem Missverhältnisse zueinander stehen.

Mit den Sophisten nimmt die Philosophie eine Wendung, welche
sie von der Betrachtung der natürlichen Dinge immer mehr abzieht.
Der zweite Zeitraum der griechischen Philosophie beginnt mit dem auf
ethische und erkenntnisstheoretische Fragen gerichteten Philosophiren des
Sokrates. Sein grosser Schüler Platon findet wieder Musse, den Blick
auf die Erscheinungswelt zu lenken und wieder dessen eben so grosser
Schüler Aristoteles ist es, der den Kanon der Wissenschaft für mehr
als ein Jahrtausend feststellte.

Platon.

Ein glücklicher Zufall hat es so gefügt, dass sämmtliche Schriften
des Platon auf uns gekommen sind. Es ist übrigens nicht unwahrscheinlich, dass unter denselben sich einige unächte, untergeschobene
Werke finden mögen. Wir sind somit bei Platon zum ersten Male in
der Lage, genügendes Material: Documente für die Ansichten und Mei-

nungen dieses Philosophen über die natürlichen Dinge zu besitzen und können von denselben uns ein richtiges und vollständiges Bild entwerfen. Man hat zwar vordem die Ansicht geltend zu machen gesucht, als hätte Platon seine eigentlichen Meinungen einem kleinen Kreise von Jüngern vorbehalten, während seine Dialoge mehr dazu dienen sollten, seine eigentliche Meinung zu verbergen, als dieselbe dem grossen Publikum preiszugeben. Nun kann es allerdings nicht geläugnet werden, dass Platon, vor dessen Augen man an seinem verehrten Meister einen Justizmord beging, vollen Grund dafür hatte, in seinen Ausdrücken sehr vorsichtig zu sein, um etwaigen Gegnern keine Handhaben gegen sich zu bieten und haben wir in der That an manchen heiklen Stellen Zeugnisse dafür, dass Platon sich an offenbar absichtlich gewählte zweideutige oder unbestimmte Ausdrücke hielt, um sich nöthigenfalls ein Hinterpförtchen offen zu halten; ungereimt wäre es jedoch und stark übertrieben, wollte man annehmen, Platon habe die literarische Thätigkeit eines langen Lebens mit dem Verfassen solcher Schriften ausgefüllt, die er, um seinen Zweck noch besser zu erreichen, ungeschrieben hätte lassen können. Wir können uns somit überzeugt halten, dass wir auf Grund der platonischen literarischen Erbschaft allerdings im Stande sein werden, in die Gedankenwelt ihres Autors einzudringen.

Wenn wir nun vor allem zur Schilderung der Lebensführung des grossen griechischen Denkers übergehen und hiebei einen flüchtigen Blick auf den ein Jahrtausend alten Kehrichthaufen einander widersprechender Klatschanekdoten werfen, welcher die wenigen authentischen Daten, die wir besitzen, fast überdeckt, so müssen wir uns vor allem die Frage stellen, ob es überhaupt möglich sei, eine Geschichte, nicht aber einen Mythos der Lebensschicksale Platon's zu schreiben. Wenn wir zu diesem Zwecke die uns zur Verfügung stehenden wirklichen Quellen einer Revision unterziehen, kommen wir zu dem Resultate, dass die Aufgabe wenigstens nicht unlösbar sei, mag auch so manches in dieser Biographie eine ewig offene Frage bleiben. Unsere ausführlichsten Quellen über Platon's Leben sind nebst den pseudo-platonischen Briefen (13 in Nachahmung seiner Schreibweise verfasste Briefe) das Werk des Diogenes von Laërte und die vier Artikel, die sich im Lexikon des Suidas finden. — Auffällig ist es jedenfalls, dass Aristoteles, der sich in seinen Schriften so oft mit den Meinungen und Lehren seines Meisters beschäftigt, für dessen Lebensverhältnisse nicht ein Wort übrig hat. An einer einzigen Stelle (Metaphys. I, 6) finden wir eine ganz kleine Notiz über Platon's Bekanntschaft mit Kratylos und an einer andern Stelle (Rhet. II, 23) erfahren wir eine Aeusserung des Aristippos über Platon.

In seinen eigenen Schriften erwähnt Platon seiner selbst bloss an drei Stellen (Apologie d. Sokrates 2mal und Phädon). Dem Namen nach kennen wir eine Reihe von Schriften, in welchen wir Nachrichten

über Platon finden würden, wenn uns von diesen Werken mehr als der
Titel und unbedeutende Fragmente erhalten wären. Hierher gehören
Platon's Schwestersohn: Speusippos mit einer Schrift (ἐγκώμιον Πλάτωνος
= Platon's Lobpreisung). Ferner scheinen Xenokrates und Hermo-
doros, zwei Schüler des Platon, über denselben geschrieben zu haben.
Eine werthvolle Quelle bilden die sog. „platonischen Briefe", dreizehn
an der Zahl, welche jedenfalls untergeschoben sind, womit natürlich
nicht gesagt sein will, dass man dieselben mit Vorsicht nicht als Quelle
benutzen könne. Ein späterer Berichterstatter ist Alkimos, ferner
Aristippos uud Antisthenes, obwohl von den beiden letzteren wahrscheinlich bloss gefälschte Schriften vorhanden sind. Zu erwähnen sind
ferner als Verfasser von heute nicht mehr vorhandenen Schriften über
Platon der Historiker Theopompos, der Peripatetiker Dikaiarchos
von Messina, Klearchos von Soloi und der Musiker Aristoxenos.
Wir übergehen die Epikuräer und Stoiker, die über Platon geschrieben,
nebst den anderen späteren Schriftstellern und wenden uns zu dem Com-
pilator Diogenes von Laërte, der in gewohnter Weise Geschichte und
Mythos in buntem Durcheinander ohne jedwede Kritik bringt. Trotz
aller seiner Fehler ist doch dieser Bericht der werthvollste, den wir besitzen. — Schliesslich ist noch Suidas zu erwähnen, der in seinem Lexicon
an vier Stellen von Platon spricht. Von den vielen Platonbiographien
der neueren Zeit erwähnen wir: Tennemann, System der platonischen
Philosophie, Leipzig 1792—94, 4 Bände. Ast, F., Plato's Leben und
Schriften, Leipzig 1816. Hermann, K. F., Geschichte und System der
plat. Philosophie, Heidelberg 1839. Stallbaum, G., De Platonis vita,
ingenio et scriptis, in Plato's Werken, 1. Band, Leipzig 1846, 3. Aufl.
Brandis, C. A., Handbuch der Gesch. d. gr. röm. Phil., Berlin 1844.
Zeller, Ed., Philosophie der Griechen, Tübingen 1854, 2. Aufl. Ueber-
weg, F., Untersuchungen über die Echtheit und Zeitfolge platonischer
Schriften und über die Hauptmomente aus Plato's Leben, Wien 1861.
Grote, G., Plato and the other companions of Socrates, 3 vol., London
1867, Life of Plato I. Steinhart, Karl, Platon's Leben, IX. Band der
Werke Platon's, übers. v. Hieron. Müller, Leipzig 1873.

Platon wurde zu Athen im Demos Kolyttos (Phyle Aegeis) am
7. Thargelion, welches der eilfte Monat des attischen Jahres war, im
ersten Jahre der 88. Olympiade geboren*), d. i. den 29. Mai 428 v. Chr.,
als Diotimos Archon war. Sein Vater war Ariston, des Aristokles
Sohn, seine Mutter des Glaukon Tochter Periktione. Seine Brüder
hiessen Adeimantos und Glaukon, seine Schwester Potone wurde des
Eurymedon's Frau, sie war des Speusippos Mutter. Die Eltern des
Platon gehörten einem alten, edlen Geschlechte an; das der Mutter leitete

---

*) Ausführlicheres über das Datum bei Steinhart, Platon's Leben,
pag. 37 ff.

seinen Stammbaum sogar auf Kodros zurück. Die Schriftsteller des Alterthums haben frühe damit begonnen, die ersten Lebensjahre des grossen Philosophen mit einem mythologischen Nimbus zu umgeben. Da soll er des Apollon Sohn sein, mithin ein Heros, sowie dies von Alexander dem Grossen und anderen bedeutenden Männern des Alterthums erzählt wird. Ein anderer weitverbreiteter Mythos ist der von den Bienen des Hymettos, welche seinen Mund mit Honig anfüllten, als man ihn als Kind auf dem Hymettos niedergelegt hatte. Doch wird derselbe Mythos auch von Pindaros erzählt.

Platon soll kurz vor seinem Tode vier Dinge angeführt haben, wegen welcher er den Göttern stets dankbar sein werde: dass er als Mensch, als Mann, als Grieche und endlich, dass er als athenischer Bürger und als Zeitgenosse des Sokrates geboren wurde. Die Jugendjahre des Platon fallen in die Zeit des politischen und sittlichen Rückganges seiner Vaterstadt, welche mit Perikles, des olympischen Redners Tod, seinen Anfang nahm. Perikles' Todesjahr fällt mit dem Geburtsjahre Platon's zusammen. Wenn nun auch diese Zeit es ist, welche den Verfall Athens von langer Hand vorbereitet, so ist sie doch noch vom Abglanze der perikleischen Epoche verklärt. Noch sind die öffentlichen Bauten der Akropolis: das Parthenon und die Propyläen ganz neu, die edlen Werke des Pheidias, des Polykleitos und Myron besitzen noch den Reiz der Neuheit. Die dramatische Poesie war auf dem Gipfel der Vollendung angelangt: Sophokles und Euripides schufen ihre herrlichen Werke und der ungezogene Liebling der Grazien, Aristophanes war am Anfange seiner Bahn. In dieser Umgebung, welche für die Ausbildung eines hoch- und feinsinnigen Jünglings von ungemein bedeutendem Einflusse sein musste, wuchs Platon heran. Den Lebenslauf unseres Philosophen können wir, wie dies nach Schwegler's Beispiele (Geschichte der Philosophie) schon mehrere gethan haben, in drei Perioden eintheilen. I. Die Jugendzeit und die Zeit der sokratischen Jüngerschaft, II. die Zeit von Sokrates Tod bis zum Beginne seiner Lehrthätigkeit in der Akademie und III. die letzten Jahre der lehrenden und literarischen Thätigkeit des Platon; oder kürzer seine Lehr-, Wander- und Meisterjahre.

Platon's ursprünglicher Name war Aristokles*), d. i. der Name seines Grossvaters. Der Name „Platon" soll sich nach einigen auf seine breite Stirne, nach andern auf seine breite Brust beziehen, jedenfalls drückt er die Stattlichkeit der Erscheinung aus, welche in so vollkommener Harmonie mit seiner geistigen Begabung gewesen sein mag.

Von den Jugendjahren Platon's wissen wir ungemein wenig. Als Lehrer, der ihm neben den Elementen der Grammatik die Kenntniss der schönen Literatur seines Volkes beizubringen hatte, wird Dionysios ge-

*) So erzählt es der Literarhistoriker Alexander, Diog. 3, 5.

nannt. Von ihm soll Platon auch die Anfangsgründe der Geometrie und Astronomie gelernt haben. Aus der Schule des Grammatisten kam der Knabe in die des Kitharisten, um sich in der Handhabung der Kithara und im Gesange zu vervollkommnen. Als Musiklehrer nennt man den sonst unbekannten Drakon. Hierauf übernahm der Turnlehrer Ariston von Argos die weitere Ausbildung Platon's. Grammatik, Musik und Gymnastik: das ist der von Platon selbst angegebene Stufengang der Ausbildung des griechischen Jünglings. — Es kann uns als sehr wahrscheinlich gelten, wenn eine alte Ueberlieferung erzählt: Platon habe sich in seinen Jünglingsjahren eifrig mit poetischen Arbeiten beschäftigt und sich besonders in der Tragödie versucht. Die dramatische Geschicklichkeit, die sich in seinen Dialogen zeigt, weist fast mit Gewissheit auf eine Uebung in dieser Richtung hin.

Wir übergehen hier kurz die sich widersprechenden und an chronologischen Unmöglichkeiten scheiternden Nachrichten über Platon's angebliche Kriegsdienste, um auf jenes Ereigniss zu kommen, welches für die Richtung unseres Philosophen von der entscheidendsten Bedeutung war, nämlich seine Bekanntschaft und später innige Freundschaft mit Sokrates, ein Freundschaftsbündniss dieser beiden grossen Geister, das nur der Tod des letzteren lösen konnte. Als Platon die Jüngerschaft des Sokrates antrat, war er keineswegs Neuling in der Philosophie, dem Zeugnisse des Aristoteles zufolge *) war er durch den Umgang mit Kratylos in die Philosophie des Herakleitos eingeführt worden. Es ist übrigens nicht sehr wahrscheinlich, dass Platon schon vor dem 20. Jahre die Lehren der Pythagoräer und Eleaten gekannt habe, wohl aber mag er sich mit der Philosophie des Anaxagoras bekannt gemacht haben, da die Lehren des Weisen von Klazomenae eben damals in Athen einen günstigen Boden gefunden hatten.

Platon war 20 Jahre alt, als er, vielleicht durch des Charmides oder Kritias Vermittlung mit Sokrates bekannt wurde, dessen Umgang er acht Jahre lang geniessen sollte. Diese Epoche bildet im Lebensgange unseres Philosophen einen der wichtigsten Abschnitte. Einerseits waren es die Belehrungen des Meisters, anderseits der Umgang mit seinen Genossen, der ihm durch die Einführung in die Philosophie der Pythagoräer und Eleaten eine neue Welt erschloss, was ihn zu eigener literarischer Thätigkeit anspornte. Unter seinen Genossen sind zu nennen Eukleides von Megara, die Thebaner Kebes und Simmias, Phaidon von Elis, Xenophon, Aristippos von Kyrene und der Athener Antisthenes. Die ersteren scheinen mit Platon befreundet gewesen zu sein, sie erscheinen auch in seinen Dialogen als sich unterredende Personen, die letzteren, nämlich Xenophon, Aristippos und Antisthenes, scheinen in keinerlei näherer Beziehung zu ihm gestanden zu haben, woraus

---

*) Aristot. Metaph. 1, 6.

natürlich keineswegs ein feindliches Verhältniss, wie es antike Klatsch-
brüder behaupten, gefolgert werden kann; die Richtung der genannten
drei Männer war eine unter sich und von der des Platon so verschiedene,
dass man gar keinen besondern Grund für das Nichtstattfinden einer
Annäherung zu suchen braucht. Ausser den erwähnten, den berühmtesten Schülern des Sokrates, fand Platon in des Meisters Umgebung
noch einen Kreis älterer und jüngerer Männer, welchen er zum grossen
Theile in seinen Dialogen ein unvergängliches Denkmal errichtet. Hierher
gehört vor allem Kriton, des Sokrates Altersgenosse und erprobter Freund,
ferner Chairophon, der Kyrenäer Theodoros, dann Apollodoros
Aristodemos, Hermogenes, das Freundespaar Ktesippos und
Menexenos, endlich Lysis und Theaitetos. Man hat versucht, unter
Platon's Schriften jene ausfindig zu machen, welche er vor Sokrates'
Tod geschrieben haben könnte und hat den Phaidros, Lysis, Char-
mides, Laches und Protagoras, als solche erkannt, dies sind jene
Dialoge, in welchen die Hauptlehre der platonischen Philosophie, die
Ideenlehre, noch nicht erwähnt wird, zugleich sind dies diejenigen Werke,
in denen die Verurtheilung und der Tod des Meisters mit keinem
Worte Erwähnung findet.

Das schöne und ideale Verhältniss des Meisters zu seinen Jüngern
wurde durch die Verurtheilung und den gewaltsamen Tod des ersteren
in rauher Weise zerrissen. Platon selbst führt an, dass er mit andern
die Aufbringung der etwa zu verhängenden Geldstrafe verbürgen wollte,
ferner erwähnt er noch, dass er beim Tode des Sokrates, durch Krankheit verhindert, nicht anwesend war.

Nach des Meisters Tode zerstreute sich der Kreis seiner Schüler.
Platon war damals 28 Jahre alt, als er der undankbaren Stadt, die ihre
grössten Söhne verfolgte und selbst tödtete, den Rücken kehrte und nach
Megara ging, um dort mit Eukleides und seinen Freunden verkehren zu
können. Es beginnen nun 399 vor Chr. die Wanderjahre, während welcher
Platon einen beträchtlichen Theil der damals bekannten civilisirten Welt
durchreiste, um durch den Verkehr mit den berühmtesten Gelehrten der
verschiedenen Länder und durch die verschiedenen Reiseeindrücke den
Kreis seiner Kenntnisse zu erweitern. Man hat von einer Reise nach
Asien gefabelt, welche jedoch vollständig aus der Luft gegriffen ist.
Dagegen liegt nichts vor, was eine Reise nach Aegypten und Kyrene,
wohl wegen Bereicherung seines mathematischen Wissens ausgeführt, als
unwahrscheinlich darstellen würde. Am sichersten kann die italienische
Reise des Platon gelten, wohin ihn seine Freundschaft für Archytas
von Tarent, den Staatsmann und Philosophen, führte. Durch diesen,
ferner durch Timaios von Lokri wurde er mit dem philosophischen
Systeme der Pythagoräer, dessen Grundlehren er schon in Athen sich
angeeignet hatte, vertraut gemacht. Wahrscheinlich durch seine pythagoräischen Freunde veranlasst, ging Platon auch nach Syrakus, wo

er in Dion, dem Verwandten des Herrschers, des älteren Dionysios, einen
eifrigen Anhänger fand, der sich geneigt zeigte, seinen Einfluss zur Besse-
rung der politischen und sittlichen Verhältnisse Syrakusa's geltend zu
machen. Der Herrscher, welcher anfangs den Philosophen sehr freundlich aufgenommen hatte, schöpfte Verdacht, derselbe sei in einer ihm
widerwärtigen Weise thätig, was ihn veranlasste jenen zu einer plötzlichen
Abreise zu zwingen, auf welcher er nach sehr verschiedenen Versionen die
mannigfachsten Abenteuer ausgestanden hätte. Diogenes von Läerte
erzählt, dass der Lakedaimonier Pollis, auf dessen Schiff der Philosoph
die Reise hatte machen müssen, ihn zu Aigina, das damals mit Athen
Krieg führte, als Sklaven verkauft habe, wo ihn der eben anwesende
Kyrenaier Annikeris ausgelöst und nach Athen geschickt habe. Die Geschichte der Rückreise von Syrakus wird übrigens in so mannigfacher
Weise erzählt, dass es wohl nicht mehr möglich ist, die Wahrheit heraus-
zufinden.

Platon war 40 Jahre alt, als er 387 v. Chr. von seiner ersten
grossen Reise nach Athen zurückkehrte und dort jede öffentliche Thätigkeit im Interesse des Gemeinwesens ablehnend sich der Lehrthätigkeit und der schriftstellerischen Wirksamkeit widmete. — Sechs Stadien
ausserhalb des athenischen Nordthores, nahe am äussern Kerameikos,
dem Gräberfelde für das Vaterland gefallener Krieger, befand sich die
als Gymnasion dienende Stätte, welche die „Akademie" genannt wurde.
In der Umgebung dieses schattigen Platzes kaufte sich Platon ein Grund-
stück an, auf welchem er mit seinen Schülern wohnte, während die
Parkanlagen und Säulengänge der Akademie sich zu Spaziergängen
eigneten.

Diese Stelle war es nun, auf welcher Platon 40 Jahre hindurch
mit kurzer Unterbrechung, während seiner weiteren zwei Reisen nach
Syrakus, lehrte und wo er seine unsterblichen Dialoge verfasste. Unter
seinen zahlreichen Schülern ist bloss einer zu erwähnen, der dem Meister
ebenbürtig war, ja denselben, was das Quantum der Kenntnisse und die
Schärfe der Dialektik betrifft, überbot; wir sprechen von dem grössten
Denker des Alterthums, von Aristoteles. — Platon lebte unvermählt
bloss seinem philosophischen Systeme und seinen Schülern, die er in
dasselbe einzuführen versuchte. Seine Lehrmethode war nicht die sokratische, welche durch Fragen den Schüler auf das gewünschte Resultat
leiten sollte, noch auch eine rein vortragende. Sie dürfte am besten
durch die Art der Behandlung irgend eines Gegenstandes, wie wir sie
in seinen Dialogen finden, gekennzeichnet sein.

Unter jenen auswärtigen Gemeinwesen, welche zur Ordnung ihrer
staatlichen Einrichtungen sich von Platon Rathes erholten, befand sich
auch Syrakus, was ihn bewog, in vorgeschrittenem Alter noch zweimal
die grosse und beschwerliche Reise nach Sicilien zu unternehmen. Als
nämlich 368 v. Chr. der ältere Dionysios von Syrakus gestorben war,

erachtete Dion die Zeit für gekommen, um seine platonischen Reform-
ideen mit Hülfe des lenksamen jüngeren Dionysios durchzuführen, wozu
er den greisen Philosophen selbst einlud. Diesem wurde es nach dem
siebenten platonischen Briefe schwer, sein liebgewonnenes Heim zu verlassen, um sich dem Hofgetriebe auszusetzen. Endlich entschloss er sich
zur Reise und gelangte glücklich nach Syrakus. Dort waren indess die
Verhältnisse nicht dazu angethan, unserem Philosophen eine erspriessliche
Wirksamkeit zu sichern. Der neue Fürst schenkte den böswilligen Ohren-
bläsereien seines Hofgesindes Gehör und liess sich einreden, dass Dion
ihn vom Throne zu stürzen trachte, weshalb er ihn ergreifen und gewaltsam ausser Landes führen liess.

Damit war nun die Lage Platon's in Syrakus eine ungemein
schwierige geworden. Der Tyrann Dionysios lud ihn zu sich in die Burg
und überhäufte ihn, je nach Laune, mit den Versicherungen seiner Gunst
oder mit Vorwürfen, bald spielte er den eifrigen Verehrer des Philosophen, bald war er erzürnt und eifersüchtig auf denselben. Dabei
wollte er ihn auch nicht ziehen lassen, da er fürchtete, derselbe werde
in Athen mit Dion gegen ihn conspiriren. Endlich erlöste ein Krieg,
in den Syrakus verwickelt wurde, den Philosophen aus seiner schwierigen
Lage. Er wurde in Gnaden entlassen, nachdem er versprochen hatte
in seiner Heimat nichts gegen den Tyrannen zu unternehmen. So kam
Platon nach etwa zweijährigem Fernsein im Jahre 365 wieder in Athen
an, wo er seine unterbrochene Lehrthätigkeit wieder aufnahm. In der
Zwischenzeit war Aristoteles dort angelangt und hatte geduldig die
Heimkehr des Meisters erwartet.

Es erscheint jedenfalls als sehr merkwürdig, wie Platon nach
wenig Jahren sich noch einmal entschliessen konnte, sich wieder auf den
vulkanischen Boden des syrakusanischen Hofes zu begeben, wo er nun
schon zweimal nur Unwillkommenes erfahren. Mochte er nun seinem
Freunde Dion zuliebe noch einmal das Wagniss unternommen haben,
oder hatte er sein Wort gegeben, nach Zurückberufung Dions die Reise
anzutreten, sicher ist, dass er im Jahre 361 im 68. Lebensjahre sich noch
einmal nach jenem fernen Lande aufmachte, das ihm bisher bloss Gefahren geboten hatte. Wieder holte ein fürstlicher Dreiruderer den Philosophen ein, der festlich empfangen wurde. Es begann nun wieder das
alte Spiel; anfangs ging alles gut, die Philosophie war auf einmal Mode
in Syrakus geworden, selbst Frauen drängten sich herzu zu seinen Vorträgen; der Schluss jedoch waren wieder die früheren Eifersüchteleien
von Seite des Tyrannen. Dion wurde nun doch nicht zurückgerufen,
sein Vermögen eingezogen, seine Gattin gezwungen, sich mit einem andern
zu vermählen. Was die Behandlung des Philosophen betraf, so wurde
derselbe successive immer schlechter behandelt, bis er endlich Wege fand,
Archytas von Tarent von seiner Noth zu verständigen, der alsbald ein
tarentinisches Staatsschiff absandte, um den Freund abzuholen. Es

scheint, als habe sich der Tyrann nun doch gescheut, die Feindschaft
der mächtigen Stadt auf sich zu nehmen. So liess er ihn denn in Frieden
ziehen, so dass Platon im Frühling oder Sommer des Jahres 360 wieder
in Athen war.

Mit dieser dritten Reise endete Platon's Verhältniss zum syrakusanischen Hofe und dessen Intriguen. An der Expedition des Dion,
seinem Siege und Sturze hatte er keinen Antheil, wenn er anderseits
auch die Theilnahme seines Neffen Speusippos nicht hindern mochte.

Unter den Schülern des Platon in der letzten Epoche seines Lebens
ragen besonders drei Männer hervor: der Athener Speusippos, Xenokrates von Chalkedon und der Stagirite Aristoteles. Man kann sich
kaum drei verschiedenere Charaktere denken, als die dieser drei Philosophen, Speusippos war ein heiterer, geselliger, sinnlichen Genüssen
durchaus nicht abgeneigter Lebemann, Xenokrates war fast das Gegentheil von allem diesem. Ernst, verschlossen, streng gegen sich und die
andern, war er ein schwerfälliger, doch durchaus verlässlicher Charakter.
Von dem dritten, dem seine Genossen weitüberragenden Aristoteles,
werden wir noch des Ausführlicheren zu sprechen haben.

Verschiedene Schriftsteller des späteren Alterthums haben es für
pikant gefunden, das Verhältniss des Aristoteles zu seinem Meister
als ein durchaus feindseliges darzustellen und zwar ist es gewöhnlich
Aristoteles, der die Kosten dieser schmutzigen Wäsche zu tragen hat,
den man der Undankbarkeit, Selbstüberhebung u. s. w. zeiht, wie dies
seinerzeit dem Platon selbst bezüglich des Sokrates geschah. In seinen
Schriften hat Aristoteles die Lehren des Platon ohne irgendwelche
Rücksichtnahme, jedoch gerecht besprochen, von einer irgendwie gearteten,
feindseligen Aeusserung haben wir keinerlei authentische Nachricht und
müssen somit auch diesen angeblichen Zwiespalt als erdichtet bezeichnen.
Die Nachricht darüber stammt aus einer jener trüben Quellen, an welchen
die Literatur des Alterthums besonders reich ist, und von deren Beschmutzung keine der antiken Grössen verschont blieb.

Platon starb 80 Jahre alt im ersten Jahre der 108. Olympiade,
als Theophilos Archon war, d. i. 348/47 v. Chr. Nach einigen ent-
schlummerte er während eines Hochzeitsmahles, zu dem er geladen war,
nach andern während eines festlichen Schmauses, wieder andere lassen
ihn auf seinem Lager inmitten seiner geistigen Arbeit aus dem Leben
scheiden. Seine Gebeine wurden auf dem Kerameikos beigesetzt, in
unmittelbarer Nähe von jener Stelle, wo er 40 Jahre lang gelehrt hatte.
Pausanias hat dort sein Grabmal gesehen. Eine Porträtstatue errichtete Mithridates IV. von Pontos dem grossen Philosophen, welche
der berühmte Bildhauer Silanion ausführte. — Die Schule des Platon,
die Akademie, leitete nach des Meisters Tode sein Schwestersohn Speusippos.

Es ist hier nicht der Ort, von Platon's allgemeiner Bedeutung für die Entwicklung der griechischen Philosophie zu sprechen, noch von seinem veredelnden Einflusse auf die Gedankenwelt des Alterthums. Platon's Schriften enthalten eine Welt von Ideen, welche fortan eines der geistigen Centra bilden sollte, in welchem das Denken und Fühlen des Griechengeistes seinen Ausdruck fand. Platon bildet eine Welt für sich und darum wollen wir versuchen, das Bild der Naturvorgänge zu entwerfen, wie es sich in dem Spiegel der platonischen Werke darstellt. Wir dürfen hiebei jedoch nie vergessen, dass Platon's Dialoge nicht darauf hinausgehen, ein wissenschaftliches Glaubensbekenntniss seines Verfassers zu liefern, sondern dass er je nach den Personen, denen er seine Reden in den Mund legt, auch verschieden gefärbte Meinungen zum Ausdruck bringt, wenn auch anderseits zugegeben werden muss, dass der Autor keine solche Meinung zum Ausdruck kommen lässt, welche er geradezu verwerflich gefunden hätte. Ein fernerer, nie zu vergessender Umstand ist es, dass die Schriften des Platon sich auf einen Zeitraum von mindestens 50 Jahren vertheilen und dass während dieser Zeit seine Meinungen und Ansichten in organischer Entwicklung sich vielfach geändert haben mögen, was die vielen Widersprüche erklärt, die wir in seinen verschiedenen Dialogen finden.

Bevor wir nun daran gehen, die Anschauungen über die Naturerscheinungen, wie sie in Platon's Dialogen ausgesprochen werden, darzustellen, müssen wir uns vor allem mit diesen seinen Werken kurz beschäftigen.

Platon's Werke geben uns ein getreues Bild von dem Entwicklungsgange ihres Verfassers. Man kann dieselben von diesem Gesichtspunkte in drei Perioden eintheilen. Die erste ist die sokratische Periode. In den Dialogen dieses Zeitraumes treten Personen auf, die von Sokrates des Nichtwissens und Nichtkönnens dessen überführt werden, was sie zu wissen und zu können vorgeben. Es demonstriren mithin diese Dialoge in erster Linie, wie schwer es sei, etwas zu wissen und um wie viel verbreiteter das vermeintliche Wissen. Neben dieser negativen Seite haben die Dialoge auch etwas Positives an sich, wobei die eigenartige Entwicklung der Ideen durch Sokrates meisterhaft wiedergegeben wird. So wird im „Lysis“ das Wesen der Freundschaft, im „Charmides“ der Begriff der „Sophrosyne“, d. h. das Bewusstsein über Wissen und Nichtwissen erörtert. Der Dialog „Laches“ beschäftigt sich mit der Tapferkeit, der grössere „Hippias“ mit dem Begriffe des Schönen. Im „Protagoras“ wird Sokrates den bedeutendsten Sophisten seiner Zeit entgegengestellt.

Den Uebergang zur zweiten Periode bilden die auf Sokrates' Vorurtheilung und Hinrichtung bezüglichen Schriften: „Apologie“, „Eutyphron“, „Gorgias“ und „Kriton“.

Die Schriften der zweiten Periode legen Zeugniss ab von den eingehenden Studien Platon's, welche er an die Kenntniss der verschiedenen philosophischen Systeme seiner Zeit wandte. In diesen Zeitraum gehören der „Theaitet", „Sophistes", „Politikos", „Parmenides", „Meno" und „Euthydemos", welche im Geiste der eleatischen Philosophen einzelne philosophische Begriffe entwickeln.

Die Dialoge der dritten Epoche charakterisirt die platonische Ideenlehre, welche sich als Grundzug durch alle hindurch erstreckt. Der Inhalt dieser Dialoge ist ein concreter aus den Gebieten der Ethik oder Physik und zeigt das Streben, die einzelnen Sätze zu einem Systeme zu verknüpfen. Bezüglich der Art der Behandlung verräth sich die Beschäftigung mit der Philosophie der Pythagoräer. Es sind diese letzten Werke die weitaus freiesten und vollkommensten, welche die eigentliche platonische Philosophie enthalten. In diese Periode sind zu rechnen: der „Phaidros", das „Symposion", „Philebos", das Werk über die Republik, „Timaios" und „Kritias" (unvollendet) und die „Gesetze". Unter diesen Dialogen ist es besonders der „Timaios", welcher angeführt werden muss, wenn von des Platon physikalischen Ansichten die Rede ist, da er in denselben seine Lehre von der Entstehung und Gestaltung der Welt anführt.

Platon hat nirgends den Bau seiner Philosophie als System dargelegt und muss man dasselbe aus seinen einzelnen Dialogen herausfinden. Die folgende Dreitheilung der Wissenschaft: Dialektik oder die Lehre von den Ideen, Ethik und Physik wurde schon im Alterthum, so auch von Aristoteles auf die platonische Philosophie angewendet. Uns interessirt an dieser Stelle bloss der dritte Abschnitt seiner Lehre: die Lehre von der Materie und die über das Weltsystem.

Ist es jedoch bei Aristoteles, der einfach und trocken seine Theorie darlegt, schon schwer, überall die richtige Meinung des Philosophen zu erkennen, so muss diese Schwierigkeit offenbar bei einem Schriftsteller wie Platon, der sich eben dort, wo er die essentiellsten Punkte seines Systems darlegt, gerne einer poetisch schwungvollen Rede bedient, seine Annahmen oft in mythologisches Dunkel hüllt und in Gleichnissen spricht, eine um so vieles grössere sein. Dazu kommt noch, dass die dialogische Form seiner Schriften, in denen Philosophen verschiedener Schulen das Wort führen, so z. B. im „Timaios", der für uns die grösste Wichtigkeit hat, wo der Wortführer ein Pythagoräer ist, dass die in diesen Dialogen dargelegten Ansichten, wenn sie auch mit denen des Autors im Ganzen und Grossen übereinstimmen, doch eine ihrer philosophischen Richtung entsprechende spezifische Färbung haben.

Unter allen seinen Werken interessirt uns der „Timaios" des Platon am meisten, da sich aus diesem Dialoge, der noch dazu der spätesten Zeit seines Lebens angehört, und somit die Meinung ihres Schreibers in ihrer gereiftesten Form gibt, die Physik des Platon so ziemlich vollständig entnehmen lässt.

Die Welt mit ihrer Ordnung und Zweckmässigkeit kann nicht bloss aus einem materiellen Grundprinzipe erklärt werden, es muss ausser dem Stoffe, den er sich als eine Art von Materie (ῦλη = Holz, zu bearbeitender Stoff) vorstellt, noch ein geistiges, unkörperliches Prinzip angenommen werden: die „körperliche Idee" (ἀσώματα εἴδη). Es ist somit Platon's System ein dualistisches. Die Idee ist das körperliche Urbild der Dinge, das ewig und unveränderlich dasselbe bleibt, während der Stoff, in Raum und Zeit existirend, fortwährendem Wandel ausgesetzt ist.

Die Weltbildung erzählt Platon als zeitlichen Prozess in folgender Weise: Ehe der Weltbaumeister (ὁ δημιουργός) die Welt schuf, gab es zweierlei: die Idee und den Stoff; die Idee als das gleichsam virtuelle Bild, die virtuelle Anordnung des unter dem Einflusse eines ordnenden, guten Schöpfers (ποιητής, ἀγαθός δημιουργός) sich gestaltenden chaotischen Stoffes. „Denn weil Gott wollte, dass Alles gut, Nichts aber, so „weit es möglich wäre, schlecht sei, so nahm er Alles, was sichtbar war „und nicht im Ruhezustand befindlich, sondern in unregelmässiger und „ungeordneter Bewegung sich befand, und führte es aus der Unordnung „zur Ordnung, indem er diesen Zustand durchaus für besser hielt als „jenen." (Timaios 30. A.) Als vermittelndes Glied zwischen Idee und Stoff schuf Gott die Seele (ψυχή), das denkende und der Materie organisches Leben mittheilende Prinzip. Hierauf folgt nun die mythologisch-naturphilosophische Schöpfungsgeschichte. „Von diesen vieren (den Ele-„menten) nun hat das Weltgebäude jedes ganz erhalten; denn aus allem „Feuer und Wasser, aus aller Luft und Erde fügte sie der Bildner zu-„sammen, und liess von keinem irgend einen Theil oder eine Kraft ausser-„halb zurück . . . . Auch gab er ihr eine Gestalt, welche für „sie passend und (dem Schöpfer) verwandt war. Für ein lebendiges „Wesen aber, welches die andern belebten Wesen in sich enthalten sollte, „dürfte wohl die Gestalt geeignet sein, welche alle anderen Gestalten in „sich umfasst. Deshalb drehte er es kugelförmig, von der Mitte an „überall nach den Enden hin gleich weit abstehend, in Gestalt eines „Kreises, der unter allen am vollkommensten und ihm (dem Schöpfer) „selbst am ähnlichsten an Gestalt, weil er der Ansicht war, dass das „(ihm) Aehnliche tausendmal schöner sei als das Unähnliche. Auswendig „aber machte er es ringsherum überall ganz glatt vieler Rücksichten „halber. Denn es bedurfte weder der Augen, denn es war nichts Sicht-„bares ausserhalb übrig gelassen, noch des Gehörs, denn es gab nichts „Hörbares, noch war Luft um dasselbe verbreitet, welche Einathmung „erforderte. . . . . . Von Händen aber, deren es weder um etwas zu „fassen, noch um etwas abzuwehren bedurfte, glaubte er nicht ohne Zweck „ihm etwas anfügen zu müssen, auch nicht von Füssen oder überhaupt „von den auf das Gehen sich beziehenden Werkzeugen. Denn von Be-„wegung theilte er ihm die diesem Körper eigenthümliche zu, von den

„sieben *) diejenige, welche am meisten mit der Vernunft und dem Denken
„in Verbindung steht. Deshalb machte er, indem er es gleichmässig in
„demselben (Raum) und in sich herumführte, dass es drehend sich im
„Kreise hermbewegte; die andern sechs Bewegungen aber nahm er ihm
„alle und vollendete es frei von ihren Irrbahnen. Weil es aber zu diesem
„Umlaufe der Füsse nicht bedurfte, schuf er es ohne Schenkel und Füsse.
(Timaios 32. D.) „Als nun der Vater, der das All erzeugt, bemerkte,
„dass es bewegt und belebt und ein Abbild der ewigen Götter geworden
„sei, empfand er Wohlgefallen daran und in der Freude beschloss er es
„dem Urbilde noch ähnlicher zu machen." (Timaios 37. C.) Und nun
wird die Erschaffung der fünf Planeten, der Sonne und des Mondes beschrieben, welche in sieben Kreise gesetzt werden und deren Zweck und
alleinige Bestimmung es ist, die Zahlen der Zeit festzustellen, so entsteht
durch die Kreisbewegungen von Sonne, Mond und des Sichgleichbleiben-
den, d. i. des Weltalls, Tag und Nacht, Monat und Jahr. Die Umläufe
der Uebrigen aber haben die Menschen nicht in Betracht gezogen. Ausserhalb der Planeten kreist die Fixsternsphäre.

Im weitern Verfolgen der besprochenen Stellen des Timaios, welche
sich mit der Einrichtung des Weltalls beschäftigen, gelangen wir an
eine Stelle, welche eine ganze Literatur verursacht und hervorgebracht
hat. Es handelt sich an dieser Stelle um nichts weniger, als um die
Entscheidung der Frage, ob Platon im Timaios die Erde als feststehend
betrachte, oder ob er dieselbe um ihre Axe drehend sich gedacht habe.
Da nun der Timaios wahrscheinlich (nach Böckh's Untersuchungen) die
Fortsetzung der Republik bildet und sich an denselben der unvollendet
gebliebene Kritias schliesst, so scheint es — abgesehen von so manchen
andern Gründen — als fast sicher und ausgemacht, dass der in Rede
stehende Dialog eines der letzten Werke Platon's sei und somit haben
wir es im Timaios mit den gereiftesten Ansichten des grossen Philosophen zu thun. Dass Platon in frühern Schriften anderes behauptet
als in späteren, das hat uns nicht zu beirren, da seine Schriften, wie
schon oben erwähnt, den einzelnen Phasen des Bildungsganges ihres
Autors entsprechen, nicht aber ein in sich abgeschlossenes System bilden.

Um die ganze, höchst verworrene und so ziemlich unlösbare Frage
in das richtige Licht zu stellen, wollen wir den folgenden Weg einschlagen. Zuerst wollen wir die fragliche Stelle citiren und die zwei
Versionen der Uebersetzung hinzufügen, hierauf kurz die Meinungen der
einzelnen Schriftsteller anführen, die pro et contra über diese Frage geschrieben haben und zum Schluss uns ein eigenes Urtheil zu bilden
suchen. Es hat jedenfalls ein ziemliches Interesse, die Vorstellung eines
der grössten Philosophen über das Weltgebäude kennen zu lernen. Die

---

*) Die sieben Bewegungen sind Bewegung nach Oben, Unten, Rechts,
Links, Vorwärts, Rückwärts und im Kreise. Vgl. Timaios 43. B.

Stelle lautet folgendermassen: „Γῆν δέ, τροφὸν μὲν ἡμετέραν, εἰλλομένην δὲ περὶ τὸν διὰ παντὸς πόλον τεταμένον φύλακα καὶ δημιουργὸν νυκτός τε καὶ ἡμέρας ἐμηχανήσατο, πρώτην καὶ πρεσβυτάτην θεῶν ὅσα ἐντὸς οὐρανοῦ γεγόνασι.“ Oder aber zu deutsch: „Die Erde aber, unsere Ernährerin, um die durch „das All gezogene Axe sich fest anschmiegend“ (oder aber nach der andern Uebersetzung: „sich umwickelnd“ im Sinne von „umdrehend“) „machte er zur Wächterin und Werkmeisterin von Nacht „und Tag, sie, die erste und älteste von allen Göttern, welche innerhalb „des Himmels entstanden sind.“ (Tim. 40. B.)

Das Zeitwort „εἰλεῖν“ heisst nun sowohl umwickeln als auch umdrehen und könnte der wirkliche Sinn des Wortes „εἰλλομένην“, die Bedeutung, welche ihm der Autor beigelegt hat, heute wohl kaum mehr mit absoluter Sicherheit eruirt werden. Da es sich aber um eine Stelle von hohem Interesse handelt, so haben sich mit derselben schon im Alterthum mehrere Schriftsteller beschäftigt. Die wichtigste hierauf bezügliche Stelle ist die des Aristoteles; in seinem Werke „Ueber das Himmelsgebäude“ (II. c. 13) heisst es: „einige sagen, die Erde befinde sich zwar in der Mitte, drehe sich aber um die durch das Weltall gehende Axe, wie im Timaios geschrieben steht *). Man kann doch wohl voraussetzen, dass der Schüler des Meisters Werke gekannt und verstanden habe. Es ist nur höchst fatal, dass auch Aristoteles sich des zweideutigen Wortes „ἴλλεσθαι“ bedient. Eine zweite Stelle, die sich auf den strittigen Punkt bezieht, ist die der „Academicae questiones“ (lib. II, cap. 39), wo es heisst: „Nach Theophrastos“ (der eine Geschichte der Astronomie in 6 Büchern geschrieben hat) „glaubt der Syrakuser „Hiketas, dass der Himmel, die Sonne, der Mond, die Sterne, kurz alles „was über uns ist, still steht, und sich im Weltraum nichts weiter, als „die Erde bewegt, durch deren äusserst schnelle Rotation eben diese Er-„scheinungen bewirkt werden, als wenn bei stillstehender Erde sich der „Himmel dreht. Eben dies soll nach der Meinung einiger auch Plato „im Timaeus sagen, jedoch auf eine etwas dunkle Weise“ **). Unter den späteren Schriftstellern sprechen sich Proklos und Simplicius dagegen aus, als habe Platon die Axendrehung der Erde gelehrt und beruft sich der erstere von beiden auf eine Stelle im „Phaidon“ des Platon, welche Stelle jedoch mit der in Rede stehenden des „Timaios“ absolut gar nichts zu thun hat. Dagegen stellt sich Diogenes Laer-

---

*) „Ἔνιοι δὲ καὶ κειμένην ἐπὶ τοῦ κέντρου φασὶν αὐτὴν (sc. γῆν) ἴλλεσθαι περὶ τὸν διὰ παντὸς τεταμένον πόλον, ὥσπερ ἐν Τιμαίῳ γέγραπται.“

**) Hicetas Syracusius, ut ait Theophrastus, coelum, solem, lunam, stellas superaque omnia stare censet, neque praeter terram rem ullam moveri; quae cum circa axem se summa celeritate convertat, eadem effici omnia, quasi stante terra coelum moveretur. Atque hoc etiam Platonem in Timaeo dicere quidam arbitrantur, sed paulo obscurius.

tiades in seinem biographischen Werke auf die Seite des Aristoteles. Auch Plutarchos stellt sich in den „Quaestionibus Platonicis" entschieden auf die Seite jener, welche Platon die Annahme einer feststehenden Erde vindiciren wollen, wobei er jedoch stark ins Gedränge geräth. Indem er nämlich die Frage aufwirft, weshalb in der berühmten Stelle des „Timaios" die Erde ebenfalls ein Werkzeug der Zeit heisse, sowie die Sonne, der Mond und die fünf Planeten, kommt er zu einem Schlusse, welcher dem Sinne der besprochenen Stelle bestimmt Gewalt anthut, nämlich dass die Erde in ihrer Unbeweglichkeit und vollständigen Passivität ebenso gut ein Werkzeug der Zeit genannt werden dürfe, als der Zeiger der Sonnenuhr, welcher sich nicht bewege und doch ein Werkzeug und Mass der Zeit sei. Nebenbei erwähnt er noch eine Tradition, welche geradezu geeignet ist, die Wirkung der vorstehenden Behauptung abzuschwächen, er sagt nämlich, dass laut Theophrastos Platon in seinem Alter bereut habe, der Erde einen ihr nicht gebührenden Platz angewiesen zu haben, der doch einem vorzüglicheren Dinge gebühre. Nun scheint es evident, dass Platon, als er die Erde zum „Demiurgos", d. i. Erzeuger oder Verfertiger von Tag und Nacht werden lässt, ihr keine derartige passive Rolle zugedacht haben kann, sondern dass er sie Verfertiger von Tag und Nacht durch ihre Axendrehung werden lässt. Jedenfalls kann mit bedeutender Sicherheit behauptet werden, der Ausdruck „γ.ῆ εἰλοομένη" bedeute die sich umwickelnde, d. h. umdrehende, nicht aber die umgewickelte, befestigte Erde.

Die Frage über den Sinn der vielbesprochenen Stelle des „Timaios" wurde in unserem Jahrhundert Gegenstand lebhafter Erörterung und hat sich langsam eine ganze kleine Literatur über diesen Gegenstand gebildet. Den Reigen der hierauf bezüglichen Schriften, welche in einander greifend eine ununterbrochene Kette bilden, eröffnet Ludwig Ideler's „Ueber das Verhältniss des Copernicus zum Alterthum", (im II. Bande des Museums der Alterthums-Wissenschaften 1808 erschienen). Nachdem er die Ansichten der Pythagoräer über die Einrichtung des Weltsystemes besprochen und besonders die des Philolaos aus Kroton und des Syrakusers Hiketas, weist er nach, dass diese die Lehre von einem Centralfeuer aufgestellt haben, um welches sie Erde, Sonne und Mond umlaufen liessen, hierauf übergeht er zu den Aussprüchen des Ekphantos und Herakleides Pontikos betreffs einer Annahme der Rotation der Erde um ihre Axe, um so zur Discussion der Ansicht des Platon, wie dieselbe im „Timaios" ausgesprochen, zu kommen. Das Resultat seiner Erwägungen spricht er mit den Worten aus: „Es scheint mir vielmehr ganz unzweydeutig darin zu liegen, dass Plato wirklich an eine Axendrehung der Erde gedacht hat." (Pag. 32 des Separatabdruckes von 1810.)

Kurze Zeit nach dieser Schrift erschien August Böckh's: „De Platonis systemate coelestium globorum et de vera astronomiae Philo-

laicae indole" 1810, in welcher er — seiner Ansicht nach — unumstösslich beweist, dass Platon sich die Erde als im Mittelpunkte des Weltalls ruhend vorstelle *). Durch diese Beweisführung bestimmt, nahm
Ideler in seiner Abhandlung über Eudoxos (Sitz.-Ber. der Berliner
Akad. 1830) seine frühere Aeusserung zurück und bekannte sich ebenfalls zur Böckh'schen Ansicht. Dieselbe Meinung spricht auch Alex.
v. Humboldt in seinem „Kosmos" (II, pag. 139) aus.

Die so hergestellte Uebereinstimmung der Ansichten störte O. F.
Gruppe's Werk: „Die kosmischen Systeme der Griechen, Berlin 1851"
in welchem er zu Ideler's Meinung zurückkehrte und dem scheinbar gewichtigen Argumente gegen diese Ansicht, welches sich auf den Widerspruch der rotirenden Erde mit andern Stellen aus Platon stützt, mit
dem nicht minder gewichtigen Gegenargumente der Nachweisung verschiedener Weltsysteme bei Platon begegnet. Die erste Stufe der Entwicklung der platonischen Ansicht über das Weltsystem fänden wir
nach Gruppe im „Phaidros", wo die Erde noch als Scheibe vorausgesetzt wird, über welche sich der Himmel als Krystallglocke stülpt.
Die zweite Stufe fänden wir im „Phaidon". Dort. ist die Erde eine
Kugel, welche Sokrates mit einem aus zwölf farbigen Streifen bestehenden Lederball vergleicht, ferner ist sie im Raume freischwebend
und sehr gross. Die dritte Stufe der Entwicklung stellt sich im zehnten
Buche der „Republik" dar, in welcher durch einen complizirten Mechanismus aus acht auf einer Diamantaxe aufgefädelten concentrischen
Kugelschalen, welche Axe die Ananke (die Nothwendigkeit) gleich einer
Spindel zwischen den Knieen hält und dreht, die Erscheinung der scheinbaren Bewegung des Himmelskörpers erklärt werden soll **). Das vierte

---

*) Die Stelle pag. IX lautet wie folgt: „Parum firmum tamen argumentum est ex Phaedone ductum ad interpretandum Timaei locum: nec melius
alterum, quod Locrus Timaeus, quem Plato sequi putabatur, terram stare
affirmat, quia, ut nuper explicuimus, non Plato ex Locro, sed personatus Locrus ex Platone sua compilavit. At omnium firmissimum et certissimum argumentum ex ipso nostro dialogo sumptum adhuc, quod
jure mirere, nemo repperit. Etenim, quum paulo supra (p. 36 C.) orbem
stellarum fixarum, quem Graeci ἀπλανῆ vocant, dextrorsum ferri quotidiano
motu Plato statuisset, non poterat ullum terrae motum admittere, quod qui
hunc admittit, illum non tollere non potest." Auf diese Stelle bezieht sich
Böckh in seinem „Philolaos des Pythagoreers Lehren nebst den Bruchstücken
seines Werkes." Berlin 1819, pag. 121.

**) In dieser Darstellung erscheint die Erde nicht mehr als frei
schwebend, sondern durch eine Diamantenaxe durchbohrt, um welche mit der
Spindel der Ananke die acht in einander eingekapselten Spulen herumgedreht,
wodurch die Himmelskörper im Kreise bewegt werden. Die Erde steht ruhig,
die eine der drei Töchter der Ananke, die Parze Klotho, dreht die äusserste
Spule und so mit die inneren. Die Bewegungen geschehen alle parallel mit
dem Aequator, nicht aber in der schiefen Richtung der Ekliptik. Die zum

und in seinen Schriften das letzte Weltsystem enthält der „Timaios", welcher nach des Verfassers Ansicht entschieden die Axendrehung der Erde lehrte. Ja es sollte sogar vielleicht ein fünftes System existiren, welches aber in keiner der platonischen Schriften Ausdruck gefunden hat, sich jedoch auf eine Stelle der plutarchischen Lebensbeschreibungen (Leben des Numa cap. 11) stützt, wo es heisst: Platon habe noch in hohem Alter seine kosmische Ansicht geändert und namentlich der Erde eine andere Stellung angewiesen als vorher, er habe ihr nicht mehr die Stelle im Mittelpunkt gegeben, sondern diese jetzt vielmehr vorbehalten einem anderen besseren Gestirn (ἑτέρῳ τινὶ κρείττονι). Man kann — meint Gruppe — hier an das pythagoräische Centralfeuer denken, oder aber an das heliocentrische System, welches die Erde zum Planeten macht *).

Durch die Nachweisung verschiedener Weltsysteme bei Platon und durch Berufung auf die Stelle bei Aristoteles, wo dieser mit den Worten des „Timaios" behauptet, Platon habe die Axendrehung der Erde gelehrt, sucht Gruppe die Beweisführung Böckh's zu entkräften. Einen sehr plausibeln Grund für die Wahl des zweideutigen Zeitwortes „εἴλειν" findet der Verfasser durch die folgende Betrachtung: Platon war Zeuge der Verfolgung und Hinrichtung des Sokrates, für welche den Vorwand die Verbreitung irreligiöser Lehren abgeben musste, es liegt nun sehr nahe, dass Platon sich gescheut habe, in Conflict mit den orthodoxen Gefühlen seiner Zeitgenossen zu kommen und deshalb für die tieferdenkenden Leser, denen eventuell eine Tradition zu Hilfe kam, diese so verschleierte Stelle hinsetzte, welche eben ihrer Zweideutigkeit wegen der Verfolgung keinen Anhaltspunkt bot. — Wenn Gruppe es

---

Aequator senkrechte Bewegung suchte Platon durch einen eigenen Mechanismus an den Spulen zu erklären. Die Musik der Sphären entsteht durch Sirenen, welche auf den oberen Theilen der Kreise stehen und deren jede nur einen Ton singt.

*) Eine Stelle hat Gruppe in seiner Schrift: „Ueber die kosmischen Systeme der Griechen" (pag. 158) allerdings nachgewiesen, jedoch wird hiebei vorausgesetzt, dass diejenige Schrift des Platon, in welcher sich die Stelle findet, nämlich der Dialog „Nomoi" (Die Gesetze, im siebenten Buche, Cap. 820, 821) die späteste Schrift unseres Philosophen sei. Der Athener des Dialoges sagt nämlich: „Meine sehr lieben Freunde, die Meinung, dass die Sonne und „der Mond und die andern (Wandel-)Sterne herumschweifen, ist nicht richtig, „es geschieht gerade das Gegentheil, da jedes dieser Gestirne nur einen ein- „zigen Weg bei seinem Umschwunge durchläuft, wenn es auch sich auf „vielfachen Wegen zu bewegen scheint. Und das Gestirn, welches in Wahr- „heit das schnellste von allen ist, betrachten wir fälschlich als das lang- „samste, und umgekehrt." Diese Stelle spricht entschieden für die Annahme, Platon habe in seinen letzten Jahren das heliocentrische System gekannt und für richtig gehalten.

für wahrscheinlich hält, dass Platon der Erde selbst die Umkreisung der Sonne zugeschrieben habe, so scheint dies entschieden zu weit gegangen zu sein. Als Antwort auf die Schrift Gruppe's erschien alsbald das an Humboldt gerichtete „offene Sendschreiben" Böckh's unter dem Titel: „Untersuchungen über das kosmische System des Platon, mit Bezug auf Hrn. Gruppe's Kosmische Systeme der Griechen", Berlin 1852, in welchem der Verfasser seinen vorigen Standpunkt wahrt und vor allem sich auf eine Anzahl von Autoren beruft, welche ebenfalls seine Ansicht theilten. Hierauf führt er andere Stellen des Dialogs an, welche in Widerspruch mit der rotirenden Erde zu sein scheinen, um sich schliesslich über die oftcitirte aristotelische Stelle mit einer sehr geschraubten Annahme hinwegzuhelfen. Man gesteht sich nach dem Lesen der Böckh'schen Schrift leicht ein, dass die Beweisführung, welche in der That bloss um die Frage herumgeht und sich über den eigentlichen in Frage stehenden Ausdruck gar leicht hinweghebt, nur wenig überzeugende Kraft habe.

Kurze Zeit nach dem Erscheinen der Böckh'schen Schrift erschien 1855 im Programm des Aschaffenburger Gymnasiums ein Artikel von Wolfgang Hocheder unter dem Titel: „Ueber das kosmische System des Platon mit Bezug auf die neuesten Auffassungen desselben", in welchem der Verfasser gegen Böckh die Meinung vertritt, Platon habe die Axendrehung der Erde gelehrt. Die eingehende, lichtvolle Untersuchung des Verfassers, überall auf die betreffenden citirten Stellen gestützt, scheint es klarzustellen, dass nach Platon alle Weltkörper sich in Kreisen um die Weltaxe von West nach Ost bewegen, mithin die von Ost nach West gerichtete Bewegung des Fixsternhimmels bloss Schein sei, dass ferner auch der Stillstand der Erde bloss Schein sei und dass schliesslich auch die vielfachen schraubenförmigen Windungen des Planeten nur scheinbar seien, während in der That jeder Planet nur in einer durch den Fixsternhimmel schief dahinziehenden Bahn sich von West nach Osten bewege.

Die Arbeit Hocheder's wurde von Susemihl, Verfasser der „genetischen Entwicklung der platonischen Philosophie", angegriffen[*] und als der Begründung entbehrend erklärt, worauf Hocheder in einer kleinen Schrift: „Begründung der Lehre des Platon über die Axendrehung der Erde" (Aschaffenburg 1860) antwortete, in welcher er durch eingehende Untersuchung aller jener Stellen bei Platon, welche sich auf die Frage beziehen, zur Aufstellung folgender Sätze geführt wird (pag. 20 der citirten Abhandlung).

„A. Wenn wir die Axendrehung der Erde im Timäus nicht „annehmen, so bieten sich uns bei seiner Erklärung grosse Schwierigkeiten dar."

---

[*] Jahn's Jahrbücher LXXV, 598.

„B. Wenn wir hingegen dem Platon die Lehre von der Axen-
„drehung der Erde zuschreiben, so wird mit Einemmale alles klar: die
„Aenderungen des Textes fallen weg, und die Wörter und Ausdrücke
„kehren zu ihrer natürlichen Bedeutung zurück."

Zum Schlusse, mit Uebergehung der Erörterungen von Cousin,
Martin u. s. w., führen wir nur noch eine kleine Dissertation von Georg
Grote, dem Verfasser der „Geschichte von Griechenland", an, welche
den Titel führt: „Platon's Lehre von der Rotation der Erde und die
Auslegung derselben durch Aristoteles" (deutsch von Holzamer, Prag
1861), in welcher der Verfasser in sehr glücklicher Weise die Frage behandelt. Vor allem weist er darauf hin, dass das Hauptargument
Böckh's, Cousin's und Martin's, nach welchem die Annahme, dass
die in 24 Stunden erfolgende Rotation der Sternensphäre (Aplanes) die
Aufeinanderfolge von Tag und Nacht bewirke, die Rotation der Erde
um ihre Axe ausschliesse, Platon und Platon's Zeit gegenüber nicht
recht angebracht sei, da wir nicht mit dem Auge des Naturforschers
von heute eine solche Frage behandeln dürfen und Platon einfach den
Widerspruch übersah, in welchen er sich dadurch verwickelte, dass er
dem Fixsternhimmel und der Erde, jedem für sich eine Drehung zuschrieb.
Jedenfalls scheint es — wie dies Grote betont — eine viel ernstere
Schwierigkeit zu verursachen, wenn man annimmt, Aristoteles habe
den Platon entweder missverstanden oder wolle dessen Aussprüche ver-
drehen, als wenn man voraussetzt, unser Philosoph habe an dieser Stelle
die Rotation der Erde behauptet.

Wenn wir uns bei der Behandlung dieser Streitfrage etwas länger
aufgehalten haben, so möge als Entschuldigung dienen — falls es einer
solchen bedarf — dass wir es hier mit einer der wenigen Fragen der
Geschichte der Wissenschaft zu thun haben, über welche sich wirklich
eine wissenschaftliche Discussion entwickelt hat, und als Motivirung möge
es dienen, dass die Ansicht eines Platon jedenfalls in der Zeit kurz
nach seinem Tode eine Macht war, deren Wirkung sich nothwendigerweise in den Meinungen seiner Nachfolger äussern muss. — Was nun
die Ansicht betrifft, die wir uns durch aufmerksames Lesen der einschlägigen Stellen aus Platon's Dialogen und Abwägen der Argumente für
und wider bilden können, so scheint es als ausgemacht gelten zu können,
dass Platon im „Timaios" die Drehung der Erde um ihre Axe behaupte,
wenn auch im selben Dialoge solche Behauptungen vorkommen, welche
mit jener einigermassen in Widerspruch sind. Denn die Beurtheilung
des Sinnes der vielfach angeführten Stelle muss offenbar aus der frag-
lichen Stelle selbst ausgehen und können andere Stellen damit in Widerspruch sein, ohne dass deshalb die Bedeutung einer Stelle alterirt würde,
falls es sich nur voraussetzen lässt, dass der Verfasser dieselbe mit der
gehörigen Aufmerksamkeit behandelt habe. Nun ist aber hier die Behauptung der Rotation der Erde um die Weltaxe eine Behauptung von

solcher Wichtigkeit, welche Platon jedenfalls mit voller Erwägung ausgesprochen, während der Widerspruch der Bewegung des Fixsternhimmels,
welche an anderer Stelle vorkommt, recht gut der mangelhaften astronomischen Kenntniss zugeschrieben werden kann und ja auch Aristoteles entgangen zu sein scheint. Zudem ist die ganze Darstellung eine
solche, welche nicht dazu angethan scheint, eine in das einzelne gehende
Folgerichtigkeit aufzuweisen, sondern vielmehr den Eindruck einer kühnen
— poetisch angehauchten — Conception macht, an welche das Anlegen
des Ellenmasses der philologisch-geometrischen Beurtheilung, wie dies
besonders Böckh gethan, wohl zu keinem erspriesslichen Resultate
führen kann.

Wenn wir dergestalt es als ausgemacht betrachten, dass Platon
die Rotation der Erde um die Weltaxe behauptet habe, und aus derselben
die scheinbare Bewegung der Himmelskörper erklärte, so ist diese Meinung nicht mit der heliocentrischen Ansicht, das ist mit der Hypothese
der Revolution und Rotation der Erde, zu verwechseln, für deren Annahme durch Platon denn doch keine — irgendwie vertrauenswürdigen —
Daten existiren.

Aristoteles.

Einzelne grosse Männer überragen die Gedankenwelt ihrer Zeit in
so bedeutendem Masse, dass ihre Ansichten und Ueberzeugungen für
Jahrhunderte zu einer, jede anders geartete Meinung ausschliessenden
Macht werden, welche erst, nachdem sie sich vollständig ausgelebt und
durch die Gedankenarbeit späterer Zeiten längst überholt wurde, dem
Andringen der neuen Ideen und Gedanken, und auch dann erst nach
einem gewöhnlich hartnäckigen Kampfe weicht. So wurde z. B. die
Gedankenwelt Kant's zu einer solchen, die wissenschaftliche Denkthätigkeit eines ganzen Jahrhunderts disciplinirenden Macht, welche ihren
Stempel dem philosophischen Denken des ganzen neunzehnten Jahrhunderts aufgedrückt hat.

Die Geschichte der Wissenschaft nennt keinen zweiten Namen, wie
jenen, dessen Träger ein durch zwanzig Jahrhunderte fortdauerndes
wissenschaftliches System begründete: nämlich Aristoteles. Es gab
eine Zeit, in der dieser Name mit dem Begriffe Wissenschaft untrennbar verbunden war, in welcher die Werke des stageirischen Philosophen für das profane Wissen ebenso die Urquelle abzugeben hatten,
als die Bibel für das theologische. Und als endlich die Zeit hereinbrach,
in welcher man mit dem blinden Autoritätsglauben aufräumte und in
der Naturwissenschaft als unbestreitbare Quelle der Wahrheit die Erfahrung hinstellte, da entstanden weithin fühlbare, durch die ganze
Gelehrtenrepublik sich erstreckende Erschütterungen, als wenn mit der
Wissenschaft des Aristoteles die Wissenschaft selbst bedroht sei.

Die Bedeutung des Aristoteles für die Entwicklungsgeschichte der Naturwissenschaft ist eine doppelte. Erstens ist er es, der die wissenschaftlichen Bestrebungen seiner Vorgänger zusammenfasst und uns über dieselben referirt, wodurch seine Werke für uns zur Quelle für sonst gänzlich verschollene philosophische Ansichten und Meinungen früherer Denker geworden sind, zweitens hat Aristoteles durch die gewaltige und kühne Aufgabe, die er sich durch Aufrichtung eines Systems aller Wissenschaften gestellt und grösstentheils auch gelöst hat, sich eine Bedeutung erworben, welche durch Jahrtausende hindurch aushielt. Wenn wir in dem bisherigen nur gleichsam eine Einleitung zu einer Geschichte der Physik geschrieben haben, so beginnt mit Aristoteles die eigentliche Geschichte der Physik. Bei ihm finden wir an Stelle der unzusammenhängenden einzelnen Bemerkungen über verschiedene Gegenstände der Natur zum erstenmale ein festes System wissenschaftlicher Kenntnisse.

Wir wollen hier zuerst die Lebensschicksale des Aristoteles erzählen, hierauf eine Analyse seiner naturwissenschaftlichen, insonderheit physikalischen Schriften geben und zum Schlusse die Bedeutung des grossen griechischen Denkers für die Entwicklung der Grundprinzipien der Physik darlegen.

Aristoteles wurde nach Apollodoros im ersten Jahre der Olympiade 99, d. i. im Jahre 384 vor unserer Zeitrechnung geboren. Sein Geburtsort war Stageiros, eine Stadt an der westlichen Küste des Strymonischen Meerbusens (jetzt Busen von Contessa), deren Lage und Umgebung vielfach an die von Sorrento im südlichen Theile des Meerbusens von Neapel erinnert. Sein Vater Nikomachos war einer der angeblichen Nachkommen des Aeskulap, ein sogenannter Asklepiade und Arzt. Ob derselbe später wirklich Leibarzt des makedonischen Königs Amyntas II. war, wissen wir nicht mit Sicherheit, jedenfalls war er demselben befreundet. Schon in seiner frühen Jugend folgte Aristoteles seinem Vater an den makedonischen Königshof nach Pella, wo er den Königssohn, den spätern mächtigen König Philipp II. kennen lernte und sich mit diesem befreundete, eine Freundschaft, welche bis an des Königs Tod anhielt.

Schon als 17jähriger Jüngling verlor Aristoteles seinen Vater und wurde dadurch in den Besitz eines — wie es scheint, bedeutenden — Vermögens gesetzt. Die bekannten Klatsch-Schriftsteller des Alterthums erzählen uns von der Leichtlebigkeit, Verschwendung und andern übeln Eigenschaften des jungen Aristoteles, welcher diesen Verläumdungen zufolge sein ganzes Vermögen durchgebracht haben soll, eine, wie es scheint, durchaus erfundene Geschichte, welche schon von den Alten widerlegt wurde. Jedenfalls war Aristoteles sein ganzes Leben hindurch wohlhabend, wenn nicht reich, und verwendete grosse Summen auf die Gründung einer Bibliothek. — Nach seines Vaters Tode wendete sich Aristoteles nach Athen, um den grossen Weisen seiner Zeit,

Platon, zu hören und dessen Schüler zu werden. Allein er fand denselben nicht in Athen, da er eben in Syrakus weilte. Während der dreijährigen Abwesenheit des Meisters bereitete Aristoteles sich auf den Unterricht des Platon durch gründliche Studien vor. Der vorerwähnte schriftstellerische Klatsch hat das Verhältniss des Schülers zu seinem Meister ebenfalls in den Kreis seiner Verläumdungen gezogen und so wie seinerzeit dem Platon allerlei Vergehen gegen Sokrates, so wurden auch dem Aristoteles die mannigfachsten Ausschreitungen gegen das Ansehen und die Autorität des Platon angedichtet. Es kann diesem Vorwurf um so sicherer begegnet werden, als die Sprache wissenschaftlicher Polemik mit den Ansichten des Platon, welchen wir häufig genug in den Werken des Aristoteles begegnen, stets eine durchwegs würdige, nie aber persönlich verletzende ist. Besonders finden sich derlei Geschichtchen bei Aelianus: „Variae historiae" III. Band. Nach einem derartigen Geschichtchen sollte der Meister sich über des Schülers Undank in der Weise ausgesprochen haben, dass er denselben mit einem Füllen verglich, das seine Mutter stiesse, nachdem es sich satt getrunken habe.

Siebenzehn Jahre war Aristoteles der Schüler und Freund des Platon, bis zu dessen im Jahre 347 v. Chr. erfolgenden Tode. In der letzten Lebenszeit des Platon hatte sich Aristoteles schon auf seine eigenen Füsse gestellt und einen Kreis von Bewunderern um sich versammelt, denen er Vorträge hielt. Unter den Zuhörern befand sich Hermeias, der Herrscher von Atarneus. Nach Platon's Tod verliess Aristoteles Athen und ging in Folge einer Einladung des Hermeias mit Xenokrates nach Atarneus, wie einige Schriftsteller glauben, um eine Verfassung für die Besitzung des Hermeias zu verfertigen. Der Aufenthalt des Philosophen in Atarneus wurde nur zu bald in höchst gewaltthätiger Weise durch eine Palastrevolution und die Ermordung des Hermeias unterbrochen. Die beiden Philosophen mussten nach Mytilene fliehen und nahmen des Hermeias Adoptivtochter Pythias mit sich, welche Aristoteles später zur Frau nahm. Dieselbe starb jedoch nach Geburt einer Tochter. Aristoteles bestimmte in seinem Testamente, dass seine Gebeine neben den ihrigen beerdigt werden sollen.

Aus seinem neuen Aufenthaltsorte Mytilene erhielt Aristoteles den Ruf an den Hof zu Pella. Seinem königlichen Freunde war während der Zeit, da er Platon's Schüler war, ein Söhnchen geboren worden, der als Jüngling die Welt erschüttern und aus ihren Fugen rütteln sollte. Der Knabe Alexander, der spätere Weltbezwinger Alexander der Grosse, war im Jahre 343 v. Chr. 13 Jahre alt, als Philippos von Makedonien seinen weisen Freund bat, die Erziehung desselben zu übernehmen. Aristoteles folgte dem Rufe und trat sein Amt an, welches allen Berichten zufolge zu einem herzlichen Verhältnisse zwischen Lehrer und Schüler führte. Es ist dies ein in der Geschichte zum zweitenmale nicht wieder vorkommender Fall, dass einer der grössten Denker des Menschengeschlechtes die geistige Leitung eines der grössten Fürsten aller Zeiten auf sich nahm. Dass Alexandros die geistige Bedeutung seines Mentors und die Förderung, die ihm durch denselben geworden, richtig aufgefasst habe, das drückt ein Ausspruch, der dem Könige zugeschrieben wird, aus, demzufolge er Aristoteles seinem Vater gleich ehrte, denn wenn er dem letzteren sein Leben verdanke, so verdanke er dem ersteren das, was ihm das Leben werthvoll mache.

Aristoteles war vier Jahre hindurch Erzieher des makedonischen Thronfolgers, der mit 17 Jahren grossjährig wurde, jedoch verliess der Philosoph nach gelöster Aufgabe nicht allsogleich den Hof von Pella, sondern brachte dort noch weitere drei Jahre zu. Als schliesslich die Vorbereitungen für den Feldzug nach dem Orient immer lebhafter und ernster betrieben wurden, rüstete sich auch Aristoteles, von allen Verpflichtungen entbunden, im Jahre 335 zur Rückkehr nach Athen. Einige Schriftsteller erzählen von der Grossmuth des königlichen Schülers, welcher dem scheidenden Lehrer zum Zwecke seiner wissenschaftlichen Untersuchungen die bedeutende Summe von 800 Talenten (à 4100 Mark) übergeben und ausserdem mehrere Tausend Leute, die sich mit Jagd, Fischfang und Vogelfang beschäftigt hätten, zu seiner Verfügung gestellt habe. Diese letztere Nachricht stammt von Plinius (Hist. natural. VIII, 17, §. 44) und ist ebenso unwahrscheinlich als die erstere, wonach Alexander seinem Lehrer eine solche Summe übergeben hätte, welche wohl das einjährige Einkommen Makedoniens überschritten haben würde. Uebrigens findet sich nach Alex. v. Humboldt's Bemerkung (Kosmos II, p. 191 u. 428) in den zoologischen Werken des Aristoteles nichts, was auf unmittelbare Bereicherung seines zoologischen Wissens durch die Heerzüge des Alexander hindeuten würde.

Aristoteles fand die platonische Schule in der Akademie nicht mehr unter des inzwischen verstorbenen Speusippos Leitung, sondern von seinem Freunde Xenokrates eingenommen. Er suchte sich nun selbst einen Ort, von dem er seine Lehre verbreiten könnte und fand einen passenden im Lykeion, dem in der Nähe des Apollon Lykeios liegenden, von Peisistratos gegründeten und von Perikles wiederhergestellten und verschönerten Gymnasium, dem glänzendsten seiner Art in ganz Athen. Aristoteles erhielt die Erlaubniss, in den schattigen Spaziergängen desselben, im „peripatos" Morgens und Abends zu unterrichten, was seiner in Pella angeeigneten Gewohnheit, auf und abwandelnd zu lehren und wissenschaftliche Fragen zu besprechen, sehr zu statten kam. Vom Ort der Schule erhielt dieselbe den Namen der „peripatetischen", sowie die des Platon von der Akademie, andere von anderen Orten ihre Namen erhielten.

An diesem Orte nun lehrte Aristoteles dreizehn Jahre hindurch, hier brachte er den kühnen Gedanken einer grossen wissenschaftlichen

Encyclopädie, eines Werkes, das die gesammte Wissenschaft seiner Zeit umfassen sollte, zur Ausführung. Seine Stellung in Athen war indess eine nichts weniger als erquickliche. Als Nichtathener hatte er keinerlei Antheil an den öffentlichen Angelegenheiten, seines nahen Verhältnisses wegen zu dem grossen makedonischen Eroberer, wurde er mit einem gewissen Argwohn beobachtet. Sein Verhältniss zu Alexander wurde einigermassen getrübt durch das Missfallen, das der durch asiatische Schmeichler verwöhnte König über den Neffen des Philosophen Kallisthenes empfand, der im Gefolge des Fürsten war und durch seine freimüthigen Aeusserungen den Unwillen desselben erregte, welcher Unwille sich auch theilweise auf den Onkel übertrug, vielleicht in Folge der Erinnerung an gelegentlich erhaltene Rügen von Seiten des gewesenen Lehrers. Dass diese Verstimmung des Königs gegen Aristoteles grosses Aufsehen verursacht haben mochte, dafür spricht die sonst gänzlich unbegründete Verläumdung, Aristoteles habe seinen Freund, den Feldherrn Antipater, veranlasst, dem Könige Gift beizubringen, in Folge dessen Alexander gestorben sei. Die Geschichte hat nun allerdings entschieden, dass der grosse Eroberer in Babylon einem perniciösen Wechselfieber erlegen sei, und somit die Grundlosigkeit des erwähnten Gerüchtes dargethan, wenn sonst auch irgend welch ein Grund vorhanden sein sollte, den Philosophen einer solch' ungeheuerlichen That zu zeihen. Es ist die Möglichkeit der Ausstreuung und der Weiterverbreitung eines derartigen, schwer verleumdenden Gerüchtes übrigens für die Schriftsteller der spätern Jahrhunderte höchst charakteristisch und kann jedenfalls als ein Fingerzeig dienen, welch wichtige Aufgabe der historischen Kritik zufällt, in dem Augiasstalle der skandalsüchtigen Anekdotenjäger jener Zeit aufzuräumen.

Während Alexander in Asien seinen gewaltigen Eroberungen nachhing, alte Reiche zerstörte und neue aufrichtete, war Aristoteles in Athen gänzlich von seiner Lehrthätigkeit und seiner schriftstellerischen Wirksamkeit in Anspruch genommen. Dazwischen kamen nun auch unangenehme Vorgänge, welche es ihn fühlen liessen, dass er bloss als „Metoike", d. i. als Fremder, und nicht als athenischer Vollbürger in seiner neuen Heimath lebe, und dass er für einen Protégé des makedonischen Herrschers gelte, was in dem antimakedonisch gesinnten Athen durchaus nicht zur Erwerbung von Popularität dienlich war. Hiezu kam noch ein unliebsames Zusammentreffen von Umständen, welche alle dazu beitrugen, die Lage unseres Philosophen zu einer denkbar unangenehmen zu gestalten. Als nämlich im Jahre 324 Alexander es für zweckmässig hielt, bei Gelegenheit der olympischen Spiele der Griechen durch einen Herold die Zurückberufung sämmtlicher verbannter Bürger zu entbieten und hiedurch allgemeinen Unwillen erregte, da traf es sich, dass der Ueberbringer dieser Proclamation Nikanor von Stageiros war, der Sohn des Proxenos, des gewesenen Vormundes unseres Philosophen.

Nikanor stand nach seines Vaters Tode unter des Aristoteles Vormundschaft und war ihm die Hand von dessen Tochter bestimmt. Es versteht sich wohl von selbst, dass dieser Vorgang ganz geeignet war, den Zorn der Athener auf das Haupt des schuldlosen Aristoteles zu lenken.

Es war im Sommer des Jahres 323, als plötzlich eine Nachricht, die sich mit Blitzesschnelle durch die Grenzen des weiten Reiches verbreitete, Griechenland erreichte, welche einem Donnerschlage gleich die Gemüther erschütterte: es war die Nachricht von des grossen Königs kurzer Krankheit und von dessen Tode. Alsbald regte sich in allen griechischen Städten die Reaction gegen den makedonischen Druck; die fremden Besatzungen wurden verjagt oder in festen Plätzen umschlossen, und es schien, als würde Hellas sich noch einmal von der Fremdherrschaft befreien. Bei dieser Constellation der Umstände wurde auch der Aufenthalt des Aristoteles in Athen in ernster Weise in Frage gestellt. Es zeigte sich, dass er mehr Feinde als Freunde in der Stadt zähle. Als seine Feinde traten nun die Anhänger des Rhetoriklehrers Isokrates auf, gegen welchen letzteren Aristoteles während der Zeit seines ersten Aufenthaltes in Athen polemisirt hatte, ferner gab es unter den Schülern des Platon so manche, denen unseres Philosophen selbstständiges Philosophiren, das noch dazu mit dem ihres geliebten Meisters so häufig in Conflict kam, ein Gräuel war, und die ihn deshalb nicht leiden mochten, endlich war es noch die antimakedonische, also eine politische Partei, welche den Lehrer des gewaltigen, einst so gefürchteten Todten, seiner politischen Harmlosigkeit zum Trotz hassten und zu verfolgen geneigt waren. Diese — Aristoteles feindseligen — Elemente säumten nun nicht, die günstige Gelegenheit auszunützen um ihr Müthchen an ihm zu kühlen. Der Demeterpriester Eurymedon, von einem Schüler des Isokrates sekundirt, erhob die gefährliche Anschuldigung der Gottlosigkeit und Gotteslästerung, der seinerzeit auch Sokrates zum Opfer gefallen, gegen Aristoteles, gestützt auf einen Päan auf seinen ermordeten Freund Hermeias aus Atarneus, in welchem dieser als Heros gepriesen wurde, ferner auf die Thatsache, dass der Philosoph demselben Hermeias eine Statue im delphischen Tempel errichtet habe. Aristoteles war nicht gewillt, in dieser Richtung der Nachfolger des Sokrates zu werden, er nahm das Recht des Angeklagten, welches demselben gestattete, bevor der Tag der Verhandlung anbrach, sich durch freiwillige Verbannung zu sichern, in Anspruch und reiste nach Chalkis auf Euboia, wo er eine Vertheidigung gegen die wider ihn ausgestreuten Verleumdungen verfasste. Sein Entweichen von Athen motivirte er mit den Worten, er wolle den Atheniensern keine Gelegenheit bieten, sich zum zweiten Male an der Philosophie zu versündigen. Dass er die Grösse der ihm drohenden Gefahr richtig aufgefasst habe, das bewies alsbald das Urtheil des Areopags, welches ihn, als er auf die Vorladung dieses

Gerichtshofes nicht erschien, in contumaciam zum Tode verurtheilte. Aristoteles hatte Athen wie jemand verlassen, der bald dorthin zurückzukehren gedenkt, er rechnete auf den Erfolg der makedonischen Waffen, welche seiner Erwartung gemäss den früheren Zustand bald wieder herstellen würden. Er vertraute seine Bibliothek und seine Schriften seinem Schüler Theophrastos an und scheint sich in der Hoffnung gewiegt zu haben, in Kürze wieder zu seiner gewohnten Beschäftigung zurückkehren zu können; doch schon im kommenden Jahre 322 v. Chr. ereilte ihn der Tod in seinem dreiundsechzigsten Lebensjahre.

Die Biographie des Aristoteles, wie sie uns von Diogenes Laertiades überliefert worden, bringt auch ein Testament des Stagiriten. Wenn dasselbe echt ist, so scheint sich der Philosoph eines beträchtlichen Vermögens erfreut zu haben, welches nach dem heutigen Werthe des Geldes wohl auf eine Million Mark zu schätzen wäre. Als Haupterbe wird sein Mündel Nikanor genannt, der die Tochter des Philosophen von der Pythias heirathen sollte. Die zweite Gemahlin des Aristoteles war Herpyllis, welche ihm den Nikomachos gebar; dieselbe wurde sammt ihrem Sohne ebenfalls im Testamente auf das reichlichste bedacht. Andere Punkte des Testamentes, sowie verschiedene Erwägungen über die in demselben angeführten Verhältnisse machen das Testament des Stagiriten allerdings verdächtig. Jedenfalls kann es das Eine bezeugen, dass ernster gestimmte Schriftsteller dem Charakter des Philosophen volle Gerechtigkeit angedeihen liessen.

Es ist der Fluch grosser Namen, dass sie die Schmähsucht ihrer Zeit herausfordern, welche dieselben durch Beschmutzung auf das gewöhnliche Mass des Mittelschlages der Menschen herunterzustimmen versucht. So ist denn auch dem grossen Philosophen von Stageiros nicht erspart geblieben, gleich seinem Meister Platon Gegenstand der verschiedensten Anschuldigungen und Verleumdungen zu werden. Die schon öfters genannten Autoren des späteren Alterthums, sowie die Kirchenväter haben viel lieber Schlechtes als Rühmliches von ihm erzählt. Vor allem wird seine Gestalt, die klein und unscheinbar gewesen sein soll, seine kleinen Augen und dünnen Beine erwähnt, seine lispelnde, stotternde Sprache verspottet, seine gewählte Kleidung und seine Vorliebe für die Freuden der Tafel gerügt. Der zweite wesentliche Theil der Lästerchronik bezieht sich auf das Verhältniss des Stagiriten zu seinem Meister Platon, den er bei jeder Gelegenheit gehöhnt haben und dem gegenüber er sich stets eines provozirenden, beleidigenden Tones beflissen haben soll, was wir — beiläufig gesagt — auf Grund der Schriften des Philosophen entschieden als unwahr zurückweisen können, da wir in den Werken desselben nirgends einen, Platon gegenüber beleidigenden Ton angeschlagen finden. — Es hiesse offenbar solchen galligen Auslassungen zu viel Ehre anthun, wollte man sich in eine meritorische Behandlung der Grundlosigkeit derselben einlassen, es entspricht vielmehr dem Wesen des Mannes, dessen Leben wir erzählen, wenn wir sie einfach beiseite schieben.

Ueber die äussere Erscheinung des Philosophen wird uns berichtet, dass derselbe klein und schmächtig und von schwächlicher körperlicher Constitution gewesen sein soll. Eine im Palast Spada in Rom befindliche Bildsäule eines sitzenden, mit einem Philosophenmantel bekleideten Mannes, trägt auf seinem Sockel die verstümmelte Aufschrift „'Αρις—", was wir wohl für Aristoteles zu lesen berechtigt sind.

Was den Charakter des Stagiriten betrifft, so weist alles darauf hin — vor allem sein Benehmen dem Andenken des Hermeias gegenüber, sowie das Testament, das uns Diogenes Laërt. überliefert — dass der Charakter des Aristoteles ein über jeden Makel erhabener gewesen sei.

Wir übergehen nun auf die Discussion der Schriften, welche unter dem Namen des Philosophen von Stageiros auf uns gekommen sind, wollen jedoch vorher noch mit einigen Worten der andern, uns verloren gegangenen Werke des Aristoteles gedenken.

Einer der Bibliothekare der grossen alexandrinischen Weltbibliothek hat etwa 220 vor Chr. G., also ein Jahrhundert nach des Philosophen Tode, ein Verzeichniss der in der alexandrinischen Büchersammlung befindlichen aristotelischen Werke zusammengestellt, welches Verzeichniss zufälligerweise auf unsere Zeit gelangt ist. Einhundert sechsundvierzig Titel von aristotelischen Schriften werden genannt und was das Eigenthümliche hiebei ist, dieselben entsprechen ihrem Namen nach durchaus nicht jenen vierzig Abhandlungen, die wir als die Werke des Aristoteles kennen. Es unterliegt nun wohl keinem Zweifel, dass die alexandrinischen Gelehrten hundert Jahre nach dem Tode des Philosophen die echten Werke desselben doch nothwendigerweise kennen mussten und es entsteht die Frage, ob das, was wir als die Werke des Aristoteles kennen, auch wirklich die echten Schriften dieses Autors seien. Wir werden sehen, dass unbeschadet der Echtheit der alexandrinischen „Aristotelica" auch die unseren wirkliche und echte Werke, ja dass dieses sogar die Hauptwerke des Gründers der peripatetischen Philosophenschule seien. Wir müssen, um diesen scheinbaren Zwiespalt zu lösen, eine etwas abenteuerlich gefärbte Geschichte erzählen *), welche allerdings auch angefochten wurde, jedenfalls aber den Vortheil hat, uns zu erklären, weshalb sich in dem obenerwähnten Verzeichnisse keine der uns bekannten Schriften findet.

Wir können die schriftstellerische Thätigkeit des Aristoteles in drei Perioden eintheilen. Die erste umfasst die Zeit seines ersten Aufenthaltes in Athen, von seinem 18. bis zu seinem 38. Lebensjahre. In dieser Zeit hat derselbe als Schüler Platons sich höchst wahrscheinlich

---

*) Strabon XIII, 1. 54. Plut. Sull. 26.

in der Verfassung von Dialogen versucht, welche in der Weise des Meisters ein besonderes Gewicht auf die schwungvolle Darstellung des Gegenstandes legten. Aus dieser Periode scheinen jene alexandrinischen Schriften zu stammen, von denen wir übrigens einige Bruchstücke in Form von Excerpten und Citaten kennen. In denselben hat jedesmal der Autor die Hauptrolle, die Tendenz scheint eine wesentlich polemische gewesen zu sein, welche auch gegen die platonische Ideenlehre sich kehrt. Die zweite Periode der wissenschaftlichen Thätigkeit des Aristoteles ist die Zeit seines Aufenthaltes am makedonischen Königshofe, welche Zeit er zur Sammlung des riesigen Materiales verwendete, welches wir in seinen Schriften der letzten Periode verarbeitet finden. Diese Zeit des Studiums und der Zusammenstellung des Rüstzeuges erstreckt sich von seinem 38. bis zu seinem 50. Lebensjahre. Die dritte und letzte Periode der wissenschaftlichen Thätigkeit des Aristoteles umfasst die Zeit von seinem 50. bis zu seinem 63. Lebensjahre, d. i. die Zeit des zweiten Aufenthaltes in Athen, die Zeit der Lehrthätigkeit im Lykeion. Was Aristoteles während dieser Zeit plante und arbeitete, das war nicht weniger als eine vollständige Encyclopädie sämmtlicher Wissenschaften. Wenn an den auf uns gekommenen Schriften auch manches unvollständig geblieben ist, so zeigt das bloss, wie gewaltig die Aufgabe gewesen, welche er sich gestellt hatte, zu deren gänzlicher Lösung, trotz des bescheidenen Ausmasses von Kenntnissen, über die seine Zeit verfügte, ein Menschenleben schon nicht mehr ausreichte. In ihrer Redaction hingegen geben diese Schriften das Zeugniss aus der Feder des Stagiriten selbst zu stammen; was darinnen zu ändern war, das waren durch Schreibfehler verursachte Sinnstörungen.

Der Erbe der Schriften und Bücher des Aristoteles war sein Lieblingsschüler Theophrastos, dem er dieselben vor seiner Entfernung von Athen anvertraut hatte. Die Manuscripte waren nicht geordnet, es scheint, als habe ihr Autor in seiner letzten Zeit an mehreren zugleich gearbeitet und als fehle noch das Anlegen der letzten Hand an denselben. Ueberdies scheint mehreres unvollendet zurückgeblieben zu sein, was erst von seinen Schülern ergänzt wurde. Als nun im Jahre 287 v. Chr. Theophrastos starb, hinterliess er durch seinen letzten Willen die Bibliothek und die Schriften des Aristoteles seinem Lieblingsschüler Neleus aus Skepsis in der Troas, wohin sie derselbe in der That mit sich nahm, als er Athen verliess. So geriethen jene unschätzbar kostbaren literarischen Schätze nach Kleinasien. Einige Jahre später begann sich der Könige von Pergamos ein unbezwingliches Verlangen nach Büchern zu bemächtigen, das sie auf die jedenfalls originelle Weise der Confiscation aller nur irgendwie erreichbaren — in Privatbesitz befindlichen — Schriften zu befriedigen suchten, aus denen sie sich selbst eine Bibliothek zusammenbrachten. Die Familie des Neleus rettete ihren Schatz an Büchern in ein unterirdisches Gewölbe, wo dieselben anderthalb

Hundert Jahre halb vergessen liegen blieben. Nach dieser Zeit, als die pergamenische Dynastie schon längst verschwunden war, kamen die Schriften des Aristoteles wieder an das Licht und erwarb dieselben Apellikon, ein wohlhabender Anhänger der peripatetischen Schule in Athen. So waren denn die wichtigsten Schriften des Stagiriten etwa hundert Jahre vor Beginn unserer Zeitrechnung wieder dem Abendlande geschenkt, allerdings in einem Zustande, in welchem ihnen Würmerfrass und Nässe bedeutenden Schaden zugefügt hatten.

Als nun im Jahre 86 v. Chr. Sulla Athen einnahm, wurde die Büchersammlung des Apellikon nebst den vielen andern wissenschaftlichen und künstlerischen Schätzen nach Rom geschleppt. Hier unterzog sich Cicero's Freund Tyrannion der Ordnung und Sichtung der Manuscripte, während sie Andronikos aus Rhodos herausgab, d. h. sie in zahlreichen Exemplaren abschreiben und verbreiten liess.

Es kann nun wohl keinem Zweifel unterliegen, dass die Schriften des Aristoteles in der Weise, wie sie vor uns liegen, nicht mit denen des Schöpfers der peripatetischen Schule gänzlich identisch sein können, sondern dass wir in denselben eine vielfach verunstaltete, oft durch geistlose Commentatoren verderbte Bearbeitung derselben vor uns haben und kann man wohl mit Dühring (Kritische Geschichte der Philosophie pag. 111 ff.) sagen, dass sie „bedenkliche Manipulationen" ausgehalten haben und die Frage aufwerfen, ob der Hunger jener Thierchen, die fast an zwei Jahrhunderte an denselben genagt oder die positiven Bemühungen der an den Schäden herumflickenden Freunde des Stagiriten seinen Werken grösseren Schaden zugefügt haben. Trotz alledem kann es für ausgemacht gelten, dass der innerste Kern dieser Werke ein echt aristotelischer sei, möge derselbe auch an vielen Stellen durch fremde Tünche fast bis zur Unkenntlichkeit entstellt sein.

Was waren nun aber jene alexandrinischen Aristotelica? War Aristoteles wirklich ein so überaus fruchtbarer Schriftsteller, dass sich die Zahl seiner Werke nach Hunderten berechnen liess oder waren dieselben vielleicht bloss Excerpte aus seinen Werken, Notizen nach seinen Vorträgen, hauptsächlich dazu bestimmt, die Lücke, die durch das Verschwinden der echten Schriften entstanden, wenigstens einigermassen auszufüllen? Hierüber können wir nun allerdings kaum mehr als Vermuthungen aufstellen. Strabon erzählt ausdrücklich, dass nach des Theophrastos Tode ausser einigen populär gehaltenen Schriften des Aristoteles nichts von seinen Werken zurückblieb. So ist es denn wahrscheinlich, dass die alexandrinische Bibliothek ausser jenen Jugendschriften des Stagiriten, welche jedenfalls nicht sehr zahlreich waren, bloss eine Serie kurz gehaltener Schriften von Schülern und Anhängern der peripatetischen Schule stammend, enthielt.

Die auf uns gekommenen Werke des Aristoteles nehmen in der Bekker'schen Octavausgabe 3786 Seiten in Anspruch. Unter diesen ist nun etwa ein Viertel des Ganzen als erwiesen oder wenigstens sehr wahrscheinlich als nicht aristotelisch anzusehen, so dass in der erwähnten Berliner Ausgabe etwa 925 Seiten abzuziehen sind, während 2860 Seiten durch die strenge Kritik der neuern Wissenschaft als ächt anerkannt wurden. Die Schriften des Aristoteles bilden ein zusammenhängendes, wenn auch nicht gänzlich vollständiges System der Wissenschaft, und repräsentiren den Zustand derselben im vierten Jahrhundert vor Christi Geburt. Jedoch haben wir es bei den Abhandlungen des Stagiriten nicht etwa bloss mit einer Reproduktion der Ansichten der Vorgänger zu thun, sondern erblicken in denselben eine Darlegung des Standes der damaligen Wissenschaft. Die allgemeine Einleitung zu sämmtlichen Schriften bildet die Denklehre, oder wie wir sie nennen würden, die formale Logik; nach des Autors eigener Bezeichnung das Organon (Werkzeug), d. i. die in die erste und zweite Analytika zerfallende Schrift. Die Logik nimmt etwa ein Siebentel der uns bekannten aristotelischen Schriften ein. — Das eigentliche System aristotelischer Philosophie zerfällt in drei Abtheilungen: in theoretische, praktische und constructive Philosophie. Die theoretische Philosophie umfasst die Naturphilosophie oder Physik, die Physiologie und die „erste Philosophie" oder Metaphysik. Die praktische Philosophie enthält die Ethik und Politik, die constructive oder poiëtische Wissenschaft handelt von der ästhetischen Auffassung und künstlerischen Bethätigung. Aus dieser letzten Abtheilung existirt bloss eine verstümmelte Abhandlung „über die Dichtkunst". Die Mathematik wird in den aristotelischen Schriften erwähnt, gerühmt und als höchst wichtig jedermann empfohlen, ohne dass jedoch auch nur an einer Stelle eine speziell mathematische Erörterung vorkäme. Der Ausdehnung nach fällt das grösste Gewicht auf die „Physik" genannte Naturphilosophie und Physiologie, welche mehr als die Hälfte (1447 Seiten) der erwiesen aristotelischen Schriften einnimmt, während der Metaphysik bloss ungefähr ein Zehntel derselben zukommt. Der Titel Metaphysik (τὰ μετὰ τὰ φυσικά = das auf die Physik folgende) kommt zum ersten Male zur Zeit des Kaisers Augustus bei dem Peripatetiker Nicolaus Damascenus vor, der eine „θεωρία τῶν Ἀριστοτέλους μετὰ τὰ φυσικά" schrieb. Eigentlich hiess dieser Theil der aristotelischen Lehre die „πρώτη φιλοσοφία" (erste Philosophie) im Gegensatze zu der Physik, der „δευτέρα φιλοσοφία" (zweite Philosophie) und ist die Abhandlung, wie wir sie gegenwärtig besitzen, eine spätere Zusammenstellung ursprünglich nicht zusammengehörender aristotelischer Abhandlungen.

Im Allgemeinen liesse sich die Reihenfolge der Entstehung der Schriften des Stagiriten etwa in folgender Weise feststellen. Zuerst scheint die Logik und zwar der Theil der „Logik der Wahrscheinlichkeit" entstanden zu sein, hierauf die Analytik, Rhetorik, die Ethik, Politik und die kleine Abhandlung über die Dichtkunst. Nach diesen Werken dürfte sich Aristoteles der Redaction seiner naturwissenschaftlichen Abhandlungen zugewendet haben, unter denen — wie es scheint — die physikalischen oder naturphilosophischen zuerst entstanden sein mögen. Hierauf folgten wohl die physiologisch-biologischen Schriften, das Werk „über die Seele", die „Untersuchungen über die Thiere", „über die Erzeugung der Thiere", „über den Gang der Thiere" und eine Sammlung von „Problemen". Gleichzeitig mit den naturwissenschaftlichen Schriften scheint die „Metaphysik" begonnen, jedoch nicht beendet worden zu sein.

Die aristotelischen Werke sind oft durch ihre eigenthümliche Schreibweise dunkel und unverständlich. Ein wichtiges Hülfsmittel zum Verständniss derselben bieten die griechischen Commentatoren des Philosophen. Zwei solcher Ausleger sind besonders berühmt: Alexander von Aphrodisias (genannt der „Exeget κατ' ἐξοχὴν") und Simplicius. Der erste lebte unter Septimius Severus im 3. Jahrhundert. Er commentirte mehrere Bücher des Organon, die Meteorologie und die Metaphysik, auch existiren originale Werke von ihm. Simplicius lebte im 6. Jahrhundert unserer Zeitrechnung, derselbe schrieb einen Commentar zur Physik, zu der Schrift über das Himmelsgebäude und zu der über die Seele. Die Commentare dieser beiden Schriftsteller bilden zugleich eine reiche Fundgrube für die Fragmente vorsokratischer Philosophen. Ausser diesen Commentatoren mögen noch die Namen der folgenden erwähnt werden: Porphyrios, Jamblichos, Proklos, Themistos im Alterthum, Argyropulos, Gaza, Philelphos, Georgios von Trapezunt, Politian, Hermolaus Barbarus, Laurentius Valla und Reuchlin im Zeitalter der Renaissance.

Der Schlüsselpunkt der aristotelischen Philosophie liegt in seiner Analytik oder wie sie in ihrer späteren Zusammenfassung genannt wurde, im Organon. Dieser Theil der Lehre, welche unsere heutige formale Logik umfasst, als deren Schöpfer somit Aristoteles betrachtet werden kann, wurde von ihm seinem Systeme nicht eingereiht, sondern als allgemeines Werkzeug der wissenschaftlichen Untersuchung diesem vorangestellt. Es scheint deshalb begründet zu sein, wenn wir uns — bevor wir zur Discussion der auf die Physik bezüglichen Schriften des Aristoteles übergehen — den Inhalt und die Hauptgedanken des „Organon" kurz vergegenwärtigen.

Den Haupttheil des Organons machen die beiden Analytiken *) aus. In den „Analytica priora" finden sich die Elemente des wissenschaftlichen Beweises, d. i. die Lehre von den Schlüssen. In den zweiten Analytiken befindet sich die Methode des wissenschaftlichen Beweises. Als allgemeine Elemente des logischen Denkens werden Begriff, Urtheil und Schluss aufgestellt. Von diesen wird die Lehre von den Schlüssen eingehend und für alle späteren Bestrebungen auf grundlegende Weise abgehandelt.

---

*) 'Αναλυτικά πρότερα und ὕστερα jede in zwei Büchern.

Auf dieser Lehre von den Schlüssen basirt nun die Lehre vom wissenschaftlichen Beweise. Alle Wissenschaft beruht entweder auf apodiktischem oder auf empirischem Wissen. Ersteres erhalten wir durch Folgerung aus bekannten und bewiesenen Sätzen. Die Folgerung selbst ist die Demonstration (ἀπόδειξις), welche uns durch eine Kette von Sätzen, die sich aufeinander stützen, zu solchen einfachen Sätzen führt, die nicht bewiesen werden können: das sind die Prinzipien (ἀρχαί) der Wissenschaft. Solche Prinzipien sind entweder solche, welche unmittelbar eingesehen werden, wie die geometrischen Axiome oder aber sind sie auf die Empirie gegründet, wie z. B. Sätze aus der beobachtenden Astronomie.

Die zweite Methode der Wissenschaft ist die der Induction (ἐπαγωγή), welche besonders in der praktischen Philosophie von grosser Bedeutung ist. Da man jedoch, um sicher beweisen zu können, unendlich viele einzelne Daten kennen müsste, so führt die Induction nie zu apodiktisch sicherer Erkenntniss. Mit der Induction verwandt ist der auf die allgemeine Meinung über einen Gegenstand basirte Wahrscheinlichkeitsbeweis (der Beweis ἐξ ἐνδόξων), welchen Aristoteles sehr häufig anwendet.

Die Physik des Aristoteles, zu deren Besprechung wir nun übergehen, ist in den folgenden Werken des Philosophen abgehandelt:

„Acht Bücher Physik" (Φυσική ἀκρόασις), in welcher Schrift die allgemeinen Bedingungen alles natürlichen Daseins: Raum, Zeit und Bewegung abgehandelt werden, ferner: „Vier Bücher über das Weltgebäude" (Περὶ Οὐρανοῦ), und „Zwei Bücher über Entstehen und Vergehen" (Περὶ Γενέσεως καὶ Φθορᾶς), „Vier Bücher Meteorologie" (Μετεωρολογικά), schliesslich die „Mechanischen Probleme" (Quaestiones Mechanicae = Μηχανικὰ προβλήματα). Einzelnes was wir noch in die im engern Sinne auf Physik bezüglichen Aeusserungen des Stagiriten einzubeziehen haben, ist in seinen biologischen und naturhistorischen, ferner in seinen kleineren anthropologischen Abhandlungen enthalten. Hierher gehören: „Zehn Bücher Naturgeschichte der Thiere" (Historia animalium), „Vier Bücher von den Theilen der Thiere" (De partibus animalium), „Fünf Bücher von der Zeugung der Thiere" (De generatione animalium), „Drei Bücher über das Lebensprinzip" (De anima = Περὶ Ψυχῆς) *). Schliesslich sind noch einige kleine, theilweise apokryphe Abhandlungen anthropologischen Inhaltes, als hierher gehörig, zu erwähnen **).

---

*) Der Titel dieser Abhandlung ist wörtlich nicht übersetzbar, da Ψυχή mehr ausdrückt als unser Wort: „Seele". Auch „Lebensprinzip" ist nicht ganz entsprechend, kommt aber dem Sinne des griechischen Wortes — wie es Aristoteles gebraucht — näher.

**) Περὶ Αἰσθήσεως καὶ αἰσθητῶν, Περὶ Μνήμης καὶ ἀναμνήσεως, Περὶ

Um uns eine richtige Vorstellung von der physikalischen Weltanschauung des Aristoteles und der peripatetischen Philosophenschule
zu machen, wollen wir nun eine kurze Analyse jener Schriften des Philosophen von Stageiros vornehmen, welche sich auf den besprochenen
Gegenstand beziehen.

Wer die Schrift unseres Philosophen, an deren Spitze der Titel zu
lesen ist: „Physikalische Vorträge“ zur Hand nimmt und deren Inhalt
einer Revue unterzieht, der wird alsbald einsehen, dass hier nicht von
Physik in unserem Sinne, d. h. von den einzelnen Erscheinungskreisen
und deren Zusammenhang die Rede sei, sondern dass das Werk sich
mit den ersten Bedingungen aller natürlichen Existenz: mit Raum, Zeit
und Bewegung befasse. Dieser Gegenstand, oft in ziemlich ermüdender
Form dargestellt, zieht sich theilweise auch noch durch die Schrift
„Ueber das Himmelsgebäude“ und „Ueber Entstehen und Vergehen“
hin, ja selbst die „Meteorologie“ enthält noch hierauf bezügliche Aus-
führungen.

Der Inhalt der Schrift: **„Physikalische Vorträge“** ist nun kurz
folgender:

1. Buch. Nur durch die Erkenntniss über die ersten Ursachen
und über die ersten Prinzipien bis zu den Elementen hinunter ist Wissen
und Verstehen bei jenen Erörterungen möglich, zu welchen es Prinzipien
oder Ursachen oder Elemente gibt. Es ist daher naturgemäss, auch bei
der Wissenschaft über die Natur derlei Prinzipien aufzusuchen. Nach
Bekämpfung der Meinungen anderer Philosophen, besonders der Eleaten,
werden drei Prinzipien aufgestellt, nämlich: Substanz, Form und deren
Gegensatz (στέρησις = Entblösstsein).

2. Buch. In das Gebiet der Natur fällt alles, was den Anfang
der Bewegung in sich hat. Alle natürlichen Dinge haben den Trieb
nach einer Veränderung in sich, die Gegenstände des menschlichen Kunstfleisses hingegen haben diesen Trieb nicht. — Es wird hierauf der Unterschied der Betrachtung einer Erscheinung von Seiten des Mathematikers
und des Physikers dargelegt, um die Methode der beiden Wissenszweige
zu bestimmen. — Erwägung über die Zahl und die Art der Ursachen
einer Erscheinung. Es gibt vier Ursachen des von Natur aus Existirenden: Stoff, Form, Ursache oder Anfang der Bewegung und Zweck (causa
finalis = τὸ οὗ ἕνεκα, καὶ ταγαθόν). Als Beispiel für die erste Ursache
können wir anführen: Erz, Ursache der Statue; ferner für die zweite
Ursache können wir als Beispiel anführen: die Octave ist die Ursache
des Verhältnisses von 1 : 2, für die dritte Art der Ursachen kann als
Beispiel angeführt werden „der Vater ist Ursache des Kindes“, endlich
als Beispiel für die vierte der Ursachen: Ursache des Spazierengehens

---

Ὕπνου, Περί Ἐνυπνίων, Περί Μακροβιότητος καὶ βραχυβιότητος, Περί Ζωῆς καὶ
θανάτου, Περί Ἀναπνοῆς.

ist die Gesundheit. — Es wird nun untersucht, ob der Zufall zu den Ursachen gehöre und der Begriff: Nothwendigkeit erörtert.

3. Buch. Hier befindet sich die berühmte Definition der Bewegung als Uebergang von potentieller zu wirklicher (actueller) Existenz. Es ist aber, wie man hieraus ersieht, das Wort Bewegung in einem allgemeineren Sinne aufgefasst, als das für gewöhnlich geschieht. Es werden dreierlei Arten von Bewegung unterschieden: Zu- und Abnahme, Qualitätsänderung und Ortsveränderung. — Der Atomismus wird bekämpft, absolutes Entstehen und Vergehen geläugnet.

4. Buch. Begriff des Ortes (τόπος). Topos ist als Ort, nicht als Raum aufgefasst. Nichtexistenz eines leeren Raumes. Zeit wird als Mass oder Zahl der Bewegung definirt. Raum und Zeit haben Realität. Der Raum ist begrenzt, die Zeit hingegen unbegrenzt. Der Raum ist der Möglichkeit nach unendlich theilbar. Lehre von dem natürlichen Platze der Dinge: das Schwere und Erdige bewegt sich nach abwärts, das Feuer und Leichte nach aufwärts.

Jeder Ort hat sein Oben und Unten und jeder Körper bewegt sich von Natur aus an seinen ihm eigenthümlichen Ort und bleibt dort. Es findet sich ferner in diesem vierten Buche eine Theorie der geworfenen Körper, schon deshalb interessant, weil sie den Anlauf zu einer Auffassung der Trägheit enthält. Es wird bewiesen, dass Bewegung im Leeren unmöglich sei, „da der geschleuderte Körper, wenn das Fort-„stossende aufhört denselben zu berühren, entweder durch Gegendruck, „wie Einige sagen, bewegt wird, oder deswegen, weil die fortgestossene „Luft wieder in einer Bewegung fortstösst, welche schneller ist, als die „Raumbewegung des fortgestossenen Körpers, in welcher er an seinen „ihm ‚häuslichen‘ Ort hinbewegt wird.“ Eine interessante Stelle (IV, 8) ist noch die folgende: „Ferner könnte wohl niemand angeben, warum „Etwas, einmal in Bewegung gesetzt, irgendwo stille stehen sollte; denn „warum mehr hier als dort? Demnach muss es entweder ruhen oder „ins Unbegrenzte fort räumlich bewegt werden, falls nicht ein Stärkeres „es hindert.“ Es ist hier das Trägheitsgesetz der Materie als Keim angedeutet, hingegen das Fortbestehen der Bewegung im lufterfüllten Raume durch Nachhülfe von seiten der gestossenen Luft erklärt, eine Ansicht, die später von Galilei (Dialogo intorno ai due massimi sistemi del mondo Tolemaico e Copernicano, Giornata seconda) meisterhaft widerlegt wird.

5. Buch. Arten der Bewegung sind: die der Qualität (κίνησις κατὰ τὸ ποιόν), der Quantität (κίνησις κατὰ τὸ ποσόν) und des Ortes (κίνησις κατὰ τὸ ποῦ) oder aber: Anderswerden (ἀλλοίωσις), Zunahme oder Abnahme (αὔξησις καὶ φθίσις) und eigentliche Bewegung (φορά). Die Ortsveränderung fasst die qualitative und quantitative Bewegung wieder in sich. Die Bewegungen werden überdies in zwei grosse Abtheilungen geschieden: 1) die natürlichen, 2) die gewaltsamen oder unnatürlichen. Jedes Ding hat seinen Ort, wo es „daheim“ (οἰκεῖος) ist. Diesem Orte zu scheint

Alles dasjenige, was irgendwo Halt macht, in immer beschleunigter
Bewegung sich zu bewegen, dasjenige aber, was durch Vergewaltigung
bewegt wird, in immer langsamerer. (V, 6.)

6. Buch. Fortgesetzte Untersuchungen über die Bewegung, wobei
der Verfasser auf den Begriff der Continuität und dessen Anwendung
auf Grösse, Zeit und Bewegung geleitet wird. Kein Continuirliches besteht aus Untheilbarem. Alles, was sich verändert, ist theilbar. Das
Theillose kann nicht bewegt, noch verändert werden. Jede Veränderung
hat eine Grenze, als das zu erreichende Ziel und wenn eine Bewegung
auch räumlich eine solche Grenze nicht aufweist, so durchwandert sie
doch keine unbegrenzte Ausdehnung. Der Zeit nach unbegrenzt ist bloss
die Raumbewegung im Kreise.

7. Buch. „Alles Bewegtwerdende muss nothwendig von Etwas bewegt werden", es muss ein erstes Bewegendes geben, dieses muss immer
mit dem Bewegten in Berührung stehen. Es muss dreierlei Bewegendes
geben: das räumlich Bewegende, das qualitativ Aendernde und das Zu-
und Abnahme Bewirkende. — Den Schluss des siebenten Buches bildet
die Untersuchung über die Commensurabilität zweier Bewegungen durch
richtige Fassung des Begriffes des Gleichschnellen.

8. Buch. „Es ist aber die Frage, ob je eine Bewegung entstanden sei, und ob sie auch wiederum so vergehe." Der Verfasser
vertritt die Ansicht einer unzerstörbaren Bewegung. — Die örtliche Bewegung ist die erste der Bewegungen. Das erste Bewegende ist ein
Theilloses, selbst nicht mehr Bewegtes.

Wir übergehen nun zur zweiten Schrift des Cyclus aristotelischer
Abhandlungen über die Naturphilosophie, zur Schrift „Ueber das
Himmelsgebäude". So wie wir in der „Physik" des Aristoteles nicht
unserem heutigen physikalischen Lehrgebäude begegnen, so ist auch die
Schrift „Ueber das Himmelsgebäude" weit davon entfernt, einen Abriss
der astronomischen Kenntnisse bei den Griechen zu geben, sondern wir
finden im Wesentlichen eine Fortsetzung der Gedankenreihe des vorigen
Werkes. Die Titel aller dieser Werke stammen aus einer späteren, kritiklosen Zeit, und sind deshalb so unpassend, als nur denkbar gewählt.
Ueber das Weltgebäude findet sich einiges im 2. Buche unserer Schrift,
anderes Hierhergehöriges findet sich in der „Meteorologika" überschrie-
benen Abhandlung. Die zwei letzten Bücher „de Coelo" gehören schon
gänzlich dem folgenden Werke: „Ueber Entstehen und Vergehen" an.
Im Allgemeinen bewegt sich der Inhalt des jetzt zu besprechenden, sowie
des hierauf folgenden Werkes in seinen sechs Büchern um eine Begründung der Prinzipien der Naturphilosophie, und stützt sich auf die in
den acht Büchern Physik erhaltenen Grundsätze über Stoff, Form und
deren Gegensatz, über die Anzahl der Ursachen, über die drei Arten der
Veränderung, die zwei Hauptgattungen der Bewegung, über das Unbegrenzte, die Continuität und Theilbarkeit, sowie über das ursprüngliche

Bewegende: lauter Begriffe, die für das Folgende eine unerlässliche Vorbedingung bilden. Das Werk „Ueber das Himmelsgebäude" enthält jedoch schon eine ganz stattliche Menge empirischer Thatsachen, deren oft sonderbare Verwendung im Baue der aristotelischen Naturphilosophie allerdings einen eigenthümlichen Anblick bietet. Bei keiner Schrift unseres Philosophen tritt wohl das Bewusstsein dessen, dass wir uns in einer ganz eigenthümlichen Welt befinden, so lebhaft hervor. Es ist dies eine Welt, deren Ansichten wir allerdings schwerlich zu unsern eigenen machen werden, deren strenge Folgerichtigkeit und feinen dialektischen Bau wir jedoch aufrichtig bewundern müssen. Die Schrift über Meteorologie und die mechanischen Probleme folgen schon mehr dem Gange naturwissenschaftlicher Abhandlungen. Eben das nun zu besprechende Werk steht an der Schwelle des Ueberganges zwischen den naturphilosophischen und den naturwissenschaftlichen Schriften.

Schätzenswerthe Commentare zum Werke „über das Himmelsgebäude" stammen von Simplicius, an den sich später Averroes anschliesst. Der Inhalt der Schrift ist nun der folgende:

1. Buch. Die Körper in der Natur sowohl, als das All selbst haben sämmtlich drei Dimensionen und sind in sich abgeschlossen. Die Bestandtheile des Alls sind durch ihre Bewegungen bestimmt. Es gibt nämlich zwei Gattungen von Bewegungen: die kreisförmige und die geradlinige, von welchen letztere vom Mittelpunkt nach Oben oder zum Mittelpunkte nach Unten strebt. Unter den Dingen im All muss es solche einfache, der Veränderung nicht unterworfene Körper geben, welche diesen Qualitäten entsprechend auch in der einfachsten und unveränderlichen Bewegung, der Kreisbewegung verharren. Ein solcher Körper ist der Aether, die „quinta essentia", neben den vier gewöhnlichen Elementen. — Das Himmelsgebäude ist räumlich begrenzt, zeitlich hingegen entstehungslos und unvergänglich. Dass das All von endlicher Grösse sein müsse, das beweist Aristoteles dadurch, dass er für eine unbegrenzte Welt die Möglichkeit der Bewegung bestreitet. Das Himmelsgebäude ist ferner ein einziges, da sonst was für unsere Welt oben ist, für eine zweite unten sein müsste, was er für ungereimt hält. — Einer jener Sätze, die auf ein richtigeres Auffassen physikalischer Beziehungen hinweisen, welchen Sätzen wir hie und da begegnen, sagt aus, dass die Dinge nicht absolut leicht oder schwer seien, sondern nur im Verhältniss zu einander, also leicht ist z. B. Luft im Vergleiche mit Wasser, Wasser im Vergleiche mit Erde. Jener Körper jedoch, der im Kreise bewegt wird, kann nach des Stagiriten Ansicht weder schwer noch leicht sein, da er ja aus seiner Kreisbahn nicht weichen kann (I, 3).

2. Buch. Das Himmelsgebäude enthält dreierlei räumliche Gegensätze: Oben und Unten, Rechts und Links, Vorne und Hinten. Diese Gegensätze sind nicht relativer, sondern absoluter Natur. Die Gestalt des Universums ist die einer Kugel, seine Bewegung ist nach rechts ge-

richtet. Die Gestirne bestehen aus jenem Stoffe, in dem sie sich befinden, sie bestehen daher aus Aether und sind in rotirende Sphären
fest_eingefügt. Die Ansicht, dass die Himmelskörper durch ihre Bewegung ein harmonisch zusammenstimmendes Geräusch, die „Musik der
Sphären" verursachen, wird widerlegt. — Die äusserste oder oberste
Sphäre enthält die unzähligen Fixsterne eingefügt, während die anderen
Sphären nur je einen Planeten enthalten.

Den Schluss des Buches, eines der für die aristotelische Weltanschauung wichtigsten Documente, bilden die Ansichten über Platz,
Stellung, Bewegungszustand, Gestalt und Grösse der Erde. Der Methode
seiner Discussion entsprechend eröffnet er die Polemik gegen die Pythagoräer, gegen Platon und gegen Xenophanes. Die Erde ruht im Mittelpunkte des Alls. Sie drehte sich daher nicht, wie Philolaos und die
Pythagoräer behaupten, um ein Centralfeuer, noch um die durch das All
gespannte Achse, wie dies einige behaupten und wie es im Timaios geschrieben steht. — Die Erde ist kugelförmig. Beweise dafür sind die
Erscheinung des Erdschattens auf der Mondscheibe, das Verschwinden
bekannter und Auftauchen unbekannter Sterne, wenn wir in südnörd-
licher Richtung reisen. Die Grösse der Erde kann auch nicht sehr beträchtlich sein, da wir die erwähnten Veränderungen bei ziemlich unbe-
deutendem Ortswechsel schon wahrnehmen. Die Grösse des Umfanges
ist laut Berechnung der Mathematiker ungefähr 400,000 Stadien. Die
Masse der Erde ist kugelförmig, und sie ist auch nicht gross im Vergleiche mit der Grösse der übrigen Gestirne (II, 14). — Wir sind
mit Recht erstaunt über die Angabe des Erdumfanges bei Aristoteles.
Woher nahm er diese Date fast hundert Jahre vor der Gradmessung des Eratosthenes? Es ist diese Angabe der Grösse des Erdumfanges die erste, die wir finden, allerdings ist sie fast zwei Mal so
gross, als diese Grösse in Wirklichkeit beträgt. Man muss hier an
Eudoxos und Kalippos denken, die die erste Gradmessung in derselben
Weise etwa, wie Eratosthenes ausgeführt haben mögen. — Eigenthümlich erscheint es noch, wenn Aristoteles am Schlusse des Buches sagt,
die Erde sei klein im Verhältnisse zu den andern Weltkörpern. Hierunter
kann er doch wohl nur die Sonne gemeint haben.

Zum Schluss führen wir noch zwei interessante Stellen aus dem
2. Buche der Schrift über das Himmelsgebäude an, welche einen Einblick
in die physikalischen Kenntnisse ihres Verfassers gestatten: Die erste
dieser Stellen lautet wie folgt: „Die von denselben (nämlich von den
„Gestirnen) ausgehende Wärme aber und das Licht entsteht, indem die
„Luft durch die Raumbewegung derselben an ihnen in Reibung kommt;
„denn von Natur aus setzt die Bewegung sowohl Hölzer als auch Steine
„und Eisen in Feuerhitze; noch mehr wohlbegründet also ist es, dass
„sie dies bei demjenigen thue, was dem Feuer näher ist; näher aber
„demselben ist die Luft, wie ja z. B. auch bei den Geschossen, während

„sie in Bewegung sind; denn diese werden von selbst so in Feuerhitze
„versetzt, dass die Bleimassen schmelzen, und sobald ja sie selbst
„in Feuerhitze versetzt sind, muss nothwendig auch der Luft rings um
„sie herum das Nämliche widerfahren; diese also nun werden von selbst
„erhitzt, weil sie in der Luft bewegt werden, welche durch das Schlagen
„vermöge der Bewegung Feuer wird. Das muss nun am meisten dort
„geschehen, wo die Sonne eingefügt ist u. s. f." (II, 7.) Es ist diese
Stelle darum so interessant, weil sie uns zeigt, dass man schon zu des
Aristoteles Zeiten jene Erscheinung kannte, durch welche am eclatan-
testen die Verwandlung von Bewegungsenergie in Wärme nachgewiesen
wird, nämlich das Schmelzen bleierner Geschosse.

Die zweite, ebenfalls interessante Stelle erwähnt die Erfahrung,
dass ein im Kreise geschwungener Becher auch dann keinen Tropfen
Wasser verliere, wenn derselbe auch in jene Stellung gerathe, wo das
Wasser unter das Erz zu liegen komme. Allerdings benützt unser
Philosoph diese Erfahrung, um daraus einen eigenthümlichen Satz zu
folgern, nämlich, dass die Raumbewegung des Himmelsgebäudes die der
Erde zu überwiegen im Stande sei. Die Erscheinung selbst mochten die
Griechen der damaligen Zeit bei den Kunststücken der Gaukler (κυβι-
στῆρες) gelegentlich grösserer Gastmäler zu sehen bekommen haben.

3. Buch. Mit diesem Abschnitte beginnen, wie oben erwähnt,
jene Erörterungen, welche unmittelbar zu dem Werke „Ueber Entstehen
und Vergehen" überleiten. Das dritte Buch beginnt mit der Besprechung
jener Körper, welche der gegensätzlichen, nach oben und nach unten
gerichteten Bewegung anheimfallen, und führt auf das Entstehen und
Vergehen. Es folgt nun die Polemik gegen die Eleaten, Platon und die
Pythagoräer. Im 5. Capitel dieses Buches befindet sich die berühmte
aristotelische Lehre von den Elementen. Element (στοιχεῖον) nennt Aristoteles das, was potentiell oder actuell in den Körpern existirt und nicht
in andere Elemente aufgelöst werden kann. Feuer und Erde sind potentiell im Fleisch enthalten, sonst könnten sie nicht aus diesem ausge-
schieden werden. In dem Feuer ist hingegen Fleisch oder Holz nicht
enthalten, weder potentiell noch actuell. — Obgleich hier nur vier Elemente aufgezählt sind, so wird doch an andern Stellen ein fünftes: der
Aether als „quinta essentia" angeführt. Es fehlt ihm allerdings das
Prinzip der Gegensätze, da er weder schwer noch leicht, weder warm
noch kalt ist und somit auch nicht der geradlinigen von oben nach unten
gehenden, sondern der kreisförmigen Bewegung unterworfen ist. Durch
diesen Gegensatz, in dem sich der Aether (die Quintessenz der Dinge)
mit den vier Elementen befindet, ergibt sich für das All eine Grenze
von Diesseits und Jenseits (τὰ ἐκεῖ und τὰ ἐνθάδε). Die Region der Gestirne ist die Welt des wandellosen Seins und der gleichmässigen Bewegung, die Region unter dem Monde hingegen die Welt der gegensätzlichen
Bewegungen gegen die Natur, die Welt des Entstehens und Vergehens. Die

Grenze dieser beiden Bezirke war keine mathematisch strenge. Es wurde nämlich angenommen, dass die Region der Planeten einigermassen den Einfluss der diesseitigen, unvollkommenen Welt nachweise, daher die ruckweise (scheinbare) Bewegung der Planeten in schiefen, zur Axe des Alls geneigten Bahnen. — Die Zahl der Elemente ist eine beschränkte. Aus den vier Elementen: Feuer, Luft, Wasser und Erde bestehen alle Körper der sublunaren Welt.

4. Buch. Unter den vier Elementen ist eines, welches schlechtweg (ἁπλῶς) ohne Leichtigkeit ist, also absolut schwer, dessen Ort ist daher der Mittelpunkt des Alls. Dieses Element ist die Erde, ein anderes Element hat wieder schlechtweg keine Schwere, ist daher absolut leicht, dieses ist das Feuer. Sein Ort ist die Peripherie der sublunaren Welt, angrenzend an den Aether. Die beiden andern Elemente sind bloss relativ leicht oder schwer und nehmen somit den Platz zwischen den beiden extremen Orten ein.

„Ueber Entstehen und Vergehen." Die ganze, aus zwei Büchern bestehende Abhandlung beschäftigt sich mit der naturphilosophischen Begründung der Elementenlehre und ist eher metaphysischen, als physikalischen Inhalts. Wir können uns deshalb im Skizziren des in ihr enthaltenen sehr kurz fassen.

1. Buch. Entstehen und Vergehen unter Annahme eines Elementes oder mehrerer Elemente; die Polemik gegen die Meinungen der Vorgänger nimmt den grössten Theil des Abschnittes ein.

2. Buch. Dieser Abschnitt bietet wieder mehr Interesse dar, als der vorhergehende, weil er ein Bild davon gibt, in welcher Weise Aristoteles und andere Philosophen des Alterthums die Lösung eines naturwissenschaftlichen Problems für möglich hielten. Es handelt sich nämlich um die Zahl der Elemente und es wird auf rein spekulativem Wege bewiesen, dass es nur vier Elemente geben könne. Die durch unsere Sinne (den Tastsinn) wahrnehmbaren Grundempfindungen sind: warm und kalt, trocken und feucht. Diese Empfindungen bilden zwei Gegensatzpaare. Zwischen diesen Gegensatzpaaren sind nun sechs Combinationen zu zwei denkbar, von denen jedoch zwei als in sich widersprechend ausfallen, nämlich warm und kalt, trocken und feucht. Die also bleibenden vier Combinationen entsprechen nun den vier Elementen: Die Erde ist kalt und trocken, das Wasser kalt und feucht, die Luft warm und feucht, das Feuer warm und trocken. Aus der Mischung dieser vier Elemente bestehen nun sämmtliche irdische Dinge, so z. B. das irdische Feuer oder der „brennende Rauch" besteht aus elementarem Feuer und Erde. Jedem der Elemente kommt sein bestimmter Ort zu, gegen welchen hin er seine Bewegung beschleunigt, wie z. B. der fallende Körper gegen den Mittelpunkt der Erde. — Ursachen für die Entstehung der Dinge gibt es drei: Stoff, Form als Zweck oder Bestimmung des Dinges und die Raumbewegung als veranlassende Ursache. Zuletzt entsteht die Frage nach der Nothwendigkeit des Entstehens.

Meteorologie, vier Bücher. Auch diese Schrift entspricht nicht dem Titel, demzufolge man eine Abhandlung bloss über die Erscheinungen des Luftkreises erwarten würde, während dieselbe sich hauptsächlich um astronomische, geologische, meteorologische und chemische Fragen dreht. Das ganze Werk zerfällt in vier Bücher, von denen die drei ersten sich grösstentheils mit Fragen aus der Meteorologie und Astronomie beschäftigen, während das vierte und letzte Buch wieder in die aristotelische Elementenlehre zurücklenkt und sich hauptsächlich mit chemischen und molecular-physikalischen Fragen beschäftigt. Wir lassen nun kurz das Inhaltsverzeichniss der Schrift folgen:

1. Buch. Anknüpfung an das in den früheren Schriften besprochene. Die Aufgabe der Meteorologie wird in der Discussion derjenigen Erscheinungen gefunden, welche zunächst an der Sphäre der Gestirne stattfinden, als da sind: die Milchstrasse, die Kometen, die Feuermeteore und Sternschnuppen, ferner sind zu erörtern die Ursachen der Winde, des Erdbebens, der Blitzschläge, Gewitter u. s. f. Es folgt nun die schon bekannte Lehre von den vier Elementen und deren Anordnung. Ferner die Natur des Aethers, die Qualität der Gegenstände zwischen der Erde und den Gestirnen, die Gestalt und die Höhe der Wolken. Hierauf von den Sternschnuppen und ähnlichen Erscheinungen, von den Kometen, Meinungen älterer Philosophen über diesen Gegenstand und Widerlegung derselben, von der Milchstrasse, über den Thau und das Glatteis, von Regen, Schnee und Hagel, von den Winden, von den fliessenden Wassern der Erdoberfläche und deren periodischen Veränderungen.

2. Buch. Vom Meere und der Ursache des Salzgehaltes desselben. Das Meer ist der Sammelplatz für alles Wasser auf der Erde. Allgemeine Theorie der Winde, Verhältniss derselben zu Regen und Trockenheit. Einfluss der Sonne und der Gestirne auf den Wind. Beziehung zwischen den Winden und der Configuration der Erdoberfläche. Geographische Details. Die Moussons. Zahl und Benennung der Winde. Theorie der Erdbeben und die begleitenden Umstände derselben. Aufstellung einer neuen Theorie der Erdbeben, welcher zufolge dieses durch eingeschlossene Luft hervorgebracht wird. Vom Blitz und Donner.

3. Buch. Vom Gewitter, von den Cyclonen (Tromben, Teifun), Halo, Regenbogen und verwandte Erscheinungen. Der Grund aller dieser Erscheinungen ist die „Brechung" (nach unserer Terminologie: „Reflection") des Lichtes. Die Beschreibung dieses Phänomens ist eine höchst genaue und fast überall richtige. Nachdem die Lage des Regenbogens zu verschiedenen Tages- und Jahreszeiten im Verhältnisse zu der jeweiligen Stellung der Sonne beschrieben und angeführt wurde, dass es höchstens einen zweifachen, nicht aber mehrfachen Regenbogen gebe, werden als Farben desselben angegeben: scharlach, grün und violett, welche Farben bei dem zweiten Regenbogen in umgekehrter Ordnung vorkommen.

Es folgt nun die Beschreibung des Halo, welche ebenfalls auf
„Lichtbrechung" (nach unserer heutigen Terminologie: Reflection) zurückgeführt wird. Diesem folgt eine detaillirtere Beschreibung und Erklärung des Regenbogens. Die Lichtstrahlen, welche auf die einzelnen
Wassertröpfchen der Wolke fallen, werden wie von kleinen Spiegelchen
zurückgeworfen*). Diese kleinen Spiegelchen sind von so kleinen Dimensionen, dass sie die Form des sich spiegelnden Gegenstandes, in unserem
Falle der Sonne, nicht zurückgeben können, wohl aber deren Farbe. Sei
es nun, dass sich diese Farbe mit der des Spiegelchens mischt, oder aber
ist es die Schwäche und Unvollkommenheit des Sehens, es erscheint eine
andere Farbe im zurückgeworfenen Strahle.

Im ferneren Verlaufe der Darstellung wird die kreisförmige Gestalt
des Halo motivirt, und angeführt, warum derselbe sich öfters um den
Mond als um die Sonne bilde. Auf die Theorie des Regenbogens zurück-
kehrend, gibt der Verfasser eine graphische Darstellung von der Zurückwerfung der Sonnenstrahlen, um die Entstehung des kreisförmigen Regenbogens bei verschiedenem Stande der Sonne nachzuweisen. Den Schluss
der Darstellung, der auf Lichtbrechung und Spiegelung in der Atmosphäre beruhenden Erscheinungen bildet die Erklärung der Nebensonnen
und ein Resumé über die voranstehenden Theorien, sowie die Ankündi-
gung einer neuen Untersuchung und zwar über die Bildung der Metalle.

4. Buch. Dieser letzte Theil des Werkes beginnt mit der Theorie
der vier Elemente: zwei active, das kalte und warme und zwei passive,
das trockene und das feuchte. Verschiedene Wirkungen dieser Elemente:
Zeugung, Fäulniss. Wirkung der Hitze und der Kälte: Verdauung,
Zeitigung, Kochen. -- Cohäsion, Härte. Schmelzen und Erstarren, Lösung.
Als Eigenschaften der Körper werden angeführt: Gerinnbarkeit, Schmelz-
barkeit, Streckbarkeit, Hämmerbarkeit, Biegungsfähigkeit, Erweichungs-
fähigkeit, Zerreibbarkeit, Brechbarkeit, Plastizität, Zusammendrückbar-
keit, Dehnbarkeit, Ausdehnbarkeit, Spaltbarkeit, Theilbarkeit, Viscosität,
Brennbarkeit, Verdampfungsfähigkeit. — Von der Temperatur der Körper.
An dieser Stelle (IV, 11, 3) findet sich wieder eine Bemerkung, welche
die feine Beobachtungsfähigkeit des Aristoteles, welche uns in seinen
Schriften so häufig in die Augen springt, documentirt. Es wird nämlich
erzählt, dass das Wasser, wenn es durch Asche filtrirt, sich erwärme.
Der hieraus gezogene Schluss ist nun allerdings nicht stichhaltig. — Den
Schluss des Werkes bildet die Zusammensetzung der homogenen und der
nichthomogenen Substanzen, d. h. der unorganischen Stoffe und der organischen Wesen, womit der Uebergang auf die naturhistorischen Schriften
des Stagiriten bewerkstelligt wird.

---

*) Aristoteles bedient sich wohl des Ausdruckes einer Brechung des
Lichtes, was aber hier der folgenden Erklärung gemäss nicht als Refraction,
sondern Reflection aufgefasst werden muss.

Wenn wir die Reihe der angeführten Titel durchsehen, so mag es uns scheinen, als läsen wir das Inhaltsverzeichniss irgend einer populären Schrift, welche über verschiedene mehr oder weniger verwandte Materien sich ausbreitet. Dieser Eindruck moderner Wissenschaftlichkeit verschwindet nun allerdings augenblicklich, wenn wir uns in die Lecture der Schrift vertiefen. Ist dieselbe auch in unserm Sinne viel wissenschaftlicher gehalten als die vorhergehenden Abhandlungen, so sind die Erklärungen der Erscheinungen doch grossentheils unrichtig, gewöhnlich auf Gründen rein dialektischer Natur basirt, manchmal selbst von dieser Seite anfechtbar. Am meisten mag auf den Charakter der wissenschaftlichen Behandlung eines Problems noch die Theorie des Regenbogens, Halo und verwandter atmosphärischer Lichterscheinungen Anspruch haben, doch auch durch diese zieht sich die Verwechselung der Refraction und Reflection als constanter Fehler hindurch. Von den Farben des Regenbogens kennt Aristoteles nur die drei Hauptfarben: roth, grün und violett, jedoch erscheint auch häufig, wie er sagt, zwischen roth und grün eine fahle Farbe. In der That ist das Orange und das Gelb im Regenbogen gewöhnlich verwaschen und erscheint weisslich. Von den drei Grundfarben sagt der Stagirit fälschlich aus, dass sie die einzigen von Malern durch Mischung nicht nachahmbaren Farben seien. — Bezüglich der Erscheinung des Regenbogens und dessen geometrischen Verhältnissen treffen wir durchaus richtige Ansichten, er weiss, weshalb zur Mittagszeit im Sommer in Griechenland kein Regenbogen möglich sei, ferner legt er dar, warum der Mondregenbogen so selten sei, da er nur bei Vollmond erscheine und führt an, innerhalb fünfzig Jahren bloss zweimal dieses Phänomen beobachtet zu haben. Auch den künstlichen Regenbogen kennt er, welcher in den durch das Ruder zerstäubten Wassertröpfchen sich zeigt, wenn man der Sonne, welche sich eben in günstiger Höhe über dem Horizont befindet, den Rücken zuwendet.

Das 4. Buch ist eine Art von chemischer Abhandlung und handelt wieder von den Elementen, die hier als active und passive Prinzipien aufgefasst sind. Das Warme und Kalte ist activ, weil es die Körper coagulirt, das Feuchte und Trockene ist passiv. Nach dieser Darstellung sind Feuer, Wasser, Luft und Erde eigentlich nicht die Elemente selbst, sondern deren einfache Combinationen. Feuer und Erde sind weniger gemischt, als die beiden dazwischen liegenden, nämlich Luft und Wasser. In der Entwicklung dieser Elemente liegt ein Aufsteigen vom Unvollkommenen zum Vollkommenen. Im Wasser ist Erde, in der Luft Wasser, im Feuer ist Luft. — Die molecularphysikalischen und chemischen Theorien, welche Aristoteles im letzten Buche seiner Meteorologie entwickelt, sind viele Jahrhunderte herrschend geblieben. Sie sind es, welche den Grundstein zur Alchymie legten.

Wir übergehen nun zu der letzten jener aristotelischen Schriften, welche uns an dieser Stelle interessiren, zu seinen mechanischen Problemen.

Die **mechanischen Probleme** (Μηχανικά προβλήματα, quaestiones
mechanicae) des Aristoteles bilden einen Theil der „Probleme"
genannten Schrift des Philosophen, welche sich vorwiegend mit medicini-
schen und physiologischen Gegenständen beschäftigen. Doch gibt es auch
solche, welche sich auf Musik beziehen und für sehr gründlich gehalten
werden, was nach dem Stande der musikalischen Theorie bei den Griechen
sehr wohl denkbar ist. Diejenigen Fragen, welche sich auf Mechanik
beziehen, umfassen 36 Capitel, von denen jedes einer besonderen Frage
gewidmet ist. Man hat vor nicht allzulanger Zeit über die Bedeutung
der „Quaestiones mechanicae" allgemein ein ziemlich abfälliges Urtheil gehegt. Montucla in seiner „Histoire des mathématiques" (Paris
1758, I, 187, 204) spricht mit Verachtung von des Stagiriten mechanischen Kenntnissen; nicht viel besser urtheilt Whewell, „Geschichte der
inductiven Wissenschaften" (Stuttgart 1840, 1—3, I, 66); Lewes, „Aristoteles" (Autorisirte deutsche Ausgabe. Leipzig 1865, pag. 150 ff.) findet
es natürlich, dass unser Philosoph hundert Jahre vor dem Begründer der
Statik, Archimedes, geringe mechanische Kenntnisse gehabt habe; Poselger, F. T., „Aristoteles Mechanische Probleme" (Hannover 1881) und der
Herausgeber dieser Schrift Dr. Mor. Rühlmann haben von den mechanischen
Begriffen des Aristoteles eine viel höhere Meinung, ebenso Cantor,
„Vorlesungen über Geschichte der Mathematik" (Leipzig 1880, I, 219),
welcher die sogenannte Mechanik des Aristoteles als seines Namens
nicht unwürdig erklärt. Bevor wir kurz den Inhalt der Schrift angeben,
müssen wir die allgemeine Tendenz derselben besprechen. — Der Zweck dieser
Sammlung von Fragen im Allgemeinen, sowie speziell jener der „mechanischen Probleme" scheint bloss der zu sein, „Aporien" zu sammeln,
welche sich für die Dialektik als Aufgaben in hohem Grade eignen.
Unter „Aporie" versteht man eine solche Aufgabe oder Frage, welche
eine Schwierigkeit, einen Widerspruch zu enthalten scheint, also paradox
ist. Die dialektische Behandlung der Aporie besteht dann darinnen, das
Widersprechende in der Frage zu lösen und zu zeigen, dass die betreffende Naturerscheinung nichts Unerklärliches, andern Erfahrungen Wider-
sprechendes enthalte. — Was ferner den Begriff „Mechanik" betrifft, so
definirt Aristoteles das Wort „Mechanē" (μηχανή) als einen Theil
der Techne (Kunst), welche dazu dient, Aporien zu beantworten und zu
lösen (Cap. 1). Es scheint somit dem Worte „Mechanē" ein anderer
Sinn untergeschoben worden zu sein, als es ursprünglich hatte; was wir
heute ein „mechanisches Werkzeug" oder eine Maschine nennen, das
nennt Aristoteles ein „Organon". — Was die Frage nach der Aecht-
heit der „mechanischen Probleme" betrifft, so kann man deren Schreibweise als eine ächt aristotelische erklären.

Wir übergehen nun zur kurzen Inhaltsangabe der Schrift:

Cap. 1. „Wunderbar erscheint, was zwar naturgemäss erfolgt,
„wovon aber die Ursache (das Aition) sich nicht offenbart; desgleichen,

„was gegen die Natur geschieht, durch Kunst für menschliches Bedürfniss.
„In vielen Dingen nämlich wirkt die Natur dem Bedarf entgegen, denn
„immer hat sie ihre eigene Weise, und unbedingt — der Bedarf
„ändert sich dagegen vielfältig. Soll daher etwas gegen die Natur be-
„werkstelligt werden, so bietet es wegen der Schwierigkeit eine Aporie"
(wörtlich: Verlegenheit, Unentschlossenheit, Zweifel) „dar und fordert
„künstliche Behandlung. Wir verstehen daher unter Mēchanē, den Theil
„des Kunstfleisses, der zur Auflösung solcher Aporien verhilft, nach der
„Aeusserung des Dichters Antiphon:
„Gewähre Kunst den Sieg, den die Natur verwehrt". — Solcherlei
„ist, worin Kleineres das Grössere wältigt, und geringes Gewicht schwere
„Lasten, und beiläufig alle Probleme, die wir mechanische nennen.
„Es sind aber diese weder ganz dasselbe, was die physischen Probleme,
„noch sehr verschieden davon, vielmehr den mathematischen und den
„physischen Theoremen gemein. Denn das Formale wird nach Mathe-
„matik, das Reale nach Physik entschieden. Zu den Aporien aber von
„dieser Gattung gehören die den Hebel betreffenden. Denn ungereimt
„erscheint es, dass eine grosse Last durch eine kleine Kraft, jene noch
„verbunden mit einer grösseren Last bewegt werde." (Poselger's Uebersetzung.)
    Die Lösung dieser Aporie geschieht nun in einer eigenthümlichen
Weise, welche leicht gegen das ganze Werk einnehmen kann. Die Grund-
ursache findet nämlich der Verfasser in dem Wesen des Kreises, da es
ja ganz natürlich sei, dass etwas Wunderbares wieder Wunderbares
erzeuge. Und nun wird erörtert, wie der Kreis aus widersprechenden
Eigenschaften zusammengesetzt sei: während die Peripherie eine um-
laufende, Anfang und Ende ineinanderschlingende Linie, welche zu gleicher
Zeit hohl und erhaben ist, ist der Mittelpunkt des Kreises bewegungslos;
während der eine Endpunkt eines Durchmessers nach vorne geht, geht
der andere nach hinten u. s. f.
    Cap. 2. Als Aporie wird aufgestellt: Warum wiegt ein längerer
Wagebalken genauer als ein kürzerer. Die Lösung dieses Problemes
findet er in den Bedingungen der Kreisbewegung: das kleinere Gewicht
legt in gleicher Zeit einen grössern Weg zurück oder in kleinerer Zeit
denselben Weg, in dieser ausdrücklichen Weise definirt er hier den Begriff der Geschwindigkeit. In unserer mechanischen Sprache, wenn wir
bezüglich der Geschwindigkeit oder des zurückgelegten Weges von Kraft
und Last den Begriff des unendlich Kleinen einführen, heisst das Produkt von Kraft und Geschwindigkeit das virtuelle Moment der Kraft
und der Satz, den Aristoteles hier allerdings in sehr unklarer Form
zum Ausdruck bringt, ist kein anderer, als das Grundprinzip der Statik:
das Prinzip der virtuellen Geschwindigkeiten. Von diesem
Gesichtspunkte betrachtet müssen wir das Vorgehen des Aristoteles
selbst dem des Archimedes vorziehen, der bei Begründung der Statik

in seiner Abhandlung: „Ueber das Gleichgewicht der Ebenen" von zwei als Axiomen aufgestellten Sätzen ausgeht, während der Verfasser der „Quaestiones mechanicae" jedenfalls gründlicher zu Werke geht, indem er die Bewegung im Kreise in zwei sie zusammensetzende Bewegungen zerlegt. Die tangentiale Bewegung des Endpunktes am Halbmesser des Kreises nennt er die Bewegung nach der Natur, d. i. die mögliche oder virtuelle Bewegung, welche in die Richtung der wirkenden Kraft fällt, die radiale oder normale Bewegung hingegen, welche senkrecht auf die Richtung der Kraft ist, und durch die Festigkeit des Radius in jedem Augenblicke der Bewegung aufgehoben wird, nennt er die Bewegung gegen die Natur, d. i. die vermöge der Bedingungen der Bewegung unmögliche Bewegung. Durch eine geometrische und ganz correcte Betrachtung findet er nun, dass das Verhältniss der Bewegung nach der Natur zu dem gegen die Natur für jeden der Halbmesser-Endpunkte gleich sein muss. Die Ableitung dieses Satzes stützt sich auf den Satz der Zerlegung von Bewegungen nach verschiedenen Richtungen, einen Satz, der in seiner Gestalt als Satz vom Parallelogramm der Kräfte eines der Grundprinzipien der Mechanik bildet. Die Schwierigkeit, sich eine gleichzeitige, nach zwei Seiten gehende und von einander unabhängige Bewegung vorzustellen, löst er in sehr geschickter Weise dadurch, dass er den ganzen Raum, in dem sich das Bewegte in Bewegung befindet, in der zweiten Richtung sich bewegen lässt. Es ist dies derselbe Weg, den Kant in seinen „metaphysischen Anfangsgründen der Naturwissenschaft" eingeschlagen hat.

Es wäre jedenfalls thöricht, wollten wir bei Aristoteles eine klare Kenntniss des Satzes vom Parallelogramm der Kräfte und des Prinzipes der virtuellen Geschwindigkeiten voraussetzen. Was wir in den besprochenen Stellen der „Quaestiones mechanicae" finden, das sind Keime, Ansätze zu späteren Bildungen; doch so wie wir im Samenkorn eng zusammengewickelt die ganze Pflanze vorfinden, so haben wir auch hier die obenerwähnten Sätze, resp. Prinzipien andeutungsweise gegeben.

Das 2. Capitel der „mechanischen Probleme" schliesst mit einer kleinen culturhistorischen Notiz, indem sie die — wie es scheint landläufige — Fälschung der Wagen seitens der „Purpurkrämer" anführt und in der Aufzählung der hiebei angewendeten Kniffe darlegt, wie diese Wackern den Satz der statischen Momente, wenigstens was dessen praktische Verwendung betrifft, vor zweitausend Jahren, hundert Jahre vor Archimedes, schon recht gründlich inne hatten.

Cap. 3. Warum, wenn der Aufhängehaken des Wagebalkens sich oberhalb desselben befindet, er zurückspringt, wenn das daraufgelegte Gewicht weggenommen wird, wenn unterhalb, nicht zurückspringt, sondern in seiner Lage verharrt?

Cap. 4. Warum kleine Kräfte am Hebel grosse Lasten bewegen? Der Schluss dieses Capitels fehlt.

Cap. 5. Warum die in der Mitte arbeitenden Ruderer das Schiff am stärksten bewegen?

Cap. 6. Warum das an sich kleine Steuer, am Ende des Schiffes angebracht, eine so grosse Gewalt hat? Weil vielleicht das Steuer ein Hebel ist, die Last das Meer, der Steuermann das Bewegende?

Cap. 7 und 8 bezieht sich auf die Wirkung des Windes auf Segelschiffe.

Cap. 9. Warum halb- oder ganz runde Figuren unter allen die beweglichsten sind?

Cap. 10, 11 und 12 bezieht sich auf Bewegung auf Rädern, Walzen u. s. f. und ist auf die Kreisbewegung basirt.

Cap. 13. Warum werden Geschosse von der Schleuder weiter getrieben, als von der blossen Hand? Der Grund wird in der grösseren Anfangsgeschwindigkeit gefunden.

Cap. 14. Warum werden um denselben Lagersteg die grösseren Wirbel leichter bewegt, als die kleineren (bei gleicher Dicke der Fusswalzen)?

Cap. 15. Warum wird ein Stück Holz von derselben Länge leichter am Knie gebrochen, wenn seine Enden gefasst werden, als wenn dicht am Knie und wenn es auf den Boden gelegt und der Fuss darauf gesetzt wird, leichter bei grösserer Entfernung der brechenden Hand?

Cap. 16. Warum sind die Ufersteinchen (Kroke) rundlich?

Cap. 17. Warum Holz, je länger, desto schwächer?

Cap. 18. Warum mit einem kleinen Keil sehr grosse Körpermassen auseinander getrieben und gespalten werden? — Der Keil wird hier als Doppelhebel aufgefasst.

Cap. 19. Warum, wenn man zwei Rollen auf zwei Hölzern so zusammensetzt, dass sie in entgegengesetzter Richtung über einander kreisen, ein dünnes Seil darüber gelegt, wovon das eine Ende an einem der Hölzer fest gemacht, das andere um die Rollen gezogen wird und man an dem Ende des Seiles zieht, selbst mit geringer Kraft grosse Lasten fortbewegt? — Die Beschreibung scheint eine fixe und eine bewegliche Rolle vorauszusetzen, eine einfache Art von Flaschenzug, welcher somit zu dieser Zeit schon in Anwendung gewesen sein mag. Am Ende des Capitels wird von der Bewegung grosser Lasten vermittelst einer Zusammenstellung vieler Rollen gesprochen.

Cap. 20. In diesem Capitel wird ein interessantes mechanisches Problem in sehr rationeller Weise abgehandelt. Die Frage ist, warum die ruhende Axt schwer belastet das Holz nicht spaltet, was doch diese Axt allein mässig bewegt, leicht bewerkstelligt.

Cap. 21 beschäftigt sich mit dem Prinzip der Schnellwage.

Cap. 22 und 23 bezieht sich auf die Anwendung der Zange beim Zahnausziehen und Nüsseknacken.

Cap. 24 kommt auf das Parallelogramm der Bewegungen zurück.

Es wird die Aporie aufgestellt, dass es widersinnig scheine, dass durch
zwei Bewegungen angetrieben das Bewegte langsamer fortrücke als durch
je eine derselben.

Cap. 25 enthält das Problem des zu einem Sprichworte gewordenen aristotelischen Rades (rota Aristotelis). „Es wird gefragt,
warum bei seiner Umwälzung ein grösserer Kreis eine eben so grosse
Linie abwickelt, als ein kleinerer, wenn beide um denselben Mittelpunkt
gelegt sind" (aufeinander befestigt): „wenn sie aber ausser einander
sich bewegen, die von ihnen durchlaufenen Linien sich zu einander verhalten, wie ihre Grössen?" Die trefflichste Lösung dieser Aporie findet
sich bei Galilei: „Discorsi e dimostrazioni intorno a due nuove scienze"
giornata prima (vol. 13, pag. 25 der Albéri'schen Ausgabe, Florenz 1842
bis 56), wo der Kreis in seiner Umwälzung um den Mittelpunkt als
geradliniges, regelmässiges Polygon aufgefasst wird. — Die Lösung des
scheinbaren Widerspruches besteht einfach darinnen, dass die beiden Kreise
für sich rotirend allerdings ungleich grosse Bogen bei gleicher Winkel-
geschwindigkeit abwickeln, aneinander befestigt jedoch bloss der eine
sich wirklich abwickelt, während der andere ausser seiner Abwicklung
entweder im Sinne der Beschleunigung oder der Retardation ge-
schleift wird.

Cap. 26 ist in seiner jetzigen Gestalt unübersetzbar, da sein Text
ganz verwirrt und corrumpirt scheint.

Cap. 27—30. Warum sind beim Tragen lange Hölzer auf den
Schultern schwerer, wenn man sie am Ende hält, als in der Mitte?
Warum ist es schwerer, ein längeres als ein kürzeres zu tragen? Warum
drückt eine Last, die zwei Leute auf einer Stange tragen, denjenigen
mehr, dem sie näher liegt? — Ueber die Anordnung der Ziehbrunnen-
Schwengel.

Cap. 31. Warum alle Aufstehenden einen spitzen Winkel während
des Aufstehens machen zwischen Schenkel und Fuss und zwischen Brust
und Schenkel? Es wird hiebei die Muskelkraft in's Spiel gebracht, die
Frage aber als zu allgemein gestellt, nicht gelöst.

Cap. 32—35 beschäftigen sich mit solchen Fragen, und suchen
diese in einer derartigen Weise zu lösen, welche eine fast klare Kenntniss
der Eigenschaft der Trägheit voraussetzen lässt. Es wird nämlich gefragt,
warum ein in Bewegung befindlicher Gegenstand leichter bewegt wird,
als ein ruhender? Warum kommt ein Geworfenes endlich zur Ruhe?
Warum wird etwas mit einer ihm mitgetheilten, nicht selbsteigenen
Kraft bewegt, wenn das Bewegende ihm weder folgt, noch ferner auf
ihn wirkt? Warum weder zu kleine, noch zu grosse Massen durch einen
Wurf fortgetrieben werden. — Die Stellung der Fragen beweist, wie
nahe Aristoteles an die richtige Erkenntniss des ersten Gesetzes
der Bewegung streifte. Um so mehr bestärkt uns hierinnen die, allerdings oft gar zu kurze Behandlung der Fragen.

Cap. 36. Warum wird, was in einem Wasserstrudel schwimmt, endlich ganz in dessen Mitte gezogen? Hiemit schliessen die „mechanischen Probleme".

Wir haben weiter oben zu entwickeln versucht, dass diese „Probleme" nicht so sehr auf Lösung mechanischer Schwierigkeiten, als auf die Sammlung von Problemen für dialektische Haarspaltereien berechnet seien. Was die allgemeine Form betrifft, so beginnen alle Capitel mit der verfänglichen Frage: „warum" (διὰ τί) und geben die Antwort mit einem „vielleicht" wieder in Form einer Frage. Es ist dies die ächt dialektische Form welche durch Fragen und Gegenfragen ein gewisses Ziel anstrebt.

Wenn jemand die „mechanischen Probleme" des Aristoteles liest, ohne das ganze Gebäude seiner wissenschaftlichen Encyclopädie zu kennen, so wird er über dies abgetrennte Stück eines grossen Körpers nothwendigerweise ziemlich absprechend urtheilen. Um sich über Aristoteles ein richtiges Urtheil zu bilden, ist es unbedingt nothwendig, sich über sein ganzes wissenschaftliches System zu orientiren und ausserdem die Eigenart der vorhergehenden philosophischen Schulen zu berücksichtigen. Wer dies versäumt und doch über Aristoteles urtheilt, verfährt etwa so wie jemand, der eine in einer von unserer mathematischen Symbolik abweichenden mathematischen Zeichensprache geschriebene Abhandlung, welche nach unserer Symbolik widersinnige Deductionen enthielte, für unrichtig oder allen Sinnes bar erklären würde. Wenn es als eine allgemeine Regel gelten kann, vorerst die Sprache eines Denkers verstehen zu lernen, bevor man daran geht, sein wissenschaftliches System zu studiren, so steht dies in vollem Masse für Aristoteles, dessen Ausdruckweise eine von der unsern so verschiedene ist.

Gelegentlich der Besprechung der „mechanischen Probleme" erwähnen wir schliesslich noch, dass Aristoteles wohl der erste gewesen sein mag, der seine Beweise durch Zeichnungen zu veranschaulichen sucht, und zur kürzeren Bezeichnung von Grössen Buchstaben verwendet. Diese letztere Methode, so unbedeutend sie scheinen mag, war doch der erste Schritt zu einer mathematischen Symbolik, der wir den ganzen jetzigen Stand der mathematischen Wissenschaft zu verdanken haben; und zwar bezeichnet Aristoteles nicht bloss Längen, sondern auch andere Grössen durch einfache Buchstaben des Alphabetes. Noch zu erwähnen ist ferner die richtige Bemerkung bezüglich der Begriffe des Stetigen und des unendlich Grossen und unendlich Kleinen in der Schrift „über Physik" (III, 4), wo es heisst „stetig (συνεχές) sei ein Ding, wenn die Grenzen eines jeden zweier nächstfolgender Theile, mit der dieselben sich berühren, eine und die nämliche wird, und, wie es auch das Wort bezeichnet, zusammengehalten wird" *).

---

*) Cantor, Vorlesungen über Geschichte der Mathematik I, pag. 173.

Wir haben im Vorstehenden diejenigen Schriften des Philosophen von Stageiros besprochen, welche sich in ihrem ganzen Umfange mit der physischen Weltanschauung ihres Verfassers beschäftigen. Wir finden jedoch ausser diesen noch an einzelnen passenden Stellen kleinere Bemerkungen verwandten Inhaltes. Besonders sind hier zu nennen: die Schrift „über das Lebensprinzip" (Περὶ ψυχῆς) und die Schriften in den „Parva naturalia" genannten kleinen Abhandlungen: „über die Sinne" und „über die Farben".

Das siebente Capitel des zweiten Buches der Schrift „über die Seele"*) handelt ausschliesslich von dem Lichte. Die oft commentirte Stelle ist nichts weniger als leicht verständlich. Goethe (Farbenlehre II, pag. 14) übersetzt den Anfang derselben in folgender Weise: „Licht ist „der actus des Durchsichtigen, als Durchsichtigen. Worin es sich aber „nur potentia befindet, da kann auch Finsterniss sein."**) Der Sinn scheint folgender zu sein: Licht ist jenes Agens, welches aus den obern leuchtenden Körpern, z. B. der Sonne, ausströmend in solchen Körpern, welche durchsichtig sind, z. B. Luft und Wasser eine Veränderung hervorbringt, wodurch diese sichtbar werden. Hiemit ist Licht die Verwirklichung des Durchsichtigen. Das blosse Vermögen, diesen Zustand anzunehmen, ist nicht genügend, da dort auch noch Finsterniss sein kann, wo bloss dieses Vermögen vorhanden ist. — Das Licht ist gleichsam die Farbe des Durchsichtigen. Das Durchsichtige und das Licht sind weder ein Feuer, noch ein Körper, noch der Ausfluss eines Körpers, sondern es ist die Gegenwart des Feuers im Durchsichtigen. — Farbe ist das im Licht Gesehene, ohne Licht wird nichts gesehen.

Die Schrift „über die Sinne" ordnet jeden Sinn einem Elemente zu, und da man nur vier Elemente unterscheidet und fünf Sinne, so wird ein fünftes Element gesucht, als welches der Aether gilt.

I. Vom Gesichtssinn. Im zweiten Capitel der Schrift „über die Sinne" handelt Aristoteles von dem Gesichte. Er polemisirt gegen die Ansicht des Empedokles und des Platon (im Timaios), wo behauptet wird, dass das Auge feuriger Natur sei und das Sehen durch Ausströmen von etwas Leuchtendem aus dem Auge erklärt wird. Er meint vielmehr, dass das Auge im Innern wässerig sei, wie dies Demokritos behauptet. Seiner Ansicht nach ist das Innere des Auges eine durchsichtige Feuchtigkeit, weil der Gesichtsnerv sich an der hintern Seite desselben befindet. Wenn das Auge gleich einer Laterne wäre, so würde es im Finstern ebenfalls sehen, was nicht der Fall ist. — Der sehende Theil ist wässerig und

---

*) Wie die Schrift Περὶ ψυχῆς gewöhnlich buchstäblich, jedoch hier unrichtig übersetzt wird.

**) Der Originaltext lautet wie folgt: Φῶς ἐστιν ἡ τούτου ἐνέργεια τοῦ διαφανοῦς, ἡ διαφανὲς· δυνάμει δὲ ἐν οἷς τοῦτο ἐστι, καὶ τὸ σκότος.

entspricht dem Elemente Wasser, das Gehör dem Element Luft, der
Geruch dem Feuer, das Gefühl der Erde.

Im dritten Capitel handelt er von den Farben. Weiss und schwarz
sind seine Grundfarben, je nach der Mischung der beiden entstehen die
verschiedenen Farben. Diejenigen Farben, die sich nach Zahlen, welche
sich leicht berechnen lassen, also nach einfachen Verhältnissen (ἐν ἀριθμοῖς
εὐλογίστοις) gemischt sind, scheinen so, wie in der Musik die harmonischen
Töne, angenehme Mischungen zu geben, wie Purpur und Scharlach. Eine
beachtenswerthe Stelle ist die folgende: „Zu sagen, wie die Alten, dass
„die Farben Ausflüsse seien, und dass man einer solchen Ursache wegen
„sehe, ist unstatthaft; denn die solches behaupten, müssen annehmen,
„dass Alles durch Berührung empfunden werde, so dass es besser sei,
„zu sagen, die Empfindung des Sehens erfolge durch eine Bewegung des
„Mittels zwischen dem Gesichte und dem Gesehenen, als durch Be-
„rührung und durch Ausflüsse." Es ist nun jedenfalls zu weit gegangen,
wenn jemand, so wie dies Wilde in seiner übrigens sehr verdienstvollen
Programmabhandlung „Ueber die Optik der Griechen" (Berlin 1832) thut,
behauptet, Aristoteles habe der Vibrationstheorie den Vorzug vor der
Emanationstheorie gegeben (pag. 6) und dabei an unsere modernen
Lichttheorien denkt.

Im vierten Capitel werden die verschiedenen Geschmäcke aus den
Grundgeschmäcken Süss und Bitter combinirt und mit den Farben verglichen. Es gibt sieben Hauptfarben, wie es sieben Hauptgeschmäcke
giebt. Gelb gehört zum Weiss; Roth, Violett, Grün und Blau liegt
zwischen Weiss und Schwarz.

Zum Schluss erwähnen wir noch die Farbentheorie der Abhandlung:
„Ueber die Farben", welche allerdings für apokryph gilt und dem Peripatetiker Theophrastos von Eresos oder gar einem späteren Anhänger
derselben Philosophenschule zugeschrieben wird. Hier werden drei Grundfarben angenommen: Weiss, Gelb und Schwarz. Luft und Wasser sind
weiss, Feuer und Sonne gelb, die Erde unvollkommen weiss. Trotz der
in vieler Hinsicht kindischen Ansichten des Aristoteles, welche er
bezüglich der Farben an den Tag legt, können wir doch behaupten, dass
es im Alterthum unter den Philosophen keinen zweiten Denker gegeben
habe, der so klare Vorstellung über Gegenstände der Optik entwickelt
hätte, als der Stagirite. Eine sehr klare Darstellung der aristotelischen
Farbenlehre findet sich in Goethe's „Zur Farbenlehre" (II, pag. 11 ff.).

Wenn wir die Art der naturwissenschaftlichen Forschung, welche
Aristoteles zur Anwendung brachte, einer scharfen Kritik unterziehen,
so kann es uns nicht entgehen, dass es nicht bloss der Fehler des Stagiriten, sondern des ganzen Alterthumes Fehler sei, dass es nicht ver-
stehe, complexe Erscheinungen in ihre Elemente zu zerlegen. Die Alten
rathen, schätzen und behaupten auf Grund vager Analogien, aber sie
messen nie und versuchen nie eine Erscheinung auf künstlichem Wege,

d. h. experimentiren nie. Analogien in der Benennung werden häufig mit wirklichen Zusammengehörigkeiten verwechselt.

Was nun speziell des Aristoteles Methode, besonders in den Naturwissenschaften betrifft, so lässt sich diese in Folgendem charakterisiren. Bevor er an die Lösung der aufgestellten Aufgabe geht, führt er die Meinung der älteren Philosophen an und unterzieht dieselben einer Kritik, wobei er auswählt, was ihm für sein eigenes System zu passen scheint. Hiebei verschmäht er jedoch auch nicht die landläufigen, populären Ansichten, Sentenzen und Sprichwörter, die sich eventuell auf den Gegenstand beziehen. Hierauf zieht er solche Thatsachen zu, welche ihm zu passen scheinen und versucht nun aus logischen Gründen zu einem Schlusse zu kommen. Da es hiebei bei dem mangelhaften Unterbau des aristotelischen naturwissenschaftlichen Systemes sehr häufig geschieht, dass aus den vorhandenen Daten durch einfaches Schliessen die Frage nicht gelöst werden kann, so bedient er sich dialektischer Kunstgriffe um durch Zuziehung oft ganz fremder, nur scheinbar hingehöriger Dinge zu einem Resultat zu gelangen, welches freilich oft genug auf rein verbale Definition eines Begriffes hinausläuft. Die Erfahrungsdaten, die Aristoteles zur Unterstützung seiner Theorien anführt, stammen alle aus der oberflächlichen Erfahrung des gewöhnlichen Lebens. Was es heisse, Beobachtungen zu wissenschaftlichen Zwecken anzustellen und mit Hülfe von Experimenten die einzelnen Factoren einer complexen Erscheinung von einander zu trennen', das wusste Aristoteles noch nicht. Auch fehlten ihm vollständig die Instrumente der Beobachtung, über die der Forscher der Neuzeit verfügt. — Es könnte auffallen, wenn man die theoretischen Ueberzeugungen unseres Philosophen über die Methode der wissenschaftlichen Forschung mit seiner eigenen Art zu forschen vergleicht und dabei findet, wie weit bei ihm die Praxis hinter der Theorie zurückbleibt. Im Gegensatze zu seinem Lehrer Platon, der von den Täuschungen der Sinne auf die gänzliche Unverlässlichkeit der sinnlichen Wahrnehmung schliesst, stellt er als Grundsatz auf, dass wir durch Sinneseindrücke die Kenntniss des Einzelnen, durch Induction die Kenntniss des Allgemeinen erhalten. Ja er kennt auch die Neigung des Geistes zu verallgemeinern und aus einigen bekannten Daten den Vorgang in seiner Vollkommenheit zu construiren, begeht jedoch dann selbst oft genug den Fehler, dessen Möglichkeit er an einigen Stellen anerkennt. An einer Stelle seiner Schriften finden wir eine hierauf bezügliche, wahrhaft classisch zu nennende Stelle: „Wir „dürfen ein allgemeines Prinzip nicht von der Logik allein annehmen, „sondern müssen seine Anwendbarkeit bei jeder Thatsache prüfen; denn „bei Thatsachen müssen wir nach allgemeinen Prinzipien suchen, und „diese müssen immer mit den Thatsachen übereinstimmen." *)

---

*) Δεῖ δὲ τοῦτο μὴ μόνον τῷ λόγῳ καθόλου λαβεῖν, ἀλλὰ καὶ ἐπὶ τῶν κα-

Es findet sich in der deutschen Literatur ein Vergleich zwischen dem Genius des Platon und dem des Aristoteles, wie er treffender wohl kaum ausgesprochen werden könnte, weshalb wir es uns nicht versagen können, die betreffende Stelle hier zu citiren. Goethe sagt in seinem Werke „Zur Farbenlehre": „Plato verhält sich zu der Welt, „wie ein seliger Geist, dem es beliebt, einige Zeit auf ihr zu herbergen. „Es ist ihm nicht sowohl darum zu thun, sie kennen zu lernen, weil er „sie schon voraussetzt, als ihr dasjenige, was er mitbringt und was ihr „so noth thut, freundlich mitzutheilen. Er dringt in die Tiefen, mehr „um sie mit seinem Wesen auszufüllen, als um sie zu erforschen. Er „bewegt sich nach der Höhe, mit Sehnsucht, seines Ursprungs wieder „theilhaft zu werden. Alles was er äussert, bezieht sich auf ein ewig „Ganzes, Gutes, Wahres, Schönes, dessen Forderung er in jedem Busen „aufzuregen strebt. Was er sich im Einzelnen von irdischem Wissen „zueignet, schmilzt, ja man kann sagen, verdampft in seiner Methode, „in seinem Vortrag."

„Aristoteles hingegen steht zu der Welt wie ein Mann, ein bau- „meisterlicher. Er ist nun einmal hier und soll hier wirken und schaffen. „Er erkundigt sich nach dem Boden, aber nicht weiter als bis er Grund „findet. Von da bis zum Mittelpunkt der Erde ist ihm das Uebrige „gleichgültig. Er umzieht einen ungeheuern Grundkreis für sein Ge- „bäude, schafft Materialien von allen Seiten her, ordnet sie, schichtet „sie auf und steigt so in regelmässiger Form pyramidenartig in die „Höhe, wenn Plato, einem Obelisken, ja einer spitzen Flamme gleich, „den Himmel sucht." (II. pag. 140.)

Bevor wir Aristoteles verlassen, wollen wir in kurzen Worten einen Ueberblick über seine Kenntniss von der Erscheinungswelt geben. Es hat die zusammenhängende Darstellung der Weltanschauung des Stagiriten eine um so grössere Bedeutung, da wir in ihr die Weltanschauung des vierten Jahrhunderts vor unserer Zeitrechnung vor Augen haben, wie sich diese im universellsten Kopfe des ganzen Zeitraumes offenbarte. Die Hauptmomente der aristotelischen Physik sind:

1) Die naturphilosophischen Betrachtungen von Stoff, Kraft und Bewegung, ferner seine berühmte Lehre von den Elementen;

2) die Ansicht über den Bau des Kosmos und über die allgemeine Anordnung der Grundstoffe des All's. Hierher gehören die Physik der Atmosphäre und die Astronomie;

3) einige Ansichten über Moleculärkräfte und über einige chemische Vorgänge.

Unsere Betrachtung wird sich bloss auf die ersten beiden Punkte beziehen. Aristoteles nimmt drei Grundprinzipien an für jede Er-

---

ϑέκαστα καὶ τῶν αἰσθητῶν, δὶ ἅπερ καὶ τοὺς καθόλου ζητοῦμεν λόγους, καὶ ἐφ᾽ ὧν ἐφαρμόττειν οἰόμεϑα δεῖν αὐτούς. De animal. motione. I. 698.

scheinung: Stoff, Form und Entblösstsein (Stéresis), d. h. zwischen
zwei gegensätzlichen Formen das Entblösstsein von einem derselben.
Einer der bedeutendsten Kenner des Aristoteles, Barthélémy St.
Hilaire, der eine vorzügliche französische Uebersetzung der Werke des
Stagiriten geliefert hat, nennt diese Theorie einfach und genial. Es
dürften nun wohl Wenige die Ansicht des französischen Gelehrten theilen,
es scheint vielmehr eine rein auf dialektische Erörterungen berechnete
Aufstellung zu sein. — Als allgemeine Bedingungen alles natürlichen
Daseins gilt ihm Raum, Zeit und Bewegung. Den Raum fasst er
als Ort auf, die Zeit als Mass für das Vorher und Nachher in der
Bewegung. Am ausführlichsten behandelt er die Theorie der Bewegung,
welche er allgemein als Veränderung und als Bewegung in Qualität, in
Quantität und in Ortsveränderung auffasst. Die Ortsveränderung oder
Bewegung im engeren Sinne des Wortes ist wieder Bewegung nach
der Natur oder gegen die Natur. Erstere ist die gleichförmige
Kreisbewegung, diese ist den Himmelskörpern eigen, letztere ist die beschleunigte oder verzögerte Bewegung nach Unten oder nach Oben, dieses
ist die Bewegung der vier Elemente in der sublunaren Welt. Es gibt
relativ und absolut schwere und leichte Körper. Die schweren streben
nach abwärts, die leichten nach aufwärts mit einer der Masse proportionalen Geschwindigkeit. Die Geschwindigkeit nimmt in dem
Masse zu, in dem sich der Körper seiner Region, in der er „daheim"
ist, nähert.

Die Ansicht des Aristoteles über das Weltgebäude lässt sich
kurz in folgender Weise zusammenfassen: Die von Einem Bewegenden
bewegte Welt ist einfach; die Möglichkeit der Mehrheit von Welten
wird geläugnet. Die Welt bildet ein wohlgefügtes System, so vollkommen, als es der Widerstand des Stoffes gegen die Form (oder formende,
bildende Kraft) es eben erlaubt, die Fixsternwelt ist ganz vollkommen,
da sie aus Aether besteht und von der Welt der vier Elemente genug
weit absteht, um von deren destruirendem Einflusse geschützt zu sein.
Die Welt der Planeten hingegen, sowie die Region der Sonne und des
Mondes sind diesem Einflusse schon in gewissem Masse unterworfen.
Die sublunare oder die Welt der vier Elemente ist unvollkommen und
als solche der ruhelosen Veränderung, dem Prozesse des Werdens und
Vergehens unterworfen. Seiner Gestalt nach ist das Universum eine
Kugel, weil die Kugel das vollkommenste geometrische Raumgebilde ist
und den Raum, ohne Leere zurückzulassen, vollständig auszufüllen im
Stande ist. Die äussere Grenze der Welt ist die kugelförmige Wölbung
des Fixsternhimmels, an dem die unzähligen kugelförmigen Sterne befestigt sind. Die Sterne dieser Sphäre sind leidenlose, nie alternde Wesen,
welche sich in müheloser Thätigkeit ewig in gleichmässiger Kreisbewegung befinden und bestehen, so wie ihre Umgebung, aus dem von Aristoteles den vier Elementen des Empedokles zugefügten fünften Ele-

mente: dem Aether. Innerhalb der Fixsternsphäre, concentrisch mit derselben, befindet sich die Region der Planeten, der Sonne und des Mondes.
Auch die Körper dieser Region bestehen aus Aether, allein die Bewegung
dieser Gestirne ist nicht mehr so vollkommen und erfordert für jeden
Himmelskörper einige Sphären. Aristoteles hat hierauf bezüglich die
Theorie des Eudoxos und Kalippos acceptirt, welche den oberen
Wandelsternen: Saturn, Jupiter je 4, Mars, Venus und Mercur je 5; den
zwei unteren: Sonne und Mond ebenfalls je 5 Sphären zuweisen, welche
in einander haftend die schiefgerichtete, von West nach Ost gehende
Bewegung dieser Himmelskörper im Thierkreise erklären sollten*).

In der Mitte des All's ruht die gleichfalls kugelförmige Erde, am
fernsten von dem „ersten Bewegenden" (τὸ πρῶτον κινοῦν = primum mobile)
als der unvollkommenste Theil des Universums. Würde einzig die Fixsternsphäre auf die Erde einwirken, so würde entweder stetiges Entstehen oder stetiges Vergehen auf Erden herrschen. Jedoch vermöge der
ungleichmässigen, schiefgerichteten Bewegung der Sonne und der andern
Wandelsterne, welche einen steten Wechsel von Wärme und Kälte verursachen, kommt der fortwährende Wechsel von Entstehen und Vergehen
zu Stande, in dessen Beständigkeit die Erde die Ewigkeit und Unver-
änderlichkeit des Himmels nachahmt.

So besteht denn das All aus einem Diesseits und einem Jenseits.
Dieses ist die Welt der Unvergänglichkeit und Wandellosigkeit, jenes
ist die Stätte des endlosen Entstehens und Vergehens: die Welt der
meteorologischen Prozesse und des organischen Lebens.

Es hat keinen Gelehrten gegeben, über dessen Bestrebungen und
deren Resultate so extrem verschiedene Meinungen geherrscht hätten,
als eben Aristoteles. In der ersten Zeit nach seinem Tode, da — wie
es scheint — die Akademie des Platon noch in hohem Ansehen stand,
wenig beachtet, stieg sein Ansehen gewaltig in dem letzten Jahrhunderte,
das unserer Aera vorangeht. Hierauf fortwährend zunehmend, wurde
die Meinung des Stagiriten über irgend einen Gegenstand und seine ganze
Lehre zu einer solchen Macht, gegen welche sich kein Zweifel regen
durfte, da man jeden Angriff auf das Lehrsystem des Aristoteles einer
Ketzerei gleich achtete. Einzelne Ausbrüche gegen die geistige Tyrannei
der peripatetischen Disciplin kamen wohl hie und da vor**), doch be-

---

*) Hiebei entging es unserm Philosophen, dass bei dem von ihm
vorausgesetzten Zusammenhängen aller Sphären bei jedem Planeten eine der
von Eudoxos und Kalippos angenommenen wegzufallen habe. Eben dieser
Zusammenhang der Sphären macht nach Aristoteles die Annahme von
22 weiteren Sphären nothwendig, wodurch die von den einzelnen Planeten
aufeinander ausgeübten Störungen beseitigt werden sollten.

**) „Si habere potestatem supra libros Aristotelis, ego facerem omnes
cremari, quia non est nisi temporis amissio studere in illis, et causa erroris
et multiplicatio ignorantiae." Roger Bacon. Opus majus. Jebb's Vorwort. p. 5.

hauptete dieselbe ihre Geltung als alleinige vollendete Wissenschaft bis zur Zeit der Renaissance, wo dann ihr Ansehen reissend schnell dahin- schwand, um im 17. Jahrhunderte, dem Zeitalter der Philosophie eines Bacon und Descartes, sowie der naturwissenschaftlichen Entdeckungen von Galilei, Newton u. a., der allgemeinen Missachtung anheimzu- fallen. Am tiefsten war wohl das Ansehen des Philosophen von Sta- geiros im 18. Jahrhunderte gesunken, bis das Auftreten Lessing's und der grossen deutschen Philosophen des 19. Jahrhunderts die Bedeutung des Aristoteles in das richtige Licht zu stellen begannen. Jedoch sind selbst heute noch die Meinungen über die Bedeutung unseres Phi- losophen für die Geschichte der Wissenschaft noch sehr getheilt. Während die Einen es am leichtesten finden, ihn unbedingt zu loben und die An- ticipation aller möglichen Entdeckungen der Neuzeit bei ihm voraus- setzen, halten es Andere für noch bequemer, über ihn kurzweg den Stab zu brechen und ihn für die Sünden aller seiner Commentatoren, sowie aller seiner Anhänger verantwortlich zu machen. Viel schwieriger und müh- samer ist es, sich in die Schriften des Philosophen zu vertiefen und die oft schwer erkennbaren Keime späterer Entdeckungen aufzufinden, welche deshalb schwer erkennbar sind, weil sie eben rudimentären Sprösslingen gleichzuachten. Und doch kann behauptet werden, dass sich bei Aristoteles die Anläufe zu den wichtigsten Prinzipien der mechanischen Naturerkenntniss finden. Er hat häufig geirrt, den „punctus saliens" einer Frage ganz anderswo gesucht, als wo sich derselbe befindet, er hat aber auch mit bewunderungswürdiger Geistesschärfe die Prinzipien der wissenschaftlichen Forschung aufgestellt und den logisch-dialektischen Apparat, den er sich zu diesem Zwecke erst schaffen musste, mit staunens- würdigem Erfolge gehandhabt. Natürlich steht er auf seiner Höhe auf den Schultern seiner Vorgänger und lässt sich der Einfluss der eleatischen und der platonischen Philosophie auf jedem Schritte nachweisen, doch das macht seine Vorzüge bloss leichter verständlich, doch darum um nichts weniger bewunderungswürdig. Bewunderung erweckt die Schärfe seiner Begriffsbildung, seines Urtheilens und Schliessens dort, wo es sich um die Gegenstände intuitiver Auffassung und höchster Prinzipien des Denkens und Erkennens handelt, unsere Verwunderung dagegen fordert die Naivetät und Unbeholfenheit heraus, mit welcher er an Fragen herantritt, die nur durch Induction erkannt werden können. Die Physik, wie sie Galilei inaugurirte und Newton ausbaute, finden wir nun allerdings bei Aristoteles nicht, anderseits verdeckt er sein System von Meinungen über die Natur der Dinge auch nicht unter dem sym- bolisirenden, poetisch gefärbten Schleier, wie dies Platon thut. Der Stagirite entwickelt eine grosse Genialität im Aufstellen allgemeiner Prinzipien, jedoch wenn er auch viele Thatsachen und Naturerscheinungen kannte, so gelang es ihm doch häufig nicht, den richtigen Gesichtspunkt für irgend eine Sache zu finden, so sieht er bei Fragen, bei denen er der Entdeckung der wichtigsten Prinzipien der Mechanik sehr nahe kommt, bloss Aporien vor sich, Denkschwierigkeiten, die man beheben müsse, um ein auf dialektischem Scheine beruhendes Atopon, eine Ungehörigkeit, zu beseitigen. Seine Naturwissenschaft hat noch nicht die Objektivität erlangt, welche nothwendig ist, um einzusehen, dass die erste Aufgabe die Erklärung der Erscheinung sei. Sein grosser Irrthum, betreffs der Einrichtung des Weltgebäudes, die durch ihn für lange Jahrhunderte sanctionirte Annahme der geocentrischen Weltanschauung, hat in neuerer Zeit eine Parallele in der durch die Autorität Newton's aufrecht erhaltenen Emanationstheorie des Lichtes gefunden.

Mag man auch häufig die Geduld verlieren, sich durch die endlos scheinenden, von dialektischen Spitzfindigkeiten strotzenden Erörterungen über die Prinzipien der Naturwissenschaft durchzuwinden, so trage man auch der Geistesrichtung jener Zeit Rechnung, deren Einfluss sich auch der Geist eines Aristoteles nicht entziehen konnte und halte den Blick offen für die Keime wichtiger Prinzipien, welche in seinen Werken, obwohl oft sehr verborgen, vorkommen. Jedesfalls ist es keine Uebertreibung, wenn wir behaupten, dass der Entwicklungsgang der menschlichen Wissenschaft, ja unserer ganzen modernen Denkungsweise ein wesentlich verschiedener gewesen wäre, wenn im kleinasiatischen Skepsis die Würmer ihr halbvollendetes Werk an den Schriften des Aristoteles ganz zur Ausführung gebracht hätten und die Werke des Stagiriten gänzlich verloren gegangen wären. Und so erscheint es als gerechtfertigt, wenn wir als den Eckstein einer Geschichte der Physik eben den Aristoteles gewählt haben.

Bis zur Zeit Cicero's, also fast bis an die Schwelle der christlichen Aera, waren die Originalwerke des Aristoteles so gut wie unbekannt. Erst drei Jahrhunderte nach des Philosophen Tode begann sein System der Wissenschaft seine anderthalbtausend Jahre anhaltende glänzende Bahn. — — In den ersten Jahrhunderten unserer Zeitrechnung ging die Periode selbständigen Philosophirens zu Ende. Die Werke des Stagiriten mussten die ganze antike Wissenschaft vertreten, trotzdem sie dieselbe nicht von Ferne erschöpfen, ja sogar die hohen Schulen wurden direkt als Pflegestätten aristotelischer Gelehrsamkeit gegründet. So entstand jene eigenthümliche Geistesrichtung, welche für das ganze Mittelalter charakteristisch ist, jener auf blossem Autoritätsglauben basirte Scholasticismus, in dessen Banden es Niemanden in den Sinn kam, dass man die Richtigkeit der behaupteten Thatsachen in Zweifel ziehen könnte.

Die Zeit der griechischen Commentatoren: der „Scholiasten" erstreckt sich auf drei, bis vier Jahrhunderte. Die Völkerwanderung unterbrach zeitweise das wissenschaftliche Leben Europa's. Feuer und Würmer zerstörten die Bibliotheken, und nur was diese übrig liessen, das sammelten die Araber und bewahrten es gleich einem kostbaren Schatze. Den Höhepunkt erreichte das Ansehen der Peripatetiker in der zweiten Hälfte des

13. Jahrhunderts, als seine Schriften sich über das westliche Europa verbreiteten.

Unter den mittelalterlichen Commentatoren ist an erster Stelle der „grösste Scholastiker" Albertus Magnus (Albert von Bollstatt) zu erwähnen und dessen Schüler Thomas von Aquino. Unter den Händen dieser Gelehrten wurde die aristotelische Philosophie — so zu sagen — zu einem ergänzenden Theile der christlichen Dogmatik.

Dreihundert Jahre später, im Jahre 1536, schlug Peter Ramus die folgenden Thesen zur Disputation behufs Habilitirung an der Pariser Hochschule an die Kirchenthüren: „Alles was Aristoteles lehrt, ist falsch", einen Satz, der in jener Zeit fast einer Gottesläugnung gleichkam. Mit Ramus beginnt jener erbitterte Kampf gegen den Scholasticismus und Aristotelismus, ein Kampf, in welchem Aristoteles wohl selbst wahrscheinlich gegen jene Partei gekämpft hätte, welche den Nimbus seines wissenschaftlichen Systemes durch unvernünftiges Kleben an Aeusserlichkeiten in so empfindlicher Weise schädigte.

Die Werke des Aristoteles erschienen im Drucke zuerst in lateinischer Uebersetzung und zwar zu Rom im Jahre 1473. Erst von 1493—98 erschien die erste Ausgabe in der Sprache des Originals, 1590 erschien eine griechisch-lateinische Ausgabe von Casaubon in Lüttich. Die gegenwärtig berühmteste Originalausgabe ist die von J. Bekker mit den Scholien von C. A. Brandis versehene, welche im Auftrage der Berliner Akademie herausgegeben wurde. Eine griechisch-deutsche Ausgabe erschien in der Uebersetzung von Dr. Carl Prantl (Leipzig, Engelmann) jedoch ist diese nicht vollständig. Wohl die beste und besteingerichtete Uebersetzung ist die französische von Barthélémy St. Hilaire.

Eudoxos.

In der Darstellung der Geschichte einer Wissenschaft, wenn sich diese Darstellung an die Personen anschliesst, welche die wesentlichsten Fortschritte der Wissenschaft repräsentiren, ergibt sich die Nothwendigkeit, die Fortschritte der einzelnen Wissenskreise an die Namen derjenigen Forscher anzuknüpfen, welche durch die von ihnen gebildeten Vorstellungen und Meinungen auf die wissenschaftliche Ueberzeugung ganzer Generationen einen dominirenden Einfluss ausübten. So wie auf einem viel grösseren Gebiete des menschlichen Denkens das wissenschaftliche System des Aristoteles, so ist für einen beschränkteren Kreis die astronomische Hypothese des Eudoxos massgebend, welche die Erscheinungen des gestirnten Himmels vermöge eines von ihm ausgedachten Mechanismus zu erklären versuchte, eine Hypothese, welche, wie wir gesehen haben, auch Aristoteles als Ausgangspunkt seiner Erklärung der Himmelserscheinungen acceptirte.

Eudoxos, Sohn des Aischines, wurde zu Knidos in Kleinasien gegen
Ende des fünften Jahrhunderts vor Beginn unserer Zeitrechnung geboren.
Die Angaben über das Jahr seiner Geburt, wie wir sie bei den verschiedenen Schriftstellern vorfinden, sind höchst widersprechend, die Nachrichten über sein Leben sehr dürftig. Diogenes von Laërte (De vitis
philos. lib. VIII, Vita Eudoxi) nennt ihn Verfasser eines Gesetzbuches
für seine Vaterstadt und erzählt von ihm, dass er nicht nur Philosoph,
Astronom und Geometer, sondern dass er auch Arzt gewesen sei. Als
seinen Lehrer in der Geometrie erwähnt er den Archytas von Tarent,
in der Arzneikunde soll ihn Philistion aus Sicilien unterrichtet haben.
Obgleich arm, reiste er nach Athen, um die Sokratiker zu hören und
soll auch eine Zeit lang des Platon Schüler gewesen sein. Als er nach
einiger Zeit nach Hause kam, wurde er auf Betreiben seiner Freunde
in den Stand gesetzt, zur Erweiterung seiner Kenntnisse die grosse Tour
der damaligen Gelehrten zu machen und mit dem Arzte Chrysippos
nach Aegypten zu reisen, wo er bei dem als sehr gelehrt geschilderten
Priester Ichonuphy (oder Chonuphis) längere Zeit zugebracht haben soll.
Nach einer Version wäre er in Aegypten auch mit Platon zusammen-
getroffen. Von dort kehrte er über Kyzikos, Propontis u. s. f. nach
Athen zurück, wo er längere Zeit lehrte. Als er schliesslich seine Heimat
wieder aufsuchte, lebte er dort in grossen Ehren noch einige Zeit und
starb im 53. Lebensjahre.

Was nun die Schriften des Eudoxos betrifft, so wird ihm vor
allem die Verfassung eines chronologischen Werkes, unter dem Titel
„Oktaëteris"*) zugeschrieben. Unser Gewährsmann Diogenes von
Laërte weiss auch von astronomischen und geometrischen Schriften,
deren Titel er jedoch nicht angibt. Hipparchos erwähnt in seinem
Commentar zu den „Phainomena" des Aratos und Eudoxos zwei Schriften
unseres Gelehrten, unter dem Titel „Enoptron" und „Phainomena",
welche sich jedoch bloss mit der Configuration der Hauptsterne, der
Gestalt der Sternbilder und den Auf- und Untergängen der Gestirne beschäftigt, also einen rein astrognostischen Inhalt besitzt. Ferner wird
ihm ein Lehrgedicht über Astronomie zugeschrieben. Einer der Commentatoren des Aristoteles führt ein Werk unter dem Titel: „Ueber die
Geschwindigkeiten" (Περὶ τῶν ταχυτήων), nämlich der Sonne, des Mondes und
der Planeten an, worinnen wohl die Hauptlehre des Eudoxos, nämlich
seine homocentrische Sphärentheorie enthalten gewesen sein mag. Ein
anderes, von den alten Schriftstellern vielcitirtes Werk führte den Titel
„Ges periōdos" und war eine Chorographie, wie man nach den in Citaten

---

*) Oktaëteris oder Ennaëteris ist in der griechischen Chronologie
ein Zeitraum von acht Jahren oder 2922 Tagen, die in 96 wirkliche und
3 Schaltmonate vertheilt waren. Diese Periode hiess das „grosse Jahr". Mit
dem neunten Jahre begann ein neuer Cyclus.

vorhandenen zahlreichen Stellen desselben abnehmen kann. Es ist somit die Uebersetzung des Titels mit „de terrae ambitu" oder „von dem Umkreis der Erde" nicht richtig.

Eudoxos wird von den alten Schriftstellern als einer der bedeutendsten Geometer und Astronomen seiner Zeit gefeiert. Die Geometrie verdankt ihm einige wichtige stereometrische Lehrsätze, wie wir dies bei Archimedes erwähnt finden, ferner beschäftigte er sich mit der Lehre von den Proportionen (Mesotäten) und mit der Lehre von den Körperschnitten (nach anderer Ansicht „die Lehre vom goldenen Schnitt"), welche von Platon begründet worden war. Bedeutende Verdienste erwarb er sich um die Lehre von den Curven und durch seine Arbeit über das „delische Problem" der Würfelverdopplung, welches die scharfsinnigsten Köpfe jener Zeit in Anspruch nahm. Ferner beschäftigte er sich mit der von ihm „Hippopede" d. i. Pferdefessel genannten Curve. Unwahrscheinlich klingt die Angabe einiger neuerer Schriftsteller, dass er ein systematisches Werk über die Elemente der Geometrie verfasst habe.

Noch bedeutender als in seinen geometrischen Entdeckungen erscheint uns Eudoxos als Astronom. Einen eigentlichen Astronomen, der ohne Voreingenommenheit die Gesetze der Bewegung der Himmelskörper bloss aus der Betrachtung des Ganges der Gestirne abzuleiten gesucht hätte, gab es vor ihm nicht unter den Griechen. Zwar versuchte sich jeder der Philosophen der ionischen, pythagoräischen, platonischen und peripatetischen Schule an der Ausarbeitung eines Systemes, welches im Ganzen und Grossen die Erscheinungen zu erklären im Stande wäre, jedoch gingen diese Erklärungsversuche von mehr oder weniger willkürlichen, dem zu erklärenden Gegenstande ganz fremden allgemeinen Prinzipien aus und konnten somit zu keinem befriedigenden Resultate führen. Eudoxos inaugurirte jene Richtung in der Astronomie, welche zwar die unrichtige Annahme der geocentrischen Theorie zur Geltung brachte und damit den Schein als Wirklichkeit darstellte, welche jedoch anderseits diejenige Richtung war, die im Alterthume allein Aussicht auf Erfolg und somit allein Berechtigung hatte.

Die Geschichte der Astronomie im Alterthume zeigt uns einen fast ununterbrochenen Kampf der geocentrischen und der heliocentrischen Lehre, ein Schwanken der Lehrmeinungen über das Weltsystem, welches endlich mit der vollständigen Besiegung der heliocentrischen Theorie durch Hipparchos und Ptolemaios endete. Und in der Kette jener Lehrsysteme, welche von den primitiven Ansichten der ionischen Philosophen ausgehend zu der wohlgefügten geometrischen Theorie der Epicyklen des Ptolemaios führt, nimmt die homocentrische Sphärentheorie einen hervorragenden Platz ein und bildet ein wichtiges Glied dieser Kette. Es ist diese Theorie der erste gelungene Versuch, die Erscheinungen des Sternenhimmels durch Combination gleichförmiger Kreisbewegungen darzustellen. Weiter als bis zur geometrischen Theorie konnte es die Astronomie des Alterthums nicht bringen, in einer Zeit, da die Prinzipien der Dynamik noch vollständig unbekannt waren.

Die Hauptphasen der Entwicklung der astronomischen Meinungen — um hier an passender Stelle einen Ueberblick über dieselben zu geben — lassen sich kurz in Folgendem zusammenfassen. Die erste grosse Entdeckung bezüglich der Einrichtung des Universums war die Erkenntniss der Kugelgestalt der Erde, eine Erkenntniss, von der Schiaparelli in seiner verdienstvollen, kleinen Schrift: „Die Vorläufer des Copernicus im Alterthum" sagt, dass sie „sicher nicht geringer angeschlagen werden dürfe, als die der Gravitation" (Uebersetzung von Curtze pag. 4), welche Entdeckung sicherlich aus der Schule der pythagoräischen Philosophen stammt und somit in Grossgriechenland, in Italien ihren Ursprung hatte, da sie auch den eleatischen Philosophen, so z. B. Parmenides, geläufig ist, während sie im eigentlichen Hellas noch viel später ganz unbekannt war und durch Platon erst in späterer Zeit aufgenommen und seinen Vorstellungen über das Weltsystem eingereiht wurde. Eine fernere Phase der Entwicklung ist die pythagoräische Lehre des Philolaos, eine Lehre, welche vielfach dem Stifter der Schule: Pythagoras selbst zugeschrieben wird, wiewohl dies ohne jeden Grund geschieht, da wir über die astronomischen Ansichten desselben keinerlei Art von beglaubigter Quelle besitzen. Wir haben an einer frühern Stelle die Weltanschauung des Philolaos des Weiteren besprochen und haben daher hier an dieser Stelle bloss zu erwähnen, dass die Ansicht des Philolaos mit seiner um das Centralfeuer rotirenden Erde und Gegenerde, kein heliocentrisches System genannt werden könne, da in demselben die Sonne als der Sphärengenosse der Erde sich ebenfalls um das Centralfeuer herumwälzt und von diesem Licht und Wärme einsaugt, um es uns gleich einem Metallspiegel zurückstrahlen zu können. Eine fernere Stufe in der Kette der Entwicklung nehmen die poetisch verhüllten Meinungen des Platon ein, mit seinen mehrfachen, selbst wieder einen Werdeprozess darstellenden astronomischen Systemen, wie sie besonders im Timaios und im Buche vom Staate dargelegt werden.

Die heliocentrische Ansicht wurde im Alterthum einmal und zwar ganz klar und unzweideutig von Aristarchos von Samos dargelegt. Jedoch weder diese, noch die pythagoräische Lehre vom Centralfeuer, noch die schwankende, in jedem Dialoge anders klingende halbverhüllte Lehre des Platon war im Stande, allgemeine Verbreitung zu erringen. Aristoteles wendete sich von diesen Erklärungsversuchen ab und griff die elegante Theorie des Eudoxos von den homocentrischen Sphären auf, indem er sie in seinem Sinne zu ergänzen suchte. Mit dieser Erklärung war das Schicksal des heliocentrischen Systems für das Alterthum entschieden. Die Autorität des Aristoteles, sowie der ganzen peripatetischen Schule stützte die geocentrische Theorie bis zu jener Zeit, als sie durch Hipparchos und Ptolemaios diejenige Form erhielt, mittelst welcher sie den Fortschritten der beobachtenden Astronomie gegenüber sich über ein Jahrtausend erhalten konnte. Wir haben vor der Darlegung der eudoxischen Theorie noch einen Versuch von Seite der Anhänger des Pythagoras zu erwähnen, den des Herakleides Pontikos, welcher auch den Fall in sich schloss, für welchen die von Aristoteles gelehrte „homocentrische Sphärentheorie" den Dienst versagte, nämlich die Rückkehrpunkte und retrograden Bewegungen auf der scheinbaren Bahn der Planeten. Herakleides stellte ein System auf, das die Sonne als das Centrum nicht bloss der Venus- und Mercurbahn ansah, sondern auch der andern Planeten, also in seinen allgemeinen Zügen jenes System, welches später Tycho Brahe vermittelnd zwischen das ptolemaiische und das von ihm nicht angenommene des Copernicus setzen wollte. Herakleides von Herakleia Pontika war in seiner Jugend ein Schüler des Platon, etwa um 360 v. Chr. Auch soll er von den Pythagoräern gelernt haben. Im Alterthum war sein Name hochgeachtet und mit denen der ersten Denker in eine Reihe gestellt. Er schrieb über Geometrie und über Astronomie, jedoch sind von seinen sämmtlichen Schriften bloss einige zerstreute Bruchstücke erhalten. Ein Werk von ihm führte den Titel: „Ueber die himmlischen Dinge" (Περὶ τῶν ἐν οὐρανῷ), von welchem einige Stellen (bei Stobaios) enthalten sind, aus denen man ersehen kann, dass er die Sterne als im unendlichen Aether schwebende Welten ansah, von denen jede wieder ihre Erde umschliesst.

Man hat den Herakleides auf Grund alberner Verleumdungen, welche der Laërtiade Diogenes in seinen confus geschriebenen Biographien gegen ihn verbreitete, entgegen der einstimmigen Meinung mehrerer Schriftsteller von Seite einiger neuerer Autoren als Plagiator hinzustellen versucht, so z. B. Schaubach in seiner „Geschichte der griechischen Astronomie bis auf Eratosthenes", und Gruppe in seinen „Kosmischen Systemen der Griechen", jedoch sicherlich mit Unrecht; wir haben vielmehr in ihm denjenigen Forscher zu achten, welcher die Lehre von der Erdrotation zum ersten Male in klare Worte gekleidet hat. Wir wollen einige der sich oft wiederholenden Stellen als Beleg hier anführen. In Plutarch's „Meinungen der Philosophen" (III, 13) lesen wir wie folgt: „Herakleides Pontikos und der Pythagoräer Ekphan-„tos lassen die Erde sich bewegen, aber nicht mit fortschreitender Be-„wegung, sondern wie ein Rad, das sich vom Niedergang gegen den Auf-gang um seinen eigenen Mittelpunkt dreht" (ἀπὸ δυσμῶν ἔπ' ἀνατολάς, περὶ τὸ ἴδιον αὐτῆς κέντρον.) Dieselbe Stelle, nur etwas geordneter, weil vollständiger, findet sich bei Eusebios. Praeparatio Evangelica lib. (15, Cap. 58.); Origenes Philosophumena (Cap. 15) hat die folgende Stelle: „Ein gewisser Ekphantos aus Syrakus sagt, dass die im Mittelpunkte der Welt befindliche Erde sich um ihren eigenen Mittelpunkt nach Osten dreht." In einigen noch anzuführenden Citaten begegnen wir dem charakteristischen Ausdrucke „die Erscheinungen zu retten" (σώζειν τὰ φαινόμενα) im Sinne einer Entdeckung der Erklärbarkeit der Erscheinungen, ein Ausdruck, der mit merkwürdiger Consequenz von mehreren Autoren gebraucht wird und somit auf einen wörtlichen Ausspruch entweder des Herakleides oder auch des Aristarchos hinzuweisen scheint. Bei Simplicius im Commentar zu des Aristoteles „De Coelo" (Buch II. Brandis. Scholia in Aristotelem, pag. 495, III. Th. d. berl. Arist.-Ausgabe) lesen wir, wie folgt: „Weil einige existiren, unter ihnen Herakleides Pon-„tikos und Aristarchos, welche die Erscheinungen glauben retten „zu können (σώζεσθαι τὰ φαινόμενα), indem sie den Himmel und die Ge-„stirne unbeweglich stehen und die Erde um die Pole des Aequinoctial-„kreises von Westen annähernd jeden Tag einmal sich drehen lassen. „Das näherungsweise ist wegen der (täglichen) Bewegung der Sonne „hinzugefügt, die einen Theil (Grad) ausmacht." An einer andern Stelle desselben Commentators (Comm. in Arist. de Coelo ed. Karsten, pag. 232) heisst es: „Herakleides Pontikos glaubte durch die Annahme, dass „die Erde, im Centrum gelegen, sich rotirend bewege, und der Himmel „fest sei, die Erscheinungen retten zu können." Endlich an einer dritten Stelle (ad Aristotelis de Coelo ed. Karsten, pag. 242): „Wenn die Erde „sich um ihr Centrum im Kreise bewegte, wie Herakleides Pontikos voraus-„setzte, während die himmlischen Dinge festblieben." Aehnliches finden wir an andern Stellen bei Chalcidius und anderen Commentatoren. Neben Herakleides finden wir an einigen Stellen den Pythagoräer Ekphantos genannt, von dem sich jedoch bloss so viel feststellen lässt, dass er die Umdrehung der Erde um ihre Axe angenommen habe. — Wenn wir alle die Stellen, wie wir sie bei den Scholiasten finden, zusammenhalten, so scheint es, als habe in Folge der fortschreitenden Erkenntniss der geographischen Verhältnisse der um das mittelländische Meeresbecken gelagerten Länder, sowie der genaueren Erforschung der Himmelserscheinungen eine weitere Ausbildung des philolaischen Systems bei den spätern Pythagoräern Platz gegriffen, welcher zufolge Erde und Gegenerde sich zu einer das Centralfeuer umgebenden Hohlkugel zusammenschlossen. Dieses letztere wurde als das bewegende Prinzip angenommen und darum mussten die demselben am nächsten liegenden Körper, in erster Linie also die Erde, am schnellsten umlaufen, während die entfernter liegenden Gestirne langsamer kreisten. Bei den Peripatetikern hingegen war das Bewegende, das primum mobile an die Peripherie des Universums gerückt.

Wir übergehen nach dieser Abschweifung auf die Förderung der astronomischen Kenntnisse durch Eudoxos. Aus den zahlreichen Excerpten, die wir bei Hipparchos bezüglich der Schriften dieses Forschers finden, kann man ersehen, dass Eudoxos im Wesentlichen dieselbe Eintheilung der Fixsterne in Sternbilder annahm, wie wir diese später bei Ptolemaios finden. Ob Eudoxos die Sternbildergruppirungen schon vorfand, oder sie — wenigstens theilweise — selbstständig ersann, lässt sich wohl nicht mehr mit Sicherheit festsetzen. Wir wissen bloss, dass Hipparchos von ihm rühmt, er habe den gestirnten Himmel nach eigener Ansicht geordnet, jedenfalls ist es sehr wahrscheinlich, dass die Eintheilung der Sterngruppen nach Sternbildern von ihm herrühre. Einzelne Sterne mögen wohl von Alters her ihren Namen gehabt haben, und auch auffallendere Sterngruppen mag man mit Namen bezeichnet haben, jedoch die systematische Austheilung des ganzen, bekannten Himmelsgewölbes scheint auf Eudoxos zurückzuführen. Hiebei würde man jedoch zuversichtlich zu weit gehen, wollte man voraussetzen, unser Forscher habe vom Fixsternhimmel mehr gewusst, als die beiläufige Lage der Sterne und habe etwa Höhen und Culminationen oder Declinationen der Sterne beobachtet, dazu fehlten ihm noch alle die Behelfe, mit denen er auch nur rohe Messungen ausführen hätte können. Dies kann man schon daraus ersehen, dass er einen Stern genau am Nordpol der Himmelskugel annahm, da ja doch auch zu seiner Zeit sich dort kein Stern befunden hat. — Was die Kenntniss der Grundbegriffe der sphärischen Astronomie betrifft, so kommt in den eudoxischen Fragmenten das Wort Horizont in unserer Bedeutung noch nicht vor, dasselbe scheint vielmehr aus der zwischen Eudoxos und Hipparchos liegenden Zeit zu stammen. Der Aequator wird bei Eudoxos „Isemerinos" (Taggleicher) genannt, während die Römer hiefür schon den Ausdruck aequinoctialis (Nachtgleiche) gebrauchen. Ausser diesem grössten Kreise bezeichnet Eudoxos noch vier Parallelkreise, den Sommer- und Winterwendekreis und die beiden Polarkreise (ἀρκτικός und ἀνταρκτικός), ferner.kennt er die Koluren, nicht aber den Meridian. Aufgefallen ist es, dass er die Aequinoctien und Solstitien in die Mitte der Zeichen des Thierkreises setzt und nicht, wie wir dies thun und es auch schon Hipparchos gethan hat, an den Anfang der Zeichen (ζώδια), so dass man bei der Umrechnung der Längen des Eudoxos stets die Hälfte der Breite eines Zeichens, d. i. 15° abziehen muss. Erst Hipparchos, der Erfinder (oder wenigstens Vervollkommner) der Trigonometrie, wurde dadurch, dass die Basis und die Hypothenuse sämmtlicher sphärischen Dreiecke, die von diesen Kreisen gebildet werden, mit dem Durchschnittspunkte des Aequators und der Ekliptik beginnen, darauf geführt, den Nullpunkt für diese beiden Kreise und somit auch für die Thierzeichen in diesen Punkt zu verlegen, wodurch der Unterschied in der Rechnung entsteht, ohne dass deswegen Eudoxos und Hipparchos das Solstitium an verschiedene Punkte gesetzt hätten.

Besondere Verdienste hat sich Eudoxos nach der Meinung des ganzen Alterthums um die Zeitrechnung erworben durch Einführung oder wenigstens Verbesserung der Schaltperiode, um welche sich ausser ihm noch Meton, Dositheus und andere verdient gemacht haben. Auch die Erfindung der Horizontal-Sonnenuhr, der Spinnengewebeuhr (arachne),

so genannt von der Gestalt der Zeichnung derselben, welche aus Kreis-
radien und Sehnen bestand, wird Eudoxos zugeschrieben (Vitruvius,
De architectura. IX. Cap. 8).

Wir kommen nun auf die bedeutendste geistige Leistung des
Eudoxos, auf seine homocentrische Sphärentheorie zu sprechen.
Als Quellen für diesen schönen Versuch einer Erklärung der Himmelserscheinungen sind die folgenden Schriftsteller zu nennen: Aristoteles
in seiner Metaphysik (XII, 8), Simplicius (Comment. in Arist. de
Coelo II), wobei er sich auf das Werk des Eudoxos „Ueber die Geschwindigkeiten" und auf des Eudemos Geschichte der Astronomie beruft. In unserer Zeit hat Ideler auf Grund eines handschriftlichen Textes
die betreffende Stelle des Simplicius ergänzt und sehr schön commentirt.

Die mythologische Vorstellung des krystallenen Himmelsgewölbes,
das sich über die vom Okeanos umflossene Erdscheibe wölbt, auf welcher
der leuchtende Sonnenwagen seine tägliche Bahn beschreibt, machte sich
in den ersten Versuchen zur Erklärung der Himmelserscheinungen ebenfalls geltend. Die Griechen konnten sich freischwebende Weltkörper
nicht denken und nahmen deshalb eine krystallene Sphäre an, welche
als Träger des ganzen Fixsternhimmels galt. Da jedoch die sieben
Wandelsterne (5 Planeten, Sonne und Mond) jeder für sich seine eigene
Bewegung aufwies, musste für jeden derselben eine eigene Sphäre angenommen werden, welche concentrisch mit der der Fixsterne und zu
einander sich mit der Fixsternsphäre in einem Tage umdrehen, ausserdem jedoch noch eine entgegengesetzte, d. h. nach Osten gehende lang-
samere Bewegung hätten. Rechnet man hiezu noch die im Mittelpunkt
des Universums ruhend gedachte Erde, so hat man das erste Entwicke-
lungsstadium der Ansicht über das Weltsystem im Sinne der Sphärentheorie. Bald jedoch musste man die unlösbaren Schwierigkeiten erkennen, welche sich bei Annahme dieser Theorie ergaben. Um diese
Zeit herum construirte man die ersten Vorrichtungen, um die Erscheinungen der Himmelskörper darzustellen. Wir müssen uns hierunter
wohl eine Art unvollständiger Tellurien denken, deren Hauptbestandtheil
der ruhende Erdglobus abgab, um welche sich die übrigen Sphären bewegten. Es entstand somit die Aufgabe, eine Bewegung zu ersinnen,
welche in der Sprache des Herakleides oder Aristarchos „die Erscheinungen zu retten" (σώζειν τὰ φαινόμενα) im Stande wäre. Als solche
ergab sich, da kein mechanischer Grund zu irgend einer Ungleichheit
bekannt war und da es auch sonst den als vollkommen gedachten
Himmelskörpern am besten entsprach, die gleichförmige Bewegung
im Kreise. Hiemit war die Aufgabe gestellt, an deren Lösung sich
die Astronomen bis auf Keppler versuchten, bis diesem letzteren es endlich gelang, sich von der falschen Annahme der gleichförmigen Kreisbewegung freizumachen und es ihm glückte, die wahren Bewegungsver-
hältnisse aufzufinden.

Die Aufgabe, welche die antike Astronomie zur Erklärung der scheinbaren Bewegungen der Himmelskörper stellte, klang daher folgendermassen: Es ist jenes System gleichförmiger Kreisbewegungen zu finden, welches, von der Erde aus betrachtet, für Fixsterne sowohl, als für Wandelsterne dieselben scheinbaren Oerter gibt, welche diese Himmelskörper zu einer gegebenen Zeit einnehmen. — Es ist klar, dass diese Aufgabe unbestimmt sei und dass es unendlich viele Lösungen derselben geben müsse. Die gelungensten dieser Lösungen sind eben die homocentrische Sphärentheorie des Eudoxos und die Epicyklentheorie des Ptolemaios. Weniger gelungen ist die Theorie der excentrischen Kreise, wie sie Hipparchos aufstellte. Die Lösung des Problems kann durch die geocentrische oder die heliocentrische Hypothese stattfinden, so war noch die ursprünglich coppernicanische Theorie, bevor sie Kepler mit der Wirklichkeit in Einklang brachte, ebenfalls auf das System gleichförmiger Kreisbewegungen basirt und war diese Theorie, als geometrische Theorie aufgefasst, jedenfalls viel unvollkommener, als die ptolemäische, woher der Widerstand erklärlich ist, den die beobachtenden Astronomen der Annahme des heliocentrischen Systems entgegensetzten. Die Grundzüge der homocentrischen Sphärentheorie haben wir an einer früheren Stelle, bei der Darstellung der astronomischen Vorstellungen des Aristoteles angeführt und können daher hier kurz darüber hinweggehen. Wie dort erwähnt, nahm Eudoxos für die Fixsternsphäre eine gleichmässig rotirende, für die fünf Planeten je vier, für Sonne und Mond je drei sich gleichmässig drehende Krystallsphären an. Diese 27 Sphären waren homocentrisch in einander geschachtelt und bewegten sich auf einander gleitend (ἀνελίττοντες), durch die Bewegung der äussersten Sphäre mitgerissen. Eine der vier Planetensphären trug diesen Himmelskörper, während die andern sternlos waren, ebenso war es bei den drei Sphären der Sonne und des Mondes. Es lässt sich leicht einsehen, dass die homocentrische Sphärentheorie mit dem Fortschreiten der beobachtenden Astronomie bald den Dienst versagen musste. Die Theorie des Eudoxos war im Alterthum sehr beliebt, weshalb sie vor allem Kalippos verbesserte, indem er noch 7 Sphären hinzufügte, jedoch schon Aristoteles reichte hiemit nicht aus und setzte zu den schon vorhandenen 22 neue Sphären. Hiedurch wurde der Apparat immer complicirter und daher von den Gelehrten der alexandrinischen Schule abgelehnt. Noch im 16. Jahrhundert bemühte sich Hieronymus Fracastor, die homocentrische Sphärentheorie wieder zur Aufnahme zu bringen, eine Bemühung, die durch das Erscheinen des coppernicanischen Systems gegenstandslos geworden.

Der oben erwähnte Kalippos, Polemarchos' Schüler, lebte um die Zeit des Aristoteles. Er erwarb sich Verdienste um die genauere Feststellung der Jahreslänge und der sog. Metonischen, auf die Uebereinstimmung des Laufes der Sonne und des Mondes bezüglichen Periode, indem er in 76 Jahren, d. i. in vier Metonischen Perioden (zu 19 Jahren) einen Tag ausschaltete, da der Fehler in dieser Zeit schon 35 Stunden betrug.

Schliesslich erwähnen wir noch von Eudoxos, dass er sich nach der Angabe des Theon von Smyrna mit den Zahlenverhältnissen der verschiedenen Tönen entsprechenden Saitenschwingungen beschäftigt haben soll.

Archimedes.

In jenem Wissenschafts-Systeme, das Aristoteles auf dem ihm von seinen Vorgängern aufgerichteten Unterbau herstellte und welches allzeit ein bewunderungswürdiges Denkmal der menschlichen Geistesthätigkeit bleiben wird, finden wir die Naturwissenschaften in einer von unserer heutigen Weise sehr abweichenden Methode behandelt. Die heute geltende Methode der exakten Naturwissenschaften geht auf eine genaue und erschöpfende Beschreibung des Naturvorgangs und sieht sein Endziel in der Auffindung des Unveränderlichen in der Flucht der ewig wechselnden Erscheinung, was sie durch Gruppirung der ähnlichen Vorgänge und durch experimentelles Verfahren bewerkstelligte Zerlegung derselben in ihre einfachsten Bestandtheile zu erreichen strebt. Anders bei Aristoteles, der gewöhnlich an den Verbaldefinitionen der Dinge haften bleibt.

Der Forscher, mit dem wir uns nun zu beschäftigen haben, Archimedes, kann schon im modernen Sinne Naturforscher genannt werden. In seinen Händen wurde die Mathematik zur mächtigen Waffe, mittelst welcher er die stereometrischen Verhältnisse der Körper, sowie einzelne mechanische Probleme erforschte.

Archimedes wurde zu Syrakus auf Sicilien geboren um das Jahr 287 v. Chr. Er war ein Verwandter von Hiero II., dem Beherrscher von Syrakus. Leider ist es sehr wenig, was wir von dem Leben des ausserordentlichen Mannes wissen. Einzelne Bemerkungen und Anekdoten, ferner die ausführlicheren Mittheilungen über ihn finden wir in der Beschreibung der Belagerung von Syrakus durch die Römer. Unsere Quellen über die Biographie des Archimedes sind bloss Plutarchos in der Biographie des Marcellus, Polybios in seiner Geschichte*), Livius und Vitruvius in seinem Werke „Ueber die Baukunst" (De architectura). Des Archimedes eigene Werke hingegen bieten auch nicht den kleinsten Anhalt zu einer biographischen Date ihres Verfassers. Wenn nun die Schriftsteller des Alterthums über die Lebensverhältnisse des Archimedes nichts zu berichten wissen, so erzählen sie doch in den obenerwähnten kurzen Bemerkungen und Ge-

---

*) Polybios: Ἱστορία καθολική.

schichtchen so manches, was zur Charakterisirung unseres Gelehrten dient, wiewohl man es denselben allen anmerkt, dass sie mit einer gewissen Geflissentlichkeit ihren Helden als Ausbund der gelehrten Zerstreutheit und Unbeholfenheit darstellen. Es wird unter anderem von Archimedes erzählt, derselbe sei so zerstreut gewesen und habe sich derart in seine geometrischen Untersuchungen vertiefen können, dass man ihn an die Erfüllung der nothwendigsten Lebensbedürfnisse erinnern musste.

Dem Archimedes wird die Erfindung des nach ihm benannten Flaschenzuges oder Polyspastes (Μηχάνημα πολύσπαστον) zugeschrieben. Plutarch in der Biographie des Marcellus erzählt, dass der Erfinder in jugendlich überströmendem Gefühle seiner geistigen Kraft in den Ausruf ausgebrochen wäre: „Gebt mir einen festen Punkt und ich werde die Erde aus ihren Angeln heben" („Δός μοι ποῦ στῶ, καὶ τὰν γᾶν κινασῶ"). Hieron wollte sehen, wie man mit einer kleinen Kraft eine grosse Last bewältigen könne, wie dies Archimedes behauptete. Zu diesem Behufe wurde nun eine von des Königs grossen Triremen mit Menschen und todter Last schwer beladen, worauf er dieselbe vermittelst seines Flaschenzuges mit leichter Mühe an das Ufer zog. Als hieraus der König die grosse Geschicklichkeit und Erfindungsgabe des Archimedes im Construiren von verschiedenen Mechanismen erkannte, betraute er denselben mit der Anfertigung verschiedener Kriegsmaschinen, besonders solcher, welche zur Vertheidigung der Stadt im Falle einer Belagerung dienen möchten. Diese Vorrichtungen waren alle des Archimedes Erfindung oder beruhten zum mindesten auf wesentlichen Verbesserungen schon vorhandener Maschinen. Hieron II. war ein kluger und umsichtiger Fürst, seine lange Regierung verfloss ohne irgendwie nennenswerthe Kämpfe und so wurden die Maschinen des Archimedes während dieser Zeit nicht in Anspruch genommen. Trotzdem sollte der Verfertiger derselben noch in die Lage kommen, die letzten Jahre seines Lebens der Vertheidigung seiner Vaterstadt zu widmen.

Archimedes galt im Alterthume als einer der ingeniosesten Geometer. Ihm verdankt man die angenäherte Flächenberechnung der Kreisfläche und der Länge der Peripherie, ferner die Bestimmung des Volumenverhältnisses zwischen einer Kugel und dem dieselbe einschliessenden Cylinder. Letztere Entdeckung schätzte er selbst so hoch, dass er seine Freunde und Verwandten bat, nichts auf sein Grab zu setzen, als den Cylinder, der die Kugel einschliesst, und die Verhältnissangabe von dem Raumüberschuss des einschliessenden Körpers zu dem eingeschlossenen.

Am verbreitetsten ist wohl jene Erzählung, welche angibt, wie Archimedes das hydrostatische Grundgesetz, das seinen Namen trägt, entdeckt haben soll, jenes Gesetz, dem zufolge jeder in Flüssigkeit getauchte Körper von seinem Gewichte so viel verliert, als die von ihm verdrängte Flüssigkeit wiegt. Wir finden diese Erzählung in des Vitru-

vius Werk „Ueber die Baukunst" (De architectura lib. 9, Vorwort 9—12):
„Als nämlich Hiero, nachdem er zu königlicher Macht erhoben worden,
„für seine glücklichen Thaten einen goldenen Kranz, den er gelobt hatte,
„in irgend einem Heiligthume weihen wollte, liess er diesen gegen Arbeits-
„lohn anfertigen und wog das dazu nöthige Gold dem Unternehmer
„genau vor. Dieser überlieferte seiner Zeit das zur vollen Zufriedenheit
„des Königs gefertigte Werk, und auch das Gewicht des Kranzes schien
„genau zu entsprechen. Als aber später Anzeige gemacht wurde, es sei
„Gold unterschlagen und dafür bei der Herstellung des Kranzes eben so
„viel Silber beigemischt worden, da beauftragte Hiero, aufgebracht
„darüber, hintergangen worden zu sein, ohne einen Weg finden zu
„können, jene Unterschlagung zu erweisen, den Archimedes, die Aus-
„findigmachung eines solchen Ueberführungsweges auf sich zu nehmen.
„Dieser, damit eifrig beschäftigt, kam nun zufällig in ein Bad, und als
„er dort in der Wanne hinabstieg, bemerkte er, dass das Wasser in
„gleichem Masse über die Wanne austrete, in welchem er seinen Körper
„mehr und mehr in dieselbe niederliess. Sobald er nun auf den Grund
„dieser Erscheinung gekommen war, verweilte er nicht länger, sondern
„sprang von Freude getrieben aus der Wanne, und nackend seinem
„Hause zulaufend, zeigte er mit lauter Stimme an, er habe gefunden,
„was er suche. Denn im Laufe rief derselbe auf griechisch aus: εὕρηκα,
„εὕρηκα (ich habe es gefunden!)."

„Dann soll er, von jener Entdeckung ausgehend, zwei Klumpen
„von demselben Gewicht, wie sie der Kranz hatte, den einen von Gold,
„den andern von Silber zusammengestellt haben. Nachdem er dies ge-
„than, füllte er ein weites Gefäss bis an den obersten Rand mit Wasser
„und senkte dann den Silberklumpen hinein, worauf das Wasser in
„gleichem Masse herausfloss, als der Klumpen allmählig in das Gefäss ge-
„taucht wurde. Nachdem dann der Klumpen wieder herausgenommen
„war, füllte er das Wasser um so viel, als es weniger geworden war,
„das Neuzugegebene mit einem Sextar messend, wieder auf, so dass es
„in gleicher Weise, wie früher, mit dem Rande in gleiche Höhe kam.
„So fand er daraus, welches Gewicht Silber einem bestimmten Volumen
„Wasser entspräche. Nachdem er dies erforscht hatte, senkte er den
„Goldklumpen in ähnlicher Weise in das volle Gefäss, und als er auch
„diesen herausgenommen, fand er, nachdem er das fehlende Wasser auf
„dieselbe Weise vermittelst eines Hohlmasses nachgefüllt hatte, dass
„nun von dem Wasser nicht so viel abgeflossen war, sondern um so viel
„weniger, als ein Goldklumpen von gewissem Gewichte ein minder grosses
„Volumen hat, als ein Silberklumpen von demselben Gewichte. Nach-
„dem er hierauf das Gefäss abermals gefüllt und den Kranz selbst
„in das Wasser gesenkt hatte, fand er, dass mehr Wasser bei dem
„Kranze, als bei dem gleichwiegenden Goldklumpen abfloss, und entzifferte
„so aus dem, was mehr bei dem Kranze, als bei dem Klumpen abfloss,

„die Beimischung des Silbers zum Golde und machte die Unterschlagung „des Unternehmers offenbar" *).

Wir bringen die ganze Stelle aus Vitruvius in der treuherzigen Erzählung des alten Römers, da sie sich auf die Entdeckung eines allgemeinen hydrostatischen Gesetzes bezieht. Das Gesetz selbst oder vielmehr Probleme, welche auf dieses Gesetz führen, sind in der Abhandlung des Autors: „Von schwimmenden Körpern" enthalten.

Zu den mechanischen Erfindungen des Archimedes werden die (Archimedische) Wasserschraube, der Flaschenzug, sowie eine künstliche Vorrichtung gerechnet, welche die Bewegung der Himmelskörper veranschaulichte. Die Schrift, in welcher sich die Beschreibung dieses Apparates befand, ist leider spurlos verloren gegangen. Noch grössere Bewunderung erregten jene Maschinen, mittelst welcher Archimedes seine Vaterstadt gegen die belagernden Römer lange Zeit zu schützen im Stande war.

Da Archimedes in der Geschichte der Belagerung der Stadt eine so hervorragende Rolle spielt, indem er dieselbe durch die Anwendung seiner Vertheidigungsmittel ungemein in die Länge zog, so scheint es angemessen, die Geschichte dieser Belagerung, welche unserem Gelehrten ebenfalls das Leben kostete, etwas ausführlicher zu erzählen. Wir folgen hiebei im Allgemeinen der Erzählung des Polybios und Plutarchos**).

Es war zur Zeit des zweiten punischen Krieges, Hannibal stand mit seinem Heere auf italischem Boden. Die Römer wählten den Marcellus zum zweiten Male zum Consul, worauf dieser nach Sicilien ging, um zu verhüten, dass die Karthager auf dieser den Römern so wichtigen Insel den römischen Einfluss gänzlich untergrüben. Die wichtigste Stadt der ganzen Insel war Syrakusa. Der jüngere Hiero, des Archimedes Freund und Anverwandter, der treue Bundesgenosse Roms, war nach 54jähriger glücklicher Regierung gestorben. Da der Thronerbe Gelon schon vor seinem Vater gestorben war, folgte der Enkel des Fürsten: Hieronymos in der Regierung. Dieser trat offen zur Partei der Karthager über, seiner grausamen Regierung wegen wurde er jedoch

---

*) Des Vitruvius Zehn Bücher über die Architektur. Uebersetzt von Dr. Franz Reber. Stuttgart 1865. — M. Vitruvius Pollio lebte zur Zeit des Jul. Cäsar und des Augustus. Er stammte aus Verona (?). Cäsar und Augustus verwendeten ihn als Ingenieur zur Construktion von Kriegsmaschinen, letzterer übertrug ihm die Leitung des Bauwesens. Später genoss er eine ausreichende Pension, so dass er alle Zeit der Abfassung seines Werkes widmen konnte. Aus Dankbarkeit dedicirte er sein Werk „Ueber Architektur" dem Kaiser selbst. Das Buch besteht aus 10 Abtheilungen und handelt von Gebäuden, Wasserleitungen, Maschinen etc. — Die Meinung des Chr. F. L. Schultz, als sei das Werk des Vitruvius eine spätere Compilation, entbehrt jeder Begründung.

**) Polybios Geschichte. Uebersetzt von Haakh. Stuttgart 1868. 8. Buch, Cap. 5—9. — Plutarchos: Marcellus 14—19.

schon nach 13monatlicher Herrschaftsdauer ermordet. Nach seinem Tode rissen anarchische Zustände ein, bis zur Ankunft des Marcellus. Diese Zustände wurden besonders von Hippokrates genährt, welcher trotz seiner syrakusanischen Abstammung, da er in Karthago geboren, zu den Karthagern hielt. Hannibal hatte ihn als Gesandten zu Hieronymos geschickt, um diesen Fürsten den Römern abtrünnig zu machen. Nach der Ermordung des Königs blieb Hippokrates in Syrakus und bemühte sich, die Herrschaft an sich zu reissen. Er liess sich zum Befehlshaber der Syrakusaner wählen, zog jedoch durch sein ungeschicktes, grausames Benehmen Marcellus als Feind vor die Mauern der Stadt und zwar dadurch, dass er bei Leontini eine grosse Anzahl von Römern ermorden liess. Marcellus nahm hierauf Leontini mit Sturm, liess jedoch deren Einwohnern kein Leid widerfahren. Hippokrates eilte nun nach Syrakus und schüchterte durch seine lügenhafte Erzählung, dass Marcellus die ganze waffenfähige Bevölkerung des befreundeten Leontini über die Klinge habe springen lassen, die Syrakusaner dermassen ein, dass sie den Hippokrates baten, den Oberbefehl zu übernehmen und dieser somit die Stadt vollständig in seine Gewalt bekam. Nachdem es nun Marcellus ruhig nicht ansehen konnte, dass die mächtigste Stadt Siciliens in die Hände der Karthager gerathe, zog er mit seinem Feldherrngenossen Appius Claudius unter die Mauern der Stadt und begann die Belagerung zu Wasser und zu Lande.

Nachdem das römische Heer mit allem Belagerungsmaterial wohl versehen war, glaubte man die Belagerung in kurzer Zeit zu Ende führen zu können. Man hatte dabei jedoch nicht auf Archimedes gedacht, der nun mit der ganzen Wucht seines gewaltigen Geistes sich zur Vertheidigung seiner Vaterstadt aufraffte und durch die mannigfaltigsten Mechanismen die Belagerer von den Mauern fern zu halten verstand.

Appius zog mit 60 Fünfruderern gegen die unmittelbar in das Meer sich senkenden Mauern der „Achradina" genannten Vorstadt heran. Von diesen wurden aus acht Schiffen durch Verkettung je zweier vier sogenannte „Sambyken" (so genannt wegen ihrer Gestalt, die an ein „Sambyka" benanntes Musikinstrument erinnert) hergestellt. Diese Sambyken bestanden aus einer aufrichtbaren breiten Leiter, welche auf dem durch Verankerung zweier Schiffe gebildeten Doppelschiffe lag und plötzlich aufgerichtet den Soldaten das Besteigen der Stadtmauer ermöglichte. In ähnlicher Weise, mit den Belagerungswerkzeugen jener Zeit bewaffnet, näherte sich Marcellus der Stadt von der Landseite her.

„Im Besitz so beträchtlicher Streitkräfte zu Wasser und zu Land „hätten die Römer, wenn der alte Mann (Archimedes) in Syrakus nicht „gewesen wäre, alsbald der Stadt sich bemächtigen können; da nun aber „der eine auf dem Platze war, so getrauten sie sich nicht einmal, einen „Versuch auf die Stadt zu machen, wenigstens nicht auf einem Wege, „auf dem ihnen Archimedes entgegentreten konnte." Mit diesen Worten deutet Polybios (lib. VIII., 9, a) an, weshalb die Römer ihr Ziel nicht erreichen konnten.

Archimedes vertheidigte die Mauern der Stadt vermittelst seiner Maschinen mit solcher Geschicklichkeit und Energie, dass die Römer nach jedem Sturme mit grossen Verlusten abziehen mussten. Unsere Gewährsmänner Plutarch und Polybios finden kaum genug Worte, um alle die verschiedenen Maschinen anzuführen und zu rühmen, welche Archimedes ersann, um den Feind von den Mauern der Stadt fern zu halten. Für jede Entfernung berechnete Wurfmaschinen und Schleuder (Katapulte, Ballisten und Skorpione) trieben die römischen Soldaten zurück. Die Schiffe wurden durch vertikalwirkende Widderbalken in den Grund gebohrt oder durch „eiserne Hände" aus dem Wasser gehoben, im Kreise gedreht und an den Felsen der Achradina zerschellt. Nach der Behauptung des Plutarch hätte Archimedes mit seinen Maschinen Steinblöcke von 10 Talent Gewicht (circa 12 Ctr.) auf grosse Entfernung fortgeschleudert.

Als schliesslich die Römer nach einem versuchten nächtlichen Sturme ebenfalls blutig zurückgeschlagen worden, verbreitete sich eine derartige Panik im Heere der Belagerer, dass ein jedes Tauende, das irgendwo über die Mauer herabhing und jedes vorstehende Balkenstück die Flucht der Angreifenden veranlasste, da sie glaubten, Archimedes lasse eine seiner Höllenmaschinen spielen.

Marcellus nahm sein Missgeschick mit guter Miene hin, als er sagte, Archimedes habe die römischen Schiffe mit Meerwasser getränkt und die Sambyken geohrfeigt nach Hause geschickt. Seinen Ingenieuren gegenüber aber äusserte er sich: Wollen wir nicht aufhören, gegen diesen mathematischen Briareus Krieg zu führen? Der setzt sich nur ganz ruhig ans Meer und überragt die hundertarmigen Riesen der Sage weit, — so viele Schüsse thut er auf einmal gegen uns! Schliesslich sah Marcellus ein, dass er sich der Stadt nur durch Aushungerung bemächtigen werde können, er schnitt daher jegliche Zufuhr ab und zog — ein Beobachtungscorps zurücklassend — mit dem übrigen Theile des Heeres zur Niederwerfung des Widerstandes gegen die römische Macht in den andern Städten der Insel aus. So dauerte die Belagerung von Syrakus nach einigen Quellen 8 Monate, nach andern gar 3 Jahre. Endlich wurde die Stadt durch eine Kriegslist eingenommen. Als die Syrakusaner nämlich ein drei Tage währendes Artemisfest feierten, vergassen sie — übermässigem Weingenusse sich hingebend — die Sorge um die genügende Bewachung der Mauern und so gelang es den Römern, denen der Zustand der Stadt verrathen worden, die Mauern zu ersteigen und einen Theil von Syrakus (die Vorstädte Tyche und Neapolis) in ihre Hände zu bekommen. Das Gros des Heeres zog nun durch das prächtige Hexapylon (das sechsthörige) in die eroberten Stadttheile ein. Die Achradina, die eigentliche Stadt, fiel nach Livius erst viel später in die

Hände der Römer. Marcellus hatte die Misshandlung und Tödtung der
Bewohner der Stadt seinem Heere streng verboten, jedoch die durch so
viele Verluste und den hartnäckigen Widerstand erbitterte Soldateska
war nicht zurückzuhalten und es folgte nun Gemetzel und Plünderung,
bei welcher eine solche Menge von Werthgegenständen in die Hände der
Soldaten fiel, welche nicht geringer gewesen sein soll, als später in
Karthago. Bloss der königliche Schatz wurde für das römische Aerar
gerettet. — Am tiefsten jedoch beklagte Marcellus die Ermordung des
Archimedes. Wir finden bei Plutarch drei verschiedene Versionen
über das gewaltsame Ende desselben. Nach der ersten hatte der Gelehrte von dem Lärm des Sturmes und der Ueberrumpelung der Stadt
nichts gehört und sann in der Stille seiner Behausung einem geometrischen
Probleme nach. Plötzlich stand ein römischer Krieger vor ihm, der ihn
barsch aufforderte, ihm zum römischen Befehlshaber zu folgen. Archimedes bat den Soldaten, sich zu gedulden, bis er die Aufgabe gelöst
habe, dieser gerieth über die Weigerung des Gelehrten in Wuth und
stiess ihn nieder. — Nach der zweiten Version stand der Soldat schon
mit dem Vorsatze zu tödten vor dem Gelehrten, Archimedes bat ihn
nur so lange seiner zu schonen, bis er die Aufgabe gelöst habe; allein
der Soldat stiess ihn nieder. — Nach der dritten Version wollte Archimedes sich mit einem Kistchen, in dem einige seiner astronomischen
Instrumente: Sonnenuhren, Quadranten, Kugeln u. s. f. waren, eben zu
dem römischen Befehlshaber verfügen, als ihm einige römische Krieger
begegneten, die in dem Wahne, das Kistchen enthalte Goldgegenstände,
ihn allsogleich niederstiessen.

Alle diese Erzählungen der Ermordung des Archimedes sind als
historische Anekdoten zu nehmen und tragen so wie die übrigen den
Charakter des pikanten Schlusses an sich, der alle ähnlichen Erzählungen
der alten Schriftsteller kennzeichnet, wodurch gewöhnlich die hervorragende Eigenschaft einer Person — in unserem Falle die Zerstreutheit
und Excentricität — bis zur Uebertreibung hervorgehoben wird. Thatsache ist bloss, dass Archimedes im Jahre 212 v. Chr. (542 ab urbe
cond.) bei der Einnahme der Stadt Syrakus um das Leben kam.

Marcellus war tief betrübt über den Tod des Archimedes, er
suchte die Verwandten desselben auf und überhäufte sie mit Gunstbezeugungen, auch errichtete er ihm ein Grabmal, das später Cicero
als Quästor von Sicilien in vernachlässigtem Zustande, mit Unkraut
bewachsen, auffand. Derselbe liess das Grab wieder in guten Zustand
setzen. — Es erübrigt hier noch einer sehr verbreiteten Sage Erwähnung
zu thun, da diese den Namen unseres Gelehrten mit einer wichtigen
optischen Erfindung in Zusammenhang bringt. Es wird nämlich erzählt,
Archimedes habe die römischen Schiffe mit Brennspiegeln in Brand gesteckt. Diese Nachricht stammt schon aus dem Alterthum. Lukianos
in seinem „Hippias" und Galenos erzählen zuerst, dass Archimedes die

römische Flotte in Brand gesteckt habe. Bei diesen Schriftstellern wird
von Brennspiegeln noch keine Erwähnung gethan, sondern es ist bloss
von „pyria“, d. h. Zündstoff die Rede, allerdings spricht Galenos hiervon
in solcher Weise, dass man schwer an etwas anderes, als an Hohlspiegel
denken kann. Die Belagerung von Syrakus wurde — wie wir weiter
oben gesehen haben — von Polybios, Plutarch und Livius ziemlich
ausführlich beschrieben. Der erste der drei Schriftsteller, Polybios, wurde
einige Jahre nach dem Ereigniss geboren, zu seiner Zeit konnten die
Vorgänge, welche dasselbe begleiteten, noch in guter Erinnerung sein
und doch erwähnt er mit keinem Worte etwas vom Anzünden der Schiffe,
Lukianos und Galenos dagegen lebten um vierhundert Jahre später und
scheint schon deshalb ihre Erzählung etwas verdächtig.

Der erste, der in bestimmter Weise von Hohlspiegeln spricht, ist
Anthemios im 6. Jahrhundert unserer Zeitrechnung unter Kaiser
Justinian I. In seiner Schrift: „Mechanische Paradoxen“, welche als
Fragment existirt, zieht er es in Zweifel, dass man auf Bogenschussweite
vermittelst eines Hohlspiegels zünden könne, damit er jedoch den Ruhm
des Archimedes nicht verkürze, ist er geneigt zu glauben, dass dieser
das behauptete Resultat durch Combinirung mehrerer ebener Spiegel erzielt habe. Er beschreibt hierauf sehr ausführlich eine solche Spiegel-
vorrichtung und bestimmt sogar die Zahl der dazu nothwendigen Spiegel.
Noch aus viel späterer Zeit, aus dem 12. Jahrhundert, stammen die
Nachrichten von Zonaras, Eustathios und Tzetzes. Zonaras beschreibt die Belagerung von Syrakus durch Marcellus und setzt hinzu,
dass diese nicht so lange gedauert haben würde, wenn Archimedes die
Stadt mit seinen Maschinen nicht vertheidigt hätte. Die letzteren schleu-
derten Felsblöcke auf die Schiffe, ja sie hoben sie sogar aus dem Wasser,
um dieselben dann durchschüttelt wieder zurückfallen zu lassen. Schliesslich habe Archimedes die Schiffe der Römer dadurch in Brand gesteckt,
dass er „Spiegel gegen die Sonne hielt und mit diesen die Strahlen auffing,
vermöge ihrer Dichtigkeit und ihrer Glätte entzündeten diese die Luft,
wodurch eine grosse Hitze entstand, welche auf die Schiffe geworfen
diese anzündete.“

Derselbe Zonaras erzählt noch, dass Proklos Konstantinopel in
ähnlicher Weise vertheidigt haben soll, wie einst Archimedes Syrakus
vertheidigte. Nach dieser Erzählung hätte Proklos während der Regierung des Anastasios (491—518 nach Chr.) die Flotte des Vitalianus,
die Konstantinopel belagerte, mittelst Hohlspiegel verbrannt. Seiner Angabe zufolge habe er dem Beispiele des Archimedes folgend Brennspiegel
(κάτοπτρα πυροφόρα) angewendet, indem er diese an die Stadtmauern den
Schiffen gegenüber aufgehängt habe. Als dann die Sonnenstrahlen auf
den Spiegel fielen, da schoss gleich dem Blitz ein Lichtstrahl aus diesem
hervor und verbrannte die feindlichen Schiffe.

In gleicher Weise schreibt Tzetzes und beruft sich auf mehrere andere Schriftsteller. Wenn wir jedoch alle diese Nachrichten mit einander vergleichen, so müssen wir zu dem Schlusse kommen, dass Archimedes die Brennspiegel nicht gekannt, oder wenigstens dieselben bei der Belagerung von Syrakus nicht angewendet habe. Am beredtesten spricht hiefür das Schweigen der zeitgenössischen Geschichtsschreiber. Hiezu kommt jedoch noch die Unmöglichkeit, mittelst eines Hohlspiegels auf grössere, einige Fuss überschreitende Entfernung zu zünden; liess Archimedes hingegen die Schiffe bis unmittelbar an die Mauer kommen, dann war es wohl bequemer und wohl auch radikaler, Brände in dieselben zu werfen. Es ist nun wohl möglich mit einer Reihe von nebeneinander gestellten Spiegeln auf grössere Entfernung zu zünden, jedoch ist dies Verfahren unsicher und zeitraubend und schon aus diesem Grunde höchst unglaubwürdig.

Es ist vielmehr sehr wahrscheinlich, dass die Bewunderung, welche das gesammte Alterthum für den Archimedes, den grössten Mechaniker des Alterthums, hegte, seinen Ausdruck in der Erfindung und Glaubwürdighaltung solcher complizirter Prozeduren fand, vermittelst welcher derselbe seine Vaterstadt vertheidigte. Wahr mag bloss sein, dass er vermittelst seiner Wurfmaschinen Brände in die herannahenden Schiffe warf und dadurch dieselben in Brand steckte, wodurch diese Uebertreibung entstanden sein mochte.

Der einzige Commentator des Archimedes im Alterthum ist Eutokios von Askalon, der zur Zeit des Kaisers Justinian im 6. Jahrhundert unserer Zeitrechnung lebte. Eutokios schrieb jedoch bloss zu den Schriften des Verfassers „über das Gleichgewicht der Ebenen", „über Kugel und Cylinder" und „über die Ausmessung des Kreises" einen Commentar.

Die auf uns gekommenen Schriften des Archimedes sind die folgenden:

1. Vom Gleichgewichte der Ebenen oder von den Schwerpunkten derselben. (Ἐπιπέδων ἰσορροπικῶν ἢ κέντρα βαρῶν ἐπιπέδων.) I. Buch.

2. Die Quadratur der Parabel (Τετραγωνισμός παραβολῆς).

3. Vom Gleichgewichte der Ebenen. II. Buch.

4. Von der Kugel und dem Cylinder (Περὶ τῆς σφαίρας καὶ κυλίνδρου).

5. Kreismessung (Κύκλου μέτρησις).

6. Von den Schneckenlinien (Περὶ ἑλίκων).

7. Von den Konoiden und Sphäroiden (Περὶ κωνοειδέων καὶ σφαιροειδέων).

8. Sandeszahl (Ψαμμίτης = arenarius).

9. Von schwimmenden Körpern (Περὶ τῶν ὀχουμένων). Buch I. u. II.

10. Wahlsätze.

Alle diese Abhandlungen, mit Ausnahme der im griechischen Originaltext nicht mehr vorhandenen zwei Bücher „von den schwimmenden Körpern" sind in dorischem Dialekte geschrieben.

Ausser diesen werden Archimedes noch die folgenden Abhand-

lungen zugeschrieben, welche jedoch sämmtlich apokryph zu sein
scheinen. Lemnata (Assumta), bloss in lateinischer Uebersetzung vorhanden und zuletzt durch Borelli 1661 herausgegeben, ferner „Methode,
um Gold und Silber in ihren Legirungen zu erkennen", „über die Helix",
„über die Bewegung grosser Schiffe", „vom Trispast" u. s. f.

Die Werke des Archimedes in griechischer Sprache wurden bei
der Einnahme von Konstantinopel aufgefunden, von wo sie nach Italien
gelangten. Zuerst erschienen sie in der Baseler Ausgabe mit lateinischer
Uebersetzung, herausgegeben von Thomas Geschauff (Venatorius)
unter dem Titel: „Archimedis Syracusani opera, graece et latine
c. comment. Eutocii. Basil. 1554." Eine bessere Ausgabe ist die von
Commandinus. Ferner Admirandi Archimedis Syracusani
Monumenta omnia quae extant, quorumque catalogum in versa
pagina demonstrat. Ex traditione doctissime vire D. Francisci Maurolici. Panorm. 1685. fol. Die Pariser Ausgabe von David
Rivault (Rivaldus) aus dem Jahre 1615 enthält ausser der Biographie
des Archimedes noch Versuche zur Herstellung der verloren gegangenen
Abhandlungen dieses Autors.

Besonders verdient erwähnt zu werden die Ausgabe von Torelli,
welche den Titel führt: „Archimedis, quae supersunt omnia, cum
Eutocii comment. ex rec. Jos. Torelli, cum nova versione lat. etc.
Oxon. 1792. fol.

Eine gute Uebersetzung in französischer Sprache erschien von
Peyrard: Oeuvres d'Archimède, traduites littéralement, avec
un commentaire par F. Peyrard, suivies d'un mémoire du tra-
ducteur, sur un nouveau miroir ardent, et d'un autre mémoire
de M. Delambre, sur l'arithmétique des Grecs. Seconde édition.
A Paris 1808. Tom. I et II. 8°.

In deutscher Sprache erschienen die Werke des Archimedes unter
dem folgenden Titel: Archimedes von Syrakus vorhandene
Werke. Aus dem Griechischen übersetzt und mit erläutern-
den und kritischen Anmerkungen begleitet von Ernst Nizze.
Stralsund 1824. 4°. Eine ältere deutsche Uebersetzung ist die folgende:
Des unvergleichlichen Archimedes Kunstbücher, oder heutiges
Tages befindliche Schriften aus dem Griechischen in's Hoch-
teutsche übersetzt und erläutert von Christoph Sturm. Nürnberg 1670. fol.

Einzelne Abhandlungen sind besonders erschienen, besonders die
„Sandrechnung" (arenarius), z. B. Archimedis arenarius, translated
from the Greek, with notes and illustrations. To which is
added the dissertation of Christ. Clavius on the same subject
from the Latin. London 1784. 8°, ferner Archimedes zwei Bücher
über Kugel und Cylinder, eben desselben Kreismessung. Uebersetzt mit einem Anhange u. s. w. von Karl Friedr. Hauber.

Tübingen 1798. 8⁰. Endlich: Ψαμμίτης sive Arenarius. Sandrechnung oder tiefsinnige Erfindung einer mit verwunder-
licher Leichtigkeit aussprechlichen Zahl — übersetzt und
mit Anmerkungen erläutert von J. Chr. Sturm. Nürnberg
1667. fol. —
     Die Biographie des Archimedes schrieben J. M. Mazzuchelli:
Notizie istoriche e critiche intorno alla vita ed egli scritti
di Archimedes. Brescia 1737. 4⁰, ferner: C. M. Brandelii dissertatio sistens Archimedis vitam, ejusque in mathesin merita.
Gryphiswald. 1789. 4⁰. — Unter den Schriftstellern des Alterthums
finden wir, wie oben erwähnt, bloss bei Plutarchos (in Marcello),
Polybios, Livius und Vitruvius Daten über das Leben des
Archimedes.
     Was wir im Alterthum an wissenschaftlicher Mechanik finden, das
ist zum grössten Theile in des Archimedes Werken enthalten. Allerdings ist diese Mechanik höchst primitiv und einseitig. Er kennt bloss
die Statik und beweist alle seine Sätze auf streng statische Weise. Doch
ist ein ungeheurer Unterschied zwischen seiner Art der Behandlung
mechanischer Probleme und der des Aristoteles. Während dieser in
seinen mechanischen Problemen oder auch anderswo in seinen Schriften,
wo er sich mit mechanischen Fragen beschäftigt, die Lösung der Probleme gewöhnlich vermittelst ganz fremder, mit dem Gegenstande kaum
in sehr lockerem Zusammenhange befindlichen Factoren zu bewerkstelligen
sucht, ist die Methode des Archimedes eine streng sachliche, welche
ihre Behelfe stets aus einfachen, geometrischen Betrachtungen und aus
einigen als Axiome aufgestellten mechanischen Sätzen nimmt. Dabei ist
jedoch die heutige Methode der Statik unserem griechischen Gelehrten
unbekannt. Derlei Sätze, wie der vom Kräftenparallelogramm oder aber
das Prinzip der virtuellen Geschwindigkeiten, welche in ihrer weitern
Verfolgung zur Dynamik führen, sind ihm ganz unbekannt. Die antike
Statik, wie wir sie bei Archimedes finden, besteht bloss aus zwei
Theorien, der des Schwerpunktes, in welcher der Momentensatz enthalten
ist und jener des Gleichgewichtes in einer Flüssigkeit schwimmender
Körper. Von den übrigen mechanischen Kenntnissen des Archimedes,
z. B. über das Gleichgewicht an den mechanischen Potenzen, wissen wir
absolut nichts zu sagen, da unter seinen Abhandlungen sich über diesen
Gegenstand nichts findet. Uebrigens folgt daraus, dass Archimedes
verschiedene Maschinen construirte, gar nicht, dass er auch deren Theorie
gekannt habe.
     Unter den Abhandlungen des Archimedes beschäftigen sich nur
zwei mit mechanischen Problemen. Die erste ist die Abhandlung: „Vom
Gleichgewichte der Ebenen oder von den Schwerpunkten derselben." Diese geht von den als Axiom hingestellten Sätzen aus:
„Gleichschwere Grössen in gleichen Entfernungen wirkend sind im Gleich-

„gewichte; Gleichschwere Grössen in ungleichen Entfernungen wirkend
„sind nicht im Gleichgewichte; sondern die an der längern Entfernung
„wirkende sinkt."

„Wenn einer schweren Grösse, die mit einer andern in gewissen
„Entfernungen im Gleichgewichte ist, etwas zugefügt wird, so bleiben
„sie nicht mehr im Gleichgewichte; sondern diejenige sinkt, der etwas
„zugelegt worden."

„Gleicherweise, wenn von der einen dieser schweren Grössen etwas
weggenommen wird, so bleiben sie nicht mehr im Gleichgewichte; sondern diejenige sinkt, von welcher nichts weggenommen ist."

„Wenn gleiche und ähnliche Figuren auf einander gepasst sind,
„so treffen auch deren Schwerpunkte auf einander."

„Die Schwerpunkte ungleicher, jedoch ähnlicher ebener Figuren
„liegen ähnlich."

„Wenn Grössen in gewissen Entfernungen im Gleichgewichte sind,
„so sind ihnen gleiche in denselben Entfernungen auch im Gleichgewichte."

„Der Schwerpunkt einer jeden Figur, deren Umfang nach einer
„Gegend hohl ist, muss innerhalb der Figur liegen."

Der Verfasser setzt stillschweigend gleichartige, solche schwere
Ebenen voraus, deren Gewicht ihrer Grösse proportional ist.

Es folgen nun die zu beweisenden Sätze, die eine Kette von wohlgefügten, ineinandergreifenden Wahrheiten bilden. Der sechste Satz des
ersten Buches lautet, wie folgt: „Commensurable Grössen sind im Gleich-
„gewichte, wenn sie ihren Entfernungen umgekehrt proportionirt sind,"
das ist nun nichts anders, als der bekannte Hebelsatz, das als Satz von
den statischen Momenten bekannte Archimédische Prinzip. Der
folgende 7. Satz dehnt das Gesetz auf nicht commensurable Grössen aus.
Die übrigen Sätze beschäftigen sich mit der Bestimmung der Schwerpunkte ebener Figuren. Im zweiten Buche über denselben Gegenstand
haben die Untersuchungen einen rein mathematischen Charakter.

Die zweite mechanische Abhandlung des Archimedes, die über die
schwimmenden oder vielmehr eingetauchten Körper, ist nur aus einer
verderbten arabischen Uebersetzung bekannt. Eine Uebersetzung ist von
Commandinus und führt den Titel: Archimedis de iis, quae
vehuntur in aqua, libri duo, a Federico Commandino Urbinate, in pristinum nitorem restituti, et Commentariis
illustrati. Bononiae 1565. 4°. Der Herausgeber klagt, dass die
Uebersetzung schlecht sei, auch habe der Uebersetzer einen schlechten
verderbten Codex gebraucht. Der Titel ist der historisch nachgewiesene*).
Es leidet jedoch keinen Zweifel, dass die Originalabhandlung vollständiger war. Diese Abhandlung, welche ebenfalls aus zwei Büchern besteht, geht aus dem folgenden axiomartigen Satze aus: „Man setze als

---

*) Von Strabo, Pappos und Vitruvius unter diesem Titel angegeben.

„wesentliche Eigenschaft einer Flüssigkeit voraus, dass bei gleichförmiger „und lückenloser Lage ihrer Theile der minder gedrückte durch den „mehr gedrückten in die Höhe getrieben werde. Jeder Theil derselben „aber wird von der nach senkrechter Richtung über ihm befindlichen „Flüssigkeit gedrückt, wenn diese im Sinken begriffen ist, oder doch von „einer andern gedrückt wird."

Der fünfte Satz des ersten Buches sagt aus, dass jeder feste Körper, welcher leichter als die Flüssigkeit ist, in welche er eingetaucht wird, so tief sinkt, dass die Masse der Flüssigkeit, welche so gross ist als der eingesunkene Theil, ebensoviel wiegt, wie der ganze Körper. Dem siebenten Satze zufolge sinken solche feste Körper, welche schwerer sind als die Flüssigkeit, in dieser unter und verlieren hiebei so viel von ihrem Gewichte, als das Gewicht der von dem Körper verdrängten Flüssigkeitsmasse beträgt. Die gesammten anderen Theile der Abhandlung beziehen sich auf schwimmende Körper, welche die Gestalt eines Kugelabschnittes oder eines paraboloidischen Konoides haben.

Zur Zeit des Archimedes überragten die mathematischen Kenntnisse um ein beträchtliches die mechanische Vorstellungsfähigkeit, hieraus erklärt sich der streng mathematische Charakter auch der mechanischen Abhandlungen unseres Gelehrten, so dass der mechanische Theil der Aufgabe als Nebensache und als Hauptsache die geometrische Lösung betrachtet wird. Unsere Zeit ist längst in das entgegengesetzte Extrem verfallen. Die Mechanik hat die einfachsten Bewegungserscheinungen der mathematischen Behandlung zugänglich gemacht und dadurch eine erschöpfende Darstellung derselben erzielt; bei nur einigermassen complizirten Aufgaben jedoch versagt alsbald das mathematische Rüstzeug, da unsere Mechanik, wenigstens was die Aufgaben betrifft, welche sie zu stellen (nicht gleichzeitig zu lösen) im Stande ist, den Zustand der Mathematik um bedeutendes überflügelt. Die heutige Mathematik kann in keiner Weise Schritt halten mit der Entwicklung der Mechanik und der theoretischen Physik, wodurch sie in deren Wachsthumsprozess hemmend eingreift.

Wenn wir zum Schlusse die Verdienste des Archimedes um die mechanische Wissenschaft würdigen sollen, so können wir dieses kurz in Folgendem darlegen. Archimedes, so gut wie Aristoteles hat sich mit mechanischen Fragen beschäftigt, beide haben, wenn man den Massstab ihres Zeitalters anlegt, tiefe Einsicht in das Wesen der mechanischen Grundprinzipien an den Tag gelegt. Nun kann es allerdings keinem Zweifel unterliegen, dass die Arbeiten des Archimedes, des grossen griechischen Geometers, an Bedeutung die einschlägigen Arbeiten des Stagiriten weit überragen, jedoch so viel ist ebenfalls gewiss, dass beide Forscher des Alterthums sich mit mechanischen Problemen nicht der Natur der Sache wegen beschäftigten, sondern dass beide in erster Linie einen fremden Zweck hiemit verbanden. Während Aristoteles „Aporien",

d. i. Schwierigkeiten, lösen wollte und in den mechanischen Fragen
prächtige Aufgaben für die dialektischen Haarspaltereien fand, behandelt
Archimedes hundert Jahre später seine mechanischen Arbeiten streng
mathematisch und man sieht auf den ersten Blick, dass auch er in denselben nicht das mechanische Interesse sucht, sondern lediglich das mathematische; ihm bieten jene mechanischen Fragen gewisse „mathematische
Aporien", mit deren Lösung sich der Mathematiker von Syrakus mit
besonderer Leidenschaft zu beschäftigen schien.   Für die Auffassung des
Alterthums und gewiss auch zum Theil des Archimedes ist eine Stelle
aus des Plutarchos oft citirtem „Marcellus" charakteristisch: „Das
„Meiste" — was nämlich des Archimedes Maschinerien betrifft — „war
„bei ihm nur entstanden als Nebenbeschäftigung einer spielenden Mathe-
„matik, wobei zuerst der König Hiero selbst einen gewissen Ehrgeiz
„befriedigte, indem er dem Archimedes zuredete, doch einen Theil seiner
„Wissenschaft aus der blossen Welt des Geistes in die materielle Welt
„überzutragen und seine Theorien irgendwie durch eine enge Verbindung
„mit praktischen Bedürfnissen zur sinnlichen Anschauung zu bringen.
„Eudoxos und Archytas waren die Ersten gewesen, welche diese
„ebenso beliebt als berühmt gewordene Mechanik aufbrachten, indem
„sie dadurch ihrer abstrakten Mathematik eine niedliche
„Ornamentirung gaben.   Problemen, bei denen sich nicht leicht eine
„Nachweisung durch Wissenschaft oder Zeichnung geben liess, wurde
„von ihnen durch mechanische Versinnlichung nachgeholfen . . . . Aber
„Platon eiferte nun mit grossem Unwillen gegen sie, weil sie den Vor-
„zug der Mathematik vernichteten und verderbten, sofern diese jetzt aus
„dem Gebiete des Unkörperlichen, Geistigen in das der Sinnenwelt ent-
„laufe und sich leider auf's Neue mit Körpern abgeben müsse, die an
„sich schon so viele lästige Handwerksarbeit erforderten.   So fiel denn
„die Mechanik auf's Entschiedenste wieder von der Mathematik aus"*).

Die Werke des Archimedes sind in höchst defektem Zustande
auf uns gekommen.   Abhandlung für Abhandlung bildet bloss eine Reihe
von Sätzen, eröffnet von einer kurzen Einleitung: „Archimedes grüsst
den Dositheus," an den er nun, nach dem Tode seines Freundes, des
Mathematikers Konon, seine geometrischen Entdeckungen sendet; mit
einigen dürftigen Worten werden menschliche Verhältnisse berührt, um
dann im nächsten Augenblick in medias res in die Behauptung und den
Beweis der behaupteten Sätze einzugehen.   Vergebens suchen wir jene
Stellen in seinen Werken, welche uns den geringsten Einblick in das
Wesen des Autors gestatten und uns denselben menschlich näher bringen
würden.   Die einzige Abhandlung, die wenigstens zum Theile eine Ausnahme bildet, ist der „Psammites", die Sandesrechnung, in welcher er
berechnet, dass, wenn die Entfernung der Fixsternsphäre (nach seiner

---

*) Plutarch. In Marcello 14.

Berechnung) 10 ⁸ Erddurchmesser und der Erddurchmesser 1 Million Stadien beträgt, die Anzahl der Sandkörner, welche diesen Raum ausfüllt, kleiner ist als 100 mit einem Gefolge von 61 Nullen. Da die Einleitung dieses Aufsatzes das wichtigste Document für die astronomische Ansicht des Aristarchos von Samos ist, so kommen wir noch später darauf zurück. Archimedes war übrigens ein Anhänger der geocentrischen Weltanschauung.

Von den Maschinen des Archimedes war schon oben die Rede; den Berichten der alten Schriftsteller zufolge, hätte er über vierzig neue Mechanismen und hydraulische Vorrichtungen erfunden und ausgeführt. Hier sind zu erwähnen: Der Flaschenzug (und zwar der Potentialflaschenzug), die endlose Schraube und die (archimedische) Wasserschraube. Es ist sehr wahrscheinlich, dass er auch das erste Araeometer construirt habe, eine Erfindung, welche von anderen auch der Philosophin von Alexandria, Hypatia zugeeignet wird.

Archimedes wurde vom gesammten Alterthum als das bedeutendste mathematische Genie seiner Zeit betrachtet und ist es jedenfalls von Interesse, die Stimme eines Schriftstellers aus dem Alterthum über ihn zu hören. Plutarch schreibt von ihm das folgende: „Uebri-„gens besass Archimedes ein solches Genie, eine solche Tiefe der Seele, „einen solchen Reichthum von theoretischer Wissenschaft, dass er über „Alles, was ihm doch Namen und Ehre eines nicht bloss menschlichen, „sondern übermenschlichen Verständnisses eingetragen hatte, keine schrift-„stellerische Arbeit hinterlassen wollte, sondern jeden mechanischen Ge-„schäftsbetrieb, überhaupt jede Kunst, die sich mit dem Bedürfnisse be-„rührte, nur für eine niedrige Handwerkssache ansah" *). Jedenfalls können wir behaupten, dass Archimedes einer der genialsten Denker des Alterthums gewesen sei.

Aristarchos.

Mit Archimedes beginnt die Reihe jener Gelehrten, welche mit dem Focus der griechisch-orientalischen Wissenschaft zu Alexandrien in Verbindung standen. Unter diese Gelehrten ist noch Aristarchos zu rechnen, der eigentliche Vorläufer des Coppernicus im Alterthum, der die heliocentrische Theorie am klarsten und bestimmtesten ausspricht.

Aristarchos wurde um die 129. Olympiade, also zwischen 281 bis 264 v. Chr. auf der Insel Samos geboren. Von seinen Lebensschicksalen und sonstigen Verhältnissen wissen wir nichts zu berichten; trotzdem er einer der bedeutendsten Gelehrten seiner Zeit war. Von seinen Werken ist bloss eine kleine Abhandlung erhalten: „Ueber die Grössen

---

*) Plutarch. In Marcello 17.

und Entfernungen der Sonne und des Mondes"*) (Περὶ μεγεθῶν καὶ ἀποστή-
ματων ἡλίου καὶ σελήνης), welche einen der ersten Versuche zur geometrischen
Bestimmung der Entfernung von Sonne und Mond enthält. Ob er hiebei
seine eigenen oder aber fremde Ideen zum Ausdruck brachte, das lässt
sich heute wohl nicht mehr feststellen. Sein Gedankengang hiebei war
etwa der folgende. Den Ausgangspunkt bildeten zwei Sätze. „Wenn
wir den Mond halb beleuchtet sehen (im Viertel oder der Dichotomie),
so sind wir in der Ebene, welche den erleuchteten Theil von dem finstern
trennt." Ferner: „Zur selben Zeit steht der Mond um ein Dreissigstel
des Quadranten weniger als ein Quadrant von der Sonne ab" (also
um 87°). Dadurch war demnach ein rechtwinkliges Dreieck (Erde, Mond,
Sonne) bestimmt, mit dem rechten Winkel im Monde und dem Winkel
von 87° an der Erde. Vermittelst mühsamer, schwerfälliger Rechnungen
und Annäherungen war er im Stande, die Abstände der Sonne und des
Mondes, allerdings höchst ungenau zu bestimmen. Der wirkliche Winkel-
abstand ist nämlich 89° 50' und hieraus gerechnet die Sonnendistanz
gleich 344 Monddistanzen, während Aristarchos dieselbe Distanz 19
Monddistanzen gleich fand. Aus der kurzen Dauer der Sonnenfinster-
nisse berechnete· er die wirklichen Volumverhältnisse von Sonne, Mond
und Erde und findet die Sonne 6918mal voluminöser als die Erde; den
Mond 27mal kleiner.

In der „Sandrechnung" des Archimedes finden wir — wie schon
erwähnt — die Andeutung über das astronomische System des Aristarchos,
weshalb wir die betreffende Stelle wörtlich mittheilen: „Es ist dir ja
„bekannt — König Gelon ist der Angeredete — dass die meisten Stern-
„kundigen unter dem Ausdruck Welt eine Kugel verstehen, deren Mittel-
„punkt der Mittelpunkt der Erde, und deren Halbmesser gleich ist der
„geraden Linie zwischen den Mittelpunkten der Sonne und der Erde.
„Dieses sucht nun Aristarchos von Samos in seiner Schrift wider die
„Sternkundigen zu widerlegen, wo er zu dem Ende gewisse Annahmen
„aufgestellt hat, aus deren Bedingungen hervorgeht, die Welt sei ein
„Vielfaches der eben bezeichneten. Er nimmt nämlich an, die Fix-
„sterne sammt der Sonne wären unbeweglich, die Erde aber
„werde in einer Kreislinie um die Sonne, welche inmitten der
„Bahn stehe, herumgeführt. Die Kugel der Fixsterne nun, mit der
„Sonne um einerlei Mittelpunkt liegend, habe eine solche Grösse, dass
„der Kreis, in welchem er die Erde sich bewegen lässt, zur Entfernung
„der Fixsterne sich gerade so verhalte, wie der Mittelpunkt der Kugel
„zur Oberfläche. Das ist aber offenbar unmöglich: denn da der Mittel-
„punkt einer Kugel keine Grösse hat, so muss auch angenommen werden,

---

*) Aristarchos über die Grössen und Entfernungen der Sonne und
des Mondes. Uebersetzt und erläutert von A. Nokk. Als Beilage zu dem
Freiburger Lyceums-Programme von 1854.

„dass er gar kein Verhältniss zu ihrer Oberfläche habe. Es ist deshalb „anzunehmen, Aristarchos habe sagen wollen — indem wir die Erde „ja gleichsam als den Mittelpunkt der Welt betrachten — es verhalte „sich die Erde zu dem, was ich Welt genannt habe, wie die Kugel, zu „welcher der Kreis gehört, den nach seiner Annahme die Erde beschreibt, „zur Kugel der Fixsterne. — Denn werden die Verhältnisse der Himmels-„körper also angenommen, so passen seine Erklärungen, und insbesondere „sieht man, dass er die Grösse der Kugel, in welcher er die Erde sich „bewegen lässt, demjenigen gleich setzt, was wir Welt genannt haben."

So weit Archimedes! Diese Stelle hat zu sehr verschiedenen Erklärungen Veranlassung gegeben. Einzelne, wie z. B. Schaubach (Geschichte der griechischen Astronomie bis auf Eratosthenes) stellen es rundweg in Abrede, dass Aristarch die Revolution und Rotation der Erde gelehrt habe, obwohl die klaren Worte des Archimedes eine andere Deutung kaum zulassen. Eine besondere Schwierigkeit finden sie alle insgesammt darinnen, was schon Archimedes als Schwierigkeit aufgefallen. Jedoch, wie diess Peyrard, Rivault und Wallis richtig bemerken, es lässt sich die Stelle ganz gut erklären, wenn wir annehmen, Aristarch habe durch das Vergleichen der Kugelfläche mit deren Mittelpunkt ein unendlich grosses Verhältniss ausdrücken wollen. Es versteht sich von selbst, dass man sich dann unter dem Mittelpunkt (κέντρον) der Kugel eine unendlich kleine Kugelfläche, nicht aber einen geometrischen Punkt vorstellen müsse. Wir mögen uns hiebei denken, Aristarch habe diese Art des Ausdruckes bloss deshalb gebraucht, damit er die Grösse des Verhältnisses um so drastischer ausdrücke, gleichwie ja Coppernicus (De revolutionibus I. VI.) sich in ganz ähnlicher Weise ausspricht, wo er ein unendlich grosses Verhältniss ausdrücken will*) und wie wir bei Archimedes selbst, einige Zeilen unter der auf Aristarch bezüglichen Stelle, einer ganz ähnlichen Art des Ausdruckes begegnen**).

Die Entstehung und Entwicklung der zwei grössten Weltsysteme: des geocentrischen oder Ptolemaeischen und des heliocentrischen oder Coppernicanischen hat eine ausgedehnte Literatur hervorgebracht und ein Labyrinth von einander widerstrebenden Aeusserungen geschaffen. Wenn wir nach Abwägung aller einschlägigen Stellen in den alten Autoren und der übrigen in Betracht kommenden Gründe mit einem Namen den Autor des heliocentrischen Weltsystemes nennen wollen, so scheint es uns am meisten gerechtfertigt, hiefür den Namen des Aristarchos anzuführen, der zuerst in unanfechtbar klaren Worten, welche uns von

---

*) „Hoc nimirum argumento satis apparet .... sensus aestimatione terram esse respectu coeli, ut punctum ad corpus." Vid. loc. cit.

**) ἐπειδὴ τὰν γᾶν ὑπολαμβάνομεν ὥσπερ μὲν τὸ κέντρον τοῦ κόσμου. Archim. Arenarius.

einem in jeder Beziehung glaubwürdigen Autor in einer vollständig
authentischen Schrift des Verfassers, überliefert wird, das Wesen der
heliocentrischen Weltanschauung ausspricht. Die von Platon in seinem
Timaios ausgesprochene Ansicht müssen wir vielmehr für die Ahnung
des genialen Dichter-Philosophen nehmen, nicht aber für die der mannigfaltigen Gründe wohlbewusste wissenschaftliche Ueberzeugung. Es sind
uns zwar manche Stellen überliefert, welche die heliocentrische Theorie
bei verschiedenen Denkern des Alterthums nachzuweisen streben, doch
finden wir an keiner dieser Stellen die vollständig selbstbewusste Erklärung der Bedeutung dieses Systemes, wie dies hinsichtlich der auf
Aristarch bezüglichen Stellen allgemein der Fall ist. Eine besonders
markante Stelle finden wir bei dem (angeblichen) Plutarch in seinem
Gespräche: „Von dem Gesicht im Monde", worinnen erzählt wird, dass
man den Aristarchos seiner irreligiösen Meinungen wegen angeklagt
habe. Die Stelle lautet wie folgt: „Da sagte Lucius lachend: Hänge
„uns nur keinen Prozess an den Hals, Theuerster! wie einst Kleanthes*)
„meinte, ganz Griechenland müsste den Samier Aristarch als Religions-
„verächter, der den heiligen Weltherd sich bewegen liess, vor Gericht
„laden, weil nämlich der Mann, um die Himmelserscheinungen richtig zu
„stellen**), voraussetzte, der Himmel stehe fest und die Erde drehe sich
„längs des schiefen Kreises (Zodiakos), indem sie gleichzeitig um ihre
„eigene Axe rotire"***). An anderer Stelle desselben Autors heisst es:
Aristarchos stellte die Sonne unter die Zahl der Fixsterne und lässt
die Erde sich durch den Sonnenkreis (Ekliptik) bewegen, und sagt, sie
werde je nach ihrer Neigung beschattet. (Plutarch. De placitis philos.
lib. II. c. 24.) Aehnlichen Sinnes sind verschiedene Stellen bei Sextos
Empirikos und anderen.

Aristarchos ist als Mathematiker und Astronom berühmt, aber
er hatte ausser seinen diesbezüglichen Studien sich auch mit der peripatetischen Philosophie beschäftigt und wird ein Schüler des Straton,
Nachfolger von des Aristoteles Schüler Theophrastos, genannt†).
Aristarch war auch beobachtender Astronom, wie dies aus einer von
Ptolemaios in seinem Almagest angeführten Beobachtung unseres Gelehrten ersichtlich ist. Vitruvius in seinem Werke: „Ueber Architectur"
erwähnt unter anderen den Aristarchos als Erfinder „von Instrumenten
und Uhrwerken, auf Grund von Berechnung und von Naturgesetzen"
(lib. I. Cap. 1.), ferner nennt er ihn als Erfinder der „Skaphion" genannten Sonnenuhr (lib. IX. Cap. 9.). Nach Censorinus ist er der Entdecker des sog. grossen Jahres (magnus annus, d. h. 2484 Jahre).

---

*) Der berühmte Stoiker.
**) ὅτι τὰ φαινόμενα σώζειν ἀνὴρ ἐπειρᾶτο.
***) Plutarchos. De facie in orbe Lunae §. 6 der Opera Moralia.
†) Ἀρίσταρχος Σάμιος μαθηματικὸς ἀκουστὴς Στράτωνος. Stobaios. Eclogae
physicae.

Die erste lateinische Uebersetzung des Aristarchos ist die des Georg Valla (Venedig 1488, 1498, 1503 Fol.). Diese Arbeit ist jedoch völlig werthlos, weil sie ungenau und sorglos ausgeführt ist. Gelungen hingegen ist die lateinische Uebersetzung des F. Commandinus (Pesaro 1572, 4°). Ausser diesen Uebersetzungen gibt es noch zwei arabische.

Der griechische Text existirt in zwei Ausgaben, der erste ist von dem Oxforder Mathematiker J. Wallis, welche 1688 nach zwei Abschriften eines wahrscheinich vatikanischen Manuskriptes erschien. Zum zweiten Male liess sie Wallis im 3. Bande seiner mathematischen Werke (Oxford 1699) abdrucken. — Die zweite Ausgabe erschien zu Paris 1810. 8°. unter dem Titel: Histoire d'Aristarque de Samos. Par M. de F.... Der Text wurde nach 7 Handschriften der „Bibliothèque Nationale de France" und einer vatikanischen verglichen.

Die Alexandriner.

Unter den zahlreichen Städten, welche Alexander der Grosse gründete und nach seinem eigenen Namen benannte, ist die bedeutendste diejenige, welche vom Jahre 331 v. Chr. an nach den Plänen des Deinochares und Kleomenes zwischen dem Mittelmeere und dem mareotischen See auf dem Delta des Niles in Gestalt eines auf den Boden ausgebreiteten makedonischen Reitermantels erbaut wurde (Ἀλεξάνδρεια ἐν Αἰγόπτῳ). Mit seinen regelmässigen, sich unter rechten Winkeln schneidenden Strassen dehnte sich diese Stadt in einer Länge von 30 und einer Breite von 10 Stadien aus. Die Stadt bestand aus zwei Haupttheilen: dem Brucheion, in dem sich der königliche Palast befand und wo der Leichnam des Gründers der Stadt, Alexanders des Grossen, ruhte. Ebendort befand sich das Museum, die Stätte der alexandrinischen Gelehrsamkeit. Der zweite Haupttheil der Stadt war die Rhakotis mit der Akropolis und dem Serapeion, wo sich die grosse Bibliothek von Alexandria befand.

Als die Feldherrn Alexanders nach dem Tode des grossen Königs dessen unermessliches Reich unter sich theilten, verstand es Ptolemaios Lagi (d. i. des Lagos Sohn), einer der bedeutendsten und talentirtesten der Heerführer, die Theilung in der Weise zu veranstalten, dass ihm das reiche Aegypten als Antheil zufiel. Durch kluges, die Eigenart des Volkes achtendes Vorgehen vermochte er es in kurzer Zeit, sich die Neigung der Bevölkerung in dem Masse zu gewinnen, dass er hiedurch nicht nur sich selbst die Herrschaft sicherte, sondern eine Dynastie begründen konnte, welche durch Jahrhunderte den Thron Aegyptens einnahm. Besonders dadurch hob er den Wohlstand des Landes, dass er fremde Colonisten, hauptsächlich Griechen in das Land rief, welche Cultur im Lande verbreiteten, und durch die Rührigkeit ihres Stammes binnen kurzer Zeit den auswärtigen Handel zur Blüthe brachten. In den letzten Jahren einer langen und glücklichen Regierung gründete Ptolemaios, der sich selbst mit Wissenschaft und schöner Literatur zu beschäftigen liebte, das berühmte alexandrinische Museum mit seiner Bibliothek, welche besonders unter seinem Nachfolger *Ptolemaios II. Philadelphos sehr stark vermehrt wurde, so dass dieselbe in späteren Zeiten aus 400,000 Bänden*, resp. Rollen bestand, wenn man die Doubletten ebenfalls einrechnet. Diese ausgenommen, zählte sie 90,000 Bände oder Rollen. Die im Museum lebenden Gelehrten, besonders aber diejenigen, welche mit der Ordnung und Instandhaltung der Bibliothek beschäftigt waren, bezogen einen Gehalt aus Staatsmitteln. Die zweite grosse Büchersammlung Alexandria's war die Bibliothek des Serapeions, welche aus 42,800 Bänden, resp. Rollen bestand. Diese Bibliothek wurde bei der Belagerung der Stadt durch Julius Cäsar theilweise zerstört, später jedoch durch Kleopatra, mittelst Einverleibung der pergamenischen königlichen Bibliothek um 200,000 Rollen bereichert, wodurch sie reichhaltiger wurde, als sie je gewesen.

Die ptolemäischen Fürsten, besonders die ersten Herrscher dieser Dynastie, nämlich der genannte Ptolemaios Lagi oder Soter, Philadelphos und Euergetes I. riefen zahlreiche und zwar bedeutende griechische Gelehrte nach Alexandrien, wodurch diese Stadt alsbald zum Mittelpunkte des gesammten griechischen Geisteslebens wurde. Besonders waren es die Mathematik und die Naturwissenschaften, welche sich eines bedeutenden Aufschwunges erfreuten, jedoch gab es auch eine grosse Menge berühmter Kritiker, Grammatiker, Historiker, Geographen, Philosophen und Aerzte unter den Gelehrten des alexandrinischen Museums.

Was die allgemeinen Schicksale des Museums betrifft, so blühte dieses bis zur Zeit der Ausbreitung des Christenthums in Aegypten, wenn es auch schon früher einige harte Schläge auszuhalten hatte. Nach der Beendigung der politischen Wirren, welche zwischen dem sechsten und siebenten Herrscher aus dem Hause der Lagiden Ptolemaios Philometor und Euergetes II. ausgebrochen waren, wurden zahlreiche Gelehrte des Museums von Alexandria von dem letzteren der Fürsten theils zum Tode verurtheilt, theils verbannt. Bezüglich der Bibliothek des Brucheions war schon oben erwähnt, dass sie bei der Belagerung der Stadt durch Julius Cäsar zum grossen Theile den Flammen zum Opfer fiel.

Der endliche Verfall der Akademie beginnt mit dem dritten Jahrhundert unserer Zeitrechnung, als der römische Kaiser Caracalla die Bezahlung der Gelehrten einstellte und der Patriarch Georgios von Kappadokien die heidnischen Philosophen vertrieb. Dieselben kehrten zwar unter Kaiser Julianus wieder zurück, mussten jedoch unter Kaiser Theodosius abermals weichen. Endlich erwirkte sich der Patriarch Theophilos von Theodosius die Erlaubniss zur Demolirung des Serapeions. Die Gelehrten und ihre heidnischen Anhänger aus dem Volke vertheidigten zwar den weiten Bau, konnten indessen nicht verhindern, dass derselbe in Flammen aufging. Es wurde jedoch viel gerettet und hieraus eine neue Bibliothek errichtet. Zwar schloss Kaiser Justinian die heidnischen Philosophenschulen, jedoch wurden Platon und Aristoteles in der Folge an den christlichen Schulen gelehrt. Endlich, im Jahre 642 n. Chr. eroberte Amru, der Feldherr des Chalifen Omar die Stadt. Dass er mit den literarischen Schätzen der Bibliotheken durch sechs Monate die öffentlichen Bäder der Stadt geheizt habe, mag wohl eine gelinde Uebertreibung sein, da es kaum glaublich erscheint, dass die Jahrhunderte währenden Bürgerkriege, Volksaufstände und religiösen Wirren der Vernichtung viel Material übrig gelassen hätten, selbst wenn dem arabischen Heerführer die Neigung zu solchen barbarischen Handlungen nicht gefehlt haben mag. Um die Mitte des 9. Jahrhunderts eröffnete Chalife Motawakkil wieder die Akademie von Alexandrien, allein es war nur mehr ein kurzes Scheinleben, zu dem er sie erwecken konnte, so dass sie nur allzubald wieder — und jetzt für immer — geschlossen wurde. Mit ihr verlosch das heilige Feuer, welches fast ein ganzes Jahrtausend hindurch den geistigen Bestrebungen jener Zeit als leuchtender Pharos gedient hatte.

Unter den Bibliothekaren des Museums befinden sich mehrere hervorragende Gelehrte. So waren hintereinander Bibliothekare: Zenodatos, Kallimachos, Eratosthenes, Apollonios und Aristophanes von Byzanz.

Für die Geschichte des alexandrinischen Museums können die folgenden Schriften als Quellen angeführt werden: Parthey, Das alexandrinische Museum, Berlin 1838; — Matter, Histoire de l'école d'Alexandrie. Paris 1820. II. Auflage. 1840—44; — Jules Simon, Histoire de l'école d'Alexandrie. Paris 1845. 2 Bände; — Vacherot, Histoire critique de l'école d'Alexandrie. Paris 1845—51. 3. Bände.

Unter den alexandrinischen Gelehrten, welche sich mit Mathematik, Astronomie und Physik beschäftigten, sind die folgenden bedeutenden Namen zu nennen: Als Mathematiker: Eukleides, Hypsikles, Theon und seine Tochter Hypatia, der Commentator Proklos, Apollonios von Perga, durch seine Theorie der Kegelschnitte berühmt, ferner der Sammler Pappos, der Commentator Eutokios aus Askalon. Die Genannten beschäftigten sich hauptsächlich mit Geometrie, während die Arithmetik von Nikomachos aus Gerasa und von Diophantos gepflegt wurde. — Als Astronomen sind zu nennen: Eratosthenes, Arystillos, Timocharis aus Alexandria, Hipparchos aus Nikaia, Theon, Aratos aus Soloi und Klaudios Ptolemaios.

Als besondere Verdienste der Alexandriner auf dem Gebiete der Astronomie sind zu nennen: die Benennung der Fixsterne und die Eintheilung der Sternconstellationen in Sternbilder, insofern dies noch nicht geschehen war, ferner Verfertigung eines auf genauer Zeitrechnung beruhenden Kalenders, endlich die Theorie der scheinbaren Bewegungen von

Sonne, Mond und Planeten. — Als Physiker und Mechaniker sind zu nennen:
Ktesibios, Heron aus Alexandrien, Biton und Philon aus Byzanz.

Unter allen diesen genannten Männern haben wir hier nur von
jenen zu sprechen, welche sich um die Entwicklung der Physik und der
ihr verwandten Astronomie verdient gemacht haben.

Eukleides.

Eukleides wurde nach einigen in Aegypten, nach andern in Gela
auf Sizilien, nach der Angabe des arabischen Schriftstellers Abulpharagius in Tyrus geboren. Aehnlich verhält es sich mit unserer
Kenntniss um die Zeit, in welcher er gelebt hat, auf welche bezüglich
wir bloss so viel wissen, dass er um das Jahr 300 v. Chr. gelebt habe,
somit während der Regierungsjahre der ersten Ptolemäer. Was wir von
dem Leben dieses bedeutenden Gelehrten wissen, ist ungemein wenig.
Bei Proklos, in dessen Mathematikerverzeichniss finden sich bloss die
folgenden Daten: Er lebte nach dieser Quelle unter dem ersten der
ptolemäischen Fürsten, mit dem er in freundschaftlichem Verhältnisse
stand. Von ihm wird erzählt, dass er dem Könige, der sich über die
Schwierigkeit des mathematischen Studiums beschwerte, erwidert habe,
dass es keinen königlichen Weg zur Geometrie gebe. In Athen soll er
in seiner Jugend platonische Philosophie studirt haben.

Die Werke des Eukleides sind die folgenden:

1. Geometrische Analysis in 4 Büchern. Ist verloren gegangen.

2. Stoicheia (στοιχεῖα) sive elementa matheseos in 15 Büchern. Die
beiden letztern scheinen von Hypsikles zu stammen. Die geometrischen
Elemente des Eukleides gelten auch heute noch für mustergültig und
werden in England noch jetzt dem Unterrichte zu Grunde gelegt.

3. Dedomena (δεδομένα), d. h. data, 95 geometrische Sätze.

4. Phainomena, von den Auf- und Untergängen der Gestirne.

5. Elemente der Optik.

6. Elemente der Katoptrik. Die Authenticität der beiden letzteren
Werke wird in Zweifel gezogen.

7. Elemente der Musik, herausgegeben von Pena: Paris 1557.

8. Von der Eintheilung der Flächen (De divisionibus) aus dem
Arabischen in das Lateinische übersetzt. Der griechische Originaltext
ist verloren gegangen.

9. Ueber die Kegelschnitte. Verloren.

10. „De levi et ponderoso“. Bruchstück in lateinischer Sprache.

11. Porismata (πορίσματα). Bruchstücke von drei Büchern dieses
Werkes sind bei Pappos, in dessen mathematischen Sammlungen zu
finden.

Die Werke des Eukleides sind als Gesammtausgabe von Gre-

gory Oxford 1703 und von Peyrard Paris 1814—18 in 3 Bänden
erschienen.

Das Hauptwerk des Eukleides sind jedenfalls seine „Elemente
der Geometrie". Die 13 authentischen Bücher dieses Werkes zerfallen
in 4 Haupttheile, von denen die drei ersten sich mit Planimetrie beschäftigen, während der letzte die Zeichnungsebene verlässt und sich mit
Raumgebilden nach Lage und Grösse derselben abgibt. Die Stereometrie
ist in den drei letzten Büchern des Werkes abgehandelt. Hervorzuheben
ist bei den „Elementen" des Eukleides dessen streng geometrische Behandlung der Fragen, welche die Ausführung der Berechnung, wo es
z. B. auf die Ausmessung des körperlichen Inhaltes der Pyramide, des
Prisma, des Cylinders, des Kegels und der Kugel ankommt, consequent
weglässt und so den Widerstreit zwischen der theoretischen und der
rechnenden Geometrie, d. h. der eigentlichen Geometrie und der Geodäsie
zum Ausdruck bringt.

Der mathematische Commentator Proklos erwähnt einer interessanten Schrift des Eukleides unter dem Titel „Trugschlüsse" (Ψευδάρια),
welche zum Aufsuchen und Erkennen der Fehlschlüsse anleiten sollte.

Die „Dedomena" oder Daten sind vollständig auf uns gekommen
und ist deren Authenticität durch die Vorrede dazu, die von Marinus
von Neapolis, einem Schüler des Proklos stammt, erwiesen. Der Inhalt dieser 95 geometrischen Sätze sagt aus, dass wenn gewisse Dinge
gegeben sind, andere Dinge gleichzeitig mitgegeben seien. Z. B. „Gegebene
Grössen haben zu einander ein gegebenes Verhältniss." (Satz 1.) —
„Wenn zwei der Lage nach gegebene Linien einander schneiden, so ist
der Durchschnittspunkt ebenfalls gegeben." (Satz 25) u. s. f.

Unter Porisma versteht die Zeit des Eukleides ein Theorem,
welches ein Problem in sich schliesst, gewöhnlich die Bestimmung eines
geometrischen Ortes.

Zwei Schriften über Optik, beide dem Eukleides zugeschrieben,
sind aus dem Alterthum auf uns gekommen: Die „Optik" und die
„Katoptrik". Die Originalität des zweiten Werkes wird noch mehr in
Zweifel gezogen, als die des ersten. Es ist wohl sehr wahrscheinlich,
dass beide Schriften nur in sehr verdorbener Gestalt auf uns gekommen
seien, jedoch scheint es übertrieben zu sein, wenn wir die Authenticität
desselben in Zweifel ziehen. Die ganze Arbeit scheint ein erster Versuch
zu sein, die Geometrie auf die Ausmittelung des Weges anzuwenden,
den der Lichtstrahl durch verschiedene Medien geleitet, einschlägt. Ist
die Arbeit auch durchaus nicht frei von Fehlern, so ist sie als erster
Versuch doch zu rühmen. Die Optik des Eukleides war bis zur Zeit
Kepplers im allgemeinen Gebrauche.

Der Inhalt der eukleidischen Optik ist kurz der folgende. Er
geht aus acht Erfahrungssätzen aus, welche aussagen, dass die Lichtstrahlen gerade Linien seien, die von einander gewisse Entfernungen

haben, dass ferner die von den Lichtstrahlen eingeschlossene Figur ein
Kegel sei, dessen Spitze im Auge, dessen Basis auf der Umgrenzung der
sichtbaren Gegenstände liege, ferner, dass nur diejenigen Gegenstände sichtbar seien, die in der geradlinigen Bahn des Strahles liegen, dass unter
grösserem Winkel gesehene Grössen grösser erscheinen als unter kleinerem
Winkel gesehene oder mit anderen Worten, dass die scheinbare Grösse
eines Gegenstandes von dem Sehwinkel abhänge.

Aus diesen Grunderfahrungen leitet Eukleides 61 Theoreme ab,
welche sich vorzüglich auf die scheinbare Grösse, Gestalt u. s. f., der
Gegenstände beziehen.

Der Inhalt der Katoptrik des Eukleides ist der folgende: Er
geht aus sieben Erfahrungssätzen aus, von denen der erste und zweite
sich wieder auf die geradlinige Fortpflanzung des Lichtes bezieht, der
dritte bis zum sechsten auf die Reflection, der siebente endlich auf die
Refraction des Lichtes. Der letztere lautet folgendermassen: „Wenn wir
einen Gegenstand auf den Boden eines Gefässes legen, und dieses soweit
zurückgeschoben wird, dass das Hineingeworfene eben hinter der Seiten-
wand des Gefässes verschwindet, so wird der fragliche Gegenstand allsogleich wieder sichtbar, wenn wir Wasser in das Gefäss giessen.

Auf diese Erfahrungsthatsachen werden nun 31 Theoreme gegründet,
welche sich vor allem auf das Verhältniss zwischen optischem Spiegelbild
und Gegenstand, auf dessen Entstehung, Grösse und Lage der Bilder beziehen. Es gibt unter diesen Sätzen auch solche, welche der Wirklichkeit nicht entsprechen. Besonders auffallend ist es, dass die Entfernung
des Focus von dem Spiegel ganz unbestimmt angegeben wird. Es
können wohl auch spätere Einschiebsel in der Schrift vorhanden sein,
deren Anwesenheit sich jedoch schwer eruiren liesse. Der Hauptcommen-
tator des Eukleides, was dessen mathematische Schriften betrifft, war
Theon von Alexandrien.

Eratosthenes.

Eratosthenes, Sohn des Eglaos, wurde 275 v. Chr. zu Kyrene
in Afrika geboren, in Alexandria war er der Schüler des Lysanias und
Kallimachos, von dort ging er nach Athen, wo sein Lehrer Ariston
von Chios war. Aus Athen berief ihn Ptolemaios III. Euergetes an seinen
Hof. Vom Jahre 236 an war er Bibliothekar der grossen alexandrinischen Bibliothek. Im Jahre 195 erblindete er und starb eines frei-
willigen Hungertodes um 194 v. Chr. Die Daten über sein Leben verdanken wir fast ausschliesslich dem Suidas.

Eratosthenes war auf keinem Gebiete menschlichen Wissens ganz
und gar Fremdling. Er schrieb viel und vielerlei, wobei er sich eines
sehr gewählten Stiles bediente. Mit besonderer Neigung erfüllten ihn die

exakten Wissenschaften und beschäftigte er sich mit Vorliebe mit Geographie, Astronomie und Mathematik. Sein Hauptwerk bilden die drei Bücher Geographika, in welchem die Grundzüge einer wissenschaftlichen Geographie niedergelegt sind. (Neuere Auflage: Eratosthenica von Bernhardy. Berlin 1822.) Dieses Werk ist jedoch nicht vollständig, sondern bloss in Fragmenten bei Strabon erhalten. Auf uns gekommen sind die „Katasterismoi" (Καταστερισμοί), d. i. eine blosse Aufzählung von 475 Sternen in 44 Sternbildern mit Erwähnung der hierauf bezüglichen Mythen. Das Ganze scheint ein späteres Fabrikat zu sein, welches auf Grund eines wirklichen eratosthenischen Werkes entstand. Diese Schrift kommt in der Fell'schen Aratos-Ausgabe vom Jahre 1672 (Oxford) vor, eine andere Ausgabe ist die von Matthiae (Frankfurt 1817); mit lateinischer Uebersetzung und Commentaren gab es Schaubach (Göttingen 1795) heraus.

Die Verdienste des Eratosthenes sind mannigfacher Natur. Vor allem wollen wir hier kurz von seinen mathematischen Arbeiten sprechen, da es zur Charakterisirung eines Gelehrten als wesentlich erscheint, dass wir — wenn auch nur andeutungsweise — den Kreis der Probleme angeben, mit denen sich derselbe beschäftigte, um so seinen Ideenkreis auszustecken. Insbesondere ist dies bei unserem Vorhaben, bezüglich des mathematischen Horizontes wünschenswerth, da dieser für die Stellung, welche ein Gelehrter der Wissenschaft der Welt der Erscheinungen gegenüber, einnimmt, von Bedeutung ist.

Drei mathematische Probleme beschäftigten Jahrhunderte hindurch die griechischen Geometer: die Dreitheilung eines Winkels, die Quadratur des Kreises und die Verdoppelung des Würfels oder das delische Problem. Bei Eutokios von Askalon, dem Commentator des Archimedes, findet sich ein Brief des Eratosthenes an den König Ptolemaios Euergetes über die Mythe der Entstehung des delischen Problems, in welchem er die verschiedenen Versuche zur construktiven Lösung der Aufgabe, wie sie von Hippokrates von Chios, Archytas von Tarent, Eudoxos von Knidos und Menaichmos versucht wurden, anführt. Nach dieser Einleitung übergeht er auf die Darstellung seiner eigenen Methode, welche in der Anwendung eines zu diesem Zwecke construirten Apparates: des Mesolabion, besteht. — Es werden noch einige Schriften unseres Verfassers über Mittelgrössen (περὶ μεσοτήτων) und Proportionen erwähnt, die erstere scheint sich ausserdem mit dem Problem der Würfelverdoppelung zu beschäftigen, die zweite hingegen eine Art Arithmetik gewesen zu sein. Besonders berühmt war im Alterthum das „Sieb des Eratosthenes" (cribrum (κόσκινον) Eratosthenis) zur Aufsuchung der Primzahlen, eine einfache Regel, mittelst welcher man aus der Reihe der Zahlen die zusammengesetzten ausscheiden kann, so dass bloss die Primzahlen übrig bleiben. Nach der Aufbringung des Beweises durch Eukleides, dass es unendlich viele Primzahlen gebe, ist die Methode der

Aussiebuug der zusammengesetzten Zahlen, wobei die Primzahlen übrig
bleiben, jedenfalls eine Methode, welche dadurch, dass sie selbstbewusst
nur das anstrebt, was zu erreichen ist, nämlich die Angabe beliebig
vieler Primzahlen, nicht aber einer allgemeinen Darstellung derselben,
einen höheren Grad von mathematischer Umsicht ihres Erfinders verräth.

Bedeutender als seine mathematischen Verdienste sind diejenigen,
die er sich um die Astronomie erworben. Mit Bestimmtheit wird von
ihm erzählt, dass er 220 v. Chr. unter dem Porticus der Akademie in
Alexandrien Armillen aufgestellt habe und hiedurch den Abstand der
Wendekreise von einander als 11/83 der Kreisperipherie gefunden habe.
Hingegen erscheint die einer Stelle des Almagest entnommene Ansicht,
Eratosthenes habe für Beobachtung der Aequinoctien und der Solstitien eigene Armillen aufgestellt, als höchst unwahrscheinlich, da sie
dem Stande der damaligen astronomischen Kenntnisse nicht entspricht.
— Eratosthenes commentirte den Aratos in dem späterhin zu besprechenden Werke desselben über die Sternbilder und so finden wir bei
ihm dieselbe Ordnung in der Aufzählung derselben, die bei jenem ein-
gehalten wurde. Vom Nordpole ausgehend, werden die Sternbilder des
grossen und des kleinen Bären, Drache, Cepheus und so fort bis auf
die der Ekliptik beschrieben. Auf der südlichen Hemisphäre geht die
Beschreibung von dem auffälligen Sternbilde des Orion aus. Wir dürfen
uns hiebei jedoch nicht vorstellen, als habe Eratosthenes die Position
der einzelnen Sterne eines Bildes — wenn auch mit noch so geringer
Genauigkeit — angegeben, wir finden vielmehr bloss die Anzahl und
die Stellung der Sterne nach den Körpertheilen der Bilder angegeben,
so dass man oft in Zweifel ist, welchen Stern er gemeint habe. — Am
wichtigsten erscheint uns das Verdienst des Eratosthenes bezüglich
der Bestimmung der Grösse der Erde, d. i. die von ihm ausgeführte
Gradmessung des Bogens zwischen Alexandria und Syene.

Die erste Bestimmung der Grösse des Erdkörpers wird gewöhnlich
dem Archytas von Tarent zugeschrieben, wenigstens besingt ihn
Horaz in einer seiner Oden als denjenigen, der sich an diesem Problem
versucht habe[*]). Bei Aristoteles findet sich ebenfalls eine Stelle in
seiner Schrift „über das Himmelsgebäude“, auf welche wir oben aufmerksam gemacht haben, wo der Umfang der Erde zu 400,000 Stadien
angegeben wird. Noch etwas später fällt eine Aeusserung des Kleomedes: „Denen, die in Lysimachia wohnen, steht der Kopf des Drachen
über dem Scheitel, in Syene aber steht der Krebs im Zenith; der Raum
zwischen dem Drachen und dem Krebs ist aber der fünfzehnte Theil des
Meridians von Lysimachia und Syene, die 20,000 Stadien von einander
entfernt sind; der ganze Kreis enthält daher 300,000 Stadien.“ Eine

---

[*]) „Te maris & terrae, numeroque carentis arenae mensorem cohibent,
Archyta.“

Aeusserung über die Grösse der Erde findet sich noch — wie ebenfalls oben erwähnt — bei Archimedes, der den Umfang derselben ebenfalls auf 300,000 Stadien schätzt.

Die erste, nach bekannten Prinzipien thatsächlich — wenn auch roh — ausgeführte Gradmessung ist jedenfalls die des Eratosthenes. Nach einer verbreiteten Erzählung spiegelt sich die Sonne zur Mittagszeit am Tage des Sonnensolstitiums in tiefen Brunnen des oberägyptischen Syene. Zur selben Stunde fand Eratosthenes in Alexandrien die Zenithdistanz der Sonne zu $^1/_{50}$ des ganzen Kreisumfangs, d. i. 7^0 10'. Nachdem nun aus der Zeit, in welcher Karawanen die Reise nach Syene zurüglegten, geschlossen werden konnte, dass diese letztere Stadt etwa 5000 Stadien von Alexandrien entfernt sei, folgte hieraus für den Erdumfang die Länge von 250,000 Stadien. Diese Distanz wurde später auf 252,000 Stadien erhöht angegeben*), vielleicht um hiedurch für den Grad des Erdmeridians die runde Summe von 700 Stadien zu erhalten. Da jedoch Eratosthenes die Gradeintheilung noch nicht kannte, so hatte dies für ihn keine Bedeutung.

Wir sind nicht in der Lage, die Genauigkeit dieses Resultates zu beurtheilen, wir wissen nicht einmal, ob Eratosthenes nach griechischen oder nach ägyptischen Stadien gerechnet hat. Genau konnte die Bestimmung keinesfalls sein und scheint es dem Autor derselben mehr um eine Abschätzung, als um eine wirkliche Messung zu thun gewesen zu sein. Wenn wir die Bestimmung der Differenz der geographischen Breite beider Orte, zu deren Ausführung sich Eratosthenes wohl des Aristarchischen Skaphions bedient haben mochte, als genügend genau ansehen wollen, trotzdem sich der hiebei — besonders durch die Unsicherheit der Breitenbestimmung Syene's — vorkommende Fehler leicht auf einen halben Grad belaufen mag, so gibt es doch zwei solche Fehlerquellen, welche das Resultat als unsicher erscheinen lassen. Einmal liegen Alexandria und Syene nicht unter einem Meridiane, sondern erstere Stadt liegt 3^0 14' nach Westen, wodurch der durch beide Orte gelegte grösste Kreisbogen (die Erde als Kugel betrachtet) in Wirklichkeit auf 7^0 44', 16 verlängert wird, statt des von Eratosthenes 7^0 10' vorausgesetzten Bogens. Ferner kann die Abschätzung der Entfernung der beiden Städte wohl auch nicht sehr verlässlich sein, schliesslich wurde bei dieser Bestimmung der Durchmesser der Sonnenscheibe nicht in Betracht gezogen, was ebenfalls eine Unsicherheit des Resultates nach sich zieht. Immerhin war die Bestimmung der Grösse der Erde durch Eratosthenes eine nach völlig correcten Prinzipien ausgeführte wissenschaftliche Arbeit und war dieselbe mit vollem Rechte berühmt durch alle folgenden Jahrhunderte des Alterthums.

---

*) Von Vitruvius (lib. I, 6), Plinius (II, 108), Censorinus (cap. 11), Martianus Capella (VI, 4), Macrobius (lib. 1).

Als Hauptwerk des Eratosthenes kann seine „Geographie" betrachtet
werden.   Das erste Buch derselben enthält Kritik der Quellen und die
physikalische Geographie, das zweite die mathematische Geographie, das
dritte die Chorographie. Wir kennen dieses Werk hauptsächlich aus den
Auszügen des Strabon*).

Zum Schlusse geben wir noch ein Fragment des Eratosthenischen Lehrgedichtes Hermes, enthaltend eine Beschreibung der Zonen.
Die Uebersetzung ist von Voss.

„Fünf auch wurden ihm Zonen umher im Kreise gedrehet.
„Zwo davon geschwärzter wie dunkle Bläue des Stahles;
„Eine zur Wüste gedörrt, und als vom Feuer geröthet.
„Diese kam in die Mitt', und loderte ganz durch den Umfang,
„Angeprellt von den Flammen; denn grad' auf jenen Bezirk her
„Liegen gedrängt und glühn stets sommernde Sonnenstrahlen.
„Aber die zwo seitwärts an den Polen umhergeschmiegten
„Sind stets schaudernd in Frost, und stets von Gewässer belastet:
„Wasser auch nicht, nein selber gehärtetes Eis von dem Himmel
„Liegt im weiten Gefild, und umher starrt alles vor Kälte:
„Drum sind dort Einöden, den Sterblichen unzugänglich.
„Doch die andern beid' erstrecken sich gegeneinander,
„Zwischen der Sommerglut und dem schlackigen Regen des Eises.
„Wohlgemässigt beyd' und der Eleusinischen Deo
„Lebensgewächs anhäufend in Segnungen; diese bewohnen
„Gegenfüssige Männer."

Aratos.

Aratos aus Soloi (Pompejopolis) in Kilikien lebte um die 125.
Olympiade (278 v. Chr.). Er war Arzt, der sich aber auch mit Astro-
nomie, Philosophie, nach einigen auch mit Mathematik und Grammatik
beschäftigte. Er war ein Schüler des stoischen Philosophen Perseus.
Aratos lebte am Hofe des makedonischen Königs Antigonos Gonatas
als Arzt. Auf Wunsch des Königs bearbeitete Aratos das astronomische
Werk des Eudoxos als Lehrgedicht in Hexametern unter dem Titel:
„Phänomene und Prognostica" (Φαινόμενα καὶ διοσημεῖα). Dieses Werk,
das wir noch vollständig besitzen, genoss im Alterthum ein sehr hohes
Ansehen. Besonders berühmt war es durch seine schönen, fast an Ho-
meros gemahnenden Hexameter. Unter dem Titel: „Phänomena et
prognostica" wurde es mehrmals in lateinische Sprache übertragen.
Unter anderen übersetzte dasselbe Cicero in seiner Jugend, ferner Cäsar

---

*) Der Vollkommenheit halber erwähnen wir hier noch zwei Werke
des Eratosthenes, welche unserer Aufgabe ferne stehen: „Περὶ τῆς ἀρχαίας
κωμῳδίας" und „Χρονογραφίαι" (Chronologie).

Germanicus. Von diesen Uebersetzungen besitzen wir jedoch bloss Bruchstücke. Vollständig besitzen wir hingegen die Uebersetzung des Rufus
Festus Avienus aus dem 5. Jahrhundert unserer Zeitrechnung.
Das Werk zerfällt in zwei Theile, deren erster unter dem Titel: „Phänomene" die Stellung und Bewegung der Gestirne und die damit zusammenhängende Zeitrechnung beschreibt. Den zweiten Abschnitt bilden
die „Prognostica", d. i. eine Art von praktischer Meteorologie und
Wetterprophezeiung. Ist Aratos im ersten Theile vollkommen in den
Fussstapfen des Eudoxos, so folgt er im zweiten Theile den physikalischen Ansichten des Aristoteles.

Dieses Werk wurde im Alterthume sorgfältig commentirt: Hipparchos, Achilleus Tatios, der letztere hat eine Einleitung dazu geschrieben, ausserdem noch zwei von unbekannten Autoren stammende
Commentare sind auf uns gekommen. Ausgaben sind die folgenden bekannt: die Editio princeps, in Venedig 1499 erschienen, auf Grund dieser
erschien die Ausgabe von Grotius unter dem Titel: Syntagma Arateorum.
Leyden 1600, ferner gibt es eine Originalausgabe mit lateinischer Uebersetzung von Buhle, Heidelberg 1793—1801 in zwei Bänden. Eine deutsche
Uebersetzung in Hexametern von J. H. Voss erschien zu Heidelberg 1824.
Zu erwähnen sind noch die Ausgaben von Buttmann, Berlin 1826 und
Bekker, Berlin 1828.

Aratos lebte zwar nicht in Alexandrien, die Richtung seines wissenschaftlichen Strebens und seine Verbindung mit den Gelehrten des
Museums reiht ihn jedoch ebenfalls den alexandrinischen Gelehrten ein.
Aratos hält sich in seinem Werke strenge an sein Muster Eudoxos
und dessen Schrift „Phänomena" und nach Hipparchos Aussage an dessen
andere Schrift: „Enoptron" (der Spiegel). Er selbst hat wohl nie beobachtet, sondern hält sich getreulich an die Sätze des Eudoxos.

Hipparchos.

So wie Archimedes und noch mehr der noch zu besprechende
Heron von Alexandrien die ersten Physiker im heutigen Sinne des
Wortes genannt werden können, da sie die Erklärung der Erscheinungen
nicht durch Herbeiziehen dialektischer, somit fremder Hülfsmittel an-
streben, sondern dieselben entweder auf allgemein bekannte, einfachere
Erscheinungen zurückzuführen oder aber durch zweckmässig angelegte
Versuchserscheinungen die Vorgänge in der Natur zu ergründen streben,
so mögen wir Hipparchos den ersten Astronomen im modernen
Sinne nennen.

Hipparchos wurde zu Nikaia in Bithynien geboren. Seine
astronomischen Beobachtungen erstrecken sich von der 154. bis zur
163. Olympiade, was zugleich zur Feststellung der Zeit dienen muss, in

welcher dieser Gelehrte lebte. Es fällt somit die Zeit seines thätigen
Mannesalters zwischen 160 und 125 v. Chr. Der später zu erwähnende
Astronom Ptolemaios*) rühmt die unermüdliche, beharrliche Ausdauer
des Hipparchos in der Ausführung seiner Beobachtungen. Die erste
Beobachtung, welche dem Hipparchos zugeschrieben wird, ist die des
Herbstäquinoctiums im Jahr 161 v. Chr., die erste sicher verbürgte
Beobachtung hingegen die der Mondfinsterniss im Jahr 146. Die letzte
im Almagest des Ptolemaios angeführte hipparchische Beobachtung ist
die des Mondes aus dem Jahre 126 v. Chr.

Ueber das Leben des Hipparchos wissen wir kaum etwas zu
berichten, selbst seine Werke, eine Jugendarbeit ausgenommen, sind verloren gegangen. Ja wir wissen nicht einmal darüber Gewisses zu berichten, ob er bloss auf Rhodos beobachtet, oder ob er sich zu diesem
Zwecke auch in Alexandrien aufgehalten habe. Montuela**) hält dies
für unzweifelhaft, während Delambre***) keinen Grund dafür sieht,
anzunehmen, Hipparchos hätte wo anders als auf Rhodos beobachtet.
Von den alten Schriftstellern wird der Astronom von Nikaia gewöhnlich
mit dem Beinamen „der Grosse" ausgezeichnet, welches Epitheton, wenn
wir seine bedeutenden Entdeckungen auf dem Gebiete der Astronomie
in Betracht ziehen, gut angewendet erscheint. Hipparchos ist der
Begründer der streng inductiven Astronomie, die aus der Erfahrung,
mit Beiseitesetzung fast jeder vorgefassten Meinung, die Himmelserscheinungen darzustellen sucht. Wir sagen „fast frei von jeder vorgefassten Meinung", da auch unser Astronom sich nicht gänzlich von
den allgemeinen Anschauungen seiner Zeit frei halten konnte und die
aristotelische gleichförmige Kreisbewegung der Himmelskörper, welche
der spätern Untersuchung der Erscheinungen durch Keppler nicht Stand
halten konnte, als Axiom annahm. Dessungeachtet ist der Unterschied
zwischen der Art der Forschung des Hipparchos und der seiner Vorgänger sehr bedeutend. Während alle früheren die Erscheinungen einem
von vornherein aufgestellten Systeme anzupassen trachteten, und so gewöhnlich der Wirklichkeit Gewalt anthaten, verfolgte Hipparch den
umgekehrten Weg: er versuchte, sich zuerst ein genügendes Beobachtungsmaterial zu verschaffen, und ging erst dann an die Aufstellung des
Systems, dem sich die gewonnenen Resultate einreihen liessen. Allerdings war es bloss ein mathematisches, nicht ein mechanisches Weltsystem, das auf diese Weise entstand, welches durch den grossen Nachfolger des Hipparch, durch Klaudios Ptolemaios vollständig ausge-
baut, den astronomischen Ueberzeugungen von anderthalb Tausend Jahren
eine gewisse Richtung gab, dieses konnte jedoch ohne Sprung auf andere

---

*) Μεγάλη σύνταξις (βιβλ. γ': κεφ. λβ').
**) Hist. des math. I, p. 257.
***) Histoire de l'astronomie I, p. XXIV.

Weise sich nicht entwickeln, da vor allem ein System von Bewegungen gefunden werden musste, das im Stande sei, die wirklich beobachteten Bewegungen der Himmelskörper darzustellen und dadurch in den Stand setze, den Ort eines Gestirnes zu jeder Zeit angeben zu können. Ob die supponirten Vermittler der Bewegung — seien dies die hipparchischen excentrischen Kreise oder die ptolemäischen Epicyklen — in Wirklichkeit existiren, das erscheint für die oben umgrenzte Aufgabe von gänzlich untergeordneter Bedeutung.

Hipparchos vermochte es in der That, eine solche — aus gleichförmigen Kreisbewegungen combinirte — Bewegung auszudenken, welcher sich seine eigenen, sowie die wenigen von andern ausgeführten Beobachtungen einfügen liessen und dies ist sein erstes bedeutendes Verdienst um die Astronomie. Um jedoch die in den vorigen Zeilen umschriebene Aufgabe lösen zu können, bedurfte es der Herbeischaffung bedeutender mathematischer Hülfsmittel. Ein ganz neuer Zweig der Geometrie: die Trigonometrie der Ebene und der Kugel musste entdeckt und Tafeln der Verhältnisse von den Sehnen zu den hiezu gehörigen Bögen mussten ausgearbeitet werden. Jedoch auch dieses genügte noch nicht, es fehlten noch die Hülfsmittel der Beobachtung, die astronomischen Instrumente. Wenn wir diejenigen, welcher sich unser Astronom bediente, auch nicht kennen, so folgt doch aus der Natur der von ihm ausgeführten Beobachtungen unzweifelhaft, dass er sich deren bedient haben müsse. — Doch alles dieses vorausgesetzt, fehlte es noch immer an einer Reihe von unumgänglich nothwendigen Begriffen der sphärischen Astronomie: auch diese musste also erst geschaffen werden.

Beiläufig 150 Jahre vor Beginn unserer Zeitrechnung fand Hipparchos, dass die Jahreszeiten nicht gleich lang seien. Statt dass jede derselben $91^5/_{16}$ Tage dauern würde, fand er für die Dauer des Frühlings $94^1/_2$, des Sommers $92^1/_2$, des Herbstes 88 und die des Winters 90 Tage.

Die griechischen Astronomen, ja selbst noch der anderthalb Jahrtausende später lebende Coppernicus konnten sich von den durch Aristoteles aufgestellten Kategorien der Bewegung nicht freimachen, sondern nahmen die Bewegung der Planeten als gleichförmige Kreisbewegungen an. Auf Grund dieser von vornherein aufgestellten Hypothese konnte eine Darstellung der scheinbaren himmlischen Bewegungen nur durch Anwendung besonderer Hülfsmittel erreicht werden. Die Astronomie des Alterthums verwendete zu diesem Zwecke entweder excentrische Kreise oder Systeme von auf einander rollenden Kreisen oder Epicyklen. Hipparchos verwendete das erste, unvollkommenere dieser Hülfsmittel. Er verlegte den Mittelpunkt der Sonnenbahn gegen das Sternbild der Zwillinge um $^1/_{24}$ des Radius dieser Bahn. Uebrigens hing er dem geocentrischen Systeme an und betrachtete die Erde als den ruhenden Centralkörper des Weltalls. Auf ähnliche Weise gelang es ihm, einen Bahnkreis für den Mond zu finden, wiewohl dessen Theorie um vieles unvollständiger war, als die der scheinbaren Bewegung der Sonne.

Wenn wir einen Blick über die grundlegenden wissenschaftlichen Gedanken werfen, welche dem Geiste Hipparch's entsprungen sind, so können wir wohl nur mit Bewunderung wahrnehmen, was dieser eine Gelehrte zu leisten im Stande war. Hier führen wir nur die bedeutendsten derselben an: Hipparchos schrieb zu dem Werke des Eudoxos und Aratos einen Commentar, gleichzeitig sein einziges auf uns gekommenes Werk. In diesem Werke sehen wir zuerst die Sätze der Trigonometrie auf sphärische Dreiecke angewendet. Er kannte die ebene und sphärische Trigonometrie und verfasste Tafeln für das Verhältniss der Sehnen zu den hinzugehörigen Kreisbögen. Nach dem Zeugnisse Theon's hätte er ein Werk über die Kreissehnen in 12 Büchern geschrieben *), von dessen Existenz wir ausser dieser Angabe nichts wissen. Ferner wird er als Schriftsteller über quadratische Gleichungen von arabischen Quellen genannt und soll sich überdies mit combinatorischen Berechnungen beschäftigt haben.

Der Geographie erwies Hipparchos einen ungemein wesentlichen Dienst durch Einführung der Begriffe von geographischer Länge und Breite bei Ortsbestimmungen. Zugleich war er es, der zur Bestimmung des Längenunterschiedes zweier Plätze auf der Oberfläche der Erde die gleichzeitige Beobachtung einer Mondesfinsterniss vorschlug. — Vor Hipparchos gab es im Allgemeinen keine genaue Bestimmung der Lage eines Punktes auf der Erdoberfläche, es wurde höchstens die klimatische Zone, unter welchem derselbe lag, angegeben oder die Route und das Wegmass nach den Aufzeichnungen von Reisenden. Hipparchos hat als ersten Meridian den seinen Beobachtungsort, die Insel Rhodos, schneidenden gewählt. Erst später wurde die geographische Länge von den canarischen Inseln, dem am westlichsten liegenden bekannten Theile der Welt, gezählt. Der Ausdruck geographische Länge und Breite wurde gewählt, da die Karte der damals bekannten Länder auf einem in horizontaler Richtung hingestreckten Oblonge sich darstellen liess.

Eine astronomische Neuerung von ähnlicher Wichtigkeit veranlasste Hipparch durch die Wahl des Frühlingspunktes als Ausgangspunkt behufs der Ortsbestimmung von Sternen.

Vor Hipparch galt als Länge des Jahres die Dauer von 365$^{1}/_{4}$ Tagen; er wies zuerst nach, dass das Jahr in der That um 5 Minuten kürzer sei. Die Bestimmung geschah dadurch, dass er eine Reihe von Jahren die Solstitien und Aequinoctien beobachtete und auch eine 145 Jahre vorher von Aristarchos von Samos ausgeführte Beobachtung der Sommersonnenwende zu diesem Zwecke benützte. Er berechnete ferner die Ungleichheit in der scheinbaren Bewegung der Sonne zwischen

---

*) Comment. in Almag. libr. I, cap. 9.

den Wendekreisen und entwarf die ersten Sonnentafeln. Aehnliches versuchte er für den Mond zu berechnen, welche Aufgabe er jedoch natürlich um vieles schwieriger fand. Während zur Erklärung des scheinbaren Sonnenlaufes die Annahme eines excentrischen Kreises vollkommen genügte, traten bei der Darstellung des Mondlaufes noch andere Ungleichheiten auf, sowohl bezüglich der Bewegung im Sinne der Breite, als auch der Bewegung der ganzen Bahn als solcher, derzufolge die Apsidenlinie der Bahn sowohl, als die Durchschnittslinie der Mondbahn mit der Ekliptik (die Knoten- oder Drachenlinie) sich durch alle Zeichen des Thierkreises bewegt. Durch Bestimmung aller dieser Perioden gelang es Hipparchos, einen solchen excentrischen Kreis zu finden, der die Bahn des Mondes darstellt, sich aber selbst im Sinne der Bewegung des Mondes um den Mittelpunkt des Thierkreises dreht. Hierdurch wurde allerdings nur die erste Ungleichheit der Mondesbewegung erklärt, die zweite, die sog. Evection, wurde später von Ptolemaios durch die Annahme der Epicyklen dargestellt.

Hatte schon die Theorie des Mondes grosse Schwierigkeiten bereitet, so erschienen die einer allgemeinen Theorie der Planeten unüberwindbar und Hipparch musste sich darauf beschränken, die scheinbaren Ungleichheiten in der Planetenbewegung durch neue und genauere Beobachtungen besser zu bestimmen. Auch hier war es Ptolemaios, der das Erbe des Altmeisters der Astronomie antrat und dem es mittelst seiner Epicyklentheorie gelang, die scheinbare Planetenbewegung darzustellen.

Ein sinnreiches Verfahren wendete Hipparch an, um die Entfernung der Sonne und des Mondes von der Erde zu bestimmen. Er führte zu diesem Behufe den Begriff der „Parallaxe" eines Gestirnes ein, unter welcher er den Winkel verstand, unter dem sich der Halbmesser der Erde, von dem betreffenden Gestirne aus gesehen, präsentiren würde. Eine einfache geometrische Construktion gab ihm nun eine Methode an, bei Gelegenheit einer Mondesfinsterniss die nöthigen Daten zur Berechnung der gewünschten Entfernungen herbeizuschaffen. Auf diesem Wege fand Hipparchos den Radius der Sonne gleich 5 1/2, den des Mondes gleich 1/3 Erdradius; hingegen die Entfernung der Sonne zu 1200, die des Mondes zu 59 Erdradien. Von diesen vier Zahlen stimmt die letzte genügend mit der Wirklichkeit, während die andern, besonders die auf die Sonne bezüglichen, um vieles zu klein sind.

Eine bedeutende Unternehmung war die durch Erscheinen eines neuen Sternes [*] verursachte Anlegung eines Sternkataloges, wobei wahrscheinlich zum ersten Male die sechs Grössenclassen der für das unbewaffnete Auge sichtbaren Sterne zur Anwendung kamen. Ein Himmelsglobus wurde ferner angefertigt, der zu Ptolemaios Zeiten noch existirt haben

---

[*] Plinius Hist. natur. II, 26.

muss. Es wurden über 1000 Sterne aufgenommen und führte diese Arbeit den Hipparch zur Entdeckung der Präcession oder des Vorrückens der Nachtgleichen von Westen nach Osten, worüber er ein eigenes, ebenfalls verloren gegangenes Werk verfasste. Zwar gab es ältere Beobachtungen, die des Timochares und Aristyllos, deren er sich bedienen konnte, jedoch waren diese Beobachtungen nicht genügend genau, weshalb die von Hipparch auf 36 Bogensekunden angesetzte Verschiebung des Frühlingspunktes viel zu gering ist und in Wirklichkeit 50 Bogensekunden beträgt.

Eine lange Reihe von Werken des Hipparchos wird uns von Suidas, Ptolemaios und Theon angegeben. Leider kennen wir ausser den Titeln fast nichts von denselben. Eines, in der Reihe das zweite, ist wörtlich bei Ptolemaios enthalten, das erste: der Commentar zum Aratos, ist vollständig vorhanden. Die Titel der hipparchischen Schriften sind folgende:

1. Commentar zu den Phainomena des Eudoxos und Aratos (Τῶν Ἀράτου καὶ Εὐδόξου Φαινομένων ἐξηγήσεων βιβλιά γ'). (Abgedruckt in Petavius Uranologie 1633.)

2. Asterismoi (Ἔκθεσις Ἀστηρισμῶν), Erklärung der Sternbilder. Vollständig übernommen in das 7. Buch des Almagest von Ptolemaios*).

Ktesibios und Heron.

Ktesibios wurde zu Askra unter der Regierung des Ptolemaios Euergetes II. (Physkon) um 150 v. Chr. geboren. Er war nach der Angabe des Vitruvius**) der Sohn eines Barbiers und nach derselben Quelle in

---

*) Die Titel der verloren gegangenen Schriften führen wir nur kurz unter dem Originaltitel an:

3. Περὶ τῶν ἀπλανῶν ἀναγραφαί.
4. Περὶ μεγεθῶν καὶ ἀποστημάτων (Scil. ἡλίου καὶ σελήνης).
5. Περὶ τῆς κατὰ πλάτος μηνιαίας τῆς σελήνης κινήσεως.
6. Περὶ μηνιαίου χρόνου.
7. Περὶ ἐνιαυσίου μεγέθους.
8. Περὶ τῆς μεταπτώσεως τῶν τροπικῶν καὶ ἰσημερινῶν σημείων.
9. Περὶ τῆς πραγματείας τῶν ἐν κύκλῳ εὐθειῶν βιβλ. ιβ'.
10. Πρὸς τὸν Ἐρατοσθένη καὶ τὰ ἐν τῇ Γεωγραφίᾳ αὐτοῦ λεχθέντα.
11. Βιβλίον περὶ τῶν διὰ βάρους κάτω φερομένων.
12. Ἡ τῶν συνανατολῶν πραγματεία.

Pappos führt noch ein Werk an: De duodecim signorum, Plutarchos eine Arithmetik. (Siehe Encycl. v. Ersch u. Gruber. Artikel: Hipparchos von Gartz.)

**) De architectura lib. IX, cap. 8.

Alexandrien geboren*). Durch seine Fähigkeiten und durch seinen unermüdlichen Fleiss fiel er schon frühe auf. Besonders interessirte er sich für Mechanismen, deren er auch mannigfache erfand und ausführte. So sollte in der Barbierstube seines Vaters ein Spiegel derart an die Wand befestigt werden, dass er in jeder Höhe im Gleichgewicht bleibe. Zu diesem Behufe befestigte er an der Decke des Zimmers, unterhalb eines Balkens, eine Holzröhre, welcher entlang eine Schnur lief, die durch Rollen abgelenkt auf der einen Seite mit dem Spiegel, auf der andern hingegen mit einem am vertikalen Theile der Schnur befestigten Bleigewichte zusammenhing. Der vertikale Theil der Schnur befand sich in einer Röhrenführung. Als nun das Bleigewicht rasch in der Röhre niedersank und hiebei die Luft vor sich zusammenpresste, entwich dieselbe durch die enge Oeffnung der Röhre unter Hervorbringung eines hellen Tones.

Als somit Ktesibios wahrnahm, dass zusammengepresste Luft bei ihrem Entweichen in die Atmosphäre einen Ton hervorbringe, erbaute er zuerst Wasserorgeln, später auch Wasserdruckwerke, Automaten und Wasseruhren (Klepsydren). Das Wasser strömte bei diesen Instrumenten aus einer kleinen Oeffnung, die in ein Stück Gold oder einen Edelstein gebohrt war, bei welcher Anordnung sie immer unverändert blieb. Der so ausströmende Wasserstrahl hob ein verkehrtes Becken, auf welchem sich eine gezähnte Stange befand. Diese Zahnstange griff wieder in ein gezähntes Rädchen und drehte dasselbe um. Durch Zahnübertragung wurde die Bewegung auf eine Figur übertragen, in deren Hand sich ein Stäbchen befand, mit dem sie die auf einer Säule verzeichneten Stunden wies. Auch andere Bewegungen wurden durch das ausfliessende Wasser bewerkstelligt. Die Verschiedenheit der Stundenlänge während des Sommers und des Winters machten eine Vorrichtung zur Aenderung der Grösse der Oeffnung nothwendig, was jedoch ziemlich unvollständig zu bewerkstelligen war.

An anderer Stelle beschreibt Vitruvius die Druckpumpe (Feuerspritze) des Ktesibios**), ebenso dessen Wasserorgel***). Die Einrichtung der ersteren stimmt im Wesentlichen mit der noch heute in Anwendung befindlichen überein, wie man dies an einer im Jahre 1795 in den Ruinen von Castrum novum (Chiaruccia) bei Civita Vecchia an der Küste ausgegrabenen Pumpmaschine sehen kann, welche aus der römischen Kaiserzeit stammt. Dieselbe besteht aus zwei Kolbencylindern, einer Windkammer u. s. w. Die Römer nannten diese Vorrichtung „Syphon", eine Benennung, welche später für den Heber angenommen wurde.

---

*) Nach Buttmann hätte Ktesibios unter Euergetes I. (247—221 v. Chr.) gelebt. Buttmann: Ueber die Wasserorgel und Feuersprütze der Alten. Abhandl. d. Berl. Akad. 1810, pag. 169.

**) De architectura, lib. X, cap. 7.

***) Ibid., lib. X, cap. 8.

Nach Vitruvius hat Ktesibios noch zahlreiche andere Vorrichtungen construirt, bei welchen das unter Druck ausströmende Wasser
verschiedene Figuren bewegte. Philon von Byzanz schreibt ihm auch
die Erfindung der Windbüchse zu. Aus allen diesen Erzählungen lässt
sich auf die Ingeniosität des Ktesibios im Ausdenken von Apparaten
schliessen, bei denen comprimirte Luft und in Bewegung gesetzte Flüssigkeit die Hauptrolle spielen. Bleibende praktische Verwendung hat unter
allen diesen bloss das Wasserdruckwerk gefunden, d. i. die Feuerspritze,
die wir noch heutigen Tages in wesentlich derselben Form benützen, in
der sie Ktesibios ausgedacht.

Zeichnete sich Ktesibios besonders durch die von ihm erfundenen
verschiedenen Maschinen aus, so war sein Schüler Heron durch seine
theoretische Bildung doch viel bedeutender als sein Meister.

Die Geschichte erwähnt nicht weniger als 21 Männer, deren Namen
Heron war. Es ist somit nothwendig, dass wir denjenigen, mit dem wir
uns hier beschäftigen wollen, durch ein Epitheton von seinen Namens-
vettern unterscheiden. Es wird dieser Heron der Schüler des Ktesibios
genannt, in dem Titel einer Abhandlung heisst es sogar „Heron Kte-
sibiu" (Heron des Ktesibios), eine Benennung, welche gewöhnlich zur
Bezeichnung des Verhältnisses von Vater und Sohn angewendet wird.
Ausserdem kommt er auch noch unter dem Namen „Heron von
Alexandrien", der „ältere Heron" und „Heron der Mechaniker"
(ὁ μηχανικός) vor.

Heron nimmt unter den alexandrinischen Gelehrten einen hervorragenden Platz ein. Seine Bedeutung wurde nichtsdestoweniger erst in
der letzten Zeit nach Gebühr gewürdigt, seitdem Hultsch die Fragmente seiner Werke herausgegeben und seit es Henri Th. Martin,
Val. Rose, Hultsch und Friedlein gelungen ist, den ungemein
corrumpirten Text der Heronischen Reliquien gereinigt herzustellen.
Besonders betont die Bedeutung Herons Cantor in seinen beiden
Werken: „Die römischen Agrimensoren und ihre Stellung in der Geschichte der Feldmesskunst. Leipzig 1875" und „Vorlesungen über Geschichte der Mathematik, I. Bd. Leipzig 1880." Das Alterthum betrachtete Heron ebenfalls als einen der hervorragendsten Gelehrten, so
stellt St. Gregor von Nazianz seinen Namen mit dem des Eukleides
und Ptolemaios zusammen, um sie als Vertreter für die Trias der
griechischen angewandten Mathematik: Mechanik, Geometrie und Astronomie hinzustellen.

Heron wurde in Alexandrien geboren und lebte entweder unter
der Regierung Euergetes II. (170—117 v. Chr.), d. i. Ptolemaios VII. oder
des Ptolemaios VIII. (117—81 v. Chr.), oder aber unter der des Neos
Dionysios, der im Jahre 81 von den Römern eingesetzt wurde. Man hat
dieses zweite Datum aus einem geodätischen Beispiel, das bei Heron
vorkommt, wo als Standort Alexandria und Rom genannt sind. Nun

hat es allerdings eine gewisse Wahrscheinlichkeit für sich, dass Rom für Alexandrien erst von jener Zeit an Bedeutung gewann, und somit in Beispielen Berücksichtigung finden konnte, allein eine solche Bedeutung, wie Martin: „Recherches sur la vie et les ouvrages d'Héron d'Alexandrie etc. Paris 1854" (pag. 91) und Cantor: „Geschichte der Mathematik I." (pag. 314) diesem Umstande beilegen, möchten wir demselben doch nicht vindiciren. Am wahrscheinlichsten scheint die Zeit um 100 v. Chr. oder einige Jahre früher, der Blüthezeit Heron's zu entsprechen.

Die Schriften des Heron mmen aus später Zeit. Ein sehr verderbtes Griechisch, Mafse aus spätern Jahrhunderten, Erwähnung von Schriftstellern aus dem 4. Jahrhundert n. Chr. verlegen die Zeit der Abfassung dieser Schriften, wenigstens in der uns bekannten Form, frühestens an das Ende des 4. Jahrhunderts unserer Zeitrechnung. Man hat diese Schwierigkeit dadurch zu lösen versucht, dass man annahm, die uns bekannten Schriften des Heron seien heute nur mehr in einer durch häufiges — oft sinnloses — Copiren allmählig verballhornten Form vorhanden. Die Schriften des Heron können in drei Gruppen getheilt werden, sie sind physikalischen, mechanischen und mathematischen Inhalts. Als allgemeine Charakteristik der ersten beiden Gruppen kann angeführt werden, dass Heron sich nirgends mit der Theorie begnügt. Ueberall sucht er die Anwendung der gefundenen theoretischen Resultate auf Vorrichtungen des gewöhnlichen Lebens, und als ächter Schüler seines Meisters hält er es auch nicht unter der Würde des Gelehrten, sich eingehend mit der Verfertigung verschiedener Spielereien zu beschäftigen, wenn diese Gelegenheit geben, seine mechanischen und anderweitigen Entdeckungen zu verwerthen.

Heron wird als Erfinder einer grossen Anzahl von Maschinen und Werkzeugen genannt; so soll er zuerst eine unserer Wagenwinde entsprechende Vorrichtung erfunden haben, an welcher sich schon Zahnräder befanden. Letztere wendete er übrigens an vielen andern Vorrichtungen an, wie man dies aus seiner Pneumatik sehen kann*). In letzterem Werke werden 78 verschiedene Apparate, sämmtlich durch erwärmte Luft oder Dampf getrieben, beschrieben, und zwar verschiedene Syphone, Pumpwerke (die jetzige Feuerspritze), die Aeolypile, ferner die verschiedensten Spielereien, automatisch sich bewegende Figürchen, singende Vögel, Dampforgeln, Zaubergefässe u. dergl., kommen in dieser Schrift vor. — Am bedeutendsten unter allen Maschinen ist die oben genannte Aeolypile. Diese besteht aus einem Kessel, aus dessen Deckel sich zwei Röhren senkrecht erheben. Dieselben dienen zugleich als Zu-

---

*) Siehe: The Pneumatics of Hero of Alexandria from the original greek. Translated by B. Woodcroft. London 1851. pag. 52: „A self trimming Lamp."

leitungsröhren für den im Kessel entwickelten Dampf, der durch dieselben in die zwischen die beiden Röhren drehbar eingefügte Dampfkugel
strömt, aus welcher er durch zwei seitlich gekrümmte Röhren in die
freie Atmosphäre entweichen kann. Der in tangentialer Richtung der
Kugel entströmende Dampf setzt dieselbe in der Weise des Segner'schen
Rades in Rotation. Wir finden somit bei Heron die ersten Andeutungen der Anwendung jener Kraft, die wir heute in so ausgebreitetem Mafse ausbeuten: der Spannkraft des Wasserdampfes, wenn diese
Anwendung sich vorerst auch bloss auf verschiedene Spielereien beschränkte.

In unseren physikalischen Sammlungen finden sich ausser der besprochenen Dampfkugel noch zwei Apparate, die den Namen des alexandrinischen Heron tragen: der sog. „Heronsball" und der „Heronsbrunnen".
Jedoch weder der eine noch der andere kommen in der jetzt gebrauchten
Weise bei Heron vor.

Heron hatte von dem Drucke und der Spannkraft der erhitzten
Luft eine ziemlich richtige Vorstellung. Eine zusammenhängende Leere
existirt seiner Ansicht zufolge nicht. Ein anscheinend ganz leerer Raum
enthält noch immer etwas Luft, dagegen gibt es zwischen den Theilchen
der Luft Zwischenräume, ähnlich denen, die zwischen den einzelnen
Flüssigkeitstheilchen sich befinden, welche sich durch auf die Flüssigkeit
ausgeübten Druck verkleinern lassen. Hört jedoch der Druck auf, so gewinnen die luftförmigen Körper ihr ursprüngliches Volumen zurück. Die
Luft kann aber auch einen grössern Raum in Anspruch nehmen, als
den ihr von Natur zukommenden. In diesem Falle entsteht ein Saugen
der Luft, bei welchem diese gegen den saugenden Theil anströmen, um
den Raum auszufüllen, wie dies bei den Glaseiern der Aerzte und bei
den Schröpfköpfchen der Fall ist*), in welchen das Feuer die Luft aufzehrt, so wie das Feuer auch das Wasser aufzehrt und in Dampf verwandelt.

Es würde wohl zu weit führen, wenn wir alle die Einrichtungen
zu beschreiben unternähmen, die derselbe in seiner „Pneumatika" anführt.
Dieselben sind vor allem Heber und solche Vorrichtungen, deren wesentliche Bestandtheile wieder aus solchen bestehen. Hierher gehören eine
grosse Anzahl noch heute angewendeter Taschenspielerwerkzeuge, wie
z. B. die wohlbekannte Zauberflasche, aus welcher der Taschenspieler
nach Belieben Wein, Wasser, Milch und so fort giessen kann. Eine
zweite Classe von Apparaten ist diejenige, welche verschiedene Tempelwunder in sich fasst, deren sich die ägyptischen Priester wohl mit Vorliebe bedienen mochten, um auf die naiven Gemüther ihrer Gläubigen

---

*) Es ist nicht klar, was Heron unter: „ὤα ἰατρικὰ ὑέλινα" versteht,
da ein Ausdruck für Schröpfköpfe „σικύα" unmittelbar darauf folgt, diese
somit unter den „Glaseiern der Aerzte" nicht verstanden sein können.

einen um so grösseren Eindruck üben zu können. Ferner finden wir verschiedene Dampfkocher, Dampforgeln, Lampen, die den Docht selbst schieben u. dergl. Endlich befindet sich unter den angeführten Gegenständen auch eine Feuerspritze.

Ausser seinen mechanischen Abhandlungen, die bei richtiger Anwendung von Prinzipien stets eine auf praktische Verwendung gerichtete Tendenz haben, sind die optischen Arbeiten Heron's von Bedeutung. Auch er vertritt die Ansicht, dass der Lichtstrahl aus dem Auge stamme. Gerade ist derselbe deshalb, weil jeder geschleuderte Körper das Bestreben habe, auf dem kürzesten Wege an sein Ziel zu gelangen. Seine Geschwindigkeit ist unendlich gross. Von einem dichten, glatten Körper prallt er unter demselben Winkel zurück, unter welchem er auf das Hinderniss stiess. In durchsichtige Körper dringt der Lichtstrahl ein. Ein höchst bedeutsamer Satz der heronischen Katoptrik ist uns von Damianos überliefert worden, derselbe lautet folgendermassen: „Die „Linien, die unter gleichen Winkeln von einer Fläche reflektirt werden, „sind kleiner, als alle andern, die unter ungleichen Winkeln zwischen „denselben Punkten gezogen werden können, so dass die Lichtstrahlen, „wenn sie die Natur nicht einen vergeblichen Umweg machen lassen „will, unter gleichen Winkeln reflectirt werden müssen." Es ist dies der bekannte optische Satz, der auch für den gebrochenen, durch eine Reihe von Medien von beliebiger lichtbrechender Kraft gehenden Strahl gilt, demzufolge der Weg des Lichtstrahls immer ein Minimum zu sein hat. Derselbe Satz wird bei Heron auch für convex sphärische Spiegel als gültig angenommen.

Ausser diesen theoretischen Entwicklungen finden wir auch hier zahlreiche Spielereien und Taschenspielerkunststücke. Hierher gehören die Zerrspiegel, ferner die in unsern Tagen nach langer Pause wieder aufgenommenen Geistererscheinungen („les spectres"); durch eine gegen das Publikum geneigte Spiegelglasplatte werden die in einer vor derselben befindlichen Versenkung angebrachten Gegenstände (oder Personen) gespiegelt, während das Auge des Beschauers durch die durchsichtigen Spiegelbilder hindurch zugleich andere hinter der Glasplatte auf der Bühne befindliche Gegenstände erblickt. Durch diese Deckung optischer Bilder, deren Objekte sich an verschiedenen Orten im Raume befinden, wird es möglich, mannigfache Erscheinungen hervorzubringen, die mit den Grundeigenschaften der Undurchdringlichkeit und Schwere der Materie im Widerspruche erscheinen und somit den Eindruck des Uebernatürlichen hervorbringen.

Wir wollen nun nach dieser allgemeinen Besprechung die einzelnen Werke Heron's, insofern wir über dieselben berichtet sind, der Reihe nach unserer Betrachtung unterziehen:

1) Mechanik (μηχανικά). Wahrscheinlich die Mechanik fester

Körper behandelnd. Das Werk selbst ist vollständig verloren gegangen. Spuren desselben finden sich bei Pappos*).

2) Der Gewichtezieher (onerum tractor). Es ist dies eine zweite mechanische Abhandlung, deren einer Abschnitt sogar an zwei Orten vorkommt. Einerseits in der Sammlung des Pappos unter dem Titel „Wagenwinde" (Βαροὔλκος im 8. Buche der Collect.), anderseits in Heron's Werk: „Ueber Diopter". Der Inhalt dieser Abhandlung war die Lösung der von Archimedes gestellten Aufgabe, nämlich eine gegebene Last durch eine gegebene Kraft mittelst der fünf einfachen Potenzen: Hebel, Wellrad, Schraube, Flaschenzug und Keil in Bewegung zu setzen. Die Schriften Heron's über angewandte Mechanik oder vielmehr deren magere Fragmente finden sich jetzt hauptsächlich in einem mathematischen Sammelwerke von Thevenot (Veteres mathematici Paris 1693), das gegenwärtig sehr selten ist und ausserdem durch seine Druckart, Abbreviaturen u. s. f. sehr unzugänglich ist.

3) Von der Einrichtung der Flitzbögen (χειροβαλίστρας κατασκευή). Hievon ist bloss ein kurzes Fragment in der Thevenotschen Sammlung vorhanden.

4) Ueber die Anfertigung von Geschützen ("Ηρωνος Κτησιβίου βελοποιικά), ebenfalls in der vorerwähnten Thevenot'schen Sammlung. Die Geschütze werden in zwei Classen eingetheilt, von denen die erste im Kernschusse zu treffen hat, während die zweite das Projektil im Bogen schleudert. Den Haupttheil der ganzen Abhandlung bildet ein geometrisches Problem. Um eine dreifach grössere Kraft auf das Projektil wirken zu lassen, muss im Sinne der Abhandlung die Sehne, welche dasselbe fortschnellt, eine dreifach stärkere Spannung erhalten. Um

---

*) Herausgeg. v. Commandinus: Pappi Alexandrini Mathematicae collectiones, a Federico Commandino Urbinate in Latinum conversae, et commentariis illustratae. Pisauri apud Hieronymum Concordiam 1588. Achtes Buch. „Nach dem Mechaniker Hero ist ein Theil der Mechanik, rationalis, der ex geometria, et arithmetica et astronomia, et ex physicis rationibus besteht, der andere kömmt auf Handarbeit an, ex aeraria, et aedificatoria, et tectonica, et pictura . . . I—IX. Satz vom Schwerpunkte. X. Eine gegebene Last mit gegebener Kraft zu bewegen: Archimedes 40. Erfindung, da er die Erde aus ihren Angeln zu heben versprach. Pappos hält dies durch ein Zahnräderwerk erreichbar. Berufung auf Heron's Bücher von der Mechanik. XI. XII. Organika: jener Theil der Mechanik, welcher geometrische Aufgaben vermittelst Maschinen oder Werkzeuge auflöst. XIII—XVIII. Aufgaben dieser Art. XX—XXIII. Von Rad und Getriebe. XXIV. Schraube ohne Ende. De quinque facultatibus, per quas datum pondus data potentia movetur. Das sind die fünf mechanischen Potenzen (unsere einfachen Maschinen). Heron und Philo (von Byzanz) haben gezeigt, warum diese „Fakultäten" alle eine Natur haben. Die Namen: Axis in peritrochio, vectis, polyspaston, cuneus, et praeter haec quae appellatur infinita cochlea. Zuletzt: Erdwinde und Flaschenzug. Siehe Kästner, Geschichte der Mathematik II, pag. 80.

diesen grösseren Zug auszuhalten, muss nun ein gewisser cylindrischer Theil des Geschützes bei sonst gleicher Gestalt dreimal grösser angelegt werden. Da sich nun die Rauminhalte der Cylinder, wie die Kuben homologer Abmessungen, also z. B. der Durchmesser des Grundkreises verhalten, so haben wir hier wieder das delische Problem der Würfelverdopplung, jedoch in verallgemeinerter Form. Heron löst die Aufgabe vermittelst einer geometrischen Construktion durch Einschaltung zweier mittlerer geometrischer Proportionalen zwischen zwei gegebene Längen. Dass die Lösung dieses Problems wirklich von Heron stammt, ergibt sich auch daraus, dass Pappos dieselbe direkt mit seinem Namen bezeichnet.

5) Anleitung zur Anfertigung von Automaten (Ἥρωνος Ἀλεξάνδρεως περὶ αὐτοματοποιητικῶν). Der Zweck dieser Abhandlung ist, zu zeigen, wie man die Mechanik zur Ausführung von Apparaten verwenden könne, die zur Unterhaltung und dem Vergnügen dienen. Die Automaten, von welchen in dieser Abhandlung gesprochen wird, sind von zweierlei Art: 1) solche, die sich selbstständig bewegen und 2) solche, die an den Ort gebunden sind. Die ersteren, für welche der Verfasser eine gewisse Vorliebe an den Tag legt, bedürfen einer ganz glatten Unterlage oder sollen sich auf vorgezeichneten Bahnen (in Rinnen) bewegen. Die zur Transmission der Bewegungen verwendeten Schnüre sollen durch ein Gemisch von Wachs und Pech gegen die Luftfeuchtigkeit unempfindlich gemacht werden. Von Thiersehnen soll, wenn möglich, ganz abgesehen werden, da diese den Witterungsänderungen in grossem Mafse unterworfen sind. Die Dimensionen der Automaten wähle man so, dass der Verdacht, als sei eine Person in denselben verborgen, ausgeschlossen werde.

6) Pneumatika (Ἥρωνος Ἀλεξάνδρεως Πνευματικά. Thevenot, Vet. Math.).*) Wichtiger als die Anwendung von Sehnen und Schnüren ist die der Elasticität der erhitzten Luft und des Wasserdampfes zur Bewegung verschiedener Mechanismen. In der Einleitung zu diesem Werke wird von der Wirkung der Wärme auf Luft und Wasserdampf im Allgemeinen gesprochen. Heron legt in gewissem Sinne seine allgemeinen physikalischen Ansichten an dieser Stelle dar. Im Ganzen sind 78 Vorrichtungen beschrieben, deren Hauptvertreter die folgenden sind: Verschiedene Arten von Hebern (Syphone), Springbrunnen, zahlreiche Zaubertrichter und Zauberflaschen, zahlreiche Vorrichtungen, bei welchen erhitzte Luft und Wasserdampf Gestalten bewegt, Thüren öffnet u. s. f., solche Apparate, wie sie wohl in ägyptischen Tempeln in grosser Menge

---

*) Eine splendid ausgestattete englische Uebersetzung dieses Werkes existirt unter dem Titel: „The Pneumatics of Hero of Alexandria from the original greek." Translated for and edited by Bennet Woodcroft. London 1851. 4⁰.

angewendet werden mochten; es kommen ferner zahlreiche Apparate vor, an denen durch ausströmende Luft Vogelgesang nachgeahmt wird. Wenn wir noch die Beschreibung der einfachen und der Feuerspritze, der selbstregulirenden Lampe, der heronischen Dampfkugel, des durch Handbetrieb oder durch Windmühlvorrichtung in Bewegung gesetzten Orgelblase-balges und der Orgel beifügen, so haben wir wohl das Wichtigste aus der obengenannten Abhandlung angeführt. Es ist wahrscheinlich, dass ein Theil der beschriebenen Maschinen von **Philon von Byzanz** stammt.

7. **Katoptrik.** Diese optische Abhandlung erschien zuerst im Jahre 1518 im Druck in einer lateinischen Uebersetzung und zwar unter dem falschen Titel: „**Ptolemeus de speculis**". Venturi und Martin wiesen nach, dass der Titel falsch sei und dass man es hier mit einer heronischen Arbeit zu thun habe, welche ein gewisser Mörbeck im J. 1269 in das Lateinische übersetzte. Von dem Hauptsatze der Abhandlung, nämlich dem der Gleichheit des Einfalls und des Reflectionswinkels war schon oben die Rede.

8. **Ueber Diopter** ('Ηρωνος 'Αλεξάνδρεως περὶ διόπτρας). Diese Abhandlung, welche in einer Handschrift in der kaiserlichen Bibliothek zu Wien vorhanden ist, wurde lange Zeit für eine Abhandlung über Dioptrik gehalten, bis **Venturi***) nachwies, dass dieselbe geodätischen Inhalts sei und die Beschreibung eines Diopters enthalte, eines Winkelmessinstrumentes, bestehend aus einer Kreisplatte und einem darauf im Sinne des Durchmessers beweglichen, mit Absehen armirten 4 Ellen langen Lineale, auf welchem zum Horizontalstellen der Kreisplatte eine Kanalwage angebracht war. Uebrigens sind die Zeichnungen nicht ganz verständlich und auch der Text stellenweise lückenhaft. Am bedeutendsten in diesem Werke ist die von **Heron** stammende Formel zur Ausrechnung der Oberfläche des ungleichseitigen Dreiecks, ausgedrückt durch seine Seiten**). Im letzten Theile der Abhandlung ist ein Wegmesser beschrieben.

9. **Fragmente der geometrischen und stereometrischen Schriften Heron's.** Dieselben wurden in neuerer Zeit von **Hultsch** unter dem folgenden Titel herausgegeben: „**Heronis Alexandrini geometricorum et stereometricorum reliquiae accedunt Didymi Alexandrini mensurae marmorum et anonymi variae collectiones ex Herone Euclide Gemino Proclo Anatolis aliisque. E libris manuscriptis edidit Fridericus Hultsch.**" **Berolini 1864.**

In dieser Schrift befinden sich eine Reihe geometrischer Definitionen,

---

*) Commentari sopra la storia e le teorie dell' Ottica. Bologna 1814.

$$\text{**) } \Delta = \sqrt{\frac{a+b+c}{2} \cdot \frac{a+b-c}{2} \cdot \frac{a-b+c}{2} \cdot \frac{b+c-a}{2}}.$$

ferner Sätze über Planimetrie, Geodäsie, Stereometrie, über Mafse, über Landbau u. s. f.

Ausführlicheres über Heron findet sich — wie oben erwähnt — bei Cantor in seinem „Die römischen Agrimensoren" und seinen „Vorlesungen über Geschichte der Mathematik I.", ferner Gromatici Artikel in „Ersch und Gruber's Encyclopädie". Wenn wir zum Schlusse die Bedeutung Heron's von Alexandrien für die Geschichte der Wissenschaft kurz zusammenfassen, so sehen wir, dass dieser Gelehrte unter den Alexandrinern einen hervorragenden Platz einnimmt. Bedeutend als Mathematiker, ist er als Physiker wohl dem ganzen Alterthum in Kenntnissen der Naturkräfte und deren richtiger Auffassung überlegen.

In Verbindung mit Heron erwähnen wir noch kurz einige Gelehrte, zwischen deren Schriften wir heronische Fragmente finden, oder deren Namen sonst mit dem Heron's in Verbindung gestanden hat. Solche sind:

Philon von Byzanz, ein Schüler des Ktesibios; derselbe schrieb ein Werk über Mechanik, dessen viertes Buch vollständig, das 7. und 8. hingegen in Bruchstücken in der Sammlung des Pappos enthalten ist.

Sextus Julius Frontinus, im J. 71 nach Chr. Prätor in Rom. Derselbe nahm an den brittischen und germanischen Feldzügen Theil, wo er sich auszeichnete. Kaiser Nerva übertrug ihm die Oberaufsicht über die Wasserleitungen, welches im alten Rom eine sehr angesehene Stellung war. Unter seinen Schriften interessirt uns hier bloss sein: „Liber de aquis (aquaeductibus) urbis Romae", herausgegeben von Keuchen, Amsterdam 1661 und Bücheler, Leipzig 1858. In dieser Schrift heisst es, dass die Menge des aus einem Gefässe ausfliessenden Wassers der Grösse der Oeffnung und der Höhe der Flüssigkeitssäule proportionirt sei.

Poseidonios.

Poseidonios wurde zu Apameia in Syrien geboren um 135 vor unserer Zeitrechnung. Wegen seines langjährigen Aufenthalts auf der Insel Rhodos wird er gewöhnlich der „Rhodier" genannt. In seinen jungen Jahren weilte er zu Athen, wo er unter Panaitios sich mit der stoischen Philosophie beschäftigte. Nach dem Tode seines Meisters bereiste er Italien und Spanien, hierauf liess er sich auf Rhodos nieder, wo er die Leitung der von Panaitios gegründeten stoischen Schule übernahm. Hier gehörte auch Cicero unter seine Schüler. Poseidonios beschäftigte sich viel und gern mit den öffentlichen Angelegenheiten, weshalb ihn seine Mitbürger zum Prytanen wählten und als ihren Abgesandten nach Rom schickten, wo er auch im Jahre 51 v. Chr. als

84jähriger Greis starb. Seine zahlreichen Arbeiten, welche sich theilweise mit Philosophie, theilweise mit Geographie, Astronomie und Mathematik beschäftigen, sind bloss in Bruchstücken enthalten; dieselben
wurden von J. Bake 1810 zu Leyden herausgegeben.

Poseidonios bestimmte in derselben Weise wie Eratosthenes
die Grösse der Erde. Daraus, dass der Stern Canopus auf Rhodos kaum
mehr den Horizont erreicht, während er in dem 5000, nach andern
3750 Stadien entfernten Alexandrien um ein Achtundvierzigstel der
Kreisperipherie über den Gesichtskreis sich hebt, berechnet sich der Umfang der Erde zu 240,000, resp. 180,000 Stadien.

Strabon stützt sich auf Poseidonios, indem er die Erscheinungen der Ebbe und Fluth des Meeres mit der Stellung von Sonne und
Mond in Verbindung bringt.

Nach einer Angabe des Simplicius im Commentare zur Physik
des Aristoteles, II. Buch, schrieb Geminos einen Auszug aus dem
meteorologischen Werke des Poseidonios*), woraus sich ergibt, dass
dieser Schriftsteller sich auch mit Studien solcher Art beschäftigt habe.

Ein Zeitgenosse des Poseidonios ist hier noch zu erwähnen:
Geminos, der im ersten Jahrhundert vor unserer Zeitrechnung, wahrscheinlich auf Rhodos das Licht der Welt erblickte. Der Name
klingt lateinisch, besonders wenn der Accent, wie dies auch bei
dem Namen Simplicius der Fall ist, auf die erste Silbe gelegt wird
(Γέμινος). Wir besitzen von diesem Gelehrten eine populäre Astronomie,
welche Edo Hildericus 1590 zu Altorf herausgab. Später erschien
dieselbe in Leyden 1603, noch später im „Uranologion" des Petavius
(Paris 1630). Im gegenwärtigen Jahrhunderte hat Halma die Schrift
von Geminos mit den Werken des Ptolemaios herausgegeben (Paris
1819). Es enthält diese Schrift eine genug gute Darstellung der hipparchischen Sonnentheorie und mannigfache historische Notizen.

Charakteristisch ist die Ansicht des Geminos über die Entfernung
der Fixsterne, deren scheinbar gleiche Entfernung er in der That als
„scheinbar" erklärte, nachdem er meint, dass diese Sterne nicht auf einer
und derselben Sphäre liegen können.

Ptolemaios.

Klaudios Ptolemaios (Πτολεμαῖος ὁ Κλαύδιος), als Astronom,
Mathematiker und Geograph berühmt, lebte im 2. Jahrhunderte unserer
Zeitrechnung und beobachtete im Serapeion zu Alexandria. Sein Geburtsort war wahrscheinlich Ptolemaïs Hermeiu in Ober-Aegypten. Ptolemaios nimmt unter den Gelehrten der alexandrischen Schule eine her-

---

*) „Ἐξήγησις μετεωρολογικῶν".

vorragende Stelle ein; seinem Werke über Astronomie war es bestimmt, durch anderthalb tausend Jahre hindurch als Kanon dieser Wissenschaft zu gelten. Trotz der hohen Bedeutung dieses Werkes wissen wir von den Lebensumständen seines Verfassers so gut wie gar nichts zu erzählen, selbst der Ort seiner Geburt lässt sich nicht mit Sicherheit angeben. Um so vollständiger kennen wir seine Schriften, es sind dies die folgenden:

1. Geographie (Γεωγραφικὴ ὑφήγησις). Acht Bücher, von den Arabern übersetzt. Neuere Ausgaben: Wilberg und Grashof 1838, Nobbe 1843. Uebersetzung von L. Georgi 1839. Hauptinhalt: Physikalische Geographie.

2. Megale Syntaxis (Μεγάλη σύνταξις τῆς ἀστρονομίας, d. i. magna constructio astronomiae, grosse Zusammenstellung der Astronomie) in 13 Büchern. Es ist dieses das astronomische Hauptwerk des Verfassers, welches im Mittelalter nur unter dem Namen der arabischen Uebersetzung, als „Almagest" bekannt war. Das Alterthum, welches die Bedeutung dieses Werkes vollständig würdigte, verbreitete dasselbe in zahlreichen Abschriften und commentirte es zu verschiedenen Malen. Namentlich ist der Commentar des Vaters der Philosophin Hypatia, des Mathematikers Theon von Alexandrien und der des Pappos zu nennen; ersterer ist fast vollständig auf uns gekommen, während der letztere bis auf wenige, allerdings werthvolle Bruchstücke verloren gegangen. Im 9. Jahrhundert erwarb der begeisterte Verehrer der Astronomie, der Chalife Al-Mamum von Bagdad, eine der Copien dieses Werkes und liess dasselbe durch seinen Arzt Honein ben Ishak und dessen Sohn Ishak ben Honein in das Arabische übersetzen. Bei dieser Gelegenheit erhielt das Werk den durch Verballhornung des griechischen Titels und Anfügung des arabischen Artikels gebildeten Namen: „Almagest", der auch heute noch bekannter ist als der Originaltitel. Die arabische Uebersetzung revidirte dann noch Thabit ben Korra und etwas später, im 10. Jahrhundert, Al-Farabi, der auch einen Commentar dazu schrieb. So wurde das Werk des Ptolemaios zur Grundlage der Astronomie für die Araber und durch diesen Canal später für das ganze Abendland. Zur Zeit der Kreuzzüge gelangte die arabische Uebersetzung nach Europa, wo sie entweder durch den Astrologen und Arzt Gherardo von Cremona im 12. Jahrhundert unter der Regierung des Kaisers Friedrich I. von Hohenstaufen oder aber erst im 13. Jahrhundert auf Veranlassung Kaiser Friedrichs II. in das Lateinische übertragen wurde, in welcher Sprache zwar schon die Uebersetzung des Boëthius existirte, nur dass diese verschollen war. Erst im 15. Jahrhundert gelangte die erste Originalabschrift des Werkes in griechischer Sprache durch den nachmaligen Cardinal Johannes Bessarion nach Italien, wo es durch den Professor der Philosophie und apostolischen Sekretär Georg von Trapezunt, einem in Rom lebenden Griechen, in das Lateinische über-

tragen wurde. Den deutschen Astronomen Purbach und Regiomontan war es vorbehalten, die ihnen von dem Cardinal übergebene mangelhafte Uebersetzung in fachlicher Hinsicht zu überarbeiten, was sie in ihrem „Epitome in Almagestum Ptolemaei" ausführten. — Kurze Zeit nach Erfindung der Buchdruckerkunst wurde der Almagest herausgegeben. Die erste Ausgabe besorgte Peter Liechtenstein aus Köln, der die lateinische Uebersetzung des Gherardo in Venedig 1515 herausgab. Einige Jahre später, 1528, erschien die aus dem Griechischen von Georg von Trapezunt veranstaltete Uebersetzung bei Lucas Gauricus in Venedig. Die von Regiomontanus verbesserte Uebersetzung kam nach des Astronomen Tode in die Rathsbibliothek von Nürnberg und wurde von Simon Grynäus von Vehringen bei seiner Originalausgabe der „Syntaxis" des Ptolemaios im Jahre 1538 in Basel benützt, der auch den Commentar von Theon seiner Ausgabe beifügte. Spätere Ausgaben sind die lateinische von Erasmus Flock aus Nürnberg, unter dem Titel: „In Ptolemaei magnam compositionem, quam Almagestam vocant, libri 13 conscripti a Jo. Regiomontano, in quibus universa doctrina de coelestibus motibus, magnitudinibus, eclipsibus etc. in epitomen reducta proponitur," ferner die von J. Bapt. Porta „Ptolemaei magnae constructionis liber primus cum Theonis Alexandrini commentariis". Ausser der Originalausgabe des Grynäus existirt noch eine aus dem gegenwärtigen Jahrhunderte, die von Nicolas Halma, Professor der Mathematik und Geographie in Paris, welche, von einer französischen Uebersetzung begleitet, 1813—16 in zwei Quartbänden zu Paris erschien. Später 1822—25 gab derselbe Gelehrte den Commentar des Theon im Original in drei Bänden heraus.

Ausser diesen zwei Hauptwerken des Ptolemaios kennen wir noch die folgenden, unter denen jedoch wahrscheinlich einige unterschobene sich befinden.

3. Quadripartitum (Τετράβιβλος σύνταξις μαθηματική), eine astrologische Abhandlung, wahrscheinlich unächt. Ausgaben von Camerarius 1535 und Melanchthon 1553.

4. Centiloquium (καρπός), 100 astrologische Thesen.

5. Verzeichniss der Auf- und Niedergänge der Gestirne und Witterungsbeobachtungen (Φράσεις ἀπλανῶν ἀστέρων καὶ συναγωγὴ ἐπισημασιῶν). Die Authenticität dieser Abhandlung wird in Zweifel gezogen.

6. Ὑποθέσεις καὶ πλανωμένων ἀρχαί.

7. Περὶ ἀναλήμματος; über Sonnenuhren.

8. Planisphaerium (Ἅπλωσις ἐπιφανείας σφαίρας). Diese Arbeit ist nur lateinisch, nach einem arabischen Texte übersetzt, bekannt.

9. Ueber Musik (Ἁρμονικά) in drei Büchern. Ausgabe: Wallis, Oxford 1682.

10. De judicandi facultate et de animi principatu (Περὶ κριτηρίου καὶ ἡγεμονικοῦ).

11. Chronologisch geordnetes Verzeichniss der Könige verschiedener Völker von Nabonassar bis Antoninus Pius (Κανὼν βασιλειῶν).
12. Optik in fünf Büchern. Aus dem Arabischen in das Lateinische übersetzt von Eugen Ammiracus. Diese Uebersetzung ist handschriftlich in Paris und in Oxford vorhanden.

Die Hauptbedeutung der wissenschaftlichen Thätigkeit des Ptolemaios fällt auf das Gebiet der Geographie, der Astronomie und der Optik.

In der Geographie ist Ptolemaios als Begründer einer neuen Epoche zu betrachten, da er zuerst die einzelnen Gebilde der Erdoberfläche, als da sind: Continente, Meere, Gebirgszüge, Flüsse u. s. w., ferner die auf den Menschen bezüglichen geographischen Objekte: Landesgrenzen, Städte u. s. f. nach ihrer Lage, Dimensionen und sonstigen Bestimmungsstücken viel vollständiger angab als seine Vorgänger. Er gab auch die geographische Länge und Breite der einzelnen Städte an*) und wendete zuerst eine vollständig richtige geometrische Projektion zur Darstellung der auf dem Erdsphäroid liegenden Objekte in der Ebene an. Hiebei bediente er sich jener Projektion, bei welcher der Augepunkt im Pole und die Aequatorialebene die Projektionsebene bildet, also jene Landkartenprojektion, welche Aiguillon 1613 unter dem Namen stereographische Projektion anführt. Das Werk des Ptolemaios entstand um 120 n. Chr. und erhielt sich bis zum 16. Jahrhundert als allgemein verbreitetes Lehrbuch der Geographie. Mit der Schrift des Strabon kann das Werk des Ptolemaios als Hauptquelle der alten Geographie gelten**).

Auf dem Gebiete der Astronomie setzte Ptolemaios das Werk des grossen Hipparchos fort und schloss es in einer für das Alterthum und Mittelalter endgültigen Form ab. So wie dieser Meister der Himmelskunde hielt auch Ptolemaios an der geocentrischen Theorie unverbrüchlich fest. Die Aufgabe, welche sich dem Astronomen der alexandrinischen Epoche darbot, war die folgende: Es sollte ein solches System gleichförmiger Kreisbewegungen gesucht werden, welches die an der scheinbaren Bewegung der Sonne, des Mondes und der Planeten vorkommenden Ungleichheiten darzustellen im Stande wäre. Zur Lösung dieses Problems boten sich zwei verschiedene Wege. Entweder der der excentrischen Kreise des Hipparchos oder aber die Methode der Epicyklen.

Ptolemaios sah ein, dass die Methode der excentrischen Kreise nicht genüge, um die Ungleichheiten, wie sie an der Bewegung des Mondes sich bemerklich machten, zu erklären, um so weniger konnte sie zur Darstellung der Planetenbewegung ausreichen. Aus diesem Grunde acceptirte er die zweite der oben angeführten Methoden, welche schon vordem Apollonios von Perga als zweckmässig empfohlen hatte,

---

*) Die Geographie des Ptol. enthält über 7000 Namen, von denen beinahe 5000 nach Länge und Breite bestimmt sind.
**) Traité de géographie de Claude Ptolémée d'Alexandrie (édit. Halma). Paris 1828.

nämlich die Methode der Epicyklen. Wenn sich ein Punkt auf der Peripherie eines Kreises gleichförmig bewegt, und während dieser Zeit der Mittelpunkt dieses Kreises sich auf der Peripherie eines zweiten Kreises in ebenfalls gleichförmiger Bewegung befindet, so beschreibt der einer zweifachen Bewegung unterworfene bewegliche Punkt eine epikycloidische Bahn im Raume. Der erstgenannte Hülfskreis, welcher an seiner Peripherie den beweglichen Punkt trägt, heisst Epicykel, der zweite, die Bahn des Epicykelkreises darstellende Kreis hingegen heisst der deferirende Kreis. Die mechanische Bewegungslehre zeigt, dass durch Superposition mehrerer derartiger Kreisbewegungen jede nach irgendwelchem Geschwindigkeitsgesetze auf beliebiger Bahn stattfindende Bewegung dargestellt werden könne. In der Lage, von diesem kinematischen Hülfsmittel Gebrauch zu machen, befand sich in der That Ptolemaios und sämmtliche Astronomen des Mittelalters bis auf die Zeit des Coppernicus; so oft durch den stetigen Fortschritt der astronomischen Beobachtungskunst eine neue Ungleichheit in der scheinbaren Bewegung der Himmelskörper entdeckt wurde, musste ein neuer Epicykel eingeschaltet werden, um die Erfahrung mit der Theorie in Einklang zu bringen. Wohl kannte auch Hipparchos dieses Hülfsmittel, jedoch vermied er es möglichst, da er noch auf dem Standpunkte sich befand, auf welchem es als Aufgabe der Astronomie betrachtet wurde, den Mechanismus der Bewegung der Himmelskörper zu ergründen. Ptolemaios war von einer derartigen Definition der Aufgabe der Astronomie weit entfernt. Er sah bloss das vorhin bezeichnete Problem vor sich, unter der Annahme, dass die Himmelskörper sich in gleichförmiger Kreisbewegung befänden — welche Annahme in der nacharistotelischen Zeit für selbstverständlich galt — ein rein ideales System von derartigen Kreisbewegungen zu finden, welches die Erscheinung erklärt, ohne Rücksicht darauf, durch welchen Mechanismus die Bewegungen der Himmelskörper in Wirklichkeit stattfinden. Von diesem Gesichtspunkte aus betrachtet, haben die Epicykel des Ptolemaios auch heute ebenso ihre Geltung, als zur Zeit ihrer ersten Anwendung. Bei Ptolemaios spielen die Epicykel beiläufig dieselbe Rolle, welche in der heutigen theoretischen Physik etwa den magnetischen und elektrischen Fluiden zukömmt. Es gibt heute keinen Physiker, der der Entwicklung dieser Wissenschaft in den letzten Jahrzehnten gefolgt ist und dabei glaubt, dass die erwähnten imponderabeln Flüssigkeiten in Wirklichkeit existirten. Der gegenwärtige Stand unserer physikalischen Erkenntniss drängt uns vielmehr zur Annahme, dass wir es hier, sowie in jedem andern Erscheinungskreise, mit einer Bewegungserscheinung an den kleinsten Theilchen der Materie zu thun haben. Und doch sind wir nicht im Stande, der Fiction solcher Fluiden zu entrathen, und werden diese hinfällige Hypothese erst dann zu beseitigen im Stande sein, wenn es uns gelingen wird, die Natur der oben genannten Molecularbewegung zu erkennen.

Ptolemaios wandte die Theorie der Epicykel zuerst in der Theorie des Mondes an. Der Mond beschreibt seinen Epicykel während eines anomalistischen Monats, der Mittelpunkt des Epicykels hingegen beschreibt den deferirenden Kreis während eines drakonitischen Monats*). Im Mittelpunkte des letzteren befindet sich die Erde. Der deferirende Kreis ist gegen die Ekliptik um die Neigung der Mondbahn schief gestellt, die Durchschnittslinie der beiden Ebenen (die Knotenlinie) befindet sich in retrograder Bewegung.

Die dergestalt festgestellte Mondtheorie entsprach vollständig den zwei ersten Ungleichheiten des Mondes: der Gleichung und der Evection; es blieb demzufolge, da die dritte Ungleichheit, die „Variation", nicht berücksichtigt war, noch immer eine kleine Abweichung zwischen Theorie und Erfahrung, welche sich hauptsächlich in den Octanten zeigte. Ptolemaios nahm eine Schwankung (Oscillation) der Apsidenlinie, die sog. „Prosneusis", an, durch welche auch diese Ungleichheit, wenigstens grösstentheils, weggeschafft wurde.

Um vieles grösser als bei der Mondtheorie waren jene Schwierigkeiten, die sich der Aufstellung einer Planetentheorie entgegensetzten, wie dies schon aus dem einen Umstande begreiflich ist, dass es sich bei der Mondtheorie bloss um Erklärung kleiner periodischer Ungleichheiten handelte, während bei den Planeten die Grundhypothese des ptolemäischen Systems der Wahrheit nicht entsprach. Dieser innere Widerspruch zwischen Theorie und Wirklichkeit konnte bloss durch Aufbietung eines sehr künstlichen kinematischen Apparates umgangen werden. Aus diesem Grunde gelang es auch Hipparchos, der die Anordnung der Epicykel verschmähte, in keiner Weise, eine die Erscheinungen der scheinbaren Planetenbewegung darstellende Theorie aufzustellen und er begnügte sich damit, dass er durch zahlreiche Beobachtungen die Ungleichheiten besser zu bestimmen versuchte.

Ptolemaios war in der Wahl seiner Mittel zur Erklärung der Planetenbewegung bei weitem weniger skrupulos als sein grosser Vorgänger. Sowohl Epicykel als excentrischer Kreis mussten vorhalten, um das gewünschte Ziel zu erreichen, ja es wurde sogar das Grundprinzip der gleichförmigen Bewegung verletzt, allerdings, wie es scheint, ohne dass sich Ptolemaios dessen klar geworden wäre, und zwar dadurch, dass er ausser dem Epicykel und Deferenzkreise noch den sog. „Equans"-

---

*) Die Begriffe „anomalistischer" und „drakonitischer" Monat kommen durch die Ungleichheiten der Mondesbewegung zu Stande. Unter anomalistischem Monat versteht man jene Zeit, während welcher der Mond zur Apsidenlinie (dem einen Ende der grossen Axe der elliptischen Mondesbahn) zurückkehrt, drakonitischer Monat hingegen ist jene Zeit, während welcher derselbe zur Knotenlinie der Mond- und Erdbahn, d. i. der sog. Drachenlinie zurückkehrt.

kreis einschaltete, wodurch eine Uebertragung auf den deferirenden Kreis nothwendig wurde.

Das bedeutendste Schriftwerk des Ptolemaios ist — wie oben erwähnt — dessen „Megale Syntaxis", oder, wie es seiner arabischen Benennung „Tabrir al magesthi" zufolge abgekürzt benannt wurde: der „Almagest". Dieser Codex der griechischen Astronomie besteht aus 13 Büchern und stammt höchst wahrscheinlich aus den Jahren 150—160 unserer Zeitrechnung. Die letzte darinnen vorkommende Beobachtung ist die der Venus aus dem Jahre 151 n. Chr.

Der Almagest ist glücklicherweise vollständig auf uns gekommen, was wir wohl der grossen Anzahl von Abschriften dieses allgemein geachteten Werkes zu danken haben. Es ist dies um so erfreulicher, als der Greuel der Verwüstung während der langen Jahrhunderte der Völkerwanderung hauptsächlich die in weniger Exemplaren vorhandenen Schriften der Naturforscher getroffen hat, deren Werke wir gewöhnlich bloss in mageren, oft sehr verzerrten und verdorbenen Auszügen kennen. — Der Inhalt der 13 Bücher des Almagest ist kurz der folgende:

Das erste Buch enthält die Vorbegriffe. Es wird gezeigt, dass die Sterne in sphärischen Bahnen wandeln, dass die kugelförmige Erde das Centrum des Alls, dass die Sonne, der Mond und die Planeten ausser der allgemeinen mundanen Bewegung noch eine von West nach Ost gehende Bewegung zeigen. Wir finden ferner in demselben Buche die Darstellung der nöthigen Kreise am Himmelsgewölbe, die Coordinaten zur Bestimmung der Lage eines Punktes. Im 9. Capitel des 1. Buches findet sich eine Schnentafel, die unseren trigonometrischen Tafeln entspricht. Der Kreis wird in 360 Tmēmata getheilt und jeder dieser Theile noch halbirt, der Halbmesser des Kreises wird in 60 Tmēmata und diese wieder in 60 „partes minutae primae" und diese in 60 „partes minutae secundae"*) getheilt. Das Verdienst des Ptolemaios besteht hier hauptsächlich in der thatsächlich ausgeführten Berechnung der Tafel, was ihm mit Hülfe seiner eminenten mathematischen Begabung, die ihn einige wichtige geometrische Sätze zu diesem Zwecke finden liess, viel leichter wurde, als irgend jemandem vor ihm. Die Tafel enthält die Sehnen aller Bogen von 0—180 Grad, von halben zu halben Graden bis auf Sekunden der Tmēmata (beiläufig 4 Dezimalen) genau berechnet. Das 11. Capitel desselben Buches enthält die Grundgesetze der Trigonometrie und zwar hauptsächlich der der Sphäre. Der Hauptsatz der ebenen Trigonometrie ist nicht für sich ausgesprochen, sondern vielmehr vorausgesetzt. In der Sprache des Ptolemaios lautet dieser Satz folgendermassen: In jedem Dreieck verhalten sich die Seiten wie die Sehnen der doppelten Bögen, welche die den Seiten gegenüberliegenden Winkel messen. — Die Hauptgleichungen der sphärischen Trigonometrie sind

---

*) Hierher stammen unsere Benennungen: „Minuten" und „Sekunden".

theilweise ohne Beweis angegeben. — Wir erwähnen hier noch, um mit dem rein mathematischen Inhalte des Almagests abzuschliessen, dass sich im 7. Capitel des 6. Buches ein Werth für die Ludolfische Zahl findet, nach welcher diese $3 + \frac{8}{60} + \frac{30}{3600}$ d. i. 3,141666 . . . betrüge.

Das zweite Buch lehrt die Eintheilung der Erde in Zonen und bestimmt die Zeit des Auf- und Untergangs der Gestirne, somit auch die Tageslänge an den verschiedenen Stellen der Erde.

Das dritte Buch bestimmt die Länge des Jahres und beschäftigt sich mit der Theorie der Sonne.

Das vierte Buch enthält die Theorie des Mondes, den Glanzpunkt der ptolemäischen Astronomie.

Das fünfte Buch beschreibt Construktion und Gebrauch des parallactischen Lineals und des Astrolabiums, eines astronomischen Winkelmessinstrumentes. Das erstere besteht aus einem lothrecht, drehbar aufgestellten Stabe, um dessen oberen Endpunkt sich ein ebenso langer, mit Dioptern versehener Stab dreht, während am unteren Ende ein zweiter drehbarer getheilter Stab befestigt ist. Aus dem beim Anvisiren eines Punktes durch das Instrument gebildeten Dreieck lässt sich der gewünschte Winkel finden. Das Instrument kommt auch unter dem Namen „Triquetrum" oder „Regula Ptolemaica" vor. Ausser diesen Instrumenten gab es Winkelmessinstrumente mit getheilten Kreisen.

Das sechste Buch behandelt die Theorie der Finsternisse.

Das siebente und achte Buch enthält die Beschreibung und Lagebestimmung von 1022 Fixsternen, welche die den Griechen bekannten 48 Sternbilder constituiren, ferner ist die Milchstrasse (γαλακτικὸς κύκλος) ebenfalls angegeben. Endlich wird an dieser Stelle noch die Präcession der Nachtgleichen abgehandelt.

Das neunte bis dreizehnte Buch enthält die Planetentheorie. Die Sphären des Merkur und der Venus fallen nach ihm zwischen die des Mondes und der Sonne, er meint jedoch, es gebe „kein Mittel, zu beweisen, welches die wahre Stellung der Planeten sei, da keiner derselben eine merkliche Parallaxe, die das einzige Mittel zur Bestimmung der Distanz geben würde, zeige."

Gerechtes Erstaunen und aufrichtige Bewunderung mögen wir diesem gewaltigen Werke entgegenbringen, wenn wir die Lösung der für die Zeit des Ptolemaios so ungemein schwierigen Aufgabe überblicken. Uebrigens gleicht das Schicksal der „Magna Constructio" in vielem dem der aristotelischen Werke. „Habent sua fata libelli", erst als die heilige Schrift der Astronomie, gleichsam als Resultat einer höheren Offenbarung betrachtet, dann später als erbärmliche Compilation gebrandmarkt, erlebt jenes Werk in unseren Tagen die Zeit der vorurtheilslosen, weil besser informirten Kritik, welche sich vor beiden Extremen zu hüten sucht.

Ptolemaios war nicht bloss Theoretiker, zahlreiche Folgerungen, auf welche er seine Theorie stützt, fussen auf jenen Beobachtungen.

Es erübrigt nun noch, die Verdienste des Ptolemaios um die Optik zu besprechen: Der älteste Schriftsteller, welcher der Optik des Ptolemaios Erwähnung thut, ist — wie es scheint — Damianos. — Roger Baco im 13ten, Regiomontanus im 15ten und Risner im 16ten Jahrhundert sprechen von dieser Schrift, als von einem bekannten Werke. Seit Anfang des 17. Jahrhunderts verschwindet plötzlich jede Spur desselben und musste es somit als verloren angesehen werden. Da fand plötzlich Laplace in einem lateinischen Manuskript auf der Pariser Bibliothek das verloren geglaubte Werk. Delambre fand noch eine zweite hiehergehörige Schrift, und so sind wir wieder über das interessante Werk berichtet, das die Anfänge von Grundzügen einer Dioptrik enthält.

Das von Delambre untersuchte Exemplar besteht aus 211 Quartseiten, auf dem ersten Blatt steht: „Incipit liber Phtholomaei de opticis, sive de aspectibus, translatus ab Ammiraco Eugenio Siculo". Nachdem sich der Uebersetzer an andern Stellen des Buches „Ammiratus Eugenius Siculus" nennt, ist es ziemlich klar, dass man es hier nicht mit dem Originalmanuskripte des Uebersetzers zu thun habe, der ja wohl in seinem Namen keinen Fehler gemacht hätte, sondern mit einer fehlerbehafteten Abschrift der Uebersetzung. Der Name des arabischen Uebersetzers ist nirgends genannt.

Die Optik des Ptolemaios besteht aus 5 Büchern. Das erste ist nicht mehr vorhanden, sein Inhalt jedoch im zweiten angedeutet. Es handelte dieses Buch nämlich von dem Verhältnisse zwischen Auge und Licht. Das zweite Buch enthält die Bedingungen der Sichtbarkeit der Dinge, ferner die Bedingungen dafür, wann ein Gegenstand mit beiden Augen nur einmal, wann hingegen doppelt gesehen werde. In demselben Buche wird gezeigt, dass die scheinbare Grösse der Körper von dem Gesichtswinkel abhänge, unter dem dieselben erscheinen. Nach einer Reihe theils wahrer, theils falscher Behauptungen wird angeführt, dass der Mond eine ihm eigenthümliche Farbe habe, die sich bloss bei Mondesfinsternissen zeige (das kupferfarbige Licht des Mondes). — Das dritte Buch behandelt die ebenen und die convexen Spiegel. In demselben Abschnitte wird die Frage erörtert, warum die Gestirne (besonders Sonne und Mond) in der Nähe des Horizontes grösser erscheinen, als in der Nähe des Zenithes. Die gegebene Erklärung ist jedoch nicht richtig. — Das vierte Buch enthält die Theorie der Hohlspiegel, ferner die der *aus ebenen, convexen und concaven zusammengesetzten, sowie der konischen und pyramidalen Spiegel.* — Am bemerkenswerthesten ist das fünfte Buch, da es das einzige Document aus dem Alterthum ist, in dem von Dioptrik gesprochen wird. Die heronische Abhandlung, welche lange Zeit unter dem Titel „Dioptrika" figurirte, handelt, wie

schon oben erwähnt, von dem Diopter, einem Messinstrumente. Die
Dioptrik des Ptolemaios behandelt hingegen in der That die Erscheinung
der Strahlenbrechung und stellt zwei Gesetze auf: „Wenn der Strahl
in ein optisch dichteres Mittel eindringt, erfolgt die Brechung zum Einfallslothe, wenn er hingegen aus dem dichteren in das minder dichte
eindringt, vom Einfallslothe.“ Hierauf erfolgt die Beschreibung einer
Vorrichtung zur experimentellen Bestimmung der Brechungsverhältnisse
für Luft und Wasser: diese Vorrichtung bestand aus einem in 360 Grade
getheilten Kreise, an dessen oberer und unterer Hälfte sich je ein an
seinen Endpunkten mit einem Stiftchen versehener Arm frei verschieben
liess. Auch der Mittelpunkt des Kreises war durch einen Stift bezeichnet.
Ptolemaios stellt nun den Kreis in senkrechter Richtung in das Wasser,
so dass sich dessen Mittelpunkt eben im Spiegel desselben befand, stellte
hierauf die untere Speiche auf einen beliebigen Grad ein und verschob
die obere so lange, bis die drei Stifte in einer Richtung zu liegen schienen.
Es wurde nun der dem Einfalls- und dem Brechungswinkel entsprechende
Winkel der beiden Speichen mit dem vertikalen Durchmesser des Kreises
abgelesen und somit die Ablenkung des Strahles bestimmt. Die so ge-
wonnene Tafel erstreckt sich bezüglich des Einfallswinkels auf das Intervall von 10 bis 80 Graden in Distanzen von 10 zu 10 Graden. Die
correspondirenden Werthe sind die folgenden:

$\Big\{$ Einfallswinkel 10°, 20°. 30°, 40°, 50°, 60°, 70°, 80°.
Brechungswinkel 8°, 15½°, 22½°, 28°, 35,° 40½°, 45°, 50°.

Es entsprechen diese Werthe dem Brechungsgesetze in einer überraschend
genauen Weise, wenn wir die Einfachheit der angewendeten Hülfsmittel
in Betracht ziehen. Aehnliche Bestimmungen wurden für Luft und Glas,
sowie auch für Wasser und Glas ausgeführt.

 Zum Schluss geht Ptolemaios auf die astronomische Strahlenbrechung (Refraction) über, welche er auf die verschiedene Dichtigkeit der
Luft und des Aethers zurückführt. Bei der Darlegung der betreffenden
Verhältnisse wendet er eine graphische Darstellung des Strahlenweges
an. Er spricht es ferner als höchst wahrscheinlich aus, dass zwischen
dem Einfalls- und dem Brechungswinkel ein festes Verhältniss für jedes
Paar von Substanzen bestehe.

 Ptolemaios ist jedoch nicht der älteste Schriftsteller, der über die
astronomische Strahlenbrechung schreibt. Schon Kleomedes sagt, dass
man die unter den Horizont gesunkene Sonne durch Strahlenbrechung
eben so sehe, als man einen Ring am Boden eines Beckens über dem
Rand desselben erblickt, wenn man Wasser in das Becken giesst*).

 Indem wir hiemit Ptolemaios verlassen, müssen wir kurz auf
einige Gelehrte reflectiren, welche entweder als die Zeitgenossen desselben
oder aber als seine Commentatoren Erwähnung heischen.

---

*) Circularis inspectio meteororum. Basileae 1585, pag. 294.

Pappos. Wenn wir der Glaubwürdigkeit des Lexikographen Suidas*), dessen Gewissenhaftigkeit allerdings nicht über jeden Makel erhaben ist, vertrauen, so müssen wir die Lebenszeit des Pappos in die zweite Hälfte der Regierung des älteren Theodosios (379—395 n. Chr.) verlegen. Eine andere, anonyme Quelle, eine Handschrift zu Leyden, verlegt die Lebenszeit unseres Gelehrten unter die Regierung Diocletians (284—305 n. Chr.). Von seinen Lebensumständen wissen wir nichts Näheres zu melden. Er schrieb eine Chorographie (χωρογραφία οἰκουμενική), einen Commentar zur „Syntaxis" des Ptolemaios, eine „Traumdeutung" (ὀνειροκριτικά), und „Ueber die Flüsse Libyens". Erhalten sind von seinen „Mathematischen Sammlungen" (μαθηματικαὶ συναγωγαί) acht Bücher. Dieses Werk, dessen wir oben bei der Besprechung der heronischen Mechanik schon gedachten, ist in lateinischer Uebersetzung von Commandinus 1588 herausgegeben worden. Eine sehr gute Textausgabe mit lateinischer Uebersetzung ist die von Hultsch (Berlin 1875—78).

Wir übergehen hier den überwiegend mathematischen Inhalt der „Sammlungen" und erwähnen bloss einen Satz, der im 7. Buche vorkommt, da derselbe von mechanischer Seite bedeutend ist. Es ist dies die sog. Guldin'sche Regel, welcher zufolge der Körperinhalt eines Umdrehungskörpers dem Produkte aus der gedrehten Curve in den Weg des Schwerpunktes derselben proportional ist, welchen Satz der Jesuit Paul Guldinus in seinem 1635—41 in Wien unter dem Titel: „De centro gravitatis" erschienenen Werke als eigene Entdeckung ausgibt.

Theon von Alexandria. Dieser Schriftsteller lebte höchst wahrscheinlich zur Zeit Theodosios des Grossen und zwar in Alexandria, woselbst er 365 n. Chr. eine Sonnenfinsterniss beobachtete. Da in dem von ihm zum Almagest verfassten Commentar Bemerkungen zu den chronologischen Handtafeln des Ptolemaios, bis zum Jahre 372 reichend, vorkommen, da ferner seine Tochter Hypatia im Jahre 416 während eines Volksaufstandes getödtet wurde, so ist die Lebenszeit des Theon wohl ziemlich sicher bestimmt. Durch Vergleichung der verschiedenen Handschriften konnte er die „Elemente" des Eukleides von fremden Zugaben reinigen. Gleichwie Pappos schrieb auch Theon einen Commentar zum Almagest, welcher im Alterthum geschätzt war.

Hypatia. Die Tochter des Theon ist eine der interessantesten Erscheinungen der letzten Jahrhunderte des Niederganges der antiken Cultur. Hypatia wurde zu Alexandria um das Jahr 355 nach Chr.

---

*) Person und Lebenszeit desselben sind unbekannt. Das von ihm erhaltene Lexikon, in vieler Beziehung eine gedankenlose, confuse Compilation, ist dennoch ein wahrer Schatz für uns, da es uns über viele Dinge Aufschluss gibt, von deren Existenz wir sonst keine Kenntniss haben würden. Ausgaben: Küster 1705, Gaisford 1834, Bernhardy 1834—45.

geboren. Trotzdem um diese Zeit infolge der politischen und religiösen
Wirren das wissenschaftliche Leben in Alexandria sehr bedeutend gelitten hatte, so galt diese Stadt doch noch als der Mittelpunkt desselben
und es verkehrten an seinen Schulen Wissbegierige aus allen Theilen
des weiten römischen Reiches. Neben den grammatischen, rhetorischen
und mathematischen Schulen gab es dort eine platonische und eine peripatetische philosophische, ferner eine berühmte medizinische, endlich eine
christlich-philosophische Schule. Es herrschte demzufolge um diese Zeit
ein sehr reges wissenschaftliches Leben in Alexandrien, und somit waren die
nöthigen Vorbedingungen zu dem phänomenalen Auftreten einer Frau als
wissenschaftliche Grösse vorhanden. Und dass Hypatia, die schöne Philosophin von Alexandrien, in der That von ungewöhnlicher Begabung war,
das wird einstimmig von allen unsern Gewährsmännern behauptet. Unsere
Quellen über das Leben und die wissenschaftliche Bedeutung der Hypatia sind aber die folgenden: Synesios, der Bischof von Ptolemaïs,
die Kirchenhistoriker Sokrates, Sozomenos, Philostorgios, der
Historiker Hesychios, der Lexikograph Suidas, die Chronisten Joannes
Malalas, Theophanes Confessor u. a. Hypatia, welche von ihrer
frühen Jugend eine hervorragende Neigung für das Studium der Philosophie und der mathematischen Wissenschaften an den Tag legte, wurde
durch ihren Vater, der sich selbst mit diesen Wissenschaften befasste, in dieselben eingeführt. Da sie später selber das Lehramt
an der platonischen Schule Alexandria's antrat und von jeher die Ge-
pflogenheit herrschte, dass ein gewesener Schüler derselben die Leitung
der Schule übernehme, so scheint es keinem Zweifel zu unterliegen,
dass Hypatia selbst an dieser Schule ihre Studien gemacht habe. Da
es ferner an einer andern Stelle (bei Suidas) heisst, ihr Haus sei zu
Alexandrien ebenso der Sammelplatz der bedeutendsten Männer gewesen,
wie dies früher in Athen der Fall war, so sind wir wohl berechtigt,
anzunehmen, Hypatia habe zur Vollendung ihrer Studien auch andere
wissenschaftliche Kreise als die ihrer Vaterstadt aufgesucht. Ihrer
philosophischen Richtung nach gehörte Hypatia der neuplatonischen
Schule an. Von ihren mathematischen Kenntnissen zeugt ihre literarische
Thätigkeit auf diesem Gebiete. Es werden uns ein Commentar zum
Diophantos, ein Commentar zu den Kegelschnitten des Appollonios von
Perga als ihre Werke genannt. Auch hat sie nach Suidas einen
„astronomischen Kanon" (ἀστρονομικὸς κανών) verfasst.

Von allen diesen Schriften ist jedoch nichts auf uns gekommen.
— Am bedeutendsten ist der Ruf der Hypatia als Philosophin. Ihre
Zeitgenossen finden kaum Ausdrücke, um ihren Werth auf diesem Gebiete zu verherrlichen; die „Philosophin" ohne Beisetzung ihres Namens,
also die Philosophin κατ' ἐξοχήν wird sie von ihrem Schüler: dem Bischof
Synesios genannt, andere nennen sie die gottgeliebteste, die berühmte,
die bekannte Philosophin, der Dichter Palladas nennt sie den „unbe-

fleckten Stern gelehrter Bildung"*). Die Beschäftigung Hypatia's mit der beobachtenden Naturwissenschaft können wir bloss aus zwei Stellen bei Synesios schliessen; an der ersten derselben bekennt er, unter Anleitung seiner hochgeehrten Lehrerin Hypatia ein Astrolabium ausgeführt zu haben, an der andern bittet er um Sendung eines Hydroskops (Aräometer), da er — vielleicht wegen schlechten Wassers — in der Lage sei, ein solches benützen zu müssen.

Hypatia lehrte lange Zeit unter sehr grossem Beifalle und versammelte eine grosse Zahl von Hörern um sich, die sie durch ihre ausgebreiteten Kenntnisse auf den verschiedenen Gebieten menschlichen Wissens und durch ihre blendende Beredtsamkeit fesselte. Ihr Haus in Alexandrien galt als der Sammelplatz für alle jene, welche Sinn und Verstand für das griechische Geistesleben hatten, und war somit der Zusammenkunftsort derjenigen, welche inmitten des täglich an Raum gewinnenden Christenthums an der alten Bildung und Sitte festhielten. Auch der damalige Statthalter Orestes verkehrte im Hause der Philosophin und so konnte es nicht fehlen, dass dieses von Seiten der Christen, welche in demselben eine Burg des Heidenthums erblickten, mit scheelen Augen angesehen wurde. Der fanatische und herrschsüchtige Bischof von Alexandrien Cyrillus lebte seit einiger Zeit mit dem Statthalter auf gespanntem Fusse, was zu zahlreichen Strassentumulten führte, da der Bischof die Mönche der Nitrischen Gebirge aufbot, um durch sie die bewaffnete Macht des Staates in Schach zu halten. Die Bevölkerung der Stadt, müde dieser fortwährenden Unruhen, forderte die Versöhnung des Bischofs mit dem Statthalter, und da diese, der reservirten Haltung der beiden Machthaber zufolge, auf sich warten liess, da streuten einige Böswillige unter dem christlichen Theile der Bevölkerung die falsche Nachricht aus, Hypatia verhindere den Statthalter an der Aussöhnung mit dem Bischof. Es verschworen sich infolge dieser Verleumdung eine Anzahl von Männern, welche unter der Führung des Lectors Petrus die eben heimkehrende Hypatia anfielen, sie aus dem Wagen rissen, hierauf in die Cäsarische Kirche schleppten und dort mit Scherben tödteten. Hierauf zerrissen sie den Leib der Unglücklichen in Stücke und verbrannten dieselben an wüster Stelle. Dies geschah im 4. Jahre des Episcopates des Cyrillus, als Honorius zum zehnten und Theodosios zum sechsten Male Consulen waren (im März 416 nach Chr.). So erzählen mehrere Kirchenhistoriker übereinstimmend das Lebensende der ausser-

---

*) An die Philosophin Hypatia:

„Bewundernd blick' ich auf zu Dir und Deinem Wort,
„Wie zu der Jungfrau Sternbild, das am Himmel prangt.
„Denn all' Dein Thun und Denken strebet himmelwärts,
„Hypatia, Du Edle, süsser Rede Born,
„Gelehrter Bildung unbefleckter Stern."

Anthol. graec. Palat. IX, 400.

ordentlichen Frau. Hypatia war 61 Jahre alt, als sie ermordet wurde
und war aller Wahrscheinlichkeit zufolge nie verheirathet. Die Nachricht, dass sie die Frau des Philosophen Isidoros gewesen sei, beruht
auf einem offenbaren Missverständnisse, da dieser Philosoph einer spätern
Zeit angehört.

Die Geschichte der Hypatia macht den Eindruck einer lieblichen
Sage mit tragischem Schlusse. Die Ungewöhnlichkeit der Erscheinung eines
Mädchens von blendender Schönheit und noch blendenderem Geiste ist in
grossem Mafse geeignet, unsere Sympathie für dieselbe zu erwecken.
Hiezu kommt noch das tragische Ende der Philosophin und die historisch
verbürgte Wirklichkeit hat eine vollendete, poetisch brauchbare Gestalt
geschaffen. Es ist somit auch nicht zu verwundern, dass die Poesie sich
des willkommenen Stoffes bemächtigt hat, der sich hier vollständig an
die Geschichte anlehnen kann. Kingsley hat in dem Roman „Hypatia
oder Neue Feinde mit altem Gesicht" die Geschichte der schönen Philosophin von Alexandria in poetischer Gestaltung erzählt, wobei er der
Geschichte bloss in einem Punkte Gewalt anthun musste: Hypatia
fällt nach seiner Erzählung nicht als 61jährige Frau, sondern als junges
Mädchen der Wuth des fanatisirten Pöbels von Alexandria zum Opfer.

Rückblick.

Mit dem Tode Hypatia's oder vielmehr mit jenen Wirren, deren
Opfer die geistreiche Frau wurde, begann das letzte Stadium in dem
nun schon Jahrhunderte lang anhaltenden Zersetzungsprozesse. Der ent-
setzliche Tod einer der Ihren und die fortwährend drohende Wuth eines
fanatisirten Pöbels gaben den Gelehrten des Museums in nicht misszuver-
stehender Weise zu wissen, dass die Zeiten sich geändert und dass sie
ihre Rolle zu Alexandrien ausgespielt haben. Die Reste der Bibliothek
gingen in den zahlreichen, frevelhaft gelegten Bränden fast ganz zu
Grunde, die wenigen noch ausharrenden Gelehrten begannen sich endlich
auch zu zerstreuen. Das Serapeion wurde schon in den letzten Dezennien
(389 n. Chr.) in eine christliche Kirche umgewandelt, wobei es natürlich
ohne Raub, Brand und Mord nicht abgehen konnte. Doch selbst in
dieser letzten Periode, der Zeit der Agonie, fehlte es nicht gänzlich an
wissenschaftlichen Bestrebungen; wir finden Namen von Gelehrten genannt und Büchertitel, allerdings beschäftigen sich die letzteren hauptsächlich bloss mit Alchymie. Aufstände und Kriege setzten unermüdet
ihr Zerstörungswerk fort, bis endlich 642 n. Chr. das Verhängniss hereinbrach, als die arabischen Krieger des Amru die Stadt eroberten.

Es erfolgte nun später noch einmal ein kurz andauerndes schein-
bares Wiedererwachen der alexandrinischen Gelehrsamkeit unter der
Herrschaft der Araber. Doch so wie die verspäteten Triebe, welche die
warmen Strahlen der Spätherbstsonne herauslockt, dem ersten Froste zum
Opfer fallen, so ging es auch hier. Die arabische Wissenschaft konnte
dem menschlichen Denken keine neue Richtung geben, und der erste An-
prall, den die arabische Cultur von den aus dem Innern Asiens hervor-
brechenden Barbarenhorden auszuhalten hatte, brach die verspätete
Wunderblume vom Stengel. Die Araber kehrten zu dem erst unlängst
verlassenen Nomadenzustand zurück, bevor es ihnen gelang, dem for-
schenden Menschengeiste neue Bahnen zu weisen. Dessenungeachtet
haben die Araber eine grossartige Culturaufgabe gelöst. Dadurch, dass
sie die classische Wissenschaft vor der gänzlichen Vernichtung bewahrten
und zwar in jener Zeit, da der Occident nicht fähig war, jene Wissenschaft zu pflegen, bewerkstelligte die Uebersetzungsleidenschaft der Chalifen eine Conservation der Geistesschätze des Alterthums. Langsam
nur gelang es dem Westen, sich auf jenes Niveau emporzuarbeiten, auf
dem es das geistige Erbtheil anzutreten im Stande war.

Doch bevor wir auf die Darstellung dieses Zeitraumes eingehen,
versuchen wir es, an der Schwelle des Mittelalters uns umzuwenden und
einen letzten Blick auf die gesammte physische Weltanschauung des
Alterthums zu werfen, wobei wir die Gelegenheit benützen, um einiges,
was sich an der betreffenden Stelle ohne Unterbrechung des Zusammenhanges nicht sagen liess, nachzuholen. Zu diesem Zwecke werden wir
die Ansichten des Alterthums über den Bau des Weltgebäudes, über die
Erscheinungen des Luftkreises und die allgemeinen Gesetze der Bewegung und der Kräfte kurz zusammenstellen, ferner die Kenntnisse dieses
Zeitraumes bezüglich der Erscheinungskreise der Optik, Akustik und
Thermik, ferner der Elektricität und des Magnetismus übersichtlich zusammenfassen.

Das Weltsystem.

In jenen fernen Jahrhunderten, die weit vor Beginn unserer Aera
liegen, da entwickelte sich langsam das Bedürfniss, über den Kreis der
rein menschlichen Verhältnisse hinaus den Blick in das Reich der unbeseelten, nichtsdestoweniger energisches Leben entwickelnden Natur zu
erheben. Die Welt war einfach noch, der Mensch hatte noch nicht gelernt, sich von der Trüglichkeit der kritiklos hingenommenen Erscheinung
zu überzeugen. Die auf Grund der Sinneseindrücke gebildeten Vorstellungen wurden als vollständig sichere und unantastbare Wahrheit
hingenommen. Es konnte nun nicht fehlen, dass dieses Vorgehen nach
kurzer Zeit zu harten Widersprüchen führen musste. Die einfachste
Lösung des Knotens war die Anzweiflung aller Erkenntniss, wie wir sie

bei den eleatischen Philosophen finden. Es ist ein leicht verständlicher und somit leicht verzeihlicher Irrthum, wenn man den Mangel an Erfahrungsthatsachen durch Erzeugnisse der frei waltenden Vorstellungskraft ersetzen zu können wähnt. Es wird nun dieser Fehler besonders den Alten zur Last gelegt, dass sie mit ihrer reichen, durch eine glückliche anregende Umgebung bewegten Phantasie sich Idole gebildet, in welche sie die später erworbenen Erfahrungsthatsachen hineinzuzwängen versuchten; es ist jedoch dieser dem Alterthum zur Last gelegte Vorwurf gleich so vielen andern nicht ganz gerecht, da es den Denkern dieses Zeitraumes ein Vorgehen verübelt, welches — beim Licht besehen — das jedes menschlichen Denkens ist, das wir ebenso gut befolgen, als die Philosophen jener fernen Zeit. Unsere Art der Forschung ist im Wesentlichen dieselbe geblieben, dass unsere Resultate um so viel bedeutender sind, das haben wir zum grössten Theile dem hohen Sockel viele Jahrtausende alter, reicher Erfahrung und der besonders glücklichen spekulativen Geistesthätigkeit einer Reihe von Denkern von hervorragender Genialität zu danken, auf welchen unsere heutige Naturkenntniss steht. Und dass dieser Sockel so hoch gerathen, dazu haben wahrlich die Denker des Alterthums ihr redlich Theil beigetragen.

Die ersten Anfänge der Ansicht von der Kugelgestalt der Erde stammen aus dem 6. Jahrhundert vor Beginn unserer Zeitrechnung. Es war dies der erste Schritt zum Bruche mit der rohen empirischen Auffassung einer scheibenförmigen Erde. Dieser bedeutsame Schritt zur richtigen Erkenntniss der wirklichen Verhältnisse unseres Weltsystems ist wohl von den Pythagoräern ausgegangen. Allerdings liefert uns die Geschichte dieser wichtigen Entdeckung gleich ein Beispiel der schaffenden Thätigkeit der Phantasie, die keine Lücke in unserer Erkenntniss dulden will und *geschäftig ist, den Mangel der Erfahrung mit Geweben ihrer eigenen Werkstätte zu überkleiden. Einen Schritt macht die Erfahrung und zehn macht gleich darauf die schöpferische Phantasie.* Die Entfernungen der Wandelsterne werden nach Massgabe der von ganz fremden, den musikalischen Verhältnissen hergenommenen Distanzen angeordnet gedacht, und glaubt nun der Schöpfer dieser willkürlichen Hypothese, dass die gleich dem von der Sehne tönend fortgeschnellten Pfeile dahinstürzenden Himmelskörper in der „Harmonie der Sphären" zusammenklingen werden.

In der Folge — nach Verlauf von hundert Jahren — entwickelt Philolaos sein kosmisches System. Im Mittelpunkt des Alls, sowie an dessen Peripherie, befindet sich das edelste Element: das Feuer. Das Centralfeuer im Mittelpunkte der Welt ist das belebende Element, um dasselbe bewegen sich die einzelnen Welten von Westen nach Osten, am langsamsten die äussern: die Fixsterne, hierauf in immer schnellerem Umschwunge die durchsichtigen Sphären des Saturnus, Jupiter, Mars, der Venus und des Merkur. Innerhalb der Merkursphäre beginnt die wechselvolle Welt des Entstehens und Vergehens. Es folgen die Sphären der Sonne und des Mondes, und hierauf auf den entgegengesetzten beiden Seiten des Centralfeuers die Erde und die Gegenerde *).

Wir wollen an dieser Stelle nur die Hauptmomente in der Entwicklung der Ansichten vom Weltsystem darlegen und führen deshalb nur die Meinungen des Platon, Aristoteles und Aristarchos an. Wie wir sahen, ist es höchst wahrscheinlich, dass Platon, nachdem er von den volksthümlichen Ansichten über das Weltgebäude ausgegangen, in seinem Alter sich zu der heliocentrischen Ansicht aufgeschwungen habe, während sein grosser Schüler Aristoteles sich rückhaltslos zur geocentrischen Theorie hinneigte und durch das Gewicht seiner Autorität dazu verhalf, dass diese Theorie zur allgemein acceptirten wurde. Die heliocentrische Ansicht wurde am selbstbewusstesten im ganzen Alterthum von Aristarchos ausgesprochen. Er kann als der eigentliche Vorläufer des Coppernicus betrachtet werden, da er, wie wir dies auf Grund verlässlicher Zeugnisse annehmen müssen, schon die doppelte Bewegung: die Rotation und die Revolution der Erde lehrte.

Die Gelehrten hatten die geocentrische Hypothese acceptirt und somit dem Scheine volle Realität zuerkannt. Nun handelte es sich darum, den Mechanismus auszudenken, mittelst welches die Bewegung der Weltenuhr erklärt werden könne. Derlei Versuche sind mehrere zu verzeichnen, vor allem die auch von Aristoteles angenommene homocentrische Sphärentheorie des Eudoxos. Als dieselbe von Kalippos noch erweitert wurde, verlor sie den Charakter der Einfachheit und inneren Wahrheit.

Ein zweiter Versuch, die Bewegungen der Himmelskörper als System gleichförmiger Kreisbewegungen darzustellen, ist der des Hipparchos mit Hülfe excentrischer Kreise. Wir haben gesehen, dass diese Theorie nicht im Stande war durchzugreifen und alle Erscheinungen, die sich der Erklärung darboten, zu erklären, wie es vielmehr der Epicykeltheorie des Ptolemaios bedurfte, um die Erscheinungen darstellen zu können. Es war jedoch dieses System, trotz seiner theoretischen Vollkommenheit, in einem wesentlichen Punkte in entschiedenem Nachtheil gegen die homocentrische Sphärentheorie: während jene nämlich mechanisch darstellbar war, konnte die Epicyklentheorie bloss die Bedeutung einer mathematischen Theorie beanspruchen.

Wenn wir schliesslich die Frage aufwerfen, weshalb das heliocentrische System, nachdem es einigemale zum Vorschein gekommen, sich doch nicht allgemeine Geltung verschaffen konnte, so finden wir den Grund dieser Erscheinung vor allem in der Schwierigkeit, mit den offenbaren Sinneseindrücken zu brechen und in Widerspruch zu gelangen, ferner darinnen, dass die von Hipparchos und Ptolemaios ausge-

---

*) So fassen wir die Stelle in Plutarch's: De placit. philos. III, 11 auf.

arbeitete Theorie den Erscheinungen viel vollkommener entsprach; endlich kann es als Grund gelten, dass Aristoteles und seine Philosophenschule diese Ansicht durch ihr grosses Ansehen stützten.

Die Erscheinungen des Luftkreises.

Die astronomischen Kenntnisse der Alten überragen weitaus ihre Leistungen auf dem Gebiete der andern Theile der Naturwissenschaft. Die Erscheinungen des Luftkreises waren zwar im Allgemeinen bekannt, einige derselben wurden auch vollkommen richtig erklärt, viele jedoch wurden ganz und gar falsch aufgefasst. Sie kannten unter anderem das Nordlicht, das Elmsfeuer; der Meteorsteinfall von Aigospotamoi (im thrakischen Chersonnesos, jetzt Galata) war bekannt. Das Alterthum kannte ferner die wahren Ursachen der Entstehung des Windes, der Niederschläge u. s. f.

Die Erklärung des auffälligen Phänomens des Regenbogens ist zwar nicht ganz richtig in jener Darstellung, in der wir sie z. B. bei Aristoteles finden, der die Lichtreflection und die Refraction nicht von einander unterscheiden konnte und deshalb die beiden Vorgänge durcheinander wirft. Demungeachtet zeigt die Beschreibung, dass sie das Resultat eingehender, aufmerksamer Beobachtung sei. Bei Aristoteles findet sich auch die Beschreibung des Mondregenbogens, ferner jener unter griechischem und italienischem Himmel genug seltenen Phänomene, die wir unter dem Namen Nebensonne, oder Nebenmond etc. zusammenfassen. Eigenthümlich ist es, dass die Alten die Erscheinung des Zodiakallichtes nicht erwähnen, ein Phänomen, das, wenn es zu ihren Zeiten im Allgemeinen dergestalt sichtbar war, wie dies gegenwärtig der Fall ist, die Aufmerksamkeit nothwendigerweise auf sich ziehen musste. Gegenwärtig ist es unter dem Himmel des südlichen Europa's eine auffällige Erscheinung. Die feinsten meteorologischen Bemerkungen finden wir in der „Meteorologie" des Aristoteles.

Die allgemeinen Gesetze der Mechanik.

Die Ueberreste jener grossartigen Bauwerke, welche die Culturvölker des Alterthums in vorhistorischen Zeiten errichteten, ferner die bildlichen Darstellungen, welche die Wände ihrer Gebäude aus späteren Perioden schmücken, zeigen uns, wie jene Völker über eine bedeutende Anzahl mechanischer Hülfsmittel verfügten, welcher sie sich theils zur Ueberwindung der molecularen Kräfte des Zusammenhanges der Theilchen bei der Bearbeitung der zum Bau angewendeten Stoffe, grösstentheils jedoch im Kampfe mit der mächtigen Wirkung der Schwerkraft, die sich auf die von ihnen verwendeten gigantischen Steinmassen geltend machte, bedienten. Es würde jedoch eine durchaus falsche Annahme sein, wenn

wir die Verwendung solcher mechanischer Hülfsmittel mit der Kenntniss
der theoretischen Wirkungsweise derselben in Zusammenhang brächten
und aus der Anwendung von derlei Maschinen auf die Kenntniss der
Grundgesetze der Mechanik folgern würden. So wie wir heutzutage die
Theorie der Wirkungsweise des Chinins bei der Bekämpfung und Heilung
des Wechselfiebers nicht kennen und dasselbe doch mit ziemlicher Sicherheit zu diesem Zwecke verwenden, so mögen wir uns die Verwendung
der auf Grund rein empirischer Regeln entstandenen Mechanismen vorstellen.

Die ersten theoretisch-mechanischen Betrachtungen finden wir wieder
beim Altmeister der Naturwissenschaft Aristoteles. Bei ihm finden
sich die Keime von dynamischen Begriffen, während der eigentliche
Begründer der wissenschaftlichen Mechanik des Alterthums Archimedes
nirgends über die statischen Grundgesetze hinauskommt. Bei Aristoteles sind es allerdings nur die allereinfachsten Verhältnisse, innerhalb
welcher sich sein mechanisch-theoristisches Denken bewegt; dadurch, dass
er über die geradlinige und kreisbahnige, gleichförmige Bewegung nicht
hinausging, konnte er allerdings bloss den Grund zur kinematischen
Theorie einer Mechanik des Himmels legen, während sich alle irdischen
Bewegungserscheinungen durch ihre Complicirtheit einer derartigen Behandlung entziehen mussten. Es ist jedoch ein nicht zu unterschätzendes
Verdienst jenes grossen „Architekten der Wissenschaft", dass er der
Astronomie des Alterthums hiedurch eine feste Richtung gab, auf der
sich der durch das grosse Werk des Ptolemaios gekrönte Bau erheben
konnte, denn nur dadurch, dass die Astronomie des Alterthums und des
Mittelalters daran festhielt, die Bewegung der Himmelskörper auf ein
System gleichförmiger in Kreisbahnen stattfindender Bewegungen zurückzuführen, war eine Lösung des Problemes bei dem damaligen Stande
der mathematischen Hülfsmittel ausführbar. Erst als durch die Erfindung
der Infinitesimalrechnung ein Ausdruck für die nach Grösse und Richtung veränderliche Geschwindigkeit eines Körpers geschaffen wurde, war
es möglich, sich von diesen Krücken loszumachen und den aus dem
Gängelwagen der homocentrischen Sphären und der Epicykel gelösten,
frei im Himmelsraum dahinstürmenden Weltkörpern zu folgen.

Bei Aristoteles finden wir ferner die ersten Andeutungen über
den berühmten Satz von den virtuellen Geschwindigkeiten (in dessen
Physik). Wenn eine Masse gleich der Masseneinheit die Geschwindigkeit
zehn und eine Masse gleich zehn Masseneinheiten die Geschwindigkeit
eins besitzt, so werden beide Massen einer dritten Masse dieselbe Geschwindigkeit einprägen. Hängt man diese beiden Massen an die beiden
Enden eines ungleichförmigen Hebels auf, dessen Arme sich so verhalten,
wie die oben angeführten Geschwindigkeiten, so werden sich die beiden
Lasten das Gleichgewicht halten. Die Verbindung dieser zwei Sätze
kannte jedoch Aristoteles noch nicht. Bei Aristoteles finden wir

ferner die Zusammensetzung der Bewegungen und Kräfte, das Parallelogramm derselben.

Der eigentliche Begründer der Mechanik, allerdings bloss als Statik, ist jedenfalls Archimedes. Ihm verdanken wir den klar ausgesprochenen Satz für das Gleichgewicht der Kräfte am Hebel, ferner das Gesetz für das Gleichgewicht im Wasser schwimmender Körper.

Die Anwendung der einfachen Potenzen greift in eine so ferne Zeit zurück, dass wir von der Entdeckung derselben nichts Bestimmtes wissen können. Von dem pythagoräischen Philosophen Archytas aus Tarent wird erzählt, derselbe habe die Rolle und die Schraube erfunden; von Archimedes berichten unsere Gewährsmänner, derselbe habe an 40 verschiedene, mechanische sowohl als hydraulische Maschinen erfunden, unter denen die wichtigsten: der Flaschenzug, die Schraube ohne Ende und die Wasserschnecke. Höchst wahrscheinlich ist Archimedes auch der Erfinder des Araeometers. Auch ein sehr künstliches Planetarium soll er verfertigt haben.

Neben Archimedes sind noch die beiden alexandrinischen Gelehrten Ktesibios und! dessen Schüler Heron zu nennen. Dem ersteren wird die Erfindung der Druckpumpe zugeschrieben. Berühmt waren ferner seine Wasseruhren, bei denen er zuerst Zahnräder und gezähnte Stangen angewendet zu haben scheint. Auch soll er die Windbüchse erfunden haben.

Bedeutender als der Meister ist dessen Schüler. Heron von Alexandria hat sich mit Erfolg mit der Erfindung von verschiedenen Maschinen befasst. Dieselben haben theils einen praktischen Zweck, z. B. die von ihm ausgedachten Kriegsmaschinen, Heber, selbstthätig regulirte Lampe, theils sind sie dazu bestimmt, dem Vergnügen der Menschen zu dienen, wie z. B. seine Automaten, Springbrunnen u. s. f. Als Triebkraft dient die Elasticität gespannter Sehnen, oder aber die Expansionskraft erhitzter Luft und des Wasserdampfes.

Zu erwähnen ist noch der auf die Bewegung des Schwerpunktes bezügliche Satz des Pappos, der gewöhnlich unter dem Namen Guldin-sche Regel in den Lehrbüchern der Mechanik angeführt wird.

Aus den späteren Jahrhunderten des Alterthums stammt die Bemerkung, dass die Menge des aus einem Gefässe ausfliessenden Wassers nicht bloss von der Grösse der Oeffnung, sondern auch von der Höhe der Wassersäule abhänge.

Es findet sich diese Behauptung in der Schrift des Julius Frontinus: „De aquaeductibus" und kann als erste unvollkommene Formulirung des Torricelli'schen Satzes angesehen werden.

Bevor wir diese unsere kurze Uebersicht der antiken Mechanik abschliessen, haben wir noch einige höchst interessante einschlägige Bemerkungen zu registriren, die sich bei einem Schriftsteller finden, der aus uns unbekannten Schriften sich Auszüge gemacht hat und der auch

an andern Stellen diese Behauptungen nicht als die seinigen hinstellt.
Wir meinen die „Vermischten Schriften", die sog. „Moralia" des durch
seine „Biographischen Parallelen" (βίοι παράλληλοι) wohlbekannten Schriftstellers Plutarchos. Unter der gänzlich unmotivirten Benennung
„Moralia" ('Ηθικά) hat man eine Anzahl von beiläufig 70 vermischten
Abhandlungen zusammengefasst, unter denen sich einige interessante
naturwissenschaftliche Abhandlungen befinden. Nicht als ob der innere
Werth derselben ein nennenswerther wäre, theilweise sind es ziemlich
oberflächliche Compilationen, sondern bloss deshalb, weil sie Notizen enthalten, die aus gänzlich verloren gegangenen Quellen stammen. Die
zwei am häufigsten citirten dieser Abhandlungen sind die folgenden:
„Ueber die physikalischen Ansichten der Philosophen" (Περὶ τῶν ἀρεσκόντων
τοῖς φιλοσόφοις), ferner „Physikalische Fragen", eine kleine Abhandlung, in
welcher wir die Ansichten der Gelehrten des Alterthums über die verschiedensten Gegenstände dargestellt finden.

Die erste dieser Abhandlungen besteht aus fünf Büchern: das erste
handelt von der Kosmogonie, das zweite von der Astronomie, das dritte
von den Meteoren, das vierte von der Seele, das fünfte vom menschlichen und thierischen Körper. — Die zweite der genannten Abhandlungen besteht aus 39 Fragen sehr verschiedener Natur. „Warum ist
der Zephyr der schnellste der Winde?" „Warum wird das Meer durchsichtig und stille, wenn man Oel darauf giesst?" „Warum ist die Thräne
des Wildschweines süss, die der Hirsche salzig und ekelhaft?" „Warum
verändert der Polyp seine Farbe?" u. s. w. Wie man sieht, sind es
sehr verschiedene Fragen, auf welche hier zu antworten versucht wird.

Plutarchos wurde um die Mitte des ersten Jahrhunderts nach
Christi zu Chaironeia in Boiotien geboren. Seine Studien beendete er
wahrscheinlich zu Athen. Nach längeren Reisen kam er nach Rom, wo
man ihm die Erziehung des späteren Kaisers Hadrian anvertraute.
Trajan bekleidete ihn (nach Suidas) mit der consularischen Würde,
Hadrian ernannte ihn zum Procurator von Griechenland, in welchem
Amte er um 120 n. Chr., also in den ersten Jahren der Regierung des
Hadrian, starb. Seine „Biographischen Parallelen" sind vermöge ihrer
edel gehaltenen Sprache stets eine willkommene Lektüre für die Jugend
gewesen.

Wohl die interessantesten seiner kleinen Abhandlungen vom Standpunkte einer Geschichte der Physik sind zwei aus der Sammlung der
„Moralia". Der Titel der ersten ist: „Von dem Gesicht im Monde" (De
facie in orbe Lunae), die zweite führt den Titel: „Von den ersten Ursachen der Kälte". Besonders die erste der beiden genannten Schriften
enthält einige sehr interessante Ansichten und Behauptungen. In ihr
kommt — wie schon oben erwähnt — die Stelle vor, welche dem Aristarchos die Lehre von der doppelten Erdbewegung zuschreibt. Wir
finden jedoch noch ausserdem andere uns interessirende Stellen: „Warum

fällt der Mond nicht herab, wenn er in der That ein ähnlicher Körper
wie die Erde (d. h. schwer)?" Die Antwort ist die folgende: „Den Mond
„sichert vor dem Fallen seine eigene Bewegung und die reissende Ge-
„schwindigkeit seines Umlaufs, wie das, was auf einer Schleuder auf-
„gelegt wird, durch den raschen Umschwung gehindert wird, herabzu-
„fallen. Denn jeden Körper trägt seine natürliche Bewegung, so lange
„er nicht durch eine andere Kraft aus seiner Richtung gebracht wird.
„Deswegen zieht auch den Mond seine Schwere nicht abwärts, weil der
„Umschwung seine Neigung, zu fallen, aufhebt." (De facie in orbe
Lunae 6.) Diese Stelle spricht es genug klar aus: 1) dass die Centrifugalkraft (die Kraft der kreisenden Bewegung) als Gegenwirkung (Reaction)
die Kraft der Schwere im Gleichgewicht halte, also jenes allgemeine Bewegungsgesetz, das wir als drittes Newton'sches Bewegungsgesetz
kennen; 2) enthält sie das erste der Bewegungsgesetze, das „Gesetz der
Trägheit" der Masse. Die ganze Abhandlung beschäftigt sich mit den
astronomischen Ansichten des Alterthums. Die zweite Abhandlung „Ueber
die ersten Ursachen der Kälte" behandelt die Frage, ob die Kälte etwas
für sich selbständiges sei oder aber bloss die Negation der Wärme.

Es braucht wohl kaum besonders erwähnt zu werden, dass die
klare Präcisirung der zwei Grundgesetze der Mechanik für die Entwicklung dieser Wissenschaft in jener Zeit von gar keiner Bedeutung war. Eine
unverstanden bleibende Ansicht oder Bemerkung geht spurlos vorüber,
ohne irgend welchen Einfluss auf den Entwicklungsprozess zu haben.

Die Optik.

Die optischen Ansichten des Alterthums erheben sich kaum über
die Grenzen der Katoptrik, d. h. sie beschränken sich auf die Erschei-
nungen der geradlinigen Fortpflanzung und der Spiegelung des Lichtes.
Trotzdem sind die optischen Kenntnisse ausgebreiteter als die auf dem
Gebiete der Mechanik. Am unvollkommensten war die Theorie des
Sehens bei den Alten, sowie die Ansicht über das Wesen des Lichtes.
Allgemein verbreitet treffen wir die Meinung, das Sehen bestände darinnen,
dass der Lichtstrahl aus dem Auge hervorschiesse und die Gegenstände
gleichsam befühle. Derlei Ansichten finden wir bei Pythagoras,
Demokritos, Platon, Epikuros, Hipparchos, Eukleides,
Lucretius, Heron, Seneca und Kleomedes. Eine etwas modi-
fizirte Ansicht hat Empedokles, nach ihm gehen sowohl aus dem Auge,
als aus dem Gegenstande, Strahlen aus, die sich unterwegs treffen, sich
miteinander mischen und so das Sehen veranlassen. Am nächsten kommt
Aristoteles unsern heutigen Ansichten. Er meint, es müsse zwischen
Auge und Gegenstand ein das Sehen vermittelndes Medium existiren,
wie beim Schall. — Auf wissenschaftlicherem Grunde ruht die Katoptrik
der Alten, wie wir sie bei Eukleides und Ptolemaios finden.

Im Alterthum waren ausser den ebenen auch sphärische und zwar sowohl convexe, als concave Spiegel in Anwendung. Die Spiegel waren Metallspiegel, später auch unbelegte Glasspiegel; die mit Amalgam belegten Spiegel stammen aus viel späterer Zeit. Die Hohlspiegel wurden unter anderem auch als Brennspiegel benützt. So erzählt Plutarchos im „Numa", dass man zum Wiederanzünden des durch einen Zufall erloschenen ewigen Herdfeuers im Vestatempel sich eines gegen die Sonne gehaltenen Skaphions, d. h. der kugelförmigen Schale der Sonnenuhr bedient habe.

Die theoretische Kenntniss der Alten über die Spiegelung lässt sich in den folgenden drei Fundamentalsätzen zusammenfassen:

1. In einem und demselben Medium pflanzt sich das Licht geradlinig fort.

2. Einfalls- und Reflexionswinkel sind gleich, der einfallende und der zurückgeworfene Strahl liegen in einer auf der spiegelnden Fläche senkrechten Ebene.

3. Der Lichtstrahl schlägt bei der Reflexion stets den kürzesten Weg ein.

Der letzte der drei Sätze stammt von Heron und fasst die beiden ersten in sich.

Um vieles unbedeutender sind die Kenntnisse der Alten über die Brechung des Lichtes, über welche Ptolemaios in seiner Schrift „Ueber Optik" spricht. — Die Kenntniss der Brenngläser greift allerdings in ferne Zeiten zurück; Seneca (12—66 nach Chr.), Plinius der Aeltere (23—79 n. Chr.) kennen die vergrössernde und zündende Kraft, der mit Wasser gefüllten Glaskugel. Aehnliche Kenntniss finden wir bei Lactantius (gest. 325 n. Chr.) dem Erzieher des ältesten Sohnes Konstantin des Grossen.

Kleomedes (50 n. Chr.) verfasste ein Werk unter dem Titel: „Cyklische Theorie von den Meteoren", in dem sich die Lehre vom Sehen, von der Reflexion und Refraction abgehandelt findet. Dieser Schriftsteller führt an, dass in einem dichteren Mittel der Strahl zum, in einem lockeren vom Einfallslothe gebrochen wird. Kleomedes kennt auch den Versuch der Sichtbarmachung des am Boden eines Beckens liegenden Geldstückes, wenn man Wasser hineingiesst. Derselbe Autor setzt noch hinzu, so könne man die noch unter dem Horizonte befindliche Sonne schon sehen (astronomische Strahlenbrechung).

Am bedeutendsten unter diesen Schriftstellern ist Ptolemaios, dessen Optik die Theorie des Sehens, die Reflexion, die Theorie der ebenen und sphärischen Spiegel, ferner die Refraction enthält, wobei die oben angeführten Versuche über die Strahlenbrechung in Wasser und in Glas ausgeführt werden. Ptolemaios kannte jedoch das Brechungsgesetz nicht, er führt bloss die correspondirenden Werthe der Einfalls- und der Brechungswinkel an. Auch die Dispersion des Strahles wurde von Ptolemaios nicht berücksichtigt.

Damianos, der Sohn des Heliodoros von Larissa verfasste eine Schrift rein optischen Inhaltes unter dem Titel: Κεφάλαια τῶν ὀπτικῶν, als deren Verfasser sonst Heliodor von Larissa angesehen wurde, da die Ueberschriften der verschiedenen Handschriften von einander abweichen und einige den Heliodor als Verfasser zu nennen scheinen. Zuerst erschienen die „Kephalaia ton optikon" in Florenz 1573, mit lateinischer Uebersetzung von Lindenbrog in Hamburg 1610; die ganze Abhandlung enthält nur 14 halbe Quartseiten. Das Werk erschien unter dem Namen des Heliodor, hingegen erschien von Erasmus Bartholinus in Paris 1657 eine Ausgabe des Damianos. Bei näherer Vergleichung zeigte es sich, dass man es hier mit einem und demselben Werke zu thun habe. Ueber die Lebensumstände der beiden Gelehrten, Vater und Sohn, ist uns nichts bekannt, jedenfalls haben sie nach Ptolemaios geschrieben. Die Schrift wird in Optik, Katoptrik und Scenographie eingetheilt. Es wird die allgemeine Form unseres Sehorganes, die Fortpflanzung des Lichtes in gerader Linie und seine Ausbreitung in Form eines Kegels und anderes erörtert.

Bezüglich der atmosphärischen Lichterscheinungen finden wir zu erwähnen, die Kenntniss der astronomischen Refraction bei Ptolemaios; die Theorie des Regenbogens bei Aristoteles, Seneca u. a. Ersterer gibt eine ziemlich eingehende Theorie desselben, verwechselt jedoch Spiegelung und Brechung des Lichtes.

Auch die Erscheinungen der Luftspiegelung war den Alten bekannt, Nachrichten darüber finden wir bei Pomponius Mela, Plinius u. a.

Es ist nun nur noch kurz der Farbenlehre der Alten zu gedenken. Am bedeutendsten ist hier wieder die Ansicht des Aristoteles, welcher in der Schrift „Ueber die Sinne" von den Farben handelt. Die Grundfarben sind nach ihm Weiss und Schwarz, durch deren Mischung entstehen alle andern Farben. Diejenigen unter ihnen, die durch Mischung nach einfachen Verhältnissen entstanden sind, scheinen gleich den Consonanzen in der Musik die angenehmsten zu sein. *)

Die Optik des Alterthums enthält jedenfalls vieles, was vor der heutigen Lichttheorie nicht mehr bestehen kann, jedoch muss anderseits zugegeben werden, dass neben der Mechanik eben die Lehre vom Lichte es sei, welche der Physik des Alterthums einen wissenschaftlichen Charakter verleiht.

Die Akustik.

Die Akustik der Alten bewegte sich auf sehr engem Gebiete und hatte nur insofern den Charakter der Wissenschaftlichkeit, als sie sich mit den Zahlenverhältnissen der consonirenden Töne beschäftigte. Die

---

*) Ausführlich beschäftigt sich mit der Farbenlehre der Griechen Goethe in seiner „Zur Farbenlehre" II. Bd., pag. 1—59.

Theorie der griechischen Musik ist ein in sich gefesteter Bau und erblicken wir auf diesem Gebiete die ausgebreitete Anwendung des Calculs
zu einer Zeit, da sonst noch auf keinem andern Gebiete des menschlichen Wissens von einer ähnlichen Anwendung der Rechnung die Rede
sein konnte. *) Die Hinneigung der Pythagoräer, von welchen die
Theorie der Musik zuerst entwickelt wurde, zu zahlentheoretischen
Speculationen und die Bedeutung, welche ihre Schule den einfachen
Zahlenverhältnissen beilegte, führte dahin die Verhältnisse der Saiten-
längen consonirender Töne auch anderswo, z. B. in der Entfernung der
Planeten von dem Mittelpunkte ihrer Bahn zu suchen und somit den
ganzen Bau des Kosmos auf diese einfachen Verhältnisse zurückzuführen.
„Die Musik war die Ordnerin, welche das „Gleiche frei und leicht und
„freudig bindet" und es in geregeltem Gange massvoller Schönheit führt
„und erhält, so die Planeten in ihren Bahnen, so die körperliche Be-
„wegung und die Seelenbewegungen des Menschen." (Ambros, Geschichte
der Musik. 2. Aufl. Leipzig 1880, p. 348.)

      Die Griechen unterscheiden zwischen Geräusch (ψόφος) und Klang
(φθόγγος). Geräusch ist jede Erschütterung der Luft, Ton jeder Fall der
Stimme durch gleichartige Anspannung zum Gesange geeignet**). Der
Ton ist untheilbar und kann daher als einheitlicher Tonfall von einerlei
Spannung erklärt werden, er ist der kleinste Theil der zum Gesange
geeigneten Stimme. Er ist, was unter den Zahlen die Einheit, in der
Geometrie der Punkt, in der Zeile der Buchstabe. Die Sprechstimme
ist ungetheilt, die Singstimme getheilt, da sie von einem Intervall
(διάστημα) auf das andere übergeht, und eben deswegen rational, logisch
(λογική). Die Sprechstimme macht die Uebergänge in unmerklichen Intervallen und bewegt sich innerhalb einer Quinte, während der Gesang in
bestimmten Intervallen fortschreitet und seine Grenzen zu zwei Octaven
angenommen werden können. Es gibt unendlich viele Töne nach Höhe
und Tiefe, jedoch Stimme und Ohr sind in der Hervorbringung, resp.
Auffassung derselben beschränkt.

      Bloss der Vollständigkeit halber erwähnen wir die Sage, wie Py-

---

      *) „Die Unterscheidung des diatonischen, chromatischen und enhar-
„monischen Fortgangs der Töne, die Eintheilung in ganze, halbe und Viertels-
„Töne, welche seit Pythagoras, also seit dem sechsten Jahrhunderte vor
„Christi Geburt, bereits gegeben war, die Bekanntschaft mit den vorzüglichsten
„Consonanzen beweisen eine Vertrautheit mit der Handhabung des Monochords
„und mit der Anwendung der Rechnung in der Musik, welche gegen die
„Seltenheit exakter Bestimmungen in natürlichen Verhältnissen, wie sie sonst
„dem Alterthum eigen ist, auffallend contrastirt." Zamminer. Die Musik
und die musikalischen Instrumente. Giessen 1855, pag. 106.

      **) Bei Nikomachos (einem neupythagoräischen Philosophen im
2. Jahrhundert unserer Zeitrechnung) und Eukleides, Ptolemaios u. a.
S. Ambros, Gesch. d. Musik. 2. Aufl. 1880. pag. 349 ff.

thagoras, an einer Schmiede vorübergehend, die Hämmer der Arbeiter
in Intervallen von Quarte, Quinte und Octave ertönen hörte, hierauf
die Gewichte derselben untersucht und dieselben im Verhältniss zu dem
den Grundton hervorbringenden gleich $^3/_4$, $^2/_3$, resp. $^1/_2$ gefunden habe.
Wie er hierauf eine Saite senkrecht aufgehangen und im selben Verhältniss
beschwert und dabei dieselben Töne erhalten habe. Diese Erzählung
stammt wohl von jemandem, der über die hier obwaltenden Verhältnisse
nicht gut berichtet war, da die erzählten beiden Arten der Tonerzeugug
ganz heterogener Natur sind, und die Belastung der Saite ebenfalls
falsch angegeben ist, dieselbe hätte vielmehr $^{16}/_9$, $^9/_4$, resp. 4 sein müssen,
um die gewünschten Intervalle hervorzubringen.

Bei Aristoteles finden wir ebenfalls einige auf Akustik bezügliche Bemerkungen. Er wusste z. B., dass die Luft den Schall in das
Ohr leite, dass der Schall bei Nacht und im Winter besser gehört werde,
als bei Tage und im Sommer, und dass die Ursache hievon in der Abwesenheit der Sonnenhitze zu suchen sei, da die Sonne das Prinzip aller
Bewegung ist.

Die Wärmelehre.

Auf dem Gebiete der Thermik fehlt es im Alterthum ganz und gar
an prinzipiellen Begriffen und Unterscheidungen. Man kannte natürlicher-
weise die Grunderscheinungen der Ausdehnung durch die Wärme, die
Aggregationsveränderungen, die Erscheinungen des Glühens, Verbrennens
u. s. f. Dadurch jedoch, dass diese Erscheinungen aus der gegenseitigen
Einwirkung der vier Elemente aufeinander erklärt werden sollten, war
der Weg zu einer gedeihlichen Entwicklung von vornherein abgeschnitten.
So finden wir denn die Erscheinung des Gefrierens durch Einwirkung der
Luft auf das Wasser erklärt*), welche auf das erstarrte Wasser gleich
einem Keil dränge und dadurch Gefässe zersprenge u. s. f. Unbeschadet
dieser Unkenntniss der Wärmetheorie sehen wir im Alterthum die Benützung der Wirkungen der Wärme zur Erzeugung von Bewegung, von
Tönen, sowie als mächtiges Hülfsmittel bei der Bearbeitung der Stoffe.

Elektricität und Magnetismus.

Die erste Kenntniss der Eigenschaft des Bernsteins (ἤλεκτρον), gerieben leichte Körper anzuziehen, wird gewöhnlich den Thales zugeschrieben. Von Thales bis auf Theophrastos, den Schüler des
Aristoteles (371—286 v. Chr.), war kein anderer Körper bekannt, der
dieselbe Eigenschaft besessen hätte, wie der Bernstein. Theophrastos
nun schreibt dieselbe dem „Lynkurion", einem Mineral zu, doch wissen
wir nicht, welches Mineral er darunter gemeint habe. — Die Erscheinung

---

*) Plutarch: „Ueber die erste Ursache der Kälte", c. 11.

der „Elmsfeuer" genannten elektrischen Ausströmung war ebenfalls bekannt, jedoch ahnte niemand den Zusammenhang mit dem an sich unbedeutend scheinenden Phänomen, das der geriebene Bernstein zeigt, noch aber auch mit den Erscheinungen des Gewitters. J. Cäsar, Livius und Plinius nebst andern Schriftstellern führen Beobachtungen dieses Phänomens an, besonders der letztgenannte gibt eine höchst charakteristische und genaue Beschreibung desselben, wobei er mit den Worten schliesst: „Die Ursache aber von allem ist unbekannt, verborgen in der Majestät der Natur." (Plinius. Hist. nat. lib. II, cap. 37.) — Ebensowenig kannten die Alten den Zusammenhang der Gewittererscheinungen mit den elektrischen Anziehungserscheinungen. Unbegründet ist es ferner, dass sie Blitzableiter angewendet hätten.

Nicht viel mehr als über die Elektricität wusste man im Alterthum über den Magnetismus. Nach einer Stelle bei Aristoteles (Περὶ ψυχῆς, Editio Bekker I, p. 405 a, 19 ff.), sowie einer bei Diogenes Laërtiades (De vitis I, 1, 24) war Thales der erste, der die Anziehung des Magneteisensteins auf ein Eisenstückchen kannte. Nach etwa 200 Jahren war es auch schon bekannt, dass der Magnetismus nicht isolirbar, dass er durch andere Gegenstände hindurch wirkt und Eisenstücke auch dann angreift, wenn sie nicht in unmittelbarer Berührung mit dem Magneten sind (Platon: Jon. Editio Stallbaum cap. 5, pag. 533 und Timaios pag. 80 c). Aehnliches beobachtete Lucretius etwa 50 v. Chr., welcher anführt, dass die magnetische Kraft nicht bloss durch Luft, sondern auch durch Eisen hindurch wirke, z. B. durch eine eiserne Schale hindurch auf die darin befindlichen Eisenfeilspäne.

Die ersten Nachrichten über magnetische Abstossung finden sich bei Lucretius und Plinius. — Soweit reichen also die fundamentalen Kenntnisse des Alterthums über den Magnetismus. Was darüber hinausliegt, das sind ·grösstentheils Erdichtungen : dass der Magnet, mit Knoblauch gerieben, seinen Magnetismns einbüsse, hingegen mit Bocksblut gerieben, denselben wieder zurückerhalte, dass bei den Maniolischen Inseln (im Indischen Ocean) die Heimat des Magneten sei, wo die Schiffe mit ihren eisernen Nägeln festsässen, endlich, dass es Magneten gebe, die ein Menschen- oder Götterbild schwebend in der Luft zu halten im Stande seien.

Die Alten kannten nur die natürlichen Magnete, die Kunst des Magnetisirens war ihnen noch unbekannt.

Die Hypothesen, welche die Alten über die magnetische Fernwirkung aufstellten, waren so phantasievoll und gewagt, dass wir uns nicht veranlasst finden, diese eingehender zu besprechen, sondern dieselben nur ganz kurz anführen. Thales begnügt sich, dem Magneten eine gewisse Belebtheit, eine Seele, zuzuschreiben, Empedokles sucht durch die Annahme gewisser Ausströmungen elementarer Körperchen die Anziehung zu erklären. Aehnlich, sogar etwas consequenter durchgeführt, ist der Erklärungsversuch des Demokritos. Diogenes von Apollonia sucht durch eine Art des Athmens die Anziehung des Magneten auf das Eisen als etwas Verwandtes zu erklären. Eine Art Zusammenfassung der vorhergehenden Ansichten findet sich bei Lucretius, der einige Sätze über die von allen Körpern ausgehenden Ausströmungen vorausschickt und hierauf die folgende Erklärung gibt: die von Magneten ausgehende Strömung treibt die zwischen demselben und dem Eisenstücke befindliche Luft hinweg, wodurch die vom Eisen kommende Strömung sich mit solcher Vehemenz in den leeren Ruum stürzt, dass sie das Eisen mitreisst (De rerum natura libri sex, vers 1000—1019). Hierauf folgt die weitere Entwicklung der magnetischen Phänomene (vers. 1020—1087). Galenos bekämpft die epikuräischen Ansichten, wie sie bei Lucretius zum Ausdruck gelangen, doch ist seine Kritik von rein negativem Werthe, er vermag nichts Besseres an die Stelle des von ihm Bekämpften zu setzen.

Was die Benennung des Magneten im Alterthum betrifft, so kommt derselbe bei Platon im „Jon" als „Herakleischer Stein" vor, den Euripides „Magnet" nenne; Sophokles nennt ihn „Lydischer Stein", Alexandros von Aphrodisias nennt ihn manchmal auch bloss „der Stein" (ἡ λίθος) und Aristoteles spricht ebenfalls kurzweg vom „Steine", ja letzterer sowohl als Demokritos sollen eigene Schriften über den Magneten unter dem Titel „Ueber den Stein" (Περὶ τῆς λίθου) geschrieben haben. Es ist somit wahrscheinlich, dass in den ältesten Zeiten die Benennung „Herakleischer Stein" noch nicht allgemein gewesen sei. — Bei den Römern finden wir allgemein den Namen „magnes". — Eine dritte Benennung ist der Name Sideritis (σιδηρῖτις), d. h. der eisenähnliche Stein. Eine spätere eigenthümliche Benennung ist die: „ferrum vivum" (lebendiges Eisen oder „Queckeisen"), die bei Plinius vorkommt.

Ueber die Abstammung der verschiedenen Benennungen hat uns das Alterthum verschiedene Sagen hinterlassen. Die eine besagt, ein Hirte, Namens „Magnes", habe am Berge Ida seine Heerde gehütet, und dieser habe die Eigenschaft des Magneteisensteines dadurch erfahren, dass er mit seinen Schuhnägeln und der Spitze seines eisenbeschlagenen Stockes am Boden haften geblieben sei. Die zweite Sage leitet den Namen „Magnet" vom thrakischen Volksstamme der Magneten ab. Uebrigens war die Benennung „Magnet" im Alterthum auch für andere Mineralien im Gebrauche.

Wie wir aus der ganzen kurzen Darstellung der Kenntnisse der Alten über den Magneten sehen, erstreckten sich dieselben auf die der Grunderscheinung der Anziehung und Abstossung. Die Magnetisirbarkeit des Stabes, der magnetische Zustand der Erde und hiemit im Zusammenhange die Nordweisung des Magneten waren im Alterthume gänzlich unbekannt. Man begnügte sich mit der Kenntniss der auffälligen Eigenschaft der Anziehung und Abstossung, und benützte ihn zu medizinischen und magischen Zwecken. Hippokrates wendet gepulverten Magnet-eisenstein gegen Unfruchtbarkeit, Galenos gegen Augenkrankheiten, Dioskorides gegen Magerkeit an u. s. f. Eine im Alterthum weit-verbreitete Sage ist die vom freischwebenden Bilde, das durch Magnete in dieser Lage erhalten wurde. Plinius (Hist. nat. XXXVI, 14) erzählt, Ptolemaios Philadelphos, König von Aegypten, habe durch Timochares, den berühmten Baumeister, einen Tempel zu Alexandrien bauen lassen, dessen Wölbung aus Magnetsteinen zusammengesetzt war, um das eherne Bild seiner Gattin und Schwester Arsinoë darin frei in der Luft schwebend aufzuhängen, jedoch sei der Bau durch den Tod des Königs und des Baumeisters unterbrochen worden. Dieselbe Sage kehrt nun in den mannigfachsten Variationen wieder und begegnet uns schliesslich noch einmal beim — durch Magneten schwebend erhaltenen — Sarg des Muhamed in Medinah *).

Wir haben gesucht, in Vorstehendem in kurzer Zusammenstellung einen Ueberblick über die Kenntnisse des Alterthums in den verschiedenen Erscheinungskreisen zu geben, um so die einzelnen Bausteine nachzuweisen, aus denen sich die physische Weltanschauung jenes Zeitalters aufbaute. Wenn wir die absolute Masse der Erfahrungen und Kenntnisse über die Welt der physikalischen Erscheinungen mit dem empirischen Vorrathe vergleichen, der unseren Tagen zur Verfügung steht, so mag uns wohl der immense Unterschied zwischen dem heutigen Wissen und dem Wissen jener Tage recht auffällig erscheinen. Und doch wäre es ein schwerer Irrthum, wenn jemand sich deshalb berechtigt hielte, auf die natur-wissenschaftliche Thätigkeit des Alterthums geringschätzend herabsehen zu können. Gewöhnlich wird den Culturvölkern jener fernabliegenden Periode und in erster Linie den Griechen Empfänglichkeit und Sinn für die Erscheinungen der Natur abgesprochen und ihre Leichtgläubigkeit im „für wahr halten" fingirter Erzählungen und ihr Leichtsinn im Aus-denken von Erklärungsversuchen gerügt.

Das Alterthum ist ein grosser, wer wüsste es, wie lange dauern-der Zeitraum. Noch drei Jahrhunderte vor Beginn unserer Zeitrech-nung hegten selbst die grössten Denker noch die naivesten Ansichten über die Vorgänge in der Natur, jedoch in den letzten Jahrhunderten des Alterthums finden wir auf manchen Gebieten eine Klarheit der An-schauung, welche uns — als unseren Anschauungen durchaus — ver-wandt anmuthet, so dass es mitunter schwer fällt auszudenken, dass die Entstehungszeit jener Meinungen und Ansichten unserer Zeit um mehr

---

*) Ausführlicher darüber: Gust. Alb. Palm „Der Magnet im Alter-thum". Programm des Seminars Maulbronn. Stuttgart 1867.

als ein Jahrtausend vorangegangen sei. Der Geometrie und der Astronomie des Alterthums wird wohl niemand den Charakter der Wissenschaftlichkeit absprechen wollen, daneben erscheint freilich fast die ganze Physik als ein System kindischer Vorstellungen. Der Grund hievon liegt jedoch zum Theile darinnen, dass wir unter der Physik des Alterthums gewöhnlich die Physik des Aristoteles verstehen, da die Schriften der alexandrinischen Gelehrten, besonders die Werke, welche uns hier interessiren, zum grossen Theile in höchst mangelhafter und verderbter Form auf uns gelangt oder auch ganz verloren gegangen sind. Jener Grund, auf dem die Physik im Zeitalter der Wiederherstellung der Wissenschaften weiter bauen konnte, das ist der Zustand der physikalischen Wissenschaft im dritten Jahrhundert vor unserer Zeitrechnung, während die Mathematik und Astronomie, sowie auch andere Wissenschaften sich an einen sieben bis acht Jahrhunderte späteren Zustand anschliessen konnten. Bloss in der neuesten Zeit, da in Folge fortgesetzter Untersuchungen die Ueberreste der alexandrinischen Zeit immer mehr und mehr zu Tage treten, gelingt es uns, ein etwas richtigeres Bild über die physische Weltanschauung des Alterthums zu erhalten. Allerdings wird diese Vorstellung stets ein bloss angenähertes Bild von der Wirklichkeit geben, da ein grosser Theil jener Kenntnisse des Alterthums gänzlich verloren gegangen ist und erst wieder neuerdings aufgefunden werden musste. Was wir von den physikalischen Kenntnissen des alexandrinischen Zeitalters kennen, das berechtigt uns allerdings nicht zur Annahme, als habe sich die Physik jener Zeit in einem Zustande befunden, der auch nur von ferne mit demjenigen verglichen werden könnte, den diese Wissenschaft in der nach-galiläischen Periode eingenommen, jedoch so viel scheint mit Sicherheit behauptet werden zu können, dass, wenn jene Ansätze und Keime — welche uns in der alexandrinischen Periode in so grosser Zahl begegnen — in ruhiger Entwicklung zur vollen Ausbildung gelangen können, wenn jener gänzliche Umsturz alles Bestehenden, wie er durch die Völkerwanderung, die Entstehung und Ausbreitung des Christenthums und des Islams verursacht wurde, nicht die Wissenschaft ebenfalls mit sich gerissen hätte, dass — sagen wir — die Physik und Mechanik in kurzer Zeit jenen Grad der Entwicklung erreicht haben würde, welchen sie in Folge jener Katastrophe erst nach einem vollen Jahrtausend später wieder zu erreichen im Stande war.

II. Buch.

Das Mittelalter.

Von der Zerstörung Alexandria's bis zur Aufrichtung des
Coppernicanischen Weltsystems (642—1543).

—

Die Araber.

Das Volk der Araber tritt mit der Entstehung und Ausbreitung
der neuen Religion des Islams auf die Weltbühne, die Geschichte ihrer
Cultur und Literatur beginnt bloss einige Menschenalter vor Muhameds
Geburt im Jahre 571*). Zwar werden sie von ihren Nachbarn und Stamm-
verwandten, den Hebräern, oftmals genannt, wo es sich um das Muster
eines weisen, gebildeten Volkes handelt, doch ist über jenes halbe Jahrtausend, das dieser Epoche vorangeht, so viel wie nichts bekannt. Die
steten Fehden zwischen den einzelnen Stämmen hatten die Entwicklung
eines ritterlichen Geistes zur Folge, welcher durch die späteren häufigen
Berührungen mit dem Occidente auf die Ausbildung ähnlicher Verhältnisse im Abendlande nicht ganz ohne Einfluss sein mochte.

Die ersten Anfänge einer höheren Cultur finden wir im Reiche
Hira, woher auch die Kunst des Schreibens sich über die andern Bezirke
der arabischen Halbinsel verbreitet haben soll, dessen Fürsten als Gönner
und Beschützer der Dichtkunst galten. Ausser der letzteren wurde besonders auf Geschichte der einzelnen Stämme, auf Traum- und Stern-
deutekunst Gewicht gelegt. Die Religion der Araber war eine Art von
Gestirndienst. Die Religion Muhamed's, der auf seinen Handelsreisen
sich mit der Beschaffenheit der verschiedenen Arten von Gottesdienst
bei den benachbarten Juden, Persern und andern Völkerschaften bekannt

---

*) Muhamed (d. i. der Gepriesene), eigentlich hiess er Abul Kasem ben
Abdallah, geb. zu Mekka im Stamme der Koreïschiten.

gemacht hatte, breitete sich mit riesiger Schnelligkeit unter den Arabern
aus und mit ihr die Ueberzeugung von der Mission des Islams, sich den
Erdkreis unterthänig zu machen. Wie ein gewaltiges Ferment war die
neue Religion in jene Stämme gefallen und verursachte eine Ausbreitung
der Bewegung, welche mit staunenswerther Rapidität die bestehenden
Verhältnisse über den Haufen warf. Das Reich der Araber erstreckte
sich bereits nach kurzer Zeit von Aegypten bis Indien, von Lissabon
bis Samarkand. Es ist wohl begreiflich, dass diese kriegerische Epoche
der arabischen Geschichte keine Pflege der Wissenschaft aufweisen kann.
Die Chalifen aus der Familie Muhamed's sowohl, als die Ommajaden
zerstörten so manchen Rest griechischer Cultur, den die bisherigen Wirren
der Völkerwanderung verschont hatten. Zwar erzählen mannigfache
überlieferte Sagen von der hohen Achtung, welche der Stifter der Religion des Islam der Wissenschaft und der Dichtkunst gegenüber an den
Tag gelegt habe und wie er seinen Jüngern deren Pflege empfohlen und
gesagt habe: „Der jüngste Tag wird dann kommen, wann die Wissenschaft gänzlich unterdrückt sein wird". — In jene Zeit, da die sieges-
trunkenen Araber, wohin sie kamen, die Spuren der vorangegangenen
Civilisation zerstörten, fällt die Zerstörung Alexandria's und der etwa
noch vorfindlichen Reste der dort bestanden habenden Bibliotheken durch
Amru-ben-Alâs. Doch schon kurze Zeit später, als die Araber sich der
Früchte ihrer Eroberungen zu freuen begannen, stellte sich Geschmack
an der verfeinerten Cultur der unterworfenen Länder ein und damit
zugleich der Sinn für die Pflege der Kunst und Wissenschaft. Zuerst
waren es die Ommiaden, welche den Handel begünstigten und Baumeister,
Musiker u. s. f. reichlich belohnten, für eigentliche wissenschaftliche
Bildung jedoch zeigten zuerst die Abassiden Theilnahme und Interesse.
So erzählt Abulpharagius, einer ihrer berühmtesten Schriftsteller,
nach dem Berichte des Andalusiers Kadi Saad ben Achmed, dass man
zu Anfang bloss die Arzneikunde geachtet und daneben sich nur mit
Sprache und Gesetzkunde befasst habe. Als jedoch die „Haschemiden"
(Abassiden) sich zur Regierung emporgeschwungen hatten, da verliess
ihr Herz die Trägheit und sie rafften sich aus dem Todesschlummer zur
Thätigkeit empor. Der zweite Chalif des Hauses der Abassiden, Abu
Dschafar Almansur, verlegte sich hauptsächlich auf die Sternkunde,
sein Enkel, der siebente der Chalifen, Abdallah al Mamun ben
Harun al Raschid, vollendete, was sein Grossvater begonnen, indem
er die Kenntnisse dort suchte, wo sie zu finden waren, nämlich bei den
griechischen Kaisern, von denen er sich alles zum Geschenke ausbat,
was dieselben von philosophischen Schriften hatten. Und da sie ihm
davon so viel schickten, als sie hatten, suchte er geschickte Uebersetzer
dafür, und nachdem diese, so gut es eben anging, ihr Werk vollendet
hatten, suchte er die Leute anzuregen, diese Werke zu lesen und die
Wissenschaften sich anzueignen. Er selbst ging mit den Gelehrten viel

und gerne um und nahm an ihren Disputationen Theil. — So weit der
Bericht Saad ben Achmed's. Ein wichtiger Moment der arabischen
Culturentwicklung war die Erbauung von Bagdad (753—775 n. Chr.)
in der Nähe der Ruinen des alten Babylon. Diese neue Hauptstadt
wurde in kurzer Zeit ein wichtiges Handelsemporium und zugleich ein
Hauptbrennpunkt der arabischen Cultur. Besonders drei Chalifen, die
nach kurzen Zwischenräumen aufeinander folgten, erwarben sich grosse
Verdienste um die Uebertragung der Wissenschaft und deren Förderung
auf arabisch-nationaler Grundlage: Abu Dschafar Almansur (d. i.
der Siegreiche, der Erbauer Bagdad's), ferner Harun al Raschid („Aron
der Gerechte"), der Zeitgenosse Kaiser Karls des Grossen, endlich als
dritter der zweite Sohn des Harun al Raschid, Abdallah al Mamun.
Der zweite der genannten Chalifen trat bei Gelegenheit der Krönung
Karls des Grossen mit dem mächtigen Fürsten des Abendlandes in Verbindung, indem er ihm reiche Geschenke übersandte, unter denen besonders eines zu erwähnen ist: eine Klepsydra, welche sich durch ihre
besonders kunstreiche Construction auszeichnete. Mit einem Zeigerwerk
versehen, markirte sie ausserdem die einzelnen Stunden durch den Klang
einer Metallkugel, die auf ein Erzbecken niederfiel. Am lebhaftesten
interessirte sich jedoch der letzte der genannten Chalifen für die Erwerbung der abendländischen Wissenschaft und die Verbreitung derselben unter seinem Volke. Selbst von einem griechischen Arzte erzogen,
deren es übrigens um diese Zeit viele in den Ländern unter arabischer
Oberhoheit gab, da die arabischen Grossen es liebten, sich griechische
Leibärzte zu halten, hatte Chalif Al Mamun das lebhafte Bestreben,
die Wissenschaft zu fördern. Er errichtete Schulen und legte Bibliotheken an zu Bagdad, Bassora, Bokhara, Kufa, Alexandria, sowie in
andern Städten seines weiten Reiches. Als er mit dem griechischen
Kaiser Michael III. (dem „Stotterer") Friede schloss, wurde als eine
Friedensklausel aufgenommen, dass der Kaiser verpflichtet sei, von sämmtlichen in den Bibliotheken des griechischen Reiches befindlichen Werken
je ein Exemplar dem Chalifen zu überlassen, damit es dieser in das
Arabische übersetzen lassen könne. Die Gelehrten am Hofe dieses Fürsten
waren theils griechische Aerzte, theils Astronomen oder Astrologen. Man
legte bei den Uebersetzungen entweder das Original, bisweilen auch eine
persische oder syrische Uebersetzung desselben zu Grunde. Vor allem
wurden die ärztlichen Werke des Hippokrates, Galenos, Theophrastos
übersetzt, hierauf die Mathematiker und Philosophen Aristoteles, Eukleides,
Ptolemaios, von Platon hingegen bloss einiges. Es wird auch erzählt,
Al Mamun habe dem griechischen Kaiser Theophilos beständigen Frieden
und eine bedeutende Geldsumme angeboten, wenn er erlaube, dass der
berühmte griechische Mathematiker und Philosoph Leo auf einige Zeit
in seine Dienste trete, was aber der Kaiser ausgeschlagen habe, um den
Vorzug der höheren Bildung nicht anderen Nationen mitzutheilen. Als

wichtiges Bildungsmittel wurde es ferner auch damals angesehen, Erweiterung der Kenntnisse durch Reisen zu erwerben und so sandte schon Harun al Raschid an 300 Gelehrte auf seine Kosten in fremde Länder. Unter der Regierung Al Mamun's im Jahre 827 n. Chr. führten die Araber neben dem arabischen Meerbusen in der Wüste Singar eine Gradmessung aus. Von einem Punkte ausgehend, massen sie nach Norden und nach Süden in der Richtung des Meridians je einen Grad mit Hülfe der Messkette. Bei der einen Messung fanden sie die Länge des Grades zu 56, bei der andern zu $56^2/_3$ arabischen Meilen. Zwischen diesen beiden Resultaten nahmen sie das zweite als richtig an. Ueber die Genauigkeit der Messung können wir uns freilich keine Vorstellung bilden, da wir wohl wissen, dass die Länge der arabischen Meile 4000 Ellen betrug, jedoch die Länge der gebrauchten Elle nicht kennen. Es gab zweierlei Ellenmass, das eine war die königliche, das zweite die schwarze Elle; die erste bestand aus 24, die zweite aus 27 Zollen, jedoch war die Bestimmung der Länge eines Zolles sehr schwankend, da sie durch Aneinanderlegen von 6 Gerstenkörnern bestimmt wurde. Was nun auch *die Genauigkeit dieser arabischen Gradmessung sein möge, so viel kann als feststehend betrachtet werden, dass sie gegen die durch die Alexandriner ausgeführte Messung* einen entschiedenen Fortschritt bedeutete.

Schon im 10. Jahrhundert verfiel die Macht der Chalifen, wodurch auch deren Fähigkeit die Wissenschaft zu unterstützen abnahm; letztere hatte jedoch zu jener Zeit schon einen so sichern Grund in den Gemüthern gefunden, dass sie sich auch selbstständig zu erhalten im Stande war.

Der zweite Schauplatz intensiv geistigen Lebens in der arabischen Welt war zu jener Zeit Spanien, das unter der Regierung der Chalifen aus dem ommajadischen Hause eine Periode ungeahnter Blüte durchlebte. Besonders waren es die Chalifen Almondir, Abdurrhaman III. (912 n. Chr.) und Hakem II. (961), unter deren Regierung die Wissenschaften und Künste in dem durch Abdurrhaman I. (756 n. Chr.) erbauten Cordova blühten. Hakem II., der selbst ein tüchtiger Gelehrter war, gründete die Universität Cordova, auf welche er die tüchtigsten Gelehrten aus dem Oriente berief. Auch in den anderen bedeutenderen Städten des Landes errichtete er Collegien und gründete Bibliotheken. Seine eigene Bibliothek soll 600,000 Bände gezählt haben. Zu Granada, Toledo, Valencia, Murcia, Almeria u. s. w. legte er Schulen an, an denen ausser muhamedanischer Theologie und Gesetzeskunde noch Mathematik, Astronomie, Geschichte und Geographie, Grammatik und Rhetorik, Medizin und Philosophie gelehrt wurde. Aus ganz Europa strömten alsbald Wissensdurstige nach Cordova, dem sarazenischen Athen, um in Ermangelung jeder anderen aus dieser Quelle die Kenntniss der Wissenschaft des classischen Alterthums zu schöpfen. So studirte unter anderen auch Gerbert, der spätere Pabst Sylvester II., in Cordova

Philosophie und Mathematik. Die Scholastiker des Mittelalters kannten die Werke des Aristoteles nur aus den arabischen Uebersetzungen derselben. Als im 11. und 12. Jahrhunderte der Handel im mittelländischen Meere in die Hände der venezianischen und genuesischen Kaufleute überging, begann auch der Verfall der sarazenischen Cultur in Spanien. Den Todesstoss erhielt dieselbe jedoch durch die Vereinigung der christlichen Reiche Castilien, Leon und Arragonien unter der Regierung Ferdinand III. und die im Jahre 1236 erfolgte Eroberung Cordova's. Bei dieser Gelegenheit wurde die ganze Bibliothek der Araber (zu 280,000 Bänden angegeben) auf Befehl des Cardinals Ximenes den Flammen übergeben.

Nachdem die Chalifen von Bagdad zu blossen Oberpriestern herabgesunken waren, traten die Emire al Omrah: die Nachfolger in der Macht derselben, auch in Hinsicht der Wissenschaftspflege als ihre Nachfolger auf. An verschiedenen Stellen des arabischen Orients, woselbst Dynastien entstanden, bildeten sich Centra für das geistige Leben des hochbegabten, nur leider zu flüchtigen Volkes, so zu Tunis, Kahira, Aschir u. s. f. Die Bibliothek von Kahira soll 2 Millionen Bände enthalten haben. Auch Sicilien befand sich zur Zeit der sarazenischen Herrschaft in einem Zustande viel höherer Cultur als nach Vertreibung der Araber. — Im 14. und 15. Jahrhunderte verfiel die arabische Wissenschaft und die arabische Cultur; so schnell sie entstanden, ebenso schnell verschwand sie vom Schauplatz der Weltgeschichte.

Unter jenen Wissenschaften, auf welche die Araber besonders Gewicht legten, sind auch die Naturwissenschaften zu nennen. Wir wollen, ehe wir auf die bedeutendsten Gelehrten dieser Richtung übergehen, einen allgemeinen Ueberblick der naturwissenschaftlichen Thätigkeit der Araber geben.

Nach der Eintheilung, die sie für die Wissenschaften angewendet haben, werden auch die mathematischen Wissenschaften zu den philosophischen gerechnet und standen dieselben bei den Arabern in hoher Achtung. Wie auch auf den anderen Gebieten der Wissenschaft waren die Araber auf dem der Mathematik in vorwiegend receptiver Weise thätig, wiewohl sie auch einiges Neues zu dem Uebernommenen hinzu entdeckten. Die Werke des Eukleides, Archimedes, Autolykos, Aristarchos, Hypsikles, Hipparchos, Menelaos, Apollonios von Perga und anderer griechischer Mathematiker besassen sie in Uebersetzungen. Es darf heute wohl als entschieden angesehen werden, dass den Arabern das unschätzbar grosse Verdienst zukommt, die sogenannten „arabischen Ziffern" in das Abendland verpflanzt zu haben. Es scheint so ziemlich sicher zu sein, dass die arabischen Zahlzeichen indischen Ursprungs seien. Zuerst gelangten diese Zahlzeichen unter Papst Sylvester II. mit indischen mathematischen und chronologischen Schriften nach Europa (im 11. Jahrhunderte unserer Zeitrechnung). Man hat einige

Zeit lang die Ziffern für chinesischen Ursprungs gehalten. Am deutlichsten finden wir bei Albírûnî (gestorben 1038 oder 1039), einem im nordwestlichen Indien von arabischem Geschlechte stammenden Schriftsteller, den Ursprung der Ziffern und des Rechnens mit dem indischen Stellenwerth derselben erzählt. Dieser Schriftsteller war des Sanskrit durchaus mächtig, studirte die wissenschaftlichen Werke der Inder und ist durch seine auffallend genauen astronomisch-geographischen Ortsbestimmungen rühmlichst bekannt. Von ihm stammt ein grosses Werk über Indien. Er führt an, dass die Inder, abweichend von dem bei allen andern Völkern üblichen Gebrauche, für die Zahlen besondere Zeichen verwendeten, die übrigens in den verschiedenen Distrikten verschieden seien, und dass der Werth eines Zahlzeichens nicht bloss von seiner Gestalt, sondern von seiner Stelle abhänge.

Die Regel de tri nannten die Araber die chataische Rechnung (d. i. die chinesische), da man wahrscheinlich den Chinesen die Erfindung dieser Rechnungsmethode verdankte. Die Trigonometrie erhielt durch Albatani eine mächtige Förderung dadurch, dass er den Sinus, statt der Chorde als Winkelfunktion einführte.

Unter den Naturwissenschaften am angesehensten und am meisten geschätzt war die Astronomie. Es kann wohl nicht Wunder nehmen, dass den Söhnen eines Nomadenvolkes, welche Tag und Nacht und bei jeder Witterung unter dem freien Himmel ihrer Pflegebefohlenen warteten, sich besonders günstige Verhältnisse zur Beobachtung der Bewegung der Himmelskörper darboten. Viele von den Sternbildern tragen noch heutzutage die, auf Gegenstände der Umgebung der Hirten hindeutende arabische Benennung (Kameel, Strauss, Schöpfeimer, Kahn, Zelt u. s. f.). Grosse Verdienste erwarb sich der obengenannte Chalif Al Mamun, der selbst beobachtete und vervollkommnete Instrumente ersann. Er bestimmte auch durch neue Messungen die Schiefe der Ekliptik und fand dieselbe zu 23° 35'. Unter ihm fand die schon oben erwähnte Gradmessung zwischen den Städten Palmyra und Racca statt. Die berühmtesten Astronomen der Araber waren Alfergani, ein Zeitgenosse Al Mamun's, ferner im 10. Jahrhunderte Albatani und Ibn Junis, der Astronom Hakems, des sechsten fatemitischen Fürsten in Aegypten. Derselbe berechnete die fatemitischen astronomischen Tafeln. Einer späteren Zeit gehört Nasin-Eddin im 13. Jahrhundert unter dem mongolischen Chan Hulagu in Persien an, der die beste Uebersetzung des Eukleides verfasste; noch später lebte Ulugh Beg, der Enkel des welterobernden, mongolischen Fürsten Tamerlan, welcher ebenfalls astronomische Tafeln verfasste.

Die arabischen Astronomen waren vor allem fleissige Beobachter, und manche Beschreibung einer astronomischen Erscheinung aus jener Zeit konnte von späteren Forschern benützt werden. Die Theorie des Ptolemaios hat durch die Araber keine Veränderung erfahren. Bei

vielen Astronomen treffen wir ausser ihrer Wissenschaft den Glauben
an die Astrologie und selbst einige der berühmtesten waren von diesem
Aberglauben nicht frei. So unter anderen Ulugh Beg, der sich in Folge
einer Nativitätsstellung und daraus folgenden harten Benehmens gegen
seinen ältesten Sohn, den Hass desselben zuzog, so dass ihn dieser vom
Throne verdrängte und ermorden liess.

Zu den mathematischen Wissenschaften rechnen die Araber noch
die Tonkunst, deren Kenntniss sie ebenfalls den Griechen verdanken.
Der gänzliche Mangel einer zweckmässigen Notenschrift, da sie eine solche
erst seit Ende des 17. Jahrhunderts kennen, stand der weiteren Ausbildung der arabischen Musik im Wege. Alkendi schrieb ein Werk
über Akustik, das jedoch keine grössere Bedeutung hatte.

Die allgemeine Volksmeinung über wissenschaftliche oder geistige
Thätigkeit überhaupt, wie wir sie bei den Arabern finden, war der
Ausbreitung der Wissenschaften nicht eben sehr förderlich. Der Zelotis-
mus der Priester, die religiöse Unduldsamkeit der grossen Masse und
der religiöse Fanatismus im Allgemeinen nahmen der heidnischen
Philosophie und Wissenschaft gegenüber eine feindselige Stellung ein.
Selbst für den gelehrtesten Araber galten die Aussprüche des Korans
als unwiderrufliche Autorität auch in wissenschaftlichen Fragen. Die
ersten Spuren naturwissenschaftlicher und besonders medizinischer Kenntnisse finden sich auf dem Gebiete des arabischen Reiches in den Schulen
der Nestorianer am Euphrates. Diese syrischen Christen breiteten durch
ihre Schulen die Kenntniss der griechischen Schriftsteller bis nach China
aus. Sie waren auch fleissige Uebersetzer und schon im 5. Jahrhunderte
gab es eine syrische Uebersetzung des Aristoteles. Die Araber wurden
mit den nestorianischen Christen besonders unter Almansur bekannt,
als dieser Fürst einige derselben als Leibärzte an den Hof nach Bagdad
zog und eine Art medizinischer Fachschule errichtete, welche sich eines
ungemein starken Besuches erfreute.

Eine Wissenschaft, deren erste Anfänge man gewöhnlich bei den
Arabern sucht, ist die Chemie. Jedoch sind die Hauptbestrebungen der
mittelalterlichen Repräsentanten dieser Wissenschaft, die sich auf Metall-
verwandlung beziehen, schon im ersten Jahrhundert unserer Zeitrechnung
in Aegypten vorhanden, so dass schon Kaiser Diocletian gegen die über
Chemie des Goldes und des Silbers handelnden Bücher vorzugehen für
nöthig erachtete. Wir besitzen noch zahlreiche alchemistische Werke aus
dem 3. bis 6. Jahrhundert, welche die Darstellung der edlen Metalle mittelst
magischer Hülfsmittel lehren, deren Verfasser sich die klangvollen Pseudo-
nyme: Hermes, Demokritos, Isis u. s. f. beilegen. Als Alchemisten
kennen wir die Alexandriner: Olympiodoros von Theben, den Sophisten
Synesios in Alexandrien u. a. Die Araber übersetzten auch diese al-
chemistischen Schriften und es fanden sich bald auch unter ihnen Anhänger der schwarzen Kunst der Goldmacherei. Es lässt sich nicht

läugnen, dass die am allerhäufigsten zweck- und ziellosen Experimente
zu sehr wichtigen Entdeckungen führten. Die verschiedenen Quecksilber-
salze als: ätzendes Sublimat oder rother Präcipitat, ferner Antimonsalze,
Scheidewasser und Königswasser und zahlreiche andere Präparate lernten
sie auf diese Weise darzustellen. Sie kannten auch die Darstellung des
Alkohols aus Zucker und Reis und verstanden es, die wirksamen Bestandtheile der Pflanzen durch Wasser und Alkohol zu extrahiren.

Der berühmteste der arabischen Chemiker ist der Arzt Geber, auf
den wir gleich zurückkommen werden. Die Chemie und die Heilkunst
sind in dieser Epoche noch untrennbar verbunden und hat deshalb die
erstere, wenn sie sich nicht um die Erzeugung des Goldes bemüht, immer
das Bestreben ärztlich zu verwendende Körper darzustellen.

Es gab jedoch unter den arabischen Gelehrten Männer, welche die
Verwandlung der Metalle für unmöglich erklärten. Ibn Khaldûn in
seinen Prolegomenis sagt, dass die Umwandlung der Metalle unmöglich sei,
der Stein der Philosophen nicht existire, und dass das Studium der
Alchemie verderblich sei. Nach ihm sind Avicenna und dessen Schule
ebenfalls Gegner der Alchemie. Avicenna nimmt eine Gattungsverschieden-
heit bei den einzelnen Metallen an, nach ihm besitzen dieselben spe-
zifisch von Gott erschaffene Differenzen, weshalb sie durch keinerlei
chemische Operation ineinander überführbar sind. Alkindi, der Vorgänger
des Avicenna, ist ebenfalls ein Gegner der Alchemie. Von ihm stammt
eine Schrift unter dem Titel: „Offenbarung der Betrügereien der Alchemisten und über die Falschheit ihrer Behauptungen." — Hingegen waren
Alfarabi, Toġair und andere Anhänger der Alchemie*).

Wir übergehen nun auf die Hauptrepräsentanten der exakten Naturwissenschaft bei den Arabern: Geber, Alhazen und Albatenius.

Geber.

Sein vollständiger Name ist Abu Mussah Dschafar al Sofi.
Geber ist als einer der Grundsteinleger der Chemie zu betrachten. Bis
zum fünfzehnten Jahrhundert ist er sozusagen der einzige nennenswerthe
Schriftsteller über Chemie, da die übrigen alle mehr oder weniger seine
Schriften reproduziren oder variiren. Geber wurde zu Hauran (Harran)
in Mesopotamien geboren, nach andern zu Thus in Khorassan und lebte
wahrscheinlich von 702 bis 765. In der ersten Hälfte des achten Jahrhunderts lehrte er an der hohen Schule zu Sevilla.

Die chemischen Kenntnisse Geber's waren schon viel ausgebreiteter,
als die der Alten. Während diese unter den Metallen bloss das Gold,

*) Wiedemann: Annalen der Physik und Chemie. XIV, pag. 368.
Eilhard Wiedemann: Beiträge zur Geschichte der Naturwissenschaften bei den
Arabern. VI.

Silber, Kupfer, Zinn, Blei, Eisen und Quecksilber in regulinischem Zustande kannten, unter den Metallsalzen den Arsenik als Realgar und
Auripigment, den Antimon im Spiessglanz, das Zink im Galmey und
vielleicht noch den Kobalt und Mangan in einer oder der andern ihrer
Verbindungen, war der Horizont Geber's ein viel weiterer. Er kennt
schon eine grosse Anzahl chemischer Präparate; s. z. B. das rothe Queck-
silberoxyd, das Sublimat, den Zinnober, und dessen Zusammensetzung aus
Quecksilber und Schwefel, ferner den Kalialaun, die ätzende Kali- und
Natronlauge; kennt den Borax, und was besonders wichtig, die Erzeugung der Salpeter- und der Schwefelsäure.

Mit Hülfe dieser zwei kräftigen Säuren war er nun in den
Stand gesetzt, viele Stoffe umzuwandeln und neue Verbindungen
herzustellen, so z. B. das salpetersaure Silber: den Höllenstein. Er
kannte auch das Königswasser, mittelst welcher Flüssigkeit er auch das
Gold aufzulösen vermochte.

Geber erfand ferner zahlreiche chemische Manipulationen oder
beschreibt dieselben wenigstens zum ersten Mal; hierher gehören die
Sublimation, Destillation, Filtration und andere ähnliche Verfahren zur
Scheidung und zur Herstellung neuer Verbindungen.

Geber ist auch der Schöpfer einer selbstständigen chemischen
Theorie, welcher zufolge die Metalle aus zwei Elementen: Schwefel und
Quecksilber in verschiedenen Verhältnissen gemischt, bestehen. Es scheint
jedoch, als habe man sich hier unter Schwefel und Quecksilber nicht
die bekannten beiden Stoffe vorzustellen, sondern vielmehr ein, diesen
ähnliches, einfaches, chemisches Prinzip. Seinem eigenen Geständnisse
zufolge schöpfte Geber einen grossen Theil seiner Kenntnisse aus den
Schriften der Alten und zwar aus solchen, die wir heute auch nicht einmal dem Namen nach kennen.

Geber hat angeblich an 500 Abhandlungen verfasst, von welchen
jedoch bloss 5 auf uns gelangt sind. Dieselben wurden mehrfach aus
dem arabischen Originaltexte in lateinische Sprache übersetzt und sind
bloss diese Uebersetzungen auf uns gekommen. Seine Werke sind in
folgenden Ausgaben vorhanden:

Summa perfectionis magisterii in sua natura libri IV.
Danzig 1682. Hiezu: De investigatione perfectionis metallorum.
Basel 1562. De construendi fornacibus. Bern 1545.

Deutsche Ausgaben sind die folgenden: Vollständige chemische
Schriften. Erfurt 1710, Wien 1751.

An Geber anschliessend, besprechen wir noch kurz einige andere
berühmte Chemiker der Araber. Es sind dies Avicenna, Abulkasis
und Rhases.

Avicenna, mit seinem vollständigen Namen Abu Ali el Ho-
sein Ben Abdallah Ibn Sina, wurde 980 zu Afsenna, in der heutigen
Bucharei, geboren. Er war zuerst Leibarzt bei mehreren samanidischen

und dilemitischen Sultanen, kurze Zeit war er hierauf Vessir in Hamadan. In Ispahan lehrte er die ärztlichen und die philosophischen Wissenschaften. Er starb zu Hamadan im Jahr 1037. Seine Philosophie ging von dem Systeme des grossen arabischen Philosophen Alfarabi aus und neigte sich der peripatetischen Philosophie zu. Seine Hauptfächer waren jedoch die medizinischen Wissenschaften und die Chemie, ausserdem beschäftigte er sich noch mit Astronomie und Mathematik und studirte die Werke von Aristoteles, Eukleides und Ptolemaios. Sein grosses Werk: „Canon" ist die Summe der chemischen und medizinischen Wissenschaften seiner Zeit. Die Werke des Avicenna erschienen in Venedig 1493, 1495 und 1523 in fünf Bänden, in Basel 1556.

Abulkasis, eigentlich **Chalaf Ebn el Abbas Abul Casan,** geboren zu Zahara bei Cordova, weshalb er auch **Alzaharavicus** genannt wird. Er lehrte an der hohen Schule zu Cordova und starb dort im Jahre 1122. Von ihm stammt das erste ausführlichere pharmaceutische Werk, welches in lateinischer Uebersetzung unter dem Titel „Servitor" vorkommt. Abulkasis verstand es schon, aus Wein durch Destillation Alkohol zu gewinnen.

Rhases oder aber **Muhamed Ibn Sakarjah Abu Bekr al Rasi** wurde zu Khorassan geboren und starb zu Bagdad 932, nach andern 923, in welcher Stadt er der Aufseher eines grossen Krankenhauses war. Er schrieb zahlreiche medizinische Abhandlungen; die Zahl der auf uns gekommenen ist 36, doch scheint es, als stammten nicht alle derselben von diesem Schriftsteller. Seine Schrift über die Pocken und über die Masern, die im Originaltexte erhalten ist und 1766 in London von Channing in einer lateinischen Uebersetzung herausgegeben wurde, ist eines der wichtigsten Denkmale der arabischen medizinischen Literatur. Sein Hauptwerk führt den Titel: El Hawi fil tib, d. h. „Hauptsache (continens) der ärztlichen Wissenschaft" und enthält die ganze „Materia medica" und die Chirurgie. Das Werk erschien zu Brescia 1486, zu Venedig 1500. Die „Opuscula" erschienen in Venedig 1500, zu Basel 1544.

Rhases führte die Benützung reiner chemischer Präparate in die Medizin ein.

Alhazen.

Auf dem Gebiete der Physik finden wir die Araber bloss in der Optik thätig und zwar befassten sie sich bloss mit dem geometrischen Theile derselben, da sie sich auf das Anstellen von Versuchen noch weniger als die Griechen verstanden.

Schon um 900 schreibt Alfarabi (Abu Nasr Ibn Tarkham), gestorben im Jahr 954, über Perspective, dieses Werk ist jedoch nicht auf uns gekommen. Alfarabi nimmt unter den arabischen Philosophen

eine hervorragende Stelle ein. Er erhielt von seinen Zeitgenossen den
Titel des „zweiten Metaphysikers", der erste war und blieb Aristoteles. Er selbst war ein so grosser Verehrer des Stagiriten, dass er
seiner eigenen Aussage zufolge dessen „Physik" 40mal, seine Rhetorik
gar 200mal durchlas.

Hundert Jahre später, um 1000 n. Chr., schrieb der aus Syrien
stammende Ebn Haithem über das Sehen, die Spiegelung und Brechung
des Lichtes, doch auch diese Schrift ist uns nicht erhalten. — Jedoch
ein Werk über Optik ist aus jener Zeit auf uns gekommen, das in die
Fussstapfen des Eukleides und Ptolemaios tritt, es ist dies die Optik
des Alhazen.

Al Hazen oder Abu Ali Alhazen Ben Alhazen (zum Unterschied von Alhazen Ben Jussuf, der den Almagest in das Arabische
übersetzte), lebte um das Jahr 1100 in Spanien, nach einigen wäre er
jedoch schon 1038 gestorben. Der Titel der lateinischen Uebersetzung
seines Werkes lautet folgendermassen: „Opticae thesaurus Alhazeni
Arabis libri VII." Der Inhalt desselben ist folgender:

I. Buch. Enthält die Beschreibung des Auges und seine Anatomie, welche vor Alhazen durch keinen Physiker abgehandelt wurde.
Im Ganzen und Grossen beschreibt er die einzelnen Theile des Auges
unter denselben Namen, die wir für dieselben noch heute benützen. Er
unterscheidet dreierlei Flüssigkeiten im Auge, den Humor aquaeus, cry-
stallinus und vitreus, ferner führt er vier Membrane an: tunica adhae-
rens, cornea, uvea und retina (tunica reti similis). Er spricht es ganz
bestimmt aus, dass nicht das Auge die Quelle des Lichtes sei, sondern
dass dieses von den leuchtenden Gegenständen ausgehe. Er erklärt jedoch
das Zustandekommen des optischen Bildes im Auge nicht richtig, da er
die Bestimmung und den Zweck der Krystalllinse überschätzt und dieselbe für die unumgängliche Bedingung der Entstehung des Bildes im
Auge betrachtet. Eine annehmbarere Erklärung als Ptolemaios gibt
er dafür, dass wir trotz der zwei Bilder in unseren beiden Augen die
Gegenstände doch bloss einfach sehen. Seine Erklärung läuft darauf
hinaus, dass sich die beiden Bilder an der Kreuzungsstelle der beiden
Augennerven decken und deshalb unsere Seele den Eindruck nur eines
Bildes empfange.

Wichtig ist ferner die Bemerkung, dass von jedem Punkte des
leuchtenden Körpers nach jeder Richtung Strahlen ausgehen und zwar
derart, dass zwischen dem Auge und dem gesehenen Punkte eine Strahlen-
pyramide entstehe, deren Spitze der leuchtende Punkt, deren Basis hingegen die Pupille ist. Diese Ansicht ist der des Eukleides gegenüber
als beträchtlicher Fortschritt zu betrachten, der die Lichtstrahlen aus
dem Auge entspringen liess und zwischen dem Auge und dem gesehenen
Punkte nur einen Strahl voraussetzt.

II. und III. Buch. Diese beiden Abtheilungen des Alhazenischen

Werkes sind von geringerem Interesse für uns. Im zweiten Buche erörtert der Verfasser die durch unsere Augen an den Gegenständen wahrnehmbaren Eigenschaften und setzt deren Zahl auf 22. Derlei Eigenschaften sind: Helligkeit, Farbe, Entfernung, Lage, Form, Grösse, Bewegung u. s. f. — Das dritte Buch behandelt die optischen Täuschungen und weist einigemale auf den Einfluss hin, den die Phantasie, ja selbst der Verstand auf die Gesichtswahrnehmungen ausübt.

IV., V. und VI. Buch. Diese drei Bücher bilden den wichtigsten Theil des ganzen Werkes. Mit Hülfe sehr complizirter geometrischer Construktionen findet der Verfasser die Lage, den Ort und die Grösse des Spiegelbildes, und zwar viel pünktlicher als die griechischen Gelehrten. Alhazen unterscheidet sieben verschiedene Arten von Spiegeln: ebene, convexe und concave sphärische, ausser diesen convexe und concave Cylinder- und ebenso convexe und concave Kegelspiegel. Das Gesetz der Reflexion ist ihm vollständig bekannt. Er weiss nicht bloss, dass Einfalls- und Reflexionswinkel gleich seien, sondern auch dass der einfallende und der zurückgeworfene Strahl in einer das Einfallsloth enthaltenden, auf die spiegelnde Fläche senkrechten Ebene liege. Alhazen erklärt die Spiegelung des Lichtes als einfache Reflexion der Strahlen mit Vermeidung aller andern hypothetischen Voraussetzungen, wie wir dieselben bei den griechischen Schriftstellern finden. Im fünften Buche finden wir eine Aufgabe, die unter dem Namen des Alhazen'schen Problemes bekannt ist, da er die erste Lösung desselben fand. Die Aufgabe selbst lautet folgendermassen: Es wird jener Punkt des sphärischen, Cylinder- oder Kegelspiegels gesucht, von welchem die Zurückwerfung des Lichtes geschieht, wenn die Lage des leuchtenden Punktes sowohl, als diejenige des Auges gegeben ist. Die Lösung, die der arabische Verfasser gegeben hat, ist nun wohl nicht ganz vollständig, anderseits hat auch die Aufgabe selbst gar kein optisches, sondern höchstens ein geometrisches Interesse.

VII. Buch. In diesem Theile seines Werkes beschäftigt sich Alhazen mit der Brechung des Lichtes. Er fand nun zwar auch noch nicht das wirkliche Brechungsgesetz, jedoch befindet er sich schon viel näher daran, als Ptolemaios. Er nimmt den Ptolemäischen Satz an, welchem zufolge der Lichtstrahl bei seinem Uebergange von einem weniger dichten in ein dichteres Mittel zum Einfallslothe, im entgegengesetzten Falle hingegen vom Einfallsloth gebrochen wird. Er ergänzt diesen Satz durch den zweiten, dass nämlich sowohl der einfallende als der gebrochene Strahl mit dem Einfallslothe in einer Ebene liegen, welche Einfallsebene auf der Grenzfläche der beiden lichtbrechenden Medien senkrecht steht. In Bezug auf den zweiten Satz des Ptolemaios, dem zufolge das Verhältniss zwischen Einfalls- und Brechungswinkel constant ist, weist er nach, dass dies bloss für kleine Winkel Geltung habe. Jedenfalls streift Alhazen nahe an die Entdeckung des wirklichen

Brechungsgesetzes, trotzdem seine treffendste Bemerkung über die Fassung desselben bei Ptolemaios einen rein negativen Charakter hat. Unser Verfasser erklärt ferner die Entstehung des optischen Bildes vollständig richtig: er verlegt nämlich den Ort des Bildes eines leuchtenden Punktes dahin, wo der auf die Grenzfläche des Mittels senkrechte Strahl mit irgend einem der gebrochenen Strahlen zusammentrifft. Ferner kommt der Verfasser auch schon jenem wichtigen optischen Satze, dem zufolge der Lichtstrahl, der aus einem Mittel in das andere übergeht, in umgekehrter Richtung genau denselben Weg einschlägt, sehr nahe. Er erklärt ferner, weshalb auf dem Boden des Wassers die Gegenstände grösser und näher als in der Luft erscheinen. — Schliesslich ist noch zu erwähnen, dass Alhazen von der Vergrösserung spricht, welche durch ein kugelsegmentförmiges Stück eines lichtbrechenden Körpers hervorgebracht wird, wodurch er hart an die Erfindung der Vergrösserungsgläser und der Brillen streift. Es scheint jedoch, als habe Alhazen dieses Problem bloss von theoretischem Standpunkte betrachtet und sei deshalb zu keinem greifbaren Resultate gelangt, da er einige Dinge behauptet, welche mit der Wirklichkeit nicht übereinstimmen.

Im letzten Buche seines Werkes bespricht der Verfasser auch die scheinbare Vergrösserung der Durchmesser von solchen Himmelskörpern, welche nahe dem Horizonte stehen. Er gibt hiebei dieselbe Erklärung, welche wir auch heute noch für die richtige halten, indem er das Phänomen als eine optische Täuschung erklärt, welche dadurch zu Stande kommt, dass wir uns das Himmelsgewölbe ellipsoidisch, und zwar abgeflacht ellipsoidisch vorstellen, wodurch die am Horizont befindlichen Himmelskörper in scheinbar grössere Entfernungen von uns gelangen, somit bei gleichem Gesichtswinkel thatsächlich grösser sein müssten, als nahe am Zenith. Ferner weist er nach, dass diese Täuschung aus der astronomischen Refraction nicht erklärbar sei.

Als Anhang des Werkes finden wir noch eine kleine Abhandlung über die Dämmerung und die Höhe der Atmosphäre. Dieselbe geht von der Erfahrung aus, dass die Dämmerung so lange andauert, als die Sonne sich zwischen dem Horizonte und einer negativen Höhe von 19 Graden befindet. Seine Rechnung führt auf die Auflösung eines rechtwinkligen Dreiecks, als Resultat erhält er für die Höhe der Atmosphäre 52000 Schritte, das sind beiläufig 5—6 Meilen. Wir wissen, dass auf diesem Wege die Höhe der Atmosphäre nicht berechenbar ist, da wir die Krümmung der Strahlen in derselben nicht kennen.

Wenn wir Alles zusammenfassen, so können wir behaupten, dass Alhazen's Werk alles weit überflügelt, was jene geschrieben, die sich vor ihm mit demselben Gegenstande beschäftigt haben.

Der vollständige Titel der lateinischen Ausgabe des Alhazenischen optischen Werkes ist der folgende: „Opticae thesaurus Alhazeni Arabis libri VII primum editi. Ejusdem liber de crepus-

culis, et nubium ascensionibus. Item Vitellonis Thuringo-
poloni libri X a Federico Risnero." Basileae 1572. fol., 288 pag.
Also in der Uebersetzung Risner's.

Albatenius.

Auf keinem Gebiete der Naturwissenschaft haben die Araber ähnliche Verdienste aufzuweisen als auf dem der Astronomie. Allerdings stehen
sie auch hier weit hinter ihren Meistern, den Griechen, an Originalität
und Selbstständigkeit der Auffassung zurück, nichtsdestoweniger verdankt
ihnen die Himmelskunde einige wichtige Entdeckungen.

Der bedeutendste arabische Astronom war Albatenius, oder mit
seinem vollständigen Namen Mohamed Ben Geber Ben Senan Abu
Abdallah Albatani, geboren in der mesopotamischen Stadt Batan um
das Jahr 850. Derselbe war in Syrien Statthalter des Chalifen und starb
929 n. Chr. Seine Beobachtungen führte er theils zu Antiochia, zum
Theil im mesopotamischen Aracta aus, weshalb er auch den Namen Mo-
hammedes Aractensis erhielt. Albatenius bestimmte genauer die Excentricität der Sonnenbahn, und entdeckte die Verschiebung des Apogäums.
Die Bewegung der Planeten bestimmte er und rechnete er viel genauer
als die Griechen, und stellte die Resultate seiner Messungen und Berechnungen in einem neuen astronomischen Tafelwerke zusammen. Ueberdies
bestimmte er genauer die Dauer des Jahres und fand dieselbe zu 365 Tagen,
5 Stunden, 46 Minuten und 22 Sekunden, allerdings ein Resultat, das
noch immer um einige Minuten von der Wahrheit entfernt war. Sein
grösstes Verdienst besteht jedoch in der Einführung des Sinus an Stelle
der Kreissehne zur Messung der Winkel.

Ausser Albatenius gab es noch eine stattliche Reihe arabischer
Astronomen. Noch im 13. Jahrhundert waren sie die Geschicktesten und
Kundigsten auf diesem Gebiete der Wissenschaft. Als König Alfons X.
von Kastilien sein berühmtes astronomisches Tafelwerk rechnen liess,
bestand der grösste Theil der zu diesem Zwecke gebildeten wissenschaftlichen Commission aus Arabern.

Zum Schlusse wollen wir noch einige Worte über die geographischen
Forschungen der Araber und die Resultate derselben anführen. Zwei
Namen sind hier besonders zu nennen: Edrisi und Abulfeda.

Edrisi (Scherif al Edrisi) oder eigentlich mit seinem vollständigen
Namen Abu Abdallah Mohamed Ben Mohamed al Edrisi, geboren
1099 zu Ceuta, nach andern zu Tetuan, stammte aus einer nubischen, fürst-
lichen Familie. Er studirte zu Cordova und hielt sich hierauf am Hofe
König Rogers II. von Sizilien auf, wo er sein grosses geographisches

Werk: Geographia Nubiensis im Jahre 1153 schrieb. Eine französische Uebersetzung des Werkes verfasste Jaubert. Edrisi starb zwischen 1175 und 1186.

Wie schon oben erwähnt, stand die Philosophie bei den Arabern in hohem Ansehen, vor allem aber das philosophische System des Weisen von Stageiros. So gross war die Verehrung für diesen Philosophen, dass der berühmte arabische Philosoph Averroes (Ebn Roschd al Averroes, starb um 1200) die Behauptung aufstellen konnte, dass die Welt erst durch die Geburt des Aristoteles vollständig geworden sei.

Rhabanus Maurus.

Während in den Ländern, über welche sich die Fluth der arabischen Invasion ergossen hatte, eine — leider nur zu kurze Zeit andauernde — Cultur sich entwickelte, und sich allenthalben reges geistiges Leben entfaltete, war das Abendland in trostlose Finsterniss begraben. Die Nachkommen des hochsinnigen, für alle geistige Thätigkeit empfänglichen Griechenvolkes, in dessen Adern, wohl in Folge der vielen und langandauernden Ueberströmung durch fremde Völkerstämme nicht mehr das reine Blut der Griechen kreiste, waren in dumpfe Erstarrung versunken, in den andern Theilen Europa's dauerte Jahrhunderte lang die Agonie des weiten römischen Reiches, bis es gänzlich zerfiel und zu neuen Staatenbildungen Veranlassung gab. Grosse Strecken der nördlichen Hälfte des Continents eröffneten sich der Civilisation, nachdem dieselbe langsam den Urwald zurückgedrängt hatte, der bis dahin den grössten Theil der Länder überdeckte. Ueberall der Verfall des Alten, ganz neue Völker, die auf den Schauplatz der Geschichte treten und dazu noch die grosse geistige und soziale Revolution des Christenthums, welche gleich einem Fermente in die ohnedies schon gährende Masse gefallen war: wenn wir alle diese Momente vor Augen halten, so kann es uns wohl nicht Wunder nehmen, wenn wir den gänzlichen Verfall der antiken Culturzustände erblicken.

Allerdings gab es noch in der allgemeinen Barbarei einzelne, geistig hochbegabte Männer, welche in dem auf das Materielle gerichteten Streben und der geistigen Beschränktheit ihres Zeitalters nicht Befriedigung fanden. Besonders sind es einige Fürsten, welche sich eine geistig anregendere Umgebung zu schaffen suchen, wo sich dieselbe ihnen darbietet, allein diese Bestrebungen sind an die Person gebunden, die Zeit hat die Empfänglichkeit dafür verloren und ist somit nicht im Stande, dieselbe aufzunehmen und auszubreiten.

Mitten in den Wirren der Völkerwanderung finden wir bei dem grossen Könige der Ostgothen Theodorich (regierte 475—526) eine lebhafte Neigung für die Wissenschaften. Er stand im Verkehr mit dem gelehrten römischen Senator Boëthius, den er anfänglich in Rom zu den höchsten Staatsämtern erhob, später jedoch auf den Verdacht hin, derselbe stehe in staatsverrätherischem Verkehre mit dem byzantinischen Hofe, zuerst einkerkern, hierauf hinrichten liess *). Boëthius verfertigte eine Sonnenuhr und eine Wasseruhr für Theodorich und war ein in der Mathematik und Mechanik wohlbewanderter Mann.

Auch Karl der Grosse fand in seinem vielbewegten Leben und seinen endlosen Kriegen Zeit, seine Pflege der Wissenschaft angedeihen zu lassen. Er berief Alcuin, einen gelehrten englischen Priester und errichtete eine Art von Hofakademie, gründete mit dessen Hülfe Schulen u. s. f. Allerdings waren das alles nur sehr schwache Anläufe und hatten kein bleibendes Resultat.

In jenen Zeiten waren vor allem die Klöster die Orte, welche den Wissenschaften als Asylstätten dienten. Mitten im Lärmen der ewigen Fehden, des endlosen Krieges jedes mit jedermann blieben die Klöster unangetastet und konnten deren Insassen ein ruhiges, ungestörtes und beschauliches Leben führen und in ihren Schulen die geringen zugänglichen Reste classischer Wissenschaft verbreiten, in ihren Bibliotheken dieselben bewahren und vervielfältigen.

Besonders war es der Benedictinerorden, der sich um die Conservation der antiken Schriftwerke grosse Verdienste erwarb. Durch die Vorschriften des Ordens war jedem Mitgliede tägliche Lektüre, ferner die Aufnahme von Knaben behufs Erziehung und Unterricht zur Pflicht gemacht. Die Erfüllung dieser Pflichten legte vor allem die Beschaffung und Erhaltung einer Bücherei auf, und machte die Errichtung von Schulen zur Pflicht. So entstanden durch fleissige Arbeit der Ordensbrüder, deren so mancher sein ganzes Leben mit dem Abschreiben eines grossen Werkes verbrachte, jene grossartigen Klosterbibliotheken, welche heute noch, insofern sie Feuer, Krieg und andere Greuel der Verwüstung verschonten, unsere Bewunderung erwecken. So entstanden ferner die Klosterschulen, welche als erste Keime der späteren hohen Schulen betrachtet werden müssen.

Die erste derartige Bildungsstätte in Deutschland war das Kloster Fulda, welches der Apostel der Deutschen Winfried (Bonifacius) 747 gründete. Es war im selben, dem 8. Jahrhunderte, als Baugolf, Abt

---

*) Boëthius (Anicius Manlius Torquatus Severinus), zu Rom um 470 n. Chr. geboren, Schüler des Neuplatonikers Proklos, lebte längere Zeit in Athen. Wir besitzen ausser anderen Schriften, z. B. die fünf Bücher des berühmten „De consolatione philosophiae", ein Werk, das er in der Gefangenschaft geschrieben und das in alle europäischen Sprachen übersetzt wurde; ferner ein Werk über Musik: „Fünf Bücher über die Musik", welche für das Verständniss der griechischen Tonkunst sehr wichtig ist, und zugleich das Verständniss der musikalischen Theorien des frühen Mittelalters vermittelt. Deutsche Uebersetzung von Oscar Paul. Leipzig 1880.

des Klosters war (780—802), als man einen Knaben Namens Rhaban
aus dem Geschlechte der Magnentier in das Kloster zur Erziehung brachte.
Rhaban wurde nach des Trithemius Biographie am 2. Februar 788
geboren, 797 in das Kloster gebracht und starb als Erzbischof von
Mainz 856. Der 9jährige Rhaban wurde auf Wunsch seiner Mutter,
welche ihn zum Mönchsstande bestimmt hatte, nach längerem Wider-
streben seines Vaters Ruthard in das Kloster gebracht, wo er den Unterricht des Mönches Ratgar genoss. Nach des Baugolf Resignation wurde
eben dieser Ratgar zum Abte gewählt. Als Rhaban bald hierauf erkannte, dass er in seinem heimischen Kloster wenig Neues mehr zu lernen
habe, wurde er auf seinen Wunsch nach Tours zu Alcuin gesandt, um
späterhin, nach Fulda zurückgekehrt, die Leitung der Klosterschule übernehmen zu können.

Alcuin (Alhwin), 735 zu York geboren, hatte seinen Unterricht
vom Erzbischof Egbert von York empfangen und war später mit der
Leitung der Yorker Klosterschule betraut. — Alcuin hatte nicht bloss
die gewöhnlichen Studien seiner Zeit beendigt, er hatte auch Astronomie
und Naturgeschichte mit Erfolg betrieben. Karl der Grosse berief den
gelehrten Priester in das Frankenreich, wo er vor allem seine Hofschule
und hierauf andere Schulen im Lande errichtete. Um den ausgezeichneten Mann dem Lande zu erhalten, beförderte Kaiser Karl denselben
zum Abte von Tours, was ein rasches Aufblühen der dortigen Klosterschule zur Folge hatte, aus der späterhin die gelehrtesten Männer des
Abendlandes hervorgingen. Auch Rhabanus suchte diese Stätte der
Wissenschaft auf und verbrachte ein Jahr unter der Leitung Alcuins,
der ihn rasch liebgewann und ihn — der Sitte der damaligen Zeit
zufolge — mit einem zweiten Namen Maurus versah. Nach Ablauf eines
Jahres wurde Rhabanus heimgerufen und übernahm die Leitung der
Fuldenser Klosterschule, welche in kurzer Zeit die bedeutendste wissenschaftliche Pflanzstätte in Deutschland wurde.

Allerdings hatte die Schule schwere Zeiten zu überstehen. Im
Jahre 807 brach die Pest aus und es zerstreuten sich die Schüler, so
dass der Unterricht eingestellt werden musste. Nachdem dieses Leiden
überwunden war und die Schule wieder ihren regelmässigen Fortgang
genommen hatte, geschah plötzlich eine Sinnesänderung des Abtes Ratgar,
welcher der Klosterschule gegenüber eine feindliche Haltung einnahm.
Die Mönche, von demselben bedrückt und zu knechtischer Handarbeit
gezwungen, wendeten sich um Abhülfe an den Kaiser, der den Abt seiner
Stelle enthob, worauf der Freund des Rhabanus, der Mönch Eigil, zum
Abt gewählt wurde, unter welchem die Klosterschule wieder aufblühte.
Der kränkliche Abt Eigil verwaltete sein Amt von 817 bis zu seinem
822 erfolgten Tode. Sein Nachfolger wurde Rhabanus, der nach
seiner Wahl zum Abte das Rectorat der Schule an seinen Schüler Wala-
fried Strabo übergab, dem nachmaligen Abte von Reichenau. Nach dem

Tode Kaiser Ludwigs des Frommen ergriff Rhabanus Partei für dessen Sohn Lothar gegen die Brüder desselben, während ein Theil der Mönche sich für König Ludwig den Deutschen entschied. So kam es zu Spaltungen im Kloster zwischen den Anhängern Lothars und Ludwigs, welche nach der Flucht des ersteren nach Burgund den Anhängern König Ludwigs zum Siege verhalfen. Rhabanus' Stellung war hiedurch unhaltbar geworden, 842 zog er sich in das Privatleben zurück. Als nach einigen Jahren König Ludwig mit Rhabanus im Kloster Hersfeld zusammentraf, entwickelte sich ein freundschaftliches Verhältniss zwischen beiden und der König setzte Rhabanus in das erledigte Erzbisthum Mainz ein im Jahr 847. Rhabanus Maurus starb im Jahre 856 auf seiner Villa Winkel im Rheingau. Sein Leichnam wurde im Kloster St. Alban bei Mainz beigesetzt, von dort jedoch 1515 durch Albert von Brandenburg, Erzbischof von Mainz, nach Halle überführt.

Rhabanus entwickelte eine sehr intensive literarische Thätigkeit, doch sind seine Schriften — mit Ausnahme einer einzigen — theologischen Inhaltes. Von besonderer Art ist das Werk „De Universo libri XXII, sive etymologiarum opus", welches in Form einer Art von Realencyclopädie alles Wissenswürdige enthält. Es ist dieses Werk allerdings nicht originell, sondern aus den ähnlichen Werken Isidors von Sevilla: „Libri originum seu etymologiarum" und „De natura rerum" excerpirt, deren Autor aus den Schriften des Alterthums schöpfte.

Das Werk des Rhabanus besteht aus 22 Büchern, von denen die fünf ersten sich mit religiös-kirchlichen Dingen beschäftigen, das 6. behandelt den menschlichen Leib und dessen Theile, das 7. die Lebensalter des Menschen und die Missgeburten, ferner die Thiere, welche auch den Gegenstand des 8. Buches bilden. Das 9. Buch enthält die Lehre von den Atomen, Elementen, vom Himmel und seinen Theilen und von den Naturerscheinungen. Das 10. Buch beschäftigt sich mit Zeitrechnung und Festen, das 11. behandelt die wässerigen Naturerscheinungen, das 12. die Erde, die Erdoberfläche und deren horizontale, das 13. deren vertikale Gliederung, das 14. Buch handelt von öffentlichen Gebäuden, von Strassen, vom Feldmass, das 15. über Philosophen, Dichter, Zauberer, Mythologie, das 16. von den Sprachen, das 17. über Mineralogie, das 18. über Maſs, Gewicht, Zahlen, Musik, Medizin und Krankheiten, das 19. über Botanik und Feldbau, das 20. über Krieg und Kriegsvorrichtungen, über Pferde und Schiffe, das 21. behandelt industrielle Dinge, das 22. Speise und Trank, Speis- und Trinkgefässe, Ruhelager und Wagen, Feldund Gartenwerkzeuge.

Unter allen diesen disparaten Dingen interessirt uns hier bloss das 9. und 11. Buch, welche von den wichtigsten Naturerscheinungen handeln. Wir werden sehen, dass die naturwissenschaftlichen Kenntnisse des 9. Jahrhunderts ungemein naiver Natur seien und einerseits weit hinter denen des Alterthums, anderseits denen der zeitgenössischen Araber zurückstehen. Wir geben im Nachstehenden eine gedrängte Uebersicht der Rhabanischen Physik, welche sich mit der allgemein physikalisch-philosophischen Betrachtung der Grundbegriffe, der Physik des Globus, den meteorologischen und astronomischen Erscheinungen beschäftigt. Wir können uns um so kürzer fassen, als wir es hier bloss mit einem sehr mangelhaften Spiegelbilde der aristotelischen Physik zu thun haben.

Von den Atomen: Alles Körperliche besteht aus unwahrnehmbar kleinen, untheilbaren Partikeln, den Atomen, welche sich in unruhiger Bewegung befinden und gleich den Sonnenstäubchen durch den Raum gewirbelt werden.

Von den Elementen: Der gestaltlose Urstoff aller möglichen Gestalten ist die Materie (ὕλη, poetisch „silva"). Aus dieser Substanz sind die vier Elemente entstanden. Insofern diese Elemente die Grundbestandtheile der Welt sind, hat jedes von ihnen seinen bestimmten Ort im Universum, zu unterst die Erde, darüber Wasser, über diese die Luft und zu oberst die Sphäre des Feuers. Ueber diesen irdischen Elementen ist die Region des Aethers.

Meteorologie: Die Luft ist theils himmlischer, theils erdiger Natur. Durch die feuchten Dünste des Bodens wird die Luft dichter und gibt vermöge ihrer grösseren Feuchtigkeit in den unteren Luftschichten Veranlassung zur Entstehung der verschiedenen meteorologischen Erscheinungen. Die in Bewegung befindliche Luft heisst Wind, und werden nach der Richtung verschiedene Winde unterschieden. Der Nordwind bringt Kälte und Trockenheit, der Südwind verdichtet die Luft durch Verdampfung und verursacht Wolkenbildung, der Westwind ist dem Wachsthum der Pflanzen förderlich u. s. w.

Wind und Wolken sind Ursachen des Donners. Der Wind zersprengt die Wolke gleich einer Blase und deren Bersten verursacht den Schall, den wir Donner nennen. Der Blitz entsteht durch Aneinanderschlagen der vom Winde durcheinandergetriebenen Wolken. Der Regenbogen entsteht durch Zurückwerfung der Sonnenstrahlen von einer concaven Wolke. Das feinvertheilte Wasser, die glänzende Luft und der düstere, von der Sonne erleuchtete Wolkengrund, lassen den Regenbogen so bunt erscheinen. Die wässerigen Meteore sind Regen und Thau. Noch feiner als der Thau ist der Nebel. — Wenn die Wolken gefrieren, so entsteht Schnee bei minder, Hagel bei mehr dichten Wolken.

Physikalische Geographie. Es wird von den Gewässern der Erde: dem Meere, den Flüssen, Seen und den Quellen gehandelt. Die Quellen unterscheiden sich nach der Temperatur des Wassers, sowie nach dessen aufgelösten Bestandtheilen. Die Gewässer unterscheiden sich ferner vermöge ihrer Farbe von einander. Es gibt auch intermittirende Quellen. — Die Erscheinung der Ebbe und Fluth wird durch das Athmen der Winde in der Tiefe hervorgebracht, wodurch der Ocean seine Wassermassen von sich gibt oder sie wieder einsaugt.

Die verschiedenen paläontologischen Funde auf Bergeshöhen werden durch drei grosse Ueberschwemmungen (diluvia) erklärt: Die erste ist die des Noah, die zweite zur Zeit des Patriarchen Jakob und des Königs Og von Eleusis, die dritte in Thessalien zur Zeit des Moses und Amphitryon.

Es folgt nun eine Beschreibung der Continente. Die Erde befindet sich in der Mitte der Welt und wird „orbis" genannt wegen ihrer radförmigen Gestalt, dieselbe ist überall vom Ocean umflossen. — Die auffallendsten Erscheinungen auf der Erde sind die Erdbeben und die brennenden Berge (Vulkane). Die Erdbeben können entweder durch die Bewegung der Winde im Innern der Erde, oder aber durch das Schwappen des Wassers, oder aber durch Einstürze des durchwühlten und unterwaschenen Bodens erklärt werden. — Die Vulkane (als Beispiel dient der Aetna) enthalten viel Schwefel und stehen gewöhnlich mit dem Meere in Verbindung. Durch diese Canäle dringt nun das Wasser ein und drängt die Luft nach oben, diese ihrerseits entfacht den Schwefel zu lebhafterem Brande.

Kosmologie. Der Himmel wird „coelum" genannt, weil er wie ein erhaben gearbeitetes Gefäss (coelatum vas) die Gestirne als Zeichnungen aufgedrückt enthält. Stehe diese gewagte Etymologie als ein Beispiel für alle anderen Worterklärungen hier, um des Rhabanus und seines Zeitalters Schwäche für derlei etymologisirende Spitzfindigkeiten zu charakterisiren. — Durch die Mitte des ganzen Universums geht die Weltaxe, deren Enden die „cardines" oder Weltangeln sind. Um diese Axe dreht sich das ganze Himmelsgewölbe mit allen seinen Gestirnen von Ost nach West. — Am Himmelsgewölbe ist die Milchstrasse ein auffallendes Objekt.

Die Gestirne sind verschieden. Es gibt Einzelsterne, welche wie der Mond ihr Licht von der Sonne empfangen, ferner gibt es selbstleuchtende Gestirne und Sterngesellschaften, wie die Hyaden, Plejaden u. s. w.

Himmel, Erde, Meer und Alles nennen die Philosophen „mundus" von motus, da die Elemente in fortwährender Bewegung sind. Die Griechen nennen den Inbegriff alles Geschaffenen: „Kosmos" (ornamentum), wegen der Schönheit, welche die Gestirne der Schöpfung verleihen.

Da bei Rhabanus die Kosmologie sehr mangelhaft behandelt wird, so ergänzen wir seine Andeutungen aus den Werken seines Vorbildes Isidor von Sevilla (Originum liber III. und De natura rerum). Die Hauptpunkte dieser Anschauung sind die folgenden:

Die Himmelssphäre wälzt sich in den beiden Himmelsangeln von Ost nach West, sie zerfällt in zwei Hemisphären. Man unterscheidet zweierlei Gestirne, „aplanes" und „planetae"; die ersteren sind am Himmel fixirt und theilen nur die Bewegung der Himmelssphäre, die letzteren, nämlich die Planeten oder Irrsterne, wandern auf eigenthümlichen, oft

umkehrenden Bahnen durch den Raum. Die Planeten beanspruchen
7 concentrische Sphären, in der untersten ist der Mond, in der zweiten
der Mercur, hierauf die Venus (Lucifer), hierauf die Sonne, diese hat
die ober und unter ihr stehenden Planeten zu erleuchten und steht daher
in der Mitte. In der fünften Sphäre folgt hierauf Vesper oder Mars,
in der sechsten Phaëton oder Jupiter, in der obersten Saturnus. — Die
Sonne ist feuriger Natur und erhitzt sich in Folge ihrer Bewegung; ihr
Feuer wird durch Wasser genährt. Dass sie am Himmel eine selbstständige Bewegung hat, geht aus der ungleichen Tageslänge hervor.
Nach dem Gang der Sonne werden die Stunden, Tage, Monate und Jahre
gezählt. — Der Mond ist kleiner als die Erde. Nach einigen besitzt die
eine Hälfte Eigenlicht, die andere ist dunkel, woraus sich die Phasen
erklären; die andere Ansicht ist die, dass der Mond von der Sonne er-
leuchtet werde.

Schliesslich erwähnen wir noch der magnetischen und elektrischen
Eigenschaften der Mineralien, wie wir sie bei Rhabanus im 17. Buche
über die Gesteine finden. Es ist so ziemlich dasselbe, was hievon das
Alterthum wusste.

Der Magnetstein wird zuerst in Indien durch einen Hirten Namens
Magnes aufgefunden. Hierauf folgt die Beschreibung der Eigenschaften
desselben, die Sage des schwebenden Bildes, der Denkungsweise und
Glaubensseligkeit des Zeitalters entsprechend, jedoch nicht mehr als Plan,
sondern als volle Gewissheit erzählt. — In Aethiopien findet sich eine Art
von Magnetstein, welche das Eisen nicht anzieht, sondern abstösst.

Der Diamant steht mit dem Magnetstein auf feindlichem Fusse,
hat derselbe Eisen angezogen, so reisst jener es weg.

Succinus, der Bernstein, hat die merkwürdige Eigenschaft, gerieben,
Blätter, Spreu und Kleiderfransen anzuziehen, wie der Magnetstein das
Eisen. Dieselbe Eigenschaft hat der Lignis (Turmalin?), der am
häufigsten in Indien vorkommt. Durch die Sonne oder durch Reiben
mit den Fingern erwärmt, zieht er Blätter und Papierfransen an. Dasselbe gilt von dem äthiopischen Chalcedon. Aehnlich verhalten sich
Ligurius, welches Mineral Spreu anzieht, Androdamantus zieht Erz und
Silber an, Chrysocolla hat die Eigenschaft des Magnetsteins, vermehrt
jedoch auch das Gold. Das wunderbarste Mineral ist die Grüngemme
Sagda, welche aus der Tiefe an die vorübersegelnden Schiffe heraufschiesst
und so fest am Kiele haftet, dass dieselbe sammt dem Theile des Holzes,
an dem es haftet, weggeschnitten werden muss.

Die Schriften des Rhabanus wurden mehrere Male herausgegeben.
Eine — freilich sehr unvollständige — Ausgabe ist die von G. Colvenerius,
Köln 1627, in 6 Bänden. Ausführlicheres über Rhabanus Maurus
findet sich in den folgenden Schriften: Stefan Fellner. Compendium der
Naturwissenschaften in der Schule zu Fulda im IX. Jahrhundert. Berlin
1879. — Bach. Der Schöpfer des deutschen Schulwesens. Fulda 1835.

— Spengler. Leben des heil. Rhabanus M. Regensburg 1856. —
Köhler. Rhabanus Maurus und die Schule zu Fulda. Chemnitz 1870.
Wie wir aus dem Angeführten ersehen, befindet sich die Naturkenntniss des 9ten Jahrhunderts auf einer viel tieferen Stufe, als die
der letzten Jahrhunderte des Alterthums. Hiezu kommt noch, dass auch
diese ärmliche Menge von Kenntnissen bloss das geistige Eigenthum sehr
weniger Männer bildete, dass weitaus der grösste Theil auch der Höchst-
gebildeten sich mit noch viel weniger wissenschaftlichen Kenntnissen bescheiden musste. Es ging ein Zug durch die Geisteswelt jener Epoche,
welche die Aufmerksamkeit von den irdischen Erscheinungen abzog, wenn
auch der Ausdruck „Naturverachtung", den man zur Charakterisirung
jener Zeit gebraucht hat, übertrieben erscheinen mag.

Albertus Magnus.

Mit dem 10. Jahrhunderte unserer Zeitrechnung war der tiefste
Stand der Wissenschaft im Abendlande eigentlich schon überwunden.
Im 11. und 12. Jahrhunderte beginnt das Interesse für die Natur-
wissenschaft sich wieder zu regen. Das Wiedererwachen des wissen-
schaftlichen Strebens manifestirt sich vor allem in der Errichtung hoher
Schulen. Die Universitäten von Paris, Oxford und Cambridge wurden
im J. 1200 errichtet, Neapel 1224, Salerno, Bologna, Padua 1229, Pavia,
Salamanca, Prag 1348, Wien 1365, Heidelberg 1386 u. s. f. Auch
Fürsten sah das 13. Jahrhundert, die an der Wissenschaft lebhaften Antheil nahmen: Friedrich II., der Hohenstaufe und König Alfons X. von
Castilien. Kaiser Friedrich hatte besonders von der Wissenschaft der
Sarazenen eine hohe Meinung und suchte gelehrte Araber in sein sizili-
sches Reich zu ziehen. Er errichtete die Universität zu Neapel und veranlasste die Uebersetzung des Almagest in das Lateinische. — Der zweite
der genannten Verehrer der Wissenschaften war Alfons von Castilien,
welcher 1256 durch eine in Toledo versammelte Gesellschaft von Sternkundigen die nach ihm benannten, berühmten astronomischen Tafeln berechnen und zusammenstellen liess.

Das 13. Jahrhundert weist zwei bedeutende Männer auf, welche
die Vertreter der Naturwissenschaft dieses Zeitalters genannt werden
mögen: Albert von Bollstatt, genannt Albertus Magnus (Alb. Teuto-
nicus oder Alb. von Köln) und Roger Bacon.

Albert von Bollstatt wurde, nach der wahrscheinlichsten Angabe, um das Jahr 1193 in dem Städtchen Lauingen im bayrischen
Schwaben geboren. Sein Vater wird bald als Ritter, bald als königlicher
Hofbeamter genannt. — Ueber die erste Lebenszeit des Albertus liegt
ein undurchdringlicher Schleier. Er hatte nach eigener Angabe einen
jüngeren Bruder Heinrich, der seinem Beispiele folgend in den Domini-

canerorden trat und als Prior des Predigerklosters zu Würzburg starb. Nach Beendigung der niederen Schulen seiner Heimat ging er nach Padua, der jüngst errichteten hohen Schule. Die Zeit seines Umzuges mochte das Jahr 1212 gewesen sein. Mit welchen Studien er sich hier beschäftigt haben mochte, darüber wissen wir nichts sicheres zu berichten. Er mag wohl die sieben freien Künste: Grammatik, Dialektik, Rhetorik, Musik, Arithmetik, Geometrie und Astronomie betrieben haben. Nach diesen mag dann wohl Logik, Ethik und Politik nach der verdorbenen lateinischen Uebersetzung des Aristoteles an die Reihe gekommen sein. In jene Zeit fallen auch die Studien des Albertus zur Erwerbung jener naturwissenschaftlichen und medizinischen Kenntnisse, die ihn von seinen Zeitgenossen unterscheiden und ihn selbst in den Ruf eines Meisters der schwarzen Kunst gebracht haben.

Während des Aufenthaltes in Padua that Albertus jenen Schritt, der seinem gesammten späteren Leben eine feste Richtung verlieh, nämlich sein Eintritt in den Dominicaner- oder Predigerorden. Dieser Orden war von Pabst Honorius III. im Jahre 1217 bestätigt worden und verbreitete sich mit rapider Schnelligkeit über Spanien, Italien, Deutschland, Frankreich und England.

Auch Albertus fühlte sich mächtig zu dem neuen Orden hingezogen; wie seine Biographen erzählen, kämpfte er lange mit sich selbst, ohne über seinen Beruf zum Mönche klar werden zu können. Hiezu kam noch der Widerstand seines Oheims, unter dessen Vormundschaft er sich befand, bis endlich die Entscheidung eintrat, als Albertus die zündende Predigt des zweiten Ordens-Generals Jordanus hörte, welche einen so tiefen Eindruck auf ihn machte, dass er an die Klosterpforte eilte und um Aufnahme in den Orden bat. Die Anwesenheit des Jordanus fällt in die Jahre 1222 oder 1223, Albert war demnach zur Zeit seiner Aufnahme in den Orden etwa 30 Jahre alt.

Es beginnt nun die Zeit der unausgesetzten Wanderung für Albert, der von nun an fortwährend, bald da, bald dort Deutschland, Italien und Frankreich durchwanderte. Zuerst soll er in Bologna Theologie studirt haben, bald hierauf wurde er jedoch nach Köln geschickt, um dort für die Verbreitung des Ordens und in den Klosterschulen thätig zu sein. Ausserdem werden noch die Städte Hildesheim, Freiburg, Regensburg und Strassburg als zeitweilige Aufenthaltsorte genannt. Zu Regensburg im ehemaligen Dominicanerkloster befindet sich der Saal, den man noch jetzt die Schule des Albertus nennt. Was die Wissenschaften betrifft, welche er in Augsburg und besonders in Köln gelehrt hat, so scheint er hauptsächlich Mathematik, Astronomie, ferner Logik, Physik und Metaphysik docirt zu haben. Albert verlebte mehr als ein Jahrzehnt als Wanderlehrer, bis er 1243 nach Köln heimgerufen wurde, wo er die Leitung der Ordensschule übernahm. Hier war es, wo er seinen berühmten Schüler, den nachmaligen grossen scholastischen Gelehrten Thomas von Aquino erhielt. Dieser, im J. 1226 geboren, stammte aus dem Geschlechte der Grafen von Aquino in Calabrien. Mit noch grösserem Widerstande von Seite seiner Familie, als derjenige gewesen, den Albertus niederzukämpfen hatte, gelang es der Beharrlichkeit des jungen Mannes mit Berufung auf die Autorität des Pabstes, seinen Eintritt in den Dominicanerorden durchzusetzen. Der damalige Grossmeister des Ordens, Johann der Deutsche, erkannte die bedeutenden Gaben des neunzehnjährigen jungen Mannes und erblickte in Albert den besten Meister, der die Ausbildung des vielversprechenden Thomas auf sich nehmen könnte. Er beschloss, dem Meister seinen Schüler selbst zuzuführen. In der Stolkgasse zu Köln, wo jetzt eine Artilleriekaserne sich befindet, war das Kloster der Dominicaner, dort sass Thomas von Aquino zu den Füssen seines grossen Lehrers, der ihn nach kurzer Zeit zu seinem Assistenten machte.

Um das Jahr 1230 wurde Albertus nach Paris berufen, wo die Dominicaner es nach langem Bemühen durchgesetzt hatten, an der Universität zwei Professuren besetzen zu dürfen. Da der Orden alles that, um würdig vertreten zu sein, so wurde Albertus, der einen grossen Gelehrtenruf hatte, dahin geschickt. Die Biographen des 15. Jahrhunderts erzählen, er habe vor einem solch' riesigen Auditorium vorgetragen, dass kein Gebäude in Paris im Stande gewesen sei, dasselbe in sich zu fassen und er somit unter freiem Himmel vorzutragen genöthigt war.

Von Paris kehrte Albertus um das Jahr 1248 nach Köln zurück. Die Sage bringt seinen Namen mit der Verfertigung der Pläne zum Dombau in Verbindung, zu welchem der Kölner Erzbischof Konrad von Hochstaden am 15. August 1248 den Grundstein gelegt hatte. Diese Angabe beruht auf einer Sage und zeigt bloss, in welchem Ansehen Albertus bei seinen Zeitgenossen stand. — Im Jahre 1252 söhnte er die Stadt Köln mit ihrem Erzbischofe aus, welcher in Folge von Misshelligkeiten die Stadt von Deutz aus belagerte. Im Jahre 1254 erwählte ihn das zu Worms abgehaltene Capitel zum Provincial seines Ordens für Deutschland, einige Jahre später wurde er vom Pabste nach Paris gesandt, die Sache der Bettelorden im Kampfe mit der Universität zu vertreten. An diesem Kampfe nahm der inzwischen in Paris docirende Thomas von Aquino lebhaften Antheil. Im Jahre 1258 war Albert wieder als Schiedsrichter zwischen der Stadt Köln und ihrem Erzbischof thätig. In lebhafter Thätigkeit begriffen, traf ihn 1260 die Aufforderung des Pabstes, das durch Entsetzung des bisherigen Bischofs verwaiste Bisthum von Regensburg zu übernehmen. Albert weigerte sich in Berufung auf sein Alter, diese Bürde auf sich zu nehmen, allein der bestimmt ausgesprochene Wunsch des Pabstes entwaffnete seinen Widerstand, so dass er sein neues Amt in der That antrat und sich als ein durchaus tüchtiger Administrator zeigte, dem es gelang, in kurzer Zeit die Angelegenheiten seiner Diözese in Ordnung zu bringen. Zwei Jahre blieb er widerwillig im Amte und legte dieses mit Bewilligung des Pabstes Urban IV. im J. 1262 nieder. Nun begann er wieder sein Wanderleben, einmal in Köln, dann im Kloster Polling in Ober-Bayern finden wir die Spuren seiner Anwesenheit in Urkunden mit dem neuen Titel „Prediger des Kreuzes in Deutschland und Böhmen". Der fast siebenzigjährige Greis verkündigte den Kreuzzug, wiewohl es nicht wahrscheinlich ist, dass er zu diesem Behufe eine besonders intensive Thätigkeit an den Tag gelegt habe. Wir finden nun rheinauf und rheinab in manchen Urkunden die Nachricht von durch Albert vorgenommenen kirchlichen Handlungen. Wieder söhnt er Köln mit seinem Erzbischofe (Engelbert) aus im Jahre 1271. Um diese Zeit veranlasste er den Bau des Chores der Kölner Dominicanerkirche und schaffte die nöthigen Geldmittel herbei. Im Jahre 1274 soll er die Lyoner Kirchenversammlung besucht haben. Authentischer ist, dass er einige Jahre später in hohem Alter nach Paris gepilgert sei, um die angegriffene Rechtgläubigkeit seines ihm im Tode vorangegangenen Schülers Thomas von Aquino zu verfechten.

Etwa zwei Jahre vor seinem Tode verliess ihn sein Gedächtniss und er musste seine Lehrthätigkeit aufgeben. Er starb im Alter von 87 Jahren am 15. November 1280 zu Köln in der Stolkgasse, im Dominicanerkloster. Zweihundert Jahre ruhten seine Gebeine im Chor des Dominicanerklosters, im J. 1483 wurde mit päbstlicher Genehmigung sein Grab eröffnet und der Inhalt in ein stattliches Grabmal überführt. 1805 wurde Kirche sammt Denkmal zerstört. Die Ueberreste des bedeutenden Mannes liegen seither in der Pfarrkirche zum h. Andreas.

Wenn wir nach dieser kurzen Zusammenfassung des Lebensganges Albertus des Grossen zur Ergänzung des Bildes, das uns dieser bedeutende Denker bietet, noch eine zusammenfassende Charakteristik desselben zu geben versuchen, so kann uns die Bemerkung nicht entgehen, dass wir in demselben eine seltene Persönlichkeit vor uns haben. Er erscheint als das Ideal eines Ordensmannes mit seinem fleckenlosen Wandel, seiner Uneigennützigkeit, seiner unermüdlichen Arbeitsfähigkeit, die sich sowohl in seiner Thätigkeit als Priester und Lehrer, als auch in seiner administrativen Wirksamkeit als Bischof zeigt. — In noch grösserem Masse fordert jedoch seine Thätigkeit als Schriftsteller unsere Achtung und Bewunderung heraus. Er, der während seiner langjährigen Thätigkeit predigend, seinen kirchlichen Funktionen obliegend und lehrend durch die Welt zog, der hier und dort als Friedensstifter auftrat oder im Auftrag des Pabstes anderen Zwecken der Kirche diente, der einen nennenswerthen Theil seines Lebens als Wanderer auf den schlechten Landstrassen seines Vaterlandes zubrachte, fand doch Zeit zu umfassenden wissenschaftlichen Studien und zu einer literarischen Thätigkeit, die ihn den fruchtbarsten Schriftstellern aller Zeiten anreiht. Albertus Magnus ist eine jener Erscheinungen in der Geschichte der Wissenschaft, welche eine sehr widersprechende Beurtheilung erfahren haben. Während er von einigen als Leuchtthurm der Wissenschaft seiner Zeit verehrt wird, haben ihn andere für den scholastischen Verderber des Aristoteles erklärt. Die Wahrheit mag auch hier zwischen den extremen Anschauungen liegen. Er selbst würde am zufriedensten gewesen sein, wenn man ihn bloss als Vermittler der Wissenschaft des Aristoteles und der wissenschaftlichen Ueberzeugung des Stagiriten betrachtet hätte. Er hatte den lebhaften Trieb in sich, die Wissenschaft des Alterthums seinen Zeitgenossen zugänglich zu machen, da er in derselben ein unerreichbar hohes Muster von Vollkommenheit erblickte. Dass er die Lehren der Alten mit den religiösen Anschauungen und Ueberzeugungen seines Jahrhunderts in Uebereinstimmung zu bringen suchte und bei etwaigen Collisionen des heidnischen Philosophen mit der Theologie die Autorität der letzteren als unantastbar betrachtete, darf uns billig nicht Wunder nehmen, da die religiöse Ueberzeugung das erklärte Fundament der Denkungsweise des ganzen Zeitalters ist. Eine historische Betrachtung der Entwicklung wissenschaftlicher Ueberzeugungen erfüllt aber nur dann ihren Beruf, wenn sie es versteht, die Gedankenwelt des betreffenden Zeitalters, die treibenden Impulse und die Methode des Denkens in demselben in je vollständigerer Weise zu reconstruiren, um so viel als möglich den Fehler zu vermeiden, den der Dichter mit den Worten geisselt:

> „Was ihr den Geist der Zeiten heisst,
> „Das ist im Grund der Herren eigner Geist,
> „In dem die Zeiten sich bespiegeln."

Die erste und einzige Ausgabe der Werke des Albertus Magnus ist die von dem Dominicanermönche Jammy besorgte, welche zu Lyon 1651 in 21 Foliobänden erschien. Diese Ausgabe ist mit einer solchen Nachlässigkeit veranstaltet worden, dass der Gebrauch derselben in höchstem Masse erschwert ist. Hiezu kommt nun noch, dass ein Theil der aufgenommenen Schriften gar nicht von Albert herstammt, sondern untergeschoben ist. Hierher gehören eben die so häufig wieder und wieder aufgelegten „De secretis mulierum" ferner „Liber aggregationis seu liber secretorum Alberti M. de virtutibus herbarum, lapidum et animalium quorundam" und „De mirabilibus mundi".

Dem Inhalte nach zerfallen die Werke des Albertus in drei Gruppen: die philosophisch-naturwissenschaftlichen (Band 1—6), die erbaulichen (Predigten, Commentare zu verschiedenen Büchern des Alten und des Neuen Testamentes; die dritte Gruppe umfasst die theologisch-wissenschaftlichen Werke.

Die Wissenschaft des Albertus war eine ungemein ausgebreitete, sein Zeitalter gab seiner Bewunderung dadurch Ausdruck, dass es ihn „Doctor universalis" nannte. Von den Schriftstellern, welche er gekannt und deren Werke er benutzt hat, sind zu nennen: fast sämmtliche Kirchenväter, ferner die Werke des Aristoteles. Letzterer hatte eine sehr grosse Autorität für ihn, was ihn jedoch nicht daran verhinderte, einzelne Sätze des Stagiriten, da sie mit der religiösen Ueberzeugung der damaligen Zeit in Widerspruch waren, umzustossen. Uebrigens finden wir an einer Stelle den Grundsatz ausgesprochen (Commentar zu den Sentenzbüchern, in II. Sent. Opp. t. XV, 137a), dass für Lehren des Glaubens und der Sitte Augustinus, für Medizinisches Galenos oder Hippokrates, für Naturwissenschaft aber Aristoteles die höchste Autorität sei. Dabei war jedoch der Stagirite nicht die einzige Autorität, an einer Stelle sagt er, dass man bei naturwissenschaftlichen Untersuchungen stets auf die Erfahrung und das Experiment zurückkommen müsse*). Allerdings nahm es unser Autor mit diesem seinem Prinzipium nicht zu genau, wofür wir statt mehrerer bloss ein Beispiel anführen. Es wird die Ansicht einiger erwähnt, dass die rechte Seite der Blätter anders gestaltet sei als die linke und diese Ansicht nicht etwa durch Berufung auf die Erfahrung, sondern auf Aristoteles widerlegt, der in seiner Schrift „Ueber das Himmelsgebäude" sagt, der Unterschied zwischen rechts und links existire nicht bei Pflanzen. Wie sehr in seinen Augen die Naturwissenschaft mit den Werken des Aristoteles verschmolzen ist, das sehen wir aus der Einleitung zur Physik, dort heisst es nämlich: „Meine Absicht in Betreff der Naturwissenschaft ist, „nach meinem Vermögen meinen Ordensbrüdern zu willfahren, die schon „seit einer Reihe von Jahren die Bitte an mich richten, ihnen ein Buch über „die Natur zu verfassen, worin sie einmal die Naturwissenschaft voll„ständig besässen und woraus sie zugleich die Schriften des Aristoteles „richtig verstehen könnten" (Opp. t. II, 1a). Unter den mannigfachen bemerkenswerthen Aussprüchen des Albertus über die Methode der Naturwissenschaft, wie sie zerstreut in seinen weitläufigen Werken vorkommen, finden wir eine, welche besonders hervorgehoben zu werden verdient, da sie das allgemeine Ziel der Naturwissenschaft definirt. Es heisst nämlich: „Aufgabe der Naturwissenschaft ist es nicht allein, das „Erzählte zu sammeln, sondern auch die Ursachen in den Naturdingen „aufzusuchen"**). Jahrhunderte mussten vergehen, bis man einsah, dass das Ziel der Naturwissenschaft um vieles tiefer zu stecken sei und dass die Forschung nach den Endursachen zu keinem Resultate führe.

---

*) Earum autem, quas ponemus, quasdam quidem ipsi nos experimento probavimus, quasdam autem referimus ex dictis eorum, quos comperimus, non de facili aliqua dicere, nisi probata per experimentum. Experimentum enim solum certificat in talibus, eo quod de tam particularibus naturis syllogismus haberi non potest. De vegetab. ed. Jessen, pag. 339.

**) „Scientiae enim naturalis non est simpliciter narrata accipere, sed in rebus naturalibus inquirere causas." De mineral. opp. II, 227 a. Unwillkürlich fällt uns der Gegensatz dieses Satzes mit dem an der Spitze dieses Buches stehenden Ausspruche des Bacon von Verulam in die Augen: „Nam causarum finalium inquisitio sterilis est et tanquam virgo Deo consecrata nihil parit." De augm. scient. III, 5.

Diejenigen Schriften des Albertus Magnus, welche sich auf Naturwissenschaft beziehen, kommen in der Lyoner Ausgabe im 2., 5. und 6. Bande vor. Der zweite Band enthält die physikalischen Abhandlungen: In libros octo de Physico auditu. — De Coelo et Mundo libr. IV. — De Generatione et Corruptione libri II. — De Meteoris libri IV. — De Mineralibus lib. V. Der Inhalt dieses, sowie des folgenden dritten Bandes (Metaphysica) ist in eigener Ausgabe in 3 Bänden von M. Anton Zimara in Venedig erschienen 1517—19.

Der fünfte Band enthält die kleineren physikalischen Abhandlungen (Parva Naturalia): De sensu et sensato lib. I. — De Memoria et Reminiscentia lib. I. — De Somno et Vigilia lib. I. — De Motibus animalium libri II. — De Aetate, sive de juventute et senectute lib. I. — De Spiritu et Respiratione lib. II. — De Morte et Vita lib. I. — De Nutrimento et Nutribili lib. I. — De Natura et Origine animae lib. I. — De unitate Intellectus, contra Averroem lib. I. — De Intellectu et intelligibile lib. II. — De Natura locorum lib. I. — De causis et proprietatibus Elementorum lib. I. — De Passionibus Aeris lib. I. — De Vegetabilibus et Plantis lib. VII. — De Principiis motus progressivi lib I. — De Processu Universitatis a Causa prima lib. I. — Speculum Astronomicum (nicht ganz authentisch).

Der sechste Band enthält die Zoologie: Opus insigne de Animalibus libri XXVI.

Ausser diesen in der Lyoner Ausgabe befindlichen gibt es noch eine grosse Anzahl von Abhandlungen, welche mit mehr oder weniger Recht dem Albertus zugeschrieben werden. Es sind dies jedoch zum grossen Theile bloss Auszüge der in der Jammy'schen Ausgabe vorkommenden Abhandlungen. Ausserdem existirt eine grosse Zahl von Schriften, welche gewichtigen Zeugnissen zufolge als untergeschoben zu betrachten sind.

Es erübrigt nun noch eine allgemeine Charakteristik der wissenschaftlichen Leistungen Alberts des Grossen auf dem Gebiete der physikalischen Wissenschaften zu geben.

Der Grundgedanke der mittelalterlichen Scholastik war der, dass Glaubenswahrheit und Vernunftwahrheit in Uebereinstimmung sein müssen. Dieses Prinzip war für die Entwicklung der naturwissenschaftlichen Kenntnisse im Mittelalter von verhängnissvollem Einflusse. Da nämlich die geoffenbarte Religion als unwandelbar gegebene unantastbare Wahrheit angesehen werden musste, so konnte die Herstellung der Uebereinstimmung häufig nur dadurch bewerkstelligt werden, dass den Hauptfaktoren des Vernunftwissens Gewalt angethan wurde. Die Naturwissenschaft des Mittelalters, sowie im Allgemeinen jede andere Wissenschaft dieses Zeitalters war nun durchaus unselbstständig und in den Banden des Aristoteles. Dort, wo sie sich noch irgendwie auf Erfahrung stützte,

musste auch diese nachgeben und so wurde die Theorie der Unverlässlichkeit und Trüglichkeit der Sinneseindrücke ausgebildet, hiebei jedoch
die Axt an die Wurzel aller Naturwissenschaft gelegt. So lange die
Wissenschaft des Aristoteles den Anforderungen der Zeit genügte, liess
sich diese Vergewaltigung der Forschung durchführen. In dem Masse
jedoch, als die Naturwissenschaft sich auf ihre eigenen Füsse stellte,
musste sie mit dem blinden Autoritätsglauben brechen und als feste und
alleinige Grundlage alles naturwissenschaftlichen Denkens die Erfahrung hin-
stellen und somit auch für die Reinheit und Verlässlichkeit der Quelle jeglicher Erfahrung, das ist für die Verlässlichkeit der Sinneseindrücke einstehen.

Die Schriften des Aristoteles waren grösstentheils nur in arabisch-
lateinischen Uebersetzungen bekannt; bloss in dem Masse als die Nachfrage nach dem Urtexte derselben stärker wurde, wurden griechische
Texte aus Konstantinopel in das Abendland gebracht. Diese Schriften
des Aristoteles paraphrasirte nun Albertus, wobei er besondere Vorliebe für Worterklärungen an den Tag legt, welche Vorliebe ja übrigens
das ganze Zeitalter charakterisirt. Da ihm nun weder im Griechischen,
noch im Hebräischen oder Arabischen die gehörige Sprachkenntniss zu
Gebote stand, so passiren ihm oft höchst komische Verstösse und höchst
gewagte Behauptungen. Im Allgemeinen fand er jedoch vermöge seiner
wunderbar klaren Denkungsweise instinktiv das Richtige, wo die Uebersetzung oftmals den aristotelischen Grundtext bis zur Unkenntlichkeit
corrumpirt hatte.

In der Einleitung seiner Schrift über die Physik spricht Albertus
sein Programm kurz aus. Er will die Aristotelische Physik geben, wo
es nöthig erscheint, durch Digressionen erweitert, wo hingegen Theile
fehlen, sei es, dass sie der Philosoph von Stageiros nicht geschrieben,
sei es, dass sie verloren gegangen, dort verspricht er die nöthigen Er-
gänzungen zu geben. Wir ersehen hieraus, dass Albertus doch nicht
so ganz und mit Aufgebung jeglicher Spur von Selbstständigkeit in die
Fussstapfen des Aristoteles zu treten geneigt war.

Seiner auf den Gegenstand unmittelbar gerichteten Art zufolge,
gibt er gleich Anfangs die Eintheilung des Gegenstandes: „Die ganze
reale Philosophie, welche durch die Werke der Natur in uns veranlasst wird, während die ideale vom Geiste ausgeht, zerfällt in
Physik, Metaphysik und Mathematik." Die erste Philosophie ist
die Wissenschaft vom Sein: die Metaphysik (oder Theologie), die zweite
der Sache nach ist die Mathematik, da sie sich mit Bewegung und sinn-
licher Materie an sich befasst, aber deren Verhalten in concreto nicht
berücksichtigt. Das letzte ist die Physik, welche die Dinge nach ihrem
Sein und Verhalten betrachtet, mit Bewegung und Materie. Die Naturwissenschaft wird vorerst in drei Theile geschieden: die Wissenschaft
vom Veränderlichen an sich, vom Beweglichen, das eine Verbindung ein-
geht und die vom Verbundenen und Gemischten. Vom Veränderlichen

an sich handeln die Bücher von den physischen Prinzipien, vom Himmel und der Welt, vom Entstehen und Vergehen; von den Körpern, die sich auf dem Mischungswege befinden, handeln die vier Bücher von den Meteoren, von den Unbeseelten, die fünf Bücher von den Mineralien. Der Raum, den wir der Darstellung von Albert des Grossen naturwissenschaftlichem Systeme widmen können, ist zu beschränkt, als dass wir die Verschiedenheit des Standpunktes zwischen seinem und dem Systeme des Aristoteles in seiner ganzen Ausdehnung darlegen könnten. Wir müssen uns vielmehr damit begnügen, einige wesentliche Punkte herauszuheben, welche für die Denkungsweise des Meisters der Scholastik charakteristisch sind.

Albertus sieht den Unterschied zwischen der Welt der irdischen Elemente und der darüber hinausliegenden Aetherwelt der Gestirne darinnen, dass bei den irdischen Stoffen Materie und Form sich nicht vollständig durchdringen, während bei den Himmelskörpern die Materie ganz und gar von der Form erfüllt ist. Wie wir sehen, unterscheidet sich diese Ansicht von der des Aristoteles, welcher im steten Wechsel der örtlichen Bestimmtheit der irdischen Elemente, oder aber in der Sprache unserer heutigen Mechanik ausgedrückt in der Veränderlichkeit der potentiellen Energie der sublunaren Körper das Wesen der Materialität fand, zum Unterschiede von den auf Potentialniveauflächen umlaufenden Weltkörpern. — Die Auffassung des Albertus lenkt in die Bahnen der arabischen Aristoteliker und ist für die Späteren massgebend geworden.

Ein zweiter charakteristischer Unterschied der Auffassung findet sich bezüglich der Lehre von der Form, welche Aristoteles aus der platonischen Ideenlehre geschöpft hat. Albertus lässt die in der Materie angelegte Form durch den Einfluss dreier Faktoren realisirt werden: Einfluss der Gestirne, Wirksamkeit der elementaren Qualitäten und (in der lebendigen Natur) durch die im Samen liegende potentielle Energie. Jedoch reicht die Wirksamkeit dieser Faktoren nicht aus: das Feuer erweicht wohl das Eisen und macht es formbar, jedoch zum Schwerte wird es erst vermöge der durch die Kunst des Schmiedes geleiteten Bewegung der Werkzeuge. Es ist somit das stete Eingreifen der schöpferischen Thätigkeit Gottes als letzte Ursache nothwendig.

Wir sehen allsogleich den generellen Unterschied ein zwischen der Weltanschauung des Albertus und dem der heutigen Naturwissenschaft. — Unser gegenwärtiges Streben ist dahin gerichtet, die Welt als einen wohleingerichteten Mechanismus aufzufassen, der einmal in Bewegung gesetzt — von wem und wie, das liegt über die Grenzen unserer Aufgabe hinaus — nach den ihm innewohnenden Gesetzen seine Bewegungen fortsetzt. Bei Albertus hingegen ist das fortwährende Eingreifen einer schöpferischen Kraft vorausgesetzt, wodurch der Naturwissenschaft allerdings eine gewisse Grenze gesteckt wird, welche jedoch unser Meister in einer Weise feststellt, dass dieselbe selbst für den heutigen Naturforscher annehmbar erscheint. Er sagt nämlich: „Wir haben in der Natur nicht zu erforschen, wie Gott, der Schöpfer, nach seinem freien Willen die Geschöpfe gebraucht zu Wundern, wodurch er seine Allmacht zeigt, sondern vielmehr was im Bereiche der Natur auf Grund der den Dingen eingepflanzten Ursachen geschehen kann.“ (De coelo et mundo pag. 75.) Es wird somit strenge unterschieden zwischen den Vorgängen in der von einem Schöpfer stets beeinflussten Natur und der Wissenschaft über dieselbe, insofern sie menschlicher Einsicht zugänglich ist.

Jedoch dieser, wie ähnliche allgemeine Sätze bei Albertus sowohl als bei seinen Zeitgenossen haben zu keinem greifbaren Resultate geführt. Es sind Abstraktionen, welche jedoch nicht aus dem Bedürfniss entsprungen sind, auf die Resultate exakten Forschens in der Natur angewendet zu werden und deshalb unfruchtbar blieben.

An derselben Stelle, wo wir den eben citirten bemerkenswerthen Ausspruch finden, kommt auch jene Stelle vor, welche Alex. v. Humboldt als einen entschiedenen Fortschritt der Kenntniss gegenüber der Wissenschaft des Alterthums bezeichnet. Es heisst dort nämlich, dass die Erde höchstens in ihrem vierten Theile bewohnbar sei, da über die mitternächtliche Linie hinaus kein Mensch leben könne.

Unter den Ursachen der Wärme wird die Strahlenbrechung angeführt, welche die Strahlen an einen Ort vereinigt, z. B. Beryll, Krystall oder eine mit Wasser gefüllte Glaskugel*).

In den Büchern über die Meteore ist von der Milchstrasse als einem Haufen kleiner Sterne die Rede, ferner werden die Kometen erwähnt und ausgeführt, dass dieselben über Hoch und Niedrig, Reich und Arm erscheinen und somit nicht an die Geschicke einzelner geknüpft sein können. Trotzdem hält er es nicht für unmöglich, dass ein solcher — wenn auch vermeidlicher — Einfluss bestehe. — Ueber Nebel, Thau, Reif, Schnee finden wir ausführlichere Bemerkungen, als bei Aristoteles. — Als Prüfung des Wassers hinsichtlich seiner Brauchbarkeit als Trinkwasser wird folgender Versuch angerathen: Zwei gleiche Tuchflecke werden in die zu vergleichenden zwei Wässer getaucht und gut getrocknet; der leichtere Fleck zeigt, welches das bessere Wasser sei. — Ausführlich behandelt Albertus die Winde, ihre Arten, Ursachen und Wirkungen, ferner die Erdbeben, wobei er sich auf eigene Erfahrungen beruft. — In seiner Abhandlung über Donner und Blitz führt er an, dass die rauchigen, schwarzen Wolken sehr erdig und feuerhaltend seien, wenn sie dann durch feuchten Schlamm entzündet werden, wird ein schwarzer oder rother Stein daraus gekocht, der aus der Wolke fällt, Balken zerreisst, Mauern durchdringt und vom Volk Donnerkeil (securis tonitrui) genannt wird; wir sahen selbst solche mit eigenen Augen**). Selbst-

---

*) Lib. II. de coelo et mundo, pag. 111.
**) Met., pag. 115.

verständlich findet hier eine Verwechselung des Blitzes mit Meteorstein-
fällen zusammen, die ebenfalls in Begleitung elektrischer Erscheinungen
stattfinden können.

Ueber die Arbeit der Chemiker äussert sich unser Autor in folgender Weise: „Dort wirkt die Natur ohne Schwierigkeit und Mühe,
„durch sichere und wirksame himmlische Kräfte, die in der Materie liegen,
„durch Einfluss von Intelligenzen, die nicht irren, ausser im Zufälligen,
„nämlich in der Ungleichheit der Materie. Hier aber (nämlich beim
„Chemiker) geschieht alles mit Mühe und vielen Irrthümern; in der Kunst
„ist nichts von jenen Kräften, sondern nur die erbettelte Zusammenwirkung
„von Genie und Feuer" *).

Ueber Magnetismus finden wir folgende Bemerkung: „Zu unserer
„Zeit ward ein Magnetstein gefunden, der zog auf einer Seite das Eisen
„an, auf der anderen stiess er es ab. Einer unserer Gefährten, ein wiss-
„begieriger Experimentator, erzählte mir, er habe beim Kaiser Friedrich
„einen Magnetstein gesehen, der zog nicht das Eisen an, sondern das Eisen
„zog den Stein an" **).

Die geographischen Kenntnisse des Albertus finden sich in drei
Abhandlungen: „De natura locorum", „speculum astronomicum", „de
plantis". Besonders die physikalische Geographie betreffend, finden wir
höchst merkwürdige, oft geradezu überraschende Bemerkungen und Wahrnehmungen. Gleich im Anfange des erstgenannten Werkes spricht er
über die Klimate und über die Bewohnbarkeit der Erde. „Die darf man
nicht hören," sagt er, „welche sagen, dort können keine Menschen wohnen,
weil sie von der Erde fielen. Denn zu sagen, die fallen, welche ihre
Füsse uns zugewendet haben, ist rohe Unwissenheit; denn, wenn wir
vom Unteren der Welt sprechen, so ist das nicht in Bezug auf uns,
sondern simpliciter gesagt." Berge, Meere, Wälder haben grossen Einfluss auf die Gegenden und ihre Produkte. — Es wird nun die Eigenthüm-
lichkeit jeder Menschenraçe aus der Beschaffenheit des Wohnorts abgeleitet, wobei es an köstlich treffenden Stellen, mit denen er die Eigenart der Bewohner verschiedener Erdregionen charakterisirt, nicht fehlt.

Den philosophischen Standpunkt des Albertus charakterisirt der
folgende kurze Ausspruch am besten: „Wisse, dass niemand in der Philosophie vollkommen wird, ausser durch die Kenntniss der beiden Philo-
sophien, des Aristoteles und Plato ***)." Den ganzen Menschen hingegen
denken wir am besten durch die Bemerkung zu charakterisiren, dass
auch seine theologischen Schriften, also diejenigen, welche sich mit abstrakten, über jede Erfahrung, und somit über jegliche Möglichkeit der
Verificirung hinausliegenden Dingen beschäftigen, durch die edle Klarheit der Sprache einen wohlthuenden Eindruck in uns hervorbringen.

*) De mineralibus, pag. 213.
**) Ibid., pag. 233.
***) Met., pag. 67.

Albertus Magnus wurde im Mittelalter auch als Meister der schwarzen Kunst genannt. Aus den Sagen, welche sich an den Namen des grossen Gelehrten knüpfen, heben wir bloss jene kurz hervor, welche sich auf seine, das ganze Zeitalter weit überragenden Kenntnisse, besonders jene in den Naturwissenschaften beziehen, hierher gehört die Sage des Kölner Dombaues, die Bewirthung des deutschen Königs Wilhelm von Holland und die Geschichte des sprechenden Automaten.

Nach der ersten Sage hätte der Erzbischof Konrad von Hochstaden Albertus gebeten, einen Plan zu dem zu erbauenden Kölner Dom zu entwerfen. Als derselbe einst sich in Gedanken vertieft hatte, da erschienen ihm die vier gekrönten Märtyrer, die Schutzheiligen der Steinmetzen sammt der Mutter Gottes, auf deren Geheiss sie vor den Augen des Albertus den Riss des ganzen Domes in leuchtenden Strichen aufzeichneten und hierauf verschwanden. — Es ist nun wohl möglich, dass Albert auf den Plan des Domes einigen Einfluss genommen und dass hieraus die Sage entstanden sei.

Nach der zweiten Sage hätte Albertus im Jahre 1249 um Epiphanie (6. Januar) den deutschen König Wilhelm von Holland im Garten des Dominicanerklosters bewirthet, wobei der Garten mitten im frostigen Winter in voller Frühlingspracht prangte, kaum hatte man jedoch nach eingenommenem Mahle das Dankgebet gesprochen, als mit einem Schlage der blühende Frühling sich in den kalten Winter verwandelte.

Die dritte Sage lautet folgendermassen: Der grosse Schüler Alberts, Thomas von Aquino, gerieth eines Tages in die geheime Werkstätte seines Meisters und fand dort hinter einem Vorhang die Gestalt eines wunderbar schönen Mädchens, das ihm „Salve, Salve" mit menschlicher Stimme zurief. Um den vermeintlichen Gottseibeiuns, der ihn zu verführen trachte, zu wehren, ergriff er einen Stock und begann auf die Gestalt los zu hauen, worauf diese unter Geklirr und seltsamem Gestöhn zusammenbrach. Der eben eintretende Albert war über die That seines Schülers höchst aufgebracht und rief ihm erzürnt zu: „Thomas, Thomas, was hast Du gethan, das Werk dreissigjähriger Mühe hast Du mir zerstört." — Nach dieser Sage hätte also Albert einen sprechenden Automaten verfertigt. Da selbst sein Schüler Ulrich Engelbrecht von ihm sagt, dass er in den magischen Dingen bewandert gewesen (in rebus magicis expertus fuit), und sich in seinen Schriften die Beschreibung ähnlicher Vorrichtungen, wie z. B. der durch Quecksilber getriebenen chinesischen Purzelmännchen, des Pusterich (Sufflator) u. s. f. befinden, so hat die obige Annahme nichts Unwahrscheinliches.

Wir sehen somit Albert von Bollstatt den ganzen Kreis menschlicher Erkenntniss und Wissenschaft durchmessen, der sich dem Denker und Forscher des 13. Jahrhunderts darbot. Einundzwanzig Folianten bilden das Resultat seiner riesigen schriftstellerischen Thätigkeit, die wohl nur von seiner Lehrthätigkeit erreicht wird. Das Ziel aller dieser Bemühungen ist die Christianisirung der griechischen Philosophie, deren Hauptvertreter Aristoteles ist. In seiner grossartigen Thätigkeit hat er grossartige Resultate aufzuweisen und so mag er mit vollem Rechte „Albert der Grosse" genannt werden.

Der hohen Bedeutung des Albertus Magnus für die Geschichte der Wissenschaft entspricht die ausgebreitete Literatur, die sich mit diesem merkwürdigen Manne beschäftigt. Zu den zahlreichen Schriften, die schon vorhanden waren, sind aus Anlass seines sechshundertjährigen Gedenktages einige auf ihn bezügliche neue Arbeiten veröffentlicht worden.

Besonders gebrauchbar ist das — obwohl vom kirchlichen Standpunkt verfasste — jedoch sehr eingehende, gründliche Werk von Dr. Joach. Sighart. Albertus Magnus. Sein Leben und seine Wissenschaft. Nach den Quellen dargestellt. Regensburg 1857.

Eine zweite schöne Schrift ist die Festschrift: Dr. G. Freiherr von Hertling. Albertus Magnus. Beiträge zu seiner Würdigung. Köln 1880.

Ausserdem sind zu nennen:

Bach, Dr. Jos. Des Albertus Magnus Verhältniss zu der Erkenntnisslehre der Griechen, Lateiner, Araber und Juden. Ein Beitrag zur Geschichte der Noetik. Wien 1881.

Fellner, Stephan. Albertus Magnus als Botaniker. Wien 1881.

Joël. Verhältniss Alberts des Grossen zu Maimonides. Breslau 1863. (Macht in lächerlicher Uebertreibung Albertus zum blossen Nachtreter des Maimonides.) Ferner findet sich bei Sighart eine auf Albert den Grossen bezügliche, aus 26 Nummern bestehende Liste von Schriften.

Roger Bacon.

Roger Bacon erblickte zu Ilchester (Sommersetshire) in England im Jahre 1214 das Licht der Welt. Als Glied einer angesehenen Familie erhielt er eine sehr sorgfältige Erziehung. Schon in seiner frühen Jugend zeigte er eine ausgesprochene Neigung zu den Wissenschaften. Er studirte zuerst zu Oxford, da er jedoch bald fühlte, dass dieser Ort seinem Wissensdurste nicht genügen könne, begab er sich nach der Capitole der Wissenschaft, nach Paris. Oxford erfreute sich zwar schon damals seiner hohen Schule wegen eines bedeutenden Rufes, jedoch gab es viele Schwierigkeiten, welche das Studium dort verhinderten und erschwerten. Die Gelehrten derselben waren einerseits von der gelehrten Welt gänzlich isolirt, anderseits fehlten ihnen auch die nöthigen Bücher, die sie in gehörigem Mafse herzuschaffen nicht im Stande waren. Im Bewusstsein dieser Verhältnisse entschloss sich der junge englische Edle, seine Studien in Paris fortzusetzen, resp. zu beenden. An letzterem Orte erwarb er sich den Grad eines Doctors theologiae, worauf er in sein Vaterland zurückkehrte, wo er auf den Rath des Bischofs von Lincoln, um ganz den Wissenschaften leben zu können, in den Orden der Franziscaner trat *). Anfangs beschäftigte er sich hauptsächlich mit der Philosophie des Aristoteles, welche man eben damals wieder freigegeben hatte, nachdem sie zeitweilig von den Universitäten verbannt gewesen. Bacon klagt, dass die Uebersetzer des Griechischen nicht mächtig seien, und somit die Lehren des griechischen Philosophen unrichtig auffassten und seine Schriften falsch übersetzten. Aus diesem Grunde beschäftigte er sich vor allem mit dem Studium der alten Sprachen, besonders der griechischen, arabischen und hebräischen Sprache. Hierauf überging er zum Studium der mathematischen Wissenschaften, welche ihn besonders zur Beschäftigung mit der Optik führten.

Seine ausgebreiteten Kenntnisse und die geistige Ueberlegenheit, die hieraus entsprang, erweckte den Neid und die Missgunst seiner Ordensgefährten. Seinen Gegnern gelang es in der That, die wissenschaftliche Thätigkeit, die er entwickelte, als eine der Magie verdächtige darzustellen, es wurde ihm in Folge dessen die Beschäftigung mit derartigen Gegenständen, sowie der Verkehr mit andern Gelehrten unter Androhung der Klosterdisziplin untersagt, ja er wurde schliesslich sogar in Haft genommen.

Als nun sein Gönner Clemens, mit dem er, als derselbe noch Mönch gewesen, in brieflichem Verkehr gestanden hatte, als Clemens VI. den päbstlichen Stuhl bestieg (1264—1268), wendete sich Bacon in einem Huldigungsschreiben an denselben, bot ihm seine Dienste an, und übersandte ihm später, als der Pabst ihn hiezu aufforderte, seine Arbeiten: das „Opus majus“, später das „Opus minus“ und „Opus tertium“. Der Pabst nahm übrigens den Verfügungen der Ordensobern gegenüber eine reservirte Haltung ein, doch scheint Bacon aus seiner Haft entlassen worden zu sein. Den Verkehr unseres Philosophen mit dem Pabste vermittelte ein Schüler Bacon's, der bald als Joannes Parisiensis, bald als Londinensis erwähnt wird. Derselbe hatte die Aufgabe, die Schriften seines Meisters dem Pabste vorzulesen und zu erklären. Auch soll derselbe von Bacon verfertigte physikalische Instrumente nach Rom überbracht und dort vorgezeigt haben. Durch die Gunst des Hauptes der Kirche fühlte sich Bacon sehr gehoben, besonders als Clemens „sapientales litteras“ von ihm verlangte, die er in seinem dritten Werke (op. tertium), dem am sorgfältigst stilisirten, niederschrieb.

---

*) Hist. et antiqu. Acad. Oxon, pag. 136. Jebb, der Herausgeber der Werke des Bacon, behauptet dagegen, derselbe sei zu Paris in den Orden der Minoriten getreten. Gewiss ist es jedoch, dass er diesem letzteren Orden angehörte.

Leider genoss B a c o n die päbstliche Gunst nur kurze Zeit. Nach Clemens' Tode hatte er wieder von seinen Ordensobern viel zu leiden. Als im Jahre 1278 Hieronymus von Esculum General der Minoriten wurde, und unter dem Pabste Nicolaus III. in Rom als päbstlicher Legat fungirte, censurirte er die Werke B a c o n's und verurtheilte den Schreiber derselben zu zehnjährigem Gefängniss, welche Strafe der Pabst ebenfalls guthiess. Es ist nicht zu verwundern, dass sich ob dieser unwürdigen Behandlung Bitterkeit des unglücklichen Gelehrten bemächtigte, welche sich in heftigen Aeusserungen über die Ignoranz seiner Vorgesetzten Luft machte. In seinem grösseren Werke (Op. majus) finden wir die folgende Stelle: „Da man von einem Richter fordert, dass er Kenntniss von der „betreffenden Sache habe, so besitzt ein Ignorant nicht die Autorität, zu „urtheilen in den Dingen, in welchen er Ignorant ist. Und mag er nun „etwas feststellen oder negiren, braucht man auf sein Urtheil nichts „zu geben, vielmehr muss man in Folge dessen noch mehr widerstehen, „weil seine Kenntniss aus Ignoranz entspringt und somit keine Au-„torität besitzt, so dass, wenn ein solcher etwas als wahr ausgibt, „dasselbe nicht einmal als wahrscheinlich gelten dürfe*).“

Das Schicksal B a c o n's wendete sich nicht zum Bessern, als Hierony-mus als Nicolaus IV. den päbstlichen Stuhl bestieg. Zwar versuchte er denselben auszusöhnen, indem er ihm eine Abhandlung überschickte, welche den Titel trug: „Wie kann man die Krankheiten des Alters ver-meiden oder wenigstens mildern?“**) Diese Schrift hatte jedoch nicht den gewünschten Erfolg, ja sie brachte nach einigen ihrem Schreiber bloss eine Verschärfung seines Gefängnisses ein. Erst als Nicolaus IV., sein unerbittlicher Gegner, gestorben war, gelang es endlich, auf Ver-wendung einiger angesehener Engländer, ihn aus seiner Pariser Gefangen-schaft zu erlösen, nachdem er über zehn Jahre lang im Gefängnisse ge-schmachtet hatte. Als alter, gebrochener Mann kehrte er in seine Hei-math zurück, wo er jedoch schon im Jahre 1294 in einem Alter von beiläufig 78 Jahren starb, nachdem er noch kurz zuvor eine Arbeit: „Compendium studii theologiae“, beendet hatte. Sein Leichnam wurde in der Franziskanerkirche zu Oxford beigesetzt. Die biographischen Daten über R o g e r B a c o n's Leben stammen zum grössten Theile aus dem Vorwort zum „Opus majus“ in der Jebb'schen Ausgabe (London 1723).

Die angebliche Ursache der vielen und unerbittlichen Verfolgungen, welche B a c o n fast bis an sein Ende auszustehen hatte, waren die chemi-schen und physikalischen Untersuchungen, die ihn in den Ruf eines Magiers brachten, der sich mit verbotenen Künsten beschäftigt und so-mit wahrscheinlich mit dem Bösen umgehe. Den wirklichen Grund

---

*) Opus majus, pars I, cap. 11.

**) In lateinischer Sprache erschienen Oxford 1590, in englischer gab es Brown 1683 heraus.

müssen wir nun allerdings wo anders suchen. Die offen ausgesprochene
Missbilligung über die Prärogativen des Priesterstandes, die Geisselung der
Missstände in Klöstern, die Betonung der Nothwendigkeit einer gründ-
lichen Reformation der Kirche an Haupt und Gliedern, wie er sie zum
öftern klar ausgesprochen hatte, das waren die eigentlichen Ursachen aller
jener Verfolgungen und Feindseligkeiten, welche das Leben dieses grossen
Mannes verbitterten. „Das Haupthinderniss für das Studium der Weis-
„heit ist die unermessliche Corruption, die in allen Ständen der Welt
„herrschend ist. Sehen wir die Ordensleute an, keinen Orden ausgenom-
„men! Wie sie von ihrem früheren Zustande und ihrer früheren Würde
„herabgekommen sind! Der ganze Clerus ist dem Hochmuth, der Un-
„zucht und dem Geize ergeben; und wo Cleriker zusammenkommen, sei
„es in Paris oder Oxford, im Krieg, bei Aufständen und anderen schlim-
„men Verhältnissen, geben sie den Laien Aergerniss. Die Fürsten,
„Barone, Reisige drücken und plündern sich gegenseitig und richten das
„ihnen unterthänige Volk durch Krieg und endlose Steuern zu Grunde;
„in den Herzogthümern und Königreichen geht man jetzt nur auf Ver-
„grösserung aus . . . . Man kümmert sich nicht, was, noch wie etwas
„erreicht werde, ob mit Recht oder Unrecht, wenn nur jeder seinen
„Plan durchsetzt. Dabei dienen derlei Leute dem Bauche und den
„fleischlichen Lüsten und aller Bosheit der übrigen Sünden. Das Volk,
„aufgereizt durch das Benehmen der Grossen, hasst dieselben und bricht
„womöglich die Treue; und die durch das schlechte Beispiel der Grossen
„Verdorbenen quälen sich gegenseitig und hintergehen sich in listiger
„und betrüglicher Weise, wie die Wahrnehmung zeigt und der Augen-
„schein allenthalben lehrt. Und sie sind total der Unzucht und Genuss-
„sucht verfallen und verdorbener, als man es schildern kann; von Kauf-
„leuten und Künstlern ist nicht zu reden, bei deren Reden und Thun
„List, Betrug und masslose Falschheit herrscht." (Compend. stud. philos.
ed. Brewer p. 399 ff.) Mit diesen Worten geisselt Bacon die Verderbtheit seiner Zeit und somit darf es uns nicht Wunder nehmen, wenn
wir sehen, mit welch' unerbittlicher Härte er von seinen Oberen ver-
folgt wurde.

Bacon begnügt sich jedoch nicht damit, auf die Krebsschäden
hinzuweisen und dieselben schonungslos aufzudecken, er dachte auch
über die Mittel zur Sanirung derselben nach. Die Heilmittel, welche
er vorschlägt, sind ganz im Geiste und der Denkungsweise seiner Zeit
ausgedacht und halten sich überall streng innerhalb der Grenzen, innerhalb welcher sich ein Ordensmann des 13. Jahrhunderts bewegen durfte.
Er sieht in einer allgemeinen Kirchenversammlung das radikale Heilmittel für die endlosen Streitigkeiten zwischen Priestern und Laien und
gegen die fortschreitende Corruption innerhalb der Orden. Durch die Anwendung dieser Mittel werde es gelingen, das Ideal des Gottesstaates,
wie er im alten Testamente bestanden, wiederherzustellen.

Der Herausgeber des „Opus majus" von Bacon erzählt in der Vorrede, dass die Werke desselben sich anfänglich fast sämmtlich in Privat-
händen befunden haben und somit schwer zugänglich waren, ferner dass
eben in Folge dieses Umstandes die Anzahl derselben, sowie ihre Aecht-
heit schwer zu bestimmen sei. Nach dem Tode des Philosophen waren
seine Schriften fast verschollen. Erst im 16. Jahrhundert wurden sie
wieder an das Licht gezogen, wobei sich denn herausstellte, dass die
Minoriten dieselben schlecht gehütet haben, da man sie für anrüchigen
Inhaltes hielt. Leland*) erzählt, dass von den Schriften Bacon's, deren
dieser Schriftsteller in ungeheurer Anzahl verfertigt habe und die in
den englischen Bibliotheken in vielen Exemplaren vorhanden gewesen
seien, sehr vieles verstreut, entwendet, verstümmelt wurde, so dass nach
seinem Ausdrucke es leichter fallen würde, die Sybillinischen Bücher zu-
sammenzufinden, als die Werke des Roger Bacon.

In Druck erschienen sind die folgenden Werke Bacon's:

1. Speculum alchimiae. 1541.

2. De mirabili potestate artis et naturae. Paris 1542.

3. Libellus de retardandis senectutis accidentibus et de senibus
conservandis. Oxoniae 1590.

4. Sanioris medicinae magistri D. Rogeri Baconis Angli de arte
Chymiae scripta. 1603.

5. Rogeri Baconis Angli viri emin. perspectiva. Francof. 1614.

6. Specula mathematica. Francof. 1614.

7. Jebb S. Fr. Rogeri Bacon ord. min. opus majus. Londini 1733.
Venet. 1750.

8. J. J. Brewer. Fr. Rogeri Bacon Opus tertium, op. minus,
compend. stud. philos., de nullitate magiae, de secr. nat. op. London 1859.

9. Epistola de secretis operibus artis et naturae. Hamburg 1618.

10. De arte chymiae scripta. Francof. 1603.

Wie es scheint, hat Bacon schon vor seinem Eintritte in den Orden
kleinere Aufsätze geschrieben und unter seinen wissenschaftlichen Freunden
verbreitet. Seine Ordensoberen sahen jedoch diese wissenschaftliche Thätigkeit mit scheelen Augen und suchten ihm, wo nur möglich, Hindernisse
in den Weg zu legen. Als nun Pabst Clemens IV. ihn direkt aufforderte, seine Arbeiten ihm zu übersenden, da musste er zuerst die
verschiedenen zerstreuten Abhandlungen sammeln und ein grösseres Werk
schreiben, welches sich zur Ueberschickung an den Pabst eignete. Die
chronologische Folge der bacon'schen Schriften lässt sich als höchst
wahrscheinlich in folgender Weise feststellen: 1. Computus naturalium,
2. Opus majus, 3. Opus minus, 4. Opus tertium, 5. Compendium philosophiae, 6. Compendium theologiae.

Der „Computus" findet sich ursprünglich unter dem Titel „Opus

---

*) J. Lelandi Antiquarii collectanea.

chronologicum" und besteht aus einer Reihe von Aufsätzen, die aus den
Jahren 1262—1269 stammen mögen. Was den Inhalt dieses Werkes
anlangt, so besteht dasselbe aus einem sehr heterogenen Conglomerate
von kleineren Aufsätzen, welche sich mit Astronomie, Zeitrechnung und
Kalenderverfertigung, ferner mit meteorologischen Bemerkungen u. s. w.
befassen.

Das bedeutendste Werk ist wohl das von Jebb herausgegebene
„Opus majus", der Verfasser selbst nennt es „Opus principale". Dieses
zerfällt in 7 Theile: 1) Von den Hindernissen der Philosophie, welche
auf Autorität-Gewohnheit und Nachahmung gründen. 2) Von dem Verhältniss zwischen Theologie und Philosophie. 3) Ueber Erlernung der
Sprachen. 4) Ueber Mathematik. 5) Ueber Optik. 6) Ueber Experimentalwissenschaft. 7) Ueber Moralphilosophie. Das Opus majus kommt
auch unter dem Titel „De utilitate scientiarum" oder auch „De emen-
dandis scientiis" vor. Der Zweck dieses in seiner Anlage grossgedachten
Werkes ist der der Förderung und Verbreitung der Wissenschaft. Um
diesen Zweck jedoch erreichen zu können, müssen die Hindernisse des
Studiums der Philosophie eruirt und, nachdem dies geschehen, auch beseitigt werden. Es ist dies die Aufgabe der drei ersten Bücher des
Werkes, deren letztes von einem Haupthinderniss des philosophischen
Studiums handelt, nämlich von der mangelnden Sprachkenntniss. Die
nun folgenden drei Bücher enthalten die mathematisch-physische Doctrin,
das siebente Buch ist wieder rein philosophischen Inhalts.

Das „Opus minus" sowohl als das „Opus tertium" hatte der Verfasser in gleicher Weise, wie das „Opus majus", dem Pabste dedizirt.
Ueber den Zweck der letzteren zwei Schriften spricht er sich in der
Zuschrift an den Pabst dahin aus, dass das „Opus minus" als Mittel
zum leichteren Verständniss des „Opus majus", das „Opus tertium" hingegen
zum besseren Verständniss der beiden erstgenannten Werke dienen solle.
Nach dem Tode des Pabstes arbeitete Bacon sein Werk um. Als Inhalt
des umgearbeiteten gibt er selbst folgende Theile an: Grammatik über
verschiedene Sprachen, Logik, Mathematik, Naturwissenschaften, schliesslich Metaphysik und Moral. Wie wir es jetzt kennen, ist es wohl unvollständig und mag ein grosser Theil der ersten Abhandlung verloren
gegangen sein. Wir finden praktische Alchymie, das „Elixier" abgehandelt,
die sieben Fehler der Theologie, spekulative Alchymie und die Lehre
von den Himmelskörpern besprochen. Es sollte diese Schrift die Er-
gänzungen zum „opus majus" enthalten.

Das „Opus tertium" hat eine, zehn Capitel hindurch sich erstreckende Einleitung und enthält eigentlich bloss einzelne Aphorismen
aus dem „Opus majus". Sein Zweck sollte sein, dem Pabst als eine Art
von Brevier zu dienen und den wichtigsten Inhalt des grossen Werkes
auch im Falle des Verlustes jener ersteren Schrift aufzubewahren.
Bemerkenswerth ist die grössere Sorgfalt der Ausführung und die Glätte

des Stils, welches verräth, dass unser Philosoph die Bestimmung dieser seiner Schrift stets vor Augen gehalten habe. Uebrigens handelt auch diese Schrift von Grammatik, Logik, Mathematik, Physik, Metaphysik und Moral.

Das „Compendium philosophiae" oder „Buch der sechs Wissenschaften" besteht aus einer Einleitung, ferner Grammatik, Logik, Mathematik, Physik und Optik, Alchymie und Experimentalwissenschaft.

Die Abhandlung „De retardandis senectutis accidentibus" verfasste Bacon, wie oben erwähnt, zur Versöhnung des Hieronymus von Esculum, als dieser erbitterte Feind des Philosophen den päbstlichen Stuhl bestiegen hatte. Das Werk zerfällt in drei Abschnitte: Von der Verzögerung des Greisenalters, vom allgemeinen Einflusse der Greise und von der Erhaltung der Sinne.

Die letzte Schrift Bacon's ist das nach seiner Befreiung verfasste „Compendium studii theologiae", welches über die Quellen und Arten der theologischen Irrthümer und die Vermeidung derselben handelt.

Roger Bacon's Werke sind zum Theile noch unedirt und befinden sich zahlreiche Manuskripte in englischen und französischen Bibliotheken: zu Oxford, Cambridge, Paris und an anderen Orten.

Bacon's wissenschaftliche Thätigkeit fiel in eine Epoche, welche allerwegen um die Erringung eines festen Grundes für das zu errichtende Gebäude der Wissenschaft kämpfen musste. Das wissenschaftliche System des Philosophen von Stageiros war nur in seinen Trümmern vorhanden und durch die arabischen oder die lateinischen Uebersetzer derselben vielfach verdorben und seines Sinnes beraubt. Während Albertus Magnus sich mit Feuereifer an die Reconstruktion des aristotelischen Lehrgebäudes machte und im Bewusstsein der eigenen, sowie der Unzulänglichkeit des ganzen Zeitalters zur Errichtung eines neuen Gebäudes, sich mit der Instandsetzung des alten, der peripatetischen Philosophie, begnügte und so in der That der Wissenschaft der ganzen scholastischen Periode ein Heim zu bereiten half, ist das Verhalten Bacon's zu Aristoteles einigermassen widerspruchsvoll. Es war eben jene Zeit jüngst vergangen, da die Pariser Theologen das Lesen der Werke des Aristoteles, da diese des Pantheismus und somit mittelbar des Atheismus dringend verdächtig befunden worden, mit den strengsten kirchlichen Strafen belegt hatten. Vom Jahre 1209 an bis zum Jahre 1237 dauerte die Verfehmung der aristotelischen Philosophie seitens der Pariser Theologen. Im letzteren Jahre erlaubte Pabst Gregor IX. wieder das Lesen der Schriften des Aristoteles. — Bacon sagt an einer obencitirten Stelle *), er würde, falls er nur die Macht dazu hätte, womöglich alle Bücher des Aristoteles verbrennen, da ihr Studium doch nur Zeitverlust, eine Quelle von Irrthümern und eine Vermehrung der Unwissen-

---

*) Siehe die Fussnote pag. 73.

heit sei. An anderen Stellen sucht er nun den Grund der Unfruchtbarkeit
der Beschäftigung mit den Lehren des Stagiriten und findet denselben
in der Verderbtheit der Uebersetzungen. Die Interpreten haben die
richtigen Ausdrücke nicht gefunden, der Sinn hat zweimal gelitten: bei
der Uebertragung in das Arabische und bei der Uebersetzung in das
Lateinische. Trotzdem konnte sich auch Bacon der übermächtigen Einwirkung des Aristotelismus nicht erwehren, wenn er sich auch selbstständiger verhält, als sein Zeitgenosse Albertus Magnus. Von den
griechischen und arabischen Schriftstellern galten ihm als Autoritäten:
Ptolemaios, Hipparchos, Alphraganus, Albategni, Thebit, Averroes, Alpetragius u. s. w., besonders für mathematische und astronomische Probleme.
Mathematik erklärte er als unumgänglich nothwendig für jegliches
Studium, selbst das der Theologie, und beklagte die allgemeine Unkenntniss betreffs dieser Wissenschaft. Ein hervorstechender Zug in der
wissenschaftlichen Thätigkeit Bacon's ist das energische Bestreben, Unwissenheit und Irrthum zu verfolgen, und — wo sie sich auch finden —
auszurotten. Die Schicksale des Philosophen lassen es uns errathen, dass
derselbe auch im Umgange und Verkehr mit seinen Ordensgenossen ähnlich energisch gewesen sein möge, was dann die endlosen Verfolgungen,
die er zu erleiden hatte, hinlänglich erklären würde. Er selbst hat jedoch
eingesehen, wie dies das allgemeine Schicksal jener sei, welche es wagen,
das Bestehende anzugreifen. In seinem „Opus majus" finden wir die
folgende Stelle: „Diejenigen, welche in der Wissenschaft neue Bahnen
„brachen, hatten allezeit mit Widerspruch und Hindernissen zu kämpfen,
„und doch erstarkte die Wahrheit und wird erstarken bis zu den Tagen
„des Antichrist" *).

Wir wollen nun, bevor wir auf die eigentliche Physik des Roger
Bacon übergehen, noch eine kurze Digression auf das Gebiet der Er-
kenntniss- und Wissenschaftslehre machen, wie wir dieselbe bei ihm
vorfinden.

Bacon nimmt mit Alhazen drei Erkenntnissweisen an: durch
den Sinn (Wahrnehmung), durch Vergleichen von Wahrnehmungen und
endlich drittens die Erkenntniss durch augenblickliches Erfassen der
Sache (intuitives Urtheil). Entsprechend den drei Erkenntnissweisen
nimmt Bacon dreierlei Quellen der Erkenntniss an: Autorität, Vernunft
und Empirie, unter welchen wir die letztere bei Bacon besonders betont
finden. Freilich findet sich daneben wieder die Meinung, es werde für
die Naturwissenschaft durch das Studium der Schriftquellen des Orients
viel zu gewinnen sein.

Die Unterlage der baconischen Erkenntnisstheorie ist die Theorie

---

*) Renovantes studium semper receperunt contradictionem et impedi-
menta, et tamen veritas invalescebat, et invalescet, usque ad dies Antichristi.
(Opus majus, pag. 13.)

des sinnlichen Sehens, die „Scientia perspectiva“, als deren Gewährsmänner ihm hauptsächlich Ptolemaios, Alhazen und Avicenna
gelten, denen er im Allgemeinen auch in der Beschreibung des Auges
folgt, dessen Wirksamkeit als optisches Instrument übrigens in sehr
abenteuerlicher Weise erklärt wird und zwar durch Begegnen der vom
Gegenstande ausgehenden Strahlen mit jenen, die aus dem Auge entspringen.

Die Natur definirt Bacon als „Instrument der göttlichen Thätigkeit“, wobei er jedoch das Wirken von Naturgesetzen nicht als ausgeschlossen betrachtet.

Die Natur und ihre Gesetze lernen wir durch die Naturwissenschaften kennen, welche die exaktesten Wissenschaften sind. Mathematik,
Geometrie und Astronomie werden ebenfalls zu den Naturwissenschaften
gerechnet. Unter Geometrie verstand Bacon vielmehr die Mechanik, da
er sie als die Wissenschaft definirt, welche die Wirkung des thätigen
Elementes auf das Medium misst. Er hebt dabei die Sicherheit und
Unfehlbarkeit der auf Mathematik beruhenden Wissenschaften hervor.

Von besonderem Interesse ist das, was er über die Experimentalwissenschaft sagt: Ohne Erfahrung kann auf dem Gebiete der Naturerscheinungen nichts behauptet werden und schützt uns der Versuch,
das Experiment, vor falschen Ansichten. Er führt nun einige falsche
Behauptungen an, die vor der Erfahrung nicht bestehen können. Dabei
führt er die Sage von den 2000 Menschen an, die Alexander der Grosse
zur Durchforschung der verschiedenen Länder ausgesandt habe, um seinem
Lehrer Aristoteles Material für seine naturwissenschaftlichen Studien
zu senden.

Ausser den drei genannten Wissenschaften (Mathematik, Geometrie
und Astronomie) führt Bacon noch die folgenden Wissenschaften als
Naturwissenschaften an: Physik, Chemie, Alchymie, Medicin, Astrologie,
Magie und mathematisch-physikalische Geographie.

Was die physikalischen Ansichten Bacon's betrifft, so finden wir
hier ein Gewebe scholastischer Unterscheidungen, hinter welchen wir
jedoch keine Anläufe zu später sich entfaltenden Prinzipien zu entdecken
im Stande sind, weshalb wir auch über diesen Theil des baconischen
Wissenschaftsgebietes kurz hinweggehen.

Bacon bekämpft mit Aristoteles die Atomtheorie und die damit
zusammenhängende Lehre vom leeren Raume. Vacuum wird als die
dreifache Dimension des Raumes ohne erfüllenden Inhalt definirt, was
jedoch ein Unding sei, da die dreifache Dimension des Raumes ohne
erfüllenden Inhalt, als existirend gedacht, aufhört einer Substanz an-
haftendes Accidens zu sein, hiemit selber Substanz würde, was jedoch
als undenkbar zu betrachten sei. Wir sehen leicht ein, dass die ganze
Schlussweise rein dialektischer Natur ist und die zu widerlegende Behauptung dadurch als widersinnig darzustellen sucht, dass sie aus der

einem Gegenstande zukommenden Eigenschaft einen Gegenstand werden
lässt, was dem Begriffe des Vacuum zuwiderlaufe. — Die sphärische
Gestalt des Weltganzen folgt ebenfalls aus der Denkunmöglichkeit des
Vacuum, wiewohl Bacon auch einen positiven Grund dafür in den in
Kreisbahnen sich umwälzenden Gestirnen zu geben versucht. Dass auch
die Elemente sphärisch gestaltet seien, wird am Beispiel der Meeresober-
fläche demonstrirt, welche die Schiffer convex gekrümmt erblicken. Diese
Gestalt nimmt das Wasser in Folge des Schwerzuges ein, welcher verursacht, dass dasselbe vom höhergelegenen Orte stets dem tiefer liegenden
zustrebe. Eine ähnliche sphärische Gestalt hat auch der Meeresgrund,
sowie der ganze Erdkörper, der überall gleichweit vom Himmelsgewölbe
absteht. — Das Feuer strebt nicht zum Erdcentrum, sondern in entgegengesetzter Richtung, die sphärische Gestalt desselben kommt daher nicht
vermöge des Schwerzuges des Feuers, sondern dadurch zu Stande, dass
es sich ohne Vacuum an die convexe Aussenfläche der Luft und an die
concave Fläche des Himmelsgewölbes anschliessen muss. Aus der An-
ziehungskraft des Erdcentrums erklärt Bacon eine Thatsache, die er
durch Erfahrung erprobt haben will, dass nämlich die Oberfläche des
Wasserspiegels in einem Becher an einem tieferen Orte grössere Convexität
habe, als an einem höheren Orte*). In Folge dessen könne man in den
an einem tiefergelegenen Orte befindlichen Becher, der weiter oben ganz
gefüllt gewesen, noch etwas Wasser nachgiessen. — Die Erscheinung des
durch den Luftdruck schwebend erhaltenen Wassers (in einem Gefäss,
dessen obere Oeffnung verschlossen ist, während sich unten eine Oeffnung
befindet) weiss er wegen Unkenntniss des Luftdruckes nur durch fictive
Annahmen zu erklären. Dabei bemerkt er, dass der „horror vacui" zur
Erklärung dieser Erscheinung nicht tauge, da das Vacuum als nicht
Existirendes auch nicht als Ursache einer Erscheinung gelten könne.

Bacon redet von einem Gesetze der Trägheit, welches jedoch mit
unserem Beharrungsvermögen nichts zu thun hat. — Die Bewegung der
schweren Körper geschieht naturgemäss abwärts, die der leichten aufwärts, ohne dass sie hiebei einer bewegenden Kraft bedürften. Die Bewegung der Körper ist die Ursache der Wärme und zwar soll durch
entgegengesetzte Strebungen in den Theilchen des bewegten Körpers eine
Auflockerung desselben stattfinden, welche die unmittelbare Disposition
zur Wärme ist. Bei der Besprechung der Wärmeleiter findet er, dass
die Sonnenwärme sich in den Erddünsten stärker und ausgiebiger halte,
als in den wässerigen Dünsten.

Vom Magnetismus spricht er mit Bewunderung und will auch
bei andern Dingen, z. B. Pflanzen, magnetische Erscheinungen beobachtet haben.

Am bedeutendsten sind unbedingt die optischen Kenntnisse Bacon's,

---

*) Opus majus, pag. 72 f.

welche sich weit über den Horizont eines Alhazen und Vitello*) erheben, wenn sie auch anderseits weit unter jenem Niveau bleiben, auf welches dieselben Bacon's Landsleute zu erheben versuchten. Bacon kennt weder Brille, noch Teleskop. Allerdings zauberte ihm seine rege Phantasie Erfindungen und Entdeckungen vor, welche später thatsächlich realisirt wurden, von deren eigentlichem Wesen er jedoch noch sehr weit entfernt war. Von den Teleskopen sprach er nur als von denkbaren Instrumenten, denen er jedoch solche Fähigkeiten zumuthete, welche dem Wesen des Fernrohres ganz fremd sind. Er will solche Röhren construiren, welche eine Heeresabtheilung als aus mehr Soldaten bestehend, die einzelnen Soldaten als Riesen zeigen soll u. s. f. Wie lebhaft seine Phantasie gewesen, das zeigt sein Plan, auf Bergen Hohlspiegel aufzustellen, mittelst welcher man sehen könnte, was in sehr entfernten feindlichen Städten oder Lagern vorgehe.

Die Benützung der Brille schildert Bacon ganz treffend und doch kann er kein solches Instrument näher gekannt haben, da er sonst bei seinen übrigen optischen Kenntnissen und Fertigkeiten unmöglich behaupten könnte, dass wir durch das umgekehrte Brillenglas die Gegenstände verkleinert sähen. Die Brillen wurden erst nach Bacon's Tod erfunden. Im Jahre 1299 schreibt der alte Redi in einem Briefe, dass ihm das Alter derart zusetzte, dass er ohne Brille, welche vor Kurzem zum Besten armer Alter mit geschwächtem Augenlicht erfunden worden, weder zu lesen, noch zu schreiben im Stande sei. Der eigentliche Erfinder der Brille ist wohl Salvino degli Armati in Florenz, der im letzten Jahrzehnt des 13. Jahrhunderts sich mit Brillenschleifen beschäftigte und dessen Grabschrift in der Kirche „Maria Maggiore" noch im 17. Jahrhunderte zu finden war. Dieselbe lautete folgendermassen: „Hier ruht Salvino degli Armati aus Florenz, der Erfinder der Augengläser. Gott vergebe ihm seine Sünden. 1317" **).

Ein bedeutendes Verdienst Bacon's ist seine Entdeckung der Lage des Brennpunktes an Hohlspiegeln, ferner, dass er nachwies, wie die von einem leuchtenden Punkte stammenden Lichtstrahlen nach ihrer Reflexion von einem Hohlspiegel sich nicht in einem Punkte des Hauptstrahles, sondern in unendlich vielen neben einander liegenden Punkten treffen, wodurch er somit die sphärische Aberration entdeckte. Ferner spricht Bacon über die Verfertigung parabolischer Spiegel, wiewohl man aus seiner Beschreibung ersieht, dass er auch in dieser Sache nicht aus eigener Erfahrung spricht. — Bacon spricht ausserdem über Strahlenbrechung, über Perspektive, über die scheinbare Grösse der Gegenstände, über das Grössererscheinen der Sonne und des Mondes nahe zum Hori-

---

*) Folgt weiter unten.

**) Qui giace Salvino degli Armati di Firenze, inventore degli occhiali. Dio gli perdoni le peccata. MCCCXVII.

zonte und verräth in allen diesen Fragen eine viel gründlichere Kenntniss und richtigere Ansicht, als seine Vorgänger.

Die auf Optik bezüglichen Sätze finden sich grösstentheils im „Opus
majus", die über die Brennspiegel im „Tractatus de speculis". In letzterer
Abhandlung findet sich auch der Beweis, dass von den auf den Spiegel
auffallenden Strahlen nur jene nach ihrer Reflexion in einem Punkte
sich durchschneiden, welche vor derselben die Erzeugenden einer Kreis-
kegelfläche bildeten, deren Axe durch den geometrischen Mittelpunkt der
Kugelfläche des Spiegels geht. Eine besondere Aufmerksamkeit widmet
Bacon der Erscheinung des Regenbogens. Er gibt die Erklärung desselben in seiner „Ars experimentalis", welche Abhandlung den sechsten
Abschnitt des „Opus majus" bildet. Aristoteles, Avicenna und
Seneca haben diese Erscheinung nach Bacon deshalb nicht richtig
erklärt, weil sie keine Experimente darüber anstellten. Geeignet hiezu
sind Irissteine aus Hibernien und Indien, welche, an einen durch das
Fenster einfallenden Sonnenstrahl gehalten, ein Regenbogenbild auf die
entgegengesetzte Wand projiciren. Das Regenbogenphänomen sieht man
auch in den durch die Schaufeln der Ruder zerstäubten Tröpfchen, im
Wasserstaube der Mühlräder, in einem Wasserglase, wenn die Sonne
darauf scheint, d. h. ein irisähnliches Farbenbild. Nachdem der Experimentator richtige Bemerkungen über die Gestalt der so entstehenden Erscheinung gemacht hat, untersucht er die Stellung des Regenbogens
zur Sonne. Er findet unter anderem, dass der Regenbogen seine grösste
Höhe erreicht, wenn die Sonne im Horizonte oder etwas unterhalb desselben steht und dass diese Höhe 42 Grade beträgt. Steht die Sonne
40 Grade über dem Horizont, so kann höchstens ein kleines Segment des
farbigen Bogens im Horizont entstehen. Hierauf folgt die Stellung des
Regenbogens an verschiedenen Orten der Erde unter verschiedenen Breite-
graden. Den Regenbogen erklärt er als ein Bild der Sonne, in unzählig
kleinen Tropfen unzähligemale wiedergespiegelt. Da diese Bildchen in
sphärischen Spiegelchen entstehen, sind sie undeutlich. Die Farben des
Regenbogens fasst er als subjektive Empfindung auf, verursacht durch
die verschiedenen Feuchtigkeiten und anderen Medien des Auges, welche
Ansicht Bacon's von den zeitgenössischen Scholastikern mit besonderer
Genugthuung aufgenommen wurde.

Was nun die astronomischen Kenntnisse des Roger Bacon betrifft, so beschäftigt er sich mit der Zahl und Gestalt der Sphären und
Sterne, behandelt ihre Grösse, ihre Entfernung von der Erde, Dichtigkeit, Auf- und Untergang der Gestirne, Eklipsen derselben, ferner Grösse
und Gestalt der bewohnten Erde, Klimate, Tag- und Nachtlänge. Was
wir gegenwärtig Astronomie nennen, heisst bei ihm „Astrologie". Die
praktische Astrologie beschäftigt sich mit den astronomischen Instrumenten und gibt Regeln und Tabellen zur Berechnung der auf das
menschliche Schicksal Einfluss habenden Constellationen.

Bacon nimmt einen neunten und zehnten Himmel an, von diesen nehmen jedoch bloss neun an der von den vier Elementen verschiedenen ätherischen Natur Theil, der zehnte ist wieder elementar-körperlich. Dieser von unserm Philosophen „Coelum aquaeum" genannte Himmel wird von den übrigen Scholastikern Empyreum genannt. Die 56 Sphären des Aristoteles werden bei Bacon zu 60 Sphären, was theils der Vermehrung der Himmel, theils einer Vermehrung der Bewegungen, aus welchen sich die scheinbare Bahn der Planeten zusammensetzt, entspricht.

Die Ansichten des Bacon über die Natur der Himmelskörper sind grossentheils von den arabischen Aristotelikern entlehnt. Dies bezieht sich z. B. auf die Grösse und Entfernung der Fixsterne, auf die Bewegung der Himmelskörper, wo er die Ansichten des Alfraganus, Alpetragius und anderer acceptirt. — Das Licht des Mondes und der Sterne hält er nicht für reflectirtes Sonnenlicht, wobei er sich die Reflexion als totale Spiegelung (d. h. mit Gleichheit des Einfalls- und Reflexionswinkels) vorstellt. Das Funkeln der Sterne erklärt er mit Aristoteles für eine subjektive Erscheinung, verursacht durch übermässige Anstrengung des Auges, vermöge der grossen Entfernung der Gestirne. — Was Bacon von Irrsternen (stellae erraticae) und von der Milchstrasse (galaxia) erwähnt, ist von untergeordneter Bedeutung, wichtiger ist sein Verhältniss zur aristotelischen und ptolemäischen, sowie zu der aus diesen entspringenden Weltanschauung des Alpetragius. Während nämlich fast alle Gelehrten des Mittelalters sich der Epicyklentheorie des Ptolemaios anschlossen, suchte Alpetragius dadurch, dass er die Bewegung der Planeten, sowie aller Himmelskörper von Osten nach Westen geschehen liess, die Bahn der Planeten hingegen zwischen die Ekliptik und die Aequatorialebene verlegte, von der ptolemäischen sowohl, als von der aristotelischen Ansicht sich unabhängig zu machen. Albertus Magnus entscheidet sich für das ptolemäische System*). Bacon zeigt dagegen eine unzweifelhafte Vorliebe für das einfacher scheinende System des Alpetragius, wenn er sich auch nicht entschieden dafür auszusprechen vermag, da ihn allerhand Bedenken daran verhindern. Albertus Magnus liebt es, den verschiedenen Himmelsregionen verschiedene Einflüsse auf die irdische Elementenwelt zuzuschreiben, was jedoch Bacon nicht acceptirt, da er die Prinzipien aller physikalischen Einflüsse in den Fixsternhimmel verlegt**). Demzufolge werden den Zeichen des Zodiacus gewisse Dispositionen beigelegt, durch welche sie auf irdische Vorgänge einwirken. Die Planeten wirken wohl auch theilweise durch ihre eigenen

---

*) Coel. et Mund. II, tr. 2, c. 5.

**) Sunt 1022 stellae fixae .... quae habent virtutes varias in calore, frigore, humore et siccitate et omnibus aliis passionibus naturalibus. Opus majus, p. 277.

Qualitäten, hauptsächlich jedoch durch den Einfluss der Thierkreisbilder, in denen sie sich augenblicklich befinden.

Die physikalische Geographie Bacon's weist nichts Bemerkenswerthes auf, er erhebt sich bezüglich dieser Disciplin kaum über die Kenntnisse seines Zeitalters. Von um so grösserer Bedeutung ist hingegen das, was er bezüglich einer Kalenderreform schreibt. Die historischen Notizen über diesen Gegenstand beschäftigen sich mit der Chronologie der Hebräer und suchen die Zeit der Erschaffung der Welt, der Sintfluth und der Geburt Christi nachzuweisen. Am Julianischen Kalender findet er vor allem zu tadeln, dass dieser die Jahreslänge nicht richtig angebe, da diese nicht $365^1/_4$ Tag ausmache, sondern um den 130. Theil eines Tages weniger. Er schlägt demnach vor, den seit Julius Cäsar eingeschalteten Ueberschuss auszuschalten. Ein anderer Fehler ist die unrichtige Fixirung der Zeit der Tag- und Nachtgleichen, sowie der Solstitien. Es folgen nun Bemerkungen über die Osterrechnung, die goldene Zahl, den Epacten-cyclus u. s. f. und wird die Nothwendigkeit der Kalenderreform dar-gethan und diese dem Pabste dringend anempfohlen. Jedoch es sollte noch lange dauern, bis Pabst Gregor XIII. im 16. Jahrhundert die Kalender-reform in der That durchführte, an welcher jedenfalls Bacon ein grosser Theil des Verdienstes zufällt. Eine alte Copie des baconischen verbesserten Kalenders findet sich in der Bodleianischen Bibliothek in England.

Die Kenntnisse Bacon's auf dem Gebiete der Chemie lassen ihn als einen Schüler Geber's erkennen. Er rühmt von sich, dass er es unter-nommen habe, die „Wurzeln der spekulativen Alchymie festzuhalten", d. i. dasjenige, was erforderlich sei von Alchymie, Naturwissenschaft und Medizin, um den Erzeugungsprozess der Dinge zu erklären. Es wird der Satz aufgestellt, dass in jedem Körper ein Element vorherrsche. In einigen Dingen ist Wasser vorherrschend, wie in Milch, Wein u. s. f., in andern Erde, wie in den Steinen z. B., wieder in andern Feuer, z. B. in Oel, Holz u. s. f. Die Eigenschaften der einzelnen Metalle werden abgehandelt und ihre Verwandtschaft zu den Himmelskörpern erörtert.

Bacon beschreibt ein unter Wasser brennendes Feuer, ferner eine Mischung, deren einer Bestandtheil Salpeter ist, welche in der Grösse eines Daumens angezündet furchtbare Erschütterung hervorbringt. Es ist hier-unter offenbar eine dem Schiesspulver ähnliche Composition, wenn nicht das Schiesspulver selbst gemeint. Uebrigens scheint das Schiesspulver zur Zeit Bacon's schon allgemein bekannt gewesen zu sein. Sowohl in Oxford als in Paris existirt ein Manuskript des Griechen Marcus (Graecus), der gegen Ende des 8. Jahrhunderts lebte. Es wird an-gegeben 1 Theil Schwefel, 2 Theile Weidenkohle und 6 Theile Sal petrosum in einem Mörser zu zerreiben und hiemit entweder lange dünne Röhren zu füllen, welche angezündet durch die Luft fliegen als tunica advo-landum (Congrevische Raketen), oder aber man fülle dicke kurze Röhren zur Hälfte mit diesem Pulver und schnüre es fest zusammen, wodurch man einen donnerähnlichen Knall hervorbringen kann (der sog. Kanonenschlag). — Allen Andeutungen zufolge wurde das Schiesspulver schon in viel früheren Zeiten in China und Japan gekannt und benützt. Im Rammelsberg bei Goslar hat man schon im 12. Jahrhundert das Schiesspulver zum Sprengen von Gesteinen verwendet, während es zum Schiessen erst in der zweiten Hälfte des 14. Jahrhunderts angewendet wurde.

Die alchymistische Richtung Bacon's in der Chemie verräth schon der Titel mehrerer seiner Schriften über diesen Gegenstand: „Medulla alchymiae“, „de lapide philosophorum“, „Verbum abbreviatum de leone viridi“, „secretum secretorum“, „speculum secretorum“ u. s. f., ferner sein langes Recept über das „Ei der Philosophen“ (ovum philosophorum), den Schlüssel zu sämmtlichen Naturgeheimnissen.

Die mechanischen Projekte Bacon's bezwecken die Ausführung folgender Vorrichtungen. Ein sich selbst bewegender Wagen und Schiffe, welche durch innere Kräfte getrieben mit grosser Geschwindigkeit dahinführen, ferner Flug- und Tauchmaschinen, Maschinen zur Hebung grosser Lasten u. s. f. — Diese Projekte sind jedoch bloss als Ausgeburt einer regen Phantasie zu betrachten, da ihr Urheber auch nicht einmal eine Andeutung einer Idee über die Einrichtung derselben anzugeben weiss.

Jedenfalls haben wir in Roger Bacon einen Denker vor uns, der über den Ideenkreis seiner Zeit mächtig hinausragt. Gelingt es ihm auch thatsächlich nirgends, sich aus den Banden des aristotelischen Wissenschaftssystemes hinauszuheben, — dazu bedurfte es in den spätern Jahrhunderten viel energischerer Anstrengungen — so zeigt er doch wenigstens die Möglichkeit eines Verlangens nach Befreiung aus den Banden der Scholastik. Es sollte jedoch noch 3 Jahrhunderte dauern, bis diese jedenfalls von Bacon inaugurirte Bewegung zum Ziele führen konnte, wie dies Dank den Bemühungen Sir Francis Bacon's und Galilei's in der That gelang.

Roger Bacon ist sich seiner Verdienste um die Förderung der Wissenschaft wohl bewusst und drückt dieselben in der Einleitung seines Opus tertium, welche an Pabst Clemens IV. gerichtet ist, in folgender Weise aus: „Ich habe den Baum der philosophischen Weisheit betrachtet, „habe die Hauptwurzeln desselben herausgearbeitet, die Höhe des mäch-„tigen Stammes und das Wachsthum der grössern Zweige constatirt, „habe den Blüthenduft lieblicher Kenntnisse verbreitet, habe die goldenen „Halme der Ceres und die tragkräftigen Rebgeschosse des Bacchus, wo „die Frucht mangelte, mit Fleiss gesammelt. Bei allen Schriften, die „ich für Euch verfasste und noch verfasse, suche ich nichts ausser die „Darlegung der Wahrheit. Der Weise erfreut sich an der Weisheit, „das ist ihm eigen — und er beugt sich unter die Macht der Wahrheit „aus eigener Ueberwindung“ *).

---

*) Opus III, ed. Brewer, vol I, pag. 2, 4.

Ueber die Biographie und die Bedeutung Roger Bacon's in der Geschichte der Wissenschaft finden wir Ausführlicheres in folgenden Schriften:

Charles, Emile. Roger Bacon, sa vie, ses ouvrages, ses doctrines d'après des textes inédits. Paris 1861.

Schneider, Dr. Leonhard. Roger Bacon Ord. min. — Eine Monographie als Beitrag zur Geschichte der Philosophie des dreizehnten Jahrhunderts. Aus den Quellen bearbeitet. Augsburg 1873.

Siegbert. Roger Baco. Sein Leben und seine Philosophie. Marburg 1861.

Praefatio ad „Opus majus" ed. Jebb.

Werner, Dr. Karl. Die Psychologie, Erkenntniss- und Wissenschaftslehre des Roger Baco. Wien 1879.

Werner, Dr. Karl. Die Kosmologie und allgemeine Naturlehre des Roger Baco. Wien 1879.

Vitello, der um das Jahr 1270 lebte, also ein Zeitgenosse Roger Bacon's war, beschäftigte sich, wie es scheint, vorzüglich mit Optik, wenigstens kennen wir ausser seiner Schrift über diesen Gegenstand nichts von ihm. Seiner eigenen Angabe zufolge stammte er aus Polen und erwarb seine optischen Kenntnisse in Italien, wo er auch sein optisches Werk verfasste. Von seinen Lebensschicksalen ist uns nichts Näheres bekannt, so dass wir selbst die Zeit, in welcher er lebte, nicht sicher kennen. Risner, der sein Werk mit dem Alhazen's zu Basel 1572 herausgab, erklärt die Benennung „thuringopolonius", welche sich auf dem Titel der Schrift befindet, dahin, dass eines der beiden Eltern Vitello's aus Thüringen gestammt habe, während das andere polnischer Abkunft gewesen sei. Vitello dedizirte sein Werk dem Dominicanermönche Wilhelm von Morbeta, und wenn dies derselbe ist, der 1269 eine Geomantie herausgab, so wäre hierdurch die Lebenszeit unseres Autors wenigstens theilweise festgelegt.

Von Vitello wird erzählt, derselbe sei durch die Betrachtung eines Wasserfalles bei Viterbo, als er sich in Italien aufhielt, zu optischen Studien angeregt worden, als er in den zerstäubenden Wasserpartikelchen die Regenbogenfarben entdeckte.

Das Hauptverdienst Vitello's besteht darinnen, dass er die Lehren Alhazen's klarer und ausführlicher darlegte. Er fügt ferner noch die hierher gehörigen Sätze aus Eukleides und Ptolemaios an, wodurch seine Schrift sehr ausführlich wird.

Gleich Alhazen und Bacon spricht auch Vitello von der Vergrösserung, welche durch einen Kugelabschnitt hervorgebracht wird, kannte jedoch die Erscheinung, um welche es sich handelte, aus eigener Erfahrung ebensowenig als dieser. Betreffs der Lichtbrechung in verschiedenen Medien gibt Vitello eine Tabelle, welche sich jedoch wenig von der des Ptolemaios unterscheidet. Die Lichtbrechung bezieht sich auf Strahlen, welche aus Luft in Wasser oder Glas, aus Wasser in Glas, aus Wasser in Luft, aus Glas in Luft und aus Glas in Wasser gehen. Die Daten Vitello's sind zwar genügend pünktlich, nur dort, wo von dem Uebertritte des Lichtstrahls aus einem optisch dichteren in ein optisch weniger dichtes Medium die Rede ist, kommen einige unrichtige und selbst unmögliche Winkel vor, es sind dies die Fälle der totalen Reflexion, wie sie bei grossem Einfallswinkel vorkommen, wobei der Lichtstrahl das dichtere Mittel gar nicht verlässt. Der Fehler Vitello's stammt daher, dass er den Satz Alhazen's welchem zufolge der Lichtstrahl in entgegengesetzter Richtung denselben Weg zurücklegt, unrichtig anwendet. Da z. B. bei einem Einfallswinkel von 10 Graden der Brechungswinkel im Wasser $7^3/_4$ Grade, also um $2^1/_4$ Grade weniger beträgt als jener, so schloss er hieraus, dass im umgekehrten Falle, beim Uebergang des Strahles aus Wasser in Luft, der Brechungswinkel um $2^1/_4$ Grade mehr betragen müsse, als der Einfallswinkel von 10 Grad, so dass jedesmal die Summe der beiden Brechungswinkel dem Doppelten des Einfallswinkels gleich sein müsse.

Die Regenbogentheorie Vitello's geht von der Brechung und Spiegelung der Lichtstrahlen in den Regentröpfchen aus, ohne jedoch die genaue Beschreibung der Erscheinung zu geben. Uebrigens versucht er seine Theorie mit der des Aristoteles in Einklang zu bringen. Die Lichtbrechung in wassergefüllten Glaskugeln und Prismen ist ihm ebenfalls bekannt. Er ist es auch, der den Rath gibt, den Brennspiegeln eine paraboloidische Gestalt zu geben.

Joannes Peckham, lebte als Zeitgenosse Vitello's in England. Geboren 1228, starb er 1291 als Erzbischof von Canterbury. Wir besitzen eine optische Abhandlung von ihm: „Perspectiva communis", welche sich über das ganze Gebiet der Optik verbreitet. Die Schrift Peckham's behandelt die geradlinige Fortpflanzung, Spiegelung und Brechung des Lichtes. Thatsächlich ist das ganze Werk bloss ein wenig verdienstlicher Auszug aus der Schrift des Alhazen, erlebte jedoch als Lehrbuch unzählig viele Auflagen, da das viel gründlichere Werk Vitello's sich seiner grössern Ausdehnung wegen hiezu nicht eignete.

Roger Bacon kann als die bedeutendste Grösse auf dem Gebiete der Naturwissenschaften nicht bloss im 13., sondern auch im 14. Jahrhundert gelten. Es scheint deshalb nicht unmotivirt, die geringen Nachrichten, welche wir über jenen Zeitraum zu geben in der Lage sind, mit dem Namen desselben in Verbindung zu bringen. Das 14. Jahrhundert war bezüglich der Fortschritte auf dem Gebiete der Naturwissenschaften jedenfalls steriler als das vorhergegangene.

Gleich zu Anfang des Jahrhunderts treffen wir auf ein optisches Werk, welches unsere Aufmerksamkeit in Anspruch nimmt, es ist dies das Werk des Mönches **Theodorich:** „De radialibus impressionibus". Theodorich vom Orden der Predigermönche, aus Sachsen gebürtig, schrieb seine Abhandlung um das Jahr 1311, und befand sich dieselbe im Kloster des Ordens zu Basel bis zur Zeit der Reformation, da sie in die Stadtbibliothek gerieth. Herausgegeben wurde diese Schrift von V e n t u r i im Jahre 1814 zu Bologna, unter dem Titel: „Commentari sopra la storia e la teoria dell' ottica". Wir ersehen aus dieser Schrift, dass Bruder Theodorich ohne Kenntniss des Refractionsgesetzes die seit Aristoteles so vielfach erklärte Erscheinung des Regenbogens viel besser zu erklären im Stande war, als irgend einer seiner Vorgänger oder Nachfolger bis auf D e s c a r t e s, denjenigen, welcher eine endgültige Lösung des Problems lieferte. Die Erklärung ist im Wesentlichen dieselbe, welche auch Descartes gegeben hat, und welche wir auch heute noch benützen. Der innere Regenbogen entsteht aus Strahlen, welche in der obern Hälfte des Tropfens eintreten, dort gebrochen und an der Rückseite desselben reflectirt werden, hierauf, noch einmal gebrochen, aus dem Tropfen austreten und so in das Auge des Beobachters gelangen. Der äussere oder Nebenregenbogen entsteht aus Strahlen, welche im untern Theile des Tropfens eintreten, dort gebrochen, hierauf an der Rückwand des Tropfens zweimal reflectirt werden, worauf sie beim Austritte aus dem Tropfen noch einmal gebrochen, nach abwärts sich bewegend, zum Auge des Beschauers gelangen. Weiter geht nun allerdings die bisher ganz richtige Erklärung des Phänomens nicht, da die optischen Kenntnisse des 14. Jahrhunderts nicht weiter reichen. Die Erklärung der Farbenzerstreuung und der Gestalt des Regenbogens ist er nicht im Stande anzugeben. — Wir sehen jedoch, dass die Arbeit des gelehrten Predigermönches weit über ihr Zeitalter hinausreichte; in einer Klosterbibliothek begraben, konnte dieselbe jedoch keinerlei Wirkung auf die Entwickelung der Wissenschaft ausüben.

Das 14. Jahrhundert scheint gegründeten Anspruch auf die Erfindung der Brille zu haben, jedenfalls stammt die — allgemein als segensreiche Kunst gepriesene — Erfindung des Brillenschleifens aus den ersten Dezennien des 14., wenn nicht aus den letzten des 13. Jahrhunderts. Ob der obengenannte Florentiner Edelmann S a l v i n o d e g l i A r m a t i in der That der erste gewesen, der Brillengläser in dieser Weise verwendete, ob man zuerst Convex- oder zuerst Concavgläser gebraucht hat, darüber werden wir wohl Sicheres nicht mehr erfahren können. Die Anwendung der Brillen war anfänglich ebenfalls von der heutigen sehr verschieden. Zuerst wurden die Brillengläser an dem Schirme der Mütze befestigt, späterhin an eigenen Haken, die an der Nase festhielten.

Das vierzehnte Jahrhundert nimmt noch die Erfindung der Magnetnadel, des Compasses für sich in Anspruch, und zwar ist es ein Schiffer: F l a v i o G i o j a (nach andern G i r i oder G i r a), der aus dem in der Nachbarschaft der süditalienischen Stadt Amalfi gelegenen Dorfe Pasitano stammte, dem man diese wichtige Erfindung zuschreibt. Es wird häufig erzählt, Amalfi habe den Ruhm, den einer ihrer Söhne dergestalt auf sie gehäuft, dadurch zum Ausdrucke gebracht, dass sie die Magnetnadel in das Wappen der Stadt aufnahm, eine ebenfalls unwahre Erzählung, da das Wappen Amalfi's zwar verschiedene Symbole aufweist, unter diesen jedoch die Magnetnadel nicht zu finden ist.

Aus verschiedenen Schriftquellen ist es ersichtlich, dass der Compass schon vor der Zeit Gioja's in allgemeinem Gebrauche war. Das eine dieser Documente ist ein satyrisches Gedicht aus dem Jahre 1190 von Guyot de Provins, das den Titel „La Bible" führt. In diesem Gedichte kommt es vor, dass die Schiffer, wenn der Himmel bewölkt ist, so dass man weder Mond, noch Sterne sehen könne, sich nach der Stellung der Magnetnadel richteten, ohne dass hervorgehoben würde, dass es sich hier etwa um eine neue Erfindung handelte.

Ein zweiter Schriftsteller, der des Compasses erwähnt, ist Jacques de Vitry in seiner „Historia orientalis", in deren erstem Theile eine Beschreibung von Palästina vorkommt. Das Werk ist zwischen 1215 bis 1220 geschrieben und geschieht darinnen der Magnetnadel als einer nicht gewöhnlich gebrauchten Sache Erwähnung. Der Magnet wird Adamas genannt und von ihm erwähnt, dass er in Indien vorkomme. Eine Eisennadel erlange auch nach ihrer Berührung mit dem Adamas die Fähigkeit, nach Norden zu weisen, was für die Schiffer sehr wichtig sei. Die französische Benennung „aimant" scheint nicht von „adamas" abgeleitet zu sein, sondern weit eher von „pierre aimant" zu stammen. Wenigstens heisst der Magnet chinesisch „liebender Stein" (thsu chy).

Ein dritter Schriftsteller vor Gioja's Zeiten, welcher der Magnetnadel erwähnt, ist Gauthier d'Espinois, der um 1250 in einem Liede singt: „Wie sich die Nadel (aiguille) gegen den Magnet (aimant) richte, so wendet sich alles zu der Schönen".

Es erwähnen der Magnetnadel ferner noch Brunetto Latini aus Florenz, der Lehrer Dante's, in einem französischen Buche, das den Titel führt: „Trésor", ferner Albertus Magnus und Vincent v. Beauvais: auch diese sprechen von der Anwendung des Magneten in der Schifffahrt. Endlich sagt der Jesuit Riccioli in seiner „Hydrographia et Geographia", dass unter der Regierung Ludwigs des Heiligen (1226—1276) die französischen Schiffer den Compass benutzt haben.

Es fragt sich nun, ob wir die Erfindung des Compasses etwa bei den Arabern zu suchen haben. Es scheint fast, als hätten die Araber die Magnetnadel nicht nur nicht früher, sondern sogar später als die Abendländer kennen gelernt. Der Astronom Ibn Yunis, welcher um 1007 schrieb, zählt alle damals gebrauchten Instrumente auf, sonderbarerweise erwähnt er hiebei der Magnetnadel nicht. Allerdings finden wir in einem um 1242 von Bailak verfassten Werke die Beschreibung des Compasses oder wenigstens einer Vorrichtung, welche die Boussole zu vertreten im Stande ist. Es wird nämlich erzählt, dass die Schiffer im Meere von Syrien in finstern Nächten aus Holzstäbchen ein Kreuz auf

das Wasser legen und hierauf einen Magnetstein, der dann die Nord-
richtung weise. Derselbe Autor erzählt, im Indischen Meere hohle, eiserne
Fische, in deren Innerem der Magnetstein verborgen war, gesehen zu
haben, welche mit dem Kopfe gegen Norden wiesen.

Klaproth, der Kenner der chinesischen Literatur, untersuchte auf
Anregung Alexanders von Humboldt die chinesischen Schriftquellen
und fand wirklich die gewünschten Andeutungen. Klaproth veröffentlichte seine diesbezüglichen Resultate unter dem Titel: „Lettre à Mr.
Al. de Humboldt sur l'invention de la Boussole" (1834). Die älteste
Nachricht über die Boussole fand Klaproth in einem kleinen Wörter-
buche aus dem Jahre 120 nach Christo, in welchem der Artikel „Magnet"
vorkommt, welcher als jener Stein definirt wird, mit dem man der Nadel
Richtung gebe.

Schon im 12. Jahrhunderte kannten die Chinesen die magnetische
Declination. Der Verfasser einer um das Jahr 1111 geschriebenen Naturgeschichte sagt: Wenn man die Spitze einer Nadel mit dem schwarz-
blauen Magnetstein streicht, so zeigt sie nach Süden, doch nicht genau
nach Süden, sondern etwas nach Osten. Die Abweichung wird zu etwa
$^1/_{24}$ des Kreisumfangs, d. i. zu 15 Graden angegeben.

Die Chinesen benutzten die Magnetnadel ursprünglich nicht zur
See, sondern auf dem festen Lande. Die früheste Anwendung finden
wir bei den Tschi-nan-kiu oder „magnetischen Karren": zweiräderige
Wagen, auf denen sich eine drehbare kleine Figur mit ausgestrecktem
Arme befand, in welchem ein kleiner Magnetstab angebracht war, der
diesen immer nach Süden lenkte. Solcher Wagen bedienten sich die
chinesischen Kaiser, um sich bei Reisen durch wüste Gegenden zu orientiren. Diese Fuhrwerke besassen mitunter zwei Stockwerke und waren
dann ausser der südweisenden Menschenfigur noch zuweilen zwei andere
vorhanden, welche als Zeiger eines — wohl mit den Rädern verbundenen
— Hodometers dienten. Die eine dieser Figuren markirte jede zurück-
gelegte chinesische Meile (Li $= {}^1/_{12,7}$ deutsche Meile) durch einen Trommel-
schlag, die zweite jede zehnte Meile durch einen Glockenschlag.

Klaproth führt noch zahlreiche Beispiele an, aus denen ersichtlich ist, dass die Chinesen höchst wahrscheinlich die Boussole erfanden,
dass sie aber jedenfalls dieselbe schon in den ersten Jahrhunderten
unserer Zeitrechnung benutzten, zu einer Zeit, da man in Europa
von einer derartigen Verwendung des Magneten noch nicht das mindeste
wusste.

Nicolaus von Cusa.

Nicolaus de Cusa, eigentlich Niklas Krebs (Chrypffs), Sohn
des Fischers Johann Krebs, wurde zu Cues an der Mosel, unweit Trier,
im Jahre 1401 geboren. Von seinem Geburtsorte heisst er Cusanus

oder auch de Cusa. Graf Ulrich von Manderscheid nahm sich des begabten armen Knaben an und sandte ihn nach Deventer in das Bruderhaus, wo er den ersten Unterricht empfing. Von dieser Schule ging er, wahrscheinlich von seinem Gönner unterstützt, nach Padua und auf andere Universitäten, und hatte mit kaum 22 Jahren den Grad eines Doctor juris erlangt. Die von ihm gewählte Advokatenlaufbahn sagte ihm jedoch nicht zu, und als er zu Mainz seinen ersten Prozess durch eigenes Verschulden verloren hatte, gab er den Stand auf, um sich dem geistlichen Stande zu weihen. In dieser neuen Sphäre konnte er nun seine mannigfachen, hervorragenden Fähigkeiten in glänzender Weise bethätigen. Von feinem einschmeichelndem Benehmen und grosser Gewandtheit im Umgange mit andern, dabei von der Ambition, das höchste zu erreichen, was ihm auf seiner Laufbahn erreichbar war, beseelt, war er in allen Fächern der damaligen Wissenschaft wohl bewandert. Die drei classischen und theologisch wichtigen Sprachen: lateinisch, griechisch und hebräisch waren ihm geläufig, er besass tüchtige historische Kenntnisse, vor allem jedoch zeichnete er sich durch grosse mathematische Kenntnisse aus. Dabei war er ein fertiger Redner, der ohne lange Vorbereitung über einen Gegenstand geschickt zu sprechen wusste. So konnte es denn nicht fehlen, dass Cusa in Bälde seine Carrière mache. Zuerst Pfarrer von St. Wendel, wurde er bald Dechant am Florinsstifte zu Coblenz. Als Erzdiakon an der bischöflichen Kirche zu Lüttich wurde er zum Baseler Concil entsendet. Er überreichte zwei Schriften den dort versammelten Vätern: „De concordantia catholica" und „Ueber die Kalenderreform". Anfänglich war er der feurige Anhänger und glänzende Redner für die Befreiung von der Allmächtigkeit des Pabstes. Wir lesen von verschiedenen Anerkennungszeugnissen seines mannhaften Auftretens, als er mit einem Male umsattelte und zum ebenso geschickten Vertheidiger des Pabstes wurde, nachdem ihn Pabst Eugen IV. für seine Interessen gewonnen hatte. Seiner Gewandtheit im Umgange entsprechend, betraute ihn der Pabst häufig mit schwierigen Missionen, wie z. B. nach Konstantinopel, um die Jahrhunderte lang angestrebte und doch nie erreichte Vereinigung der griechischen und lateinischen Kirche zu betreiben. Nach dieser Reise, von welcher er höchst werthvolle griechische Manuskripte mitbrachte, betraute ihn der Pabst mit der Herstellung der zerrütteten Klosterzucht in Deutschland, welcher Aufgabe er sich mit solcher Energie unterzog, dass er in Folge der erreichten Resultate — er soll dabei für den Bau der Peterskirche in Rom über 200,000 Gulden zusammengebracht haben — vom Pabste Nicolaus V. am 20. September 1448 mit dem Titel „ad vincula St. Petri" zum Cardinal erhoben wurde. Der Pabst, welcher sich für die Uebersetzung der griechischen Classiker in hohem Grade interessirte, benutzte den gelehrten Cardinal als höchst willkommenen Gehülfen bei seinem grossen Werke der Uebersetzung der Classiker in die lateinische Sprache. Cusanus erhielt als Antheil die Uebersetzung der Schriften

des Archimedes, die seinen mathematischen Fähigkeiten in hohem Grade
zusagen musste. Im Jahre 1449 kehrte er in seine Heimat zurück, um
die Missbräuche, die während des Schisma zwischen den Päbsten Felix
und Eugenius sich eingenistet hatten, abzustellen. Die versöhnende
Thätigkeit des Cardinals war auch dieses Mal soweit von Erfolg gekrönt,
als es in dieser Periode der kirchlichen Zerrüttung, welche der Reformation voranging, im Allgemeinen möglich war. Er hielt Predigten an
das Volk, liess die Lehren der Religion auf Tafeln schreiben und in den
Kirchen aufhängen, und suchte mit Güte dem überall drohenden Abfall
von der römischen Kirche vorzubeugen. Im Jahre 1452 trat er mit den
Böhmen in Unterhandlungen, ohne dass er jedoch im Stande gewesen
wäre, die überall hervortretenden religiösen Differenzen zu beseitigen.

Um diese Zeit brachten ihn seine Verfügungen bezüglich des
Frauenklosters Sonnenberg, das in seinem Bisthum Brixen lag, in Streit
mit dem Erzherzog Sigismund, welcher damit endigte, dass letzterer von
Seiten der römischen Curie aus mit dem Kirchenbann belegt wurde, während über das Bisthum Brixen das Interdikt verhängt wurde. Diese
Massregel des damaligen Pabstes Calixtus schadete dem Cardinal und
raubte ihm das Vertrauen der Angehörigen seines Bisthums.

Cusanus hielt sich nun in Italien auf, kehrte hierauf auf kurze
Zeit nach Deutschland zurück, um jedoch bald wieder nach Rom zur
Uebernahme der päbstlichen Statthalterschaft berufen zu werden. Der
Pabst versuchte die Aussöhnung mit dem Erzherzog Sigismund zu be-
werkstelligen, welche jedoch misslang. Inmitten dieser unerquicklichen
Zänkereien starb Cusanus zu Todi am 11. August 1464 im 63sten
Lebensjahre.

Der Cardinal von Cusa hatte für sein Vaterland, besonders seinen
Geburtsort Cues, manches gethan, was seinem Namen eine dankbare
Erinnerung sichert, besonders durch die Errichtung eines Hospitals zur
Erhaltung und Verpflegung von 33 männlichen Armen. In der Kirche
dieses Hospitals wurde das Herz des Gründers desselben beigesetzt, wäh-
rend sein Leichnam in Rom begraben wurde. Im Hospital zu Cues be-
finden sich noch unedirte Handschriften des Cardinals, die sich auf die
Geschichte des Baseler Concils beziehen.

Nicolaus von Cusa schloss zu Padua mit dem Arzte Toscanelli
ein inniges Freundschaftsbündniss. Toscanelli, den er einfach „Paulus
von Florenz" nennt, war einer der bedeutendsten Astronomen und Mathematiker seiner Zeit. Derselbe wurde zu Florenz im Jahre 1397 geboren;
seine Studien erstreckten sich hauptsächlich auf Mathematik und Astronomie. Im Jahre 1428 wurde er zu einem der Custoden der Bibliothek
gewählt. Die Nachrichten über die Reisen Marco Polo's veranlassten
ihn zur Sammlung geographischer Notizen und zur Ausarbeitung eines
Planes für einen leichten Verkehr mit Asien, was er durch eine nach
Westen gehende Umschiffung der Erde erreichen wollte. Zur Ausführung

dieses Planes trat Columbus mit Toscanelli in Correspondenz. In der Florentiner Kathedrale, welche Brunelleschi erbaute, stellte Toscanelli ein Gnomon auf, mittelst welches er verschiedene astronomische Messungen ausführte. Er starb zu Florenz im Jahre 1482.

Dies war jener Mann, der Cusanus in das Studium der Mathematik und Astronomie einführte, dem er seine mathematischen Arbeiten dedicirte und bei dem er zuerst astronomische Messungen ausführte. Neben seiner Kirche zu Rom hielt der Cardinal eine eigene Werkstätte zur Verfertigung jener Apparate, deren er zu seinen Beobachtungen bedurfte.

Nicolaus von Cusa ist eine in vielen Beziehungen höchst merkwürdige Persönlichkeit. An der Schwelle der Neuzeit, kurze Zeit vor dem Ausgange des Mittelalters, sucht er eine Versöhnung der neuen Ideen mit denen des mit sich zerfallenen Zeitalters. Hauptsächlich ist es die Vorliebe des Cardinals für Mathematik und Naturwissenschaft, was ihn der neuzeitlichen Weltanschauung näher bringt. Dabei ist jedoch auch sein Zurückgreifen auf die Schriftsteller des Alterthums viel zweckbewusster, als das seiner Vorgänger. Längstvergessene Begriffe werden mit einem Male wieder lebendig: Begriffe, welche seit dem Ausgange des Alterthums latent geworden. Besonders sind es zwei Hauptthematen, welche des Cusaners Denken beschäftigten: „Verhältniss von Gott zur Welt" und „Wesen und Aufgabe des Erkennens". Weder das erste derselben, das einen theologischen Charakter besitzt, noch das metaphysische zweite Thema kann den Gegenstand unserer Betrachtung bilden. Wir übergehen vielmehr auf die Thätigkeit des gelehrten Cardinals auf dem Gebiete der Mathematik sowohl, als auch der Naturwissenschaften, letztere betrifft ebenso die Astronomie, als hauptsächlich die Mechanik. Seine mathematischen Studien führten ihn auf die Werke des Eukleides und Archimedes, welche er auch vollständig zu kennen scheint.

Die mathematischen Abhandlungen Nicolaus von Cusa's sind, nach dem Jahre ihrer Entstehung geordnet, die folgenden:

1. De geometricis transmutationibus (1450).
2. De arithmeticis complementis (1450/51).
3. De mathematicis complementis (1453/54).
4. De quadratura circuli (1457).
5. De sinibus et chordis (1457).
6. De quadratura circuli, sammt einer declaratio rectilineationis curvae, quae ponitur in primo modo secundi libelli de math. compl. Peurbach gewidmet (1457).
7. Dialogus inter Cardinalem sancti Petri Episcopum Brixinensem et Paulum physicum Florentinum, de circuli quadratura (1457).
8. De una recti curvique mensura (1457?).
9. De mathematica perfectione (1460).

Bezüglich der allgemeinen Ansicht Cusa's über die Bedeutung und

den Nutzen der Mathematik ist eine Abhandlung wichtig, die jedoch
einem ganz andern Kreise seiner Schriften angehört, als jene, mit denen
wir uns hier beschäftigen, nämlich das „complementum theologicum".
Die dort zum Ausdruck gebrachten Meinungen sind kurz die folgenden:
In der Mathematik finden wir die Wahrheit in höherem Grade, als in
irgend einer andern Wissenschaft. Die alten Gelehrten lassen sich daher
ohne Beihülfe der Mathematik in keine wissenschaftliche Untersuchung
ein. Boëthius, Pythagoras, Platon, Aristoteles, sie alle kennen die
Wichtigkeit der Mathematik für das Studium der Philosophie. Dergestalt bildet die Mathematik den Angelpunkt des ganzen cusanischen
Systems.

Wir beschäftigen uns hier nicht mit den mathematischen Schriften
des Cusanus und lassen es bei der Aufzählung derselben bewenden,
aus welcher ersichtlich ist, dass sich derselbe im Geiste eines Mathematikers seiner Zeit lebhaft mit dem Problem der Quadratur des Kreises
beschäftigte, von welchem der holländische Gelehrte Snellius noch nach
zwei Jahrhunderten sagte, dass diese Aufgabe im Verein mit der delischen der Würfelverdoppelung die Klippe für den guten Ruf des Mathematikers sei.

Cusa steht mit seinem astronomischen Systeme an der Grenzscheide
zwischen der geocentrischen und der heliocentrischen Theorie des Planetensystems. Seine Ansicht bezeichnet einen Wendepunkt in der Geschichte
der Astronomie. Die Anläufe zur coppernicanischen Lehre finden wir
bei ihm vor. Zwar war er bei weitem nicht im Stande, sich gänzlich
aus den Banden des ptolemäischen Systems zu befreien, doch war er
jedenfalls der erste, der das schon wankende Gebäude in seinen Grund-
festen erschütterte, als er zum ersten Male den Ausspruch that, die
Erde sei ein Stern wie alle andern. Wir wissen, wie sehr diese Ansicht
der damals allgemein herrschenden aristotelischen Ansicht widersprach,
derzufolge die Gestirne aus viel feinerer und besserer Materie bestehen
sollten, als die Erde mit allem, was sich auf ihrer Oberfläche befindet.
Nach dieser Ansicht wäre die Erde aus grober, schwerer und demzufolge
träger Masse zusammengesetzt, welche unbeweglich im Mittelpunkte der
Welt, dem untersten Orte, sich befindet.

Cusa behauptet nun im Widerspruche mit diesen Behauptungen,
dass die Erde ein Gestirn sei, welches Licht, Wärme und andere Einflüsse von andern Himmelskörpern empfange. Kleiner als die Sonne, ist
sie grösser als der Mond, wie wir dies aus den Finsternissen ersehen
können. Die fortwährend zu beobachtende Zerstörung und der Zerfall
der irdischen Dinge ist nur der Uebergang aus einer Form in die andere
und ist auf andern Himmelskörpern in derselben Weise vorhanden. —
Die Erde ist, so wie alle Himmelskörper, rund, die Annahme von Gegen-
füsslern, welche aus der Annahme einer kugelförmigen Gestalt der Erde
folgt, verursacht wenig Schwierigkeit, da für jeden der über seinem

Scheitel befindliche Punkt der Zenith und somit der Scheitelpunkt des einen der Fusspunkt des andern, ihm antipod gestellten, ist. — Die Erde ist wohl rund, jedoch nicht streng kugelförmig.

Wir sehen in Cusa's Ansichten das Bestreben ausgedrückt, die Scheidewand niederzureissen, welche die Naturphilosophie der Denker des griechischen Alterthums zwischen Erde und Himmel, der elementarischen und der Welt der Sphären aufgerichtet hat. Die Erde — vordem die ausgedehnte Veste im Mittelpunkt des Alls — wird nun zu einem unbedeutenden Theile des Ganzen, denn Cusanus geht in der Uniformirung der einzelnen Weltkörper unerbittlich bis zu den letzten Consequenzen, ja er schiesst sogar über das Ziel hinaus, wo er den in den Augen springenden grossen Unterschied zwischen der physikalischen Beschaffenheit der Erde und der Sonne hinwegläugnen will, welche Bemühung ihn — eigenthümlicherweise — auf eine Theorie betreffs der physikalischen Constitution unseres Centralkörpers führte, in welcher wir in fast drollig zu nennender Weise eine um vieles später aufgestellte Hypothese über die Natur der Sonne vorgebildet sehen, nämlich diejenige, welche Wilson und Herschel in unseren Tagen zur Erklärung der Vorgänge auf der Sonne, wie dieselben durch grosse Teleskope sich unseren Augen darstellen, ausgedacht haben. So wie nämlich Wilson aus den Erscheinungen der Sonnenflecken in dem Centralkörper unseres Planetensystems einen dunklen, kühlen Weltkörper erblickt, im weiten Umkreise von einer Hülle feuriger Wolken umgeben, welche Photosphäre, der eigentlich licht- und wärmespendende Theil der Sonne ist, so erklärt der mit dem Scholasticismus brechende Cardinal von Cusa im 15. Jahrhundert die Sonne für eine mehr concentrirte Erde, welche eine wie Feuer leuchtende Peripherie umgebe, innerhalb welcher eine Art dunkler Wolken und reiner Luft den Zwischenraum zwischen der Peripherie und dem festen erdigen Kerne der Sonne ausfüllen*). — Bezüglich des Mondes setzt Cusanus voraus, dass wir den Mond nur deshalb nicht mit der Sonne gleich leuchtend erblicken, weil wir nicht ausserhalb seines äussersten Umkreises uns befinden. — Die Bewohnbarkeit der Gestirne wird als allgemein vorausgesetzt und wird angenommen, dass sie auch in der That bewohnt seien, wenn auch über die Art der Bewohner nichts Bestimmtes vorausgesetzt wird.

Die wichtigste unter den neuen Lehren des Nicolaus von Cusa ist jedoch die von der Bewegung der Erde. „Die gemeinschaftliche Eigenschaft aller Körper ist die der Beweglichkeit." Nachdem nun aber die Erde ein Weltkörper ist, wie die andern alle, so muss auch sie in Bewegung sein. Der Autor dieser unerhörten Behauptung sieht selbst ein, wie man über dieselbe staunen werde. In seinem Werke „über die ge-

---

*) Die Entdeckung der Spectralanalyse hat inzwischen die Wilson-Herschel'sche Sonnentheorie gänzlich beseitigt.

lehrte Unwissenheit" (de docta ignorantia II, cap. 10 f. Basel 1565) sagt er: „Terra non potest esse fixa, sed movetur ut aliae stellae". Der Baseler Herausgeber kann hiebei die Bemerkung nicht unterdrücken, das betreffende Capitel „similia paradoxis" zu nennen.

Wir können die astronomischen Ansichten des Verfassers der „docta ignorantia" in folgenden Sätzen zusammenfassen: 1) Jeder Himmelskörper ohne Ausnahme ist in Bewegung begriffen. 2) Die Erde hat eine dreifache Bewegung, α) um ihre Axe, β) um zwei im Aequator befindliche Pole, γ) die Revolutionsbewegung um die Weltpole. — Die zwei im Aequator angenommenen Pole sollen die Erklärung der Präcessionsbewegung vermitteln.

In unseren Tagen hat man die Bedeutung des cusanischen astronomischen Systemes vielfach falsch aufgefasst. Es lässt sich allerdings nicht läugnen, dass dasselbe als Vorläufer des coppernicanischen aufgefasst werden könne, wenn auch Coppernicus die Schriften des Cardinales nicht kannte, anderseits jedoch besteht zwischen beiden Systemen ein beträchtlicher Unterschied. Nach der Ansicht Cusa's bewegt sich nämlich die Erde nicht um die Sonne, sondern Erde und Sonne, sowie sämmtliche Gestirne kreisen um die Pole des Weltalls, welche ihrerseits wieder ihre Lage in Beziehung auf andere Pole stetig verändern. Cusanus legte der Sonne und dem Fixsternhimmel eine von Ost nach West gehende Bewegung bei. Innerhalb 12 Stunden geschieht eine ganze Umdrehung. Die Sonne hat nicht, wie bei Ptolemaios, eine zweite jährliche Bewegung von West nach Ost, sondern sie bleibt beim täglichen (eigentlich halbtägigen) Umlauf etwas gegen die Fixsterne zurück, wodurch eine scheinbare Bewegung durch den Thierkreis entsteht. Die wechselnde Declination der Sonne erklärt der Cardinal dadurch, dass er die Sonne um einen Punkt des Himmelsäquators einen Kreis beschreiben lässt, dessen Halbmesser 23 Grad, d. h. die Schiefe der Ekliptik beträgt. Die Erde bewegt sich mit der Fixsternsphäre von Ost nach West und dreht sich ausserdem in 24 Stunden in derselben Richtung um ihre Axe.

Die Erde und der Fixsternhimmel haben nun noch eine zweite Bewegung von West nach Ost um eine Axe, welche auf der vorher erwähnten senkrecht steht und deren Pole im Aequator liegen. Diese zweite Bewegung sollte die Präcession der Aequinoctien erklären. Die Erde dreht sich um diese Axe innerhalb 24 Stunden, die Fixsternsphäre bleibt um eine Differenz zurück, die in 100 Jahren ungefähr einen Grad ausmacht.

Wir haben in der cusanischen Theorie einen Versuch zur Erklärung der Himmelserscheinungen vor uns, der sich in Hinsicht der Grossartigkeit der Auffassung kühn mit dem ptolemäischen messen kann. Vorausgesetzt wird die Bewegung aller Materie als allgemeine Eigenschaft derselben. Es gibt nichts Unbewegtes im weiten All. Aus der Schwere und der schlechten Beschaffenheit der elementaren Materie dürfe

kein Einwurf entstehen, da die Himmelskörper· aus derselben Materie
gebildet sind. Daraus, dass wir die Bewegung der Erde nicht wahrnehmen, folgt nicht, dass diese Bewegung nicht vorhanden sei. In
seinem merkwürdigen Werke „De docta ignorantia“ (II, 1, 2) heisst es:
„Und es ist jetzt klar, dass diese Erde sich wirklich bewegt, wenn wir
„es gleich nicht bemerken, da wir die Bewegung nur durch Vergleichung
„mit etwas Unbeweglichem wahrnehmen. Wüsste jemand nicht, dass
„das Wasser fliesse, und sähe er das Ufer nicht, wie würde er, wenn er
„in einem auf dem Wasser hingleitenden Schiffe steht, bemerken, dass
„das Schiff sich bewegt? Da es daher jedem, er mag auf der Erde oder
„Sonne oder einem andern Sterne sich befinden, vorkommt, er stehe im
„unbeweglichen Mittelpunkte, während alles um ihn her sich bewege, so
„würde er, in der Sonne, im Monde, Mars u. s. w. stehend, immer wieder
„andere Pole angeben.“ Es kommt nun darauf an, ein solches System
von Bewegungen zu finden, welches die Erscheinungen erklärt („σώζειν τὰ
φαινόμενα“ wie es die Alten nannten). — Nun, einfach ist das System des
Cusanus zwar nicht zu nennen! Durch ein System gleichförmiger Rotationen um verschiedene in einander eingefügte Axensysteme sucht er
der Aufgabe zu entsprechen, wobei es als neues Motiv angesehen werden
muss, dass er durch Differenz zweier gleichgerichteter Rotationen eine
scheinbar in entgegengesetzter Richtung geschehende Drehung zu erklären sucht. Ein schwacher Punkt hiebei oder, besser gesagt, ein Stilfehler des Systems ist die zur Erklärung der wechselnden Declination
der Sonne angenommene jährliche Bewegung derselben um einen Punkt
des Himmelsäquators.

Cusanus verräth jedoch noch in anderer Beziehung seinen bahn-
brechenden Geist, dadurch nämlich, dass er sich von der Annahme eines
materiellen Zusammenhanges der auf einander wirkenden Himmelskörper
frei machen kann und eine durch die Entfernung wirkende Kraft annimmt.

Es darf uns nicht befremden, wenn wir neben den klaren, für das
15. Jahrhundert oft überraschenden Ansichten des Cusanus metaphysischen Spitzfindigkeiten begegnen. Wir dürfen eben nicht vergessen,
dass dies bei der Denkungsweise jener Zeiten nicht vermeidbar war,
und dass auch bei Coppernicus, Keppler u. a. neben physikalischen,
stets auch immer metaphysische Gründe angeführt werden. An und
für sich ist der Satz, dass die Erde aus keinem schlechteren Materiale bestünde als die Welt der Sterne, in seinen Consequenzen von ungemein weit-
tragender Bedeutung. Auch wurde derselbe nicht so leicht allgemein
anerkannt und musste noch Galilei einige der Arbeiten des Herakles
ausführen, um diesen wesentlichen Bestandtheil des Aristotelismus zu vernichten. Und so konnte denn noch, hundert Jahre nach Cusanus, Tycho
Brahe den folgenden Ausspruch thun: „Die Erde ist eine grobe, schwere
„und zur Bewegung ungeschickte Masse; wie kann nun Coppernicus
„einen Stern daraus machen und ihn in den Lüften herumführen?“

Die Schriften Cusa's, welche sich auf Astronomie beziehen, sind die folgenden:

1. Reparatio Calendarii (1436).
2. Correctio tabularum Alphonsi.
3. Stellae inerrantes ex Cardinalis Cusani, Niceni et Alliacensis observationibus supputatae.
4. Catalogus stellarum fixarum ex Cardinalium Cusani, Niceni et Alliacensis observationibus.

Die erste dieser Schriften beschäftigt sich mit der Verbesserung des Kalenders und besteht aus drei Theilen. Der erste handelt von der Einrichtung des Kalenders, der zweite weist die Unzulänglichkeit (insufficientia) desselben nach und bespricht die Mängel und Fehler, sowie deren Ursachen, der dritte Theil endlich behandelt jene Methoden, welche zur Correction dieser Mängel dienen sollen. Als Einleitung des Ganzen gibt der Verfasser einen Ueberblick über die Zeitrechnung bei verschiedenen Völkern. Cusanus zeigt, dass die Hauptursachen der Unvollkommenheit des Kalenders in der falschen Annahme bezüglich der Länge des Sonnenjahres zu suchen sei, da dieses in der That kürzer sei, als es der von Julius Cäsar eingeführte Kalender festsetzt. Sein Hauptbestreben war die richtige Bestimmung des Osterfestes, auf welches bezüglich er die richtige Bestimmung der goldenen Zahl und der Zeit des Aequinoctiums für wichtig erklärte. Der Vorschlag des Cardinals zur Verbesserung bestand nun in Folgendem: Der Pfingstsonntag des Jahres 1439 fällt auf den 24. Mai des julianischen Kalenders, es werde nun dieser Tag durch eine im Jahre 1437 zu enunzirende Bulle als letzter Tag des Mai, der zweite Pfingsttag daher als 1. Juni decretirt, wodurch eine ganze Woche ausfallen würde und wodurch der Fehler, wenigstens grösstentheils, corrigirt wäre. Dass diese Woche nicht vollständig ausreichen würde, sah auch Cusa ein, da nach seiner Rechnung der Fehler bereits $7\frac{1}{2}$ Tage betrage. Es sei auch nicht genügend, einmal den Fehler zu corrigiren, man müsse vielmehr für eine bleibende Correction sorgen. Es werden nun auch hierauf bezügliche Vorschläge gethan.

Der Vorschlag des Cardinals blieb, wie so mancher andere der auf dem Baseler Concil gemachten Vorschläge, ohne Resultat. Pabst Sixtus IV. berief zwar 1475 den deutschen Astronomen Regiomontanus nach Rom, um die Verbesserung des Kalenders zur Ausführung zu bringen, jedoch der um ein Jahr später erfolgende Tod desselben unterbrach diese Arbeiten.

Es beschäftigten sich nun einige Päbste mit der Frage der Kalenderreform, welche von Jahr zu Jahr zu einem fühlbareren Bedürfnisse wurde, bis endlich Gregor XIII. im Auftrage des Tridentiner Concils die Frage zur glücklichen Lösung brachte. Er ordnete nämlich an, dass nach dem 4. Oktober des Jahres 1582 unmittelbar der 15. Oktober folgen solle, so dass volle 10 Tage ausfielen. Damit fernerhin das Frühlingsäquinoctium stets auf den 21. März falle, wurde bestimmt, dass im Verlaufe von je 400 Jahren drei Schaltjahre (im Sinne des julianischen Kalenders gerechnet) als gemeine Jahre zu nehmen seien, und zwar in der Weise, dass die letzten Jahre der Jahrhunderte nur dann Schaltjahre seien, wenn deren Jahreszahl durch 400 theilbar ist.

Die zweite astronomische Abhandlung Cusa's „Correctio tabularum Alphonsi" bildet gewissermassen eine Ergänzung der vorigen Schrift. Der Cardinal zeigt in derselben, dass die Tabellen des Almagest in vieler Beziehung die alphonsinischen Tafeln an Vertrauenswürdigkeit übertreffen. Demungeachtet waren die alphonsinischen Tafeln bis zu Keppler's Zeiten im Gebrauch, da Erasmus Reinhold die „Tabulae Prutenicae" berechnete, welche zuerst im Jahre 1551 in Tübingen erschienen und jene verdrängten.

Eine merkwürdige Schrift, aus welcher wir uns eine sehr klare Vorstellung über die physikalische Denkungsweise des Cardinals von Cusa bilden können, ist das unter dem Titel „Nicolai Cusani de staticis experimentis dialogus" (Strassburg 1550. 4°) erschienene Werk desselben, in welchem sich einige sehr interessante Bemerkungen finden.

Wir geben in Folgendem eine kurze Analyse dieser Schrift: Ein Philosoph unterredet sich mit einem Mechaniker, wobei der Philosoph eine eigentlich bloss passive, recipirende Rolle spielt. Der Mechaniker zeigt an verschiedenen Beispielen den grossen Nutzen der Wage, mittelst der man im Stande sei, die Natur der Dinge zu erkennen. Gleiche Volumina Wasser haben nicht gleiches Gewicht, je nach der Beschaffenheit desselben. In noch grösserem Masse steht dies für andere Flüssigkeiten, wie Blut, Harn u. s. w. Aus dem relativen Gewichte des letzteren könnte der Arzt auf den Gesundheitszustand eines Menschen schliessen. Auch für die Wasseruhr kann man die Wage benutzen, wenn man die Menge des während eines gewissen Vorgangs ausgeflossenen Wasserquantums durch das Gewicht bestimmt und als Mass der inzwischen verflossenen Zeit benutzt. So möge man das Gewicht des Wassers, welches durch die Zeit, die von 100 Pulsschlägen eines gesunden Jünglings in Anspruch genommen wird, ausfliesst, mit demjenigen vergleichen, welches ausfliesst, während der Puls eines Kranken 100 Schläge macht. Man wird hiebei verschiedenes Gewicht finden. Ebenso könnte man die Zeit von 100 Athemzügen bei Gesunden und Kranken, bei Menschen und Thieren bestimmen, was für den Arzt von Bedeutung ist*).

Es folgt nun ein Versuch mit zwei ungleich grossen unter Wasser getauchten Hölzern von verschiedener Qualität. Die Zeit des Empor-

---

*) Der Vorschlag Cusa's, durch das Gewicht von ausgeflossenem Wasser verschiedene, sonst ganz heterogene Dinge zu bestimmen, erinnert an ähnliches Vorgehen seitens der gegenwärtigen Experimentalphysik, welches z. B. bei Photometern in Anspruch genommen wird.

steigens zur Wasserfläche wird eine verschiedene sein. Hierauf spricht der Philosoph vom Widerstande des Wassers, aber nicht in der Bedeutung der Physik von heute, und entwickelt die Form der Schiffe für seichtes Wasser.

Die Stärke der Anziehung des Magneten liesse sich auch durch Wägungen messen, ferner könnte man die magnetfeindliche Kraft des Diamantes auf dieselbe Weise bestimmen und die Abhängigkeit derselben von seiner Grösse festsetzen.

Einen höchst merkwürdigen Vorschlag macht der Cardinal durch Angabe des folgenden Versuches: Man nehme hundert Pfund Erde und ein gewogenes Quantum irgend eines Pflanzensamens. Hierauf wäge man, was daraus gewachsen und auch die Erde, so wird man finden, dass letztere wenig an Gewicht verloren hat, somit die Pflanze ihr Gewicht zumeist vom Wasser, mit dem sie begossen, erhalten habe. Wägt man die Asche der Pflanze, so erhält man das Gewicht des in ihr enthaltenen Wassers.

Das Gewicht der Erdkugel liesse sich aus dem Gewichte eines Kubikzolles muthmassen, weil man ihren Umfang und Durchmesser kennt.

Der Philosoph meint nun, man könnte vielleicht auch das Gewicht der Luft bestimmen. Der Mechaniker gibt die folgende Antwort: Man lege auf die eine Schale der Wage viel zusammengepresste Wolle, auf die andere Steine als Equilibrium. Man wird sehen, dass das Gleichgewicht gestört wird, je nachdem die Luft feucht oder trocken ist. Das gäbe Muthmassungen über die zu erwartende Witterung*).

Man wäge tausend Körner Weizen oder Gerste aus fruchtbaren Aeckern unter verschiedenem Breitegrade, so lehrt dieses etwas über die Stärke der Sonne unter den verschiedenen Erdstrichen.

Der Philosoph schlägt vor, von einem hohen Thurme einen Stein und ein eben so grosses Stück Holz fallen zu lassen und die Zeit des Falles durch das Gewicht des gleichzeitig ausgeflossenen Wassers zu bestimmen, man könne hieraus und aus den Gewichten von Stein und Holz vielleicht das Gewicht der Luft bestimmen. Der Mechaniker meint, man müsste zu diesem Zwecke zu verschiedenen Zeiten auf verschiedenen Thürmen Versuche anstellen, um einigermassen darüber urtheilen zu können. Er hielte es jedoch für zweckmässiger, gleich schwere Körper von verschiedener Gestalt fallen zu lassen, z. B. eine Bleikugel und eine eben so schwere Bleiplatte.

Für die Messung der Tiefe des Meeres wird ein Bathometer beschrieben, welches aus einer mit Gewicht beschwerten hohlen Kugel bestünde. Diese Vorrichtung würde mit einer gewissen Geschwindigkeit zu Boden sinken, wo sich durch einen eigenthümlichen Mechanismus das Gewicht von der Kugel ablösen würde und diese auf die Oberfläche des

---

*) Vielleicht die erste Andeutung zur Construktion eines Hygrometers.

Wassers sich erhöbe. Aus der Zeit, welche die Vorrichtung zum Hinab-
sinken und Wiederaufsteigen gebrauchen würde, liesse sich auf Grund
vorläufiger Versuche die Tiefe des Meeres bestimmen.

Es wird proponirt, grünes und dürres Holz, warmes und abge-
kühltes Wasser zu wägen, um den Unterschied zwischen Wärme und
Kälte, Trockniss und Feuchtigkeit zu erhalten. — Hier finden wir den
Cardinal auf rein aristotelischem Boden.

Die Länge des Tages lässt sich durch das Gewicht des von Sonnen-
aufgang bis zu deren Untergange aus der Wasseruhr ausgeflossenen
Wassers bestimmen. — Wenn man die im Aequator aufgehende Sonne
beobachtet und das Wasser wägt, welches vom Aufgange des oberen
Randes bis zum Aufgange des unteren ausgeflossen ist, so erhält man
das Verhältniss des Sonnenkörpers zu seiner Sphäre. — Es folgen hierauf
noch ähnliche Vorschläge bezüglich anderer astronomischer Messungen.

Wenn man im März Gewicht des Wassers, der Luft, des Holzes
mit den entsprechenden Gewichten anderer Jahre und Jahreszeiten vergleichen würde, würde man auf die Fruchtbarkeit des Jahres mit grösserer
Sicherheit folgern können, als aus astrologischen Regeln.

Gewichte von Glocken, Pfeifen und Wasser, das die Pfeifen ausfüllt, geben die Verhältnisse der Töne. — Durch Gewicht lässt sich aus
kleinen Quantitäten eines Gegenstandes auf grosse Mengen schliessen.

Der Philosoph gesteht zu, dass ein Buch, welches dergleichen
Daten gesammelt enthielte, sehr lehrreich sein würde und verspricht dies
anzustreben, worauf der Mechaniker den Dialog mit den Worten schliesst:
„Si me amas, diligens esto, et vale".

Wenn wir die Vorschläge zu Versuchen, wie sie in dem eben
excerpirten Dialoge enthalten sind, mit ähnlichen Propositionen Roger
Bacon's vergleichen, so muss uns der bedeutende Fortschritt auffallen,
den die Vorschläge des Cardinals von Cusa denen des ersteren gegenüber aufweisen. Es geht ein Drang nach Erfahrungsresultaten durch
diese Schrift, welche das Herannahen des Zeitalters der Entdeckungen
verräth. Wenn wir denselben Denker zu gleicher Zeit noch tief in aristotelischen Ansichten verrannt finden, so darf uns das nicht befremden;
die Weltanschauung hat sich eben nicht mit einem Schlage umgewandelt,
sondern hat allmählig die neue Form angenommen.

Alles zusammengefasst, sehen wir in Nicolaus de Cusa einen
der bedeutendsten Geister des 15. Jahrhunderts, einen der Vorläufer der
herannahenden grossen Epoche, welche geboren wurden, um das herab-
gebrannte Feuer des wissenschaftlichen Interesses von Zeit zu Zeit zu
schüren und frisch anzufachen. Den Hauptzug der Denkweise des Cusanus verräth der Titel und Inhalt seines berühmten Werkes: „De
docta ignorantia" (eigentlich „die Wissenschaft des Nichtwissens").
„Non intelligimus puram veritatem", da unsere Erkenntniss unzuläng-
lich zur Erfassung der unendlichen Wahrheit ist. Wir müssen uns des-

halb mit der angenäherten Wahrheit, oft bloss mit Muthmassungen über dieselbe begnügen.

Die Werke des Nicolaus von Cusa erschienen gesammelt zu Paris 1514 und zu Basel 1565 in 3 Bänden. Die wichtigsten Werke übersetzte Franz Anton Scharpff unter dem Titel: „Nic. v. Cusa's wichtigste Schriften in deutscher Uebersetzung." Freiburg i. Br. 1862.

Ausführlicheres über den Cardinal und sein wissenschaftliches System finden wir in folgenden Schriften:

Franz Anton Scharpff. — Der Cardinal und Bischof Nic. v. Cusa. Erster Theil. Das kirchliche Wirken. Mainz 1843. — Des Nic. v. Cusa wichtigste Schriften in deutscher Uebersetzung. Freib. i. B. 1862. — Nic. v. Cusa als Reformator in Kirche, Reich und Philosophie des 15. Jahrhunderts. Tübingen 1871.

Johann Martin Düx. — Der deutsche Cardinal Nicolaus von Cusa und die Kirche seiner Zeit. 2 Bände. Regensburg 1847.

Dr. Richard Falckenberg. — Grundzüge der Philosophie des Nicolaus Cusanus mit besonderer Berücksichtigung der Lehre vom Erkennen. Breslau 1880. 8°.

Prof. Dr. Schanz. — Der Cardinal Nicolaus von Cusa als Mathematiker. (Programm des K. Gymnasiums in Rottweil.) 1872. — Die astronomischen Anschauungen des Nicolaus von Cusa und seiner Zeit. Rottweil 1873.

Wyttenbach. — Artikel „Cusanus" in Ersch und Gruber's Encyclopädie I, 20.

Leonardo da Vinci.

Die Geschichte, so gut wie jede andere Wissenschaft, weist uns dieselbe allgemeine Erscheinung bezüglich ihres Bildungsprozesses. Handelt es sich doch bei aller Wissenschaft in letzter Instanz darum, ein Abbild eines Bestehenden oder einer Erscheinung zu geben, bei dessen Herstellung der forschende Geist überall in gleicher Weise vorgeht. Das Verfahren desselben ähnelt dem des Zeichners, der die Copie einer Zeichnung oder eines Gemäldes auszuführen gedenkt. Zuerst umreisst er in allgemeinen Zügen die einzelnen Gestalten und Formen und skizzirt dieselben in langen ungebrochenen Linien. Je mehr er dann in das Detail der Ausführung sich einlässt, desto genauer schmiegt sich die Copie an die Formen des Originals an, an Stelle der geraden oder einfach gekrümmten Linien entstehen vielfach gewellte Striche und vordem leere, weite Flächen bedecken sich mit feinen Details. — Dieselbe skizzirende, erst successive dem abzubildenden Originale nachstrebende Thätigkeit finden wir bei allen Zweigen der menschlichen Wissenschaft. Die Vernunft in ihrer auf die Construktion eines Wissenskreises gerichteten

Thätigkeit strebt vor allem dahin, durch allgemeine Umrisse die einzelnen Kenntnisse auf jenem Theile der weiten Bildfläche unterzubringen, wohin dieselben gehören, um so das Zusammengehörige aneinanderzuknüpfen, das Entgegenstehende von einander zu entfernen. Da es hiebei nun nicht verhindert werden kann, dass die schaffende Kraft der Phantasie, der in dem Bildungsprozesse der Wissenschaft eine höchst wichtige Rolle zufällt, an vielen Stellen Gebilde hinstellt, welche vor der langsam hinterher schreitenden, verifizirenden Thätigkeit der Vernunft nicht bestehen können, so kann sich der wissenschaftliche Fortschritt der ihm erwachsenden zweifachen Arbeit, der Beseitigung nicht genauer, oft ganz falscher Vorstellungen und deren Substitution durch dem Gegenstande besser entsprechende, nicht entziehen. Sobald der forschende Geist ein neues Gebiet der Erkenntniss erschlossen hat, beeilt er sich, es in Bezirke zu theilen und was an Erfahrung fehlt, durch Phantasiegebilde zu ersetzen. Und zwar begegnet uns diese Erscheinung nicht bloss auf dem Gebiete der Wissenschaften selbst, sondern auch auf dem der Geschichte derselben. Wenn wir die verschiedenen Schriften über Geschichte der Mathematik oder Astronomie oder Physik oder irgend einer jener Wissenschaften, deren Wurzeln in den ersten historischen Zeiten zu suchen sind, Revue passiren lassen, so finden wir, wie ältere Schriftsteller leicht über lange Perioden der Geschichte hinwegschreiten und sich damit begnügen, zu constatiren, dass der ganze Zeitraum steril gewesen sei und nichts wesentlich Neues produzirt habe. In dem Manne, dessen Bedeutung für die Geschichte der Physik wir nun zu schildern haben, sehen wir ebenfalls ein Beispiel vor uns, wie lange die richtige Würdigung eines Gelehrten zuweilen auf sich warten lässt.

Leonardo da Vinci, einer der Sterne im glänzenden Dreigestirn der grossen italienischen Maler, das er mit Raffaele Santi und Michel Angelo Buonarroti bildete, ist eine der merkwürdigsten Erscheinungen jener an wahrhaft grossen Geistern keineswegs armen Periode. Inmitten der politischen Wirren der sich befehdenden Gegenpäbste und deren Anhang entwickelte sich zwischen den Beherrschern der vielen kleinen Staaten ein edler Wettstreit, der die Städte Italiens mit Prachtbauten anfüllte, welche von den zahlreichen Meistern der Malerei und Bildnerkunst mit unvergänglichen Werken geschmückt wurden. Neben diesen bildenden Künsten erfreuten sich jedoch auch die Musik und die Poesie einer eifrigen Pflege.

Neben der Kunst hatte auch die Wissenschaft eine Heimat gefunden und es gefiel sich jeder der Fürsten darinnen, dass er seinen Thron mit Gelehrten und Künstlern umgebe. Allen voran gingen die Päbste. Als Alexander V. im Jahre 1409 den päbstlichen Stuhl betrat, da begann für Wissenschaft und Kunst ein goldenes Zeitalter. Dieser Pabst hiess mit seinem Familiennamen Philargi und war ein aus Kandia von armen Eltern stammender Grieche. Als Franziskanermönch lehrte er an den

Hochschulen zu Bologna und Paris, wo ihm seine gründliche Kenntniss der griechischen Sprache, seine philosophische und theologische Wissenschaft zu rascher Berühmtheit verhalf. Die Gunst, welche ihm Johann Galeazzo Visconti zuwendete, verhalf ihm zuerst zu einigen wichtigen Missionen, späterhin zu mehreren Bisthümern, zuletzt zu dem von Mailand. Im Jahre 1404 wurde er durch Innocenz VII. zum Cardinale erhoben und fünf Jahre später vom Kirchenrathe zu Pisa zum Pabste gewählt. Von seinen zahlreichen theologischen Werken ist bloss eines im Drucke erschienen; berühmt war noch sein Jugendwerk: eine Erläuterung des Magister sententiarum von Petrus Lombardus, das sich handschriftlich in einigen italienischen Bibliotheken befindet. Alexander V. war ein eifriger Beförderer von Kunst und Wissenschaft, starb jedoch schon ein Jahr nach seiner Wahl eines plötzlichen Todes. Sein Nachfolger Eugen IV. hegte dieselbe Denkungsart bezüglich der Pflege der Wissenschaften und der schönen Künste und berief deshalb zahlreiche Gelehrte und Künstler an seinen Hof, trotz der vielen und verwickelten Angelegenheiten, welche ihm die zwei Kirchenversammlungen brachten, die unter seiner Amtsführung gehalten wurden, und trotz der mannigfachen politischen Wirren, welche ihm nur wenig freie Zeit übrig liessen. Er führte auch den Plan Innocenz' VII. aus, und stellte die hohe Schule zu Rom wieder her. — Einer der eifrigsten Beförderer der Wissenschaften war Thomas von Sarzano, Sohn eines armen Arztes aus Sarzano, als er als Nicolaus V. den päbstlichen Stuhl bestieg. Selbst in den Classikern bewandert, zog er die grössten Kenner derselben an seinen Hof. Poggio, Georg von Trapezunt, Leonardi Bruno von Arezzo, Giacomo Manetti, Franz Philelfo, Laurentius Valla, Theodor Gaza, Johann Aurispa und andere Gelehrte kamen nach Rom und erfreuten sich dort wohldotirter Stellen, um sorgenlos ihren Arbeiten obliegen zu können. Die grosse Aufgabe, deren Lösung der Pabst mit Hülfe jener Gelehrten anstrebte, war die Uebersetzung der griechischen Classiker in lateinische Sprache. Diodor Siculus, Xenophon's Kyropaidia, Herodotos, Thukydides, Polybios, Appian von Alexandrien, Homer's Ilias, Strabon's Geographie, ferner die Werke des Aristoteles, Theophrastos, Ptolemaios und Platon wurden übersetzt. Derselbe Pabst war es auch, welcher die Sammlungen des Vatikans anlegte, die Bibliothek durch Handschriften, welche er in Frankreich, Deutschland, England und Griechenland ankaufen oder copiren liess, ungemein vermehrte, so dass für dieselbe, als auch die Nachfolger dieses gelehrten Pabstes, besonders Martin V., einen gleichen Sammeleifer bekundeten, Sixtus V. durch den Architekten Fontana ein eigenes, dem Vatikan angeschlossenes Bibliotheksgebäude herstellen lassen musste. Gegenwärtig besitzt die vatikanische Bibliothek nebst einer ungeheuern Anzahl von Druckwerken an 30,000 Codices. — Leider regierte dieser Pfleger der classischen Literatur bloss acht Jahre.

Wir finden die politischen Verhältnisse Italiens zu Anfang des

15. Jahrhunderts in ungemeiner Zerrüttung. Der Herzog von Mailand, Johann Galeazzo Visconti, war im Jahre 1402 gestorben und hatte seine Besitzungen seinen drei Söhnen hinterlassen, welche jedoch im Vereine mit ihrer grausamen Mutter sich bald verhasst machten. Der ältere fiel nach zehnjähriger Regierung durch Meuchelmord, der jüngere erlebte während seiner 30jährigen Regierung die mannigfachsten Wechselfälle des Glückes. Nach seinem 1442 erfolgten Tode blieb die Regierung dem Gemahl seiner natürlichen Tochter Bianca, dem später zu grosser Macht gelangten Franz Sforza, dem Sohne des gleichnamigen Feldherrn.

Die Herzoge von Ferrara aus dem Hause Este waren von jeher wegen ihrer Vorliebe für die Künste und Wissenschaften geachtet. Markgraf Nicolaus III. eröffnete 1402 die hohe Schule von Ferrara, welche die Regentschaft während seiner Minderjährigkeit geschlossen hatte, und berief tüchtige Gelehrte an dieselbe.

Weniger mächtig als die Herzoge von Mailand und Ferrara war der Herzog von Mantua, Johann Franz von Gonzaga, ein Freund und Verehrer der Wissenschaft. Er überliess Vittorino da Feltro die Erziehung seiner beiden Söhne und seiner Tochter, zu welchen sich auch andere Zöglinge aus edlen Häusern fanden, denen es erlaubt wurde, mit den Prinzen Gonzaga die Leitung des trefflichen Lehrers zu geniessen. Später fanden sich Zöglinge aus aller Herren Länder ein und Mantua's Schule erhob sich zu dem Ruhme, der den Vergleich mit jenen der berühmtesten hohen Schulen Italiens aushielt.

Die ausgiebigste Förderung nach dem päbstlichen Hofe verdankten die Künste und Wissenschaften in Italien dem Hause der Mediceer in Florenz. Diese Familie, welche vor einigen Jahrhunderten aus Konstantinopel nach Florenz übergesiedelt war, genoss in ihrer neuen Heimat ein sehr grosses Ansehen und hatte sich durch in grossem Stile betriebene Handelsunternehmungen einen mächtigen Reichthum erworben. Nach dem Tode Johann von Medici's im Jahre 1421 übernahm dessen Sohn Kosmus die Verwaltung des grossen Vermögens. Er war in jener Zeit der reichste Privatmann ganz Europa's und verwendete einen Theil dieses Reichthums mit Vorliebe zur Anlegung jener Büchersammlung, welche von seinem Enkel Lorenzo bedeutend vergrössert, den Namen „medico-laurentinische Bibliothek" erhielt.

Nur ganz kurz erwähnen wir der Wirren, welche nach dem meuchelmörderischen Tode Karls von Duras in Ungarn im Königreich Neapel eingerissen waren, und welche nach langen Kämpfen mit der Befestigung der Herrschaft des Königs Alphons endeten. Auch dieser Fürst war trotz seiner Laster ein Beschützer und Beförderer der Wissenschaft.

Um unser Gemälde über die italienischen Verhältnisse jener Zeit, in welcher Leonardo da Vinci das Licht der Welt erblickte, zu vervollständigen, haben wir noch zweier grosser Ereignisse von weltgeschichtlicher Bedeutung zu erwähnen, welche in diese Zeit fallen, es sind dies die

Einnahme Konstantinopels durch Mahomed II. im Jahre 1453 und die Erfindung der Buchdruckerkunst um dieselbe Zeit.

Es war zur Zeit der allgemeinen Kirchenversammlung zu Florenz. Pabst Eugen IV. hatte glücklicherweise seine Anerkennung als Haupt der Christenheit auch gegenüber dem Patriarchen von Konstantinopel durchgesetzt: das unselige Schisma zwischen der griechischen und römischen Kirche schien beseitigt, Kaiser Johannes Palaiologos war ebenfalls nach Italien gekommen und betrieb die Versöhnung zwischen beiden Kirchen, da er hierdurch ein Anrecht auf die Unterstützung seitens der katholischen Mächte Europa's gegen die herandrängenden Türken zu erwerben glaubte. Jedoch schon während seiner Anwesenheit in Italien begann sich das Schicksal des sinkenden Reiches zu erfüllen: die Türken überschwemmten die Gebiete desselben und bedrängten die Hauptstadt. Palaiologos eilte heim, konnte jedoch das Verderben nicht mehr abwenden. Während die halsstarrigen griechischen Priester in Florenz alles widerriefen und sich zu keinerlei Concession gegenüber der römischen Kirche herbeilassen wollten, fiel die Hauptstadt des griechischen Kaiserthums: Konstantinopel in die Hände der Türken, welche auf den Trümmern des einstigen oströmischen Reiches ein neues mächtiges Reich errichteten, das zu einem Weltreiche heranwuchs, welches den Frieden Europa's auf Jahrhunderte hinaus störte, und dessen Zerfall sich in gegenwärtigem Jahrhunderte langsam, doch unabwendbar vollzieht. Nach der Einnahme Konstantinopels flüchteten die griechischen Gelehrten mit den Resten ihrer Classiker zum grössten Theile nach Italien, in dessen zahlreichen Culturcentren sie mit grosser Bereitwilligkeit aufgenommen wurden. Durch sie verbreitete sich die Kenntniss der griechischen Sprache und die Bekanntschaft mit den griechischen Classikern in erfreulicher Weise. Besonders war es die Philosophie Platon's, welche von jenen Gelehrten gehegt, wenigstens einigermassen der Philosophie des Stagiriten das Gleichgewicht halten konnte.

Die andere weltgeschichtlich bedeutende Begebenheit ist die der Erfindung der Buchdruckerkunst, um welche Erfindung sich die Städte Mainz, Harlem und Strassburg stritten. Gewiss scheint bloss zu sein, dass Johann Guttenberg aus Mainz zuerst mit beweglichen Lettern gedruckt habe, und dass das erste auf diese Weise entstandene Buch die innerhalb der Jahre 1450—1455 gedruckte Bibel sei. In Italien dürften die ersten Druckwerke in Venedig oder Mailand hergestellt worden sein.

Dies waren die Verhältnisse in Italien um die Mitte des 15. Jahrhunderts, welche zu kennen nothwendig ist, wenn man die Entwicklung der Wissenschaft in dieser Periode richtig aufzufassen im Stande sein soll.

Um die Mitte des 15. Jahrhunderts herrschte reges künstlerisches Leben zu Florenz, welches die Kunstliebe Kosmus von Medici mit Kirchen und Palästen schmückte. Masaccio und Filippo Lippi wetteiferten, mit ihren etwas harten und trockenen Bildern die entstehenden Prachtbauten zu schmücken, Giovanni da Fiesole entzückte seine Zeitgenossen durch den überirdischen Gesichtsausdruck seiner Gestalten, Donatello schuf seine schönen Reliefdarstellungen, Brunelleschi erhob die prachtvolle Kuppel der Kirche Santa Maria del Fiore und Ghiberti goss die wunderbaren Metallthore der Kirche zum heiligen Johannes, von welchen Michel Angelo sagte, sie verdienten die Thore des Paradieses zu sein. In jenen Tagen, da sich eine so edle Bewegung der Stadt Florenz bemächtigt hatte, erblickte unweit ihrer Mauern zu Vinci, einem befestigten Schlösschen im Arnothale an den Grenzen von Pistoja, Leonardo das Licht der Welt. Als Geburtsjahr wurde vordem von einigen 1467, von andern 1443, wieder von andern 1455 angegeben. Dei, Antiquar bei der Bibliothek zu Florenz, hat nun durch Einsicht in die alten Papiere der Familie Vinci und Durchforschung der öffentlichen Archive als Geburtsjahr des grossen Malers das Jahr 1452 festgestellt. Es wurde gleichzeitig die Genealogie desselben erforscht und dieselbe bis etwa auf das Jahr 1351 zurückgeführt. Sein Vater war Ser Piero, Notar der Signoria zu Florenz. Leonardo war, wie es als ziemlich erwiesen gelten mag, ein illegitimes Kind, wenigstens lesen wir in einem gleichzeitigen Documente, in welchem die damals lebenden Glieder der Familie Vinci namentlich angeführt werden, neben dem Namen des Vaters: Ser Piero d'Antonio d'anni 40 und dessen Frau: Francesca Lanfredini d'anni 20 den zuletzt angeführten Namen: „Leonardo figliuolo de detto Ser Piero non legitimo d'anni 17" (Leonardo, illegitimer Sohn des besagten Ser Piero, 17 Jahre alt). Die Mutter Leonardo's war Catarina, später verehelichte Accattabriga di Piero del Vacca di Vinci. Scheint es somit erwiesen, dass Leonardo in die Zahl der ausgezeichneten Bastarde gehörte, so muss doch anderseits angenommen werden, dass derselbe später legitimirt worden sei, da er stets als vollberechtigtes Glied der Familie angeführt wird. Sein Vater hatte drei Frauen: Johanna, die Tochter des Zenobi Amadori; die zweite hiess Johanna, Tochter des Giuliano Lanfredini, die dritte Lucretia, Tochter des Wilhelm Cortigiani. Leonardo lebte schon zur Zeit der ersten Frau seines Vaters in dessen Hause, was wohl bei den damaligen strengen Familienverhältnissen schwer denkbar ist, wenn wir nicht annehmen, sein Vater habe den Makel, der seiner Geburt anklebte, durch die gesetzliche Adoption gutgemacht. Wir finden Leonardo auch während der Zeit der beiden späteren Stiefmütter im väterlichen Hause und haben wir Ursache anzunehmen, dass er sich mit denselben in herzlichen verwandtschaftlichen Verhältnissen befunden habe, ebenso wird er von Seite seiner übrigen Verwandten stets als trefflicher, charaktervoller Mann, wie man sieht, als eine Zierde der Familie betrachtet. Ein noch gewichtigerer Beweis unserer Behauptung ist der Anspruch, den Leonardo auf das Erbtheil eines Onkels väterlicher Seite, Franz von Vinci, erhebt, der als Seidenweber sich ein beträchtliches Vermögen erworben hatte. Es ist nun klar, dass Leonardo, der in einem an den

französischen Statthalter in der Lombardei Carl d'Amboise gerichteten
Briefe den legitimen Sohn Ser Juliano „seinen Bruder, den Erstgeborenen
der Familie" nennt, — an einer Erbschaft, die ihm als illegitimes Kind
durchaus nicht gebührte, nur dann Theil haben konnte, wenn er als
durchaus anerkanntes, legitimisirtes Kind der Familie derer von Vinci
angesehen wurde.

Leonardo hatte noch 11 Geschwister, von welchen die weitver-
breitete Familie der da Vinci herrührt, welche auch heute noch besteht
und im Jahre 1872 sechs Brüder zählte, dessen ältester (geboren 1845)
ebenfalls den Namen Leonardo trägt. In neuester Zeit wurden die
Familienverhältnisse besonders durch Gustavo Uzielli eingehend durch-
forscht, wie wir aus dessen Schrift: „Ricerche intorno a Leonardo da
Vinci" (1872) ersehen können.

Leonardo war von der Natur verschwenderisch mit Gaben ausgestattet worden. Von schöner, athletischer Gestalt und grosser Körper-
stärke schien er vielmehr für eine ritterliche Laufbahn als zu der des
Künstlers und Gelehrten zu passen. Jedoch das in ihm schlummernde
Genie wies ihm schon frühe seine Bahn und in jener Zeit, da der bildende
Künstler in Italien sich eines so grossen Ansehens erfreute, bestimmte
sich der Vater Leonardo's leicht dazu, seinen Sohn dieser Laufbahn
zu widmen. Er brachte ihn zu seinem Freunde, dem Maler und Bildhauer Andrea da Verrochio, bei dem der Knabe alsbald staunenswerthe
Fortschritte in seiner Kunst machte. Der Kunsthistoriker Vasari erzählt
uns hierauf bezüglich eine artige Anekdote: Verrochio malte eine Taufe
Christi und wollte, um seinen talentvollen Schüler anzuspornen, dass
dieser eine der Nebenfiguren malen solle. Leonardo malte einen kleider-
haltenden Engel, der so wohl gelang, dass Verrochio sich verschwor,
keinen Pinsel mehr anzurühren, da ihn in der Malerkunst ein „Junge"
überflügelt habe.

Wenn wir es mit dieser übertreibenden Erzählung auch nicht genau
zu nehmen haben, so ist anderseits um so sicherer, dass Leonardo von
Verrochio sehr vieles lernte, was für seine spätere Richtung von be-
stimmendem Einflusse war. Er lernte von seinem Meister zeichnen,
malen, modelliren und in Marmor arbeiten, in Metall zu giessen, die
Goldschmiedkunst, die Weberei u. s. f. Wie sein Meister, zog er das
Zeichnen dem Malen vor, liebte es Pferde darzustellen, und hatte für
Geometrie und für Perspektive eine grosse Vorliebe. Es wird auch
mitgetheilt, dass Leonardo sich zu jener Zeit eifrig mit mathematischen
Studien beschäftigt habe, was eine gewisse Wahrscheinlichkeit für sich
hat, da er in späteren Zeiten als mathematisch geschulter Geist erscheint.

Wie es scheint, hat sich Leonardo bis zu seinem 31. Jahre in
Florenz aufgehalten, wo er mit Malerei beschäftigt war. Sein, sich rasch
verbreitender Ruf hatte ihm inzwischen eine Schaar von Jüngern zuge-

führt, unter denen sich Francesco Melzi, Cesare da Cesto, Bernardino Lovino, Luini Andrea Salaïno, Marc d'Ogionno, Sandenzio Ferrari, Giovanni Antonio Boltraffio, Lorenzo Lotto, Andrea Solaris, Gobbo und andere befanden. In seinem 31. Lebensjahre erging an ihn der Ruf des Herzogs von Mailand, Ludwig Maria Sforza (il Moro), der seine Uebersiedelung nach Mailand zur Folge hatte, wohin er als erster Violinist berufen wurde, nachdem er in einem musikalischen Wettstreit den Sieg errungen hatte. Der Herzog von Mailand hatte nun allerdings nicht bloss den Musiker im Sinne, sondern höchst wahrscheinlich war es die seltene Universalität der Fähigkeiten dieses zur Zeit grössten Malers von Italien, welche Sforza dazu bestimmte, diesen merkwürdigen Mann an seinen Hof zu ziehen. Einige meinen, die Hauptabsicht sei gewesen, ihm die Ausführung der Statue Francesco Sforza's anzuvertrauen. Leonardo begründete in Mailand eine gelehrte Gesellschaft: eine Akademie der Wissenschaften, und formte „den gothischen Hof des Herzogs in einen athenischen um", wie sich einer der Biographen des Leonardo in sehr charakteristischer Weise ausdrückt.

Im Jahre 1483 begann Leonardo die grosse Arbeit der Modellirung einer Statue Francesco Sforza's, 1484 schrieb er sein Traktat von der Malerei und verschiedene „Studien". „Am 23. April 1490" — so schreibt er selbst — „habe ich dies Buch begonnen" (Traktat von Licht und Schatten) „und das Pferd von neuem angefangen". Daneben war er als Kriegsingenieur und Architekt thätig und war ausserdem als Intendant der vielen Hoffestlichkeiten fortwährend beschäftigt, mit welchen der rohe, allen Lastern ergebene, jedoch prachtliebende Herzog den Glanz seines Hofes zu erhöhen liebte. Leonardo entwickelte ein bedeutendes Talent für die Inszenirung von derlei Schauspielen und Schaustellungen, welche ihm den Beinamen „Famosissimo" eintrugen. Besonders glänzte sein Talent in dieser Beziehung bei Gelegenheit der Vermählung des Herzogs mit Beatrix von Este und später bei der Vermählung Kaiser Maximilians mit Bianca Maria Sforza. Bei dieser letzteren Gelegenheit stellte der Künstler sein Modell einer Reiterstatue Francesco Sforza's auf, welches von seinen Zeitgenossen in überschwenglicher Weise verherrlicht wurde. Leider sollte es nie zur Ausführung kommen, da man aus Mangel an Geld den Guss der Statue nicht bewerkstelligen konnte, und später das Modell in den französischen Kriegen zu Grunde ging. — Die Biographen des Leonardo da Vinci erzählen uns einige charakteristische Züge, welche den lebenslustigen Uebermuth desselben in jener Zeit seines Mailänder Aufenthaltes nachweisen. Er scheint hiernach eine besondere Vorliebe für unschuldigen Schabernack gehabt zu haben und bemühte sich z. B. durch Mischen geruchloser Gegenstände üble Gerüche hervorzubringen, durch Aufblasen eines Systems von Därmen in auffälliger Weise einen grossen Raum auszufüllen, ein Gemälde durch unsichtbare Vorrichtungen vor dem Bette eines Gastes auf- und niedersteigen zu lassen, und was

derlei muthwillige Spielereien sind. Eine besondere Vorliebe hatte er
für das Zeichnen auffälliger Physiognomien nach der Natur.

In die Mailänder Periode des Leonardo fällt seine bedeutendste
Schöpfung, welche ihn als völlig ebenbürtigen Meister an die Seite eines
Rafael und eines Michel Angelo stellt, es ist dies das Abendmahl im
Refectorium des ehemaligen Dominicanerklosters S. Maria delle Grazie,
ein Gemälde, das auf eine Wand gemalt leider während der wechsel-
vollen Ereignisse späterer Zeiten arg gelitten hat. Da die Wand, auf
welchem sich das Bild befindet, 28 Fuss lang ist, so mussten die Gestalten eine das natürliche Mafs um die Hälfte überschreitende Grösse
erhalten. Zum Glück besitzen wir zahlreiche bedeutende Copien desselben
(fünfzehn an der Zahl), welche grösstentheils von seinen unmittelbaren
Schülern herrühren, ausserdem von Andrea Milano dreizehn Statuen
nach dem Gemälde in der Kirche zu Sarona aufgestellt, ferner treffliche
Kupferstiche von Rubens und Raphael Morghen.

Lebhaften Antheil hatte Leonardo an dem zu jener Zeit sich er-
hebenden Dom von Mailand, für welchen er die kleinen Aufsatzthürme
und andere Details modellirte. Seinem Einflusse gelang es, hiebei die
Spätgothik zu verdrängen. Zur selben Zeit baute er für die Herzogin
Beatrix ein schönes Bad. Er versuchte sich darinnen, Figuren in Holz
zu schneiden und diese durch Druck zu vervielfältigen, ferner beschäftigte er sich mit einer Art von Selbstdruck von Pflanzenblättern. Im
Jahre 1494 trieb er in Pavia bei dem Anatomen Marco Antonio della
Torre das Studium der Anatomie, das er für den Maler und Bildner
unumgänglich nöthig hielt. Er vermochte seinen Freund Lucca Paciola
zur Verfassung von dessen Werke: „de divina proportione", zu welchem
Leonardo die Figuren lieferte. Die Handschrift befindet sich in der
„Ambrosiana" zu Mailand, das Werk selbst erschien 1509 im Druck. Um
1497 begann Leonardo seine grossartigen Canalisationswerke in der
Lombardei: die Schiffbarmachung des Canals von Martesana, die Canali-
sation des Ticino, welche die Berieselung des vordem wenig fruchtbaren
Bodens gestattete und zur allgemeinen Nachahmung auffordernd für die
ganze Lombardei zum Segen geworden ist.

Im Jahre 1497 besserten sich die materiellen Verhältnisse des
Meisters, als ihm der Herzog einen Weinberg schenkte.

Der Aufenthalt Leonardo's zu Mailand sollte jedoch binnen kurzer
Zeit gewaltsam unterbrochen werden. Ueber dem Haupte des Herzogs
Sforza zog sich ein Ungewitter zusammen. Durch seine Ränke hatte er
sich die Franzosen in das Land gezogen, welche ihn nach dem Tode
Karls VIII. unter dem neuen Könige Ludwig XII. in Verein mit den
Venetianern und dem päbstlichen Heere mit Krieg überzogen, er suchte
sein Heil in der Flucht, fiel jedoch in die Hände der Franzosen und
starb in der Gefangenschaft 1510 im Schlosse Loches. Der Krieg hatte
da Vinci den Aufenthalt in Mailand verleidet, der Undank seiner Mit-

bürger trieb ihn gänzlich fort. Er lebte eine Zeitlang bei der ihm befreundeten Familie der Melzi in Vaprio, wo er sich hauptsächlich mit naturwissenschaftlichen Studien beschäftigte und ausserdem die Untersuchung der Gewässer der Adda behufs einer Regulirung derselben betrieb. Indess versäumte er nicht, sich um die Gunst des neuen Herrschers, des inzwischen zur Regierung gelangten Königs von Frankreich, Franz I., zu bewerben und berief sich dabei auf seine in Mailand dem Gemeinwohle geleisteten langjährigen Dienste. Er fand jedoch nicht die gewünschte Anerkennung und wendete sich deshalb mit einigen seiner Lieblingsschüler nach Florenz, dessen beständiger Gonfaloniere Pietro Soderini sich alsbald der Talente des grossen Meisters versicherte, indem er ihn zu seinem Freunde und Hausgenossen machte. Zwei der schönsten Gemälde da Vinci's stammen aus dieser Zeit, die beiden Frauenporträte der Ginevra de Benci und der Mona Lisa del Giocondo, für welches letztere Porträt der französische König die Summe von 45,000 Francs — für die damalige Zeit eine ungeheure Summe — zahlte.

In dieser Zeit durchwanderte Leonardo den grössten Theil seines Vaterlandes, wobei er sich als Künstler, Mechaniker, Ingenieur und Architekt von allem Wissenswürdigen Skizzen und Notizen anlegte. Im Jahre 1502 trat er in den Dienst des Cäsare Borgia als „Ingegnere generale", um alle Befestigungswerke des Herzogs zu untersuchen, auszubessern und nach Bedarf neue zu errichten, ferner um Kriegsmaschinen etc. zu bauen. Der ihm zu diesem Behufe ausgestellte Vollmachtsbrief auf Pergament ist noch vorhanden. Im folgenden Jahre wurde Leonardo beauftragt, die Wände der florentiner Signoria mit Werken aus der toskanischen Geschichte zu schmücken. Der Gegenstand, den sich der Meister zur Darstellung seines Hauptbildes wählte, war eine Episode aus der Schlacht von Anghiari, in welcher Nicolaus Picinino, der General des Herzogs Philipp Maria Visconti, von den Florentinern besiegt wurde. Was wir hievon besitzen, ist ein Theil des Kartons, welcher den erbitterten Kampf einiger Reiter um den Besitz einer Fahne darstellt. Es existirt ausserdem eine sehr lebhaft gehaltene schriftliche Skizze, welche der Meister zu dem Zwecke verfasst zu haben scheint, um sich die Hauptmomente jenes Treffens vergegenwärtigen zu können.

Im Jahre 1504 starb Leonardo's Vater, was jedoch an dem Verhältnisse des Meisters zu seiner Familie nichts änderte, da er nach wie vor in Gemeinschaft mit derselben blieb. Um das Jahr 1507 wurde er vom Könige nach Mailand berufen, wo er sich wieder hauptsächlich mit Wasserbauten beschäftigte. Besonders nahm ihn wieder der Martesanacanal und das grosse Bassin in der Nähe von San Cristoforo in Anspruch, wo er vom König 12 Unzen (mailändisches Längenmafs) Wasser zur unbeschränkten Nutzniessung erhalten hatte, an welcher Stelle er von ihm ausgesonnene Schleussen und einen Stapelplatz anlegte. Eine zweite Auszeichnung von Seite des Königs von Frankreich war die Er-

nennung zum Hofmaler. Bis zum Jahre 1511 blieb Leonardo in gleichmässiger, angenehmer Thätigkeit in Mailand. Da starb der französische
Statthalter George Amboise und der Neffe des vertriebenen Herzogs Maximilian Sforza bemächtigte sich der Herrschaft, die jedoch nur kurze
Zeit dauerte. Leonardo blieb noch einige Zeit, doch im Jahre 1514
(24. Sept.) verliess er in Begleitung einiger Schüler Mailand und wandte
sich nach Rom. Jedoch trotz der anfänglichen Freundschaft des Pabstes
Julius II. fühlte sich unser Meister in Rom nicht heimisch, er malte
nicht, sondern beschäftigte sich mit der Erfindung von Flugmaschinen.

Nach dem Tode des Pabstes Julius bestieg Johann von Medici,
welcher sich Leo X. nannte, den päbstlichen Stuhl. Julius von Medici,
der Bruder des neuen Pabstes, empfahl demselben Leonardo als einen
der bedeutendsten Maler, und so schien es denn, als habe derselbe endlich
den Hafen der Ruhe erreicht, indem er die Tage seines Alters in ruhigem
Schaffen beschliessen könne. Jedoch fühlte sich da Vinci in der Nähe
der beiden mächtigen Nebenbuhler Rafael und Michel Angelo nicht wohl,
und dazu kam noch eine Aeusserung des Pabstes, die man ihm zuzu-
tragen sich beflissen, was ihn zur Abreise von Rom bestimmte. Vasari
erzählt nämlich, dass der Pabst ein Werk bei ihm bestellt habe, und als
er nach einiger Zeit sich von den Fortschritten des Bildes überzeugen
wollte, habe er ihn mit der Destillation von Oel und Kräutern beschäftigt
gefunden, da sich der Meister seine Farben und Firnisse selbst zu bereiten
pflegte. Da sei Leo X. in die Worte ausgebrochen: „O weh! der Mann
ist zu nichts, da er früher an's Ende, als an den Anfang denkt."

Von seinem Aufenthalte zu Rom wissen wir sonst nichts zu melden,
als dass er dort ein neues Präginstrument construirt habe, mittelst dessen
man im Stande war, den Rand der geprägten Münzen vollständig rund
und abgeglättet herzustellen.

Nach dem Tode Ludwigs XII. bestieg Franz I. den Thron Frankreichs. Eine seiner ersten Sorgen war die Wiedererlangung der Lombardei,
welche ihm nach dem Siege von Megnano wieder zufiel. Leonardo
kehrte nach der Besetzung der Lombardei durch die Franzosen nach
Mailand zurück, wo er vom Könige sehr wohl aufgenommen wurde. Er
begleitete ihn hierauf nach Bologna, woselbst die Zusammenkunft zwischen
König und Pabst stattfand und das berühmte Concordat zwischen Frankreich und Rom abgeschlossen wurde.

Gegen Ende Jänner 1516 ging Leonardo als französischer Hofmaler nach Frankreich, mit einer jährlichen Besoldung von 700 Scudi,
und liess sich zu Amboise nieder, wo er mit seinen Freunden Melzi,
Salaï und Villanis lebte. Wir wissen von der Thätigkeit unseres Meisters in
dieser letzten Periode seines Lebens nur sehr wenig zu berichten. Er reiste
umher und entwarf mancherlei Pläne, um durch Flussregulirungen das
Land zu berieseln und dadurch fruchtbar zu machen. Er projektirte
den Canal von Romorantin und construirte zu diesem Behufe auch eigene

Schleussenthore. Da gegenwärtig die Gegend von Romorantin, jetzt Département der Cher und Loire, von zahlreichen Canälen durchzogen ist, so fällt es schwer, den durch da Vinci ausgeführten zu bestimmen. Als Leonardo da Vinci das Ende seines Lebens herannahen fühlte, gab er sich einem beschaulichen Leben hin. Ein Jahr vor seinem Tode, am 23. April 1518, verfügte er über seine Habe durch ein Testament, in dem er vor Allem seine „Blutsbrüder", sowie seine Freunde, Diener u. s. f. bedachte. Der Tod des grossen Mannes erfolgte am 2. Mai 1519 im Schlosse Amboise — nicht in Fontainebleau — umgeben von seinen Schülern, nicht aber, wie die Sage erzählt, in den Armen des Königs Franz I. Er wurde in der Kirche St. Florentin zu Amboise beigesetzt. Sein Grabmal war längere Zeit verschollen, wurde jedoch 1863 wieder aufgefunden. Kaiser Napoleon III. setzte ihm ein Denkmal. Zu Mailand hat man 1871 ein grossartiges Denkmal zu Ehren Leonardo's errichtet.

Wir übergehen nun auf die Schriften des Leonardo, welche allerdings leider zum grössten Theile sich an schwer zugänglichen Stellen befinden, und deren eine bedeutende Anzahl als gänzlich verloren gegangen zu betrachten ist. — In seinem Testamente hinterliess er seine sämmtlichen Schriften und Zeichnungen seinem Freunde Francesco da Melzo. Ein eigenthümliches Verhängniss, das über denselben waltete, hat es verhindert, dass sie zu jener Zeit publizirt wurden, wodurch sicherlich ein bedeutender Fortschritt auf dem Gebiete der Naturwissenschaften erzielt worden wäre. Dieselben blieben jedoch als Manuskripte wenigen zugänglich und konnten somit keinen Einfluss auf die allgemeinen wissenschaftlichen Bewegungen ihrer Zeit üben. Mazenta, der im 17. Jahrhunderte die Schriften über den Festungsbau und über die Schiffbarmachung der Adda studirte, hat uns die Schicksale der da Vincischen Schriften in jener Zeit aufgezeichnet. Er selbst kam durch Zufall in den Besitz von 13 Volumen der Schriften Leonardo's. Dieselben waren von einem gewissen Gavardi mit Erlaubniss der Nachkommen Melzi's nach Florenz gebracht worden, um dort dem Grossherzog Franz, der ein Liebhaber solcher Handschriften war, zum Kaufe angeboten zu werden. Als jedoch Gavardi im Jahre 1587 nach Florenz kam, war der Grossherzog nicht mehr unter den Lebenden. Dies veranlasste Gavardi, bei einem andern Liebhaber von Büchern, dem Manucio in Pisa, sein Glück zu versuchen. Als jedoch auch dieser Versuch der Veräusserung von Leonardo's Manuskripten missglückte, vertraute Gavardi die 13 Volumen Schriften dem Mazenta an, damit sie dieser auf seiner Reise nach Mailand mitnehme und sie der Familie Melzi zurückstelle. Der älteste der Familie Dr. Horatius Melzi scheint nun aber keine hohe Meinung von dem Werthe dieser Schriften gehabt zu haben, da er dieselben dem Mazenta mit dem Bedeuten überliess, dass auf seinem Landhause ohnedies noch eine grosse Menge derselben herumlägen. Es fanden sich nun bald auch andere Liebhaber, welchen Melzi bereitwillig das Plün-

dern der da Vinci'schen Schriften gestattete. Erst als Pompejus
Aretino, ein Künstler am spanischen Hofe, der wohl Philipp II. mit
den Schriften des grossen Malers ein willkommenes Geschenk zu bieten
dachte, den Melzi ersuchte, er möge ihm alles überlassen, was sich noch
in seinem Besitze befände, und ihn auch zur Rückforderung der an
Mazenta geschenkten 13 Volumen veranlassen wollte, begann der Ver-
schleuderer dieser Schätze zu ahnen, welchen Schaden er sich selbst zugefügt und er bat den Bruder Mazenta's kniefällig um die Rückerstattung
des Geschenkes. Dieser gab sieben Bände zurück, die übrigen sechs gelangten an verschiedene Besitzer, ein Band in die Ambrosiana zu Mailand. Nach dem Tode von Mazenta's Bruder im Jahre 1617 gelang es
Aretino, drei Volumen in seinen Besitz zu bekommen, aus denen er
einen grossen Band formte, welcher nach seinem Tode und nach mannig-
fachem Besitzerwechsel in die Hände des leidenschaftlichen Büchersammlers
Galeazzi Arconati gelangte. Arconati wies alle Angebote zurück und
verschaffte sich noch andere Schriften des Meisters, um sie schliesslich
1637 der Ambrosianischen Bibliothek in Mailand zu schenken. Ein
Volumen wurde später, 1674, durch Archinto und ein Manuskript von
der Familie Trivulcio derselben Bibliothek zum Geschenke gemacht. —
Ein Theil der da Vinci'schen Handschriften wanderte nach London,
theils in die Bibliothek des British Museum, theils in private Sammlungen. — Eine Reihe von Schriften, welche im Besitze der Melzi geblieben, kam in das Florentiner Museum, einige Blätter von Leonardo's Hand sind in Venedig.

So war es denn geglückt, das Gros der da Vinci'schen Werke
in der Ambrosianischen Bibliothek zu vereinigen. Leider sollten sie auch
dort nicht unangetastet bleiben. Im Jahr 1796 wurden sie von den Franzosen nebst so vielen italienischen Kunstgegenständen und werthvollen
Schriften nach Paris geschleppt, mit Ausnahme des grossen Volumens,
welches Aretino zusammengefügt hatte, und welcher unter dem Namen
Codex Atlanticus berühmt und bekannt ist. — Der Friedensschluss
von 1814 machte es Frankreich zur Pflicht, seinen Raub an Italien zurück-
zuerstatten, es war also auch die Rückgabe der Leonardo'schen Schriften
hiemit einbezogen. Dieselbe fand jedoch nicht statt und wurde als Vorwand
gebraucht, dass dieselben sich nirgends mehr fänden. Kurze Zeit hierauf
wurden jedoch die 14 Codices in die Bibliothek des Instituts aufgenommen.

Am bekanntesten und berühmtesten unter allen Schriften des
Leonardo da Vinci ist der obenerwähnte Codex Atlanticus, eine so
vielseitige Sammlung, dass sie allein genügen würde, die merkwürdige
Universalität ihres Verfassers zu bekunden.

Aus der obigen Erzählung ist es auch klar zu ersehen, welcher
Natur diejenigen Verhältnisse waren, welche einer Veröffentlichung der
da Vinci'schen Werke durch den Druck im Wege standen. Zuerst
pietätvoll, doch ohne Kenntniss ihres hohen Werthes gehütet, hierauf

verschleudert, sodann aus Geldgier und Liebhaberei gesammelt und ver-
heimlicht, konnte sich keine Gelegenheit zur Drucklegung derselben bieten.
Als nun der grössere Theil derselben glücklich vereinigt war, wurden
sie wieder zersplittert und zerstreut, um wieder versteckt und verhehlt
zu werden. Haben nun auch die Werke Leonardo's nicht mehr den Werth
der Neuheit der in ihnen niedergelegten neuen Entdeckungen und Erfindungen für sich, so kann es doch keinem Zweifel unterliegen, dass es
höchst erwünscht wäre, wenn dieselben durch den Druck allgemein zugänglich würden, da sich in ihnen — wenigstens nach dem wenigen,
was wir von ihnen kennen — eine Fülle von originellen Gedanken und
Ideen finden, die auch heute noch unser volles Interesse in Anspruch
nehmen.

Vieles von den Leonardo'schen Schriften ist schon zu seinen Zeiten
durch Abschriften verbreitet worden und findet sich auch wohl in einzelnen handschriftlichen Sammlungen. Der „Trattato della Pittura“
wurde 1651 zuerst gedruckt und successive in die verschiedenen Sprachen
Europa's übersetzt. Noch im selben Jahre erschien eine französische
Uebersetzung, eine Copie derselben in kleinem Format erschien 1716.
Eine englische Uebersetzung erschien 1721, eine deutsche 1724, andere
deutsche Uebertragungen 1747 und 1751, eine spanische 1784, dann
wieder eine deutsche 1786, zwei französische 1796 und 1803, ausserdem
eine griechische und andere Uebertragungen. Italienische Ausgaben sind
im Jahre 1804 und 1817 erschienen.

Die Ambrosiana besitzt eine Copie des „Trattato della Pittura“.
Ferner finden sich dort noch Copien diverser Abhandlungen, deren
Original sich in den Pariser Codices findet, so z. B. von der Schrift:
„Sul moto e misura dell' acqua“, welche 1828 in Bologna erschien. In
diesem copirten Codex finden sich auch die Zeichnungen für den Canal Martesana. Ein dritter Band enthält Copien vom „Trattato d'ombre e lumine“
u. s. f. — Zwischen 1625—1645 wurden die im Besitz des Arconati
befindlichen Schriften für die Bibliothek des Cardinals Barberini copirt,
auch die in England befindlichen Schriften mögen wohl zum Theil bloss
aus Copien bestehen.

So viel darf jedenfalls behauptet werden, dass die Werke Leonardo's,
mindestens deren auf Naturwissenschaft, Ingenieur- und Kriegswissenschaft
bezügliche Partien im 16. und 17. Jahrhundert gänzlich unbekannt und
unbeachtet blieben, wie dies aus der eigenthümlich einseitigen Richtung
der auf den so vielseitig thätigen Leonardo bezüglichen Literatur zur
Genüge hervorgeht. Obschon Vasari*) über die nachgelassenen Schriften
Leonardo's spricht, welche sich auf Mechanik, Physik u. s. w. bezogen,
so blieben diese Arbeiten doch gänzlich unbeachtet. Während man die

---

*) Giorgio Vasari. — Vite dé più eccellenti pittori, scultori ed
architetti. Florenz 1550. 15 Bände. Dasselbe deutsch 1832—49 in 6 Bänden.

Biographie Leonardo's und dessen Thätigkeit als Maler und Bildner zum Gegenstande gründlicher Untersuchungen machte, wie dies die Biographien von Vasari, Amoretti, Ranalli, Campori, Piles, Rio, Lomazzo, Manzi, Libri, Calvi, Brown, Marquis d'Adda, Delécluze, Marx, Houssaye, Gallenberg, Bossi, Blanc, Braun, Clément u. a. bezeugen und man sich auch hiemit nicht begnügte und die Abstammung und die Familiengeschichte des grossen Meisters eingehend untersuchte, wie dies durch die Arbeiten eines Uzieli, Calvi und Dozio geschah, hat man die wissenschaftliche Thätigkeit des grossen Florentiners erst in der neuesten Zeit einigermassen zu würdigen begonnen. Bis 1797 wusste man so zu sagen nichts von dem Naturforscher Leonardo da Vinci. Die Ueberführung der Schriften desselben nach Paris setzte einen Gelehrten in Stand, sich mit dem Studium der naturwissenschaftlichen Schriften desselben zu befassen. Von Venturi erschien in diesem Jahre die Schrift: Essai sur les ouvrages physico-mathématiques de Leonard da Vinci etc. Paris 1797. Trotz der grossen Schwierigkeit, welche Leonardo's extravagante Art von rechts nach links, also mit verkehrten Buchstaben zu schreiben, mit sich brachte, hat Venturi die 14 Volumen aus der Ambrosiana in Paris gründlich durchstudirt und hat dabei constatirt, dass man in dem grossen Florentiner Maler zugleich den unmittelbarsten Vorgänger Galilei's zu sehen habe.

Kurze Zeit vor dem Erscheinen der Venturi'schen Schrift im Jahre 1757 hat Ximenes einen Brief da Vinci's an Christoph Columbus vom Jahre 1473 entdeckt, worinnen die Wahrscheinlichkeit der Erreichbarkeit Ostindiens auf dem projektirten Wege besprochen wird. Im Jahre 1828 erschien: „Del moto e misura dell' acqua di Leonardo da Vinci" (Bologna). Wir erwähnen nun kurz diejenigen Schriften, welche sich hauptsächlich mit den naturwissenschaftlichen, hydraulischen und kriegswissenschaftlichen Studien Leonardo's beschäftigen.

Venturi, Essai sur les ouvrages physico-mathématiques de Leonard da Vinci avec des fragmens tirés de ses manuscrits apportés de l'Italie etc. Paris 1797. — Govi, Leonardo scienziato, filosofo, politico e moraliste. — Lombardini, Dell' origine e del progresso della scienza idraulica nel Milanese e in altri parti d'Italia. — Libri, Histoire des sciences mathématiques en Italie, depuis la renaissance des lettres jusqu'à la fin du dix-septième siècle, 1—4, 2. éd. Halle 1865. T. III. — Grothe, Dr. H., Leonardo da Vinci als Ingenieur und Philosoph. Ein Beitrag zur Geschichte der Technik und der induktiven Wissenschaften. Berlin 1874. — Gallenberg, Hugo, Graf, v., Leonardo da Vinci. Leipzig 1834. — Dühring, Dr. E., Kritische Geschichte der allgemeinen Prinzipien der Mechanik. Berlin 1873. pag. 14 ff. — Zu erwähnen ist noch der: Saggio delle opere di Leonardo da Vinci. Mailand 1872. Mit 24 Tafeln aus dem atlantischen Codex, leider bloss in 300 Exemplaren vorhanden und daher gänzlich vergriffen.

Wir wollen es nun versuchen, auf Grund der uns zugänglichen
Quellen, unter denen der Codex Atlanticus eine Hauptrolle spielt, den
naturwissenschaftlichen Horizont des Leonardo da Vinci auszustecken,
besonders was dessen Bedeutung für die Geschichte der Physik betrifft.
Zu diesem Behufe führen wir einige allgemeine Sätze an, welche den
philosophischen (erkenntniss-theoretischen) Standpunkt des berühmten
Verfassers kennzeichnen, übergehen sodann auf die kurze Charakterisirung
seiner mathematischen Kenntnisse, hierauf zu seinen Entdeckungen auf
dem Gebiete der Mechanik und der Physik und deren Anwendungen in
der Maschinenbaukunde, der Hydraulik und den anderen Zweigen der
technischen Wissenschaften.

Es ist klar, dass die Entwicklung der allgemeinen Prinzipien der
Naturforschung sich nur allmählig, ohne jedweden Sprung vollzogen
habe, und kann es uns deshalb nicht Wunder nehmen, wenn wir allgemeinen Sätzen und Forschungsregeln, deren Aufstellung Bacon von
Verulam oder einem noch späteren Gelehrten zugeschrieben werden, in
theilweise unbestimmterer Form schon bei früheren begegnen. Bei
Leonardo fordert jedoch die präcise Fassung und die oft weit über die
Ansichten und den ganzen Horizont seiner Zeit hinausgehende Formulirung der „regulae philosophandi" unsere lebhafte Bewunderung heraus.
„Zuerst stelle ich bei der Behandlung naturwissenschaftlicher Probleme
„einige Experimente an, weil meine Absicht ist, die Aufgabe nach der
„Erfahrung zu stellen und dann zu beweisen, weshalb die Körper ge-
„zwungen sind, in der gezeigten Weise zu agiren. Das ist die Methode,
„welche man beobachten muss bei allen Untersuchungen über die Phä-
„nomene der Natur. Es ist wahr, dass die Natur gleichsam mit dem
„Raisonnement beginnt und durch die Erfahrung endigt, aber gleichviel,
„wir müssen den entgegengesetzten Weg nehmen; wie ich schon sagte,
„wir müssen mit der Erfahrung beginnen und mit ihren Mitteln nach
„der Entdeckung der Wahrheit trachten." — An einer andern Stelle
heisst es: „Die Theorie ist der Feldherr, die Praxis sind die Soldaten."
Und an einer dritten Stelle lesen wir: „Der Interpret der Wunderwerke
„der Natur ist die Erfahrung. Sie täuscht niemals; es ist unsere Auffassung,
„welche zuweilen sich selbst täuscht, weil sie Effekte erwartet, die die
„Natur nicht gibt. Wir müssen die Erfahrung consultiren in der Ver-
„schiedenheit der Fälle und Umstände, bis wir daraus eine General-Regel
„ziehen können, die darin enthalten. Und wozu sind diese Regeln gut?
„Sie führen uns zu weiteren Untersuchungen der Natur und zu Schöpfun-
„gen der Kunst. Sie verhindern, dass wir uns selbst verlieren oder
„andere, wenn wir Resultate uns versprechen, die nicht zu erhalten sind."
— Und wieder an einer andern Stelle: „Es gibt keine Gewissheit in
„den Wissenschaften, wo man nicht einige Theile der Mathematik an-
„wenden könnte, oder die nicht davon in gewisser Beziehung abhinge.
„— In dem Studium der Wissenschaften, welche mit der Mathematik

„zusammenhängen, sind diejenigen, welche die Natur nicht consultiren,
„oder die Autoren, welche nicht Kinder der Natur sind, ich sage es
„laut, nur kleine Kinder. Die Natur allein ist wirklich der Lehrer des
„wahren Genies. Und sehet die Sottise! Man spottet über einen Menschen,
„welcher lieber von der Natur lernen will, als von Autoren,
„welche doch nur die Schüler derselben sind." Ueber das Verhältniss
der Mechanik zur Mathematik finden wir die folgende Aeusserung:
„Die Mechanik ist das Paradies der mathematischen Wissenschaften,
„weil man durch diese zu den Früchten der mathematischen Wissen-
„schaften gelangt" *).

Leonardo besass für seine Zeit hervorragende mathematische
Kenntnisse und liebte es, wie wir aus seinen Handschriften ersehen, sich
mit mathematischen oder geometrischen Problemen zu beschäftigen. Das
Hauptverdienst des Leonardo bestand darinnen, dass er die Anwendung
der Mathematik auf die übrigen Naturwissenschaften, vor Allem auf die
Mechanik nachwies. Er beschäftigte sich mit der Quadratur des Kreises
und kam zu dem Resultate, dass diese absolut genau nicht berechnet
werden könne, natürlich war er hiebei von der Kenntniss der Ursache,
weshalb eine genaue Berechnung unmöglich, weit entfernt. Dabei bedient
er sich bei seinen Berechnungen durchwegs der Buchstaben des Alpha-
bets zur Bezeichnung von Grössen und wendet nach Libri**) zuerst die
Zeichen + und — an. Er beschäftigte sich ferner mit der Untersuchung
der Sternpolygone, mit der Ausbreitung krummer Flächen in die Ebene;
die Flächen betrachtet er als Grenzen von Körpern, die Linien als
Grenzen von Flächen. Leonardo construirte auch einige mathematische
Apparate; einen Proportionalcirkel für irrationelle Proportionen mit ver-
stellbarem Centrum, ferner ein Ellipsenrad. Die Anwendung der Geometrie verlegte er auf das Gebiet der Mechanik, der Perspektive und
der Schattenlehre. Die Perspektive theilt er in drei Abschnitte ein: Ver-
kürzung oder Verkleinerung nach Linien und Winkeln, Luftperspektive
und Auslaufen der Umrisse gegen die umgebende Luft.

Die grösste Bedeutung hat da Vinci für die Entwicklung der
Mechanik. Jene statischen Sätze, welche man gewöhnlich dem Holländer
Stevinus zuschreibt, wurden schon von Leonardo völlig selbstbewusst
vorgetragen. — Wie wir gesehen haben, haben schon Aristoteles
und besonders Archimedes den Satz des Gleichgewichtes am Hebel
gekannt. Allein diese Kenntniss beschränkt sich auf den speziellen Fall,
in welchem die Kräfte senkrecht auf die Richtung des Hebelarmes wirken.

---

*) Vol. E. fol. 8.
**) Libri: Hist. des sciences math. en Italie. III, pag. 46. Daselbst
finden sich auch die Stellen citirt, an welchen sich die einzelnen mathematischen und geometrischen Lehren in den Manuskripten Leonardo's befinden.

Leonardo da Vinci unterscheidet den reellen und den potentiellen Hebel, wobei er unter letzterem die vom Unterstützungspunkte auf die Richtung der Kraft gezogenen Perpendikel versteht, das was wir in der Mechanik die „Wirkungsarme" nennen. Bei ihm mag daher die Kraft in irgend welcher Richtung auf den Hebelarm wirken. Unter den angeführten Fällen finden wir ferner ein Beispiel, in dem ein durch zwei Gewichte gespanntes Seil durch ein in der Mitte angehängtes kleines Gewicht gezogen wird. Wenn wir nun die kleinen Strecken untersuchen, welchen der gemeinschaftliche Angriffspunkt der drei Kräfte im Sinne der Richtung dieser Kräfte beschreibt, so finden wir, dass die Kräfte mit diesen Strecken im verkehrten Verhältnisse stehen. Es ist dies der Satz der virtuellen Momente, derjenige Satz, von welchem ausgehend man die gesammte Statik entwickeln kann. Leonardo wendet nun den Hebelsatz zur Ermittelung der Gleichgewichtsbedingungen an der Rolle, der schiefen Ebene und am Keile an. — Einige Figuren, die wir im Codex Atlanticus finden, begleitet von kurzen Rechnungen, lassen nach Grothe (Leon. d. V. als Ingenieur und Philosoph) erkennen, dass der Meister die Wirkung der auf die Körper einwirkenden Kräfte ganz richtig durchschaut habe. — Das Gleichgewicht der Kräfte auf der schiefen Ebene wird auf höchst originelle Weise mit Hülfe des Hebelgesetzes nachgewiesen, indem Leonardo zwei mit ihren Rücken aneinandergeschobene schiefe Ebenen annimmt, über deren First er nun den Hebelbalken legt, dessen Arme im Falle des Gleichgewichts mit den beiderseitig darangehängten Gewichten in verkehrtem Verhältnisse stehen müssen. Wird nun der Hebel durch die beiden schiefen Ebenen ersetzt gedacht und die beiden Gewichte durch eine über den First gleitende Schnur verbunden angenommen, so hat sich im Gleichgewichtszustande der Lasten nichts geändert. Auch hier ist der Grundgedanke das Prinzip der virtuellen Verschiebungen, aus denen die Bedingung des Gleichgewichts resultirt. — Eine feste Rolle ist auf dem First einer schiefen Ebene befestigt, eine über dieselbe gelegte Schnur trägt an beiden Enden Gewichte, es frägt sich nun, wie sich die beiden Gewichte zu einander verhalten werden, wenn das eine derselben frei herabhängt, das andere jedoch durch eine Ebene von verschiedener Neigung unterstützt ist. — Wichtiger als diese Sätze ist jener, welcher die Zeit des Herabfallens auf einer schiefen Ebene als der Länge derselben proportionirt angibt und mit einem an die Galilei'sche Darstellung (Dialogo. Giorn. I.) lebhaft erinnernden Raisonnement entwickelt, wie die Geschwindigkeit in arithmetischer Progression zunehmend die verschiedenen Grade der Geschwindigkeit in verschiedenen Zeiten durchlaufe. — Bezüglich der Fallzeit auf der Kreissehne und jener auf der hiezu gehörigen Kreislinie weist er nach, dass die Zeit des Falles für die Kreislinie kürzer sei als für die geradlinige Bahn auf der Sehne. Ja Leonardo und später auch Galilei sahen die Kreislinie als Bahn von kürzester Fallzeit an. —

Mit Hülfe des Variationscalcüls hat sich jedoch späterhin die Cycloide als Brachystochrone erwiesen. — Leonardo hat an der Axendrehung der Erde festgehalten, als an einer Ansicht, welche seit den Tagen des Aristarchos wohl zu verschiedenen Malen aufgetaucht sein mochte. Er beweist, wie eine Last, welche gegen den Mittelpunkt der Welt zu hinabsinkt, aus ihrer senkrechten Richtung abweiche. „Ich sage" — so heisst es wörtlich — „dass diese Last, herabsteigend in einer Spirale, „nicht aus der geraden Linie herausgehen wird, welche sie als Weg nach „dem Mittelpunkte der Erde verfolgen muss." Und nun wird gezeigt, wie der Körper immer oberhalb des Ausgangspunktes auf die Erde herabsteigt. „Das ist eine zusammengesetzte Bewegung, sie ist zu gleicher „Zeit geradlinig und curvenförmig. Sie ist geradlinig, weil der Körper „sich immer auf der kürzesten Linie befindet, welche sich ziehen lässt „von dem Ausgangspunkt der Bewegung nach dem Centrum der Elemente. „Sie ist curvenförmig an sich und in jedem Punkte des Weges. Daher „wird ein von der Höhe des Thurmes geworfener Stein nicht an die „Mauern des Thurmes anschlagen, bis er die Erde erreicht."

Die Betrachtung der Rolle und des Rades an der Welle als zwei-armige Hebel wird gewöhnlich dem Holländer Stevinus oder auch Leonardo's Landsmann Guido Ubaldi zugeschrieben. Jedoch finden wir in den Schriften unseres Meisters zahlreiche Skizzen, in denen die vorerwähnten beiden einfachen Maschinen als einfache Hebel betrachtet werden.

Das Prinzip der virtuellen Geschwindigkeiten findet sich in einem der Pariser Manuskripte des Leonardo (Codex N. pag. 185) in fol-genden Worten ausgesprochen: „Wenn man irgend eine Maschine ge-„braucht zum Bewegen schwerer Körper, so haben alle Theile der Ma-„schine, welche eine gleiche Bewegung mit derjenigen des schweren „Körpers haben, eine dem ganzen Gewicht des Körpers gleiche Be-„lastung. Wenn der Theil, welcher der bewegende ist, in derselben Zeit „mehr Bewegung äussert als der bewegte Körper, so hat er mehr Kraft „als der bewegte Körper, und er wird sich um so viel schneller bewegen „als der Körper selbst. Wenn der Theil, welcher der bewegende Körper „ist, weniger Schnelligkeit hat als der bewegte, so wird er um so viel weniger Kraft haben als der bewegte Körper." Der Grundgedanke des Prinzipes der Statik ist in diesen Worten klar ausgesprochen, nämlich dass bei jeder Maschine sich die im Gleichgewichte befindlichen Kräfte umgekehrt verhalten wie ihre virtuellen Geschwindigkeiten.

Wir finden jedoch noch zahlreiche Sätze und Aussprüche bei unserem Autor, welche dessen tiefe mechanische Einsicht documentiren. Wir führen hier nur die wichtigsten derselben an: kein sinnlich wahrnehm-bares Ding kann sich von selbst bewegen, sondern bedarf hiezu eines andern. Dieses andere ist die Kraft (forza). Die Kraft ist eine un-körperliche (spirituale) Potenz. Die materielle Bewegung wird durch

Gewicht und Kraft bewirkt. Wenn ein Körper durch eine Kraft durch einen gewissen Raum in einer gewissen Zeit bewegt wird, so wird er durch den halben Raum in der halben Zeit, oder in zweimal so viel Zeit zweimal durch jenen Raum bewegt werden (d. h. die Kraft ist proportional der durch dieselbe verursachten Geschwindigkeit). — Jede Aktion erfordert Bewegung. Jeder Körper wuchtet (péso) in der Richtung seiner Bewegung. (Diese „Wucht" des bewegten Körpers ist nichts anderes als dessen kinetische Energie, um einen modernen Ausdruck dafür zu gebrauchen.) — Der freifallende Körper erlangt in jedem Grade der Bewegung Grade der Beschleunigung. — Unter Stoss verstehen wir eine in sehr kurzer Zeit ausgeübte Kraft. — —

Leonardo citirt selbst häufig Abhandlungen, welche er wohl als Leitfaden für seine Schüler verfasst hatte, von denen wir jedoch bloss die Titel kennen: Libro del moto, trattato di percussione, elementa macchinali, libro del impeto, libro di gravita u. s. f. Die richtigen mechanischen Vorstellungen da Vinci's erweisen sich auch daraus, dass er das „Perpetuum mobile" für unmöglich hält.

Bei einem derart universalen und dabei durchaus praktisch angelegten Geiste, wie der Leonardo's, kann es uns nicht Wunder nehmen, wenn wir sehen, dass derselbe sich auch mit Reibung und Festigkeit der Körper eingehend beschäftigt und hat es den Anschein, als habe er darüber Versuche angestellt oder wenigstens in vorkommenden Fällen diese Erscheinungen scharf beobachtet. Er spricht von der Reibung über einander gleitender Flächen, über die Zapfenreibung und über die Reibung der Räder, welche letztere er mit der Berührung sehr schmaler Flächen vergleicht. „Die Reibungen (confregazione) der Körper sind von so ver-„schiedener Gewalt, als es Variationen der Schlüpfrigkeit der Körper, „welche sich reiben können, gibt. Die Körper, welche mehr geglättet „(pulita) sind auf der Oberfläche, haben eine leichtere Reibung. Körper „von gleicher Schlüpfrigkeit (lubricita) haben kräftigere und schwerere „Widerstände bei der Reibung. Jeder Körper widersteht bei der Reibung „mit einem Viertheil seiner Schwere, vorausgesetzt eine glatte Ebene „und polirte Oberfläche. Wenn ein polirter Körper eine polirte schiefe „Ebene zu passiren hat mit dem Viertheil seiner Schwere, so ist er von „selbst geneigt zur Bewegung auf dem Abhang. Die Reibung irgend „eines Körpers mit verschiedenen Seitenflächen macht einen gleichen „Widerstand, gleichviel auf welcher Seite er liegt, wenn es nur immer „eine Ebene ist, wo er sich reibt." Wir sehen aus dieser Stelle, dass Leonardo den später von Coulomb aufgestellten Satz, demzufolge die Reibung von der Grösse der reibenden Flächen bei übrigens gleicher Belastung unabhängig sei, schon vollständig erkannt habe. Dagegen kennt er keinen Unterschied der Reibungscoëffizienten verschiedener Substanzen, indem er denselben allgemein zu 25 Prozent der Belastung annimmt, während derselbe bei Metallen und Hölzern de facto zwischen

10 und 60 Prozent schwankt. — Folio 195 des Codex Atlanticus enthält Bemerkungen über die Zapfenreibung.

Die Resultate, zu welchen Leonardo durch seine Betrachtungen über die Bruch-, Zug- und Druckfestigkeit der Balken gelangt, stimmen im Wesentlichen mit unsern heutigen Erfahrungen überein.

Bezüglich vieler Details, welche für den Maschinenbauer, den Architekten und Hydrotekten von Wichtigkeit sind, finden wir bei Leonardo durchaus dem Gegenstande entsprechende, von einem durch und durch mechanischen Geiste eingegebene Bemerkungen. So berechnet er beispielsweise die zum Einschlagen von Nägeln und Bolzen nöthige Kraft, wobei dieselben als Keile aufgefasst werden. Er befasst sich ferner mit der Construktion von Pfahlrammen, gibt die beste Form von Gliederketten, Thürangeln u. s. w. an.

Selbst in seinen anatomischen Studien, welche er zur Ermittelung der richtigen Verhältnisse des menschlichen Körpers für die Malerei unternahm, finden wir mechanische Anschauungen. Er erklärt die Bewegungen der Menschen und Thiere nach mechanischen und statischen Regeln. „Der Mangel an Bewegung eines jeglichen Thieres entspringt „von der Entziehung der Ungleichheit, welche die einander entgegen- „gesetzten Schweren haben, die sich auf ihr eigenes Gewicht stützen." „Die Bewegung kommt von dem Aufhören des Gleichgewichts oder von „dessen Ungleichheit her." Leonardo beschäftigte sich viel mit dem Studium des Vogelfluges und mit der Projektirung von Flugmaschinen.

Die Bedeutung Leonardo da Vinci's als Hydrotechniker ist allgemein bekannt und gewürdigt. Der Adda-Kanal und in noch höherem Masse der Martesana-Kanal im Veltlin sind unvergängliche Meisterwerke. Jedoch der Erbauer dieser Werke war nicht nur ein tüchtiger Ingenieur, sondern auch ein denkender Theoretiker, der lange vor Stevinus und Galilei auf dem von Archimedes übernommenen Fundamente der Hydrostatik weiterbaute. Er kannte und citirte häufig den griechischen Begründer dieses Theiles der Physik und hat somit seine darauf bezüglichen Werke aller Wahrscheinlichkeit nach durchstudirt. Das Gesetz communicirender Röhren, demzufolge die Höhe der Flüssigkeitssäule von der Weite und Gestalt der Röhren unabhängig sei, zeigt er im Codex Atlanticus (Blatt 314). Jedoch auch dem Falle ungleicher Flüssigkeiten trägt er Rechnung und zeigt, dass die Höhe der Flüssigkeitssäulen mit dem Gewichte derselben in verkehrtem Verhältnisse stehe. — Auch mit dem Ausflusse des Wassers aus einer Oeffnung hat sich da Vinci beschäftigt. Er beobachtet die strudelnde Bewegung der Oberfläche einer Flüssigkeit, welche senkrecht über der Oeffnung im Gefässe stattfindet; ferner hat er die Erfahrung gemacht, dass das Wasser in einem rotirenden Gefässe in Folge der Centrifugalkraft an den Wänden hinaufsteige. — Höchst interessant ist nun, was er über die strudelnde Bewegung des Wassers oberhalb der Ausflussöffnung sagt. „In dem Wasser, welches

„die Wandungen der Höhle bildet, wirken zwei Gravitationen. Die
„eine bewirkt die Kreisbewegung des Wassers, die andere aber bildet
„die Wandungen der Höhlung, welche ihrerseits auf die Luft in der
„Höhlung drücken und den Strudel enden, indem sie in die Höhlung
„einstürzen."

In durchaus erschöpfender Weise hat Cialdi in seinem Werke:
„Leonardo da Vinci, fondatore de la dottrina sul moto ondoso del Mare"
gezeigt, dass Leonardo das Verdienst zukomme, die erste Wellentheorie
aufgestellt zu haben und dass er hierinnen Newton, de l'Emy, Mont-
ferrier und Laplace zuvorgekommen sei.

Da Vinci gibt von der Entstehung der Wellen die folgende
Erklärung: „Die Welle ist der Eindruck des Stosses, reflektirt vom
„Wasser; sein Angriff (impeto) ist viel schneller als das Wasser. Daher
„flieht oftmals die Welle den Ort ihrer Entstehung, und das Wasser
„selbst bewegt sich nicht vom Platze. Die Aehnlichkeit der Wellen mit
„jenen, welche der Wind in einem Kornfelde hervorbringt, ist auffallend
„gross, auch diese sieht man über das Feld hineilen, ohne dass das
„Getreide sich vom Platze bewegte."

Leonardo bespricht nun die Details der Wellenbildung, z. B. dass
die Welle den natürlichen Lauf des Flusses nicht alterire, obgleich sie
sich gegen diese Flussrichtung bilden und bewegen könne. Er übergeht
sodann auf den Fall der Wellenbildung durch einen in das Wasser geworfenen Stein und zeigt, wie von zwei Centren ausgehende Wellensysteme
sich durchkreuzen.

Von den Wasserwellen übergeht Leonardo auf die Schallwellen.
„Die Schallwellen in der Luft entfernen sich mit kreisförmiger Bewegung
„von dem Orte ihrer Entstehung, und ein Kreis begegnet und passirt
„dem andern, indem er jedoch stets das Centrum der Entstehung bei-
„behaltet."

Wir finden weiterhin bei Leonardo noch eine Fülle von Bemerkungen über die Reflexion der Wellen, welche uns durch die Feinheit
der Beobachtung, mit der der Meister die Erscheinungen in der Natur
belauschte, nothwendig imponiren müssen. Er stellt den Satz auf, „dass
„die brandende Welle eine solche sei, welche vom gegenseitigen Ufer
„reflektirt ist und welche in dieser Reflexion um so viel vermindert ist, sich
„mit sich selbst zusammengiesst und die Kraft (impeto) verliert, welche
„sie bewegte." Ferner: „Die reflektirte Bewegung der Welle auf dem
„Wasser verändert um so viel die reflektirte Bahn, als die Körper, welche
„die incidente Bewegung empfangen, geneigte Flächen haben." Weiterhin:
„Der Beginn der Welle bei der incidenten Bewegung ist schneller und
„das Ende der reflektirten Bewegung langsam. Die incidente Bewegung
„ist kräftiger als die reflektirte. Die Bewegung des Thals der Welle
„ist schneller, aber ihr Berg langsam. Daraus folgt, dass das Thal die
„incidente und der Berg die reflektirte Bewegung ist. Die Welle wird

„sich um so mehr bewegen, als sie sich bewegt, um so mehr sich aus-
„breiten, als sie geschwinder ist. Denn die Welle entsteht durch die
„Reflexion und die reflektirte Bewegung endigt in der Linie der Incidenz.
„Die Welle hat Zeit sich zu vertiefen und auszubreiten, wenn sie über-
„geht von der Reflexion zur Incidenz, und empfängt um so viel mehr
„Geschwindigkeit, als die Bewegung der Incidenz kräftiger ist als die
„reflektirte." Eine schöne Beschreibung ist die des Wellenspieles am
Ufer, welches das Sortiren des Geschiebes und dessen Anordnung in
Reihen zur Folge hat. Die einfallende oder direkte Welle bewegt die
grösseren Steine, die reflektirte vermag dieselben nicht mehr zurückzu-
schieben, wohl aber die kleineren Kiesel, der Sand hingegen ist der Spiel-
ball der direkten sowohl als der zurückgeworfenen Welle.

Wir haben oben erwähnt, dass Leonardo da Vinci der Erde
eine Rotation um ihre Axe zugeschrieben habe. Wir finden nun ausser
dieser Bemerkung noch eine Reihe anderer, die sich auf astronomische
Ansichten beziehen und darthun, dass die Ansichten unseres Meisters
über das Weltsystem der seiner Zeit um ein Mächtiges vorauseilten. —
Ein eigenthümlicher Gedanke ist im Folgenden ausgesprochen: Denken
wir uns die Erde in Stücke zerschnitten und nach allen Richtungen, wie
die Sterne am Himmel verstreut. Denken wir uns nun ein Stück gegen
das Centrum fallend, so wird es dort nicht stille halten, sondern seine
Bewegung wird dasselbe in der entgegengesetzten Richtung weiter vorwärts treiben. Das fallende Stück Erde wird den letzten Theil seiner
Bewegung mit verlangsamter Geschwindigkeit zurücklegen, endlich an-
halten und mit beschleunigter Bewegung gegen das Centrum zurückfallen,
um durch dasselbe wieder ohne anzuhalten durchzugehen. Wenn nun
alle Stücke der Erde in derselben Weise gegeneinander stürzen würden,
so würden dieselben sich in einem — Jahre andauernden — Getümmel
zerschellen, bis endlich nach langer Zeit sich die Ruhe wieder herstellen
würde. — Bei dieser Annahme kommt die Gravitation und die schwin-
gende Bewegung zur Geltung.

Wir geben in Folgendem einige Aperçus Leonardo's über astronomische Gegenstände, um die Ansichten desselben zu charakterisiren.
„Die Erde wird dem Menschen auf dem Monde oder auf einem der
„Sterne als ein himmlischer Körper erscheinen." — „Dem Menschen auf
„der Erde erscheint der Mond genau so, wie die Erde den Mondbewoh-
„nern." — „Der Mond hat seinen Tag und seine Nacht, gleichwie die
„Erde." — „Die Erde ist nicht im Mittelpunkt der Sonnenbahn situirt,
„ebensowenig in der Mitte des Weltalls. Sie ist in der Mitte ihrer Elemente,
„welche ihr zugetheilt und von ihr abhängig sind. Für einen Menschen
„auf dem Monde würde die Erde und der Ozean mit Hülfe der Sonne
„denselben Effekt auf den Mond ausüben, als er auf die Erde ausübt."
— „Während der Verfinsterung der Sonne empfängt die Nacht des
„Mondes keine Zurückstrahlung der Sonnenstrahlen durch die Erde und

„bei der Verfinsterung des Mondes empfängt die Erde keine vom Monde „reflektirten Strahlen." —

Die Anzahl dieser Citate liesse sich leicht vermehren. Wir ersehen aus denselben, dass Leonardo das graue Licht des Mondes als das von der Erde zurückgestrahlte Sonnenlicht erkannte. — Aehnliche Aussprüche beziehen sich auf die Physik der Erde. Am bemerkenswerthesten erscheinen uns unter denselben jene, welche sich auf die Bewegung des Meerwassers, erzeugt durch die Erhitzung desselben am Aequator, beziehen. „Die Wasser der Meere in den Aequinoctialgegenden sind höher „als die Wasser des Nordens. Sie sind auch unter der Sonne höher als „in anderen Gegenden des Aequinoctialringes. Dies kann man beobachten „an einem Gefäss mit Wasser mit Hülfe glühender Kohlen. Das Wasser, „welches sich um das Centrum des Siedens herum befindet, erhebt sich „in Circularwellen. Die Wasser des Nordens stehen unter dem Niveau „der andern Meere, und zwar um so viel sie kälter sind."

Wir haben nun noch kurz einige Ansichten da Vinci's über die andern Erscheinungskreise zu erwähnen, um das Bild, das wir im Vorstehenden von der physikalischen Denkungsweise desselben gegeben, zu vollenden. — Die Luft ist nach Leonardo ein elastischer Körper, der sich mit einem Federkissen vergleichen lässt. Sie ist aus mehreren Bestandtheilen zusammengesetzt und besitzt Gewicht.

Ueber die Rolle der Luft bei der Flamme spricht sich Leonardo aus, wie folgt: „Wo eine Flamme entsteht, da erzeugt sich ein Wind- „strom um sie, dieser Luftstrom dient dazu, die Flamme leuchtender zu „machen. Das Feuer zerstört ohne Unterlass die Luft, welche sie „ernährt, es stellt ein Vacuum her, wenn andere Luft nicht herzu- „strömen kann, dasselbe auszufüllen." — „Sobald die Luft nicht in dem „geeigneten Zustand sich befindet, die Flamme zu erhalten, kann in der- „selben so wenig irgend ein Geschöpf der Erde noch der Luft leben als „die Flamme. Kein Thier kann leben in einem Orte, wo die Flamme „nicht lebt." — „In dem Centrum der Flamme eines Lichtes bildet sich „ein Rauchkern, weil die Luft, welche in die Composition der Flamme ein- „tritt, nicht bis zur Mitte vordringen kann. Sie gelangt an die Oberfläche „der Flamme, sie condensirt sich dort; indem sie Nahrung für „die Flamme wird, formt sie sich in sie um und lässt einen leeren „Raum übrig, welcher sich successive mit anderer Luft füllt." — „Das „Feuerelement verzehrt unablässig die Luft zu dem Theil, welcher sie „nährt (nutrica) und es wird ein Vacuum sich bilden, wenn nicht neue „Luft herzuströmt, dieses auszufüllen."

Wenn wir nach Ueberlesung dieser Aussprüche bedenken, dass es fast noch dreier Jahrhunderte nach Leonardo bedurfte, bis die Chemie diejenige Theorie der Verbrennung aufstellte, welche sich von der in den vorstehenden Aussprüchen dargestellten im Wesentlichen kaum unterscheidet, wenn wir fernerhin die Aeusserungen späterer Autoren über denselben Gegenstand nachlesen, so können wir nicht umhin, der genial intuitiven Auffassung des Leonardo unsere Bewunderung zu zollen, gleichzeitig jedoch den Wunsch auszusprechen, mögen doch in Bälde die Handschriften des grossen Florentiners einer fachgemässen Bearbeitung unterzogen werden. Da man von Leonardo mit Recht sagen konnte, derselbe bedeute für sich allein eine Akademie der Wissenschaften und da man dies in unserer Zeit der Spezialgelehrsamkeit sehr selten von jemandem behaupten kann, so müsste diese Bearbeitung ebenfalls von einer aus Fachgelehrten bestehenden Commission bewerkstelligt werden.

Im Volumen C in der Mailänder Ambrosiana spricht Leonardo ebenfalls von der Flamme und gibt Zeichnungen, um die Rolle des Luftstromes, der sich gegen die Flamme und von derselben bewegt, klar zu machen. An einer andern Stelle findet sich die Idee des Lampencylinders ausgesprochen, welcher als Rauchfang der Flamme Gelegenheit geben soll zu exhaliren und sich anderseits zu ernähren. Das Ausgestossene (esalmento) bewegt sich in der Mitte nach oben, die nahrunggebende Luft strömt von unten her, seitlich gegen die Flamme.

Leonardo hat die von ihm erkannten Eigenschaften der Luft zur Construktion von Schwimmgürteln, eines Helmes für Perlentaucher, zur Construktion von Flugmaschinen zu verwenden gesucht und beschreibt hiebei auch den Fallschirm, der späterhin (1783) von Lenormand zum zweiten Male erfunden wurde. Die Beschäftigung mit den Eigenschaften der Luft führte da Vinci zur Construktion von Gebläsen für Schmiedefeuer und Schmelzöfen. In Rom soll er in der That ein derart mächtiges Schmiedegebläse hergestellt haben, welches durch sein Fauchen und Stöhnen die Anwesenden mit Schrecken erfüllte.

Weniger bedeutend sind seine Ansichten über akustische Fragen. Er bemühte sich, die Zeitdauer eines Tones, die Entfernung seiner Quelle etc. zu messen. Aus dem Echo sucht er die Distanz der Stelle, von wo die Tonzurückwerfung stattfindet, zu ermitteln, da er einsieht, dass der Schall sich mit einer gewissen Schnelligkeit fortpflanze. Er beobachtete auch die Erscheinung der Resonanz, indem er bemerkte, dass einander nahe hängende, ähnlich grosse Glocken einander zum Tönen bringen können, wenn die eine derselben angeschlagen wird. Dieselbe Erscheinung beobachtete er an den beiden gleichgestimmten Saiten einer Laute, wenn er auf die eine dieser Saiten ein Strohhälmchen hängte, welches die resonirende Saite abwarf.

Da sich Leonardo mit besonderer Vorliebe mit Perspektive und mit der Wirkung der Farben beschäftigte, so können wir bei ihm auch eine eingehende Beschäftigung mit optischen Fragen voraussetzen. Venturi hat für Leonardo die Erfindung der Camera obscura reclamirt, welche gewöhnlich Porta zugeschrieben wird. Die hierauf bezüglichen Stellen rechtfertigen durchaus die Behauptung Venturi's. Bezüglich der Entstehung und Gestaltung der Schatten finden wir einige Zeichnungen in den Handschriften. — Bezüglich der Farbenlehre L e o n a r d o's finden wir viele treffliche Bemerkungen in seinem „trattato della pittura", welche sich jedoch hauptsächlich auf die dem Maler erforderlichen Gesichtspunkte beschränken.

Bezüglich der Wärmeerscheinungen haben wir Weniges aufzuzeichnen. L e o n a r d o beschreibt eine Dampfkanone (architonitro), ferner führt er an, dass die strahlende Wärme, ohne von ihrer Hitze zu verlieren, von Spiegeln zurückgeworfen und von Wasserkugeln gebrochen werde, ohne dass diese irgendwie nennenswerth erwärmt würden.

Es kann hier nicht unsere Aufgabe sein, auf die Bedeutung L e o n a r d o's als Maschinenbauer einzugehen und begnügen wir uns damit, anzudeuten, wie derselbe Motoren und Arbeitsmaschinen in grosser Anzahl construirte. Als Triebkraft wendet er mit grosser Vorliebe die des Wassers an, daneben jedoch auch die Menschenkraft, nebenbei wohl auch die Spannkraft des Wasserdampfes oder der erhitzten Luft. — Besonders interessant sind die zahlreichen Uebertragungsmechanismen, welche aus den verschiedensten Zahnradconstruktionen bestehen.

Indem wir uns hier von L e o n a r d o d a V i n c i und seinen auf die Naturwissenschaft bezüglichen Anschauungen trennen, werfen wir noch einen Blick auf den Nutzen, den seine Lehren für die Entwickelung der richtigen Naturansichten gehabt haben. Wir müssen hierbei constatiren, dass der Einfluss, den der hohe Geistesschwung der Ideen L e o n a r d o's auf den Fortschritt in den Naturwissenschaften ausgeübt hat, durch die Ungunst der Verhältnisse grösstentheils paralysirt wurde und in keinem Verhältnisse zu der Anregungsfähigkeit jener Ideen steht. Eine Reihe kleinlicher Hemmungen, und vor allem wohl die aphorismen- und skizzenhafte Form oder vielmehr Formlosigkeit, in welcher die Resultate des Denkprozesses jenes grossen Mannes der Nachwelt überliefert wurden, noch beträchtlich verstärkt durch die extravagante (verkehrte) Schreibweise des Autors, haben die Veröffentlichung und Verarbeitung der leonardi'schen Handschriften bisher hintangehalten. Was wir aus ihnen kennen, das kann das Interesse, welches wir denselben entgegenbringen, nur reizen, nicht aber befriedigen, da wir uns überzeugt halten können, dass die — kaum mehr als — flüchtige Durcharbeitung, welche denselben bisher zu Theil geworden ist, noch sehr viel zu exploriren übrig gelassen habe. Was wir von jenen Schriften ausführlicher kennen, das ist der mailändische „Codex Atlanticus", das Gros der leonardi'schen Manuskripte befindet sich jedoch in Paris. Frankreich hat sich dieses Schatzes auf eine Weise bemächtigt, welche vor dem Forum des Völkerrechts nicht bestehen kann, jedoch wenn dies auch für Italien nicht gleichgültig ist, so kann es doch für die wissenschaftliche Welt ziemlich gleichgültig sein, ob diese Handschriften sich in Mailand befinden oder in Paris. Allein der Besitz dieses Schatzes ist mit einer ernsten Pflicht verbunden. Möge die französische Akademie der Wissenschaften je früher

zum Bewusstsein ihrer Verpflichtung einer erschöpfenden Aufarbeitung
und Publikation der in ihrer Bibliothek befindlichen 12 leonardi'schen
Codices gelangen, wodurch einerseits auf die wissenschaftlichen Zustände
jener Zeiten ein helles Licht geworfen würde, anderseits wissenschaftliche Schätze von unberechenbarem Werthe vor den Eventualitäten einer
plötzlichen Vernichtung geschützt wären.

Schliesslich erwähnen wir noch einige Werke, welche sich mit der
Biographie Leonardo's befassen:

Brown, The life of Leonardo da Vinci. London 1828.

Fumagalli, Scuola di Leonardo da Vinci in Lombardia. Milano 1811.

Rio, Leonardo da Vinci et son école. Paris 1855.

Heaton and Black, Leonardo da Vinci and his works. London 1873.

Franciscus Maurolykus.

Die Familie der Maurolykus stammt aus Konstantinopel, von
wo Antonius Maurolykus, um den Verfolgungen von Seite der Türken
zu entgehen, nach Messina übersiedelte. Sein Sohn Franz wurde im
Jahre 1494 geboren. In seinem 27. Jahre widmete er sich dem geistlichen Stande, wo er rasch Carriere machte, so dass er in kurzer Zeit
Abt des Klosters Santa Maria a Partu bei Castro nuovo wurde. Er
war wie Newton Direktor der Münze und nahm im Allgemeinen eine
höchst geachtete Stelle ein; der Vizekönig von Sicilien, Vega, bediente
sich seines Rathes sehr häufig in Staatsangelegenheiten. Er stand mit
den angesehensten Personen seiner Zeit in brieflichem Verkehr. So verfasste er z. B. für Don Juan d'Austria, den natürlichen Bruder
Philipps II. von Spanien, eine Instruktion zum Seekriege gegen die
Türken. In einem Briefe an Cardinal Bembo beschreibt er einen grossen
Ausbruch des Aetna. Den grössten Theil seines Lebens verbrachte er
mit dem Unterrichte der Mathematik in Messina, ausserdem verfasste
er zahlreiche Abhandlungen. Der grösste Theil dieser Schriften beschäftigt sich mit Mathematik. Im Jahre 1540 beendigte er eine allgemeine
mathematische Encyclopädie, welche alles in sich fasst, was Maurolykus
aus griechischen, römischen, arabischen und mittelalterlichen Schriftstellern schöpfte. Seine zahlreichen mathematischen Schriften erschienen
zu Venedig 1575 unter dem Titel: „Opuscula mathematica". Seine
Vorliebe für Archimedes, dessen Werke er edirte, seine vorwiegend auf
Mathematik gerichtete literarische Thätigkeit und die lebhafte Theilnahme, die er an der Befestigung und Vertheidigung seiner Vaterstadt
Messina gegen die spanischen Belagerer nahm, verschafften ihm den Beinamen eines zweiten Archimedes. Unter seinen gesammten Abhandlungen
ist eine der wichtigsten jene, welche den Titel führt: „Photismi (theo-

remata) de lumine et umbra", welche sich mit Optik beschäftigt und im Jahre 1575 zu Venedig zuerst im Drucke erschien. Maurolykus starb zu Messina im Jahre 1577.

Schon bei Aristoteles (Problematum sectio XV, cap. 10) finden wir die Frage aufgeworfen, woher die bekannte Erscheinung, derzufolge die Sonnenstrahlen, welche durch eine kleine Oeffnung von irgend welcher Form in ein verfinstertes Zimmer einfallen, stets ein rundes Sonnenbildchen erzeugen, zu erklären sei, wobei noch hinzugefügt wird, dass dies Sonnenbildchen bei Gelegenheit einer partiellen Sonnenfinsterniss zur Sichelgestalt werde. Aristoteles war nicht im Stande, auf diese Frage eine genügende Erklärung zu geben. Maurolykus gibt eine genügend richtige Erklärung, indem er jeden Punkt der Oeffnung als die gemeinschaftliche Spitze zweier in derselben zusammenstossenden Strahlenkegel auffasst, deren einer die Sonne zur Basis hat, während die Basis des andern sich in der Bildebene befindet. Durch diese Auffassung erklärt sich die Entstehung des etwas verwaschen umrandeten Sonnenbildchens. Mit dieser Erscheinung beschäftigte sich — ohne dass er von der Lösung derselben durch Maurolykus gewusst hätte — auch der Astronom Johannes Keppler.

Um vieles schwächer ist die Theorie der Spiegelung, welche der Zeitgenosse des Maurolykus: Porta viel vollständiger zu Wege brachte. Die letzten drei Bücher handeln von der Brechung des Lichtes. Wir finden hier zum ersten Male den Satz ausgesprochen, dass der Lichtstrahl, der durch ein von parellelen Flächen begrenztes Medium hindurchgegangen, nach der Brechung seine ursprüngliche Richtung verfolge. Unser Autor ist zugleich der erste, der die durch Brechung entstehenden diakaustischen Flächen untersuchte. Das Experiment führte er mit einer mit Wasser gefüllten Kugel aus, welche Kugeln bei feineren Handarbeiten als Beleuchtungskugeln benützt werden. Wenn durch eine derartige Kugel die Sonnenstrahlen hindurchgehen, so bilden sie auf einer hinter derselben befindlichen weissen Wand Lichtcurven, welche die Schnitte der diakaustischen Fläche mit der Schirmfläche vorstellen.

Maurolykus ist nun auch bestrebt, die Kreisform des Regenbogens zu erklären, was ihm jedoch nicht recht gelingen will. Im Regenbogen unterscheidet er viererlei Farben: orange, grün, blau und purpur (croceus, viridis, coeruleus et purpureus). Zwischen diesen gibt es noch drei Uebergangsfarben. Schon vor Maurolykus hat der Predigermönch Theodoricus de Saxonia im 14. Jahrhundert den Regenbogen im Ganzen richtig erklärt, jedoch blieb diese Arbeit unserm Autor unbekannt, so dass ungeachtet der Priorität jenes deutschen Dominikaners die Abhandlung des Maurolykus nichtsdestoweniger als auf selbstständiger Entdeckung basirend betrachtet werden kann.

Ein anderer wichtiger Fortschritt ist die richtigere Auffassung der Einrichtung des Sehorganes. Er ist der erste, der die Funktion der

Krystalllinse mit der einer Glaslinse (eines Brennglases) vergleicht. Er ist sich schon klar bewusst, dass die convexen Linsen die Strahlen sammeln, die concaven dieselben zerstreuen, ferner dass bloss die Strahlen, welche in Richtung der Augenaxe auffallen, ungebrochen durch die Krystalllinse gehen, endlich dass die Strahlen sich nicht in der Linse, sondern hinter derselben schneiden. Maurolykus erkannte auch die Ursachen der optischen Unvollkommenheiten des Gesichtssinnes, nämlich die Fern- und Kurzsichtigkeit des Auges. Als Grund der Fernsichtigkeit findet er die zu geringe Krümmung der Krystalllinse, während nach seiner Ansicht die Kurzsichtigkeit in der übermässigen Krümmung derselben ihren Grund hat. Wir wissen nun, dass diese Erklärung nicht richtig sei, da die Ursachen der Uebersichtigkeit und Kurzsichtigkeit in einer Anomalie des Augendurchmessers zu suchen sind, die Presbyopie des Alters hingegen aus der mangelhaften Accommodationsfähigkeit der Krystalllinse entspringt. Dass auf der Rückseite des Auges ein vollständiges Bild des vor dem Auge befindlichen Gegenstandes entstehe, war Maurolykus noch unbekannt.

Bezüglich der Lichtbrechung hielt unser Autor noch an der Proportionalität des Einfalls- und Brechungswinkels fest. Für Luft und Glas setzte er denselben beispielsweise mit $^3/_8$ fest. Bei derartig mangelhaften Kenntnissen war es ihm daher auch nicht möglich, den Brennpunkt einer Linse zu bestimmen.

Unter den Werken des Maurolykus haben wir besonders zu erwähnen seine Bearbeitung der Werke des Archimedes, trotzdem dieselbe erst ein Jahrhundert später im Druck erschien. Don Cyllenius Hesperius übergab zuerst dem Simon Rondinelli die Schriften des Archimedes und seines Bearbeiters Maurolykus und erzählt dem Leser die Geschichte dieses Werkes. Dem Hesperius waren einzelne Bogen des archimedischen Werkes zu Handen gekommen, da dieselben seiner Zeit, als der Druck des Buches durch irgend welche Unruhen dieser kriegerischen Zeit unterbrochen wurde, beiseite geworfen worden und nur durch einen Zufall vor der Vernichtung geschützt geblieben waren. Allerdings konnte er kaum ein vollständiges Exemplar zusammenstellen, jedoch beschloss er einen neuen Abdruck zu besorgen und wendete sich an Pater Franciscus Alias, einen gelehrten Jesuiten und berühmten Lehrer der Mathematik, der die Wiederherausgabe dieser Schriften auf sich nahm*).

---

*) Der Titel der archimedischen Werke von Maurolykus lautet, wie folgt: „Admirandi Archimedis Syracusani Monumenta omnia mathematica quae extant, quorumque catalogum inversa pagina demonstrat. Ex traditione doctissimi viri, D. Francisci Maurolici, Nobilis Siculi Abbatis Sanctae Mariae a Partu. Opus praeclarissimum, non prius Typis commissum, a Matheseos vero Studiosis enixe desideratum, tandemque e fuligine temporum accurate excussum. Ad illust. et religiosissimum virum: Fr. Simonem Rondineli, Sac.

Nach einigen Proömien derjenigen, die auf das Erscheinen des Werkes Einfluss hatten, eröffnet das eigentliche Werk Franc. Maurolyc. Messanensis Praeparatio ad Archimedi opera. Dasselbe enthält Nachrichten über Archimedes und dessen Commentator Eutokios (oder wie ihn Maurolykus schreibt: Eutotius). Hierauf folgt als Vorbereitung die Ableitung zahlreicher Sätze, welche Archimedes bloss angenommen hatte. Nun folgen einige rein geometrische Abhandlungen: Kreistheilung, Hippocratis Tetragonismus, Maurolyci Tetragonismus, hierauf folgend finden wir eine statische Digression. Wenn man eine ebene Figur in einem Punkte aufhängt und durch den Aufhängepunkt eine Vertikale durch die Figur zieht, so enthält diese den Schwerpunkt. Die Lage des Punktes findet man durch Wiederholung des Verfahrens. Auf diese Weise findet man den Schwerpunkt der Fläche eines Quadranten, den des Abschnittes zwischen Sehne und Bogen von 90 Graden und endlich den des Dreiecks, welches durch die zwei Halbmesser und die Sehne gebildet wird. Alle drei Schwerpunkte liegen in einer geraden Linie und das Dreieck verhält sich zum Abschnitte, wie die Entfernung des Schwerpunktes des Abschnittes vom Schwerpunkt des Quadranten, zur Entfernung des Schwerpunkts des Dreiecks vom Schwerpunkt des Quadranten. In der Folge will Maurolykus die Quadratur des Kreises auf experimentellem Wege bestimmen: Man mache einen hohlen Cylinder, dessen Höhe gleich dem Durchmesser, ferner einen Würfel von eben so grosser Kantenlänge. Hierauf fülle man den Cylinder mit Wasser und übergiesse das Wasserquantum in den Würfel, messe schliesslich die Höhe des Wasserspiegels in dem letzteren. Das Quadrat der mittleren Proportionale zwischen der Seite des Würfels und der Höhe des Wassers ist gleich der Kreisfläche. Es folgen nun aus Archimed's Kreismessung drei Sätze, ferner: Archimedis liber de Sphaera et cylindro, ex traditione Eutocii, per Franciscum Maurolycum, Mamertinum, Mathematicae disciplinae studiosissimum emendati, et ad optimum ordinem restituti et adaucti, 38 Sätze. Beide Bücher des Archimedes sind hier in eines zusammengezogen; hierauf: Archimedis de momentis aequalibus ex trad. Fr. Maur. 4 Bücher; ferner: Archimedis Quadratura parabolae, Archimedis de lineis spiralibus ad Dositheum liber, Archim. de Conoidibus et Sphaeroidibus figuris, ad Dositheum. Soweit reicht die Arbeit des Mau-

---

Hierosolymitanae Religionis Equitem laudatiss. S. Joannis Baptistae a Savigliana, nec non Pondadera et S. Philippi de Osmo Commendatorem digniss. Unius e Melitensibus Triremibus, olim strenuissimum Ductorem, plurimarumque Navium Turcicarum Debellatorem gloriosum, in urbe feliciss. Panormo, pro sua Sac. Relig. pluribus annis vigilantiss. Legatum, Receptorem ac Procuratorem Generalem, et inclytae Reaccensorum Academice Urbe in ipsa Eruditissimum Principem etc., Panormi, Apud D. Cyllenium Hesperium, cum lic. sup. MDCLXXXV. Sumpt. Antonini Giardinae, bibliopolae Panorm. fol. 296 pag.

rolykus. Damit jedoch den Liebhabern der Mathematik von Archimedes nichts fehle, folgt nun: Archimedis de numero Arenae sive Arenarius, Arch. de insidentibus humido, Exotica. — Auf der letzten Seite
eine offene Perlenmuschel im Meere mit Perlen, in welche der Thau fällt,
mit der Ueberschrift: Ditatur et ditat.

Näheres über Maurolykus finden wir bei Libri: Histoire des
sciences mathématiques en Italie III, pag. 104 ff., ferner Foresta.
Della Vita di Francisco Maurolico. Messina 1613. 4⁰.

III. Buch.

Die Neuzeit.

Das Zeitalter der Renaissance. Von der Aufrichtung des
Coppernicanischen Weltsystems bis zur Entdeckung der Dynamik
(1543—1642).

Nicolaus Coppernicus.

Die Meinungen und Anschauungen über einzelne Erscheinungen in
der Sinnenwelt, wenn sich dieselben erst einmal genügend consolidirt
haben, erlangen im Laufe der Jahrhunderte eine gewisse Widerstands-
fähigkeit, welche sie befähigt, den Ansturm gegen sie herandringender
entgegengesetzter Ansichten geraume Zeit auszuhalten. Wir haben im
Vorstehenden gesehen, wie die lange gehegte Meinung von der feststehenden Erde und dem um sie gedrehten Sphärensysteme langsam hin-
fällig geworden wär und wie hier und dort im Gehirne einzelner Denker
die Idee auftauchte, durch Aufgeben des Dogma's von der unbewegten
Erde zu einem naturgemässeren Weltsysteme zu gelangen. Jedoch es
sollte noch lange währen, bis die richtige Ansicht sich mit der Gewalt
der Wahrheit durch den Nebel anerzogener Vorstellungen Bahn brechen
und den Glauben an die im Mittelpunkte des All's ruhende Erde zer-
stören konnte. Die heliocentrische Weltanschauung ist, wie wir wissen,
schon im Alterthume mit völliger Bestimmtheit von mehreren ausgesprochen worden. Einer der grössten Denker, welcher die Erforschung
der Einrichtung des Weltsystemes als eines jener Probleme betrachteten,
deren Lösung wohl werth sei als Lebensaufgabe angesehen zu werden,
war Nicolaus Coppernicus.

Coppernicus wurde am 19. Februar 1473 (nach altem Stil) zu
Thorn geboren. Er starb zwischen 7. Mai und 24. Mai 1543 (ebenfalls
nach altem Stil) zu Frauenburg. Die Nationalität des Coppernicus ist

seit langer Zeit Gegenstand weitläufiger Erörterungen gewesen. Zwar
existiren einige Daten, welche darauf hinweisen, dass er väterlicher Seits
polnischer Abstammung gewesen sei, während jedoch andere — mindestens ebenso gewichtige — Angaben für seine deutsche Abstammung
sprechen. Wir führen kurz die Gründe pro et contra an, welche bezüglich der deutschen oder polnischen Nationalität des grossen Astronomen
in das Feld geführt werden. In Zernecke's „Thornischer Chronik" wird
der Vater des Nicolaus Coppernicus Bürger von Krakau genannt, was
jedoch nicht genügend verbürgt und auch sonst als höchst unwahrscheinlich erscheint, da der Name Koppernick im Thorner Gerichtsbuch schon
im Jahre 1400 vorkommt und der Vater des Astronomen 1465 Gerichts-
schöppe in Thorn war. Da es nun nicht vorauszusetzen ist, dass ein —
wie dies gewöhnlich angenommen wird — im Jahre 1463 eingewanderter
Fremder zwei Jahre später mit einem Amte betraut werde, so ist es
wohl wahrscheinlicher, wenn wir die Familie Koppernick als eine in
Thorn erbgesessene betrachten. Allen Anzeichen zufolge ist übrigens der
Name „Koppernick", in welcher Schreibweise wir demselben mehrmals
begegnen, keineswegs polnischer Abkunft, da er sich in mehreren schle-
sischen Ortschaftsnamen findet. Im Altvatergebirge gibt es sogar einen
„Köppernikstein". — Die Vorfahren unseres Coppernicus waren wohl
Kupferbergleute aus jener Bergwerksgegend in Schlesien, welche sich in
Danzig, Thorn, Krakau und in anderen Städten ansiedelten. Da ferner
die Stadt Thorn nie als integrirender Bestandtheil Polens galt, so kann
man Coppernicus auch vom Standpunkte der politischen Nationalität
nicht als Polen gelten lassen. Als ganz bestimmt kann es jedoch behauptet werden, dass der grosse Astronom die Frage seiner nationalen
Zugehörigkeit mit grösserem Gleichmuthe betrachtet habe, als diejenigen,
welche ihn dem einen oder dem andern Volke zurechnen. In jenem — in
dieser Beziehung — so glücklichen 15. Jahrhunderte, als die lateinische
Sprache das allgemeine Gelehrtenidiom bildete, fragte man sehr wenig
nach der Abstammung oder der Nationalität des der Wissenschaft Be-
flissenen. — Kaiser Napoleon I. wollte das Andenken des grossen Astronomen ehren und liess durch Thorwaldsen für die Vaterstadt desselben
ein Denkmal verfertigen. Dieses wurde jedoch später, da die russische
Regierung sich dasselbe zugeeignet hatte, im Jahr 1830 in Warschau
aufgestellt. Die Aufschrift dieses vom französischen Kaiser bestellte, von
einer fremden Regierung in einem fremden Lande errichteten Denkmals
lautet eigenthümlich genug: „Nicolao Copernico grata patria", als wäre
sie dazu bestimmt, die Verworrenheit der Frage der Abstammung des
Begründers unseres Weltsystems zu charakterisiren. So viel können wir
jedoch als feststehend annehmen, dass Coppernicus sich nie als
Polen betrachtete.

Der Vater des Astronomen hiess ebenfalls Nicolaus und war Kauf-
mann zu Thorn. Derselbe scheint aus Krakau zu stammen, oder hat

sich wenigstens längere Zeit in dieser Stadt aufgehalten. Es ist wahrscheinlich, dass er um die Mitte des 15. Jahrhunderts das Bürgerrecht von Thorn erhielt, was nicht ausschliesst, dass schon zu Ende des 14. Jahrhunderts Glieder derselben Familie in dieser Stadt ansässig gewesen seien, wie dies aus einer vom Jahre 1398 stammenden Nachricht hervorzugehen scheint. Die Mutter des Astronomen war die Schwester von Lukas Watzelrode (alias Waiszelrodt von Alten), dem späteren Bischof von Ermeland (episcopus Warmiensis), und gehörte einer im damaligen Preussen sehr angesehenen Familie an.

Die Chronik erwähnt noch einen älteren Bruder des Astronomen, der so wie jener Frauenburger Domherr war. Derselbe scheint jedenfalls ein sehr unbedeutender Mensch gewesen zu sein, da die Aufzeichnung von ihm gar nichts zu berichten weiss, als dass er am Aussatze (der Lepra) gelitten habe, welcher schrecklichen Krankheit er, wie es den Anschein hat, später auch zum Opfer fiel. Bezüglich des Taufnamens jenes Bruders unseres Coppernicus können wir es bloss als Vermuthung aussprechen, dass er Andreas geheissen habe.

Seine Studien begann Coppernicus an der Schule zu Thorn, hierauf bezog er die Universität zu Krakau, wo er sich dem Studium der Medizin widmete und sich das ärztliche Doctordiplom verschaffte. Nebenbei trieb er jedoch fleissig humanistische Studien, und beschäftigte sich hauptsächlich mit den alten Sprachen und mit Philosophie; schliesslich noch mit Mathematik. Sein Lehrer in der Mathematik und den verwandten Wissensfächern war Albertus de Brudzevo (eigentlich Brudzewski), bei dem er einen Vortrag über das Astrolabium gehört haben soll, welcher ihn für seinen künftigen Beruf begeisterte. Coppernicus verliess Krakau etwa um das Jahr 1495 und begab sich nach einem kurzen Aufenthalte in seiner Vaterstadt zuerst nach Wien, um dort den Unterricht der beiden zu jener Zeit hochberühmten Astronomen Purbach und Regiomontanus zu geniessen. Der Einfluss, den die Lehren jener beiden Männer auf Coppernicus übten, war so bedeutend, dass Gassendi sich in seiner Biographie zu der Bemerkung veranlasst findet, Nicolaus Coppernicus wäre nicht zu dem geworden, was er war, wenn er nicht so ausgezeichneten Unterricht genossen hätte, als er an der Seite jener beiden Gelehrten genoss.

Wir geben in Nachstehendem einen kleinen Excurs über die Biographie und wissenschaftliche Bedeutung der beiden genannten Astronomen.

Georg Purbach (eigentlich Peurbach) erhielt seinen Namen von dem oberösterreichischen Dorfe Peurbach. Er wurde im Jahre 1423 geboren und starb 1461. An der 1365 gegründeten Wiener Hochschule lehrte er die Astronomie. Sein Hauptstreben richtete sich auf die Verbesserung und Vervollkommnung der Planetentheorie. Da diese jedoch sich noch ganz und gar innerhalb der ptolemäischen Annahme hielt,

so konnte diese Vervollkommnung bloss in einer Verbesserung der astronomischen Tafeln bestehen, aus welchen sich die Planetenörter berechnen
liessen. Purbach hatte zwei berühmte Schüler, welche seinen Namen
der Nachwelt überlieferten, es sind dies Regiomontanus und Coppernicus.

Johann Regiomontanus hiess eigentlich Müller, alias Molitor*).
Derselbe wurde in Königsberg (bei Hassfurt) bei Würzburg 1436 geboren. Mit 12 Jahren, also höchst frühreif, ging er auf die hohe Schule
zu Leipzig, welche er als 15jähriger Jüngling wieder verliess. Er begab
sich nun nach Wien, wohin ihn der Ruf Peurbach's zog, dessen Schüler
und Gehülfe er wurde. Die gemeinschaftlichen Beobachtungen der beiden
Astronomen ergaben beträchtliche Abweichungen von den alphonsinischen
Tafeln und erwiesen die Nothwendigkeit, neue Planetentafeln zu rechnen
und ein neues Fixsternverzeichniss anzulegen. Von dem als päbstlichen
Legaten nach Wien gesandten Cardinal Bessarion aufgefordert, ging
Purbach nach Rom, um dort die Uebersetzung des Almagest auf Grund
einer im Besitz des Cardinals befindlichen Handschrift zu unternehmen.
Derselbe bat sich die Begleitung seines treuen Gefährten Regiomontanus
aus, da er von dem viel jüngeren Manne erwarten durfte, dass dieser sich
in kürzerer Zeit die griechische Sprache aneignen werde, als er selbst
dies zu erreichen im Stande gewesen wäre. Purbach starb im April
des Jahres 1461 eines jähen Todes, worauf Regiomontanus dessen
Stelle erhielt. Als dieser im Verlaufe seiner Arbeit der von Georg von
Trapezunt verfassten Bearbeitung des Theon'schen Commentars beträchtliche Fehler nachwies, zog er sich den Hass dieses griechischen Gelehrten
zu, der späterhin in offene Feindseligkeiten ausartete und dazu beitrug,
dass Regiomontanus mit der ihm von Bessarion überlassenen Handschrift
und seinem begonnenen Werke im Jahre 1468 nach Wien zurückkehrte,
wo er die Professur der Mathematik und Astronomie an der dortigen
hohen Schule übernahm. Vom Könige Matthias Corvinus von Ungarn
nach Raab (oder Ofen?) gerufen, um die bei der Eroberung von Con-
stantinopel erbeuteten griechischen Handschriften zu ordnen, verliess er
seine Professur. Doch blieb er nicht lange in Ungarn, da der 1471 von
neuem ausbrechende Krieg ihn zur Rückkehr nach Deutschand zwang.
Er ging nach Nürnberg, wo sich der reiche Bürger Bernhard Walter in
solchem Maſse für die Arbeiten unseres Astronomen interessirte, dass er
die Kosten der Herausgabe derselben übernahm. Regiomontanus genoss ein bedeutendes Ansehen, so dass ihn Pabst Sixtus IV. im Jahre 1474
nach Rom berief, um an den zur geplanten Kalenderreform nothwendigen
Vorarbeiten Theil zu nehmen. Jedoch schon kurze Zeit nach seiner An-

---

*) Er schrieb seinen Namen auf verschiedene Weise, einige Male schreibt
er sogar: „Johannes Germanus de Regio monte“. Einige Male wird er auch
„Kungsperger“ genannt.

kunft in der ewigen Stadt, im Jahre 1475 oder 1476 starb er eines plötzlichen Todes, nach einigen an der Pest, nach andern durch Meuchelmord, angestiftet von den Söhnen des rachsüchtigen Georg von Trapezunt. — Die Sinustafeln des Regiomontanus waren zu jenen Zeiten ein allgemein benütztes Buch.

Das grosse, kaum genug zu würdigende Verdienst des Purbach und Regiomontanus in der Astronomie besteht darinnen, dass sie es waren, welche die scheinbare Bewegung des Himmels als Zeitmesser zu verwenden begannen. Leider erfreute sich keiner der beiden Astronomen eines langen Lebens, da Purbach bloss 36, Regiomontanus 40 Jahre alt wurde. Der letztere ist im Pantheon zu Rom begraben.

Indem wir nach dieser Abschweifung wieder auf Coppernicus zurückkehren, haben wir zu berichten, wie derselbe im 23. Lebensjahre nach Italien gezogen sei, der damaligen Heimat jeglicher Kunst und Wissenschaft.

Es war die grosse Zeit der Wiedergeburt der classischen Cultur über Italien angebrochen, das Zeitalter der „Renaissance", als Coppernicus seine Schritte dahin lenkte. So können wir uns denn auch nicht über den lange dauernden Aufenthalt des Gelehrten in jenem Lande wundern, das zu jener Zeit gleich einer Sonne das Licht der antiken Cultur über den ganzen Erdtheil strahlen liess. Coppernicus hielt sich längere Zeit zu Bologna auf, wo der Astronom Domenico Maria Novara lehrte und half seinem Meister bei dessen Beobachtungen. Wir wissen über die Beschäftigung des Coppernicus — während seines italienischen Aufenthaltes — nur sehr wenig zu berichten. Den 9. März 1497 beobachtete er zu Bologna die Bedeckung des Aldebaran durch den Mond, im Jahre 1500 hingegen beobachtete er eine Mondesfinsterniss zu Rom. Wir wissen ferner noch, dass er in Italien auch Mathematik gelehrt habe.

Als er hierauf nach längerem Aufenthalte in Italien in seine Heimat zurückkehrte, erhielt er durch die Verwendung seines Oheims, des Bischofs Lucas von Ermeland, ein Canonicat im Dom zu Frauenburg und gelangte hiedurch in eine Stellung, welche es ihm ermöglichte, einzig und allein der Wissenschaft zu leben. Dort im kleinen Frauenburg an den Ufern der Weichsel verlebte nun Coppernicus in beschaulicher Thätigkeit seine Zeit. Es sind einige Gegenstände rein praktischer Natur, mit denen er sich ebenfalls beschäftigte, so z. B. jene Wasserleitung, mittelst welcher er die Wohnungen der Domherren mit Wasser aus dem Flusse Baude versah. Dieselbe ist auch jetzt noch zum Theil erhalten, wenn auch nicht mehr in verwendbarem Zustande. Ausserdem beschäftigte er sich mit der Verbesserung des Münzwesens im Auftrage des Landtages zu Graudenz, auf welchen ihn als ihren Abgeordneten das Frauenburger Domcapitel im Jahre 1521 entsendet hatte. Der Vorschlag, den Coppernicus machte, um den Unzukömmlichkeiten abzuhelfen, welche dadurch zu Stande gekommen waren, dass Danzig, Elbing und Thorn, jedes für sich Geld schlagen konnte, bestand darinnen, dass fürderhin das Geld bloss an einer Stelle unter Aufsicht der dabei interessirten drei Städte geschlagen werden sollte, ein Vorschlag, welcher dem polnischen Reichstage sehr annehmbar erschien, jedoch von Seite Preussens nicht begünstigt wurde und somit praktisch nicht durchgeführt werden konnte. In seiner Biographie des Coppernicus macht Lichtenberg bei Erzählung dieses Ereignisses die Bemerkung, dass es eigentlich sehr merkwürdig sei, wie Coppernicus und Newton, die sich zum Ruhme der Menschheit bei ihren auf die Untersuchung des grossen Weltsystems gerichteten Bestrebungen begegnet seien, sich zufällig auch in jenem kleinen Weltsysteme: dem Gelde begegneten, da Newton bekanntlich Münzmeister von England war.

Die Stellung des Coppernicus war jedoch in keiner Weise eine derartige, dass sie ihm gestattet hätte, seine ganze Zeit den astronomischen Arbeiten zuzuwenden, welche die Hauptaufgabe seines Lebens bildeten. Als nach dem Tode des Bischofs Fabian von Losengen *) im Jahre 1523 Coppernicus zum Generalvikar und Visitator des erledigten Bisthums erwählt wurde, entwickelte derselbe eine höchst energische Thätigkeit in den Angelegenheiten des verwaisten Amtes, welche die des verstorbenen Bischofs weit überbot. So vertheidigte er z. B. das Ermelander Bisthum gegen die Uebergriffe des von dem polnischen Adel gestützten deutschen Ordens, so dass es ihm schliesslich gelang, vom Könige von Polen die Rückgabe jener Güter des Bisthums zu erlangen, welche demselben widerrechtlich entzogen worden waren.

So nahmen denn jene beiden Aemter: das Frauenburger Canonicat und das Vikariat des Ermelander Bisthums den grössten Theil der Thätigkeit unseres Gelehrten in Anspruch, umsomehr, als er seiner ärztlichen Kenntnisse wegen auch in dieser Hinsicht oftmals in Anspruch genommen wurde. Er war der regelmässige Arzt des ganzen Domcapitels. Dies brachte ihn auch mit Albrecht, dem Herzoge von Preussen in Berührung, als dieser den damals 69jährigen Coppernicus bat, seinen vertrautesten Rath, Georg von Kunheim, der in Königsberg krank darniederlag, zu curiren. Infolge dieser Aufforderung brachte er nun einige Wochen in Königsberg zu.

Trotz dieser mannigfachen Beschäftigungen, welche ihn von seinem Studium abzogen, beschäftigte er sich, sobald er nur hierzu Zeit fand, mit der Idee einer Reformation der Sternkunde. Seine unmittelbar am Dom gelegene Wohnung war ihrer Lage zufolge zur Ausführung astronomischer Beobachtungen sehr geeignet. Die ringsherum, soweit das Auge reicht, sich erstreckende Ebene gewährte nach allen Seiten eine unbehinderte Aussicht. Die geringe Durchsichtigkeit und Reinheit der

---

*) Bei Gassendi heisst er: Fabianus de Lusianis; Hartknoch nennt ihn: Fabianus von Merklichen Rade aus dem Geschlecht der Losiener.

Luft liess allerdings vieles zu wünschen übrig, so konnte der Mercur z. B. kaum gesehen werden.

Seit fast zweitausend Jahren hatte sich das ptolemäische System behauptet, demzufolge die Erde als träge, bewegungslose Masse im Mittelpunkte des Weltalls ruhte, während die aus leichtem Aetherstoff geformten Himmelskörper sich um dieselbe in schwindelnd schnellem Umschwunge herumwälzten. Wir haben gesehen, wie häufig diese Ansicht Gegenstand des Angriffes der gegentheiligen Ueberzeugung gewesen sei, ohne dass es jedoch geglückt wäre, eine Bresche in die wohlgefügten Epicykel des Ptolemaios zu legen. Wir haben ferner gesehen, wie einige Denker des Alterthums die heliocentrische Ansicht verfochten, wir haben die gleichgerichteten Bestrebungen einiger Denker des Mittelalters registrirt und nachgewiesen, wie alle diese Bemühungen als ihrer Zeit vorauseilend, nicht im Stande waren, jenes System zu stürzen, welches gewissermassen auch die Sanktion der Kirche hatte. — In Coppernicus verstärkte sich jedoch die Ueberzeugung immer mehr, dass jene — als mathematische Hypothese so meisterhaft ausgedachte — ptolemäische Lehre der Wirklichkeit in keiner Weise entsprechen könne. Bevor er jedoch dieser seiner Ueberzeugung Ausdruck gibt, untersucht er mit der Gewissenhaftigkeit, welche den wirklichen Naturforscher charakterisirt, und welche auch sonst überall im Wesen unseres Coppernicus zum Ausdruck kommt, die zu widerlegende Meinung, und erst, nachdem er im Stande ist, die gänzliche Haltlosigkeit derselben darzuthun, und etwas anderes, besseres an seine Stelle zu setzen, tritt er mit seiner Ueberzeugung hervor. Die Ansicht des Ptolemaios entsprang aus den Meinungen einiger genialer Denker des Alterthums, unter denen besonders Aristoteles und Hipparchos zu nennen sind. Coppernicus suchte daher vor allem die Meinungen der Alten zu erkunden und sah hierbei, dass es schon im Alterthume an solchen Meinungen nicht gefehlt habe, welche die Bewegung der Erde lehrten. Die erste hierauf bezügliche Stelle eines Schriftstellers aus dem Alterthum fand Coppernicus bei Cicero (Acad. Quaest. lib. IV, cap. 39) und Plutarchos (De placitis Philos. lib. III, cap. 13). „Nachdem ich die Unsicherheit der „mathematischen Lehren über die zu berechnenden Kreisbewegungen der „Sphären lange mit mir überlegt hatte, begann es mir widerlich zu „werden, dass die Philosophen, welche in Bezug auf die geringfügigsten „Umstände jener Kreisbewegung so sorgfältig forschten, keinen sichern „Grund für die Bewegung der Weltmaschine hätten, die doch unsert- „wegen von dem besten und gesetzmässigsten aller Meister gebaut ist. „Daher gab ich mir die Mühe, die Bücher aller Philosophen, deren ich „habhaft werden konnte, von Neuem zu lesen, um nachzusuchen, ob „nicht irgend einer einmal der Ansicht gewesen wäre, dass andere Be- „wegungen der Weltkörper existirten, als diejenigen annehmen, welche „in den Schulen die mathematischen Wissenschaften gelehrt haben. Da

„fand ich denn zuerst bei Cicero, dass Nicetus geglaubt habe, die Erde
„bewege sich. Nachher fand ich auch bei Plutarch, dass einige andere
„ebenfalls dieser Meinung gewesen seien; seine Worte setze ich, um sie
„jedem vorzulegen, hierher: andere aber glauben, die Erde bewege sich:
„so sagt Philolaos der Pythagoräer, sie bewege sich um das Feuer in
„schiefem Kreise, ähnlich wie die Sonne und der Mond; Heraklid von
„Pontus und Ekphantus, der Pythagoräer, lassen die Erde sich, zwar
„nicht fortschreitend, aber doch nach Art eines Rades, eingegrenzt
„zwischen Niedergang und Aufgang um ihren eigenen Mittelpunkt be-
„wegen. Hiervon also Veranlassung nehmend, fing auch ich an, über
„die Beweglichkeit der Erde nachzudenken, und obgleich die Ansicht
„widersinnig schien, so that ich's doch, weil ich wusste, dass schon
„anderen vor mir die Freiheit vergönnt gewesen war, beliebige Kreis-
„bewegungen zur Ableitung der Erscheinungen der Gestirne anzunehmen.
„Ich war der Meinung, dass es auch mir wohl erlaubt wäre, zu ver-
„suchen, ob unter Voraussetzung irgend einer Bewegung der Erde zu-
„verlässigere Ableitungen für die Kreisbewegung der Himmelsbahnen
„gefunden werden könnten als bisher" *).

Mit diesen Worten erzählt Coppernicus die Geschichte seiner
Theorie, und sucht sich von dem Verdachte frei zu halten, als habe er
leichtsinniger Weise mit der alten, allgemein für wahr gehaltenen Ansicht gebrochen.

Volle 23 Jahre (von 1507—1530) war Coppernicus mit dem
Ausbau seines Systems beschäftigt. Er hatte jedoch dabei an eine Veröffentlichung seiner Arbeit nicht im Mindesten gedacht. Er wollte bloss
einigen gelehrten Freunden das Manuskript mittheilen, und höchstens
die auf Grund seiner Beobachtungen zu verfertigenden Tafeln, welche
von der Annahme einer gewissen Grundhypothese unabhängig sind, wollte
er im Druck erscheinen lassen. Einige seiner Freunde wussten somit
schon lange davon, dass sich der Astronom mit einem neuen Weltsysteme
befasse, vielleicht hat sein Freund und College Bernhard Scultetus,
Canonicus zu Frauenburg, etwas davon verrathen als er 1516 am
lateranischen Concil als Sekretär fungirte. Thatsache ist es, dass
Cardinal Nicolaus Schomberg in Capua schon 1536 wusste, dass
Coppernicus die Bewegung der Erde um die Sonne lehre, und dass
er sich hierdurch veranlasst fand, um eine Abschrift des Werkes, in welcher
diese Ansicht verfochten werde, zu bitten. Zur selben Zeit, eben als die
Reformationsbewegung ihre ersten Wellen zu werfen begann, verbreitete
sich die Nachricht, dass ein polnischer Astronom eine ganz neue Welt-
ordnung lehre. Besonderes Interesse für diesen Gegenstand legte Philipp
Melanchthon (lebte von 1497—1560) an den Tag, der an der 1502 er-

---

*) Coppernicus: De revolutionibus, übers. v. Menzzer. Thorn 1879. Vor-
rede an Pabst Paul III., pag. 6.

richteten Universität Wittenberg die griechische Sprache docirte. Dieser vielseitig gebildete Mann, welcher in der Geschichte der Reformation eine so grosse Rolle spielt, und der die Verbreitung der Kenntniss der griechischen Sprache und mit ihr jene der griechischen Literatur in immer weitern Kreisen als Lebensaufgabe betrachtete, fand noch Zeit, sich mit der Hebung des mathematischen, physikalischen und astronomischen Unterrichts zu beschäftigen. Er selbst schrieb ein Buch unter dem Titel: „Initia doctrinae physicae" (Basel 1549), in welchem er das ptolemäische System vorträgt, ferner gab er die Werke des Aratos, Purbach und anderer heraus, setzte es durch, dass an der Wittenberger Universität zwei Lehrkanzeln für Mathematik errichtet wurden u. s. f. Auf diese Weise kamen zuerst Johann Volmar und Jakob Milich und nach diesen Erasmus Reinhold und Rhäticus an die Universität. Von diesen beiden Gelehrten wird noch später, dort wo von den Nachfolgern des Coppernicus geredet werden soll, Erwähnung geschehen. Hier haben wir bloss einen Schritt des letztgenannten (Rhäticus) zu verzeichnen, welcher zur Verbreitung der coppernicanischen Lehre beitrug. Als nämlich in Folge einer Empfehlung Melanchthon's Rhäticus nach Volmar's Tode im Jahre 1536 an die Wittenberger Universität berufen worden, um die zweite mathematische Lehrkanzel zu versehen, da bemächtigte sich desselben, veranlasst durch einige Mittheilungen über das neue Weltsystem eine solche Sehnsucht, die neue Lehre aus dem Munde des Meisters selbst zu hören, dass er sich entschloss, diesen persönlich aufzusuchen. Nachdem er drei Jahre an der Universität gelehrt hatte, resignirte er im Jahre 1539 auf seine Stelle und reiste zu Coppernicus. Auf diese Weise gelangte er in die Lage, schon im nächsten Jahre den ersten Bericht über die Lehre, die Ideen und Meinungen desselben unter dem Titel: „Narratio prima"*) an seinen Freund, den Mathematiker Schoner**), Gymnasialprofessor zu Nürnberg senden zu können. Auf diese Weise verbreitete sich die Nachricht von dem neuen wissenschaftlichen Systeme in weiten Kreisen. Eine der ersten Folgen der Verbreitung jener neuen Lehre war ein Schwank, den eine fahrende Schauspielertruppe am Marktplatz zu Frauenburg zum Besten gab. Aufgefordert, gegen diese Profanation einer ernsten, wissenschaftlichen Idee aufzutreten, antwortete Coppernicus: „Was kümmert es mich? Meine Lehre versteht der Pöbel nicht, und was er verlangt, das will ich nicht."

Schon lange Zeit, bevor Rhäticus nach Frauenburg kam, hatte Coppernicus sein epochales Werk vollendet. Er besserte jedoch stets daran und war durchaus nicht zu vermögen, dasselbe unter die Presse

---

*) Der ganze Titel lautet folgendermassen: Narratio prima de Libris Revolut. coelest. Copernici. Gedani 1546. 4°. Eine „narratio secunda" existirt nicht. Die ganze Schrift ist eigentlich nur ein grosser Brief und ist — ausgenommen die kurze Einleitung — rein astronomischen Inhaltes.

**) Johann Schoner geb. 1477, gest. 1547.

zu liefern. Erst im Jahre 1542 vermochte ihn der Bischof von Culm,
Tiedemann Giese, sein Freund, zur Herausgabe des Manuskriptes.
Giese sandte es allsogleich an Rhäticus, der dasselbe, nachdem
er von der inzwischen zum zweiten Male übernommenen Wittenberger
Lehrkanzel zurückgetreten war — versehen mit einem Empfehlungs-
schreiben Melanchthon's — nach Nürnberg brachte, wo der Druck des
Werkes begann. Anfangs überwachte Rhäticus den Druck desselben,
nach dessen Abgange nach Leipzig übernahm diese Arbeit Andreas
Osiander (alias Hossmann). Der ursprüngliche Titel des Buches war:
De revolutionibus, Osiander erweiterte denselben jedoch zu: De
revolutionibus orbium coelestium. Derselbe verfuhr auch sonst
ziemlich eigenmächtig, indem er das Vorwort des Verfassers unterdrückte
und ein von ihm verfasstes Vorwort vorangehen liess, welches den Titel
führte: „Von den Hypothesen dieses Werkes" (De hypothesibus hujus
operis). In dieser Vorrede will der Herausgeber dem Leser einreden,
als habe der Verfasser mit seinem Werke bloss die Aufstellung einer
neuen mathematischen Hypothese beabsichtigt, welche dem Verständnisse näher liege als die ptolemäische. Es wird entwickelt, dass es
die Aufgabe des Astronomen sei, die „Geschichte der Himmelsbewegungen
„nach gewissenhaften und scharfen Beobachtungen zusammenzutragen,
„und hierauf die Ursachen derselben, oder Hypothesen darüber, wenn er
„die wahren Ursachen nicht finden kann, zu ersinnen und zusammen-
„zustellen, aus deren Grundlagen eben jene Bewegungen nach den Lehr-
„sätzen der Geometrie, wie für die Zukunft, so auch für die Vergangen-
„heit richtig berechnet werden können. . . . Es ist nämlich nicht erfor-
„derlich, dass diese Hypothesen wahr, ja nicht einmal, dass sie
„wahrscheinlich sind, sondern es reicht schon allein hin, wenn sie eine
„mit den Beobachtungen übereinstimmende Rechnung ergeben." . . .
Und zum Schlusse: „Möge niemand in Betreff der Hypothesen etwas
„Gewisses von der Astronomie erwarten, da sie nichts dergleichen leisten
„kann, damit er nicht, wenn er das zu andern Zwecken Erdachte für
„Wahrheit nimmt, thörichter aus dieser Lehre hervorgehe, als er ge-
„kommen ist."
    Dieses Vorwort, welches die Tendenz des coppernicanischen
Werkes zu fälschen sucht, wird jedoch von der ursprünglichen Vorrede
des Verfassers desavouirt. Dieselbe ist an den „Heiligsten Herrn, Pabst
Paul III." gerichtet und beginnt mit der Versicherung, dass der Verfasser sich dessen wohl bewusst gewesen, als er dies Werk verfasst habe,
dass dasselbe — falls es veröffentlicht werden würde — an vielen Orten
Anstoss und Aergerniss erregen werde, da es die viele Jahrhunderte zu
Recht bestehende Unbeweglichkeit der Erde aufzuheben trachte. Jedoch
die Freunde, besonders der Cardinal von Capua, Nicolaus Schonberg und
der Bischof von Culm, Tiedemann Giese seien in ihn gedrungen und
haben ihn vermocht, das nun nicht neun, sondern viermal neun Jahre

verborgen gelegene Werk herauszugeben. — Hierauf sucht nun Coppernicus sich gegen jeden Angriff genügend sicher zu stellen, indem er sich einerseits auf die Behauptungen einiger alter Schriftsteller beruft, welche ebenfalls die Bewegung der Erde behauptet haben, anderseits anführt, dass auch anerkannt rechtgläubige Schriftsteller, Kirchenväter recht eigenthümliche Sachen über Gegenstände der Astronomie behauptet hätten. Es wird erzählt, dass Coppernicus die ersten Aushängebogen seines Werkes noch auf seinem Todtenbette gesehen habe; des vollständigen Werkes hat er sich jedenfalls nicht mehr erfreuen können, so konnte er denn auch gegen das eigenmächtige Vorgehen Osianders keinen Protest einlegen. Freilich schützte ihn anderseits der Tod vor den Ausbrüchen eines religiösen Fanatismus. Andere mussten für das coppernicanische Weltsystem leiden: Giordano Bruno und Galileo Galilei. Der Tod des Coppernicus erfolgte laut eines Briefes, den Giese an Rhäticus schreibt, am 24. Mai 1543.

Im Folgenden versuchen wir es kurz, den Inhalt des grossen coppernicanischen Werkes darzustellen:

Es ist wahrscheinlich, dass, sowie Sonne und Mond, so auch die ganze Welt kugelförmig sei, da dieses die vollkommenste und geräumigste Gestalt ist. So wie ein ruhender Tropfen Wasser die Kugelform annimmt, so auch die Himmelskörper, so auch die Erde. Von der Kugelgestalt der Himmelskörper und der Erde insbesondere übergeht er auf die Bewegung dieser Körper, ob dieselbe gleichmässig, gleichförmig, ununterbrochen oder aus kreisförmigen zusammengesetzt sei. Man glaubt, dass die Erde im Mittelpunkte des Weltalls sich befinde und hält eine gegentheilige Ansicht für lächerlich. Und doch, woher wissen wir es, dass die Erde stehe und die Himmel sich bewegen, und dass dies nicht vielmehr umgekehrt stattfinde? Wenn wir die unermesslich grosse Distanz der Himmelskörper in Betracht ziehen, so können wir es uns kaum vorstellen, dass diese einen so riesigen Weg in 24 Stunden zurücklegten. Und weshalb sollte sich auch das unendliche grosse Universum um die winzig kleine Erde drehen? — Die Alten suchten noch andere Gründe für den Stillstand der Erde, und zwar galt ihnen dafür das Bestreben der Körper, in direkter Richtung dem Mittelpunkt der Erde zuzueilen oder sich von demselben zu entfernen. — Wenn sich nun die Erde dreht, so kann bei einem fallenden Körper von einer gegen das Centrum der Erde gerichteten Bewegung nicht die Rede sein. Die Wolken hingegen würden anscheinend von der rotirenden Erde zerstreut werden. — Auf alle derartigen Einwürfe antwortet Coppernicus mit den Worten: „Ich betrachte die „Schwere als das vom Schöpfer in die kleinsten Theilchen gelegte natür„liche Bestreben, demzufolge dieselben sich in ein Ganzes zu vereinigen „streben und sich in Kugeln zusammenballen" *). Es wird hierauf ge-

---

*) De Revol. lib. I, cap. 9. — Alex. von Humboldt hat aus dieser

zeigt, wie grundlos die Befürchtung des Ptolemaios sei, derzufolge sich
die rotirende Erde zerstreuen müsse, da doch jene Gefahr in viel grösserem Masse bezüglich der mit rasender Geschwindigkeit sich umdrehenden
Fixsternsphäre der Fall wäre.

    Hierauf tritt nun der Verfasser näher an die zu lösende Frage
heran. Vor allem zeigt er, dass wir uns in Widersprüche verwickeln,
wenn wir die Erde in den Mittelpunkt setzen, die Venus und den
Mercur mit ihren Epicykeln hingegen beide ober oder unter die Sonne
verlegen, dass alle diese Widersprüche verschwinden, wenn wir des
Martianus Capella*) Lehre annehmen, derzufolge auch diese beiden
Planeten in Kreisbahnen um die Sonne laufen, und zwar der Mercur in
einer kleineren Bahn als die Venus. Stellen wir uns nun vor, dass
Saturnus, Jupiter und Mars ebenfalls um die Sonne kreisen, so sehen
wir leicht ein, weshalb die Planeten ferner erscheinen, wenn sie mit der
Sonne aufgehen, und näher, wenn sie aufgehen, wann die Sonne sich
dem Untergange zuneigt. Wenn man nun noch bedenkt, wie gross der
Zwischenraum zwischen der convexen Seite der Venusbahn und der concaven der Marsbahn sei, so ist es nicht zu verwundern, dass Coppernicus
die Erde in diesen Zwischenraum versetzte, sammt ihrem Begleiter, und
die Sonne in den Mittelpunkt der Planetenbahn verlegte. Gleichzeitig
berücksichtigt und erklärt er hier die scheinbaren Schwierigkeiten der
heliocentrischen Annahme. — Ein sehr gewöhnlicher Einwurf war z. B.
der, die Erde müsse bei ihrem Umkreisen der Sonne der Fixsternsphäre
stellenweise näher kommen als an andern Orten, während wir doch
keinerlei Ungleichheit in der Erscheinung des Fixsternhimmels wahrnehmen. Coppernicus antwortete auf diesen Einwurf damit, dass er
die verschwindende Kleinheit des Durchmessers der Erdbahn im Vergleiche mit dem der Fixsternsphäre darlegt. Dies anzunehmen ist jedenfalls leichter als den Geist durch den endlosen Chaos von Kreisbahnen
in Verwirrung zu setzen.

    Coppernicus schrieb der Erde eine dreifache Bewegung zu: die
tägliche Rotation um die Axe, die jährliche um die Sonne und drittens
eine solche Bewegung, wobei die Erde — verkehrt zu dem Sinne der
Zeichen — jährlich um den Pol der Ekliptik sich bewegt. Gegenwärtig
schreiben wir der Erde bloss die zwei ersten Bewegungen zu, nachdem
wir die dritte, durch welche die Aenderung der Jahreszeiten bedingt

---

Stelle geschlossen, dass Coppernicus „die Idee von der allgemeinen Schwere
oder Anziehung gegen den Welt-Mittelpunkt vorgeschwebt zu haben scheine".
Dies ist nun allerdings eine über das Ziel geschossene Bemerkung. Coppernicus steht durchaus auf dem Boden der aristotelischen Physik, wie wir dies
aus seinem ganzen Werke sattsam erfahren. Ueberdies bezieht sich die
„Schwere" bei Coppernicus bloss auf das Ballen der einzelnen Himmelskörper, nicht aber auf die Wirkung zweier Körper auf einander.

    *) De nuptiis philologiae et Mercurii lib. I, cap. 8.

sein soll, dadurch ersparen, dass wir die unveränderliche Lage der Erdaxe und die Parallelität derselben an den verschiedenen Punkten ihrer
Bahn annehmen.

Soweit vermochte Coppernicus erfolgreich vorzudringen, weiter
jedoch, bis zur Erklärung der ersten grossen Ungleichheit der
Planeten, welche Ptolemaios mittelst seiner Epicykeln so vollständig
erklärte, das wollte ihm nicht gelingen. Es hat uns deshalb auch nicht
zu wundern, dass Tycho Brahe wenigstens theilweise wieder zum
ptolemäischen Systeme zurückkehrte, er, der durch langjährige Beobachtungen ein höchst werthvolles — weil auf sehr verlässlichen Beobachtungen
beruhendes — Material zur Anlegung von Planetentafeln gesammelt
hatte. Diese Beobachtungsdaten stimmten nun mit dem ptolemäischen
Systeme viel besser überein, als mit dem coppernicanischen. Erst als
Keppler seine drei Gesetze der Planetenbewegung gefunden hatte, erhielt
das System des Coppernicus jene Form, in welcher es den Vergleich
mit dem ptolemäischen auch auf dem Gebiete der praktischen Astronomie aushalten konnte.

Das 10. Capitel im ersten Buche des coppernicanischen Werkes
führt den Titel: „Ueber die Ordnung der Himmelskreise“. In demselben
befindet sich eine Tafel, welche die Anordnung der Planetenbahnen enthält. „Die erste und höchste von allen Sphären ist diejenige der Fix-
„sterne, sich selbst und Alles enthaltend, und daher unbeweglich, als
„der Ort des Universums, auf welchen die Bewegung und Stellung aller
„übrigen Gestirne bezogen wird. Während nämlich Einige meinen, dass
„auch diese sich einigermassen verändern, so werden wir bei der Ablei-
„tung der irdischen Bewegung eine andere Ursache für diese Erscheinung
„darlegen. Es folgt der erste Planet, Saturn, welcher in 30 Jahren
„seinen Umlauf vollendet; hierauf Jupiter mit einem zwölfjährigen Um-
„laufe; dann Mars, welcher in 2 Jahren seine Bahn durchläuft. Die
„vierte Stelle in der Reihe nimmt der jährliche Kreislauf ein, in welchem
„die Erde mit der Mondbahn als Epicyclus enthalten ist. In fünfter
„Stelle kreist Venus in neun Monaten. Die sechste Stelle nimmt Mercur
„ein, der in einem Zeitraume von 80 Tagen seinen Umlauf vollendet. In
„der Mitte aber von Allen steht die Sonne. Denn wer möchte in diesem
„schönsten Tempel diese Leuchte an einen andern oder bessern Ort
„setzen, als von wo aus sie das Ganze zugleich erleuchten kann? Wenn
„anders nicht unpassend Einige sie die Leuchte der Welt, Andere die
„Seele, noch Andere den Regierer nennen . . . . So lenkt in der That
„die Sonne, auf dem königlichen Throne sitzend, die sie umkreisende
„Familie der Gestirne“*).

Es folgt hierauf der Beweis für die dreifache Bewegung der Erde.
Das 12. Capitel handelt von den Sehnen im Kreise und enthält eine

---

*) De revolut. lib. I, cap. 10.

Sehnentafel (oder Sinustafel, Radius = 100,000, von 10 zu 10 Minuten).
Das 13. Capitel handelt von den geradlinigen, das 14. von den sphärischen Dreiecken.

Das zweite Buch enthält nun die sphärische Astronomie. Am Ende
derselben befindet sich ein Fixsternverzeichniss, welches sich von dem
des Ptolemaios hauptsächlich durch die Angabe der Länge unterscheidet, da diese nicht vom Aequinoctium, sondern von einem hiezu
naheliegenden Sterne, den „γ Arietis" gerechnet ist.

Das dritte Buch enthält die Theorie der Sonne vom heliocentrischen
Standpunkte. Das vierte Buch gibt die Mondestheorie in einer, gegen
die ptolemäische, wesentlich verbesserten Form. Das fünfte und sechste
Buch enthält die Planetentheorie, ebenfalls der neuen Lehre angepasst.

Wenn wir nach dieser kurzen Inhaltsangabe des coppernicanischen
Werkes den Gegenstand, welchen dasselbe behandelt, mit einigen Worten
charakterisiren wollen, so können wir dies etwa in folgender Weise thun.
Das Werk enthält das, was wir unserer heutigen Terminologie zufolge
etwa als sphärische und theorische Astronomie benennen würden,
nebst einigen den Elementen der Mathematik angehörigen Sätzen. Coppernicus war durchaus ein Kind seiner Zeit und konnte sich in seiner
Denkungsweise nicht vollständig frei über dieselbe erheben. Er, der
Reformator der Astronomie, konnte sich von der aristotelischen Annahme
der gleichförmigen Kreisbewegung der Himmelskörper nicht freimachen.
So wollte ihm denn die Darstellung der ersten oder eigentlichen Ungleichheit der Planeten nicht gelingen und er musste seine Zuflucht
zu den alten excentrischen Kreisen und den Epicyklen nehmen, welcher
Rückfall in eine Annahme, die doch eben durch sein Werk beseitigt
werden sollte, als arger Stilfehler erscheint. Wir erblicken somit das
Hauptverdienst des Buches von den „Umwälzungen der Himmelskörper"
in der Darstellung der zweiten Ungleichheit der Planeten, jener, welche
sich auf das abwechselnde Vor- und Rückwärtsgehen derselben bezieht.
Die vollständige Lösung des Problemes der Planetenbewegungen sollte
erst Keppler gelingen, der durch das Aufgeben der letzten Spuren der
alten aristotelischen Himmelstheorie auf die Entdeckung der wahren
elliptischen Bahnen der Planeten geführt wurde. — Die Sprache des coppernicanischen Werkes ist eine durchweg klare und durchsichtige, welche
stellenweise von der Wärme des schwunghaften Ausdrucks unterstützt,
die Lektüre derselben zu einer selbst heute noch genussreichen macht.

Die erste Auflage des Werkes von Coppernicus erschien, wie
oben erwähnt, zu Nürnberg im Jahre 1543. Der vollständige Titel desselben lautet folgendermassen: „Sechs Bücher von den Kreisbewegungen
„der Himmelsbahnen von Nicolaus Coppernicus aus Thorn. Du erhältst
„fleissiger Leser, in diesem erst neuerlich entstandenen und beendigten
„Werke die Bewegungen sowohl der Fixsterne, als auch der Wandelsterne,
„aus den alten und neuen Beobachtungen hergestellt, und mit neuen

„und wunderbaren Theorien ausgestattet. Zugleich erhältst du die brauch-
„barsten Tafeln, aus denen du dieselben für jede beliebige Zeit so be-
„quem als möglich berechnen kannst. Daher kaufe, lies und geniesse.
„Ἀγεωμέτρητος οὐδεὶς εἰσίτω. Nürnberg bei Johann Petrejus im Jahre 1543.“
196 pag. fol.*) Die zweite Auflage, vermehrt durch die „narratio prima“
des Rhäticus, erschien 1566 zu Basel; die dritte erschien zu Amsterdam
unter dem Titel: „Nicolai Copernici Astronomia instaurata, Libris sex
„comprehensa, qui de Revolutionibus orbium coelestium inscribuntur.
„Nunc demum post 75 ab obitu authoris annum, integritati suae resti-
„tuta, notisque illustrata, opera et studio D. Nicolai Mulerii, Medicinae
„ac Matheseos Professoris ordinarii in nova Academia, quae est Groningae.
„Amstelrodami, Excudebat Wilhelmus Jansonius sub Solari aureo
„Anno M. DC. XVII.“ gr. Quart.

Nach einer handschriftlichen Bemerkung auf dem Exemplare der
Wolfenbütteler Bibliothek heisst es: Coppernicus habe den Titel seines
Werkes der Stelle aus Proklos' astronomischen Hypothesen entnommen,
wo es heist: Sosigenes der Peripatetiker in seinen: „περὶ τῶν ἀνελιττουσῶν“,
d. h. über die Kreisbewegungen. Auf dem Exemplare der Upsalaer
Universitätsbibliothek, ein Exemplar der ersten Ausgabe, das Rhäticus
dem Domherrn Georg Donner als Geschenk verehrte, sind die Worte des
Titels „orbium coelestium“ mit Rothstift durchstrichen. Wir können
nun doch voraussetzen, dass Donner, der vertraute Freund des Verfassers
den richtigen Titel des Buches gekannt habe. Auf der Handschrift des
Werkes zu Prag befindet sich bloss an einer Stelle, wo eine Art Titel
vorkommt, eine Bemerkung von der Hand des Coppernicus, welche
auf den kürzeren Titel des Buches hinweist.

Die „Narratio de libris Revolutionum Copernici an Johann Schoner“
ist unter dem folgenden Titel erschienen: „Ad clarissimum virum D. Joan.
„Schonerum de libris revolutionum eruditissimi viri et mathematici ex-
„cellentissimi Reverendi D. Doctoris Nicolai Copernici Torunnaei, Cano-
„nici Varmensis, per quendam Juvenem Mathematicae studiosum, Nar-
„ratio prima.“ Der Inhalt dieser Schrift ist ein umständliches Excerpt
des dritten Buches (von der Bewegung der Sonne und ähnlichem), die
andern Theile sind nur kurz berücksichtigt. Zum Schlusse wird Coppernicus wider zu gewärtigende Angriffe vertheidigt und die Landsleute desselben, die Preussen, gelobt und verherrlicht.

Im gegenwärtigen Jahrhundert erlebte das Werk des Coppernicus

---

*) Nicolai Copernici Torinensis, de revolutionibus orbium coelestium
Libri VI. Habes in hoc opere jam recens nato edito, studiose lector, Motus
stellarum tam fixarum quam erraticarum, cum ex veteribus tum etiam ex
recentibus observationibus restitutos: et novis insuper ac admirabilibus hypothesibus ornatos. Habes etiam Tabulas expeditissimas, ex quibus eosdem ad
quodvis tempus quam facillime calculare poteris. Igitur eme, lege, fruere.
Ἀγεωμέτρητος οὐδεὶς εἰσίτω. Noribergae apud Joh. Petreiium Anno M. D. XLIII.

zwei Auflagen: die vierte und fünfte desselben. Die vierte Auflage erschien auf Veranlassung der Frau Luszczewska, besorgt von Joh. Bara-
nowski in Warschau im Jahre 1854, begleitet von einer polnischen Uebersetzung. In dieser Ausgabe wurde die von Osiander unterdrückte ursprüngliche Vorrede des Coppernicus abgedruckt. Ausserdem sind
einige kleinere Abhandlungen des Coppernicus in die Ausgabe aufgenommen. Eine fünfte, sehr correcte Ausgabe ist die bei Gelegenheit
des 400jährigen Jubiläums der Geburt des Coppernicus zu Thorn im
Jahre 1873 von Maximilian Curtze besorgte Ausgabe, mit Benützung der
im Besitze des Grafen Nostitz befindlichen Handschrift des Werkes. —
Ausser diesen Ausgaben ist noch die jüngst erschienene deutsche Uebersetzung zu erwähnen, welche den folgenden Titel führt: „Nicolaus Cop-
„pernicus aus Thorn über die Kreisbewegungen der Weltkörper. Ueber-
„setzt und mit Anmerkungen von Dr. C. L. Menzzer. Durchgesehen und
„mit einem Vorwort von Dr. Moritz Cantor. Herausgegeben von dem
„Coppernicus-Verein für Wissenschaft und Kunst zu Thorn. Thorn 1879.“
Unter den kleineren Arbeiten des Coppernicus ist noch zu erwähnen:
„De lateribus et angulis triangulorum et canon semissium subtensarum
„rectarum linearum in circulo.“ Wittenbergiae 1542.

Die ersten Aufzeichnungen zu dem grossen Werke des Coppernicus datiren etwa aus dem Jahre 1507. Sein Zweck war anfänglich
bloss auf die Verfertigung neuer Planetentafeln gerichtet, welche die
unvollkommenen ptolemäischen und alphonsinischen verdrängen sollten.
Dies vermochte ihn zur Ausführung von Beobachtungen und später zur
Ausarbeitung seines Werkes.

Das Werk des Coppernicus: „Ueber die Kreisbewegungen“ war
anfänglich nicht im Stande, für die Lehre seines Verfassers Propaganda
zu machen. Theils wurde es nicht verstanden, theils wollten es jene
nicht verstehen, oder nicht durchstudiren, welche Jahrzehnte lang nach
dem ptolemäischen Systeme unterrichtet hatten und sich nun einem ganz
neuen Systeme anbequemen sollten. So blieben denn für den Anfang
bloss Reinhold und Rhäticus als die erklärten Parteigänger des
coppernicanischen Weltsystems und zwar ist unter diesen beiden bloss
Reinhold als wahrer Apostel der neuen Lehre zu betrachten.

Rhäticus, eigentlich Georg Joachim von Lauchen, wurde
von seinem Vaterlande, dem alten Rhätien: Rhäticus genannt. Geboren zu Feldkirch den 15. Februar 1514, studirte er in Zürich Mathematik und wurde 1537 zu Wittenberg Professor der Mathematik an der
Universität. Von 1539—41 war er bei Coppernicus in Frauenburg,
von dort ging er wieder nach Wittenberg, von dort nach Nürnberg,
hierauf nach Leipzig an die Universität, später begab er sich nach Polen
und Ungarn. Er starb am 4. Dezember 1576. Seine Werke sind die
obenerwähnten: „Narratio prima de libris revolutionum Copernici“, Danzig
1540, Basel 1541. Dieselbe ist der 1873er Coppernicus-Ausgabe an-

gehängt. Eine spätere Arbeit desselben Verfassers ist sein: „Ephemeris ex fundamentis Copernici. Leipzig 1550." Sehr werthvoll waren seine 10stelligen trigonometrischen Tafeln von 10 zu 10 Sekunden. Dies letztere Werk war er jedoch nicht im Stande zu beendigen. Sein Schüler O t h o V a l e n t i n vervollständigte dies Werk und gab es 1596 zu Heidelberg unter dem Titel „Opus palatinum de triangulis" heraus.

Erasmus Reinhold, geboren 1511, gestorben 1553. Derselbe war Professor zu Wittenberg und schrieb einen — seinerzeit sehr geschätzten — Commentar zu dem Werke des C o p p e r n i c u s. Auch Tafeln rechnete er, die dem neuen Weltsysteme angepasst waren und welche bis zum Erscheinen der Rudolphinischen als die besten galten. An diesen Tafeln arbeitete er schon im Jahre 1544, wie wir dies aus einem von Melanchthon geschriebenen Briefe ersehen können, in welchem derselbe den Gelehrten dem Herzoge Albrecht von Preussen zu pecuniärer Unterstützung empfiehlt. In einem aus dem Jahre 1549 stammenden Briefe schreibt er in folgender Weise an einen beim Herzoge einflussreichen Theologen, dessen Gunst zu erringen er sich bestrebte: „Von allen meinen Arbeiten „ist diejenige die vorzüglichste, welche den Titel „Novae tabulae astro„nomicae" führt. Nach ihnen können alle Himmelsbewegungen rückwärts „fast auf 3000 Jahre berechnet werden, ... und diese Berechnung „stimmt mit allen dazwischen liegenden Beobachtungen." Er wendete sich an den Herzog mit der Bitte, demselben seine Tafeln dediciren zu dürfen, wozu er auch die Erlaubniss erhielt. Dieselben erschienen zu Wittenberg im Jahre 1551 unter dem Namen: „T a b u l a e P r u t e n i c a e c o e l e s t i u m m o t u u m", von einem an den Herzog gerichteten Schreiben begleitet.

Wir haben ferner noch zu erwähnen **Landgraf Wilhelm** von Hessen, welcher jedoch sich mehr der beobachtenden Astronomie zuwendete, so dass wir nicht wissen, wie sich derselbe dem coppernicanischen Systeme gegenüber verhalten habe. Dagegen war dessen „Mathematicus" **Christoph Rothmann** ein entschiedener Anhänger des coppernicanischen Systems.

Michael Mästlin (Möstlin), geboren 1550 zu Göppingen in Württemberg, gestorben 1631. Derselbe war Professor der Mathematik und Astronomie an der Universität zu Tübingen. M ä s t l i n war der Lehrer K e p p l e r's und dessen verlässlichster Freund. Von ihm wird erzählt, dass er gelegentlich eines in Italien gehaltenen Vortrages G a l i l e i für das coppernicanische System gewonnen habe. Er selbst war jedoch kein unbedingter Anhänger dieses Systems, wie dies aus seinem „E p i t o m e a s t r o n o m i a e" (Tübingen 1582) ersichtlich ist, in welchem er noch das ptolemäische System lehrt.

Im Ganzen und Grossen machte die coppernicanische Lehre in den ersten fünfzig Jahren nach des Meisters Tode keine bedeutenden Fortschritte. Hiebei war theilweise die Meinung, welche T y c h o B r a h e, der angesehene und berühmte Beobachter über das neue Weltsystem hegte, von Einfluss, besonders als sich derselbe gegen dieses aussprach. Bevor wir jedoch von diesem bedeutenden Manne sprechen, haben wir kurz jener Angriffe zu gedenken, welche von Seiten der Kirche gegen die neue Lehre ins Werk gesetzt wurden.

Schon von Luther wird ein Ausspruch über Coppernicus citirt, demzufolge sich derselbe in absprechender Weise über das neue Weltsystem ausgelassen haben soll: „Der Narr will die ganze Kunst Astro„nomia umkehren; aber die heilige Schrift sagt uns, dass Josuah die „Sonne stille stehen hiess und nicht die Erde." Im Ganzen waren jedoch die Männer der Reformation der neuen Lehre nicht eben abgeneigt und wenn sich auch einiger Widerstand gegen die Neuerung fühlbar machte, so war dieser doch nie allzu ernst. —

Auch die katholische Kirche nahm Anfangs eine reservirte Haltung gegenüber dem neuen Weltsystem ein: Pabst Paul III. nahm die Dedication des coppernicanischen Werkes an, ja selbst Gregor XIII. fand es für unanfechtbar und opportun, die Kalenderrevision auf Grund der prutenischen Tafeln vornehmen zu lassen, welche ebenfalls auf dem Fundamente der heliocentrischen Weltanschauung basiren. — Jedoch mit dem Ende des 16. Jahrhunderts trat ein allgemeiner Umschwung in den Meinungen der Theologen ein. Die protestantischen Theologen hingen starr am Buchstaben der heiligen Schrift und waren somit ausser Stande, eine Lehre zu acceptiren, welche mit einigen Stellen der Bibel in direktem Widerspruche zu sein schien. Selbst Keppler wurde von einem ihm Wohlgesinnten ermahnt, doch über Coppernicus nur sehr vorsichtig zu schreiben und sein System höchstens als Hypothese hinzustellen, dabei aber jedenfalls die Berufung auf Stellen der heiligen Schrift zu vermeiden.

Viel ernster war jedoch der Sturm, der von Seiten der katholischen Theologen gegen die coppernicanische Lehre in Szene gesetzt werden sollte. Besonders waren es zwei Männer, welche ihrem Antagonismus mit der neuen Theorie in beredter Weise Ausdruck gaben, es waren dies Morin und Riccioli.

Jean Baptiste Morin, geboren 1583 zu Ville-Franche-on-Beaujolais. In seinen jüngeren Jahren war er Arzt und Astrolog des Bischofs von Boulogne, 1630 kam er zum Collège royal in Paris, wo er 1656 starb. Er richtete zahlreiche Angriffe gegen Longomontanus (den Schüler Tycho Brahe's), Gassendi und andere. Die Schrift, in welcher er die coppernicanische Lehre angreift, führt den Titel: „Die gebrochenen Flügel der Erde" (Alae terrae fractae). Ausser dieser polemischen Schrift hat derselbe Autor noch zahlreiche Schriften verfasst, unter denen jedoch bloss seine „Longitudinum terrestrium et coelestium nova et hactenus optata scientia" von grösserer Bedeutung ist. Ueberdies hat Morin auch Verdienste um die beobachtende Astronomie.

Giovanni Battista Riccioli, geboren 1598 zu Ferrara, lebte im Jesuitenhause zu Bologna bis zu seinem 1671 erfolgten Tode. Derselbe gab 1651 zu Bologna ein grosses astronomisches Sammelwerk heraus unter dem Titel: „Almagestum novum." Ebendaselbst erschien 1665 seine „Astronomia reformata", welche gewissermassen eine Fortsetzung oder Ergänzung des ersten Werkes bildet. Alle beiden Werke können als sehr reichhaltige Datensammlungen gelten, welche mit seltener Sorgfalt zusammengestellt sind. Dabei bemüht er sich redlich um die Widerlegung des coppernicanischen Systemes, was ihm jedoch nicht recht gelingen will.

Schliesslich dürfen wir das Verhalten Sir Francis Bacon's nicht ohne Erwähnung lassen, der die gesammte Wissenschaft neu errichten wollte und den alten Ansichten den Krieg erklärte, der dabei jedoch dem coppernicanischen Systeme gegenüber eine ablehnende Haltung an den Tag legte. Von Coppernicus sagt er, derselbe sei ein Mann, der seine verschiedenen Einfälle in die Natur einzuführen sich bestrebe, wenn dieselben nur mit seinen Calculationen übereinstimmen.

Den bleibenden Sieg des coppernicanischen Weltsystemes verdanken wir in erster Reihe dem deutschen Astronomen Johannes Keppler, der dasselbe von den letzten Spuren der antiken Schlacke befreite, und in zweiter Linie dem Galileo Galilei, der dasselbe mit seiner unwiderstehlichen Dialektik vertheidigte und zum Siege führte. Neben diesen Heroen nennen wir noch den unglücklichen Giordano Bruno, der ebenfalls für das neue System eintrat.

Wie leicht vorauszusehen, gibt es bezüglich der Persönlichkeit des Coppernicus, sowie bezüglich dessen geistiger That eine weitausgebreitete Lektüre, aus welcher wir hier einiges anführen wollen:

Gassendi: Vita Nic. Copernici (als Anhang zu des Verfassers: Vita Tychonis, Hagae 1652; oder: Astronomorum celeberrimorum vitae, Paris 1654).

Gottsched: Gedächtnissrede auf Copernicus. Leipzig 1743.

Lichtenberg: Nicol. Copernicus. Vermischte Schriften. Band 5. Göttingen 1803.

Kästner: Geschichte der Mathematik. 2. Band. Göttingen 1797.

Sniadecki: Discours sur Copernic. Traduit du polonais par Tegoborski. Varsoviae 1803.

Ideler: Ueber das Verhältniss des Coppernicus zum Alterthum. Berlin 1810.

Westphal: Nicolaus Copernicus. Constanz 1822.

Krzyzanowski: Kopernika spomnienie jubileuszowe. Warszawa 1844.

Czyński: Kopernik et ses travaux. Paris 1847.

Denkschrift zur Enthüllung des Copernicus-Denkmals zu Thorn Herausgegeben vom Cop.-Verein. Thorn 1853. (Enthält eine biographische Skizze über Coppernicus von Prowe.)

Prowe: Zur Biographie von Nicol. Copernicus. Thorn 1853.
Prowe: Nicol. Copernicus in seinen Beziehungen zum Herzog Albrecht
von Preussen. Thorn 1855.
Ders.: Ueber den Sterbeort und die Grabstätte des Copernicus; ferner:
De Nic. Copernici patria. Thoruni 1860. — Ueber die Abhängig-
keit des Copernicus von den Gedanken griechischer Philosophen
und Astronomen. Thorn 1865. — Das Andenken des Copernicus
bei der dankbaren Nachwelt. Thorn 1870. — Monumenta Coper-
nicana. Berlin 1873. — Nicolaus Copernicus auf der Universität zu
Krakau. (Programm des Gymnasiums zu Thorn 1874.)
Bartoszewicz: Vita Copernici. Opera 1854.
Flammarion: Vie de Copernic. Paris 1872.
R***: Beiträge zur Beantwortung der Frage nach der Nationalität des
Nicol. Copernicus. Breslau 1872.
Hipler: Spicilegium Copernicanum. Braunsberg 1873.
Littrow, Karl: Nicolaus Copernicus (Kalender 1873). Die vierte
Säcularfeier der Geburt Copernicus'. Thorn, 18. u. 19. Februar 1873.
Curtze, Max: Reliquiae Copernicanae. Leipzig 1875.
Berti: Copernico e le vicende del sistema Copèrnicano in Italia nella
seconda metà del secolo XVI. nella prima del secolo XVII. Roma 1876.

Die irdischen Ueberreste des Coppernicus wurden in seiner
Kathedralkirche (in Warmiensi Cathedrali Ecclesia), wo er Canonicus
war, begraben. Sechsunddreissig Jahre nach seinem Tode starb Cardinal
Hosius, Bischof von Ermeland, dessen Nachfolger der als polnischer Geschichtsschreiber bekannte Matthias Cromerus wurde. Dieser liess dem
grossen Astronomen eine Grabschrift auf Marmor setzen*).

Das Andenken des Coppernicus wird durch drei grössere Denk-
mäler geehrt: zu Warschau, zu Thorn und zu Krakau. Das Warschauer
Denkmal, von dem schon oben die Rede war, stammt aus den Meister-
händen Thorwaldsen's. Dasselbe stellt den grossen Mann sitzend dar;
in seiner Linken hält er ein Planetarium, auf welches er mit der Rechten
weist. Die Aufschrift lautet: „Nicolao Copernico grata patria." Das
Thorner stellt ihn stehend dar mit ähnlichen Attributen wie das Warschauer. Dasselbe ist ein Werk des Berliner Künstlers Fr. Tieck. Auf
dem Piedestale lesen wir folgende Aufschrift: „Nicolaus Copernicus
Thorunensis. Terrae Motor, Solis Caelique Stator". Das dritte Monu-
ment errichtete Graf Sierakowski in der St. Annenkirche zu Krakau.
Dasselbe hat die Aufschrift: „Sta sol, ne moveare."

---

*) D. O. M. R. D. Nicolao Copernico Torunnensi Artium et Medicinae
Doctori Canonico Warmiensi Praestanti Astrologo et Eius discipline instau-
ratori Martinus Cromerus Episcopus Warmiensis Honoris et ad Posteritatem
Memoriae causa posuit. M. D. LXXXI. Dieser Stein wurde bei einer Renovation der Kirche von seiner Stelle gerückt und befand sich — wenigstens
zu Anfange des Jahrhunderts — im Versammlungszimmer des Capitels.

Tycho Brahe.

Tycho Brahe (oder Tyge Brahe, nicht aber „de Brahe")
wurde auf der Insel Schonen zu Knudstrup bei Helsingborg am 14. Dezember 1546 geboren und stammte aus einer alten schwedischen Familie.
Noch als Kind wurde er von seinem Oheim Georg Brahe adoptirt. Für
die juristische Laufbahn bestimmt, besuchte er zuerst die Universität
Kopenhagen im Jahre 1559, später ging er nach Leipzig, wohin ihn auch
sein Erzieher begleitete. Tycho lernte zwar, was man von ihm verlangte und unterzog sich mit Gewissenhaftigkeit den juridischen Studien,
seine Lieblingwissenschaft jedoch, der er sich mit ganzer Seele ergeben,
war die Astronomie, besonders seit der Sonnenfinsterniss vom 21. August
1560, welche er ebenfalls beobachtete. Sein Erzieher duldete zwar diese
Neigung, jedoch fühlte er keinen Beruf, dieselbe irgendwie zu unterstützen. Brahe schaffte sich aus seinem Taschengelde die von Schrecken-
fuchs 1551 zu Basel herausgegebenen Werke des Ptolemaios an, und
wenn sein Erzieher des Abends glücklich eingeschlafen war, stahl er sich
in's Freie, um den Himmel mit einem kleinen Himmelsglobus zu vergleichen. — Von Zeit zu Zeit führte er auch kleine Winkelmessungen
aus, wozu er sich eines mit Gradbogen versehenen Zirkels bediente,
dessen Schenkel er als Absehen benützte. Später wurde er mit Barthol.
Scultetus (alias Schultz) bekannt, der sich mit Mathematik beschäftigte.
Dieser fand nun sein Vergnügen darinnen, den talentirten Jüngling zu
unterweisen, was denselben in seiner astronomischen Kenntniss rasch
vorwärts brachte. Als im Jahre 1565 der Oheim Tycho Brahe's starb,
kehrte er in seine Heimat zurück, um jedoch im kommenden Jahre wieder
nach Deutschland zurückzukehren, wo er in Wittenberg bis zum Aus-
bruche der Pest sich aufhielt. Von dort durch die Seuche vertrieben,
ging er nach Rostock, wo ihn Levin Battus in das Studium der
Alchymie einführte. Dort geschah es gegen Ende des Jahres 1566, dass
er gelegentlich eines Tanzes bei einer Verlobung mit einem Landsmann
Manderup Parsberg in Streit gerieth, was zu einem Zweikampf führte,
in dem Tycho den Vordertheil seiner Nase einbüsste. Der angehende
Astronom beruhigte sich damit, dass dieser Vorfall aus seiner Nativität
folge*) und ersetzte den Mangel durch eine aus Gold und Silber künst-
lich nachgebildete Nasenspitze. Bezüglich des Gegners bei diesem Handel
macht Kästner die malitiöse Bemerkung, derselbe habe auf diese Weise
seinen Namen verewigt**). — Um das Jahr 1567 trat er eine Reise an,

---

*) Ex directione horoscopi ad corpus Martis significari quampiam in
facie deformitatem existimavit.

**) Kästner, Geschichte der Mathematik II. pag. 383.

auf welcher er zu Basel die Bekanntschaft des berühmten Peter Ramus
machte, des erbitterten Gegners der aristotelischen Philosophie; von dort
ging er nach Augsburg, wo er im Garten der Gebrüder Hainzel, welche
sich mit Astronomie beschäftigten, einen Quadranten von 17$^1/_2$ Fuss
Radius auffichtete, mit dem er Beobachtungen anstellte.

Im Jahre 1571 kehrte Brahe auf Wunsch seiner erkrankten
Mutter in die Heimat zurück. Seiner Mutter Bruder Steen Bille besass
ein vormaliges Kloster als Eigenthum und da er selbst der Astronomie
und der Alchymie ergeben war, so räumte er seinem Schwestersohne eine
Wohnung und einen Ort für ein Observatorium in diesem Gebäude ein,
wo er selbst mit ihm Beobachtungen anstellte. Der Bericht über den
neuen Stern des Jahres 1572 machte Tycho Brahe's Namen in der
wissenschaftlichen Welt bekannt. Es war den 11. November 1572 zur
Abendmahlszeit, als Tycho, aus seiner chemischen Werkstätte kommend,
einen ungewohnten Glanz am Himmel wahrnahm, welcher von der
Cassiopeia ausging. Seine Bedienten und die ihm begegnenden Bauern
erwiderten auf sein Befragen, sie sähen einen bisher nie wahrgenommenen
Stern. Er eilte nun mit einem kaum fertig gewordenen Sextanten in's
Freie, um die Entfernung des neuen Sternes von den übrigen des Stern-
bildes zu messen und freute sich, als auch des andern Abends das neue
himmlische Objekt sichtbar war. Dieser Stern blieb bis in den März 1584
sichtbar.

Um diese Zeit heiratete Tycho ein Mädchen von armer Herkunft,
was ihn mit seiner adelsstolzen Familie in argen Conflikt brachte. Nur
auf den ausdrücklichen Wunsch des Königs Friedrich II. liess sich Tycho
überreden, an der Kopenhager Universität Astronomie zu lehren. Doch
hielt er es in dieser Stellung nicht lange aus und begab sich schon im
Jahre 1575 allen Hindernissen zu Trotz nach Deutschland und zwar
nach Cassel zum Landgrafen Wilhelm IV. von Hessen, um dessen
astronomische Warte zu sehen. Von dort aus reiste er über Frankreich
nach der Schweiz, wo er im Verkehr mit einigen gelehrten Männern
sehr angenehme Stunden verlebte. Er berührte nun Venedig, Augsburg
und Regensburg, wo er die Krönung Rudolfs II. ansah. So kehrte er
1575 in seine Heimat zurück mit der Absicht, seine Familie nach Basel
überzusiedeln. In Dänemark angelangt, fand er jedoch den König in
einer von seiner vorigen ganz verschiedenen Stimmung. Während seiner
Abwesenheit hatte Landgraf Wilhelm sich bei dem Könige im
Interesse des Astronomen verwendet, so dass sich dieser veranlasst fühlte,
alles zu thun, was den Gelehrten an sein Vaterland knüpfen möchte.
Er schenkte ihm daher für Lebenszeit die zwischen Seeland und Schonen
liegende Insel Hven mit allen ihren Einkünften und machte sich zugleich
anheischig, auf derselben einen astronomischen Thurm und eine chemische
Küche zu erbauen und diese mit Instrumenten auszurüsten, ferner die
Kosten für Dienstpersonal u. s. w. ebenfalls auf sich zu nehmen. Unter

solchen Umständen erklärte sich Tycho gerne bereit, in seiner Heimat zu bleiben. So entstand nun auf der Insel Hven ein imposantes zwei-stöckiges, weitausgebreitetes Gebäude, die „Uranienborg", in welcher sich die nöthigen Beobachtungslokalitäten, Bibliothek, Wohnungsräume u. s. w. befanden. Ferner befanden sich noch zwei Thürme von 75 Fuss Höhe in Verbindung mit dem Hauptgebäude. Ein zweites Gebäude hiess die „Sternburg", in derselben befanden sich unterirdische Räume für grössere Instrumente. Die ganze Anlage wurde durch ein chemisches Labora-torium, eine mechanische Werkstätte, Druckerei und durch landwirth-schaftliche Gebäude, eine Papiermühle u. dergl. ergänzt. Die „Uranien-borg" wurde im Jahre 1580 ihrer Bestimmung übergeben. Tycho war bald von zahlreichen Schülern umringt, welche des Astronomen berühmter Name sowohl als die Grossartigkeit der Anlage seines Observatoriums angezogen hatte. Unter diesen ist besonders zu nennen Christian Severin, alias Longomontanus, der von 1589 bis 1600 Tycho's verlässlichster Gehülfe war.

So war die „Uranienborg" volle 17 Jahre hindurch als Observa-torium thätig. Während dieser Zeit wurde über eine Tonne Goldes auf diese Anstalt gewendet; der König gab Tycho jährlich 2000 Thaler aus dem veresundischen Zolle, ein Lehen in Norwegen und ein Canonicat in der bischöflichen Kirche Rothschild's, die Präbende S. Laurentii, welche 1000 Thaler jährlich betrug. Zu allen diesen Zuschüssen setzte noch Tycho sein eigenes Vermögen hinzu.

Im Jahre 1588 starb König Friedrich II. und mit seinem Tode begann die „Uranienborg" rasch ihrer Auflösung entgegenzugehen. Der neue König Christian IV. interessirte sich nicht im mindesten für die Astronomie und so gelang es denn den Feinden und Neidern Tycho's, deren sich der Gelehrte durch sein rasches und etwas hochfahrendes Wesen eine grosse Anzahl verschafft hatte, die Stellung desselben zu untergraben. Die Insel Hven konnte ihm allerdings nicht genommen werden, jedoch wurden seine Einkünfte unterbunden und auf ca. 200 Thaler jährlich herabgesetzt: eine Summe, von der er nicht einmal seine Familie zu erhalten im Stande war. So war er denn genöthigt, seiner Heimat den Rücken zu kehren und sich einen neuen Wirkungskreis zu suchen. Er wendete sich an Kaiser Rudolf II., den er noch aus der Zeit seines Regensburger Aufenthaltes kannte und dieser stellte ihn mit 3000 Gold-gulden jährlicher Besoldung als kaiserlichen Astronomen an.

Während dieser Zeit verfiel die „Uranienborg", an welcher das Zerstörungswerk mit einer gewissen Geflissentlichkeit betrieben wurde, so rasch, dass die ganze schöne Sternwarte schon im Jahre 1652 nur mehr ein Trümmerhaufen war.

Tycho übersiedelte jedoch nach seinem Abgange von der Uranien-borg nicht allsogleich nach Prag, sondern begab sich sammt seiner Familie nach Wandsbeck bei Hamburg zu seinem Freunde, dem Grafen Ranzau.

Erst nach dem zwei Jahre später erfolgten Tode des Grafen trat er seine Stelle als kaiserlicher Astronom und Rath an. Ein volles Jahr verbrachte er auf dem kaiserlichen Schlosse Benatek und erst nach dieser Zeit begann er sich mit der Einrichtung eines grossen Observatoriums in Prag zu beschäftigen und verlangte vom Kaiser die Berufung Keppler's, der ihm als Mathematiker bei der Bearbeitung seiner Tafeln behülflich sein sollte. Da es Tycho auf Schloss Benatek nicht gefiel, so übersiedelte er nach Prag, wo ihm der Kaiser ein Haus gekauft hatte; daselbst begann er am 1. Februar des Jahres 1601 zu beobachten.

Doch schon im Oktober desselben Jahres sollte er der Welt durch den Tod entrissen werden. An einer heftigen Blasenentzündung, die er sich durch Unvorsichtigkeit zugezogen, erkrankt, beschleunigte er seine Auflösung durch die Ungeduld und den Ungehorsam, den er den Anordnungen der Aerzte entgegensetzte. Er starb in der Nacht des 24. Oktober 1601 und war somit 54 Jahre 10 Monate alt geworden. In der Nacht seines Todes soll er häufig die Worte wiederholt haben: „Ne frustra vixisse videar."

Das Grabmal Tycho Brahe's befindet sich in der Theinkirche zu Prag, wo er auf Befehl des Kaisers am 4. November beigesetzt wurde. Tycho war von mässiger Grösse und erfreute sich zeitlebens einer dauerhaften Gesundheit. Neben der Astronomie hatte er eine besondere Vorliebe für die Chemie oder, wie er sie nannte, Pyronomie, eine Neigung, die ihn dem Kaiser Rudolf, dem Anhänger der Goldmacherkunst, besonders werth machen musste. Zu seiner Erholung liebte er lateinische Verse zu machen. Trotz seiner grossen Vorliebe für Chemie hat er doch über diese Wissenschaft nichts Schriftliches hinterlassen. Dagegen hat er oftmals von sich gerühmt, im Besitze von wichtigen Kenntnissen über die Natur und Verwandtschaft der Stoffe zu sein, welche „gemein" zu machen jedoch weder billig noch nützlich sei.

Nach dem Tode des Astronomen kaufte der Kaiser dessen Instrumente und Schriften von seinen Erben für die Summe von 20,000 Thalern. Da dieselben jedoch nicht bezahlt wurden, so blieben die Effekten unter gerichtlicher Sperre. Johannes Keppler, der in den letzten Tagen Tycho Brahe's dessen Gehülfe war, für dessen Gebrauch der Kaiser eben die Schriften des Verstorbenen erwerben wollte, war auf diese Weise Jahre lang gehindert, dieselben für seine Arbeiten zu benützen. Die Instrumente Tycho's nahmen ein trauriges Ende. Als nämlich in den ersten Jahren des dreissigjährigen Krieges (im Jahre 1619) die Pfälzer Prag eroberten, zerstörten sie dieselben, nur der grosse, sechs Fuss im Durchmesser haltende Himmelsglobus blieb intakt und wurde derselbe später im Jesuitencollegium zu Neisse aufbewahrt, von wo er nach der Einnahme dieser Stadt durch die Dänen im Jahre 1623 nach Kopenhagen überführt wurde, wo ihn Tycho's Schüler Longomontanus mit einer

Aufschrift versah. Bei dem grossen Brande im Jahre 1728 ging auch diese Reliquie zu Grunde. Auf der Prager Sternwarte existirt nichts mehr, was an Tycho erinnern würde, höchstens ein grosser Mauerquadrant aus Eisen, der vielleicht aus dem Eigenthum desselben stammt. — Die Schriften Tycho's wurden von Keppler benützt und sorgfältig aufbewahrt. Nach dessen Tode gelangten sie in den Besitz Ludwig Keppler's, des Sohnes unseres Astronomen, der dieselben dem Könige von Dänemark überreichte. So geriethen sie nach Kopenhagen, wo sie Bartholinus ordnete. Später wurden sie nach Paris übertragen, von wo sie wieder nach Kopenhagen zurückgelangten. Der obenerwähnte Brand von 1728 bedrohte dieselben ebenfalls, doch wurden sie auch aus dieser Gefahr glücklich errettet. — Die „Uranienborg" verschwand sehr bald von der Oberfläche der Erde. Die Insel Hven wurde einer andern adeligen Familie als Lehen überlassen und über die Stelle, wo Tycho die Geheimnisse des Weltbaues erforscht hatte, ging alsbald wieder die Pflugschaar.

Ueber die Familie des dänischen Astronomen wissen wir nicht viel zu berichten. Seine Frau überlebte ihn nach der Angabe Gassendi's. Laut einem Briefe von Magdalena Brahe, ihrer Tochter (d. d. 3. Ostertag 1608 n. Stils), der einige Nachrichten über den Stand der Familie bringt, starb sie im Jahre 1604 an der Wassersucht und wurde neben ihrem Gatten beerdigt. Ausserdem blieben sechs Kinder, von denen eine Tochter zu Prag verheiratet war, und ein Sohn in Böhmen ein reiches Fräulein heiratete. Die Mutter Tycho's, Beata Bilde, welche bei der dänischen Königin Sophie Hofmeisterin gewesen war, lebte noch im Jahre 1602 im Alter von 76 Jahren.

Die Schriften des Tycho erschienen zum grossen Theile erst nach seinem Tode. Die bedeutendsten derselben sind die folgenden:

Progymnasmata oder aber mit vollem Titel: Tychonis Brahe astronomiae instauratae progymnasmata, quorum haec prima pars de restitutione motuum solis et lunae stellarumque inerrantium tractat, et praeterea de admiranda nova stella Anno 1572 exorta luculenter agit, praemissa et Authoris Vita. Typis inchoata Uraniburgi Daniae, absoluta Pragae Bohemiae M. DC. III. Inhalt des Werkes: Theorie der Sonne und des Mondes, Rectascension und Declination von 100 Fixsternen, Sternbilder. Vom neuen Sterne. Werkzeuge und Beobachtungen. Länge, Breite, Rectascension und Declination des neuen Sternes. Beobachtungen anderer Astronomen, den neuen Stern betreffend.

Tychonis Brahe Dani, de mundi aetherei recentioribus phaenomenis liber secundus, Francof. M. CDX. Von dem Kometen des Jahres 1577. Im 8. Cap. des ersten Theils entwickelt der Verfasser sein Weltsystem.

Tychonis Brahe Dani, epistolarum astronomicarum libri. Uraniburgi et Francofurti 1610, mit Tycho's Bild. Inhalt: Briefe astronomischen Inhaltes.

Tychonis Brahe Astronomiae instauratae mechanica. Wandesburgi MDIIC. (Nürnberg 1602.) Abbildung und Beschreibung astronom. Instrumente.

Historia Coelestis Jussu C. M. Ferd. III. edita, complectens observationes astronomicas varias ad historiam coelestem spectantes. Ratisbon. 1672. 2 Foliobände. Vor dem Titel Tycho's Bild.

Opera omnia. Prag 1611, Frankfurt 1648.

Tycho war ein ausgezeichneter Beobachter; ihm verdanken die damals in Gebrauch befindlichen Instrumente wesentliche Verbesserungen, gleichzeitig war er es, der die Methoden der Beobachtung umgestaltete und vervollkommnete. So gibt er zuerst eine genauere Methode der Bestimmung der Polhöhe eines Ortes durch die Messung der höchsten und niedrigsten Stellung des Polarsternes, während noch Coppernicus diese Bestimmung mit Hülfe des höchsten und tiefsten Standes der Sonne im Meridian ausführte, was natürlich aus sehr vielen Gründen eine viel geringere Genauigkeit verstattete. Tycho entdeckte jene Ungleichheit der Mondbewegung, welche man die „Variation" nennt, ferner die Aenderung der Neigung der Mondesbahn, die Bewegung der Durchschnittslinie, in welcher sich die Mond- und Erdbahn durchschneiden. Ueberdies verbesserte Tycho die Sternkarten.

Tycho Brahe, der König unter den Astronomen, wie ihn Bessel nennt, war nun allerdings seines eigenen Werthes sich wohl bewusst und verstand es auch meisterhaft, seine Bedeutung den Fürsten, Königen und Kaisern gegenüber, mit denen er in Berührung kam, zur Geltung zu bringen und kann er in dieser Beziehung als der Gegensatz seines Gehülfen und späteren Nachfolgers, Johannes Keppler, gelten, trotzdem letzterer ihn an wissenschaftlicher Bedeutung um ein Gewaltiges *überragt. Dessungeachtet kann ihm jedoch der Vorwurf der Eitelkeit gerechterweise nicht gemacht werden*, den man ihm gegenüber häufig geltend machen möchte. Musste er doch anfänglich zur Publikation seiner Beobachtungen, zur Mittheilung seiner Kenntnisse förmlich gedrängt werden. — Am ungerechtesten ist aber wohl der Vorwurf, den man ihm wegen angeblicher Geringschätzung der coppernicanischen Lehre gemacht hat, welcher Vorwurf lediglich daraus geschöpft wurde, dass Tycho ein eigenes Weltsystem aufzustellen für gut fand. — Tycho Brahe war ein zu bedeutender Astronom, als dass er nicht das Verdienst und die Grösse des Coppernicus in vollem Masse hätte würdigen können. Unter die Reste eines astronomischen Winkelmessinstrumentes, das einst Coppernicus gebraucht und das er erworben und als theuere Reliquie an einer der sichtbarsten Stellen der „Uranienborg" aufgestellt hatte, schrieb er mit eigener Hand: „Die Erde erzeugt in mehreren Jahr-„hunderten kein zweites Genie von dieser Grösse. — Die Riesen thürmten

„umsonst Berge auf, um den Himmel zu erreichen. — Vertrauend auf
„die Kraft seines Geistes erhob er, schwach am Körper, mit diesen ge-
„brechlichen Stäben sich zu den höchsten Höhen des Olymp."

So hoch auch Tycho den Coppernicus hielt, so konnte er sich
doch nicht entschliessen, dessen Weltsystem zu acceptiren. Er suchte
vielmehr ein solches an dessen Stelle zu setzen, das gleichsam den Uebergang zwischen dem Systeme des Ptolemaios und dem des Coppernicus
bildete. Eben die grosse Genauigkeit, mit welcher Tycho seine Beobachtungen anstellte, vermochten ihn, sich nach einer Erklärungsweise der Erscheinungen umzusehen, welche denselben besser entspräche, als die des Co p-
pernicus. Dazu kam nun noch, dass der Erklärungsversuch des Coppernicus, wenn man denselben nicht bloss als mathematische Hypothese auf-
fasste, sondern den wirklichen mechanischen Zusammenhang der Weltkörper
ebenfalls in Rechnung zog, durch seine Complizirtheit wahrlich nicht
den Stempel der Wahrscheinlichkeit an sich trug. Um dies besser einzusehen, vergegenwärtigen wir uns noch einmal die Hauptpunkte
des coppernicanischen Systemes, um aus diesem die Entstehung des
tychonischen erklären zu können. Wie oben erwähnt, hatte Coppernicus der Erde eine dreifache Bewegung zugeschrieben. 1) Die Rotation um die Axe zur Erklärung von Tag und Nacht, 2) die Revolutionsbewegung ihres Mittelpunktes in einem excentrischen, mit gleichförmiger
Geschwindigkeit durchlaufenen Kreise, dessen Mittelpunkt selbst wieder
um den Mittelpunkt der Sonne in einem Kreise umlief. Dabei wurde
der Winkel der Erdaxe mit dem Bahnradius als constant vorausgesetzt,
so dass die Erdaxe im Laufe eines Jahres auf einem Kegelmantel umlaufen würde. Um nun die thatsächlich beobachtete fortwährend stattfindende Aenderung der Neigung der Erdaxe zum Bahnradius erklären zu
können, wurde 3) eine konische Bewegung der Erdaxe um ihren Mittelpunkt als Spitze, und um eine auf die Bahnebene senkrechte Kegelaxe
vorausgesetzt, welche ebenfalls in nahezu einem Jahre beendet würde,
so dass nach einem Umlaufe auf dieser Kegelfläche die Erdaxe nahezu
dieselbe Neigung zum Bahnradius haben würde, als ein Jahr zuvor. Ein
gewisser Unterschied in der Zeitdauer der beiden konischen Bewegungen
wurde von Coppernicus zur Erklärung der Präzession benützt.

In jener Zeit, da man das Band der Gravitationskraft, das die
Distanzen und die Bewegungen der Himmelskörper regiert, noch nicht
kannte, musste ein gewisser körperlicher Zusammenhang zwischen denselben supponirt werden, und nachdem man die Hypothese der krystallenen Sphären verlassen hatte, konnte wohl keine naturgemässere Verbindung, als die durch den Bahnradius gedacht werden.

Tycho Brahe verlangte nun nach einer mechanischen Erklärung
der Himmelserscheinungen. Er, der zahlreiche Maschinen construirte,
welche den Lauf der Himmelskörper nachzuahmen bestimmt waren,
strebte die Entdeckung des wirklichen Mechanismus des Weltsystems an

und es gelang ihm die Lösung dieses Problemes auf eine einfachere Weise als die des heliocentrischen Systems. Tycho kehrte zur geocentrischen Ansicht zurück, nur dass seine Erde, welche im Mittelpunkte des Weltalls stand, sich täglich um ihre absolut feste Axe drehte. Um dieselbe Axe und um den Erdmittelpunkt lief in einem Monate der Mond und in 13,4 Mal so viel Zeit die 20 Mal weiter entfernte Sonne. Dadurch waren die übrigen Drehungen vermieden. Um den bewegten Sonnenmittelpunkt kreisten nun die damals bekannten fünf Planeten mit verschiedenen Winkelgeschwindigkeiten in verschieden geneigten Bahnen. Die Fixsterne waren auf einer Kugeloberfläche befestigt, welche um eine zur Ebene der Sonnenbahn senkrechte Axe in 25,000 Jahren und zwar von West nach Ost, sowie Erde, Mond und Sonne rotirte.

Erblicken wir somit im coppernicanischen Systeme das geistige Produkt eines über die Erfahrungsthatsachen seiner Zeit hinausblickenden philosophisch denkenden Kopfes, so lässt es sich doch anderseits nicht läugnen, dass das tychonische dem Stande der Wissenschaft im 16. Jahrhundert besser entsprach als jenes. Erst als das zu Anfang des 17. Jahrhunderts erfundene Fernrohr die Umdrehung der Sonne und der Planeten, die Existenz anderer Monde als unser irdischer Mond gezeigt hatte, und vor allem, erst nachdem Keppler die wahren Gesetze der Planetenbewegung entdeckt hatte, wurde das tychonische System gegenstandslos und verschwand spurlos von der Oberfläche.

Wir finden die Darlegung dieses Systemes in dem Werke Tycho's: „De mundi aetherei recentioribus phaenomenis", das er auf der Uranienborg 1588 begonnen und zu Prag beendet hatte (erschienen zu Frankfurt 1610). Die Anhänger des tychonischen Systemes waren Riccioli, Rheita, Morin und vor allem Francis Bacon. Schon der Schüler Tycho's Longomontanus*) wendete sich jedoch wieder dem heliocentrischen Systeme zu.

Auf Tycho Brahe bezügliche Schriften sind die folgenden: Gassendi: De vita Tychonis. Paris 1655, deutsch Leipzig und Kopenhagen 1756. Philander von der Weistritz: Nachrichten von dem Leben des Tycho von Brahe. Kopenhagen 1756. 2 Bände. — Friis: Tyge Brahe. Kjöbenhavn 1871. — Friis: Breve og Aktstykker angaaende Tyge Brahe. Kjöbenhavn 1875. — Friis: Tychonis Brahei et ad eum doctorum virorum epistolae. — Helfrecht: Tycho Brahe, geschildert nach seinem Leben, Meynungen und Schriften. Hof 1798. — Hasner: Tycho Brahe und J. Kepler in Prag. Prag 1872. — Eckert: Tycho

---

*) Longomontanus, eigentlich Christian Severin, geboren 1562 zu Longberg in Jütland, war von 1589—1600 der vertrauteste Gehülfe Tycho's. Später war er Professor der Mathematik zu Kopenhagen, wo er 1647 starb. Er schrieb ein — seiner Zeit — geschätztes astronomisches Lehrbuch unter dem Titel: „Astronomia danica." Amsterdam 1622.

Brahe und sein Planetensystem. Basel 1846. — Schinz: Würdigung
des tychonischen Weltsystems aus dem Standpunkte des 16. Jahrhunderts.
Halle 1856.

Johannes Keppler.

Astronomie und Optik! das sind die beiden Angeln der mittelalterlichen Physik, und nur andeutungsweise finden wir hier und dort
die Keime mechanischer Denkungsweise. Keppler ist so zu sagen der
letzte Repräsentant jener Geistesrichtung, welche sich damit begnügte,
die geometrisch-mathematischen Verhältnisse des Weltbaues zu ergründen.
Seinem grossen Zeitgenossen Galilei war es vorbehalten, die Prinzipien
der Lehre von der Bewegung und von den Kräften festzustellen.

Johannes Keppler (oder Kepler) wurde zu Weil der Stadt bei
Magstatt*) (Strohgäu am Fusse des Schwarzwaldes) in Württemberg am
27. Dezember des Jahres 1571 geboren. Seine Eltern waren Heinrich
Keppler und Katharine Guldenmann, die Tochter eines Wirthes von
Eltingen, nahe bei Leonberg. Beide Eltern waren lutherischer Confession.
Johannes Keppler war ein Siebenmonat-Kind**) und von Geburt
auf schwächlicher Leibesconstitution. Die Vorfahren Keppler's waren
adeliger Herkunft, da sie jedoch als Kaufleute und Gewerbtreibende
durchaus bürgerlicher Beschäftigung oblagen, so ging der Adel der
Familie in Vergessenheit, bis Kaiser Maximilian II. dem Grossvater
unseres Keppler, der regierender Bürgermeister von Weil der Stadt
war, sein Adelsdiplom wieder erneuerte.

Der Vater Keppler's war der Sohn Sebald Keppler's, Bürgermeisters
von Weil der Stadt. Derselbe war ein unruhiger, abenteuersüchtiger
Mann, seine Mutter Katharine hingegen war eine leicht aufbrausende,
wenig gebildete Frau von unverträglichem Charakter. Ausser ihrem
Erstgeborenen hatte das Keppler'sche Ehepaar noch drei Kinder, zwei
Söhne, Heinrich und Christoph, welche ihrem Vater ähnlich, unstet und
abenteuernd waren, und eine Tochter, Margarethe; dieselbe wurde ihrer
sanften Gemüthsart wegen von unserem Keppler besonders geliebt.

Die Jugendjahre unseres Helden schwanden innerhalb sehr un-
günstiger und unerquicklicher Verhältnisse dahin. Verschiedene Krankheiten, darunter im Jahre 1575 die Pocken, welche letztere besonders
sein Gesicht angriffen, setzten seiner ohnedies schwachen Gesundheit zu.
Sein abenteuersüchtiger Vater fiel kurze Zeit nach seiner Geburt den
Werbern des Herzogs Alba in die Hände und zog nun als spanischer

---

*) Nach einer andern Version wäre Keppler in Magstatt geboren worden,
wo seine Mutter Verwandte hatte und wo sie vielleicht von der Geburt über-
fallen wurde.

**) „Septem mestris sum" sagt er von sich selbst in einem Briefe.

Söldner nach Belgien, wohin ihm später seine Frau folgte, in deren Begleitung er wieder in die Heimat zurückkehrte. Nach seiner Rückkehr
im Jahre 1575 übersiedelte die Familie Keppler nach Leonberg, von wo
der Vater Keppler's wieder nach Belgien ging, um im Jahre 1577
noch einmal zurückzukehren. In Folge einer leichtsinnig übernommenen
Bürgschaft verlor er einen grossen Theil seines bescheidenen Vermögens
und war dadurch gezwungen, noch einmal seinen Wohnort zu wechseln.
Er pachtete zu Ellmendingen, in der Nähe von Pforzheim, ein kleines
Anwesen, verstand es jedoch nicht, dem wirthschaftlichen Verfall seiner
Familie zu steuern. Endlich im Jahre 1589 verliess er in Folge fortwährend häuslicher Zwiste seine Heimat und trat in österreichische
Kriegsdienste, wo er in einem der Feldzüge gegen die Türken sein Leben
einbüssen mochte. Die Mutter Keppler's war — wie oben erwähnt —
eine heftige, leidenschaftliche Frau. Sie hatte 3000 Gulden in die Ehe
gebracht, während das Vermögen Heinrich Keppler's bloss eintausend
Gulden betrug. Da nun der letztere durch unvorsichtiges Vorgehen das
gemeinsame Vermögen schwächte, so mochte dessen Frau ihn oft mit
Vorwürfen angreifen, was das strafwürdige Verlassen seines Weibes und
seiner Kinder zur Folge hatte. Allgemein betrachtete man die Frau als
die Ursache seines Entweichens, ja Böswillige streuten den Verdacht
gegen die verlassene Frau aus, als habe ihr Mann Dinge an ihr gefunden,
die ihn von Haus und Hof vertrieben, wodurch jene Gerüchte sie in den
— damaliger Zeit so gefährlichen — Ruf der Hexerei brachten: eine
Lügensaat, die allerdings erst in viel späterer Zeit in die Halme
schiessen sollte.

Von den beiden jüngeren Brüdern Johann Keppler's wurde der
ältere, Christoph, Zinngiesser, derselbe liess sich späterhin in Leonberg
nieder. Er war ein rechtschaffener Bürger, sonst jedoch ein heftiger,
roher, ganz und gar in den Vorurtheilen seiner Zeit befangener Mann.
Der jüngere Bruder Heinrich war ein Taugenichts, der aus der Lehre
fortlief, ebenfalls in österreichische Kriegsdienste trat und später als
Invalide mit einer Schaar von Kindern in seine Heimat zurückkehrte.
Die Schwester Margaretha ward im Jahre 1608 die Frau des Pfarrers
Georg Binder zu Heumaden bei Stuttgart.

Dieses waren die Familienverhältnisse, innerhalb welcher Keppler
heranwuchs. Schon im Jahre 1577 begann er in die Schule zu gehen,
im Anfange zu Ellmendingen, hierauf zu Leonberg. Es lässt sich bei
den zerrütteten Familienverhältnissen der Keppler'schen Familie wohl
voraussehen, dass dieser Schulbesuch kein sehr regelmässiger sein konnte,
besonders wenn wir noch die Kränklichkeit des Knaben Johannes in Betracht ziehen. Von 1580—1582 wurde er sogar zu Feldarbeiten verwendet.
Da er jedoch seiner körperlichen Schwäche und Kränklichkeit zufolge zu
körperlicher Arbeit nicht taugte, hingegen durch rasches Auffassungs-
vermögen sich auszeichnete und gut lernte, so wurde er für die geistliche

Laufbahn bestimmt. Er durchlief nun die untere und obere Kloster-schule, die eine zu Adelberg am Fusse des Hohenstaufen, die zweite zu Maulbronn. Schon 1588 legte er das Baccalaureat zu Tübingen ab und zwar mit so gutem Erfolge, dass er allsogleich an die Universität auf-genommen wurde. Diesen theologischen Studien verdankt Keppler einerseits seine gründliche Kenntniss der classischen Sprachen und die Gewandtheit des Ausdruckes im Gebrauche des Lateinischen, anderseits stammt freilich aus dieser Quelle seine unglückliche Neigung zu theo-logischen Streitigkeiten, die ihm so häufig schadete und ihm so viele Unannehmlichkeiten bereitete.

Im Herbste des Jahres 1589 bezog Keppler die Universität Tübingen, 1591 legte er die Magisterprüfung ab. Nach der damaligen Einrichtung hatte er diese Zeit auf der philosophischen, oder — der ge-bräuchlichen Benennung gemäss — der „artistischen" Facultät zugebracht. Hier war Mästlin sein Lehrer in der Mathematik und in der Astro-nomie. In seinen öffentlichen Vorträgen hielt sich dieser Gelehrte zwar strenge an das ptolemäische System, da ihm dasselbe ausdrücklich vor-geschrieben war, seinen vertrauteren Schülern jedoch, zu welchen bald auch unser Keppler gehörte, erklärte er gerne das coppernicanische System. Aus diesem Verkehre zwischen Lehrer und Schüler entwickelte sich bald eine innige Freundschaft, welche die beiden Männer Zeit ihres Lebens mit einander verband.

Die drei letzten Jahre seiner Universitätszeit war dem Studium der Theologie gewidmet. In dieser Zeit vertheidigte Keppler schon in „Disputationen", welche er mit seinen Studiengefährten ausfocht, das coppernicanische Weltsystem. Unter seinen damaligen Professoren fand sich bloss einer und zwar der jüngste unter ihnen, Hafenreffer, der mit Keppler ein intimeres Verhältniss anknüpfte. Mit seinem geraden und gesinnungstreuen Wesen konnte Keppler im Allgemeinen auf ein freundliches Entgegenkommen auf der theologischen Laufbahn in Würt-temberg nicht rechnen, da in jenen Tagen im ganzen Lande der zelotische Lutheranismus des Tübinger Professorencollegiums dominirte.

Kaum hatte Keppler das vierte Universitätsjahr beendet, als ihm der Antrag gestellt wurde, nach Graz als Professor der Mathematik und Ethik zu gehen, da in jener Stadt am ständischen Gymnasium die Kanzel jener beiden Lehrfächer zu besetzen sei. In jener Zeit hatten die An-hänger des Augsburger Bekenntnisses in der Steiermark dermassen an Zahl zugenommen, dass sie in Wahl ihrer Priester und Professoren mit grosser Sorgfalt verfahren konnten, und so liebten sie es denn, dieselben von der Tübinger Hochschule zu berufen. Da man dort unsern Keppler für den passenden Mann hielt, eine derartige Stelle auszufüllen, so wurde derselbe den steierischen Ständen vorgeschlagen und da er seine Studien auf Staatskosten beendigt hatte, so hielt er sich seinerseits verpflichtet, dorthin zu gehen, wohin man ihn schicken würde. Dabei gab er nun

allerdings die Hoffnung nicht auf, zu gelegener Zeit eine kirchliche
Stellung in seiner Heimat zu erhalten, da diese viel angesehener waren
als die Stellung eines Professors der Mathematik. So begab er sich denn
nach Graz, nachdem er sich die Erlaubniss seines Landesfürsten und die
Einwilligung seiner eigenen Familie verschafft hatte und trat seine Stelle,
welche mit jährlichen 150 Gulden dotirt war, an. „Ein verborgenes
„Schicksal" — schreibt er in seiner Astronomia nova Pars II, Cap. 7
— „treibt den einen Menschen zu diesem, den andern zu jenem Beruf,
„damit sie überzeugt werden, dass sie unter der Leitung der göttlichen
„Vorsehung stehen. Als ich alt genug war, die Süssigkeit der Philo-
„sophie zu schmecken, umfasste ich alle Theile derselben mit grosser
„Begier, ohne mich auf die Astronomie besonders zu legen. Auf Kosten
„des Herzogs von Württemberg erzogen, hatte ich beschlossen zu gehen,
„wohin man mich senden würde, während Andere aus Liebe zur Heimat
„zauderten. Es zeigte sich zuerst eine astronomische Stelle, zu der ich
„durch das Ansehen meiner Lehrer gleichsam hingestossen wurde. Nicht
„die Entfernung des Ortes schreckte mich, sondern die unerwartete und
„verachtete Art des Berufes und meine geringen Kenntnisse in diesem
„Theile der Philosophie. Ich ging, mehr mit Anlagen als mit Kennt-
„nissen zu dieser Wissenschaft ausgerüstet, nur unter der ausdrücklichen
„Verwahrung, dass ich meinem Recht auf eine andere Laufbahn, die mir
„glänzender erschien, nicht entsage." — In Graz schrieb nun Keppler
sein erstes Werk: „Prodromus dissertationum cosmographicarum continens
mysterium cosmographicum." In diesem 1595 geschriebenen
Werke versucht es der junge, kaum 24jährige Autor, das Weltsystem
des Coppernicus von einer ganz neuen Seite zu beleuchten und zu
stützen, „um dem am Hochaltar opfernden Coppernicus die Pforte zum
„Tempel des Ruhmes zu bewachen", wie er sich selbst ausdrückt. —
Keppler versucht es, in dieser Schrift die Ursachen der Entfernung
zwischen den einzelnen Planeten zu ergründen. Von der Ansicht ausgehend, als sei der Weltenbau als von einem intelligenten, sich an
mathematisch ausdrückbaren, einfachen Verhältnissen erfreuendem Wesen
geplant und ausgeführt, suchte er ein geometrisches Analogon für das
Verhältniss der fünf Zwischenräume, welche die sechs Planeten des Coppernicus von einander trennen. Er fand hiezu die fünf regulären Körper
geeignet. Nach vielen vergeblichen Versuchen fand er endlich eine vollständig genügende Uebereinstimmung, als er um die Ecken des Octaëders
eine Sphäre beschrieb, welche äusserlich von den Seiten eines Ikosaëders
berührt wird. Dessen Ecken liegen in einer Kugel, um welche ein
Dodekaëder gelegt wird. Die Spitzen des letzteren bestimmen eine dritte
Kugel, deren äussere Fläche die Seitenflächen eines Tetraëders berühren.
Die durch die Ecken des letztern gebildete vierte Kugel berühren von
aussen die Seitenflächen eines Würfels, dessen Spitzen die fünfte Sphäre
festlegen. Die Radien der fünf Sphären sind nun die relativen Sonnen-

weiten des Merkur, der Venus, der Erde, des Mars, des Jupiter und des Saturnus*).

Mästlin, dem der junge Autor sein Erstlingswerk mittheilte, war enthusiasmirt von demselben: „Ich wünsche mir Glück," schreibt er an denselben, „dass endlich ein Gelehrter aufgestanden ist, der die „kleinen Mathematiker, welche dem Coppernicus widersprechen, ver- „stummen macht."

Keppler dedicirte sein Werk dem Herzog Friedrich von Württem- berg, dieser, ein Freund der Wissenschaft, hörte erst Mästlin's Gut- achten über die Schrift, und als dieser sich sehr günstig aussprach, ging er ein auf Keppler's Vorschlag, einen Credenzbecher ausführen zu lassen, in welchem jede Sphäre mit einer andern Flüssigkeit gefüllt wäre. Später wollte der Astronom ein Uhrwerk ausführen lassen, an dem jene Ver- hältnisse Ausdruck gefunden hätten. Auch diesen Vorschlag acceptirte der Herzog, doch auch dieser blieb unausgeführt. Schliesslich liess er seine Zeichnung in Kupfer stechen, versah sie mit der Unterschrift: Sphaera copernico-pythagorea und eignete sie dem Herzog Friedrich zu, der ihn dafür mit einem vergoldeten Silberbecher beschenkte. — Die Schrift selbst legte er dem tübingischen Senat im Manu- skripte vor. Wieder hatte Mästlin sein Gutachten zu geben, der das Werk wieder höchlichst pries. Dessenungeachtet nahmen die Theologen der Universität die Arbeit mit Widerwillen auf, da sie die verpönte Lehre von der Bewegung der Erde supponirte. Da sich jedoch schon der Herzog darüber günstig geäussert hatte, so wagten sie es nicht, ernst- lich zu opponiren. Bloss Hafenreffer scheint angewiesen worden zu sein, Keppler vor dem Versuch zu warnen, die neue Weltanschauung mit der heiligen Schrift in Uebereinstimmung zu bringen, er solle sich viel- mehr strenge in den Grenzen der Mathematik halten und die Ruhe der Kirche ungestört lassen. Der „Prodromus" erschien 1596 und wurde an die bedeutendsten Astronomen versandt, wodurch das Ansehen des jungen Gelehrten in grossem Masse wuchs. Mit Galilei und mit Tycho Brahe kam er durch dieses Werk in freundschaftlichen Verkehr, der letztere wünschte, er möge seine Idee auch auf das tychonische System anwenden. Die Schrift erlebte innerhalb 25 Jahren eine zweite Auflage.

Der Geistesschwung Keppler's, die gehobene Stimmung, in welche ihn seine eigenen Ideen versetzten, wird durch die folgende Stelle der Schrift, die in Herder's Uebersetzung folgt, charakterisirt: „Grosser

---

*) Keppler gibt die folgende Sentenz an, um die Reihenfolge zu be- halten: „Terra est circulus mensor omnium: illi circumscribe dodecaëdron: „circulus hoc comprehendens erit Mars. Marti circumscribe tetraëdron: cir- „culus hoc comprehendens erit Jupiter. Jovi circumscribe cubum: circulus „hunc comprehendens erit Saturnus. Jam Terrae inscribe icosaëdron: illi „inscriptus circulus erit Venus. Veneri inscribe octaëdron: illi inscriptus cir- „culus erit Mercurius. Habes rationem numeri planetarum."

„Künstler der Welt, ich schaue wundernd die Werke deiner Hände, nach
„fünf künstlichen Formen erbaut, und in der Mitte die Sonne, Aus-
„spenderin Lichtes und Lebens, die nach heiligem Gesetz zügelt die
„Erden und lenkt in verschiedenem Lauf. Ich sehe die Mühen des Mondes
„und dort Sterne zerstreut auf unermessener Flur. Vater der Welt, was
„bewegte Dich, ein armes, ein kleines, schwaches Erdengeschöpf so zu
„erheben, so hoch, dass es im Glanze dasteht, ein weithin herrschender
„König, fast ein Gott, denn er denkt deine Gedanken Dir nach."

Keppler hatte auch dem Hofastronomen des Kaisers: Reimarus
Ursus ein Exemplar seines Werkes geschickt, der sich mit Keppler's
Schreiben brüstete und dasselbe durch den Druck bekannt machte. Da
er sich überdies die Erfindung des tychonischen Weltsystems zueignen
wollte, so war Tycho Brahe sehr erzürnt über ihn und es ärgerte
ihn, dass Keppler demselben die Aufmerksamkeit erwiesen hatte, ihn
eines Exemplares des „Mysterium cosmographicum" zu würdigen. Als
Genugthuung verlangte er, dieser möge eine Widerlegung des Ursus
schreiben. So entstand die „Apologia Tychonis contra Nicolaum Ray-
marum Ursum", eine kleine Schrift über die astronomischen Hypothesen
und deren Geschichte, worinnen die Behauptung des Ursus, als sei er
der Erfinder der tychonischen Hypothese, widerlegt wird.

Im folgenden Jahre (1597) vermählte sich Keppler mit Barbara
Müller, der Tochter des Jobst Müller, Herren von Mühleck, welche trotz
ihrer Jugend — sie war 23 Jahre alt — schon zum zweiten Male Wittwe
war. Sie brachte Kepplern eine Tochter zu, zu welcher noch ein Knabe
und ein Mädchen kamen, die jedoch beide früh starben.

Schon im Jahre 1597 sah Keppler den Sturm voraus, der sich
wider die österreichischen Protestanten zusammenzog. Erzherzog Ferdinand, der spätere Kaiser Ferdinand II., der Zögling der Jesuiten, hatte
bei einer Wallfahrt nach Loretto ein Gelübde gethan, sobald er zur Regierung gelangt, den Protestantismus in seinen Erblanden (Steiermark,
Kärnthen und Krain) mit unnachsichtlicher Strenge auszurotten. Als er
hierauf im Jahre 1598 die Regierung antrat, ging er sogleich an die
Erfüllung seines Gelübdes. Schon im September des Jahres erging eine
Verordnung an die Stände, welcher zufolge sämmtliche lutherische Priester
und Lehrer das Land zu verlassen hatten. Am 17. September liess der
Fürst den Ausgewiesenen ankündigen, dass sie die Stadt bei Todesstrafe
vor Sonnenuntergang zu verlassen hätten, worauf sie sich an die un-
garische und kroatische Grenze begaben. Keppler ging nach Ungarn,
kehrte jedoch auf Befehl des Ministers zurück, nachdem man ihm einen
Geleitsbrief ausgestellt hatte. Die Nachsicht, die man ihm gegenüber
an den Tag legte, hatte darinnen ihren Grund, dass die Jesuiten, besonders Johann Guldin und Albert Kurz sich die gediegenen astronomischen Kenntnisse Keppler's nicht entgehen lassen mochten, und
nebenbei die Hoffnung nicht aufgaben, den in religiösen Dingen so

tolerant scheinenden Gelehrten zum Katholicismus zu bekehren, wie wir dies aus noch vorhandenen Briefen entnehmen können.

Das Gymnasium zu Graz stand verwaist und Keppler hatte nun Musse, seinen astronomischen Untersuchungen nachzuhängen. Er hegte damals den Plan, eine Reihe von Abhandlungen über kosmographische Gegenstände zu schreiben, welche an den „Prodromus" angeknüpft hätten. Diese Abhandlungen sollten sich mit den fixen Gegenständen des Alls (Sonne und Fixsternhimmel), mit den Planeten, mit einzelnen Himmelskörpern, endlich mit der Beziehung zwischen Erde und Himmel beschäftigen. Gegen Ende des Jahres 1599 beschäftigte er sich mit einer Abhandlung, unter dem Titel: „Ueber die Harmonie der Welt." Die darinnen niedergelegten Ideen verwendete Keppler später in zwei grösseren Werken: „Harmonices Mundi" und „Epitome Astronomiae Copernicanae". Zur selben Zeit beschäftigte er sich mit rein physikalischen Untersuchungen über die Abweichung der Magnetnadel, ferner über die Natur des Lichtes und die Einrichtung des Sehorganes. Diese Untersuchungen, mit denen Keppler als Reformator der ganzen Optik auftrat, erschienen unter dem Titel: „Paralipomena in Vitellionem." Ausserdem schrieb er noch zu jener Zeit: „De causis obliquitatis in Zodiaco."

Inzwischen wurden die Verhältnisse in Graz von Tag zu Tag unhaltbarer und Keppler begann einzusehen, dass er das Land verlassen müsse. Die Verfolgung erstreckte sich schliesslich auch auf die Bürger evangelischer Confession; es wurde denselben freigestellt, entweder zum Katholicismus überzutreten oder auszuwandern. Keppler's Frau hing an ihren Gütern, musste es sich jedoch auch gefallen lassen, dieselben in Pacht zu geben, als ihr Gatte die Aufforderung zum Verlassen des Landes um die Mitte des Jahres 1600 zugestellt erhielt. — Jener hatte nun in Voraussicht dieser Dinge schon seit geraumer Zeit mit Mästlin Unterhandlungen angeknüpft, um an der Tübinger Universität eine Stelle erhalten zu können, welche Bemühungen indessen erfolglos blieben.

Schon im Dezember des Jahres 1599 ging ihm die Aufforderung Tycho Brahe's zu, als sein Gehülfe nach Prag zu kommen. Nach langem Schwanken und erst nachdem er sich von der gänzlichen Unfruchtbarkeit seiner Bemühungen, in der Heimat eine Stelle erhalten zu können, überzeugt hatte, nahm er die wenig willkommene Stelle an, welche ihn in Abhängigkeit von einem herrischen, zu Uebergriffen geneigten, heftigen Mann brachte.

Keppler verbrachte 11 Jahre in Prag. Es bildet diese Zeit die Glanzepoche der wissenschaftlichen Thätigkeit desselben. In materieller Beziehung befand er sich allerdings während dieser ganzen Zeit in höchst gedrückten Verhältnissen. Da er anfangs als der Amanuensis des Tycho galt, so befand er sich in einer von diesem gänzlich abhängigen Stellung, erhielt er ja doch selbst sein Gehalt von ihm ausgezahlt. So musste es

denn häufig zu unangenehmen Zusammenstössen kommen zwschen dem
an's Befehlen gewohnten Tycho und dem kein Unrecht vertragenden
Keppler. Der Zwiespalt wurde noch vermehrt durch des letztern continuirlichen Widerstand gegen die Zumuthung Tycho's, in seinen astronomischen Arbeiten sich vom coppernicanischen Systeme abzuwenden. In
jener Zeit beschäftigte sich Keppler hauptsächlich mit der Theorie des
Mars, wobei er sich jedoch in Vorhinein die Freiheit ausbedungen
hatte, die Rechnungen nach seinem eigenen Ermessen ausführen zu
können.

Wir wissen, dass das Zusammenleben der beiden Männer nicht
lange währte, da Tycho Brahe im Oktober 1601 starb. Es wird erzählt, er habe seinen Gehülfen noch auf seinem Sterbebette zum Aufgeben des heliocentrischen Systemes zu bewegen gesucht. Keppler
konnte nun allerdings seine bessere Ueberzeugung der eines andern nicht
aufopfern und so suchte er das Andenken seines gewesenen Vorgesetzten
bloss mit einer lateinischen Elegie zu ehren. Auch noch in späterer
Zeit bewahrte er dem Andenken Tycho's eine freundliche Gesinnung und
raffte sich zur Vertheidigung desselben auf. Als nämlich Claramontius,
ein italienischer Schriftsteller, Tycho in seiner Schrift: „Antitycho" angriff, vertheidigte er denselben in wirksamer Weise in seiner Schrift:
„Tychonis Brahei Dani Hyperaspistes adversus Scipionis Claramontii
caesennatis Itali doctoris et equitis Anti-Tychonem, in aciem productus
a J. Keplero."

Nach Tycho's Tode wurde Keppler zum Hofastronomen und
kaiserlichen Mathematiker ernannt. Bescheiden, wie er war, verlangte
er bloss die Hälfte der Besoldung seines Vorgängers, nämlich 1500 Gulden,
jedoch bekam er auch diese Summe nie vollständig ausbezahlt, trotzdem
er Monate lang die kaiserliche Kammerkasse förmlich belagerte, sondern
musste sich stets mit Abschlagszahlungen begnügen.

Die amtliche Beschäftigung Keppler's war die Verbesserung der
astronomischen Tafeln auf Grund des tychonischen reichen Beobachtungs-
materials. Doch nebenbei hatte er noch eine andere Beschäftigung,
welche die geistige Richtung der Zeit charakterisirt. Einer der genialsten Forscher und Denker aller Zeiten musste — um sich und seine
Familie erhalten zu können — den astrologischen Neigungen des Kaisers
Vorschub leisten. Allerdings ist selbst Keppler von astrologischen
Meinungen nicht ganz frei, doch fühlt er das Herabwürdigende einer
solchen Beschäftigung. Man hat ihn von dem Verdachte reinigen wollen,
als habe er in seinen Prophezeiungen wissentlich unwahre Dinge behauptet und als enthielten die in späteren Jahren seines Lebens dem
Herzog von Friedland gestellten Prognostica wohlüberlegte, von tiefer
politischer Einsicht diktirte Weissagungen. Keppler war sich dess wohl
bewusst, dass die astrologische Beschäftigung mit der Würde der astronomischen Wissenschaft nicht recht verträglich sei, doch befand er sich

in der Zwangslage, solchen Anforderungen gerecht werden zu müssen. Anderseits war er selbst nicht ganz frei von dem Aberglauben seiner Zeit, wie dies der Umstand zeigt, dass er für sich sowohl als für seine Kinder das Horoskop stellte.

So finden wir denn unter Keppler's Werken auch solche astro-logischen Inhalts. Die Titel derselben sind die folgenden: De fundamentis astrologiae certioribus nova dissertatiuncula ad cosmotheoriam spectans. — Judicium de Trigono igneo 1603. — Prognosticum in annum 1605. — De stella nova anni 1604. — Prognosticum in annos 1618 et 1619. — Tertius interveniens. — Prognosticum über das Jahr 1623. — Discurs von der grossen Conjunction 1623. —

Wie oben erwähnt, war die Hauptaufgabe Keppler's die Verbesserung der astronomischen Tafeln auf Grund der tychonischen Beobachtungen. Die neuen Tafeln wurden noch durch Tycho vorgreifend die rudolphinischen Tafeln genannt. Die Ausarbeitung derselben erforderte jedoch die genaue Kenntniss der Bahnelemente, eine Aufgabe, welche dem damaligen Zustande der Mathematik zufolge eine sehr schwierige war. Dieselbe bezog sich auf die Bahn des Planeten Mars und war schon vor Tycho's Tode begonnen worden.

Jedoch die Reformation der Sternkunde verlangte gebieterisch einige optische Hülfskenntnisse, deren Erwerbung unsern Keppler vor allem beschäftigte. Die astronomische Optik oder wie er seine Schrift nannte: „Paralipomena in Vitellionem" erschien 1604, während die „Nova astronomia" erst 1609 erschien. Der Titel „Paralipomena" ist seines bescheidenen Klanges zufolge durchaus nicht zutreffend, da der Inhalt des Werkes thatsächlich nur sehr wenig aus der Schrift des Vitellio geschöpft hat. Das andere der genannten Werke, die „Nova Astronomia αἰτιολόγητος, seu physica coelestis, tradita commentariis de motibus stellae Martis, ex observationibus G. V. Tychonis Brahe" — d. h. die „ursachenforschende, neue Astronomie" müssen wir als Keppler's Hauptwerk betrachten; in ihm finden sich die beiden ersten Gesetze der Planetenbewegung, deren Entdeckung allein genügt hätte, Keppler's Namen in die Reihe der grössten Entdecker zu versetzen.

Die beobachtende Astronomie war aus mehr als einem Grunde nicht als jenes Gebiet zu betrachten, auf dem sich Keppler gänzlich heimisch gefühlt hätte. Sein schwaches Gesicht und der Mangel an technischer Fertigkeit und Uebung, dies waren die Hauptgründe, die ihn nebst seiner eminenten mathematischen Begabung auf das Gebiet der rechnenden Astronomie drängten. Hiemit soll natürlich nicht behauptet werden, dass er selbst keine Beobachtungen ausgeführt habe: er hat vielmehr zahlreiche Marsörter gemessen und das tychonische Fixsternregister vervollständigt. Uebrigens lebte er in einer für den beobachtenden Astronomen sehr glücklichen Zeit, da in dieselbe die Erscheinungen der neuen Sterne von 1600 und 1604, ferner der grosse Komet von 1607 fielen, welcher letztere der erste Komet mit berechneter Bahn war, derselbe, der später den Namen Halley'scher Komet erhielt. Keppler schrieb über diesen Weltkörper in deutscher Sprache*). Noch ausführlicher schreibt er jedoch über den Kometen vom Jahre 1618. Der 1604 aufgetauchte neue Stern im Fusse des Schlangenträgers war im Februar des Jahres 1606 fast so schnell, als er aufgetaucht war, wieder verschwunden. Keppler verglich denselben mit dem durch Tycho zuerst beobachteten Stern in der Cassiopeia von 1572.

In diese Zeit fällt noch eine andere Abhandlung unseres Autors: „Mercurius in sole visus," welche er dem württembergischen Herzoge dedicirte. — Es war im Jahre 1607, als er mit seinem Gehülfen einen kleinen schwarzen Fleck an der Sonnenscheibe wahrnahm, den er für den Merkur hielt, während er in der That wohl einen kleinen Sonnenfleck vor sich hatte. Als hierauf 1610 die Sonnenflecken thatsächlich entdeckt wurden, sah er seinen Irrthum allsogleich ein und bekannte denselben in seinen Schriften und Briefen.

In jenen Tagen vollzogen sich grossartige Ereignisse in der wissenschaftlichen Welt. — In seinem „Sternenboten" (Nuncius sidereus), der im Jahr 1610 erschien, beschrieb Galilei zum ersten Male die Einrichtung des Teleskopes, sowie dessen Anwendung. Keppler nahm diese wichtige Erfindung mit Begeisterung auf und drückte seine Anerkennung der grossen Verdienste Galilei's in einem an denselben gerichteten offenen Briefe aus. Noch im August desselben Jahres erhielt er vom baierischen Herzog Ernst ein Galilei'sches Teleskop, mit dem er nun die Jupitertrabanten, oder wie er sich ausdrückt, die „neue joviale Welt" selbst beobachten konnte. — Im selben Jahre erschien die „Dioptrik", welchen Titel Keppler bloss darum gewählt hatte, damit er seine optische Abhandlung von der „Optik" des Eukleides unterscheide, welche letztere in der That bloss die Katoptrik enthält. In diesem Werke beschreibt er die Einrichtung des nach ihm benannten astronomischen Teleskopes.

Im selben Jahre erschien die kleine Abhandlung von Keppler „über die Gestalt des Schnees" (strena seu de Nive sexangula, Francofurti ad Moen. 1611), seinem Gönner, dem kaiserlichen Rath Wackher von Wackhenfels dedicirt. In demselben spricht er in launiger Weise von den regelmässigen Bildungen in der Natur, so z. B. von den Bienenwaben. Das Ganze ist ein gelehrter Neujahrsscherz.

Mit diesem bewegten wissenschaftlichen Leben contrastiren in be-

---

*) „Ausführlicher Bericht von dem newlich im Monat Septembri und Octobri diss 1607. Jahrs erschienenen Haarstern oder Cometen und seinen Bedeutungen. Sampt vorhergehendem gantz newem und seltzamen, aber wolgegründetem Discurs: Was eigentlich die Cometen seyen, woher sie kommen, durch wen ihre Bewegung geregieret werde und welcher Gestalt sie dem menschlichen Geschlecht etwas anzudeuten haben. Gestellet durch Joannem Kepplern der Röm. Kay. May. Mathematicum." Hall in Sachsen 1608.

trübender Weise die materiellen Verhältnisse K e p p l e r's in jener Zeit. Die Gehaltrückstände stiegen successive auf 4000 Gulden, von seinem steierischen Besitzthum konnte er mehrmaliger Reisen ungeachtet den Pachtzins nicht erhalten. Am empfindlichsten traf ihn jedoch das traurige Schicksal Kaiser Rudolphs. Der Familienrath des Hauses Habsburg erhob dessen Bruder Matthias zum Haupte der Familie. Ungarn und Mähren erkannten denselben schon im Jahre 1607 als Herrscher an, während Böhmen noch zu Rudolph hielt. Im folgenden Jahre, 1608, erschien Matthias mit Heeresmacht in Böhmen und erzwang sich von seinem Bruder die Anerkennung als rechtmässiger Regent in Ungarn, Mähren und Oesterreich. Im Jahre 1610 zwangen die Böhmen den schwachen Monarchen zur Ausstellung eines Majestätsbriefes. Die Lage des Kaisers war jedoch gänzlich unhaltbar geworden, im Jahre 1611 entbrannte der Krieg, Matthias zog in Prag ein und wurde nun auch als König von Böhmen anerkannt. K e p p l e r hielt getreulich aus bei dem in seiner Burg eingeschlossenen Monarchen bis zu dessen am 25. Januar 1612 erfolgenden Tode. Dieses Jahr war auch in anderer Beziehung für K e p p l e r verhängnissvoll; drei Kinder starben ihm an den Pocken, unter diesen das älteste seiner Kinder, ein Knabe von sieben Jahren. Ausserdem starb auch seine Frau, die schon seit längerer Zeit in Trübsinn verfallen war, in diesem Jahre am Typhus.

Während der ganzen Zeit hatte sich K e p p l e r vergebens bemüht, in seinem Vaterlande eine Stellung zu erhalten, so dass er endlich, als er trotz der Bestätigung seines Amtes durch den neuen Kaiser keinen Gehalt bekam, genöthigt war, mit der Erlaubniss desselben, eine ihm am Gymnasium zu Linz angebotene Professur, mit welcher die Bezahlung von 400 Gulden verbunden war, anzunehmen. Jedoch kaum war der Vielverfolgte an seinem neuen Bestimmungsorte angelangt, als er sich wieder neuen Unannehmlichkeiten ausgesetzt sah. Der lutherische Prediger Daniel Hizler, ein Theolog aus der Tübinger Schule, excommunicirte ihn, indem er ihn vom Abendmahl ausschloss, da der Astronom sich weigerte, die Concordienformel zu unterschreiben. K e p p l e r wendete sich nun an das Consistorium zu Stuttgart und bat um Abhülfe, da er nicht ausserhalb Ortes communiciren wolle, um nicht schlechtes Beispiel zu geben. — Die Antwort desselben: „Responsum Consistorii dem Edlen, „Ehrenfesten und Hochgeehrten Herrn Johann Keppler der Röm. Kais. „Majestät und einer ehrsamen Landschaft in Oestreich ob der Enns „M a t h e m a t i c o" nennt den Mann, der seines standhaften Verharrens wegen bei dem Glauben, in dem er erzogen worden, beinahe zeitlebens Verfolgungen ausgesetzt war, „einen Wolf in Schafskleidern, der sich „nur mit dem Munde zu dieser Confession bekenne" und sagt von ihm, dass er „mit ungewissen zweifelhaftigen opinionibus, und ungereimten „speculationibus, die rechte Lehre verdunkele", um schliesslich Hizlern Recht zu geben und K e p p l e r mit seinem Gesuche zurückzuweisen.

War nun schon die Stellung Keppler's in Prag eine unerquickliche, so war dies in noch höherem Masse in Linz der Fall. Er verbrachte an letzterem Orte im Ganzen 12 Jahre, inzwischen war er
einigemale zu Sagan in Schlesien beim Herzoge Wallenstein. — Die Zeit
seines Linzer Aufenthaltes war jedoch in literarischer Beziehung eine
sehr fruchtbare. Während er nämlich ohne Unterlass an dem astronomischen Tafelwerke arbeitete, veröffentlichte er die chronologischen Abhandlungen, die Abhandlung vom Messen der Fässer, die von den Kometen
und die „Weltharmonik", ferner: das Lehrbuch der coppernicanischen
Astronomie in Fragen und Antworten, die erste Reihe der Ephemeriden,
die Logarithmentafel, den „Hyperaspistes" (Schildkämpfer), jene schon
früher angeführte Abhandlung.

Während seines Aufenthaltes in der Heimat im Jahre 1608 bat er
den Herzog Johann Friedrich, ihm im Vaterlande eine Stelle zu verschaffen. Dieser zeigte sich auch bereit, seinen berühmten Landsmann
in Tübingen anzustellen, wenn Keppler sich mit seiner aufdringlichen
Offenheit nicht selbst den Weg abgeschnitten hätte. Ohne irgendwelche
Aufforderung zu erhalten, hielt er es für seine Pflicht, in einem an den
Herzog gerichteten Briefe seine religiösen Ansichten darzulegen, wodurch
er wieder seine Aussichten auf eine Anstellung mit einem Schlage ver-
nichtete. Man nannte ihn in Tübingen geradezu einen „Calviner", gegen
welche Benennung er in einem an Hafenreffer gerichteten Schreiben
energisch Protest einlegt. Sein aufrichtiges Glaubensbekenntniss war es
eben, das auch den Linzer Prediger Hizler gegen ihn aufgebracht hatte
und zu den früher angeführten unangenehmen Auseinandersetzungen mit
dem Stuttgarter Consistorium führte. Noch in späteren Jahren war er
ähnlichen Angriffen von Seiten der Theologen ausgesetzt. Als er im
Jahre 1617 in Württemberg weilte, machte er noch einen Versuch, sich
mit diesen auszugleichen, was jedoch zu noch grösserer Erbitterung
derselben führte. Einer der Theologen erwarb sich einen gewissen Anspruch auf Unsterblichkeit dadurch, dass er meint, man könne eines
solchen „Schwindelhirnleins" und „Letzköpflins" wegen, wie Keppler,
doch seiner religiösen Ueberzeugung nicht Gewalt anthun. — Wie sehr
ernst indess es unserem Keppler mit allen diesen Dingen war, das
sehen wir aus einer kleinen in deutscher Sprache verfassten Abhandlung,
welche er zum Gebrauche seiner eigenen Familie verfasst hatte, die den
Titel führt: „Unterricht Vom H. Sacrament des Leibs und Bluts Jesu
Christi unsers Erlösers. Für meine Kinder, Hausgesind und Angehörige."
(Kepleri Opera edidit Frisch VIII, pag. 124.)

Am Reichstage zu Regensburg im Jahre 1613 erschien Keppler
im Gefolge des Kaisers, welcher die Annahme des gregorianischen Kalenders durch die protestantischen Stände durchsetzen wollte, was jedoch
nicht gelang.

Zur selben Zeit verfasste Keppler seinen „Dialogus de Calendario

Gregoriano". In demselben besprechen sich „zween Geistliche und zween „Weltliche, jeder Parthey einen, denen ein Mathematicus zum fünfften „zugegeben würdt, und mögen die zween, wöllichen die Reformation „gefällt, heiffen Confessarius und Cancellarius, die andern zween Eccle-„siastes und Syndicus." (Kepl. Opera IV, pag. 11.) Das Gespräch bleibt resultatlos, ja es fehlt sogar der Schluss. In Verbindung damit steht das „Judicium de Calendario Gregoriano". — „Was die Römische Kay-„serliche Majestät an die drey Churfürsten Augspurgischer Confession, „belangend das Calenderwesen fruchtbarlich gelangen lassen möchten." (Opera IV, pag. 58.)

Die chronologischen Untersuchungen Keppler's fallen zwischen 1613 und 1615. Den Mittelpunkt aller dieser Untersuchungen bildet die Abhandlung über das Geburtsjahr Christi: „De Jesu Christi Serva-toris nostri vero anno natalitio", zu Frankfurt 1606 erschienen (Op. IV, pag. 175), ferner: „Widerholter Aussführlicher Teutscher Bericht, Das „unser Herr und Hailand Jesus Christus nit nuhr ein Jahr vor dem „Anfang unserer heutiges Tags gebreuchigen Jahrzahl geboren sey ..., „sondern fünff gantzer Jahr", zu Straszburg 1613 (Op. IV, pag. 201) erschienen.

Nach seiner Rückkehr aus Regensburg vermählte sich Keppler zum zweiten Male. Susanna Reutinger, die verwaiste Tochter eines Bürgers von Efferdingen, war die zweite Gattin, welche seit 12 Jahren in einem Erziehungshause gewesen und bei ihrer Vermählung 24 Jahre alt war. Diese zweite Ehe war nun wohl glücklicher als die erste, doch starben die derselben entstammenden Kinder sämmtlich in frühem Alter.

Im selben Jahre, da Keppler zum zweiten Male heiratete, war eine besonders ergiebige Weinfechsung und das Donauufer zu Linz war mit Weinfässern dicht belegt. Als fürsichtiger Hausvater ging auch unser Mathematicus aus, um das Haus mit dem nöthigen Trunk zu versorgen. Da fiel es ihm auf, wie die Weinverkäufer den Körperinhalt der Fässer mit Hülfe der Weinvisirstange auf eine ungemein einfache Weise bestimmen. So entstand eine kleine Abhandlung, welche nicht nur die Ergänzung der archimedischen Stereometrie ausmacht, sondern ganz entschieden als Vorläufer der Infinitesimalrechnung angesehen werden muss. Der Titel der Abhandlung ist der folgende: „Nova Stereometria Doliorum Vinariorum, in primis austriaci, figurae omnium aptissimae; Et Usus in eo Virgae Cubicae compendiosissimus et plane singularis. Accessit Stereometriae Archimedeae Supplementum. Lincii 1615." (Op. IV, pag. 551.) Im künftigen Jahre 1616 erschien eine populäre Bearbeitung des Werkes in deutscher Sprache unter dem Titel: „Oesterreichisches Weinvisirbüchlein (Auszug aus der uralten Messe-Kunst Archimedis und deroselben newlich in Latein aussgangener Ergentzung, betreffend Rechnung der körperlichen Figuren, holen Gefessen und Weinfässer etc.). Lintz 1616." (Op. V, pag. 497.)

Nach dem Tode Magini's, des Professors an der Universität zu Bologna, wurde Keppler an diese Stelle berufen. In seinem, an Johann Antonius Roffenius gerichteten, vom 15. Mai 1617 datirten Briefe lehnt er die Annahme dieser Stelle ab; er sei ein Deutscher, an deutsche Sitte gewöhnt und glaube nicht, dass er sich in fremdem Lande, inmitten fremder Gebräuche und Lebensgewohnheiten wohl fühlen könnte, auch glaube er, dass seine Art, offen seine Meinung auszusprechen, bei einer derartigen Uebersiedelung verhängnissvoll für ihn werden könnte*). Das Schicksal Giordano Bruno's und die Verfolgungen, welchen späterhin Galilei ausgesetzt war, rechtfertigen die Vorsicht Keppler's, der sich scheute, sein und seiner Familie Schicksal derlei Gefahren auszusetzen. — Inzwischen war sein Schicksal in Deutschland durchaus nicht beneidenswerth. Kaiser Matthias kümmerte sich nicht im Mindesten um ihn und so musste er, der sein Gehalt entweder nur sehr unregelmässig, oft auch gar nicht. ausgezahlt bekam, sich mit Verfertigen von Kalendern beschäftigen, in denen sich Prognostiken befanden, eine Beschäftigung, von der er selbst sagt, dass sie nur um weniges besser sei, als das Betteln. An einer andern Stelle sagt er: die Mutter Astronomie müsse von dem leben, was ihre sich preisgebende Tochter Astrologie erwerbe.

Zwischen allen diesen ungünstigen Vorkommnissen ereignete sich noch etwas in der Familie Keppler's, was ihm auf Jahre hinaus seine Ruhe raubte. Es war dies die Angelegenheit seiner Mutter, gegen welche ein Hexenprozess angestrengt worden war. Katharine Keppler war, wie schon oben erwähnt, eine heftige, unverträgliche und leidenschaftliche Frau, welche ihrer Extravaganzen wegen in der ganzen Nachbarschaft für unheimlich galt. Hiezu kam noch die Entweichung des älteren Keppler, ihres Mannes, von Haus und Familie, für welche man ebenfalls sie verantwortlich machte. Durch einige in jenen Tagen sehr gefährliche Handlungen hatte sie Verdacht gegen sich erregt, bis endlich eine Frau, welche einmal bei der Kepplerin einen bittern Kräutertrank aus Fürwitz gekostet hatte und aus ganz andern Gründen von heftigen Mutterbeschwerden gepeinigt wurde, von ihrem Bruder aufgereizt, verbreitete, sie sei durch jenen Kräutertrunk behext worden. Da sie diese Verleumdungen überall verbreitete und die Anzahl derjenigen, welche der unruhigen, sich überall einmischenden Frau abgeneigt waren, sehr bedeutend war, so schwoll die Lügenflut lawinenartig an und veranlasste endlich den Sohn und den Schwiegersohn der gröblich verunglimpften Frau, einen Injurienprozess gegen die Hauptverleumder anzustrengen. Da jedoch hierinnen der Untervogt Einhorn verwickelt war, so suchte derselbe den Prozess womöglich zu unterdrücken und der Kepplerin den Hexenprozess an den Hals zu werfen. — In ihrer Bedrängniss wandte sich nun die Familie Keppler's an ihr angesehenstes Mitglied: den Astronomen.

---

*) Der Brief findet sich Opera VIII, pag. 662.

In einem Briefe theilte ihm seine Schwester um das Ende des Jahres 1615 die Nachricht von der Verfolgung ihrer Mutter mit und rief seinen Beistand an. Dieser glaubte anfänglich durch ein geharnischtes Schreiben an den Leonberger Magistrat die Angelegenheit ordnen zu können, sah jedoch bald ein, dass seine persönliche Anwesenheit unumgänglich nothwendig sei. So reiste er denn nach Hause und gelang es ihm endlich nach fünfvierteljährigem Aufenthalte daselbst, die Mutter aus dem Gefängnisse und vor der Folter zu retten, sowie ihre Freisprechung zu erwirken. Dies geschah im November des Jahres 1620. Die arg gekränkte, alte Frau hatte jedoch durch rohe Behandlung so viel gelitten, dass sie schon im April des künftigen Jahres starb.

Es mag wohl gerechterweise unsere Bewunderung erwecken, wenn wir sehen, wie Keppler in jener Periode, da er derlei quälenden Aufregungen ausgesetzt war, seine werthvollsten Schriften verfasste. Er beschäftigte sich zu jener Zeit vorwiegend mit Astronomie, und so entstand sein Werk „über die Weltharmonie" (Harmonices Mundi Libri V), dem Könige Jakob I. von England zugeeignet. Die Schrift wurde 1618 beendet und erschien im Druck im Jahre 1619. In diesem Werke, das ein aus Mathematik und Metaphysik bestehendes eigenthümliches Gewebe bildet, befindet sich das dritte Gesetz der Planetenbewegung. Kurze Zeit nach der Versendung dieses Werkes wurde Keppler nach England berufen, er nahm jedoch auch diese Berufung nicht an.

Im Jahre 1618 erschienen zwei Kometen, welche Keppler ebenfalls beobachtete. Hiedurch wurde er zur Aufstellung einer Theorie dieser merkwürdigen Himmelskörper veranlasst, welche er in einer Schrift: „De Cometis libelli tres. I. Astronomicus, II. Physicus, III. Astrologicus" (Augustae Vindelicorum 1619) niederlegte.

Von 1618—20 erschienen zu Linz die vier ersten Bücher der „Epitome astronomiae Copernicanae", eines in Fragen und Antworten geschriebenen Lehrbuches der Astronomie. Die letzten drei Bücher erschienen 1621 zu Frankfurt. (Opera VI, pag. 127.) In dieser Schrift finden wir auch schon die Eintheilung in sphärische und theoretische Astronomie. In der Kürze erwähnen wir hier noch die astronomischen Ephemeriden (1617—1620), sowie, dass bei den für 1620 gerechneten Ephemeriden schon Logarithmen benützt wurden.

Der eine der Erfinder der Logarithmen war Jost Bürgi, geboren zu Lichtensteig im Toggenburg in der Schweiz am 28. Februar 1552. Seiner besondern mechanischen Kunstfertigkeit wegen wurde er an der Sternwarte des Landgrafen Wilhelm von Hessen als Mechanikus angestellt, wo ihm in erster Linie die Verfertigung und Instandhaltung der Uhren aufgetragen war. Der fürstliche Astronom nahm jedoch sehr bald wahr, dass sein neuer Gehülfe ausser der Uhrmacherkunst viele andere Künste verstand, so dass er ihn in einem an Tycho Brahe gerichteten Schreiben einen zweiten Archimedes nennt. Bürgi verfertigte zahlreiche astronomische Instrumente und zwar aus Metall, welches man eben damals zu diesem Zwecke an Stelle des Holzes zu verwenden begann. Langsam überging die Leitung der Sternwarte ganz in seine Hände und er versah dieselbe mit den mannigfachsten Instrumenten. Mehrere Instrumente wurden von ihm zum ersten Male construirt, so z. B. der Reductionszirkel u. a. Auf Wunsch seines Fürsten verfertigte er Apparate, welche die Bewegung der Himmelskörper nach den zu jener Zeit gegen einander kämpfenden drei Weltsystemen (des ptolemäischen, coppernicanischen und tychonischen) automatisch darstellten und nach den Berichten der Zeitgenossen vorzüglich gelungen waren. — Ein bedeutendes mathematisches Talent verrieth Bürgi durch die Erfindung der Logarithmen. Er verfertigte auch eine Tafel, in welcher der Sinus von zwei zu zwei Sekunden auf acht Dezimalstellen berechnet war. Er nannte seine Logarithmentafel „Progresstabul", mittelst welcher jede arithmetische Operation um einen Grad erniedrigt werden könne. Bürgi veröffentlichte jedoch seine Erfindung nicht rechtzeitig, so dass dieselbe binnen kurzer Zeit noch einmal selbstständig gemacht werden konnte und zwar durch den schottischen Baron Neper, welcher dieselbe denn auch allsogleich bekannt machte. Im „Oesterreichischen Weinvisirbüchlein" schreibt Keppler dem Bürgi die Erfindung des Rechnens mit Dezimalbrüchen zu. — Nach dem Tode des Landgrafen trat Bürgi in den Dienst des Kaisers Rudolph, wodurch er auch mit Keppler in Verkehr kam. Er wurde bald die rechte Hand dieses Astronomen, welcher, wie wir wissen, seines schlechten Gesichtes wegen, sowie in Folge des Mangels an manueller Geschicklichkeit kein gewandter Beobachter zu nennen war. Aus dieser gegenseitigen Ergänzung entwickelte sich ein inniges Freundschaftsverhältniss zwischen den beiden Männern, das bis an den Tod währte. Als nun Keppler Prag verliess, bemächtigte sich Bürgi's die Sehnsucht nach seinem früheren Aufenthaltsorte Cassel, wohin er denn auch übersiedelte. Er starb daselbst im Januar 1632.

Das Missgeschick, das Keppler zu verfolgen nicht müde wurde, erreichte ihn auch in Oberösterreich. Im Jahre 1625 brach auch dort die Protestantenverfolgung aus, welche einen Bauernaufstand, dessen blutige Unterdrückung und die lange währende Belagerung von Linz nach sich zog. Unter solchen Verhältnissen wurde Keppler der Aufenthalt in Oesterreich nachgerade verleidet und er trachtete so bald als möglich nach Deutschland zu übersiedeln. Die „rudolphinischen Tafeln" waren druckbereit und so kam er denn um die Erlaubniss ein, sich mit diesen an einen ruhigern Ort begeben zu dürfen, um dort die Drucklegung derselben vornehmen zu können, was ihm denn auch gestattet wurde. So verliess er denn im Jahre 1626 Linz endgültig, führte seine Familie nach Nürnberg, während er selbst sich nach Ulm begab, um die Ausgabe der Tafeln zu bewerkstelligen. Diese erschienen denn auch im Jahre 1627 zu Ulm. Ihr Titel enthält zugleich ihre Geschichte: wie die Restauration der Sternkunde durch Tycho Brahe besonders seit 1572 stattgefunden habe, als Tycho den neuen Stern in der Cassiopeia entdeckte, wie dann dieser Gelehrte seine Untersuchungen ausgeführt, wie sie Keppler selbst übernommen und mit Unterstützung dreier Kaiser: Rudolph, Matthias und Ferdinand, zu Ende geführt habe, wie sie ferner zu Ulm beim Drucker Jonas Saur gedruckt worden im Jahre 1627.

Keppler begann noch ein neues Werk, den „Hipparchus seu de magnitudinibus et intervallis trium corporum Solis, Lunae et telluris", welches Werk jedoch Fragment blieb (Opera Tom. III, pag. 520). Diese Abhandlung sollte den integrirenden Theil eines grössern Werkes bilden, das jedoch nicht geschrieben wurde. Als im Jahre 1620 die Forderungen Keppler's an die kaiserliche Kasse schon die Höhe von 12,000 Gulden erreicht hatten, suchte er noch einmal dringend um Bezahlung dieser Summe nach. Der Kaiser, der eben zu jener Zeit Wallenstein mit dem Herzogthum Mecklenburg belohnt hatte und ausserdem die Vorliebe des Herzogs für Astrologie kannte, wies den Gelehrten mit seiner Forderung an denselben. Wallenstein berief nun Keppler zu sich nach Sagan, wohin sich dieser sammt Familie begab. Er blieb dort von 1628—1630 und errichtete mit Hülfe des Herzogs eine Buchdruckerei, in welcher er seine Ephemeriden drucken liess. Bei der Rechnung der letzteren war sein Eidam Bartsch behülflich. Derselbe war nach Strassburg als Professor der Mathematik berufen, starb jedoch schon 1633 an der Pest. Die letzte wissenschaftliche Enunziation des grossen Astronomen war seine Aufforderung an die Gelehrten, die im Jahre 1631 zu erwartende seltene Erscheinung eines Venusdurchganges vor der Sonnenscheibe zu beobachten*).

Keppler wurde bei Wallenstein von zwei Herren gedrängt und von ihm Arbeiten verlangt, die ihn in seinen wissenschaftlichen Forschungen störten. Während der Kaiser ihm auftrug, die Ephemeriden bis zum Jahre 1637 zu berechnen und herauszugeben, drängte ihn Wallenstein, welcher der Astrologie ergeben war, die Zeit der nächsten Conjunction des Jupiters und Saturns auf das Genaueste zu berechnen, da er diesen Zeitpunkt als zu einer grossen That besonders geeignet ansah. Keppler war nun wenig geneigt, der astrologischen Passion des Herzogs zu dienen und so war dieser nach wie vor auf seinen Astrologen Zeno (gewöhnlich „Seni" genannt) angewiesen. Als nun Keppler, um endlich zü seinem Gelde zu gelangen, den in Güstrow Hof haltenden neuen Herzog von Mecklenburg aufforderte, ihm im Sinne des kaiserlichen Dekretes seine Forderung zu bezahlen, da wollte sich Wallenstein erstlich desselben nicht mehr erinnern, in Folge eines zweiten Briefes jedoch

---

*) Admonitio ad astronomos, rerumque coelestium studiosos, de miris rarisque a. 1631 phaenomenis, veneris puta et mercurii in solem incursu. Lipsiae 1629.

fühlte er sich veranlasst, um sich des unbequemen Mahners zu entledigen, für denselben um eine andere Stelle sich umzusehen. Er befahl deshalb dem akademischen Senate zu Rostock, unsern Astronomen als Professor der Mathematik zu berufen. Allein Keppler war nicht geneigt, dem Rufe zu folgen und so seine Forderung an den eigentlichen Schuldner, den Kaiser, aufzugeben. Er forderte den Herzog auf, hiezu erst die kaiserliche Genehmigung auszuwirken und für die Bezahlung des Rückstandes zu sorgen. Da dies nicht geschah, blieb er vor der Hand in Sagan und wurde fernerhin vom Herzog ignorirt.

In diese Zeit fällt die Vermählung der Tochter Keppler's: Susanne mit Jakob Bartsch, dem Gehülfen und Freunde des Astronomen. Im Hause Bernegger's zu Strassburg wurde im März 1630 die Hochzeit abgehalten und die Neuvermählten begaben sich mitten durch die Heere Wallenstein's nach Sagan zu ihrem Vater. — Es war dies die letzte Freude, die ihm in diesem Leben zu Theil werden sollte. Noch im selben Jahre erfolgte die Katastrophe, welche Wallenstein vom Gipfel seiner Macht herabstürzte, und dieses Ereigniss hatte mittelbar auch den Tod Keppler's zur Folge.

Als nämlich im Jahre 1630 ein neuer Reichstag nach Regensburg ausgeschrieben war, da nöthigten die von Wallenstein übel behandelten Reichsfürsten den Kaiser, denselben des Oberkommando's zu entheben. Keppler begab sich ebenfalls an den Ort des Reichstages, um die endliche Bezahlung seiner Forderung zu urgiren, so wenig Hoffnung auf ein günstiges Resultat seiner Reise er sich auch machen mochte. Wie gewöhnlich, so legte er auch jetzt die Reise zu Pferde zurück und langte an Geist und Körper gebrochen in Regensburg an, wo er in eine schwere Krankheit (wie es scheint Typhus) verfiel und den 15. November 1630 im 59. Lebensjahre starb. Auf dem Gottesacker von St. Peter an den Aussenwerken der befestigten Stadt fand der Vielverfolgte seine Ruhestätte mit der von ihm selbst verfassten Grabschrift:

Mensus eram coelos, nunc terrae metior umbras.

Mens coelestis erat, corporis umbra jacet*).

Als im Jahre 1633 Herzog Bernhard von Sachsen-Weimar Regens-

---

*) Die volle Grabschrift liefert uns Hansch nach des Serpilius aus Urkunden geschöpfter Aufzeichnung. Sie lautete: In hoc agro quiescit vir nobilissimus doctissimus et celeberrimus Dom. Joannes Kepplerus trium imperatorum Rudolphi II. Matthiae et Ferdinandi II. per annos XXX. antea vero procerum Styriae ab anno CIƆIƆXCIV usque CIƆIƆC postea quoque Austriacorum ordinum ab anno CIƆIƆCXII usque ad annum CIƆIƆCXXVIII Mathematicus toti orbi Christiano per monumenta publica cognitus ab omnibus doctis inter principes Astronomiae numeratus qui manu propria assignatum post se reliquit tale epitaphium: Mensus eram coelos, nunc terrae metior umbras. Mens coelestis erat, corporis umbra jacet. In Christo pie obiit anno salutis CIƆIƆCXXX d. V. Nov. aetatis suae sexagesimo.

burg erstürmte, verschütteten die einstürzenden Festungswerke die Grabstätte, deren Stelle später nur mit Mühe wieder aufgefunden werden
konnte. In den Anlagen, welche gegenwärtig die Stadt umgeben, liess
Fürstprimas Carl von Dalberg, Bischof zu Regensburg, im Jahre 1808
ein Kepplerdenkmal errichten. In einem hohen dorischen Tempel, unter
dessen Kuppel der Zodiacus sich befindet, steht auf einem Altare die
von Professor Döll zu Gotha modellirte Büste des Astronomen. Am
Piedestal befindet sich ein Basrelief von Dannecker: Keppler's Genius
zieht den Schleier von dem Gesichte der Urania. — Ein noch gross-
artigeres Denkmal befindet sich jedoch in der Geburtsstadt des Astronomen. Am 24. Juni 1870 wurde zu Weil der Stadt das Kepplerdenkmal von Kreling enthüllt. Auf hohem Piedestal, das die Statuen
des Coppernicus, Tycho Brahe, Mästlin und Bürgi umgeben,
sitzt Keppler mit gen Himmel gerichtetem Antlitze; sein linker Arm
stützt sich auf einen Globus, in der Hand hält er eine halbgeöffnete
Papierrolle, auf welcher eine Ellipse gezeichnet ist, seine rechte Hand
hält den zum Messen geöffneten Zirkel. Am Sockel befinden sich vier
Reliefbilder: der Genius der Astronomie; Keppler's Eintritt in den Hörsaal Mästlin's; Keppler zeigt Bürgi das von ihm erfundene Fernrohr;
der Besuch Kaiser Rudolph's bei Tycho und Keppler. Das bekannteste
Originalgemälde unseres Astronomen ist dasjenige, welches er seinem
Freunde Bernegger schenkte. Später gelangte dasselbe in die Bibliothek
zu Strassburg, wo es leider im Jahre 1870 bei der Belagerung zu Grunde
ging*). Ein zweites im Jahre 1610 gemaltes Oelbild auf Holz ging
1864 in den Besitz des Abtes Reslhuber in Kremsmünster über.

Keppler's Nachkommen waren aus der ersten Ehe fünf, aus der
zweiten sieben Kinder, von diesen sechs Knaben, sechs Mädchen. Den
Vater überlebte jedoch bloss die Hälfte derselben. Nach dem Tode des
Familienhauptes kam seine Wittwe mit vier unmündigen Kindern zu
ihrem Stiefsohne Ludwig und ersuchte ihn, den Druck eines posthumen
Manuskriptes: „Somnium seu opus posthumum de Astronomia lunari" zu
besorgen. Ludwig Keppler gab diese Schrift 1634 heraus und dedicirte
sie dem Landgrafen Philipp von Hessen. Die kepplerischen Kinder
zweiter Ehe starben alle im Kindesalter, auch ihre Mutter scheint den
Gemahl nicht lange überlebt zu haben. — Seine an Bartsch verheiratete
Tochter Susanna verehelichte sich nach dem Tode ihres Mannes mit
Martin Heller. Sein Sohn Ludwig, der von 1626—29 in Tübingen Medizin studirte, liess sich zu Königsberg in Preussen als Arzt nieder, wo
er in sehr grossem Ansehen stand. Derselbe starb im Jahre 1663. In
seinem Leichenprogramm, das die Universität herausgegeben, werden die
Keppler lateinisch „Capellarii" genannt. Der einzige Sohn Ludwig

---

*) Eine Copie desselben ist der Stich in Reitlinger's: „Johannes Kepler".
Stuttgart 1868.

Keppler's starb unverheiratet in Amsterdam. Mit ihm erlosch der Mannesstamm des grossen Astronomen.

Im Folgenden geben wir eine Uebersicht der Werke Keppler's, in welcher wir den Inhalt derselben — insofern dies noch nicht geschehen ist — kurz skizziren wollen.

Mysterium cosmographicum oder mit vollem Titel: Prodromus dissertationum cosmographicarum, continens mysterium cosmographicum de admirabili proportione orbium coelestium: deque causis coelorum numeri, magnitudinis, motuumque periodicorum genuinis et propriis, demonstratum per quinque regularia corpora geometrica a M. Joanne Keplero, Wirtembergico, Illustrium Styriae Provincialium Mathematico. Tubingae 1596. — Durch Keppler's wissenschaftliche Thätigkeit zieht gleich einem rothen Faden die Wirkung einer Idee, welche er gleich in diesem seinem ersten Werke ausspricht; es müsse sich „in unserm Planetensystem ein bestimmter Organismus erkennen lassen, der namentlich in den Verhältnissen der Bewegungen und Entfernungen der Planeten zu Tage treten werde." Der erste Versuch einer Lösung dieser Aufgabe war ein rein geometrischer, der zweite, welcher in seiner „Astronomia nova" und „Harmonices mundi" enthalten ist und deren Ausdruck die bekannten drei kepplerischen Gesetze bilden, ist kinematischer Natur. Weiter — zur dynamischen Lösung des Problems konnte er nicht gelangen. Mehr als ein halbes Jahrhundert musste noch vergehen, ehe Newton auf Grund der Entdeckungen Keppler's und Galilei's das Gesetz der allgemeinen Gravitation feststellen konnte.

Astronomia nova αἰτιολόγητος seu physica coelestis tradita commentariis de motibus stellae Martis. Ex observationibus G. V. Tychonis Brahe. Jussu et sumtibus Rudolphi II. Romanorum imperatoris etc. Plurium annorum pertinaci studio elaborata Pragae a S^{ae} C^{ae} M^{tis} Mathematico Joanne Keplero. Anno aerae Dionysianae 1609. — Während Coppernicus an der gleichförmigen Kreisbewegung unverbrüchlich festhielt und dieselbe aus dem alten in sein neues System aufnahm, betrat Keppler den Weg der reinen Induction und war somit der erste, der diese mächtige Waffe der Naturwissenschaft mit solcher Consequenz und in so ausgedehntem Mafsstabe gebrauchte, so dass dieses als eines der Hauptverdienste Keppler's angesehen werden muss. Die einzige Annahme, von der er ausging, war die, dass die Planeten, somit auch die Erde, nach Beendigung eines siderischen Umlaufes genau an denselben Punkt des Raumes zurückgelangen müssen. Die eingehende Untersuchung der Ungleichheiten der Marsbewegung und die Vergleichung derselben mit den drei Systemen (des Ptolemaios, Coppernicus und Tycho) bringt ihn zu dem Resultate, dass die Planetenbahn eine Ellipse sei und dass die Ausschnitte der Ellipse aus dem Brennpunkte sich wie Kreisausschnitte (Mittelpunkt das Centrum der Ellipse, Radius die halbe grosse Axe) verhalten und diese wie die Zeit. Dies sind aber die zwei ersten der bekannten kepplerischen Gesetze.

In der Dedication des Buches bringt Keppler dem Kaiser Rudolph den in den Fesseln der Rechnung gefangenen Mars: Lange habe er den Bemühungen der Astronomen Stand gehalten, jedoch der treffliche Heerführer Tycho Brahe habe in 20jährigem Nachtwachen alle seine Kriegslisten erforscht und aufgezeichnet hinterlassen. Durch diese Nachrichten ermuthigt habe Keppler es unternommen, die Stellen, wo sich Mars befindet, mit tychonischen Werkzeugen genauer zu erforschen und mit Hülfe des Laufes der Mutter Erde umging er alle seine Krümmungen. — Mars, als er des Keppler Herzhaftigkeit gesehen, habe die Feindschaft aufgegeben und sich treu gezeigt. — Derselbe habe jedoch noch viele Verwandte im Himmel: den Vater Jupiter, den Grossvater Saturn, Schwester und Freundin Venus und den Bruder Merkur, die wolle er alle gern zum Umgange mit den Menschen bringen. Keppler, in derlei Geschäften geübt, bietet sich an, hierin behülflich zu sein. Nur ersucht er, der Kaiser möge „aerarii praefectis" befehlen: „ut de nervis belli „cogitent, novamque mihi pecuniam ad militem conscribendum suppeditent."

Von besonderer Wichtigkeit ist für uns die Einleitung des Werkes, da sich in derselben die wichtigsten Sätze des physikalischen Glaubensbekenntnisses Keppler's vorfinden.

„Ein mathematischer Punkt, mag derselbe Mittelpunkt der Welt „sein, oder nicht, kann schwere Körper nicht so in Bewegung setzen, „dass sie sich ihm nähern."

„Die wahren Axiome der Lehre von der Schwerkraft sind die folgenden:"

„Jede körperliche Substanz, soweit sie körperlich ist, ist derart „beschaffen, dass sie an jedem Orte im Gleichgewichte zu bleiben im „Stande ist, wenn sie ausserhalb der Wirkungssphäre eines andern Körpers „sich befindet."

„Schwere ist eine körperliche Eigenschaft, gegenseitig zwischen „verwandten Körpern zur Vereinigung (sowie das magnetische Vermögen), „dass viel mehr die Erde den Stein zieht, als der Stein die Erde." ......

„Würden zwei Steine ausserhalb der Sphäre eines dritten einander „nahe gebracht, so würden sie wie zwei Magnete an einer mittleren „Stelle zusammentreffen; der Weg des einen würde sich zum Weg des „andern so verhalten, wie die Masse des zweiten zur Masse des ersten*).“

„Würde die Erde aufhören ihr Wasser anzuziehen, so würde sich „das Wasser des Meeres erheben und in den Mond fliessen."

„Absolut leicht ist kein Körper, relativ leicht ist jener Körper, „welcher seiner Natur zufolge oder wegen Wärme weniger dicht ist. „Das Leichtere wird vom Schwereren aufwärts getrieben, da es von der „Erde schwächer angezogen wird...."

---

*) Quilibet accedens ad alterum tanto intervallo, quanta est alterius moles in comparatione. (Opera, edit. Frisch III, pag. 151.)

Der erste Theil des Werkes handelt von der Vergleichung der Hypothesen. Die Bahn eines obern Planeten gleicht nach Tycho's Theorie einer in die Ebene geklappten Spirale, eigentlich der Figur einer Fastenbretzel (in figura panis quadragesimalis).

Der zweite Theil behandelt die erste Ungleichheit der Marsbahn.

Der dritte Theil beschäftigt sich mit der zweiten Ungleichheit und gibt Ursachen der Bewegung an. Da ein Planet, je weiter er von der Sonne sich befindet, desto langsamer sich bewegt, so „muss die Kraft, welche die Planeten bewegt, ihren Sitz in der Sonne haben." — Die Sonne besitzt magnetische Kraft und bewegt sich um ihre Axe. Da die Materie der Planeten träge ist, so bewegen sich die Planeten nicht so schnell, dass sie während einer Sonnenrotation eine Revolution ausführten.

Der vierte Theil beschäftigt sich mit der wahren Gestalt der Planetenbahnen. Im 59. Capitel finden sich die beiden Gesetze der Planetenbewegung, im 60. Capitel befindet sich das bekannte kepplerische Problem*).

Der fünfte Theil handelt von der Breite, Lage der Knoten und Neigung der Bahn des Mars gegen die Ekliptik.

Harmonices mundi libri V. Quorum: primus Geometricus, secundus Architectonicus, tertius proprie Harmonicus, quartus Metaphysicus, Psychologicus et Astrologicus, quintus Astronomicus et Metaphysicus. Appendix. Lincii 1619. — Wir können hier den Inhalt dieses merkwürdigen Buches, das aus den heterogensten Elementen zusammengesetzt ist, eingehender nicht erörtern. Wie schon sein Titel sagt, finden wir darinnen Geometrisches, neben metaphysischen, astronomischen und musiktheoretischen Speculationen. In dieser Schrift nun findet sich das dritte der kepplerischen Gesetze der Planetenbewegung, demzufolge sich die Quadrate der Umlaufszeiten so verhalten, wie die Kuben der mittlern Sonnendistanzen**). „Nach langen vergeblichen Anstrengungen erleuchtete mich „endlich das Licht der wunderbarsten Erkenntniss. Hier habt ihr das „Resultat meiner Studien. Mag mein Wort von den Zeitgenossen oder „von den spätern Geschlechtern gelesen werden, oder nicht, mir gilt es „gleich. Es wird nach hundert Jahren gewiss seine Leser finden."

Die übrigen astronomischen Schriften Keppler's sind an den betreffenden Orten bei Gelegenheit der Erzählung des Lebensganges ihres Verfassers erwähnt worden, so dass wir nun auf die eigentlich physika-

---

*) Data area partis semicirculi, datoque puncto diametri, invenire arcum et angulum ad illud punctum, cujus anguli cruribus et quo arcu data area comprehenditur. Vel: Aream semicirculi ex quocunque puncto diametri in data ratione secare. (Opera ed. Frisch III, pag. 411.)

**) Sed res est certissima exactissimaque, quod pro]portio, quae est inter binorum quorumcunque planetarum tempora periodica, sit praecise sesquialtera proportionis mediarum distantiarum, id est orbium ipsorum. (Op. ed. Frisch V, pag. 279.)

lischen Leistungen übergehen können, welche sich besonders auf optische Gegenstände beziehen. Wir haben hier vor allem die Analyse zweier Schriften zu geben:

Ad Vitellionem Paralipomena, quibus astronomiae pars optica traditur potissimum de artificiosa observatione et aestimatione diametrorum deliquiorumque Solis et Lunae. Francof. 1604. (Editio Frisch II, pag. 119.) Dieses Werk besteht aus eilf Capiteln. Das erste behandelt die Natur des Lichtes und der Farben. Hier findet sich der Hauptsatz der Photometrie, die Lichtstärke divergirender Strahlen nimmt im umgekehrten Verhältnisse mit der Grösse der auffangenden Ebenen ab, zum ersten Male klar entwickelt — Das zweite Capitel beschäftigt sich mit der Figuration des Lichtes und entwickelt die Gestalt des Sonnenbildchens bei verschieden gestalteten Oeffnungen, durch welche die Strahlen eintreten. Das dritte Capitel behandelt die Fundamente der Katoptrik und den Ort der Bilder. Widerlegung des Eukleides, Vitellio und Alhazen. Keppler zeigt, dass das Bild bei sphärischen Spiegeln nicht immer im Einfallslothe liege. In diesem Capitel gibt der Verfasser auch die Kriterien an, aus denen wir die Distanz eines Gegenstandes beurtheilen. Das vierte Capitel handelt von der Brechung des Lichtes und deren Messung. Er zeigt, dass das Verhältniss zwischen dem Einfalls- und dem Brechungswinkel nicht constant sei. Das fünfte Capitel behandelt das Auge und die Art des Sehens. — Die nun folgenden sechs Capitel beschäftigen sich mit der Anwendung der Optik auf Astronomie. Die Titel derselben sind die folgenden: Vom Lichte der Gestirne, vom Schatten der Erde, vom Schatten des Mondes, von den Parallaxen, optische Fundamente der Bewegung der Gestirne, von der Beobachtung der Sonnen- und Monddurchmesser.

Das wahre Gesetz der Lichtbrechung war auch Keppler noch unbekannt, wenn er auch sehr nahe an die richtige Erkenntniss desselben streifte*). — Mit Hülfe der astronomischen Refraction berechnet er die Höhe der Atmosphäre, die er jedoch bloss $1/2$ Meile hoch findet. — Von besonderer Wichtigkeit ist das fünfte Capitel, da sich in diesem die richtige Theorie des Sehens befindet.

Vor allem beschreibt er die Einrichtung des Auges; bei der Benennung der einzelnen Membrane und Flüssigkeiten beruft er sich stets auf die Anatomen Jessenius und Platerus. Er beschreibt mit voller Sicherheit die Entstehung eines reellen optischen Bildchens auf der Fläche der Retina und ist überzeugt, dass man dasselbe nach Beseitigung der undurchsichtigen Membrane am Leichenauge wahrnehmen müsse, welchen Versuch in Wirklichkeit jedoch erst Scheiner und Descartes ausgeführt haben. Keppler erklärt auch die optischen Fehler

---

* Nach ihm ist $\alpha = n\,\beta + m$. Sec. β wo α der Einfalls-, β der Brechungswinkel ist, m und n hingegen Constante bedeuten.

des Sehapparates, wie sie bei Kurz- und Weitsichtigen vorkommen, vollkommen richtig und gibt die zur Correction derselben nothwendigen
Brillen an. Ferner gibt er Erklärungen über das Einfach- und Aufrecht-
sehen, während wir doch in der That verkehrte doppelte Bilder der
Gegenstände erhalten; diese Erklärungen sind jedoch nicht befriedigend.

Joannis Kepleri Dioptrice seu demonstratio eorum quae visui et
visibilibus propter conspicilla non ita pridem inventa accidunt. Augustae
Vind. 1611. (Op. ed. Frisch II, pag. 515.) Das ganze Werk besteht
in der Frisch'schen Ausgabe aus 39 Seiten, enthält dessungeachtet mehr
als sämmtliche auf Optik bezügliche Schriften vor Newton. Gleich zum
Beginne beschreibt der Verfasser einen Apparat zur Bestimmung der
Brechung des Lichtes, welcher jedoch noch nicht sehr pünktlich ist.
Hierauf legt er dar, wie bei der Brechung des Lichtstrahls auch dessen
totale Reflexion stattfinden könne.

Vom 25. Theorem angefangen, behandelt der Verfasser die Brechung
des Lichtes in sphärischen Körpern, besonders Linsen. Die allgemeine
Linsenformel fand er jedoch nicht, seine Ableitung bezieht sich bloss
auf den Fall symmetrischer biconvexer oder biconcaver Linsen. Er findet,
dass die Focaldistanz ungefähr dem Krümmungshalbmesser der Linse
gleich sei, legt jedoch auf diesen Fundamentalsatz der Dioptrik weiter
kein Gewicht. Den allgemeinen Beweis und Formel für Glaslinsen haben
später Isaac Barrow und Halley gegeben.

Vor dem Erscheinen der kepplerischen Dioptrik kannte man bloss
das galileische Teleskop. Der Verfasser zeigt nun in seiner Schrift
vier Linsencombinationen, welche aus Sammel- und Zerstreuungsgläsern
gebildet, sämmtlich als Fernröhre benützt werden können. Unter diesen
ist eins unter dem Namen des astronomischen oder kepplerischen Teleskopes das gegenwärtig am häufigsten verwendete Fernglas. — Wenn,
wir den reichen Inhalt dieser kleinen Schrift Keppler's in Betracht
ziehen, so können wir nicht anstehen, deren Verfasser als den eigentlichen Begründer der Dioptrik anzusehen.

Wir haben nun noch einige Worte über die mechanischen Anschauungen Keppler's zu sagen, wie wir sie in seiner „Astronomia
nova" und „Epitome astronomiae Copernicanae" finden. Die Trägheit
der Materie fasst er als Widerstand derselben gegen alle Bewegung auf,
der Begriff des Beharrungsvermögens ist ihm noch fremd. — Die Sonne
übt eine Kraft auf die Planeten aus, mit welcher sie dieselben im Kreise
führt. Er vergleicht diese Kraft mit dem Magnetismus und gibt an,
dass sie mit der Entfernung sich verringere. — Die Sonne besitzt das
Vermögen, den Planeten anzuziehen oder abzustossen und zwar nach
allen Seiten hin, nicht wie der Magnet nur nach bestimmten Richtungen. —
Bei der Vergleichung der bewegenden Kraft mit dem Lichte fragt er:
Das Licht verdünnt sich im Verhältnisse der Quadrate der Entfernung,
warum nimmt die bewegende Kraft nur wie die Entfernungen ab?"

Ueber Keppler's Handschriften waltete ein günstiger Stern. Dieselben bestehen aus 22 grossen Schriftenbündeln, enthalten jedoch nicht die sämmtlichen Werke ihres Verfassers. Keppler's Sohn Ludwig verkaufte sie an den Danziger Astronomen Hevelius. Als dessen Bibliothek 1679 einer Feuersbrunst zum Opfer fiel, wurden sie glücklich errettet. So gingen sie durch mehrere Hände, bis sich Kaiser Karl VI. zur Unterstützung der Herausgabe derselben bereit finden liess. Nachdem diese Ausgabe jedoch in's Stocken kam, wurde mit Ausnahme dreier Bände, die sich in der kaiserlichen Bibliothek zu Wien befinden, der noch vorhandene Manuskriptenschatz auf Betreiben Euler's von der russischen Kaiserin Katharina II. für die Bibliothek der St. Petersburger Akademie um 2000 Rubel angekauft.

So war es denn möglich, eine Gesammtausgabe der Werke des grössten deutschen Astronomen zu veranstalten, welcher Riesenaufgabe sich Professor Christian Frisch in Stuttgart (geb. 1807, gest. 1881) unterzog. Die Ausgabe erschien von 1858—1871 und besteht aus 8 Bänden in Grossoktav. Das Material ist chronologisch vertheilt. Im ersten Bande befindet sich der Prodromus, Tycho's Apologie, einige astrologische Schriften und Kalender, ferner der „Tertius interveniens". — II. Band: Optische Abhandlungen (Paralipomena und Dioptrice), kleinere astronomische Schriften. — III. Band: Astronomia nova, nebst andern Fragmenten der „Hipparch". — IV. Band: Chronologische Abhandlungen, ferner die Stereometrie der Fässer in lateinischer Sprache. — V. Band: Harmonia mundi. Oesterreichisches Weinvisirbüchlein. — VI. Band: Epitome astronomiae Copernicanae. Tabulae Rudolphinae (Praefatio). — VII. Band: Vermischten Inhalts (von Kometen, Logarithmen, Gestalt des Schnees, theologische und archäologische Abhandlungen u. s. w.). — VIII. Band: Bericht von Finsternissen, Traum eines Astronomen, Collectaneen aus den Pulkowa'schen Manuskripten, ferner die auf den Hexenprozess der Mutter Keppler's bezüglichen Documente, endlich das Leben (und die Briefe) des Autors von dem Herausgeber und zwar in lateinischer Sprache.

Auf Keppler bezügliche biographische Schriften sind die folgenden: Rümelin: Dissertatio de vita Jo. Kepleri. Tubingae 1770. 4⁰. — Breitschwert: Joh. Keppler's Leben und Wirken. Stuttg. 1831. 8⁰. — Brewster: The Martyrs of Science, or the Lives of Galileo, Tycho Brahe and Kepler. London 1841. 8⁰. — Joh. Keppler, k. Mathematiker. Denkschrift des historischen Vereines der Oberpfalz und von Regensburg. Regensburg 1842. 4⁰. — Apelt: Keppler's astronomische Weltansicht. Leipzig 1849. 4⁰. — Struve, O.: Beitrag zur Feststellung des Verhältnisses von Kepler zu Wallenstein. Petersburg 1860. 4⁰. — Förster, Wilh.: Joh. Kepler und die Harmonie der Sphären. Berlin 1862. 8⁰. — Joh. Kepler, der grosse Astronom Deutschlands in seinem Leben, Wirken und Leiden. Pest 1866. 8⁰. — Bertrand: Notice sur la vie et les travaux de Kepler. Luc. 1863. — Reuschle, C. G.:

Kepler und die Astronomie. Frankf. 1871. 8⁰. — Göbel, K.: Ueber
Kepler's astronomische Anschauungen und Forschungen. Halle 1871. 8⁰. —
Wolf, R.: Johannes Keppler und Jost Bürgi. Ein Vortrag. Zürich
1872. 8⁰. — Reitlinger, Dr. E.: Johannes Kepler. 1. Theil. Stuttg.
1868. — Kästner: Geschichte der Mathematik. Göttingen 1800. 4. Bnd.

Giambattista della Porta.

Aus edlem Geschlechte entsprossen wurde Porta 1538 zu Neapel
geboren, er starb ebendort 1615. Porta war ein sehr vielseitiger Mann
von lebhaftem und beweglichem Geiste. In seiner Jugend beschäftigte er
sich mit Poesie und schrieb 24 dramatische Werke, theils Tragödien,
theils Lustspiele. Die letzteren waren seinerzeit sehr beliebt. Schon in
seinem 15. Lebensjahre gab er sein Hauptwerk „Magia naturalis" heraus.
Die erste Ausgabe von 1553 ist nicht mehr vorhanden, die älteste, welche
wir besitzen, ist die von 1558, wiewohl auch diese sehr selten ist. Am
gewöhnlichsten kommt der Plantin'sche Antwerpener Nachdruck vom
Jahre 1564 vor. Die „natürliche Magie" wurde mit so grossem Beifall
aufgenommen, dass Porta sich veranlasst sah, zu einer neu zu veran-
staltenden Ausgabe seines Werkes umfassende Vorbereitungen zu treffen.
Er unternahm zu diesem Behufe eine Studienreise nach Italien, Spanien
und Frankreich und gründete nach seiner Rückkehr in Neapel im
Jahre 1560 eine Gesellschaft unter dem Namen „Academia secretorum
naturae", deren Aufgabe es gewesen wäre, neue naturwissenschaftliche
Erfahrungen zu sammeln. Jedoch wurde diese Vereinigung, nachdem
sie kurze Zeit bestanden hatte, auf Befehl der römischen Curie aufgelöst.

Die „Magia naturalis" wurde alsbald in die verbreitetsten Sprachen
Europa's übersetzt; es entstanden italienische, französische, spanische,
deutsche Uebersetzungen, ja selbst eine in arabischer Sprache.

Die erste Ausgabe der „natürlichen Magie" bestand aus 4 Theilen.
Der erste enthielt eine Art von Metaphysik und handelte von den Ursachen und Wirkungen, der zweite führte den Titel: „Operationen" und
enthält die Beschreibung der mannigfaltigsten, theils möglichen, theils
unmöglichen, oft höchst abenteuerlich ausgedachten Vorrichtungen. Unter
anderen gibt er auf Grund der alten Fabel eine Methode an, die Treue
einer Frau durch einen Magneten zu erproben und verräth hiebei einige
Kenntniss der magnetischen Deklination und deren stündlicher Variation.
Der dritte Theil behandelt die Alchymie, der vierte die Optik. In diesem
Theile gibt der Verfasser die Beschreibung der „Camera obscura", welche
Erfindung seinen Namen in der Geschichte der Physik einigermassen
berühmt gemacht hat.

Die „natürliche Magie" hatte ihren Verfasser berühmt gemacht.

Er veranstaltete deshalb im Jahre 1589 eine zweite Ausgabe derselben *), welche bedeutend weniger Unsinn und Aberglauben enthält und verbreitet als die erste, infolge dessen freilich auch viel weniger gelesen wurde als diese, die dem Geiste jener Zeit viel besser entsprochen hatte. In der Vorrede erzählt der Verfasser, welche Mühe er aufgewendet habe, um die Geheimnisse der Natur zu erlauschen, wie er Tag und Nacht experimentirt, wie viel Gelehrte er zu diesem Behufe persönlich sowohl als brieflich aufgesucht und welche Reisen er ausgeführt habe. Das Werk enthält einen Wust von solchen Dingen, welche Porta, trotz seiner Versicherungen, niemals erprobt haben konnte, da sie Unmöglichkeiten enthalten. Dessungeachtet können wir die „natürliche Magie" als getreuen Spiegel des Zustandes der Physik und Chemie in jener Zeit betrachten und wollen daher einige der Gegenstände, mit denen sie sich befasst, herausheben. Wir finden darinnen Nachrichten über die folgenden Dinge: Ueber den Einfluss der Gestirne, über die Erzeugung und Entstehung verschiedener Thiere, von den Metallen, von der künstlichen Erzeugung der Edelsteine, vom Magneten, von den Arzneien, von den kosmetischen Mitteln, von der Destillation, von Feuerwerken, von der Bearbeitung des Eisens, über geheime Schriften, welche durch ein gewisses Pulver lesbar werden, von den Brennspiegeln und anderen Spiegeln, von der Luft, über verschiedene Mittel zur Erreichung verschiedener Zwecke u. s. f. — Im Ganzen sind es 20 Bücher, deren auf Physik bezüglicher Inhalt kurz der folgende ist: Vom Magneten weiss Porta, dass derselbe durch andere Körper hindurchwirkt, mit Ausnahme des Eisens, ferner, dass die Magnetnadel in Italien vom Meridiane um etwa 9 Grad nach Osten abweiche. — In dem Abschnitte über Destillation führt er an, wie viel Dampf aus einer bestimmten Menge Wasser werde, ferner finden wir dort die Beschreibung eines thermometerartigen Gefässes, welches jedoch bei ihm dazu dienen soll, die Ausdehnung der Luft durch Erwärmung zu bestimmen. — Eine mit Luft gefüllte Retorte wird über Feuer gesetzt, ihre Oeffnung in ein Wassergefäss. Hat nun die Ausdehnung der Luft ihr Maximum erreicht, so wird das Feuer entfernt, wodurch sich der Raum der Retorte theilweise mit Wasser füllt. Aus der Menge des eingedrungenen Wassers, sowie aus der Menge desjenigen, welches die Retorte zu fassen im Stande ist, ergibt sich der Grad der Verdünnung der Luft durch die Wärme. Die hiezu verwendete Vorrichtung ist im Grunde genommen mit der des Galilei-Drebbel'schen Thermometers identisch. — Im optischen Theile beschreibt der Verfasser den Winkelspiegel und untersucht die Abhängigkeit der Anzahl jener Bilder, welche von einem zwischen beide Spiegel gebrachten Gegenstande durch mehrfache Spiegelung entstehen von dem Neigungs-

---

*) J. B. Portae, Neapolitani. Magia naturalis, lib. XX. Neapoli 1589. fol.

winkel der beiden Spiegel. — Den Brennpunkt des Hohlspiegels nennt
Porta Umkehrpunkt der Bilder (punctum inversionis)*). Er behauptet,
in diesem Punkte Blei, Zinn und Gold geschmolzen, Eisen hingegen ge-
glüht zu haben. Das Zustandekommen des reellen und des virtuellen
Bildes wird richtig beschrieben.

Am interessantesten ist die Beschreibung der Camera obscura.
Zuerst beschreibt er die gewöhnliche „finstere Kammer" mit einer kleinen
Oeffnung in der Wand, welche auf der entgegengesetzt liegenden Wand
das verkehrte Bild der äussern Gegenstände gibt, hierauf schickt er sich
an, ein grosses Geheimniss zu offenbaren, eine wesentliche Verbesserung,
mittelst welcher wir viel hellere und schärfere Bilder erhalten. Er erweitert nämlich die Oeffnung und setzt eine Sammellinse (ein Brennglas)
in dieselbe. Durch diese Vorrichtung kann man nun vielerlei beobachten:
die Gesichtszüge der Vorübergehenden, eine Sonnenfinsterniss ohne Gefährdung der Augen u. s. f. — Wenn wir nun auch zugestehen, dass
Porta der erste war, welcher die Vervollkommnung der „Camera obscura" bewerkstelligt hat, so können wir ihm doch die Erfindung derselben in ihrer einfachsten Gestalt nicht unbedingt zuschreiben, da sich
Andeutungen darüber schon bei früheren Autoren vorfinden. — Das
Auge vergleicht er ebenfalls mit einer „Camera obscura", die Pupille
sei die Oeffnung im Fensterladen, die Krystalllinse hingegen der Schirm.
— Man hat Porta auch die Entdeckung des holländischen Fernrohrs zuschreiben wollen, da sich eine Stelle in seinem Werke befindet,
wo er über eine gewisse Linsencombination spricht, wenn man jedoch
die darauf bezügliche Stelle (im 10. Capitel des 18. Buches) im Zusammenhange mit dem Vor- und Nachstehenden aufmerksam durchliest, so kommt
man zu der Ueberzeugung, dass der Verfasser ein Teleskop wohl nie in
Händen gehabt habe. Aehnliche Stellen finden wir auch bei älteren
Autoren, ohne dass man deshalb berechtigt wäre, diesen die Erfindung
jenes wichtigen optischen Instrumentes zuzuschreiben.

Wir haben noch eine Schrift optischen Inhalts von Porta zu erwähnen, welche den Titel: „De refractione" führt**). In derselben wird
der Weg des Lichtstrahles durch Linsen untersucht, wobei er den Ort
des entstehenden optischen Bildes im Ganzen richtig anzugeben im Stande
ist. In eben dieser Abhandlung beschäftigt er sich auch mit der Scin-
tillation der Sterne und gibt als Grund dieser Erscheinung die Lichtzer-
streuung an, welche die Strahlen in der Atmosphäre erleiden. — Ferner
beschäftigt er sich in derselben Schrift eingehend mit der Einrichtung des

---

*) Da in demselben das verkehrte reelle Bild in das aufrecht stehende
virtuelle übergeht.

**) Joan Bapt. Portae, Neapol. De refractione, optices parte, libri
novem. Neapol. 1593. 8⁰.

Auges, wobei er die Thatsache des Einfachsehens mit beiden Augen zu erklären sucht, jedoch auf eine nicht sehr überzeugende Art.

Auch mit der Theorie der Farben beschäftigt er sich, wobei er vorausschickt, dass er über diese Frage schon seit 40 Jahren brüte. Das Sonnenlicht erklärt er für farblos, die Farben entstehen durch Vermischung des Sonnenlichtes mit den verschieden dichten Bestandtheilen der Atmosphäre. „Der Regenbogen entsteht durch Brechung des Lichtes, nicht durch Spiegelung, wie dies Aristoteles sagt, jedoch geschieht die Brechung in der ganzen Wolke, nicht in den einzelnen Tröpfchen." Der zweite Regenbogen ist nicht der Widerschein des ersten u. s. f.*)

Marcus Antonius de Dominis.

Marcus Antonius de Dominis wurde 1566 zu Arbe in Dalmatien geboren. Schon in seiner Jugend trat er in den Jesuitenorden, wo er sich durch seine Fähigkeiten derart auszeichnete, dass man ihm zuerst das Bisthum Segni, hierauf das Erzbisthum Spalatro übertrug. Trotzdem er eine hohe kirchliche Stelle bekleidete, konnte er seine Hinneigung zu den Ideen der Reformation nicht unterdrücken und wurde deshalb zweimal nach Rom citirt, wo er von Seite des Inquisitionstribunals ob seiner Ketzereien scharf vermahnt wurde. Als er zum zweiten Male dem Inquisitionsgefängnisse entronnen war, verkaufte er seine Besitzungen und übersiedelte nach England, wo er als Prediger in Windsor gegen die katholische Religion eiferte. Als er nun durch den spanischen Gesandten sich nach Rom locken liess, fiel er abermals in die Hände der Inquisition und starb in deren Kerkern im Jahre 1624, im 64. Jahre seines Lebens, ohne dass man die näheren Umstände seines Lebensendes je erfahren hätte. Seine Leiche sowohl, als seine Papiere wurden verbrannt und die Asche in den Tiber gestreut.

Das optische Werk des Verstorbenen wurde von seinem Freunde Joannes Bartolus herausgegeben, dasselbe führt den Titel: „De radiis visus et lucis in vitris perspectivis et iride." Venetiis 1611. 4°. Diese Abhandlung ist wohl mit der Dioptrik Keppler's nicht zu vergleichen, jedoch erhält sie durch die darinnen enthaltene Regenbogentheorie einen besonderen Werth.

De Dominis gründete seine Theorie auf Versuche, welche er mit soliden und mit Wasser gefüllten Glaskugeln ausgeführt hatte. Im Ganzen erklärt er die Entstehung des Regenbogens erster Ordnung richtig, bezüglich der Entstehung seiner Farben verfällt er jedoch in die Irrthümer

*) Ausführlicher handelt über Porta: Notice historique sur la vie et les ouvrages de J. B. Porta. Paris, an IX. 8°. Ferner: Libri Hist. des sciences math. en Italie. IV, pag. 108.

seines Zeitalters und gibt eine im Wesentlichen mit der Farbenlehre des Aristoteles übereinstimmende Erklärung. Als sein hauptsächlichstes Verdienst können wir die sichere und bündige Erklärung ansehen, der zufolge das in die einzelnen Tropfen eindringende Licht an der Rückseite desselben eine Zurückwerfung erfährt, wodurch die Erscheinung des Regenbogens zu Stande kommt. Dagegen ist die Erklärung des Regenbogens zweiter Ordnung eine durchaus falsche. Im letzten Abschnitte der Abhandlung beschäftigt er sich mit der Erklärung der Sonnen- und Mondhöfe, Nebensonnen und anderen ähnlichen Erscheinungen. Er sucht alle diese Erscheinungen durch Spiegelung zu erklären, was nach des Vitello optischer Schrift als ein bedeutender Rückschritt betrachtet werden muss.

Francis Bacon.

Es gibt wenige Schriftsteller, über deren wissenschaftliche Verdienste, wenige Menschen im Allgemeinen, über deren Charakter so widersprechende Ansichten und Meinungen geäussert worden wären, als über Francis Bacon oder, wie er gewöhnlich genannt wird, Bacon von Verulam. Während einige in ihm den Begründer der inductiven Methode und somit einen der Grundpfeiler der heutigen Naturforschung erblicken, wird von anderen seine Bedeutung als Begründer der experimentellen Naturwissenschaft sehr stark in Zweifel gezogen. Aehnlich verhält es sich mit der Beurtheilung seines Charakters. Während ihn die einen für vollkommen charakterlos halten, sehen die anderen einen unglücklichen, ungünstigen politischen Strömungen zum Opfer gefallenen Staatsmann in ihm, dem man bloss Schwäche und übergrosse Nachgiebigkeit als Vergehen anrechnen kann. Die Wahrheit liegt in beiden Dingen wohl in der Mitte zwischen den bezeichneten Extremen.

Was die naturwissenschaftliche Bedeutung Bacon's betrifft, so kann man ihn in die Reihe jener Denker setzen, deren geistige Thätigkeit hauptsächlich im Niederreissen des Baues mittelalterlich-aristotelischer Wissenschaft bestand, als dieser Bau nach allen Seiten hin die freie Aussicht benahm und durch seine verworrene, unbequeme Bauart jeder auf zeitgemässe Renovation gerichteten Bestrebung spottete. Wie wir dies auch gesehen haben, fehlte es seit den Tagen des Scholasticismus nie an Gegnern des aristotelischen Wissenschaftsystems. Kaum war dasselbe im Abendlande eingebürgert, als sich schon hie und da gewichtige Stimmen gegen diese Geistesdressur erhoben, allein dieselben blieben grösstentheils verhallende Stimmen in der Wüste, überdies konnten auch die grössten Gegner der aristotelischen Gelehrsamkeit derselben doch nicht entrathen, da für sie das System des Philosophen von Stageiros mit dem der Wissenschaft im Allgemeinen identisch war. In dem Maße jedoch, als sich die Menge der Erfahrungsthatsachen mehrte und als sich hiezu die richtige Erkenntniss des Sonnensystems gesellte, begann auch die Zerbröckelung des alten Baues, der so lange Zeit, so verschiedenen Geistesströmungen Stand gehalten. — In der Reihe jener Kämpfer, welche gegen den Aristotelismus zu Felde ziehen, über deren Schaar wir an einer späteren, hiezu geeigneten Stelle Revue halten wollen, nimmt Francis Bacon eine hervorragende Stelle ein. Er ist einer derjenigen, die am lautesten sich gegen die aristotelische Physik aussprechen, wenn es ihm auch bei weitem nicht gelingt, sich gänzlich aus den Banden der mittelalterlichen wissenschaftlichen Ideen zu befreien. In seinen Bestrebungen wünscht er wohl dieselbe Richtung zu verfolgen, die sein grosser Zeitgenosse Galilei, der gewaltige Bekämpfer des Aristotelismus eingeschlagen, aber jene mächtige Geisteswaffe, welche der geniale Italiener mit solchem Erfolge schwingt, vermag er nicht zu handhaben. Ueberall dort, wo er auf das Gebiet der praktischen Naturforschung tritt, kommt er mit seiner eigenen besseren theoretischen Ueberzeugung in Widerspruch. Während er mit lauten Worten bloss ankündigt, dass die Wissenschaft von Grund aus restaurirt werden müsse, legt Galilei thatsächlich Hand an und vollzieht den grössten Theil dieser Aufgabe. — Der tiefgehende Unterschied in der wissenschaftlichen Bedeutung der beiden Männer rechtfertigt es, wenn wir Bacon an die Schwelle jenes Abschnittes stellen, der sich mit Galilei zu beschäftigen haben wird.

Francis Bacon ist im dritten Jahre der Regierungsperiode der Königin Elisabeth geboren. Sein Vater Nicolaus Bacon diente schon unter König Eduard VI., unter Königin Elisabeth war er Grosssiegelbewahrer von England. Seine Mutter war Anna Cooke, die Tochter eines der Erzieher Eduard VI., dieselbe war Bacon's zweite Frau und wird von ihr berichtet, dass sie in den alten Sprachen heimisch, und dass ihr die theologische Literatur jener Zeit geläufig war. Die Schwester des Nicolaus Bacon war die Gemahlin William Cecil's, des späteren Lord Burleigh. Aus Bacon's zweiter Ehe entsprossten zwei Söhne: Anthony und Francis. Dieser, der jüngere, wurde im Jahre 1561 am 22. Januar geboren, zu Yorkhouse, in der amtlichen Wohnung seines Vaters. Er war ein schwaches, kränkliches Kind, welches jedoch durch sein aufgewecktes, wissbegieriges Wesen auffiel. Beide Brüder kamen im Jahre 1575 in das Trinity College zu Cambridge, wo sie ihren Studien oblagen. Francis Bacon fühlte sich durch die scholastisch-aristotelische Philosophie, wie sie dort vorgetragen wurde, in keiner Weise befriedigt, so dass er schon damals den Plan fasste, für die Philosophie bessere Bahnen ausfindig zu machen. Im selben Jahre verliess er die Cambridger Hochschule und begab sich, um seine Ausbildung zu vollenden, nach Frankreich, von wo ihn jedoch sehr bald die Nachricht vom Tode seines Vaters zurückrief. Da derselbe neben einem sehr mässigen Vermögen eine Wittwe und ausser Francis noch vier Kinder zurückgelassen hatte, so war der letztere darauf angewiesen, sich eine Stelle zu verschaffen, um sich selbst erhalten zu können. Da ihn seine Neigungen auf eine rein wissenschaftliche Thätigkeit wiesen, so war es ein schwerer Entschluss, als er sich für die juristische Laufbahn entschied. Er trat zu diesem Behufe im Jahre 1580 in die „Gray's Inn" genannte Rechtsakademie. Trotz des Einflusses, den sein Oheim Lord Burleigh bei Hofe besass, konnte Bacon, was er so sehnlich wünschte, nämlich eine einträgliche Stelle bei Hofe oder ein wohldotirtes Staatsamt, nicht erreichen, und doch konnte er nur so hoffen, seinen Lieblingsstudien frei von Sorgen nachzuhängen. Endlich gelang es ihm, durch Verwendung seines Oheims die Anwartschaft auf eine Stelle bei der Sternkammer (clerkship of star chamber) zu erlangen, deren Einkünfte er jedoch erst nach Verlauf von 20 Jahren zu geniessen begann.

In dieser Zeit beginnt Bacon als Parlamentsmitglied aufzutreten. Die parlamentarische Wirksamkeit, welche ihm späterhin den Weg zu den ersten Staatsämtern bahnte, war ihm anfänglich in seiner Carrière hinderlich, da er durch seine politischen Reden den Unwillen der Königin gegen sich wachrief. So geschah es, dass alle seine Bemühungen betreffs der Erlangung eines Staatsamtes, trotz der Protection seines Onkels sowohl als des Lieblings der Königin, des Grafen Essex, ohne jeden Erfolg blieben. Infolge dieser ungünstigen Verhältnisse verschlimmerten sich die Vermögensverhältnisse Bacon's von Tag zu Tag, so dass ihn einer seiner Gläubiger, Schulden wegen, auf offener Strasse gefangen nehmen und in das Schuldgefängniss sperren liess.

Nur eine Person war am Hofe Elisabeth's, welche die Fähigkeiten Bacon's erkannte und ihn ob derselben hochschätzte, es war dies Robert Devereux Graf von Essex, welcher mit der Königin von Seite Anna Boleyn's, der Mutter derselben, entfernt verwandt war und infolge dieser Verwandtschaft als erklärter Liebling der Königin Elisabeth galt. Essex protegirte nun Francis Bacon, der ihn seinerseits häufig mit seinem Rathe unterstützte. Bevor er jedoch die Früchte dieser Protection geniessen konnte, erfolgte infolge einer Conspiration jene Katastrophe, welche den Grafen auf das Schaffot führte. Als nach seiner Hinrichtung sich die Königin zum ersten Male in der City zeigte, wurde sie vom Volke, das Essex geliebt hatte, sehr kühl empfangen. Infolge dieser schlechten Aufnahme sprach Elisabeth den Wunsch aus, es möge jemand das Vorgehen gelegentlich der Verurtheilung und Hinrichtung des Grafen Essex in einer Abhandlung begründen und rechtfertigen. Als man nun für diese Aufgabe Bacon als den geeignetsten Schriftsteller vorschlug, nahm er die Ausführung derselben bereitwillig an.

Es ist dies die erste That, in der Kette solcher Handlungen, die wir zu rechtfertigen in keiner Weise im Stande sind. Schon während des Prozesses legte Bacon ein derartiges Benehmen gegen den unglücklichen Grafen an den Tag, welches demselben jede Möglichkeit einer

Rettung abschnitt, indem er in jeglicher Weise die Handlungen des Angeklagten als Hochverrath charakterisirte. Nach der Hinrichtung des
Grafen Essex schrieb B a c o n im Auftrag der Königin: „A declaration
of the practices and treasons attempted and committed by Robert late
Earl of Essex and his complices etc." (1601)*) (Erklärung der Ränke
und Verräthereien, welche Robert, weiland Graf von Essex mit seinen
Complicen geplant und auszuführen versucht hat etc.). Wie zu erwarten
rief diese Schrift B a c o n's allgemeine Missbilligung hervor, dergestalt,
dass der Verfasser derselben es für nothwendig hielt, sich in einer eigenen
Vertheidigungsschrift zu rechtfertigen**).

Nach dem Tode der Königin Elisabeth bestieg Jakob VI. von
Schottland, Sohn der Maria Stuart, als Jakob I. den Thron von England.
Während der Regierung dieses Monarchen erhob sich B a c o n viel rascher
auf der Leiter der Staatsämter, freilich wieder mit Hülfe solcher Mittel,
welche man höchstens einem Höfling zu Gute halten kann. So wurde
er in rascher Folge „sollicitor general", „attorney general", alles solche
Aemter, nach welchen er seit 20 Jahren erfolglos gestrebt hatte. Als
im Jahre 1617 Lord Brackley sein Amt als Siegelbewahrer niederlegte,
wurde B a c o n zu dieser Stelle erhoben. Erst jetzt erreichte er somit
jene Würde, welche sein Vater bekleidet hatte, jedoch schon im kommenden Jahre wurde er von Jakob I. zur höchsten Würde nach dem König
im Reiche, nämlich zum Grosskanzler von Grossbritannien erhoben. Diese
rasche Beförderung verdankt er der Protektion Lord Buckingham's, dem
der König nichts zu versagen vermochte.

Es war nun nichts Weiteres übrig, um die Ambitionen B a c o n's
zu befriedigen, als dessen Aufnahme in den Reichsadel. Im selben Jahre
als er Kanzler wurde, ernannte ihn der König zum Baron von Verulam,
im Jahre 1621 hingegen vor dem versammelten Hofe zum Viscount von
St. Albans. Die gewöhnliche Benennung B a c o n v o n V e r u l a m ist
eigentlich falsch und sinnlos. Sein ursprünglicher Name war F r a n c i s
B a c o n, seit 1603 hiess er S i r F r a n c i s B a c o n, seit 1618 B a r o n
F r a n c i s V e r u l a m, endlich von 1621 V i s c o u n t F r a n c i s St. A l b a n s.

Kurze Zeit, nachdem er somit die höchste Stufe erstiegen hatte,
welche zu erklimmen er nur hoffen konnte, feierte er im Kreise seiner
zahlreichen Freunde und Verehrer seinen sechzigsten Geburtstag. Einige
Tage später trat das Parlament zusammen, und wieder einige Wochen
später erfolgte die Katastrophe, welche B a c o n aller Würden entkleidete
und seinen Namen mit Schmach bedeckte.

---

*) Opera omnia. Edit. Spedding, Vol. 9, pag. 245.

**) „Sir Francis Bacon his apology in certain imputations concerning
the late Earl of Essex in a letter to Lord Montjoy, now Earl of Devonshire."
(Sir Francis Bacon's Apologie bezüglich gewisser Verleumdungen, welche in
Betreff des verstorbenen Grafen von Essex erhoben worden sind etc.) Opera,
edit. Spedding, Vol. 10, pag. 139.

Bacon hatte seine Aemter und Würden in jener Zeit erhalten, da
der Ausbruch der Revolution schon binnen Kurzem bevorstehend war.
In kurzen Zwischenräumen wurden drei Parlamente einberufen und
wieder auseinandergeschickt, bis im Jahre 1621 das vierte zusammentrat,
zu dessen ersten Handlungen die Einleitung des Prozesses gegen Bacon
gehörte.

Die unglückliche und schmähwürdige auswärtige Politik, mit
welcher Jakob I. das Ansehen des Reiches schädigte, sowie das gewissen-
lose Aussaugungssystem einer kurzsichtigen Staatshaushaltung hatten die
Gemüther erbittert und der Revolution den Weg geebnet. Dessungeachtet
wäre es noch immer möglich gewesen, auf andere Bahnen einzulenken,
wenn jemand den Sturm vorausgesehen hätte, dessen Ausbruch sich vor-
bereitete. Bacon war eines der ersten Opfer, ja sein Sturz war im
Stande, das Gewitter noch für eine ziemlich lange Zeit zu beschwören.
Schon in der ersten Sitzung des Parlamentes von 1621 brach der Unwillen gegen die innere und äussere Politik der Regierung los. Eduard
Coke, den zu stürzen Bacon erst vor kurzer Zeit gelungen war, stellte
sich an die Spitze der Opposition. Auf seinen Antrag wurde beschlossen,
eine Commission zur Untersuchung der verschiedenen Privilegien, sowie
der Missbräuche in Ausübung der Amtsgewalt zu untersuchen. Schon am
15. März erstattete der Präsident jener Commission dem Parlamente seinen
Bericht, in welchem der Lordkanzler von England in der direktesten
Weise der Bestechlichkeit und der stattgefundenen Bestechung beschuldigt
wurde. Bacon benahm sich diesen Anschuldigungen gegenüber sehr
kleinmüthig. Ohne dass er irgend etwas zu leugnen versucht hätte, bat
er bloss um Nachsicht und Gnade. Das Gericht, welches über ihn ur-
theilte, war das Haus der Lords, das zu diesem Behufe eine eigene
Commission entsendet hatte. Er wurde einstimmig schuldig gesprochen,
zur Zahlung von 40 000 Pfund Sterlingen verurtheilt, ferner zum Gefängnisse im Tower, so lange es dem Könige belieben würde, endlich zum
Verluste seiner Aemter und seines Sitzes im Parlamente. Ausserdem
wurde er vom Hofe verbannt. — Bacon gab nach Anhörung dieses
Urtheils die Erklärung: Ich erkläre aus der Tiefe meiner Seele offen und
freiwillig, dass ich mich des Verbrechens der Bestechlichkeit schuldig
gemacht und verzichte auf jegliche Vertheidigung.

Er blieb jedoch bloss zwei Tage im Tower im Gefängnisse, hierauf
lebte er einige Zeit in der Verbannung auf seiner Besitzung Gorham-
bury, schliesslich erlangte er die Erlaubniss zur Rückkehr und wohnte
fortan in seiner alten Behausung zu Gray's Inn. Der König setzte ihm
eine Pension aus, ja er berief ihn späterhin wieder in das „Haus der
Lords", Bacon kehrte jedoch nicht mehr in das öffentliche Leben
zurück.

Was nun die Schuld Bacon's betrifft, so war dieselbe höchst
wahrscheinlich nicht grösser und nicht kleiner, als die vieler anderer, in

gleich exponirten Stellungen befindlicher Männer. Er wurde als Opfer ausersehen, da er eine so einflussreiche Stelle innehatte und weil die öffentliche Meinung ein Opfer verlangte. Es ist sehr wohl möglich, dass Bacon vom Könige angeeifert wurde, sich wehrlos auszuliefern und so als Blitzableiter des allgemeinen Unwillens zu gelten. Wenigstens hat der König dem gestürzten Kanzler auch in der Folge stets eine gnädige Gesinnung bewahrt. Möglicherweise hoffte er, auch späterhin vom Könige wieder in alle Würden und Aemter eingesetzt zu werden, und vergass dabei, dass der König wohl alles, was er ihm genommen, wieder zurückgeben konnte, nur das eine nicht, nämlich die Achtung und Makellosigkeit des Namens vor der Gegenwart sowohl als vor der fernen Zukunft.

König Jakob I. starb im Jahre 1625, Bacon überlebte ihn um etwas mehr als ein Jahr. Er hatte es unternommen, in einem Bauernhause darüber Versuche anzustellen, ob der Schnee zur Conservirung des Fleisches geeignet sei und dasselbe vor Fäulniss bewahre. Bei dieser Gelegenheit erkühlte er sich und erkrankte so schwer, dass man ihn nicht mehr nach London transportiren konnte. Er fand Aufnahme in der Wohnung des Grafen Arundel, wo er am Ostersonntag, den 9. April des Jahres 1626 verschied. Seinem Wunsche entsprechend, wurde er neben seiner Mutter in der St. Michaelskirche bei St. Albans beigesetzt.

Die Werke Bacon's sind dadurch charakterisirt, dass sie hauptsächlich aus Plänen, Programmen für die durchzuführende Restauration der Wissenschaft bestehen, ferner aus Fragmenten und Aphorismen. Dies wurde theilweise durch das Naturell des Autors verursacht, zum grösseren Theile jedoch durch die unbegrenzte Ausdehnung des Zieles, das er erreichen wollte, sowie durch den Umstand, dass er als vielbeschäftigter Staatsmann nicht die Musse fand, seine Abhandlungen zu vollständigen Werken auszuarbeiten.

Während der Lebenszeit Bacon's erschienen die folgenden Schriften von ihm: „Essays“ und andere kleine Abhandlungen (1580—97). Zwei Bücher vom Fortschritte der Wissenschaften (The advancement of learning) im Jahre 1605, „Abhandlung über die Weisheit der Alten“ (De sapientia veterum) 1609, das „neue Organon“ (novum organon) im Jahre 1620. — In den letzten fünf Jahren seines Lebens arbeitete Bacon am meisten an seinen Werken. Im Jahre 1621 während 4—5 Monaten schrieb er die Geschichte König Heinrichs VII. Er hatte den Plan, die Geschichte Grossbritanniens von der Zeit der Vereinigung der beiden Rosen (der Häuser York und Lancaster) bis zur Zeit der Vereinigung der Reiche unter König Jakob zu schreiben; ein Plan, der jedoch zum grössten Theile unausgeführt blieb. Sein vollständigstes Werk, dasjenige das er thatsächlich vollständig ausarbeitete, sind die neun Bücher „von dem Werthe und Wachsthum der Wissenschaften“ (De dignitate et augmentis scientiarum), welches Werk im Jahre 1623 erschien. Ferner erschienen noch drei naturwissenschaftliche Abhandlungen: „von den

Winden", „vom Leben und vom Tode", „vom Dichten und Dünnen" (Historia ventorum, historia vitae et mortis, historia densi et rari). Diese Abhandlungen dedizirte er dem Prinzen von Wales, das „novum organon" hingegen dem Könige. Das letzte Werk, welches er herausgab, war die dritte Auflage seiner „Essays", die erste derselben bestand aus 10, die zweite aus 38, die dritte aus 58 Abhandlungen.

Nach seinem Tode gab sein Sekretär Rawley die „Naturgeschichte" (Sylva sylvarum) und die „neue Atlantis" (Nova atlantis) heraus, hierauf erschienen „vermischte Abhandlungen" (Certain miscellany works) 1629, „Wiedererweckung" (Resuscitatio) mit der Biographie Bacon's, im Jahre 1657, endlich „Opuscula philosophica" 1658. Zu erwähnen sind ausserdem die Ausgaben: „Francisci Baconi de Verulamio scripta in philosophia naturali et universali", herausgegeben 1658 durch Isaak Gruter, ferner: „Baconiana" (1679), „Briefe und hinterlassene Schriften" (Letters and remains), erschienen 1734.

Gesammtausgaben erschienen zu Frankfurt im 17. Jahrhunderte (1665) unter dem Titel: „Francisci Baconi baronis de Verulamio, vicecomitis S. Albani, summi Angliae cancellarii opera omnia, quae exstant, philosophica, moralia, politica, historica."

Die erste englische Gesammtausgabe erschien zu London 1730 in 4 Bänden. Eine zweite Ausgabe erschien 1763 und 1825—34. Eine französische erschien zu Paris 1834. Jedoch ist keine derselben vollständig.

Die beste und vollständigste aller bisherigen Ausgaben ist die von James Spedding, L. Ellis und D. D. Heath, welche von 1862—70 in London erschien. Ihr Titel ist der folgende: „The works of Francis Bacon, baron of Verulam, viscount St. Alban and Lord high Chancellor of England." Das Werk zerfällt in drei Gruppen: 1) philosophische, 2) literarische, 3) juridische und andere Schriften, Briefe u. s. f. Die eigentlichen Werke erstrecken sich über die ersten sieben Bände, die fünf übrigen enthalten die Briefe, sowie die Biographie des Verfassers.

Die Werke Bacon's stellen gleichsam eine Skizze zu einem Riesenwerke von grossartiger Conception dar. Den Plan desselben theilte ihr Verfasser kurze Zeit vor seinem Tode dem Pater Fulgentius mit. Der Titel des ganzen Werkes wäre gewesen: „Die grosse Neugestaltung der Wissenschaft" (Instauratio magna). Dieselbe hätte aus 4 Theilen bestehen sollen: 1) Eintheilung und Uebersicht der Wissenschaft, d. h. eine Encyclopädie; 2) die Methodenlehre der Wissenschaft; 3) das zur Weltbeschreibung nöthige Material, d. i. die Aufzeichnung und Beschreibung der Erscheinungen: die descriptive Naturlehre; 4) das hieraus resultirende philosophische System: die eigentliche, wahre Philosophie. Zwischen dem dritten Theil, welcher das empirische Material gesammelt und systematisch geordnet enthalten würde, und dem vierten Theil, der aus jenen Erfahrungsdaten ausgehend die eigentliche Philosophie bilden würde, oder mit anderen Worten: zwischen die „historia naturalis" und die „philosophia activa" schaltet er noch zwei Uebergangsabschnitte ein, welche eine „Vernunftleiter" (scala mentis) bilden: den „labyrinthischen Faden" (filum labyrinthi) und die „prodromi sive anticipationes philosophiae secundae". Dieser Theil hätte aus kleineren Abhandlungen bestanden, in welchen er seine eigenen Entdeckungen zu beschreiben wünschte. So hätte denn das ganze Werk aus sechs Theilen zu bestehen gehabt.

Unter allen diesen wurde jedoch bloss der erste vollständig beendigt, der zweite blieb Fragment, bezüglich des dritten sagt der Autor selbst, dass ein einzelner Mensch eine vollständige Weltbeschreibung zu geben nicht im Stande sei, da eine solche derartige Vorkehrungen und Arbeitskräfte beanspruchen würde, über welche höchstens ein mächtiger Monarch oder aber eine ganze wissenschaftliche Corporation zu verfügen im Stande wäre. Zu Bacon's Abhandlungen, welche in diese Abtheilung zu rechnen sind, gehören: „Sylva sylvarum", ferner diejenigen, zu welchen er nur eine Einleitung schrieb: „vom Leichten und Schweren" (Historia gravis et levis), „von den Sympathieen und Antipathieen der Dinge" (Historia sympathiarum et antipathiarum), „vom Schwefel, Quecksilber und Salze" (Historia sulphuris, mercurii, salis). Schliesslich sind noch hieher zu rechnen, die Abhandlungen „von der Ebbe und Flut des Meeres" (De fluxu et refluxu maris), ferner „vom Schall und Gehör" (Historia soni et auditus). Bezüglich des vierten und fünften Theiles findet sich in Bacon's Schriften nur das Vorwort. Der letzte Theil: die Philosophie, muss nach Bacon's eigenem Geständnisse einer späteren Zeit aufbehalten bleiben.

Die „Encyclopädie der Wissenschaften" wird vor Allem durch die beiden folgenden Hauptwerke gebildet: „De dignitate et augmentis scientiarum" und „novum organon", an welche sich eine Anzahl anderer Schriften reihen. Den Kern der ersten finden wir in dem in englischer Sprache geschriebenen Werke „über den Fortschritt der Wissenschaften". Das „novum organon" beschäftigt sich mit den Aufgaben der Wissenschaften. Als ältere Form des „novum organon" kann die Abhandlung: „Gedanken und Meinungen" (Cogitata et visa) betrachtet werden.

Als Hauptprinzipien der Bacon'schen Schriften können wir die folgenden bezeichnen: Aufgabe der Wissenschaft ist die Entdeckung. Die gefährlichen und schädlichen Naturerscheinungen werden durch das Studium derselben entweder unschädlich gemacht, oder sogar zu unserm Vortheile gewendet. Die erste Frage, welche den Ausgangspunkt des ganzen Systems bildet ist die folgende: Wie wird aus der Erfahrung, aus der Beschreibung der Vorgänge in der Natur „Naturerklärung", aus der „descriptio naturae" „scientia naturalis". Der erste Schritt, der hier gethan werden muss, hat ein wesentlich negatives Resultat, die Wissenschaft beginnt mit dem Zweifel. Bacon stellt verschiedene Idole

auf, wissenschaftliche „Wahnideen", welche den Irrlichtern gleich die
Wege des Forschers kreuzen und denselben in die Sümpfe leiten. Ein
wichtiges derartiges „Idol" ist jenes, welchem zufolge die Welt gewissen
Endzielen zustreben sollte, also die teleologische Ansicht. In der Physik
angewendet verwirrt dieselbe die Grenzen der Physik und Metaphysik.
— Die einzig fruchtbringende Methode der wissenschaftlichen Forschung
ist die des experimentirenden Beobachtens, gerichtet auf die wirkenden
Ursachen der Dinge.

Uebrigens war B a c o n in seinen physikalischen Ansichten ganz
und gar in den Ideen des Aristotelismus befangen, wie man dies aus
zahlreichen Stellen seiner Schriften ersieht. In seinem „novum organon"
— beispielsweise — gibt er als wünschenswerth •an, zu untersuchen,
welche Körper durch die Schwere, welche durch die Leichtigkeit, und
welche weder durch die Schwere noch durch die Leichtigkeit bewegt
werden, ferner ob die Luft ein schwerer oder ein leichter Körper sei u. s. w.
Die verschiedenen Bewegungen klassifizirt er, und findet 19 Bewegungs-
arten, eine dieser19 Arten ist „die Bewegung aus Abscheu vor Bewegung".

Bezüglich seiner Ansichten über das Weltsystem huldigte er ebenfalls nicht der neueren Ansicht, indem er die Bewegung der Erde leugnete
und sich an das tychonische Weltsystem hielt. — Was seine Ansprüche
auf die Erfindung des Thermometers betrifft, so sind diese ebenfalls sehr
zu reduziren, da er von demselben erst spät, in seinem 1620 erschienenen
„novum organon" spricht und zwar ebenfalls als wie von einer bekannten
Sache. Er nennt diesen Apparat „vitrum calendare"*) und beschreibt
die allererste, mangelhafte Form desselben.

B a c o n war in der Anwendung seiner Ideen über Naturforschung
nicht glücklich. Ein eigenthümlicher Gegensatz macht sich in seinen
theoretischen Ueberzeugungen und seiner Art zu forschen geltend. Allerdings finden wir die Erklärung desselben in seiner Biographie. Während
sein grosser Zeitgenosse G a l i l e i jede Stunde eines langen Lebens der
Wissenschaft von den Naturerscheinungen opferte, erfüllte B a c o n's ganzes
Denken und Streben die Begierde nach angesehenen Aemtern und hohen
Würden, für die Wissenschaft blieb ihm höchstens hie und da eine freie
Stunde. Erst als er, vom politischen Schauplatze zurückgedrängt, sich
in wenig ehrenvolle Zurückgezogenheit begab, fand er Musse — und
wohl auch Trost — in der Beschäftigung mit der Philosophie. Die Geschichte der Wissenschaft kann es jedenfalls tief beklagen, dass ein Denker
wie F r a n c i s B a c o n nicht rein der Pflege der Naturwissenschaften gelebt habe.

Wenn wir unser Urtheil über die Bedeutung B a c o n's kurz gefasst
aussprechen wollen, so müssen wir allerdings zugestehen, dass die von
ihm verkündeten Lehren auch heute noch das Fundament jeder Natur-

---

*) Novum organon. Lib. II, aph. XIII. §. 38.

forschung bilden, müssen jedoch hinzusetzen, dass die praktische Bethätigung dieser Prinzipien denselben in keiner Weise entspreche, da
seine Weltanschauung den Velleitäten der Physik früherer Zeiträume
viel näher steht, als die der meisten seiner gelehrten Zeitgenossen. Wir
dürfen ferner nicht verschweigen, dass genau dieselben Prinzipien, welche
Bacon als Grundlage der Naturforschung ankündigt, vor ihm durch
Galilei verkündigt und angewendet wurden*).

Unter den auf Bacon bezüglichen Schriften erwähnen wir die
folgenden:

William Heptworth Dixon: Personal history of Lord Bacon. From
unpublished papers. London 1861. — Die Tendenz dieser Schrift ist,
Bacon von aller Schuld rein zu waschen.

Kuno Fischer: Francis Bacon und seine Nachfolger. Entwicklungsgeschichte der Erfahrung. Leipzig 1875. 2. Aufl.

Justus Liebig: Ueber Francis Bacon von Verulam. München 1863.

Siegwart: Ein Philosoph und ein Naturforscher über Francis Bacon von
Verulam. Preuss. Jahrbücher 1863 etc.

Ferner finden wir noch eine Biographie in der Spedding'schen Ausgabe der Bacon'schen Werke.

Galileo Galilei.

Fällt es schon in den Ereignissen der Völkergeschichte schwer, Ruhepunkte in der Flucht der Geschehnisse zu finden, Cäsuren, welche den
Ueberblick erleichtern, so ist dies noch schwerer in der Geschichte einer
Wissenschaft, welche in ihrer Entwicklung von den Vorgängen der allgemeinen Geschichte abhängig ist, in der noch überdies jene katastrophen-
artigen Erscheinungen fehlen, welche die Epochen der Weltgeschichte von
einander abgrenzen. Um so schwieriger wird die Gliederung der Geschichte
einer Wissenschaft dort, wo — wie dies in der Neuzeit der Fall ist —
zahlreiche Forscher an den verschiedensten Orten sich mit der Förderung
und weiteren Ausbildung der wissenschaftlichen Ideen beschäftigen. Der
Mann, dessen Namen an der Spitze dieses Abschnittes steht, ist als der
bedeutendste Vertreter jener Periode zu betrachten, welche den Bau unseres
heutigen Lehrgebäudes der Physik begann. Bis auf ihn vermochte sich
bloss die Optik und die Himmelskunde auf das Niveau einer wissenschaftlichen Behandlung zu erheben, die übrigen Zweige der physikalischen
Wissenschaft lagen grösstentheils brach, und wenn auch hier und dort

---

*) Uebrigens kannte Bacon schon im Jahre vor dem Erscheinen des
„novum organon" sowohl die edirten als unedirten Schriften Galilei's, wie
wir dies aus einem Briefe Tobie Matthew's an Bacon ersehen. Libri Hist. d.
math. IV, pag. 160, 466.

im Verborgenen ein Blümchen spriesste, so blieb es meistentheils unbeachtet. An den Namen Galilei's knüpft sich — insofern dies bezüglich eines einzelnen Menschen zulässig ist — die Schaffung eines Systems der wissenschaftlichen Mechanik, welche bei seinen Nachfolgern die Entwicklung der Hydro- und Aëromechanik zur Folge hatte, ein Prozess, der mit Newton's Anwendung der Dynamik auf die Bewegung der Himmelskörper seinen Abschluss fand. Erst in der auf den grossen englischen Forscher folgenden Periode beginnen neben dem Erbtheile der Galileischen Periode die übrigen Erscheinungskreise in den Vordergrund zu treten: mit der Erfindung des Thermometers beginnt ein eingehenderes Studium der Wärmeerscheinungen, mit der Construktion der Elektrisirmaschine nehmen die Entdeckungen auf dem-Gebiete der Elektricitätslehre ihren Anfang, und so setzt Knospe nach Knospe an und beginnt zu treiben.

Bevor wir jedoch uns mit Galilei selbst beschäftigen, müssen wir für die Schilderung der Thätigkeit jener Männer Sorge tragen, deren Wirksamkeit die Epoche Galilei's inaugurirte. Ein Fürst im Reiche der Ideen hat eine grosse Schaar von Vorläufern auf seiner Bahn vor sich. Bevor der Neubau des Lehrgebäudes der Physik durch Galilei begonnen werden konnte, mussten die Burgen des Aristotelismus gebrochen und deren Ruinen beseitigt werden. Wenn nun auch noch Galilei selbst mit dieser Arbeit vollauf zu thun hatte, so war doch durch seine Vorgänger auf dieser Bahn der gröbste Theil der Arbeit gethan, ihm blieb es vorbehalten, der feinen Dialektik des stageirischen Philosophen mit gleich feinen dialektischen Waffen zu begegnen.

Jedoch Galilei hatte auch in anderer Beziehung Vorläufer, welche den Weg vor ihm ebneten; sowohl auf dem Gebiete der Mechanik als dem der Himmelskunde begegnen wir Namen von Forschern, welche auf denselben Bahnen wandelten wie der toskanische Philosoph, wenn ihnen auch nur viel bescheidenere Geistesmittel zur Verfügung standen.

So ergibt sich denn für unsern Zweck die folgende Anordnung des Stoffes. Den Zug beginnen diejenigen Männer, welche wir mit einem kurzen, aber bezeichnenden Namen die „Aristotelesstürmer" nennen wollen. Wie wir gesehen haben, hatte die unbedingte Herrschaft der peripatetischen Philosophie seit den Zeiten des Mittelalters einen gewissen Widerstand der unabhängiger Denkenden wachgerufen, als nun im Zeitalter der Entdeckungen die Menge der Kenntnisse von den natürlichen Dingen in grossem Masse zunahm, da brach allenthalben der Sturm gegen die in sich gefestigte Lehre der Aristoteliker los.

Besonders sind es Namen, wie die eines Ramus, Telesius, Patritius, Giordano Bruno, an welche sich die Geschichte jener Geistesbewegung knüpft. Es folgen hierauf die unmittelbaren Vorläufer (theils Zeitgenossen) des Galilei in der Mechanik und — insofern sie noch nicht Erwähnung gefunden hätten — in der Astronomie: Benedetti,

Ubaldi, Stevinus und Scheiner sind die Hauptvertreter dieser Richtungen. Erst wenn wir auf diese Weise die Epoche Galilei's eingeleitet haben werden, werden wir mit der Schilderung der Lebensschicksale und der naturwissenschaftlichen Thätigkeit desselben beginnen.

Peter Ramus (Pierre de la Ramée) wurde 1515 zu Cuth (Vermandois) geboren. Als entschiedener Gegner der peripatetischen Philosophie hatte er viele Anfeindungen zu bestehen. Seine beiden Werke: „Institutionum dialecticarum libri II" (1543) und „Animadversionum in dialecticam Aristotelis libri XX" (1543) wurden von Seite der Aristoteliker mit Entrüstung aufgenommen. Dess ungeachtet erhielt er eine Lehrkanzel für Dialektik und Rhetorik am Collège de France. Später wurde er jedoch als Calvinist seiner Stelle enthoben und begab sich in das Ausland: nach England, Deutschland und in die Schweiz. Er kehrte schliesslich wieder in seine Heimat zurück und verlor sein Leben in der Bartholomäusnacht, den 24. August 1572. Ramus schrieb ausser den erwähnten noch einige humanistische Werke, ferner schrieb er über Arithmetik und Geometrie. Eine Biographie des Ramus ist von Waddington-Kastus (De Petri Rami vita etc. Paris 1855).

Theophrastus Paracelsus (Philippus Aureolus Theophrastus Bombastus Paracelsus von Hohenheim*) wurde zu Marien-Einsiedeln in der Schweiz im Jahre 1493 geboren. Sein Vater Wilhelm von Hohenheim war der natürliche Sohn eines Adeligen, eines Hochmeisters des deutschen Ordens, der sich selbst mit Heilkunde und Wissenschaft beschäftigte. Von Jugend auf erhielt Philipp Unterricht in der Heilkunde und der Alchymie und zwar theils von seinem Vater, der sich mit derlei Dingen gründlich befasste, theils von andern Meistern: Trithemius von Spanheim und anderen. Hierauf besuchte er viele Jahre hindurch die hohen Schulen von Deutschland, Italien und Frankreich, wo er besonders das Studium des Galenos und Avicenna betrieb. Unbefriedigt durch die Bücherweisheit der Universitäten unternahm er weite Reisen durch einen grossen Theil von ganz Europa und fragte bei allerlei Leuten herum, ob er wohl von denselben etwas Neues lernen könnte. Im Jahre 1527 wurde er nach Basel als Stadtarzt und Professor der Medizin berufen. Jedoch theils sein schroffes, unverträgliches Wesen, theils die Neigung zur Trunksucht machte seine Stellung unhaltbar; schon im Jahre 1528 treffen wir ihn in Colmar und nun beginnt sein unstätes Wanderleben. Von einem Orte zum andern, bald am Rhein, bald an der Donau zieht er in den Landen herum: curirend und Bücher schreibend. Es ist zum Verwundern, wie viel Paracelsus trotz seines unstäten Lebens geschrieben hat. Valentius de Rhetiis behauptet, er habe 230 Bücher über Philosophie, 46 über Medizin, 12 über Staatsverfassung, 7 über die Mathematik und 66 über

---

*) Der Name Paracelsus ist der nach der Gewohnheit seiner Zeit latinisirte Name Hohenheim.

Nekromantie verfasst. Nachdem er sich so einige Jahre herumgetrieben
hatte, folgte er dem Rufe des Erzbischofs von Salzburg, Ernst Pfalzgraf
zu Rhein und Herzog in Baiern und liess sich in dessen Residenz bleibend
nieder. Er sollte diese Ruhe jedoch nicht lange geniessen, da er schon
im Jahre 1541 (24. September) starb.

Besonders zu erwähnen finden wir bei Paracelsus, dass er die
Neigung an den Tag legt, auch in wissenschaftlichen Schriften sich der
deutschen Sprache zu bedienen, so dass man ihm die Vernachlässigung
der lateinischen Sprache zur Last legte.

Seine radikalen Ansichten über die peripatetische Philosophie lässt
ihn ebenfalls als einen der „Aristotelesstürmer" erscheinen, trotzdem er
sonst ganz und gar in den Ansichten und Wahnvorstellungen seiner Zeit
befangen ist. Ueber den Gründer der peripatetischen Philosophie äussert
er sich in folgender Weise: „In der Philosophie ist ein Moos gewachsen
„von ihrem Ursprunge an, und darin sind nach Aussen Schwämme ge-
„wachsen, wie Drüsen am Leibe. Aristoteles und seine Anhänger
„haben daraus nur das Schlechte genommen. — Er hat z. B. ein Buch
„von den Meteoren geschrieben, in dem vom Anfange bis an's Ende
„keine Wahrheit ist. — Der Grund, den er gelegt hat, ist ganz falsch,
„wie denn den Griechen das Lügen angeboren ist. — Er ist ein scharfer
„Phantast und hat Viel über die Gebährung hinterlassen; aber er ist
„ein Mann, der sich selbst verführt hat, unwissend in der Philosophie
„der Natur, aber scharfsinnig ist, und auf irrigen Wegen gegen die
„Natur geht, obwohl er seine Behauptungen klug zu bewähren, seine
„Reden vernünftig zu setzen, und mit Sentenzen und Sprüchen zu ver-
„zieren weiss*)."

Ueber Ptolemaios äussert er sich ebenfalls und erklärt diesen
für den besten Astronomen, nur hat ihm derselbe zu viel gerechnet und
meint er, dass es ohne dieses ebenfalls ginge, „denn das höchste Geheim-
„niss der Astronomie bedarf kein Rechnen, nicht einmal Lesen und
„Schreiben**)." Auch auf den Vater der Scholastik: Albertus Magnus
ist er nicht gut zu sprechen.

Die Werke des Paracelsus sind in Strassburg 1616—1618 in 3 Bänden
in Folio erschienen. Der Inhalt dieser Schriften ist ein sehr vermischter:
medizinische, alchymistische, botanische, astronomische, astrologische,
philosophische und andere Schriften sind in denselben enthalten, theils
in lateinischer, theils in deutscher Sprache verfasst.

Paracelsus ist ganz und gar ein Kind seiner Zeit. Trotz der
scharfen Verurtheilung, die er stellenweise den Lehren des Aristoteles

---

*) Rixner und Siber. Leben und Lehrmeinungen berühmter Physiker
am Ende des XVI. und am Anfange des XVII. Jahrhunderts. I. Heft. Theophrastus Paracelsus. Sulzbach 1819. pag. 157.

**) Ibid. pag. 158.

angedeihen lässt, ist er doch ganz und gar dessen Nachtreter. Was ihn jedoch von der grossen Schaar der andern unterscheidet, das ist seine Art der Forschung, „welche" — wie Bacon es ausspricht — „alles mit lautem Geschrei vor den Richterstuhl der Erfahrung hinberuft."

Wir wenden uns nun einer Reihe von italienischen Gelehrten zu, sechs an der Zahl, welche ihrer Bildung und gesammten Denkungsweise zufolge als die nächsten Vorgänger der Galilei'schen Epoche zu betrachten sind.

Geronimo Cardano war der Sohn des Mailänder Advocaten Facio Cardano und der Clara Micheria und wurde am 24. September 1501 geboren. Wir sind in der Lage, seine Biographie auf Grund seiner eigenen Daten, wie wir sie in seinem Buche „de vita propria" finden, darzustellen, weshalb wir vielerlei kleinere Züge aus dem Leben des Gelehrten wissen, als bei anderen, deren Biographie aus fremden Quellen zusammengetragen werden muss.

Den Eltern des Cardano war wahrscheinlich um einen Sprössling nicht sehr zu thun, wenigstens wurden verschiedene Abtreibemittel versucht. Bis zu seinem vierten Jahre war er bei einer Säugeamme in der Pflege, welche sich wenig um ihn kümmerte, so dass er stets krank war, und selbst die Pest überstehen musste. Von seinen Eltern auch in der Folge hart behandelt, brachte er die nächsten vier Jahre in deren Hause zu. Später besserte sich dieses Verhältniss und nun übernahm der Vater den Unterricht seines Sohnes, indem er diesen in den Anfangsgründen der Arithmetik, Geometrie, Astrologie und Dialektik unterwies. Im 19. Jahre bezog er die Universität zu Pavia, das nächste Jahr die zu Padua, wo er in seinem 21. Jahre seine erste Disputation hielt. Er las hierauf über den Eukleides und späterhin über Dialektik und Philosophie. Im Jahre 1524 verlor er seinen Vater an der Pest. In demselben Jahre wurde er Baccalaureus der schönen Künste, Rector des Gymnasiums zu Padua und Doctor der Medizin. Er übte hierauf einige Jahre zu Sacco die Arzneikunde aus. Hier heiratete er und nachdem er noch an einigen Orten für kurze Zeit sein Heim aufgeschlagen hatte, glückte es ihm im Jahre 1543, eine Professur für Medizin in seiner Vaterstadt zu erlangen. Nachdem er in der Folge einige günstige Berufungen in das Ausland aus Vorliebe für seine Vaterstadt abgelehnt hatte, unternahm er eine Reise nach Schottland, wo er den Erzbischof Hamilton zu St. Andrews von einer gefährlichen Krankheit curirte. Nachdem auch hier an ihn sehr günstige Anträge ergangen waren, die er sämmtlich abgelehnt hatte, reiste er über Frankreich in seine Heimat zurück. Im selben Jahre vollendete er sein Werk „von feinen Kräften und Künsten" (de subtilitate). Vom Jahre 1553 bis zum Jahre 1558 hielt er sich in Mailand auf und hatte eine sehr einträgliche Praxis. Im Jahre 1556 vollendete er sein Werk: „von der Verschiedenheit der Dinge" (de varietate rerum). Im Jahre 1559 ging Cardano

nach Pavia als Professor, welches Amt er 1562 mit einer Professur in
Bologna vertauschte, wo er bis 1570 lehrte. Während dieser Zeit musste
er eine 77 Tage währende Gefängnisshaft ausstehen, da ihm seine Feinde
lügenhafter Weise die Autorschaft einer Schmähschrift zugeschrieben
hatten. Nachdem er gänzlich frei geworden, übersiedelte er nach Rom,
wo er vom Pabste Gregor XIII. eine Pension bezog, übrigens aber nur
als Privatmann lebte, trotzdem er in das Collegium der Aerzte aufgenommen worden war. Cardano starb zu Rom im Jahre 1576. Sein
Buch „de vita propria" enthält noch eine Aufzeichnung vom 1. Oktober
desselben Jahres.

Cardano war ein Mann von grosser Gelehrsamkeit, dabei jedoch
ein höchst eigenthümlicher, grillenhafter Mensch. In seiner Lebens-
beschreibung bemüht er sich, dem Leser ein getreues Bild von sich zu
geben und beschreibt umständlich seine Visionen, deren er von seiner
frühesten Jugend an stets gehabt zu haben vorgibt. Ausserdem war er
mancherlei Aberglauben unterworfen. — Hauptsächlich beschäftigte er sich
mit dem Studium der Medizin, der Mathematik, Physik, Dialektik und Ethik.

Seine Verdienste in der Medizin siud mannigfach. Er stellte die
Theorie der kritischen Tage einer Krankheitsentwickelung fest, studirte
besonders die pestartigen Fieber und erklärte den Hippokrates.

Seine mathematischen Arbeiten finden sich hauptsächlich in seiner
„Artis magnae sive de regulis Algebrae liber unus" (Mediol. 1545). In
derselben finden wir zum ersten Male die imaginären Wurzeln der
Gleichungen und die Regel der Multiplikation derselben. Am bekanntesten ist das angebliche Verdienst Cardano's um die Entdeckung der
nach ihm benannten, zur Auflösung der Gleichungen dritten Grades
dienenden Formel. Die eigentlichen Entdecker dieser Regel sind Scipio
Ferro und Niccola Tartaglia (oder Tartalea). Von letzterem erfuhr Cardano diese mathematische Entdeckung und machte sie nun als
seine eigene bekannt. Allerdings hat er späterhin in seiner „Ars magna"
die Priorität des Tartaglia zugestanden, man fuhr jedoch fort dieselbe
als cardanische Formel zu bezeichnen. Die Anwendung und Erweiterung dieser Formel für Gleichungen vierten Grades unternahm mit
Erfolg sein Schüler Ludovico Ferrari aus Bologna (1522—1565),
Professor der Mathematik an der Universität seiner Vaterstadt.

Die Ansichten Cardano's bezüglich der Physik sind vorzüglich im
„Opus novum" (Basil. 1570) und „De subtilitate" (Parisiis 1552) enthalten. Er nimmt bloss drei Elemente an: die Erde, das Wasser und
die Luft. Das Feuer lässt er nicht als Element gelten. Die Erfahrung
spricht mehr für die Dreiheit der Elemente, als für die Vierheit; durfte
Aristoteles von seinem Lehrer Platon der Wahrheit zuliebe abweichen, so dürfen wir auch von Aristoteles aus demselben Grunde
abweichen, und somit beweist dessen Autorität nichts gegen die neue
Annahme. Die Erde ist das unterste, dichteste und kälteste Element,

die Luft das oberste, lockerste und leichteste. Das Wasser liegt zwischen
den beiden in der Mitte. Die sublunarischen Elemente sind an sich
sämmtlich kalt, die Wärme kommt von den Himmelskörpern. Ebenso
sind die Elemente an und für sich finster und erhalten auch ihr Licht von
den Gestirnen. — Das ganze Weltall besteht aus zwei Qualitäten: der
himmlischen und der irdischen. Mag nun der Himmel, wie dies Aristoteles
behauptet, von Ewigkeit bestehen, oder nach Platon in der Zeit erzeugt,
oder, wie die Theologen behaupten, erschaffen worden sein, so viel ist
sicher, dass die Sterne nicht aus einer und derselben Substanz bestehen
können. Dies beweist die verschiedene Farbe, der verschiedene Glanz und
die verschiedene Vertheilung der Gestirne am Himmel. Auch die Flecken
am Monde zeigen klar, dass nicht einmal die Substanz dieses einzigen
Gestirnes gleichartig sei. Uebrigens kennen wir, was als besonders bemerkenswerth herausgehoben wird, von dem Himmel viel mehr als von
der Erde, da schon Ptolemaios nur mehr der vierzehnte Theil der
Himmelssphäre unbekannt war. Die Bewegungen der Himmelskörper
nahm er im Sinne der geocentrischen Anschauung an. — Die Erzeugnisse des Himmels sind: die Fixsterne, Sonne, Mond und Planeten und
die Kometen. — Das Universum besteht aus 11 Körpern; der erste ist
die Erde, um diese ist das Wasser, um dieses bis zum Himmel die Luft;
diese umgibt die Sphäre des Mondes, dann folgt die des Merkur, der Venus,
der Sonne, des Mars, des Jupiter, des Saturnus und endlich der Sternen-
himmel. — Die Sterne sind feste, warme Körper. Da die Substanz des
Himmels locker ist, so werden die Strahlen aus ihrer Richtung abgelenkt, wodurch das Scintilliren der Sterne entsteht. Die Planeten sind
uns viel näher, ihre Strahlen kommen daher viel kräftiger zu uns, und
deshalb scintilliren sie nicht. — Die Kometen sind Kugeln am Himmel,
welche von der Sonne beleuchtet werden, und welche die durchgehenden
Strahlen mit der Gestalt eines Bartes oder Schweifes umgeben. — Während
den Himmelskörpern die Qualität der Wärme zukommt, charakterisirt die
sublunarischen Elemente die Qualität der Feuchtigkeit. — Das Feuer
ist brennende Luft. Der Rauch hält die Mitte zwischen Feuer und
Luft. Da das Feuer als brennende Luft bloss als ein Accidens zu betrachten ist, so kann dieselbe keine Substanz und somit auch kein Element sein. Das Feuer entsteht durch Fortpflanzung, Schlag, Stoss und
Reibung, durch Fäulniss, durch Einung (coitio), z. B. der Strahlen
mittelst des Brennspiegels. — Von den leuchtenden und farbigen Meteoren wird der Regenbogen, die Nebensonnen und Nebenmonde, die
Höfe und Kronen angeführt und besprochen. Die Darstellung bleibt
jedoch überall weit hinter den Kenntnissen des Zeitalters über diese Erscheinungen zurück. — Ebenso ist seine Beschreibung und Erklärung
der wässerigen Meteore und der Gewittererscheinungen voll von ungeheuerlichen Bemerkungen; so z. B. wird von den Schneeflocken behauptet,
dass dieselben in jeder Stunde des Tages oder der Nacht eine bestimmte,

jedoch verschiedene Gestalt besitze   Kreuz, Stern, Lilie, Skorpion, Fliege u. s. w.).

Die Bewegungen in der sublunaren Welt sind theils natürliche, theils gezwungene. Die natürlichen Bewegungen sind die folgenden: Die erste und stärkste ist die den Raum vollständig auszufüllen (ex fuga vacui), die zweite ist die Undurchdringlichkeit, letztere ist somit der ersten eben entgegengesetzt, die dritte Bewegung treibt die schweren Körper abwärts, die leichten aufwärts. — Neben diesen allgemeinen Bewegungen gibt es noch vier besondere, hierher gehört die magnetische Anziehung u. a. — Kein Körper bewegt sich ohne Ursache, jedoch ist es schwer, die letzte Ursache aufzufinden. — Die Bewegung geworfener Körper besteht aus dreierlei Bewegungen, zuerst aus einer natürlichen, zum Schlusse aus einer erzwungenen, in der Mitte aus einer natürlich-erzwungenen, gemischten Bewegung. — Von der Bewegung der einzelnen Elemente handelnd, bespricht Cardano die Bewegung der Luft, das sind die Winde, deren Geschwindigkeit er mit Hülfe der Pulsschläge bestimmt, wobei er findet, dass der stärkste Sturm während eines Pulsschlages 50 Schritte zurücklege. — Die Pulsschläge schlägt er im Allgemeinen als Zeitmass vor. — Hierauf bespricht er die Bewegung des Wassers in Flüssen und im Meere (d. i. die Ebbe und Flut), zum Schlusse handelt er von der Bewegung der Erde. Diese ist im Ganzen zwar unbeweglich, jedoch ist sie partiellen Erschütterungen ausgesetzt, welche wir Erdbeben nennen. — Die Luft ist nach ihm 50 Mal weniger dicht als das Wasser.

Cardano verfasste eine grosse Anzahl von Werken, von denen er jedoch wieder einen grossen Theil verbrannte. Die vollständige Sammlung seiner erhaltenen Werke erschien 1663 zu Lyon (cura Caroli Sponii medic. Doct.) in 10 Foliobänden. Nach seiner Angabe hat er über Medizin 27, über Sittenlehre 1, über Philosophie 38, über Theologie 6, über Astronomie 4 Bücher, über das Schachspiel 1 Buch verfasst. Ebenso schrieb er über Arithmetik und Geometrie u. a.

Niccola Tartaglia (Tartalea) war ein Zeitgenosse des Cardano und wurde zu Anfang des 16. Jahrhunderts geboren. Sein Vater, der Postillon war, starb früh und seine Mutter blieb mit einigen Kindern zurück. In dem von den Franzosen im Jahre 1512 verübten blutigen Gemetzel von Brescia wurde der Knabe Niccola, den seine Mutter in eine Kirche geflüchtet hatte, von einem französischen Soldaten durch einen Säbelhieb schwer verwundet, da ihm derselbe die Kinnladen zersprengte und den Gaumen spaltete. Da er seinen eigenen Familiennamen nicht kannte und seiner — durch die zugefügte Verwundung — stotternden Sprache wegen den Spottnamen Tartaglia (der „Stotterer") erhalten hatte, so nahm er diesen Namen als Familiennamen an.

In seinem Werke „Nuova scienza" (Venezia 1537) spricht er von der Wurfbewegung und behauptet dabei, dass die Bahn des geworfenen Körpers eine in jedem ihrer Theile krumme Linie bilde, während die

Peripatetiker behaupteten, der Anfang und das Ende der Bahn sei eine gerade Linie. Tartaglia wusste auch schon, dass der unter 45° Neigung geworfene Körper am weitesten fliege.

Bernardinus Telesius wurde 1508 zu Cosenza im Königreiche Neapel aus einer angesehenen und reichen Familie geboren. Da sein Onkel Antonius Telesius zu Mailand eine eigene Schule für die Jugend gegründet hatte, so wurde demselben auch die Erziehung des Bernardinus anvertraut. Er trieb hier besonders das Studium der lateinischen und griechischen Sprache und las mit Vorliebe den Lucretius. Als im Jahre 1525 sein Onkel nach Rom berufen wurde, folgte er ihm nach und blieb selbst nach dessen Entfernung von Rom dort zurück, was ihm jedoch schwer zu stehen kam, da er bei Gelegenheit der Einnahme der Stadt durch die Soldaten Carls V. gemisshandelt, beraubt und in den Kerker geworfen wurde. Aus dem Kerker befreit, wendete er Rom den Rücken und ging nach Padua, wo er sich dem Studium der Philosophie und Mathematik widmete. Das Studium der Naturwissenschaften, wie es zu jener Zeit getrieben wurde, konnte ihn jedoch nicht befriedigen und er kann es nicht begreifen, wie so viele ausgezeichnete Männer, so viele Nationen, durch so viele Jahrhunderte sich mit der aristotelischen Physik zufrieden geben konnten *). Er sah ein, dass er seine Absicht, den Aufbau der Naturwissenschaft auf neuer Grundlage am leichtesten zu Rom werde ausführen können und begab sich deshalb in diese Stadt, wo er mit Ubaldinus Bandinellus und Johannes de la Casa (später Bischof zu Benevent) ein inniges Freundschaftsbündniss schloss, das ihn auch in seinen Studien sehr förderte. Nach einigen Jahren kehrte er in seine Vaterstadt zurück, wo er sich mit Diana Sersoli vermählte, die ihm drei Söhne gebar, von denen jedoch zwei sehr früh starben. Auch seine Gattin wurde ihm früh entrissen. Nach dem Tode seiner Angehörigen begab er sich auf eines seiner Güter, wo er in gänzlicher Zurückgezogenheit nur der Wissenschaft lebte. Er verlegte sich intensiv auf das Studium der alten Philosophen, besonders des Aristoteles, und versuchte sich in der Ausarbeitung eines auf die Philosophie des Eleaten Parmenides gegründeten Systemes der Naturwissenschaft. Die Frucht dieser Bemühungen war sein Werk: „De natura rerum juxta propria principia libri duo“.

Nachdem Telesius sein Werk der Beurtheilung einiger gelehrter Männer unterbreitet hatte und diese sich über dasselbe günstig äusserten, gab er es zu Rom im Jahre 1565 heraus.

Die Physik des Telesius wurde besonders in Neapel mit grossem Beifall aufgenommen und die Mitglieder des Gymnasiums daselbst bemühten sich, den Verfasser derselben zu bewegen, sein philosophisches System in Neapel zu lehren. Der Gelehrte gab diesem Wunsche Folge

---

*) Telesius. De natura rerum. Neapoli 1565. Vorrede.

und der Ruf seiner Gelehrsamkeit versammelte alsbald zahlreiche Jünger
um ihn, die sich unter seiner Leitung dem Studium der Naturwissenschaften widmeten. Ob er ein bezahltes Amt bekleidet habe, das vermögen wir nicht anzugeben. Um das Studium der Naturerscheinungen
mit grösserem Erfolge betreiben zu können, gründete Telesius eine
Vereinigung Gleichgesinnter, welche sich die Aufgabe setzte, gemeinsam
die Geheimnisse der Natur zu ergründen und die aristotelische Philosophie
zu stürzen. Diese Gesellschaft erhielt auf Antrag eines ihrer Mitglieder
den Titel: „Academia Consentina". Dieselbe hatte jedoch kein besseres
Schicksal, als die kurze Zeit vorher von Porta gegründete; sie wurde
von Seite der römischen Curie unterdrückt. Telesius nahm diese Anfeindungen so übel auf, dass er an einem heftigen Gallenfieber erkrankte,
dem er nach einer fast 18 Monate lang dauernden Krankheit 1588, beinahe 80 Jahre alt, erlag.

Zu seinen Lebenszeiten erschienen die folgenden Werke:

De natura rerum juxta propria principia libri duo. Roma 1565.
Idem liber Neapoli 1570. Dasselbe Neapel 1586.

De his, quae in aëre fiunt, et de terrae motibus liber unicus.
Neapoli 1570.

De mari liber unicus. Neapoli 1570.

De colorum generatione opusculum. Neapoli 1570.

Nach dem Tode des Telesius sammelte sein Freund Anton
Persius mehrere seiner Schriften und gab sie zu Venedig 1590 heraus.
Es sind dies die folgenden: De Cometis et lacteo circulo; de his, quae
in aëre fiunt; de iride; de mari; de coloribus; de somno; quod animal
universum ab unica animae substantia gubernetur.

Das Hauptwerk: „De natura" erschien auch zu Genf im Jahre 1588.

Bald nach dem Tode ihres Verfassers wurde dasselbe nebst einigen
anderen Schriften auf Befehl des Pabstes Clemens VIII. in den „Index
romanus expurgatorius" als verboten (donec expurgentur) aufgenommen.
Die Hauptvertheidiger der telesianischen Lehre waren Patritius und
Campanella. Dass es an zahlreichen Gegnern der neuen Theorie nicht
fehlen konnte, braucht wohl des Weiteren nicht angeführt zu werden, da
alle jene Gelehrten, welche die peripatetische Lehre angriffen, die Gegnerschaft einer mächtigen Gelehrtenkaste herausforderten.

Die Naturphilosophie des Telesius nimmt nur drei Prinzipien
an: Wärme und Kälte, dieselben sind unkörperlich und wirkend, ferner
die Masse oder den Stoff: das leidende Prinzip. Die ersten beiden
sind die bildenden Prinzipien oder Faktoren, welche aus dem Stoffe
Himmel und Erde gebildet haben. Die Masse hingegen hat gar keine
wirkenden Kräfte. — Die Wärme dehnt den Stoff aus, die Kälte zieht
ihn zusammen. Diese beiden Prinzipien bekämpfen sich daher. Wärme
ist der Grund der Bewegung, Kälte Grund der Ruhe. Die Wärme
besitzt die folgenden Eigenschaften: die Körper zu erwärmen, sie durch-

sichtig und leuchtend zu machen, deren Dichtigkeit zu vermindern und sie zur Bewegung anzutreiben. Die Kälte hat die entgegengesetzten Eigenschaften. Die Eigenschaften der Wärme dokumentiren sich bloss am Himmel, die der Kälte auf der Erde. Die Weltanschauung des Telesius ist eine durchaus geocentrische. Die Bewegung des Himmels ist seiner Natur nach kreisförmig und gleichförmig, durch die verschiedene Wirkung der Wärme auf die Weltkörper wird sie ungleichförmig, woraus er die ungleichförmige Bewegung der Planeten erklärt. Die Erde ist an sich kalt, an ihrer Oberfläche berührt sich die Wärme des Himmels mit der Kälte der Erde und hieraus entstehen die verschiedenen Körper (organische Wesen etc.). Die speziellen Eigenschaften, welche Telesius der Materie zuschreibt, übergehend, wenden wir uns noch kurz zur Theorie des Sehens und Hörens. Die Beschreibung der Theile des Auges zeigt auf eingehende Studien am Leichen- und Thierauge. Die Wahrnehmung des Lichtes kommt nach ihm in dem Glaskörper des Auges zu Stande. Das gleichzeitige Ueberblicken eines grossen Gesichtsfeldes erklärt er ganz richtig durch die schnelle Bewegung des Auges.

Das Hören kommt durch die Bewegung der Luft zu Stande. Aller Schall entsteht durch wechselweises und heftiges Schlagen der Körper aufeinander.

Interessant ist der Vergleich, den Telesius über die Evidenz der mathematischen und physischen Sätze aufstellt. Die mathematischen sowohl, als die physischen Schlüsse gehen aus der Aehnlichkeit hervor, während jedoch die physischen aus eigenen Prinzipien und Ursachen folgen, beruhen jene bloss auf einem Abbilde oder Zeichen (signum) des Gegenstandes. Es sind daher die physischen Schlüsse nicht weniger, sondern vielmehr mehr gewiss als die mathematischen.

Das Lehrsystem des Telesius wurde, wie oben erwähnt, von einigen der besten Denker seiner Zeit mit sehr vielem Beifall aufgenommen. Besonders sind es Bacon, Giordano Bruno, Patritius und Campanella welche in ihm den erfolgreichen Bekämpfer der aristotelischen Philosophie verehren.

Francesco Patrizio wurde in dem Schlosse Clissa in Istrien im Jahre 1529 geboren. In seiner frühen Jugend genoss er einen guten Unterricht, jedoch schon von seinem zehnten Jahre an wurde er durch ein volles Jahrzehent durch missliche Verhältnisse, als steter Wanderer zu Wasser und zu Lande, in Griechenland und Kleinasien herumgetrieben. Endlich glückte es ihm, die Unterstützung des Erzbischofs von Cypern, Philipp Mocenigo, zu erlangen, mit dessen Neffen er nach Venedig ging, um seine Studien fortzusetzen. Von dort gingen sie nach Padua, wo er sich mit der Biographie und den Werken des Aristoteles beschäftigte. Jedoch sein Schicksal liess ihn noch immer nicht ruhen, wieder begann das unstäte Herumwandeln, bis er endlich im Jahre 1560 wieder in Venedig anlangte, wo er seine „zehn Dialoge über Geschichte" herausgab.

Er nahm nun wieder seine Arbeit über Aristoteles hervor und gab sie 1571 als ersten Band seiner „Discussiones peripateticae" zu Venedig heraus.

Nachdem Patrizio nach Modena übersiedelt war, schien sich sein Schicksal zum Bessern zu wenden. Die gelehrte Gemahlin des Paolo Porrino, Tarquinia Molzia, welche er in der griechischen Sprache unterrichtete, sowie andere Gönner und Freunde, bemühten sich mit Erfolg, die Stellung Patrizio's zu verbessern und verschafften ihm einen Ruf an das Gymnasium zu Ferrara, wo er durch 17 Jahre platonische Philosophie lehrte. In dieser Stellung hatte er Musse, seine „Discussiones peripateticae" zu vollenden. Der erste Band dieses Werkes enthält die Biographie des Aristoteles, ein Verzeichniss seiner Werke, ferner die Geschichte der alten Peripatetiker. Im zweiten Bande sucht er die Uebereinstimmung zwischen den aristotelischen und platonischen, sowie andern philosophischen Lehren zu zeigen, im dritten weist er die Unterschiede zwischen denselben nach, im vierten endlich spricht er sich als Gegner des Philosophen von Stageiros aus, indem er zu zeigen sucht, wie alles Wahre und Richtige geborgt und nur das Falsche und Irrige Eigenthum seines Systems sei.

Im Jahre 1583 gab Patrizio seine Uebersetzung des Joan. Philoponus heraus, der ebenfalls über Aristoteles geschrieben hatte, 1586 erschienen zwei Abhandlungen über die Poetik, 1587 schrieb er seine „della nuova Geometria lib. XV.", in welchem Werke er die Geometrie auf andere Weise begründete als Eukleides und die andern Mathematiker.

Es erschienen nun der Reihe nach einige, hauptsächlich auf Platon bezügliche Schriften, bis er 1589 sein Hauptwerk: „Nova de universis Philosophia" herausgab, das er dem Pabste Gregor XIV., dem er schon als Jüngling seine „Rhetorica" dedicirt hatte, widmete. Er bittet in der Dedication, in den Gymnasien und Klöstern des päbstlichen Staates statt der aristotelischen Gottlosigkeiten die Philosophie des Platon lehren zu lassen und dahin zu wirken, dass man dies Beispiel auch anderswo befolge.

Das naturphilosophische System wurde mit Berücksichtigung des telesianischen Systemes aufgerichtet. — Der vollständige Titel des Hauptwerkes unseres Gelehrten ist der folgende: „Francisci Patritii nova de universis Philosophia, in qua Aristotelica methodo non per motum, sed per lucem et lumina ad primam causam ascenditur, deinde propria Patritii methodo tota in contemplationem venit divinitas, postremo methodo platonica rerum universitas a Conditore Deo deducitur." Ferrariae 1591. fol. Das ganze Werk zerfällt in 4 Theile: Vom Lichte, von den Prinzipien aller Dinge, von der Seele, von der Welt.

Als der Cardinal Aldobrandini, der Gönner des Patrizio, 1592 als Clemens VIII. den päbstlichen Stuhl bestieg, berief er diesen nach Rom und übertrug ihm nebst einem ansehnlichen Gehalte das Lehramt der Philosophie. Patrizio bearbeitete hier noch sein Werk: „Paralleli militari", ein grosses militärisches Werk, das von einer ungemein weitläufigen Gelehrsamkeit Zeugniss ablegt.

Patrizio starb zu Rom den 6. Februar 1593 im 68. Lebensjahre. Trotz der Freundschaft, welche Pabst Clemens VIII. für den Gelehrten hegte, blieb es seinen Werken doch nicht erspart, den 1595 herausgegebenen „Index romanus" Clemens des VIII. schmücken zu müssen.

Die Naturphilosophie des Patrizio behauptet mit Telesius die zwei Prinzipien: Wärme und Kälte, setzt jedoch noch hinzu: das Licht, den Raum und die Flüssigkeit. — Wenn wir das Wissenschaftssystem des Albertus Magnus den christianisirten „Aristotelianismus" nennen, so können wir das des Patrizio das System des christianisirten „Platonismus" nennen. — Das Werk des Patrizio über die „neue Philosophie" beginnt folgendermassen: „Philosophie ist Streben nach Weis-
„heit, Weisheit aber ist die Erkenntniss des Alls, das All aber besteht
„durch Ordnung, Ordnung aber besteht durch Früheres und Späteres,
„demnach muss die Philosophie mit dem früher Erkannten anfangen."

„Durch Licht und Erleuchtung begannen unsere Urväter die Aussen-
„welt wahrzunehmen, bewunderten, was sie wahrnahmen, und bestrebten
„sich endlich, das Bewunderte auch zu begreifen. Demnach ist die Philo-
„sophie die wahrste Tochter des Lichtes, der Erleuchtung, der Bewunde-
„rung und der Betrachtung."

Die Masse der Welt oder des Universums ist ebenso unendlich wie der Raum, in dem es sich befindet. — Er polemisirt an einer anderen Stelle gegen die Annahme einer „quinta essentia", da die Himmelskörper aus derselben Flüssigkeit gebildet erscheinen, wie die andern Körper. — Von der Milchstrasse sprechend, citirt er die Meinung seines Freundes Telesius, den er den Mann mit dem göttlichen Geiste nennt (vir divino ingenio). — Patrizio ist Anhänger der coppernicanischen Lehre. Wir finden darauf bezüglich die folgende Stelle in dem besprochenen Werke des Philosophen: „Wir wollen nun untersuchen, ob die Erde sich
„bewege oder ruhe; und wie es scheint, wird das Ansehen des Nicetas
„von Syracus (bei Cicero, Quaest. acad. IV, 39), des berühmten Pytha-
„goräers Philolaus, des Heraclides, des Ecphantus (bei Plutarch, de plac.
„Philos. III, 13. 17), des Mathematikers Seleucus, und des Aristarchus
„von Samos das Ansehen des Aristoteles und des Ptolemäus leicht über-
„treffen, besonders da ihnen das Urtheil unsers vorzüglichsten
„Astronomen, Nicolaus Copernicus, an der Seite steht,
„welcher gleichfalls behauptet, dass der gestirnte Himmel ruhe, und die
„Erde sich bewege. Wir müssen aber dabei sorgfältig untersuchen, ob
„aus dieser Hypothese wirklich etwas Unmögliches folge? —" (Panaugia lib. XVII. fol. 102. col. 3. 4.*)

---

*) Freilich finden wir an anderen Stellen Meinungen ausgesprochen,

Es werden nun eingehend die Gründe für die Ruhe und für die
Bewegung der Erde erwogen und hierauf für die letztere Ansicht entschieden. Patritius spricht nun von der Beschaffenheit der Planeten,
der Sonne und des Mondes, wobei er jedoch einzig und allein die Theorien der griechischen Naturphilosophen berücksichtigt und aus diesen
Schlüsse zieht.

In der „Pancosmia" spricht unser Autor von der Luft und beginnt
mit den folgenden Worten: „Bis jetzt haben wir theils bloss nach der
„Anleitung der Vernunft, weil die Sinne nicht hinreichten, theils nach
„dem Zeugnisse der Augen, weil das Gesicht am weitesten reicht, philo-
„sophirt. Von nun an werden wir auch die übrigen Sinne anwenden
„können, und denselben gemäss, und von ihnen geleitet, werden wir nun
„philosophiren."

Es wird nun beiläufig in derselben Weise wie früher über das
Weltgebäude, jetzt über die Luft und das Wasser (und Meer) gehandelt,
wobei er wieder die Gelegenheit ergreift, dem Telesius seine unbegrenzte Verehrung zu bezeugen, „da er ihn die ausserordentliche Zierde
seines Jahrhunderts und den grössten Physiker" nennt, „welcher durch
seine Entdeckungen die Philosophie aus den Fesseln der peripatetischen
Schule befreit habe."

Giordano Bruno (Jordanus Brunus oder eigentlich Bruni)
wurde zu Nola im Königreiche Neapel um die Mitte des 16. Jahrhunderts geboren. Weder sein Geburtsjahr, noch wer seine Eltern
gewesen, kann gegenwärtig mehr eruirt werden. Nach seiner eigenen
Erzählung scheint er in seiner Jugend sich viel mit dramatischer Poesie
befasst zu haben. Daneben hat er jedoch sich frühzeitig auf das Studium
der ernsten Wissenschaften verlegt und dabei besonders Philosophie und
Mathematik getrieben. Er trat noch in seinen jüngern Jahren in den
Orden der Dominicaner, wo er es sogar zu einigen Würden brachte.
Jedoch kam er bald in Conflict mit seinen Obern, da er die Lebensweise
der Mönche offen tadelte und auch sonst immer seine Meinung unver-
hohlen äusserte. Besonders war es jedoch die Gegnerschaft, die er wider
die aristotelische Philosophie an den Tag legte, welche ihn endlosen
Verfolgungen aussetzte.

Nachdem er sich mit seinen Ordensgefährten gänzlich zerschlagen
batte, verliess er sein Vaterland und floh im Jahre 1580 nach Genf,
wo er sich 2 Jahre aufhielt und mit Calvin und Beza verkehrte. Von
dort ging er über Lyon und Toulouse nach Paris, wo er zum ersten
Mal als Schriftsteller auftrat und nebst einem Lustspiele drei kleine
philosophische Werke herausgab; von Paris ging er 1583 nach London,

---

welche sich bloss mit der Annahme einer ruhenden Erde vertragen (Pan-
cosm. lib. XXIII, fol. 122), oder höchstens mit der um ihre Axe rotirenden
(Ibid. lib. XXXI, fol. 150).

wo ihn der französische Gesandte Castelnau freundlich aufnahm und unterstützte. Ihm, sowie anderen Freunden und Gönnern widmete Bruno seine zu London 1584 herausgegebenen Schriften: „La cena de le cineri, descritta in cinque Dialoghi", das sind Aschermittwochstischgespräche zur Vertheidigung des coppernicanischen Weltsystems und der Vielheit der Welten. — „Dialoghi de la causa, principio, et uno", „Del' infinito Universo, et de' i mondi", das sind naturphilosophische Gespräche. — „Explicatio triginta sigillorum" ohne Erscheinungsort und Jahreszahl. — „Spaccio de le bestie trionfanti, proposto di Giove, effetuato da consiglio, revelato da Mercurio, recitato da Sophia, udito da Saulino, registrato dal Nolano: divise in Tre Dialoghi, subdivise in Tre parti*) (In Parigi); dieses sonderbare, berüchtigte Werk ist in Gesprächsform gehalten und gibt die verbesserte Sittenlehre im Sinne des Verfassers in Form einer Revue über die Haupttugenden und Hauptlaster. Die Fabel dieser komisch-satirischen Schrift ist kurz die folgende: Der alte Zeus, nunmehr zum gesetzten Manne gereift, bereut es, den heidnischen Dichtern so viel Stoff zur Besingung seiner leichtfertigen Jugendstreiche gegeben zu haben und beschliesst eine Reorganisation des Göttersenates. Er will die in den Himmel versetzten Bestien, welche als Sternbilder prangen, auf die Erde verbannen und die hierdurch leer gewordenen Stellen durch die jenen Lastern entgegengesetzten Tugenden besetzen. — Ausser diesen werden noch drei weitere Werke erwähnt, deren Inhalt uns jedoch hier weniger interessirt.

Zu Ende des Jahres 1585 kehrte Bruno nach Paris zurück, wo er an der Universität eine ausserordentliche Professur für Philosophie erhielt. Er begann nun hier als heftiger Gegner des Aristoteles aufzutreten und hielt eine drei Tage lang dauernde Disputation gegen die Professoren der herrschenden Philosophie. Bald nach dieser Disputation verliess er Paris und ging nach Marburg, wo er jedoch die Erlaubniss zu doziren nicht erhielt; hierauf begab er sich nach Wittenberg, wo er sich zwei Jahre lang aufhielt, Philosophie und Mathematik lehrte und seine Angriffe gegen den Peripatetismus fortsetzte. Von Wittenberg ging er nach Prag, von dort 1589 nach Braunschweig, dessen beide Herzoge Julius und Heinrich Julius ihn mit einem Gehalte an die Universität Helmstädt sandten. Doch auch hier blieb er nicht lange, sondern ging nach Frankfurt a. M., wo er einige Werke herausgab. Von hier ging er nach der Schweiz und schliesslich begab er sich in die Höhle des Löwen, in sein Vaterland. Nachdem er in Padua eine Zeit lang seine Philosophie gelehrt hatte, wurde er von der Inquisition zu Venedig eingezogen und 1598 der römischen Inquisition ausgeliefert, die ihn nach zweijähriger Kerkerhaft und vorhergegangener Degradation und Excommunikation der weltlichen Gerichtsbarkeit mit dem gewöhn-

---

*) „Vertreibung der triumphirenden Bestien aus dem Himmel."

lichen, heuchlerischen Zusatze übergab: „ut quam clementissime, et citra
sanguinis effusionem puniretur", unter welcher „gnädigen, Blutvergiessung
vermeidenden Strafe" natürlich der Flammentod gemeint war.

Bruno, der während seines langandauernden Prozesses sich nicht
immer fest und standhaft benommen hatte, hörte dieses Urtheil mit
Würde an und entgegnete: „Dieses Urtheil mag euch, die es mir verkündigt, vielleicht mehr Furcht bereiten, als mir *).“ — Hierauf wurde
er noch 8 Tage im Kerker gehalten und am 17. Februar 1600, da er
seine Irrthümer nicht widerrief, zum Scheiterhaufen geführt und lebendig
verbrannt.

Als Haupt-Irrlehren wurden ihm zur Last gelegt: die Vielheit der
Welten, die Seelenwanderung, dass die Magie eine zulässige Wissenschaft
sei, dass die Welt ewig sei, dass die Wunder Mosis auf natürlichem
Wege zu Stande gekommen, dass von Adam und Eva die Juden, von
den ungenannten beiden Urmenschen alle andern Völker abstammen
und andere dergl.

Bruno's Schriften wurden 1603 sämmtlich auf den Index der
verbotenen Bücher gesetzt. Die wichtigeren Werke des unglücklichen
Philosophen sind die folgenden: „De la causa, principio et uno“; — „Del'
infinito Universo, et de' i mondi“; — „Spaccio de le bestie trionfanti“;
— „La cena de le cineri“ und „Degli eroici furori“ d. h. „Ausbrüche
heroischer Entzückungen“, Lieder der übersinnlichen Liebe zu dem Ur-
wahren, Urguten und Urschönen.

Die Schriften Bruno's sind heutzutage sehr selten, da die Furcht
vor der Inquisition wohl eine grosse Menge derselben vernichtet hat.
Der Inhalt dieser Werke ist hauptsächlich naturphilosophischen und
metaphysischen Inhaltes. Bruno ist einer der ersten Begründer der
pantheistischen Weltanschauung. Die experimentelle Naturforschung
verdankt dem Bruno keinerlei Förderung, er war auch kein Mathematiker und somit verdankt ihm auch die theoretische Mechanik und geometrische Optik keinerlei neue Resultate. Sein Hauptverdienst ist sein
energischer und erfolgreicher Kampf gegen die scholastische Weltanschauung und ist Giordano Bruno in dieser Beziehung als der unmittelbare Vorläufer Galilei's zu betrachten, dessen „Dialoge über die
beiden grössten Weltsysteme" unmittelbar an den des Bruno „Von dem
unendlichen All und von den (unendlichen) Welten" erinnert.

Bruno war ein begeisterter Anhänger und Apostel der coppernicanischen Lehre **), trotzdem er — wie schon erwähnt — ganz und gar

---

*) „Majori forsitan cum timore sententiam in me dicitis, quam ego
accipiam.“ Rixner, Siber. Leben und Lehrmeinungen berühmter Physiker.
Sulzbach 1824. V, pag. 23.

**) „Ich bewundere Dich, o Coppernicus! dass Du über die allgemeine
Blindheit deines Zeitalters so weit dich zu erheben vermochtest, dasjenige,
was vor Dir schon Nicolaus von Cusa in seinem Buche: De docta igno-

ungeschult im mathematischen Denken war und sich in seinen Schriften die allereigenthümlichsten Verstösse gegen die Sätze der Geometrie finden. — Der Himmel ist seiner Ansicht nach ein flüssiges, klares Aethermeer, durch den unendlichen Raum gleichmässig ausgegossen. In ihm schwimmen unzählige, theils sonnenähnliche, theils erdenähnliche Weltkörper, gebildet aus den irdischen vier Elementen, auf welchen überall, wie auf unserer Erde Zeugung und Verwesung stattfindet. Wie dem Erdkörper im Allgemeinen, ist den Samen aller lebendigen Erdgebilde Seele und Geist angeschaffen, der sich nach seiner eigenen „idea" seinen eigenen Leib bildet, der Mutterleib ist ihm nur Bildungs- und Geburtsstätte. — Die uns näher liegenden Sonnen nennen wir Fix- sterne erster Grösse, bei aufmerksamer Betrachtung würden wir ohne Zweifel auch Wandelsterne unter den sogenannten Fixsternen entdecken, welche um andere Sterne ihre kreisförmigen Bahnen ziehen. Die Fix- sterne sind somit nicht eitle Fackeln oder Flämmchen, sondern ungeheuere Sonnenkörper, wodurch unzählige Planetenkörper Licht und Wärme er- halten. — Glauben, dass nicht mehr Planeten seien, als wir bis jetzt kennen, das hiesse so viel, als aus einem kleinen Fenster schauend, zu behaupten, es gebe nicht mehr Vögel in der Luft, als durch das Fenster gesehen werden können.

Wenn wir die Bedeutung Giordano Bruno's für die Geschichte der physikalischen Weltanschauung mit kurzen Worten zu charakterisiren versuchen, so können wir ihn als einen der bedeutendsten Aristoteles- stürmer nennen, der jedoch ausser diesem Verdienste der Negation einer ausgelebten Denkrichtung durch seine grossartige Conception eines Weltalls von unendlicher Ausdehnung dazu beigetragen hat, die Schranken fallen zu machen, mit denen Coppernicus sein Weltsystem zu um- gürten für nothwendig fand*).

---

rantia, obschon mit etwas unterdrückter Stimme, ausgesprochen hatte, viel lauter und kühner zu verkünden, darauf vertrauend, dass, wenn die wahre Lehrmeinung nicht stark genug wäre, sich durch sich selbst Aufnahme zu verschaffen, dieselbe doch wenigstens wegen der grösseren Bequemlichkeit in den Berechnungen als eine nützliche Hypothese würde zugelassen werden, besonders, da sie ja nach des Cicero's und Plutarch's Zeugnissen schon den Alten, z. B. dem Nicetas, Ecphantus, Heraclydes Ponticus und dem pythago- räischen Timaeos nebst anderen Pythagoräern bekannt gewesen. — Zu be- dauern ist nur, dass Coppernicus, der leider mehr Mathematiker als Philosoph war, noch allzuviele willkürliche und unerweisliche Voraussetzungen zuliess." De Maximo sive de Immens. Libr. III, cap. 9.

*) Möge das folgende Sonett Bruno's, entnommen aus den Dialogen „von den unendlichen Welten" (III. Gespräch), einen Begriff von desselben poetischem Schwunge geben: Der Weltlauf.

Nein! nein! es steht nicht still; es dreht nach seiner Weise
Das ganze Weltall sich im Kreise.
Du siehst in Tiefen, siehst in Höhen

Thomas Campanella wurde den 5. September 1568 zu Stilo in Calabrien geboren. Schon in seinem 13. Jahre war er des Lateinischen mächtig, in seinem 15. Jahre trat er durch die Lebensbeschreibungen des Albertus Magnus und des Thomas von Aquino begeistert in den Predigerorden. Neben seinen theologischen Studien betrieb er mit grossem Eifer das Studium der alten Philosophen, besonders des Aristoteles, Platon, der Stoiker und Demokritiker. Durch Zufall wurde er mit den Schriften des Telesius bekannt und wurde nun bald dessen begeisterter Verehrer. Er verfasste eine Schrift als Widerlegung des Jacob Anton Marta aus Neapel, der in seinem „Propugnaculum Aristotelis" den Telesius angriff. Campanella bewies in seiner Schrift, dass Marta den Aristoteles, den er vertheidigen sollte, eben durch seine Schrift angreife. Diese Schrift des Campanella erschien zu Neapel im Jahre 1590.

Durch seine Geschicklichkeit und Schlagfertigkeit, die er in öffentlichen Disputationen an den Tag legte, hatte er sich Feinde zugezogen und wollte er, um diesen zu entgehen, einen andern Ort aufsuchen. Er ging 1592 nach Rom, hierauf nach Florenz und von dort nach Venedig und Padua. An letzterem Orte wollte er einige Schriften herausgeben. Auf dem Wege dahin wurden ihm jedoch zu Bologna einige Manuskripte von Werken entwendet, welche er später, beim heiligen Officium hinterlegt, wieder vorfand.

Sein zweiter Aufenthalt in Rom war angenehmer als der erste, da er mit einigen einflussreichen Personen: Kardinälen u. A. in Berührung und Verkehr kam. Er diktirte einigen Zuhörern ein kleines Compendium der Naturwissenschaft, welches einer derselben ohne Wissen des Verfassers zu Frankfurt a. M. herausgab. Im Jahre 1598 begab er sich wieder nach Neapel und von hier in seine Vaterstadt. In Folge einiger unvorsichtiger Aeusserungen gegen die spanische Regierung wurde er in den Kerker geworfen, wo er 27 Jahre lang schmachtete. Er hatte hiebei eine sehr wechselvolle Behandlung auszustehen: theils wurde er milder behandelt, durfte schreiben und Besuche von fremden Gelehrten empfangen,

---

Kein einzig Wesen stille stehen.
Lang oder kurz, leicht oder schwer,
Gemess'nen Ganges geht's einher,
Wie es der Meister haben will. —
Zuletzt kommt alles an sein Ziel.
  Dich aber führt der gleiche Schritt,
Der Dinge gleicher Kreislauf mit;
Die Fluten steigen auf und nieder,
Was oben war, kehrt unten wieder —
Durch den die Wesen Kraft gewinnen,
Der Geist allein kann nie zerrinnen.

(Uebersetzung aus Rixner, Siber. Leben und Lehrmeinungen. V, pag. 228.)

theils wurde er sehr hart gehalten, ja selbst gefoltert. Dabei legte man ihm die ungereimtesten Dinge zur Last. Da sollte er das berüchtigte Werk: „De tribus Impostoribus" geschrieben haben, welches 30 Jahre vor seiner Geburt erschienen war, er sollte ein Ketzer und Rebell sein, da er dem Aristoteles Fehler vorzuwerfen sich unterfangen hatte. Campanella ertrug sein hartes Schicksal mit viel Geduld und Würde. Im Jahre 1622 schrieb er auf Anweisung des Cardinals Bonifacius Cajetanus eine „Apologia pro Galilaeo", welche Tobias Adami zu Frankfurt drucken liess. Nachdem sich viele einflussreiche Männer, selbst Pabst Paul V., ferner die Familie Fugger, welche am österreichischen Hofe viel vermochte, für ihn verwendet hatten, gelang es endlich am 15. Mai 1626 den unglücklichen Gelehrten aus seiner langen Haft zu befreien. Es war Pabst Urban VIII., welcher den Campanella befreite und zwar halb durch List, da er ihn als der Ketzerei verdächtig vor den Richterstuhl zu Rom forderte. Der Vielgepeinigte wurde vom Pabste mit sehr viel Wohlwollen aufgenommen und mit einem sehr ansehnlichen Gehalte bedacht. Jedoch selbst jetzt war Campanella noch nicht vollständig vor Anfeindungen geschützt, ja als er einer von ihm verfassten Schrift zufolge von dem französischen Gesandten Franz de Noailles mit Gunstbezeugungen überhäuft wurde, da regte sich von neuem der Argwohn der spanischen Regierung und es wurde beschlossen, den unbequemen Mönch aus dem Wege zu räumen. Gewarnt flüchtete sich derselbe in das Hôtel des französischen Gesandten, der ihn verkleidet nach Frankreich schickte. Im Oktober des Jahres 1634 kam er in Marseille an und begab sich im folgenden Jahre nach Paris, wo ihn König Ludwig XIII. sich vorstellen liess und ihn sehr gnädig aufnahm, während ihm der Minister, Cardinal Richelieu, eine Pension von jährlich·2000 Francs auswarf.

Campanella verlebte den Abend seines qualenreichen Lebens in ungetrübter Ruhe, mit literarischen Arbeiten beschäftigt. Hauptsächlich beschäftigte er sich mit der Herausgabe seiner sämmtlichen Schriften, welche in 10 Quartbänden erscheinen sollten. Sein Tod erfolgte im Jahre 1639 den 21. Mai. Er hatte das Alter von 71 Jahren erreicht.

Wir führen in Folgendem einige Schriften Campanella's an: „Philosophia sensibus demonstrata, et in VIII. disputationes distincta" (Neapoli 1591), „Prodromus Philosophiae instaurandae" (Francof. 1617), „De sensu rerum" (Francof. 1620), „Apologia pro Galilaeo Mathematico" (Francof. 1622), „Realis philosophiae epilogisticae partis IV." (Francof. 1623), „Atheismus triumphatus, seu contra Antichristianismum" (Romae 1631), „De praedestinatione etc" (Parisiis 1636), „Astrologicorum Libri VI." (Lugd. 1629), „Medicinalium juxta propria principia Libri VII." (Lugduni 1635), „Philosophiae rationalis Partes V." (Parisiis 1638), „Disputationum in IV. Partes suae Philosophiae realis Libri IV." (Paris 1637), „Universalis Philosophiae, seu Metaphysicarum rerum juxta propria dogmata, Partes III. Libri XVIII." (Paris 1638) u. a. — Ausser diesen ge-

druckten Werken gibt es in den Bibliotheken Englands, Frankreichs und
Italiens noch eine Reihe von handschriftlichen Werken verschiedenen Inhalts.

Wir übergehen nun auf die Hauptumrisse der physischen Weltanschauung Campanella's. Der Raum ist die erste Substanz, er durchdringt alles und wird von allem durchdrungen. Im Raume gibt es
ein thätiges Prinzip: das Licht und ein leidendes: die Materie. Das erstere
durchmisst den Raum und belebt die Materie. Wärme und Licht sind
verschiedene Modifikationen eines und desselben Agens. Die Farben entstehen aus Weiss und Schwarz. Aus dem Unterschied der Farbe können
wir auf den Grad der Dichtigkeit der Materie schliessen, da das Licht
in einem dichteren Medium wirksamer ist. Hieraus wird nun die Färbung
des Himmels und des Meeres erklärt. — Die Materie als zweite Substanz ist ein leidendes Werkzeug der Zusammensetzung aller Dinge. Dieselbe ist für sich träge, unsichtbar und schwer (sie fällt mit beschleunigter
Bewegung gegen ihre Stütze, die Erde). Die Materie ist der Sitz zweier
unkörperlicher Kräfte: der Wärme und der Kälte. Diese beiden Prinzipien sind einander feindlich gesinnt: die Wärme verdünnt die Materie
und verwandelt einen Theil derselben in Aether, einen dichteren Theil
in Luft, den dichtesten in Wasser (das Meer). Die Kälte hat nun die
entgegengesetzte Wirkung, sie ballt die Massen zur Kugel. Dieser harte
Ballen ist die Erde. — Es giebt nur zwei Elemente: Feuer und Erde.
— Die Körper sind nicht schlechthin leicht oder schlechthin schwer,
sondern nur innerhalb ihrer Gattung und innerhalb ihres Systems. Die
kleinere Kugel fällt geschwinder, als die grosse, weil sie die entgegenstehende Luft: das Medium leichter durchschneidet, als die grosse. Im
leeren Raum würden beide gleichzeitig zur Erde gelangen. Die Elemente,
sowie alles, was aus ihnen entsteht, haben Sinn und Empfindung, denn
sonst wäre die Welt ein Chaos. — Die ganze Welt ist ein beseeltes
Wesen, welches in allen seinen Theilen empfindet, sich in allen Theilen
eines gemeinsamen Lebens freut und die Trennung der Theile scheut.
Für die Existenz der Weltseele werden nun Gründe angeführt. Die
Dauer der Welt ist eine beschränkte, da dieselbe altert. Die Sonne,
welche um die Erde läuft, verengert unaufhörlich ihre Bahn und so
wird endlich, wenn sie einmal sehr nahe gekommen ist, die Welt
durch ein hitziges Fieber zu Grunde gehen. — Die Kometen sind auf-
gestiegene Dünste. Die Milchstrasse ist auf ähnliche Weise (durch Ver-
dunstung) entstanden. Campanella behandelt auch die Erscheinungen
des Luftkreises, der Erdoberfläche, der organischen Natur u. s. f.

Die Hauptschrift des Campanella, was seine Ansichten über die
Naturerscheinungen betrifft, ist die oben erwähnte: „De sensu rerum et
magia" (Francof. 1620). Sein Leben hat Salam. Cyprianus beschrieben*),

---

*) Vita et philosophia Thomae Campanellae autore Salam. Cypriano.
Amstel. 1705. 8⁰.

ferner findet sich eine biographische Darstellung, von einer Skizze seines
wissenschaftlichen Systemes begleitet, in dem Rixner-Siberschen Werke:
„Leben und Lehrmeinungen berühmter Physiker etc."

Wir übergehen nun zu jenen Forschern, welche als die unmittelbaren Vorgänger Galilei's in der Mechanik betrachtet werden können.
Benedetti (Benedictis), geboren 1530 zu Venedig, gestorben zu
Turin 1590 als Mathematiker des Herzogs von Savoyen. Unter dem
Titel: „Diversarum speculationum math. et physicarum liber" erschien
von ihm zu Turin 1585 ein Werk, welches sich in mancher Beziehung
von Aristoteles unabhängig macht und eine selbstständige Auffassung
verräth. Er kennt die Centrifugalkraft und weiss, dass nach deren Aufhören der bewegte Körper sich in tangentialer Bahn weiter bewegt.
Beim Kniehebel erwähnt er den Satz der statischen Momente, den er
ganz richtig erörtert.

Guido Ubaldi Marchese del Monte (Montis), geboren 1545 zu Pesaro,
gestorben 1607. Derselbe lernte zu Urbino und Padua, hierauf kämpfte
er gegen die Türken, 1588 kehrte er nach Italien zurück, wo er General-
inspektor der toskanischen Festungen wurde. Er übersetzte einige Abhandlungen des Archimedes und schrieb eine Mechanik, welche 1577
erschien. Die Theorie der einfachen mechanischen Potenzen verbesserte
und vervollkommnete er, wobei er sämmtliche Maschinen auf den Hebel
zurückführte. Lagrange schreibt ihm die Entdeckung des Prinzipes
der virtualen Geschwindigkeiten beim Hebel und beim Flaschenzuge zu.
Jedoch geht auch del Monte nirgends über die Statik hinaus. Galilei
nennt ihn[*] „grandissimo matematico" und gesteht, dass derselbe ihn
bewogen habe, sich mit Untersuchungen über den Schwerpunkt zu beschäftigen. Die Schrift del Monte's „Mechanicorum liber" (Pisauri 1577)
wurde 1615 zum zweiten Male herausgegeben.

Simon Stevinus (Stevens), geboren 1548 zu Brügge, gestorben als
Deichaufseher zu Leyden 1620. Wir kennen zwei Schriften dieses Autors:
„De Beghinselen der Weegkonst" (Leyden 1586) und eine Sammlung
seiner sämmtlichen Schriften: „Les oeuvres mathématiques de Simon
Stevin" (Leyde 1634).

Stevinus stellt den statischen Satz auf, demzufolge drei auf
einen Punkt wirkende Kräfte im Gleichgewichte sind, wenn dieselben
nach Richtung und Grösse nach einander aufgetragen ein Dreieck bilden.
Der Beweis des Satzes ist allerdings nicht so sehr überzeugend, als
originell. Er denkt sich nämlich um das Dreieck eine mit Kugeln beschwerte Kette herumgelegt, welche, im Falle jener Satz nicht stände,

---

[*] Galilei Opere. Firenze 1842—56. Bd. XIII, pag. 266.

stets im Kreise herumlaufen müsste, was natürlich widersinnig ist. Im
Grunde genommen ist dies nichts anderes als der Satz vom Kräftenparallelogramm.

Wichtiger sind die hydrostatischen Sätze des Stevinus. Er bestimmt die Grösse des Auftriebes der Flüssigkeit, den Bodendruck derselben und wendet zu deren Demonstration so ziemlich die gleichen Methoden an, die wir auch heute noch benützen. Er weist nach, dass der
Bodendruck von der Gestalt des Gefässes unabhängig und dass der Auf-
trieb gleich dem Drucke der abwärts strebenden Flüssigkeitssäule sei.
Aus dem Prinzipe der communizirenden Röhren folgert er die Einrichtung
der hydraulischen Pumpe, mittelst welcher mit kleinem Drucke eine
grosse Kraft überwunden werden kann.

Eine zweite hydrostatische Aufgabe, mit welcher sich Stevinus
beschäftigte, ist die Berechnung des Seitendruckes der Flüssigkeit auf
die Wand des Gefässes. Die hiebei benützte Rechnung ist eine Art von
Differentialrechnung.

Wir finden ferner bei Stevinus die archimedischen zwei Sätze
über die in Wasser getauchten Körper; dem ersten zufolge verliert der
eingetauchte Körper von seinem Gewichte so viel, als das verdrängte
Wasser wiegt, dem zweiten zufolge wiegt das verdrängte Wasser soviel,
als das ganze Gewicht des am Wasser schwimmenden Körpers beträgt.
Diese Sätze wurden von Stevinus durch Anfügung zweier wichtiger
neuer Sätze vermehrt. Dieselben lauten folgendermassen: 1) Der Schwerpunkt des schwimmenden Körpers liegt in einer vertikalen Linie mit
dem Schwerpunkte der durch den Körper verdrängten Wassermasse,
2) damit ein schwimmender Körper sich im Gleichgewichte befinde, ist
es erforderlich, dass sein Schwerpunkt tiefer liege, als der des verdrängten Wassers.

Stevinus beschäftigt sich in seinen Werken mit den verschiedensten Dingen: Arithmetik, Kosmographie, Geometrie, Optik, Geodäsie,
Hydrostatik, Schleussenbau und Fortifikationswesen: dies alles bildet den
kunterbunten Inhalt seiner Werke, welche jedoch überall von origineller
und scharfsinniger Denkweise zeugen. Unter seinen zahlreichen Erfindungen ist zu erwähnen: ein Segelwagen, mit welchem er in 2 Stunden
4 holländische Meilen zurücklegte.

Die aufgeklärte Denkungsweise des Stevinus ist übrigens auch
aus dem Vorschlage desselben, bei Mafs, Gewicht und Geld die Dezimal-
eintheilung zu benützen, ersichtlich, wodurch er die nöthigen Reduktionen
und Umrechnungen zu vereinfachen vorschlägt. Bezüglich der Wahl
der Gelehrtensprache schlägt er vor, dem Beispiele der Griechen und
Römer nachzustreben und auch wissenschaftliche Werke in der Sprache
des Volkes abzufassen.

Christoph Scheiner wurde zu Walda bei Mündelheim in Schwaben
1575 geboren. In seinem 20. Jahre trat er in den Orden der Jesuiten

und lehrte die hebräische Sprache und die Mathematik zu Ingolstadt, Freiburg und Rom. Er starb als Rector des Jesuitencollegiums zu Neisse in Schlesien. Am bekanntesten wurde Scheiner durch seine Ansprüche auf die Entdeckung der Sonnenflecken. In drei Briefen, gerichtet an den gelehrten Bürgermeister von Augsburg Marcus Welser, gibt er von dieser seiner Entdeckung Nachricht. Die Briefe waren mit einem Pseudonym „Apelles latens post tabulam" unterschrieben, da der Entdecker sich vor den Feindseligkeiten seiner beschränkten Ordensgefährten fürchtete. In der That hatte er sich nicht getäuscht, selbst sein Ordensgeneral Theodor Busaeus war geneigt, die Ursache der Flecken im Auge des Beobachters oder dessen Instrumenten selbst zu suchen, nur nicht in der Sonne, welche im Sinne der alten Philosophen das reinste Feuer repräsentirte.

Scheiner's obenerwähnte Briefe sind vom 12. November, 19. und 26. Dezember des Jahres 1611 datirt. Im ersten Briefe sagt er, dass er vor 7 bis 8 Monaten auf der Sonnenscheibe schwarze Flecken wahrgenommen habe. Welser, der mit Galilei eine wissenschaftliche Correspondenz unterhielt, schrieb diesem von der neuen Entdeckung, worauf ihm der italienische Gelehrte antwortete, er habe diese Flecken schon im Oktober 1610 beobachtet und seither einigen auch gezeigt. Gänzlich unabhängig jedoch von diesen beiden fand Johann Fabricius (1564 bis 1615), Sohn eines ostfriesischen Pastors gegen Ende des Jahres 1610 Flecken in der Sonne. Er beschrieb dies Phänomen in seiner Schrift: „De maculis in sole observatis et apparente earum cum sole conversione narratio" (Wittenberg 1611).

Scheiner erkannte anfänglich die Natur der Flecken nicht richtig, da er sie für kleine Planeten, welche nahe an der Sonnenoberfläche sich befinden, hielt, aus deren Verschiebung er auf die Rotation der Sonne schloss.

Mag nun auch das Verdienst der ersten Entdeckung der Sonnenflecken nicht Scheiner gebühren, so hat er sich durch fleissiges Beobachten derselben (er stellte über 2000 Beobachtungen zusammen) doch ein beträchtliches Verdienst erworben. Die sämmtlichen Beobachtungen der Sonne sind in einem Werke zusammengestellt, das den folgenden eigenthümlichen Titel führt: „Rosa ursina sive sol ex admirando facularum et macularum suarum phaenomeno varius" und zu Bracciana 1630 erschien *).

Anfänglich beobachtete Scheiner unter einem Wolkenschleier, wenn ein solcher das Himmelsgewölbe bedeckte, später benützte er jedoch farbige Blendgläser oder Sonnengläser.

In der „Rosa ursina" beschreibt Scheiner ein von ihm ver-

---

*) „Rosa" ist ein symbolischer Name der Sonne, „Ursina" bezieht sich auf einen Herzog Orsini, welcher Scheiner in seinen Untersuchungen unterstützte, und dem der Verfasser sein Werk dedicirte.

fertigtes astronomisches Fernrohr, welches nach der Angabe der kepplerschen Linsencombination zusammengestellt wurde. Er benützte dieses Instrument auch noch in anderer Weise. Dadurch, dass er die Ocularlinse zurückschob, erzeugte er im finstern Zimmer ein vergrössertes Sonnenbild, welches man auf einem Schirm auffangen konnte. Dasselbe konnte nun von mehreren zugleich und ohne Gefährdung des Auges betrachtet werden. Scheiner nannte dieses Instrument „Helioskop".

Die Hauptverdienste des gelehrten Jesuiten fallen auf das Gebiet der physiologischen Optik. Unter dem Titel „Oculus, hoc est fundamentum opticum" (Oeniponti 1619)*) veröffentlichte er ein Werk, das nebst einer eingehenden Beschreibung der Einrichtung des Auges eine Bestimmung der Brechungsexponenten enthält. Er findet dies Brechungsverhältniss für die wässerige Feuchtigkeit gleich der des Wassers, jene des Glaskörpers etwas grösser, jene der Krystalllinse gleich der des Glases. Bezüglich der Stelle, wo das Bild im Auge entsteht, kommt er zu demselben Schlusse wie Keppler, indem er es an die Rückwand des Augapfels verlegt; er macht jedoch auch den Versuch und überzeugt sich durch Entfernen der undurchsichtigen Häute an der Rückseite eines Ochsenauges von der Richtigkeit der Annahme. Das Bild einer Kerzenflamme erschien in umgekehrter Lage. Später (1625) benützte er ein Menschenauge zu demselben Zwecke.

Scheiner war auch der erste, der die Accommodationsfähigkeit des Auges richtig erklärte, als er angab, dass die Ajustirung durch Aenderung der Convexität der Krystalllinse zu Stande komme. Auch wusste er schon, dass sich die Pupille beim Betrachten naher Gegenstände verkleinere.

Bekannt sind jene Versuche, mittelst welchen er nachwies, dass sich die Lichtstrahlen in engen Oeffnungen kreuzen, welche Versuche unter dem Namen der Scheiner'schen bekannt sind. Wir betrachten eine Kerzenflamme durch eine enge Oeffnung in einer Karte und schieben vor derselben eine Messerklinge auf und ab. Wir werden hiebei stets das Verschwinden jenes Theiles der Flamme wahrnehmen, welche mit dem unverdeckten Theile der Oeffnung correspondirt. Scheiner führte ausserdem andere ähnliche Versuche aus.

Zu Rom beobachtete er ein selten schönes atmosphärisches Phänomen. Am 20. März 1629 waren dort 2 Sonnenhöfe und 6 Nebensonnen sichtbar. Er bestimmte den Radius dieser Kreise zu 45° und zu 90°.

In seiner „Pantographia" (Vratisl. 1652) beschreibt Scheiner ein sehr nützliches Instrument zur Verkleinerung oder Vergrösserung von Zeichnungen; er nannte dasselbe „Pantograph" (Storchschnabel, parallelogramme à reduction).

Nachdem wir die Verdienste Scheiner's angeführt haben, müssen

---

*) 2. Auflage: London 1652.

wir noch erwähnen, dass er ein Gegner des coppernicanischen Weltsystems gewesen sei, wie dies aus seinem gegen Galilei gerichteten posthumen Werke: „Prodromus pro sole mobili et terra stabili contra Galileum de Galileis" (1651) ersichtlich ist.

Geronimo Fracastoro, geboren 1483 zu Verona, gestorben 1553 ebendaselbst, war Arzt in seiner Vaterstadt und ist durch seine medizinischen Schriften bekannt. Derselbe war jedoch auch Botaniker, Philosoph und Mathematiker, welcher diese verschiedenen Wissensfächer mit Erfolg cultivirte. In seinem Werke: „Homocentricorum seu de stellis liber unus" (Venedig 1538), schreibt er über das Weltgebäude und bekämpft die Epicykelntheorie, wodurch er dem coppernicanischen Weltsysteme in Italien den Weg bahnte. Als Ursache der elektrischen, magnetischen und physiologischen Erscheinungen setzt er ein imponderables Agens voraus. Seine Schrift: „De Sympathia et Antipathia", enthält zahlreiche interessante Bemerkungen und Beobachtungen. — Die Verdienste, welche ihm um die Erfindung des Fernrohrs zugeschrieben worden, reduziren sich darauf, dass er zwei Linsengläser auf einander legte, wodurch er vergrösserte Bilder erhielt. In seinem Werke über das Weltgebäude gibt Fracastoro auch einige Andeutungen über den Satz von der Zusammensetzung der Kräfte.

An demselben Tage des Jahres 1564, am 18. Februar, da in Rom der grosse Maler Michel Angelo Buonarroti starb, erblickte zu Pisa **Galileo Galilei** das Licht der Welt. Sein Vater, Vincenzio di Michelangelo Galilei, war ein edler Florentiner, seine Mutter Julia stammte aus dem alten Geschlechte der Ammanati zu Pescia. Galileo war der legitime Sohn dieser beiden, was wir besonders herauszuheben für nöthig erachten, da — man weiss nicht aus welcher Quelle — die falsche Nachricht, als sei er ein natürlicher Sohn gewesen, sich von einem Autor zum andern fortgepflanzt hat. Diese Behauptung ist nun gänzlich falsch und aus der Luft gegriffen, da Salviati in seinen „Fasti consulares" den vom 5. Juli 1563 datirten Trauschein veröffentlicht, laut welchem Vincenzio di Michel Angelo di Giovanni Galilei am obbenannten Tage sich mit Fräulein Giulia degli Ammanati Pescia vermählt hat.

Die ersten Jahre seines Lebens verbrachte Galilei zu Pisa, später übersiedelten seine Eltern nach Florenz. Sein Vater war ein gelehrter Musiker, der sich hauptsächlich mit der mathematischen Musiktheorie beschäftigte. Interessant ist eine Bemerkung, welche Vincenzio Galilei in seinen 1581 erschienenen Dialogen: „Ueber die alte und die moderne Musik", niederschreibt, in welcher er sich entschieden gegen den „Autoritätsglauben" und die Berufung auf das „Gewicht von Autoritäten" ausspricht. —

Galileo besass einen jüngern Bruder, Michel Angelo, und zwei Schwestern, Virginia und Livia. Sein Vater war gänzlich vermögenslos und so war er denn darauf bedacht, seine Söhne sobald als möglich in eine solche Lage zu bringen, dass diese sich selber versorgen könnten. Der kleine Galileo war zum Tuchhändler bestimmt, ein zwar nicht sehr angesehener, aber ziemlich lohnender Beruf zu jener Zeit. Der Unterricht, den er von einem sehr mittelmässigen Lehrer erhielt, war dem vorgesteckten Ziele angepasst und erstreckte sich bloss auf die humanistischen Wissenszweige. Später kam er in das Kloster von Vallombrosa, wo er sich in den alten Sprachen bald eine grosse Fertigkeit des Ausdruckes aneignete, sowie jenen meisterhaften, schwungvollen Stil, der jedes seiner Werke kennzeichnet.

Galilei war ein vielseitiges Talent, er zeichnete, verstand die Laute zu spielen und beschäftigte sich auch mit der Dichtkunst. Ein unvollendetes Theaterstück, sowie mehrere literarhistorische Abhandlungen zeigen seinen Hang zur Poesie und schönen Literatur. Eine besondere Ingeniosität legte er jedoch an den Tag in der Erfindung kleiner Vorrichtungen, Mechanismen zu mannigfachen Zwecken, deren er verschiedene construirte. Die Mönche, welche den aufgeweckten Sinn und die hervorragende Begabung des Knaben wahrnahmen, bemühten sich, denselben für das Kloster zu gewinnen. Allein der Vater Galilei's widerstrebte dieser Absicht und nahm seinen Sohn, nachdem er davon benachrichtigt worden war, allsogleich nach Hause. Da er sich inzwischen über die Talente seines Sohnes ein besseres Urtheil gebildet hatte, so bestimmte er denselben zur Gelehrtenlaufbahn, wobei er jedoch für ihn einen solchen Beruf wählte, welcher unter allen der gewinnverheissendste schien, nämlich den Beruf eines Arztes.

Am 5. November des Jahres 1581 bezog Galilei die Universität zu Pisa. Die unabhängige Richtung seines Geistes brach sich hier bald Bahn, als er im Kreise der Universitätsstudirenden öffentliche Disputationen hielt, in welchen er in der Regel zum Aergerniss seiner auf Aristoteles schwörenden Professoren einzelne für unanfechtbar gehaltene Sätze des Stagiriten angriff und zu widerlegen suchte.

Aus der Universitätszeit Galilei's stammen jene beiden Anekdoten, welche — falls man sie auch als erfunden betrachtet — jedenfalls sehr geeignet sind, die Denkungsweise desjenigen, von dem sie handeln, zu charakterisiren. — Als er eines Tages in dem Dome von Pisa sass, fiel ihm die an langer Kette regelmässig hin- und herschwingende ewige Lampe auf, welche, durch irgend eine Ursache aus ihrer Gleichgewichtslage gebracht, um dieselbe Schwingungen vollführte. Die Zeit einer Schwingung bestimmte er aus der Zahl seiner eigenen Pulsschläge während einer gewissen Zahl von Schwingungen. Er machte hiebei die interessante Wahrnehmung, dass die Zeit einer Schwingung bei grosser sowohl, als bei kleiner Amplitude vollständig gleich sei. Es war diess

die Entdeckung des Isochronismus der Pendelschwingungen,
eines in seinen Folgen wichtigen Gesetzes.

Die zweite Erzählung wird von dem ersten Biographen Galilei's,
von Gherardini, angeführt. Galileo hatte bis zu seinem zwanzigsten
Jahre die Mathematik kaum dem Namen nach gekannt. In jener Zeit,
da er sich mit dem Studium der medizinischen Wissenschaften befasste,
kam der Hof von Toskana auf einige Monate nach Pisa. Mit demselben
kam nun auch der Pagenhofmeister Ostilio Ricci, der ein tüchtiger
Mathematiker war, nach Pisa. Da derselbe ein alter Freund der Familie
Galilei war, so machte sich unser Galileo auf, um ihn zu besuchen.
Da traf es sich, dass er einmal eben zu jener Zeit kam, da dieser mit
dem Unterrichte der Pagen beschäftigt war. Galilei zog sich bescheiden
hinter die Thüre zurück, um nicht zu stören und hört dem Vortrag des
Ricci zu. Dieser unterrichtet eben Mathematik und so erschliesst sich
unserm Galilei mit einem Male eine neue Welt. Mächtig angezogen,
kommt er auch ein anderes Mal und nimmt in der Folge unbemerkt
Theil an dem mathematischen Unterrichte seines älteren Freundes. Endlich geht er zu Ricci und bittet ihn, ihm Unterricht in der Mathematik
zu geben, was dieser gerne zu thun verspricht.

Als der Vater Galilei's von der aussichtslosen Richtung gehört
hatte, welche das Studium seines Sohnes genommen, der, statt sich ausschliesslich mit Hippokrates und Galenos zu beschäftigen, den Eukleides
und Archimedes studirte, versuchte er es, denselben davon abzubringen.
Jedoch der ausgesprochene Beruf Galilei's war stärker als die Bedenken
des Vaters, ja es glückte dem angehenden Gelehrten sogar, denselben
zur Einwilligung in die Aenderung der Studien zu bewegen. Der alte
Galilei, der sich kaum im Stande sah, seine zahlreiche Familie zu erhalten, kam für seinen Sohn um ein Stipendium ein. Die Universität
Pisa jedoch hatte schon in Galileo die Neigung zu wissenschaftlichen
Neuerungen, sowie seinen unabhängigen Geist erkannt und setzte es
durch, dass man das Gesuch Galilei's gar nicht berücksichtigte. So war
derselbe denn genöthigt, aus Mangel an Subsistenzmitteln nach vier-
jährigem Aufenthalte an der Universität seine Studien zu unterbrechen,
ohne den Doctorgrad erworben zu haben.

Diesen Schwierigkeiten zum Trotze beschäftigte sich Galilei auch
fernerhin mit den Naturwissenschaften. Das Studium der archimedischen
Schriften führte ihn zur Erfindung einer hydrostatischen Wage, welche
er unter dem Titel „La Bilancetta" beschrieb. Dieselbe erschien jedoch
erst nach seinem Tode im Jahre 1655 im Drucke.

Um diese Zeit begann nun Galilei's Name in Italien bekannt
zu werden. Besonders war es die Bekanntschaft mit dem oben erwähnten
Guido Ubaldi Marchese del Monte, welche ihm sehr förderlich
war, da er auf dessen Verwendung im Jahre 1589 die an der Universität
zu Pisa vacant gewordene Lehrkanzel der Mathematik erhielt. Seine

Bezahlung war allerdings bloss jährliche 60 Scudi, d. i. täglich etwas
über eine halbe Mark, was selbst im billigen 16. Jahrhundert eine überaus karge Besoldung zu nennen war, besonders wenn wir sehen, dass
zu gleicher Zeit ein gänzlich obscurer Aristotelescommentator den mehr
als dreissigmal grösseren Betrag als Jahresgehalt bezog. Immerhin war
auch diese schmale und ärmliche Besoldung eine feste Stütze und so war
er denn, da er sich nebenbei durch Privatunterricht einiges Geld erwerben
konnte, in die Lage versetzt, sich seinen wissenschaftlichen Untersuchungen
zu widmen.

In diese Zeit fallen Galilei's schöne Untersuchungen über die
Bewegung der schweren Körper, d. h. über den freien Fall, auf welche
sich die Abhandlung „De motu gravium" bezieht, welche jedoch erst
zweihundert Jahre nach dem Tode ihres Verfassers erscheinen sollte.
Sie befindet sich nämlich in der von dem Prof. Eugenio Albèri
arrangirten Gesammtausgabe der Galilei'schen Werke (Opere complete di
Galileo Galilei T. XI).

Schon Benedetti und andere vor ihm hatten die Behauptung
des Aristoteles, derzufolge die Geschwindigkeit des freifallenden Körpers von seinem Gewicht abhinge, in Zweifel gezogen. Dabei fiel es
jedoch niemandem ein, die Richtigkeit oder Unrichtigkeit des in Zweifel
gezogenen Satzes auf dem Wege des Versuches zu prüfen. Galilei
zeigte jedem, der es sehen wollte, dass ein Stück Holz, Blei oder Marmor
vom schiefen Thurm zu Pisa — der sich für solche Experimente besonders geeignet erwies — in nahezu gleicher Zeit herabfalle.

Dies war jedoch nicht der Weg, die Anhänger der peripatetischen
Schule zu überzeugen und für die neue Lehre zu gewinnen. Mit den
ausgesuchtesten Sophismen setzten sie dem kühnen Forscher zu, der ihren
Einwürfen mit scharfen dialektischen Waffen begegnete und setzten nebenbei jeden Hebel in Bewegung, um sich des unbequemen Collegen zu
entledigen und ihn von der Universität zu verdrängen.

In diesem ihrem edlen Streben kam ihnen nun ein zufälliger Vorfall zu Hülfe. Johann von Medici, ein sehr entfernter, natürlicher Verwandter des Grossherzogs von Toskana, hatte, nachdem er sich mit der
Erfindung von allerlei Maschinen zu beschäftigen liebte, einen Mechanismus ausgedacht, den er zur Reinigung des Hafens von Livorno geeignet
glaubte. Die Beurtheilung dieses Projectes wurde nun Galilei übertragen, der dasselbe als gänzlich nutzlos und unbrauchbar erklärte. Durch
diese rücksichtslose Offenheit machte er sich nun den ganzen toskanischen
Hof zu Feinden und da ihm auch die Professoren der Universität nichts
weniger als wohlwollend gesinnt waren, so sah er ein, dass seine Stellung
unhaltbar geworden sei und trat daher nach dreijährigem Lehramte von
demselben freiwillig zurück.

Unterdess war auch Galilei's Vater gestorben und hatte seine
Familie im Elend zurückgelassen. Da trat der Marchese del Monte

zum zweiten Male als Retter auf und veranlasste durch sein Ansehen den venetianischen Senat, den Galilei als Mathematiker an der Universität der Republik zu Padua vor der Hand für 6 Jahre anzustellen. Am 7. Dezember 1592 trat Galilei mit einer glänzenden Rede sein neues Lehramt an; seine Vorlesungen waren nach kurzer Zeit derart besucht, dass sich der gewählte Lehrsaal zweimal als nicht genügend geräumig erwies. Aus ganz Europa strömte die studirende Jugend nach Padua, um des gefeierten Gelehrten schwungvolle Vorträge anzuhören. Unter seinen Hörern wird auch Gustav Adolph von Schweden genannt, der im Herbst 1609 und Sommer 1610 in seinem 15. und 16. Jahre in Padua studirt haben soll.

In jener Zeit entwickelte Galilei eine vielseitige Thätgikeit. Für die Republik Venedig construirte er Maschinen, nebenbei verfasste er zum Gebrauche seiner Hörer zahlreiche Abhandlungen über Dynamik, über Fortifikationswesen u. s. w. Zur selben Zeit erfand er auch seinen Proportionalzirkel, über welchen er eine Abhandlung schrieb. Diese Abhandlung plagirte ein gewisser Balthasar Capra aus Mailand, der sich die Erfindung des Apparates zueignen wollte. Galilei antwortete dem Plagiator in einer Gegenschrift, in der er bereits eine Probe seines später so sehr gefürchteten, beissenden Spottes gab, mit dem er seinen Angreifern zu begegnen wusste. — Eine andere hier zu nennende Erfindung ist die des Thermoskopes und Thermometers.

Schon zu jener Zeit zeigte Galilei eine entschiedene Vorliebe für das coppernicanische Weltsystem, wie wir dies aus dem an Keppler gerichteten Schreiben ersehen, in welchem er ihm für die Uebersendung des „Prodromus" seinen Dank ausspricht. In dem Briefe, der vom 4. August 1597 datirt ist, lesen wir das Folgende: „Ich preise „mich glücklich, in dem Suchen nach Wahrheit einen so grossen Bundes-„genossen, wie Dich und mithin einen gleichen Freund der Wahrheit „selbst zu besitzen. Es ist wirklich erbärmlich, dass es so wenige gibt, „die nach dem Wahren streben und die von der verkehrten Methode zu „philosophiren abgehen möchten. Aber es ist hier nicht der Platz, die „Jämmerlichkeiten unserer Zeit zu beklagen, sondern vielmehr Dir zu „Deinen herrlichen Erforschungen, welche die Wahrheit bekräftigen, Glück „zu wünschen. Ich werde Dein Werk getrost des Ausganges lesen, über-„zeugt, darin viel Vortreffliches zu finden. Ich will es um so lieber „thun, als ich seit vielen Jahren Anhänger der copperni-„canischen Meinung bin und mir dieselbe die Ursachen vieler Natur-„erscheinungen aufklärt, welche bei der allgemein angenommenen Hypo-„these ganz unbegreiflich sind. Ich habe zur Widerlegung dieser letzteren „viele Beweisgründe gesammelt, doch wage ich es nicht, sie ans Licht „der Oeffentlichkeit zu bringen, aus Furcht, das Schicksal unseres Meisters „Coppernicus zu theilen, der, wenn gleich er sich bei Einigen einen un-„sterblichen Ruhm erworben hat, dennoch bei unendlich Vielen (denn

„so gross ist die Zahl der Thoren) ein Gegenstand der Lächerlichkeit
„und des Spottes geworden ist. Wahrlich, ich würde es wagen, meine
„Spekulationen zu veröffentlichen, wenn es mehr Solche, wie Du bist,
„gäbe. Da dies aber nicht der Fall ist, so spare ich es mir auf*).“

Keppler fordert ihn in seinem aus Graz datirten Antwortschreiben
auf, seine Ansichten und Untersuchungen doch ja nicht zurückzuhalten
und dieselben, falls er sie in Italien nicht veröffentlichen dürfte, in
Deutschland herauszugeben. Galilei ging jedoch sehr vorsichtig zu
Werke und veröffentlichte vor der Hand gar nichts, was sich auf das
coppernicanische System bezogen hätte.

So verstrichen die sechs Jahre der Paduaner Professur, jedoch der
venetianische Senat beeilte sich, das Lehramt des berühmt gewordenen
Gelehrten auf weitere sechs Jahre zu verlängern. Seine Bezahlung wurde
von den ursprünglichen jährlichen 72 Zecchinen (360 Mark) successive
auf 400 florentinische Zecchini (2000 Mark) ·erhöht.

Im Monate Oktober des Jahres 1604 erschien der neue Stern im
Schlangenträger, über welchen Galilei drei sehr stark besuchte Vorträge hielt, in denen er die Ansichten des Aristoteles über die In-
variabilität des Himmels widerlegte. Dieses sein Auftreten gegen die
peripatetische Philosophie brachte deren Anhänger in Aufregung und
Wuth gegen den auch ihre Waffen geschickt handhabenden Angreifer
und verwickelte denselben in zahlreiche Polemiken, da er die Unfehlbarkeit der aristotelischen Philosophie anzuzweifeln gewagt hatte.

Es war eben zu jener Zeit, als der Middelburger Optiker Johann
Lippershey das holländische Fernrohr erfand. Der französische Edelmann Jean Badovere, Galilei's einstiger Schüler, schrieb ihm von der
neuen Erfindung, worauf dieser, von der blossen Beschreibung ausgehend,
ein derartiges Instrument construirte, so dass man ihn wohl mit Recht
unter den Erfindern des Teleskopes erwähnen kann. Das erste Exemplar seines Fernrohrs war nun allerdings höchst unvollkommen, jedoch
das zweite war schon ganz gut benützbar. Wenn wir somit auch nicht
behaupten können, Galilei habe das Fernrohr erfunden, so können wir
ihm doch das Verdienst nicht absprechen, das neue Instrument zuerst
zur Beobachtung astronomischer Objekte verwendet zu haben.

Der Ruf des Galilei'schen Fernrohres verbreitete sich mit grosser
Geschwindigkeit und machte in Venedig grosses Aufsehen. In Folge
dessen lud die Signoria den Gelehrten ein, nach Venedig zu kommen,
um sein Instrument vorzuzeigen. Dieser erntete mit seinem Teleskope
bei den versammelten Senatoren und Adeligen den grössten Beifall, da
sie durch das neue Instrument im Stande waren, die Schiffe in solchen

---

*) Galilei. Opere complete. Ed. Albèri, VI. Bd., pag. 11—12. — Die
Uebersetzung ist nach Gebler: Galileo Galilei und die Römische Curie.
Stuttg. 1876.

Entfernungen vom Lande wahrzunehmen, in welchen sie mit freiem Auge nichts davon erblicken konnten. Galilei schenkte eines seiner Teleskope dem venetianischen Senate, worauf ihn dieser in seiner Stellung als Professor der Universität zu Padua für Lebenszeit ernannte und ihm jährliche 400 Zecchinen zusicherte.

Nach seiner Rückkehr nach Padua verlegte sich Galilei nun mit ganzer Seele auf die teleskopische Durchmusterung des Himmels. Zuerst richtete er sein Rohr auf den Mond, den er mit hohen Bergen bedeckt fand, ferner sah er, dass die Milchstrasse aus zahllosen Sternen zusammengehäuft sei. Der Orion erschien ihm nicht als eine Gruppe von 7, sondern von über 500 Sternen, in den Plejaden zählte er 36 Sterne. Die Planeten erschienen in Scheibenform, während die Fixsterne der Vergrösserung zu Trotz als leuchtende Punkte erschienen. Die wichtigste unter seinen astronomischen Entdeckungen war jedoch die der Jupitermonde. Am 7. Januar des Jahres 1610 richtete er sein Fernrohr auf den Jupiter und erblickte neben der Planetenscheibe noch drei leuchtende Pünktchen, bei einer anderen Gelegenheit sah er deren bloss zwei; dreizehn Tage nach seiner ersten Beobachtung konnte er constatiren, dass der Jupiter von 4 Satelliten begleitet werde. Er erkannte ferner, dass dieselben ihren Hauptplaneten in Bahnen von ungleicher Weite, in verschieden langen Perioden umkreisen. Diese Entdeckung benützte Galilei als mächtiges Beweismittel für die Richtigkeit der coppernicanischen Ansicht, da das Jupitersystem gleichsam als eine verkleinerte Copie des Sonnensystems betrachtet werden konnte.

Galilei nannte die Jupitermonde zu Ehren seiner vaterländischen Fürstenfamilie, bei welcher unser Gelehrter seit der Regierung Cosmus II. in grossem Ansehen stand, die „mediceischen Sterne", worauf er von Seite des französischen Hofes eine Aufforderung erhielt, seine nächste astronomische Entdeckung nach dem damals regierenden Könige Heinrich IV. zu benennen.

Alle diese seine neuen Entdeckungen publizirte Galilei in einer Art von astronomischer Zeitschrift, dem „Sternboten" (Sidereus Nuncius), welche er ebenfalls dem Grossherzoge von Toskana Cosmus II. dedizirte.

Bisher hatte sich unser Forscher gehütet, seine astronomischen Entdeckungen mit der als gefährlich betrachteten coppernicanischen Theorie in irgend welche Verbindung zu bringen. Dem tiefer Blickenden musste es ja von selbst auffallen, dass — wenn der Jupiter den Mittelpunkt eines ganzen Systems von Weltkörpern bilde — die Erde wohl nicht als Centrum des Universums betrachtet werden könne.

Der „Sternenbote" hatte grosses Aufsehen verursacht. Jedoch Keppler war der Einzige, der neidlos die Resultate des grossen Mitstrebenden aufnahm und ihn zu weiteren Forschungen anzueifern suchte. Den grössten Widerspruch erfuhr Galilei in seiner Heimat. Am unwürdigsten war der Angriff Magini's, des Astronomen der Universität zu Bologna, der es nicht wagte, den von Entdeckung zu Entdeckung eilenden Forscher offen anzugreifen, da er dessen gewaltige Feder fürchtete, sondern hiezu seinen Gehülfen Martin Horky, ob nun direkt oder indirekt gebrauchte, der in einer schmutzigen Schmähschrift Galilei's neue Entdeckungen anfocht. Diese Schrift führte den Titel: „Peregrinatio contra Nuncium Sidereum". Auf den Rath Keppler's liess sich Galilei nicht einmal zur Entgegnung verleiten, sondern überliess die vernichtende Kritik einem gewesenen Schüler, dem Schotten Wodderborn und Antonio Roffeni, Professor der Philosophie zu Bologna.

Unterdess hatte Galilei zu seinen astronomischen Entdeckungen eine neue, nicht minder wichtige gefügt: es war die Entdecknng der „Dreigestaltigkeit" des Saturnus. In Folge der Unvollkommenheit seines Teleskopes konnte er die Ringgestalt rricht ausnehmen. Da er nun diese eigenthümliche, bislang unerhörte Bildung eines dreifachen Sternes noch ausführlicher studiren wollte, sich jedoch anderseits auch die Priorität seiner Entdeckung nicht entgehen lassen mochte, so verbarg er dieselbe nach der Sitte jener Zeiten in ein Anagramm, das er seinen wissenschaftlichen Freunden mittheilte. Dasselbe war folgendermassen gestellt: „SMAISMRMILMEPOETALEVMIBVNENVGTTAVJRAS".

Keppler versuchte umsonst den Schlüssel zu demselben zu finden. Alles was er herausbrachte, war ein barbarisch klingender Vers, der die neue Entdeckung des Galilei fälschlich auf den Mars bezog:

„Salve umbistineum geminatum Martia proles".

Auf wiederholte, vom toskanischen Gesandten am kaiserlichen Hofe Julian von Medici unterstützte Bitten gab der Entdecker die Enträthselung seines Anagramms in folgendem Verse:

„Altissimum Planetam tergeminum observavi",

(Den höchsten Planeten habe ich als dreigestaltig beobachtet).

Kaum hatte sich die Aufregung, welche der „Sternenbote" verursacht, gelegt, so rief die Entdeckung am Saturnus wieder das ganze Lager der Gegner unter die Waffen. Sicher, wenn auch langsam verbreitete sich die Wahrheit, der von Seite ihrer Gegner nun kaum ein anderes Hinderniss in den Weg gestellt werden konnte, als der Zweifel an der Verlässlichkeit des neuen Instrumentes. Man weigerte sich, durch das Teleskop zu sehen, oder versuchte es wenigstens, die gesehenen Dinge dem optischen Instrumente und dessen Unvollkommenheiten oder den durch dasselbe verursachten Täuschungen zuzuschreiben, ehe man sich dazu verstand, die Realität jener himmlischen Objekte zuzugeben.

In Folge dieser grossartigen Entdeckungen verbreitete sich der Ruhm Galilei's in immer weiteren Kreisen. Die Zahl seiner Zuhörer, welche von allen Seiten herbeiströmten, wuchs in solcher Weise, dass er endlich keinen Hörsaal in Padua fand, der sich genügend gross erwiesen hätte, um sein Auditorium aufnehmen zu können. Unter denselben befand sich der Erzherzog Ferdinand von Oesterreich, der spätere Landgraf Philipp von Hessen; Herzoge von Elsass, Mantua u. a. bildeten den illustren Theil seiner Hörerschaft. Trotz dieser Erfolge und seiner materiell nicht ungünstigen Lage war Galilei doch mit seiner Stellung nicht zufrieden. Er fühlte, dass ihm die Lehrthätigkeit in seinem Gelehrtenberufe nicht eben förderlich sei und sehnte sich nach einer Stellung, in der er einzig und allein seinen Forschungen und wissenschaftlichen Untersuchungen nachhängen könne. Er sah jedoch ein, dass eine solche Stellung ihm bloss ein Fürst gewähren könne, der Sinn für den Werth seiner Forschungen hätte. Der toskanische Hof war nach einem entgegenkommenden Schritte von Seite des Gelehrten bereit, ihm die Rückkunft in sein engeres Vaterland Toskana zu ermöglichen. Am 12. Juli 1610 erhielt er sein Bestallungsdekret als „erster Mathematiker der Universität Pisa" mit einer jährlichen Bezahlung von 1000 Scudi und dem Titel „erster Philosoph des Grossherzogs". Dabei hatte er gar keine Verpflichtung betreffs der Abhaltung von Vorträgen auf sich genommen, selbst die nicht, in Pisa zu wohnen. Anfangs September übersiedelte er und verliess den Ort, wo er 18 Jahre hindurch als gefeierter Lehrer gewirkt hatte. Die Universität Padua empfand seine Entfernung als einen empfindlichen Schlag.

Scheinbar war der Tausch ein sehr vortheilhafter, in seinen Folgen jedoch war er für Galilei verhängnissvoll. Auf dem freien Territorium der Republik Venedig, welche die Jesuiten ausgetrieben hatte, hätte Galilei frei und unbehelligt forschen können, da der Arm der Inquisition dort machtlos war. Am Florentiner Hofe hingegen war er ganz und gar in dem Machtkreise der römischen Kurie, da diese einen unbestrittenen Einfluss auf das toskanische Fürstengeschlecht ausübte.

Inzwischen setzte Galilei die Reihe seiner glorreichen Entdeckungen an seinem neuen Aufenthaltsorte fort, wobei er sich durch nächtliches Beobachten bei kalter und feuchter Witterung heftige Gliederschmerzen (einen Anfall von Gicht) zuzog. Der Grossherzog gestattete ihm, den Herbst und Winter auf einem seiner Schlösser zuzubringen, er lebte jedoch häufig bei Philipp Salviati auf dessen Lustschlosse, wo er sich hauptsächlich mit der Verbesserung seines Teleskopes beschäftigte. Zur selben Zeit bereicherte er die Wissenschaft durch zwei wichtige Entdeckungen. Die erste derselben war die Entdeckung der Sichelgestalt der Venus, die zweite die der Sonnenflecken. Zur Bewahrung seines Prioritätsrechtes verbarg er auch das erste der genannten Forschungsresultate in einem Anagramme. Dasselbe lautete folgendermassen:

„Haec immatura a me jam frustra leguntur o. y." (Unreif und noch ganz unbekannt ist, was ich jetzt lese o. y.) Nachdem er nun auch am Mars und am Merkur ähnliche Erscheinungen wie an der Venus wahrgenommen, gab er die Auflösung des Anagrammes in folgender Weise:

„Cynthiae figuras aemulatur mater amorum" (Die Gestalt der
Mutter der Liebe wetteifert mit der Dianens), d. h. die Gestalt der
Venus gleicht der des Mondes. Diese Erfahrung setzte es ausser Zweifel,
dass die Planeten ihr Licht von der Sonne erhalten, sowie dass sie dieselbe umkreisen.

Die zweite, ebenfalls sehr wichtige Entdeckung war die der Sonnenflecken. Es ist nun wohl so ziemlich erwiesen, dass die Priorität dieser
Entdeckung nicht Galilei zukommt, sondern dem Holländer Fabricius,
jedoch die Folgerungen, welche er aus der Bewegung der Sonnenflecken
auf die Rotation der Sonne um ihre Axe zog, sind sein unbestrittenes
Verdienst. Die Entdeckung, dass sich selbst die Sonne um ihre Axe
bewege, versetze dem ptolemäischen Weltsysteme den Todesstoss, da mit
dieser Thatsache die geocentrische Theorie sich durchaus nicht vertragen
mochte. Durch die Entdeckung der Sonnenflecken wurde Galilei in
eine unerquickliche Polemik mit Scheiner verwickelt, aus welcher sich
eine Feindschaft mit dem gelehrten Jesuiten entspann, die in viel späterer
Zeit ihre bittern Früchte tragen sollte.

Galilei fühlte, dass seine neuen Entdeckungen auf dem Gebiete der
Himmelskunde von den Kenntnissen und Ueberzeugungen seiner Zeitgenossen
so sehr abweichen, dass es gerathen schien, die kirchliche Oberbehörde
mit denselben auszusöhnen, um sich so gegen einen etwaigen Angriff von
dieser Seite zu decken. In Folge dieser Ueberlegung ging er nach Rom,
wo er seine Erfindungen und die damit erzielten Entdeckungen den
Mitgliedern des hohen Clerus vorzeigte. Er erzielte durch sein zu-
vorkommendes und gewinnendes Wesen einen ungeahnt günstigen Erfolg.
Der Pabst Paul V. empfing ihn in langer Audienz und liess sich alles
vorzeigen, wobei er ihn seiner unwandelbaren Gewogenheit versicherte.
Die „Accademia dei Lincei" (Akademie der Luchse), welche Fürst Cesi
einige Jahre früher gegründet hatte, erwählte ihn zu ihrem Mitgliede.
Mit Beifallsbezeugungen überhäuft, kehrte Galilei Anfangs Juni nach
Florenz zurück. Während jedoch die Hauptstützen der Kirche: die
Cardinäle von ihm mit aufrichtiger Bewunderung, ja selbst Enthusiasmus
sprachen, begann auch schon die „heilige Congregation", d. h. das Inquisi-
tionstribunal sich mit seinem Namen zu befassen. Im Sitzungsprotokolle
vom 17. Mai 1611 findet sich die Frage, ob der wegen Atheismus im Prozess
befindliche Dr. Cremonini mit Galilei in keinerlei Beziehung stehe.

Nachdem es den Aristotelikern nicht geglückt war, den kühnen Neuerer
mit den Waffen der Wissenschaft zum Schweigen zu bringen, derselbe
vielmehr sich als ein weit gefährlicherer Gegner der peripatetischen Philosophie zeigte, als irgend ein anderer vor ihm, so fand sich im Lager der
Anhänger der scholastischen Philosophie eine genügende Anzahl charakterlose
Menschen, welche dem furchtbaren Ge   auf andere Weise beizukommen
wussten, dadurch nämlich, dass sie die unangreifbare Autorität der
heiligen Schrift in den wissenschaftlichen Streit mischten.

Der erste, der Galilei von dieser Seite öffentlich angriff, war der Mönch Sizy, der später wegen politischer Verbrechen zu Paris auf das Rad geflochten und so hingerichtet wurde. Derselbe gab 1611 zu Venedig eine Schrift unter dem Titel heraus: „Dianoja Astronomica, Optica, Physica qua Siderei Nuncii rumor de quatuor Planetis a Galilaeo Galilaeo Mathematico celeberrimo, recens perspicilli cujusdam ope conspectis, vanus redditur. Auctore Francisco Sitio Florentino." Die Abhandlung weist nach, dass die Behauptungen Galilei's mit den Aussprüchen der Bibel in Widerspruch seien. Der Angegriffene erwiderte auch dieses Mal nichts auf die Schmähschrift, ebensowenig als er dies vordem gethan, als Horky ihn angegriffen hatte. Jetzt begann jedoch auch schon in Florenz sich alles zu regen, wem die neuen Ideen unbequem zu werden drohten.

Inzwischen ruhte Galilei nicht und schreckte das Lager der Peripatetiker immer von neuem mit seinen Entdeckungen auf. Im August des Jahres 1612 erschien seine Abhandlung über die Bewegung der schwimmenden Körper unter dem Titel: „Discorso al Serenissimo D. Cosimo II. Gran Duca di Toscana intorno alle cose che stanno in su l'acqua o che in quella si muovano." Auch diese Schrift wurde von den Anhängern der alten Weltanschauung angefochten, was zu neuen Niederlagen derselben führte.

In dieselbe Zeit fällt die Polemik mit Scheiner, der sich die Entdeckung der Sonnenflecken vindizirte, dieselben jedoch für selbstständige Himmelskörper gehalten hatte. Der Titel der Galilei'schen Schrift, in welcher er Scheiner in ziemlich scharfer Weise angriff, ist der folgende: „Istoria e Dimostrazione intorno alle Macchie Solari, e loro accidenti comprese in tre lettere scritte, al Sig. Marco Velsero da Galileo Galilei." (Geschichte und Beschreibung der Sonnenflecken 1613.) — In dieser Schrift bekennt sich Galilei zum ersten Male in ganz bestimmter Weise zum coppernicanischen Systeme. Doch selbst dieser Schritt wurde von Seiten der kirchlichen Autoritäten zu jener Zeit als noch ganz unbedenklich betrachtet, die kirchlichen Hauptwürdenträger blieben nach wie vor Verehrer des toskanischen Gelehrten. Nicht so freundlich benahm sich die Universität Pisa. Als nämlich der warme Anhänger und Schüler Galilei's, Pater Castelli, als neuernannter Professor der Mathematik zu Pisa sich anschickte, seine Vorlesungen zu eröffnen, wurde ihm durch den „Proveditor" der Universität Mgr. d'Elci die Verkündigung der coppernicanischen Lehre geradezu untersagt.

Zu jener Zeit geschah es, dass in Gegenwart der Mutter des Grossherzogs (Christine) der Physiker der Universität zu Pisa Boscaglia um seine Meinung betreffs der „Mediceischen Sterne" befragt, zwar zugeben musste, dass diese in Wirklichkeit existiren, dabei jedoch seiner Ueberzeugung Ausdruck zu geben sich beeilte, dass die von Galilei behauptete Lehre von der doppelten Bewegung der Erde widersinnig und der heiligen Schrift widersprechend sei. Der ebenfalls anwesende Castelli vertheidigte nun mit Wärme die neue Weltanschauung und versuchte dieselbe auch vom theologischen Standpunkte zu rechtfertigen, was ihm nur bezüglich der Grossherzogin Mutter nicht gelingen wollte. Boscaglia, der die ganze Discussion hervorgerufen hatte, betheiligte sich an derselben mit keinem Worte. Castelli benachrichtigte Galilei allsogleich von dem Vorgange, der ihm in dieser Angelegenheit einen Brief schrieb, in dem er sich über die Unzulässigkeit theologischer Discussionen bei rein scientifischen Fragen auslässt und bei Anerkennung der Unfehlbarkeit der heiligen Schrift doch die Unfehlbarkeit ihrer Ausleger sehr stark in Zweifel zieht. Der Brief war nicht für die Oeffentlichkeit bestimmt, die Feinde des Galilei vermochten jedoch den leichtgläubigen Castelli, denselben auch andern vorzuzeigen. Aus den einzelnen herausgerissenen und verdrehten Stellen des Briefes bestanden die Fundamente des spätern Inquisitionsprozesses. Castelli hatte in seiner treuherzigen Einfalt gemeint, die Veröffentlichung des Briefes, in welchem der Verfasser ganz energisch Protest einlegt gegen das ungerechtfertigte Anwenden und Citiren von Sätzen aus der heiligen Schrift, werde von guter Wirkung sein. Statt dessen hatten nun die Feinde Galilei's eine Waffe in der Hand, mit welcher jener angegriffen werden konnte.

Endlich fand sich zu Florenz ein Dominicanermönch P. Caccini, der selbst einen kirchlichen Skandal auf sich zu nehmen nicht anstand, um dem unbequemen Neuerer zu schaden. Zur Adventzeit des Jahres 1614 eröffnete er eine Sonntagspredigt (am 4. Adventsonntage) mit den zweideutigen Worten: „Viri Galilaei quid statis aspicientes in coelum" „Was steht ihr galileischen Männer und gafft den Himmel an?" Hiemit war nun die Bahn eröffnet: in heftiger, polternder Weise begann er den Verbreiter der neuen Lehre von der Erdbewegung zu schmähen, nannte die Mathematik eine teuflische Erfindung und schloss mit dem christlichen Wunsche, die Mathematiker mögen als wahre Teufelsbraten aus allen christlichen Staaten ausgetrieben werden.

Ein sehr gelehrter Dominicaner P. Maraffi, der ein grosser Verehrer Galilei's war, drückte in einem Schreiben sein Bedauern über das ärgerliche Benehmen eines seiner Ordenscollegen aus, wobei er meint, dass er leider nicht verantwortlich sein könne für alle die Dummheit, die im Gehirn von dreissig- bis vierzigtausend Mönchen entstehe.

Galilei wollte die kirchliche Behörde um Genugthuung anrufen, jedoch Fürst Cesi gab ihm den Rath, seinen Namen und die coppernicanische Lehre doch ja ausser Spiel zu lassen, da ihm Cardinal Bellarmin gesagt habe, dass er — eine der ersten Autoritäten des Inquisitionsgerichtes — die Lehre von der doppelten Erdbewegung für ketzerisch und der heiligen Schrift widersprechend halte. Cesi meinte deshalb, es mögen einige der in ihrer ganzen Allgemeinheit angegriffenen Mathematiker gegen Caccini auftreten. Somit unterblieb die Verfolgung des letzteren. Jedoch ein Ordensbruder und Freund desselben, P. Lorini, unternahm es, wohl nicht direkt den Galilei, sondern die „Galileisten" bei der Inquisition zu denunziren, dass diese gefährliche, der heiligen Schrift widerstrebende Lehren verbreiteten. Dabei hütete er sich, den Galilei, der ja doch mächtige Freunde hatte, direkt anzugreifen. Die „heilige Congregation" richtete diesesmal nicht viel aus. Caccini wurde verhört, gab verlogene Antworten, wie dies später auch offenbar wurde. Das heilige Officium begnügte sich damit, die coppernicanische Lehre von der doppelten Erdbewegung als der heiligen Schrift widersprechend darzustellen und Galilei sowohl, als jedem andern Gelehrten zu verbieten, diese Lehre als Wahrheit hinzustellen und zu lehren. Es waren die folgenden zwei Sätze, welche der galilei'schen Abhandlung über die Sonnenflecken entnommen waren, der Begutachtung unterzogen: 1) Die Sonne ist das Centrum der Welt und in Folge dessen ohne örtliche Bewegung. 2) Die Erde ist nicht das Centrum der Welt und nicht unbeweglich, sondern bewegt sich in täglicher Umdrehung um sich selbst.

Der erste Satz wurde für absurd und formell ketzerisch erklärt, der zweite philosophisch ebenfalls absurd, bezüglich der theologischen Wahrheit zum mindesten irrig im Glauben.

Es war somit Galilei so gut wie jedem andern Gelehrten verboten, die coppernicanische Lehre für mehr als eine Hypothese zu halten. Galilei, dem dieser Befehl des Officiums intimirt wurde, unterwarf sich ohne Widerrede. Deshalb änderte sich sein Verhältniss zur Curie in keiner Weise, wieder empfing ihn der Pabst und versicherte ihn, seiner Person werde keine Gefahr drohen, so lange er St. Petri's Stuhl inne habe.

Der toskanische Gesandte am römischen Hofe war zu jener Zeit Guiccardini. Dieser stand durchaus unter dem Einflusse der weiblichen Mitglieder des mediceischen Hauses und handelte in deren Auftrag, indem er sich bemühte, die Abberufung des unbequemen Gelehrten aus Rom durchzusetzen. Endlich gelang es ihm nach längerer Bemühung, dem Herzoge den weitern Aufenthalt Galilei's in Rom als für denselben mit Gefahren verbunden darzustellen, was Cosmus II. bewog, den von ihm geachteten Gelehrten von Rom abzuberufen.

Sieben Jahre verstrichen nun, ohne dass Galilei etwas geschrieben und veröffentlicht hätte. Die coppernicanische Theorie war zur blossen Hypothese herabgedrückt worden und so wünschte er auch gar nicht, die Resultate seiner Forschungen in verstümmelter Form herauszugeben. Sogar eine frühere Abhandlung über die Ebbe und Fluth, welche er auf Wunsch des Cardinals Orsini verfasst hatte, fand er für nothwendig mit einem Begleitschreiben zu versehen, um dieselbe mit dem Dekrete der Inquisition in Einklang zu bringen.

Im August des Jahres 1618 erschienen drei Kometen. Galilei hielt diese Himmelskörper für irdische Exhalationen. Im kommenden Jahre hielt der Jesuitenpater Grassi im Römischen Collegium einen Vortrag über die Kometen, in welchem er dieselben für wirkliche

Himmelskörper erklärte. Die Anhänger Galilei's drängten diesen, er
möge auch seine Meinung über diesen Gegenstand aussprechen, jedoch
er wollte sich nicht gern irgend einer wissenschaftlichen Polemik aus-
setzen und so vermochte er bloss seinen Freund und Schüler Mario
Guiducci, den Ansichten und Behauptungen Grassi's zu begegnen.

Die so entstandene Abhandlung verrieth jedoch überall die Feder
des Meisters, so dass Grassi in seiner Entgegnung den Verfasser ganz
ignorirte und direkt Galilei angriff. Unter dem Pseudonym Lothario
Sarsi Sigensano gab derselbe ein Pamphlet heraus, das den Titel
führte: „Astronomische und philosophische Wage" (Libra Astronomica
ac Philosophica, qua Galilaei Galilaei opiniones de Cometis a Mario
Guiduccio in Florentina Academia expositae, atque in lucem nuper
editae examinantur a Lothario Sarsio Sigensano). In demselben greift
er Galilei heftig an, dass er der von der Kirche verfluchten Lehre
des Coppernicus anhänge, hierauf vertheidigt er die aristotelische
Physik und sucht dadurch Galilei zu veranlassen, aus seiner reservirten
Haltung herauszutreten oder aber ihn zu schimpflichem Schweigen zu
zwingen.

Galilei ging nun mit der grössten Vorsicht an's Werk, um einerseits für seine Entgegnung die Erlaubniss zum Drucke zu erhalten, und
um anderseits nicht die mächtige Partei der Jesuiten gegen sich auf-
zubringen. Der „Examinator" der römischen Censurbehörde war damals
P. Nicolo Riccardi, ein gewesener Schüler Galilei's; derselbe ertheilte ohne weiteres die Druckerlaubniss, wobei er noch die gute und edle
Richtung der Schrift besonders hervorhob. Der Titel der Schrift war:
„die Goldwage" oder im Original „Il Saggiatore, nel quale con bilancia
esquisita e giusta si ponderano le cose contenute nella Libra Astronomica
e Filosofica di Lothario Sarsi Sigensano." Während diese Schrift sich
unter der Presse befand, trat ein Ereigniss ein, das Galilei zu den
sanguinischesten Hoffnungen zu berechtigen schien, als nämlich nach
dem Tode des Pabstes Gregor XIV. der Cardinal Maffeo Barberini,
der Gönner und Verehrer des Gelehrten, als Urban VIII. den päbstlichen
Stuhl bestieg.

Dieser Kirchenfürst hatte stets das grösste Wohlwollen für Galilei
an den Tag gelegt und so stand die „Accademia dei Lincei", welche das
Werk ihres Mitgliedes herausgab, nicht an, den „Saggiatore" direkt
„Seiner Heiligkeit" dem Pabste zu dediziren. In dieser Schrift bewundern
wir die dialektische Schärfe des Meisters, der es verstand, den Fallen,
welche ihm Grassi gelegt hatte, geschickt auszuweichen.

Von dem coppernicanischen Systeme sagt er, dass er als guter
Katholik das von Seite competenter Theologen als irrgläubig erklärte
Weltsystem nicht für wahr halte; da jedoch die teleskopischen Entdeckungen die Richtigkeit des ptolemäischen Systemes nicht zugeben, so
sei es klar, dass man ein neues Weltsystem ausdenken müsse, welches

den Anforderungen der Theologie sowohl, als denen der Erfahrung entspreche. Trotz dieser geschickten Wendung liess er doch überall durchblicken, dass er dem coppernicanischen Systeme vor allen andern den Vorzug gebe. Es geschah auch eine Denunciation, jedoch das „heilige Officium" fand am „Saggiatore" absolut nichts Gefährliches.

Nachdem Galilei auf die freundliche und wohlwollende Gesinnung des Pabstes baute und da inzwischen auch sein Beschützer Cosmus II. gestorben war, so entschloss er sich dazu, selbst nach Rom zu gehen, um dort persönlich seine Angelegenheiten zu leiten. Er hielt es selbst nicht für unmöglich, eine Zurücknahme des Verbotes betreffs des coppernicanischen Systems zu erreichen. Er reiste deshalb gegen Ende des Monats März 1624 nach Rom, wo er sich jedoch sehr bald überzeugte, dass trotz der grossen Zuvorkommenheit seiner Person gegenüber, er doch in Angelegenheit des coppernicanischen Systems gar nichts auszurichten im Stande sei. Der Pabst hörte dem Gelehrten geduldig zu, als ihn dieser für die neue Lehre gewinnen wollte, begann jedoch hierauf einen Versuch zu machen, den Galilei zur Annahme der alten Lehre zurückzubringen. Vor seiner Abreise beschenkte der Pabst reichlich den scheidenden Gelehrten und behandelte ihn mit der grössten Auszeichnung, was jedoch dieser zu erreichen sich vorgesetzt: die Anerkennung oder mindestens Tolerirung der coppernicanischen Weltanschauung, das war ihm gänzlich misslungen.

Zwei Jahre hindurch wagte Grassi es nicht, eine Antwort zu veröffentlichen. Nach dieser Zeit erschien unter demselben Pseudonym, wie die erste, eine zweite Schmähschrift, welche indess Gegenstand der allgemeinen Verachtung wurde.

Unter solchen Auspizien hielt Galilei die Zeit für günstig, ein lang geplantes Werk zu schreiben und herauszugeben, den „Dialog über die zwei grössten Systeme der Welt: das ptolemäische und das coppernicanische". Der vollständige Titel dieses Fundamentalwerkes lautet folgendermassen: „Dialogo di Galileo Galilei: dove nei congressi di quattro giornate si discorre sopra i due Massimi Sistemi del Mondo Tolemaico e Copernicano, proponendo indeterminatamente le ragioni filosofiche e naturali tanto per l'una parte, che per l'altra."

Die Rollen sind zwischen drei sich unterredenden Personen vertheilt. Der eine, Salviati, ist der enthusiastische Verfechter der coppernicanischen Lehre, der zweite, Sagredo, tritt in der Rolle des gebildeten Laien auf, der Aufklärung sucht und sich gerne unterrichten möchte. Durch diese Rollenvertheilung hat Galilei zweien seiner treuesten Anhänger und Freunde, die sich zu dieser Zeit nicht mehr unter den Lebenden befanden, ein bleibendes Denkmal errichtet. Die aristotelische Schule vertritt der streng peripatetische Philosoph Simplicio. Diesen Namen hat Galilei wahrscheinlicherweise deshalb gewählt, um den Aristoteliker durch den Namen des bedeutendsten Commen-

tators des Stagiriten treffend zu bezeichnen. Die gewöhnliche Erklärung,
als habe er auf die Einfältigkeit des dritten der Unterredenden ange-
spielt, scheint uns nicht wahrscheinlich, da Signor Simplicio wohl
ein starrer Anhänger der alten Lehre, dabei jedoch nicht im mindesten
einfältig zu nennen ist.

Galilei beendigte sein Werk im Dezember des Jahres 1629, zu
Anfang des folgenden Jahres that er Schritte, um die Drucklegung desselben zu veranlassen. Er selbst ging nach Rom, wo sich ihm keinerlei ernstere Hindernisse in den Weg stellten, so dass er die Erlaubniss,
allerdings nur für Rom, um den Preis einiger unbedeutender Aenderungen erkaufte. Kaum war er nach Florenz zurückgekehrt, als er die
Nachricht von dem Hinscheiden seines aufrichtigen Freundes, des Fürsten
Cesi erhielt. Kurze Zeit hierauf schrieb ihm P. Castelli aus Rom, dass
es aus vielen Gründen zweckmässiger wäre, die Dialoge statt in Rom
in Florenz herauszugeben. Galilei war um so eher für diesen Rath
zu gewinnen, da die im nördlichen Theile von Toskana wüthende Pest
den Verkehr mit Rom ohnedies sehr erschwerte. Endlich nachdem viele
Hindernisse niedergekämpft waren, erschien das Werk, welches in dem
Masse, in dem es in weitere Kreise drang, grössere Bewegung unter den
Gelehrten hervorrief. Der Verfasser erntete Beifall und Ruhm von allen
Seiten. Anderseits begannen sich freilich auch seine Widersacher zu
regen. P. Grassi und der jetzt ebenfalls in Rom befindliche P. Scheiner
setzten alle Hebel in Bewegung, um gegen Galilei den Inquisitionsprozess in Gang zu bringen, was ihren Anstrengungen und mit Hülfe
der mächtigen Partei der Jesuiten schliesslich auch gelang. Besonders
wirkungsvoll war ihre Bemühung, den Pabst gegen Galilei einzunehmen, derselbe liess sich einreden, zu dem „Signor Simplicio" als Modell
gedient zu haben, was ihn mit Indignation gegen den kühnen Gelehrten
erfüllte.

Das erste Anzeichen des ausbrechenden Sturmes war die zeitweise
Einstellung des Verkaufes der Dialoge bei Landini, dem Herausgeber
derselben. Auf Befehl des Pabstes wurde eine besondere Commission
zur Untersuchung des Falles entsendet. Der Grossherzog Ferdinand
wollte seinem Mathematiker auf jede Weise helfen. In einem an den
toskanischen Gesandten zu Rom, Niccolini gerichteten, auf Wunsch
des Grossherzogs von Galilei selbst verfassten Schreiben, drückt der
Fürst sein Befremden darüber aus, dass man dem Autor eines Buches
mit einem Prozesse drohe, der für dasselbe die Erlaubniss der Censurbehörde in ganz correcter Weise erworben und die gewünschten Aenderungen pünktlich vollzogen habe. Das Schreiben spricht die Erwartung
aus, es werden die wahrscheinlicherweise aus Verleumdungen entspringenden Anschuldigungen bald auf ihr wirkliches Mass zurückgeführt werden.
Niccolini entledigte sich seines Auftrages mit Eifer und Geschick, wie
er überhaupt während der ganzen Zeit des Prozesses der eifrige Freund des

Gelehrten blieb, jedoch der Erfolg war durchaus nicht befriedigend, da der Pabst sich unversöhnlich zeigte. Zwar war es schwer, eine, wenn auch nur scheinbare Handhabe für den Prozess zu finden, da Galilei allen Bedingungen sorgfältig Genüge gethan hatte. Endlich fand sich jedoch der gewünschte Angriffspunkt. Mit einem Male tauchte in den Archiven des „heiligen Officiums" ein altes Protokoll von 1616 auf, laut welchem es Galilei verboten wurde, die coppernicanische Lehre festzuhalten und dieselbe durch Wort oder Schrift zu vertheidigen.

Mehrere Schriftsteller, wie Gherardi (Rivista Europea 1870), Cantor (Zeitschr. f. Math. u. Physik, 16. Jahrgang) und Wohlwill (ebendas. 17. Jahrgang), ferner Gebler (Galileo Galilei und die römische Curie) haben überzeugend dargethan, dass das erwähnte Protokoll von 1616 untergeschoben sein müsse, da es mit einer ganzen Reihe von Thatsachen und unanfechtbaren Documenten in direktem Widerspruche ist. Schon damals, als Galilei zum ersten Male in Rom war, verbreitete sich die Verleumdung, als habe er die Meinung von der doppelten Bewegung der Erde abschwören müssen, worauf Cardinal Bellarmin dem Galilei ein Zeugniss ausstellte, dass die ganze Behauptung erdichtet sei.

Die vom Pabste exmittirte Commission fasste das Vergehen Galilei's in folgenden Punkten zusammen: 1) habe er den Befehl die Lehre von der Bewegung der Erde höchstens bedingungsweise (hypothetisch) zu behaupten nicht befolgt, 2) habe er die Erscheinung der Ebbe und Fluth ebenfalls auf Grund dieser falschen Ansicht erklärt, 3) habe er in trügerischer Absicht die 1616 an ihn ergangene Weisung, die obenerwähnte falsche Lehre gänzlich aufzugeben und in keinerlei Weise dieselbe weder mündlich, noch schriftlich zu vertheidigen, umgangen, trotzdem er damals die Weisung empfangen und versprochen hatte, ihr nachzukommen.

Es folgt nun in dem für den Pabst verfassten Memorandum eine vollständige Aufzählung der Hauptmomente der Entstehung der Dialoge in fünf Punkten, während ein sechster die in den Dialogen vorkommenden, für Galilei selbst belastenden Punkte findet. Es sind dies die folgenden:

1) Dass er das „Imprimatur" der römischen Censurbehörde ohne besondere Weisung auf das Buch drucken liess.

2) Dass er die Vertheidigung des ptolemäischen Systemes einem einfältigen Vertheidiger überwiesen habe.

3) Dass er in dem Werke sehr häufig die erlaubte hypothetische Methode verlassen habe, um die Bewegung der Erde mit voller Sicherheit zu behaupten und dass schliesslich das alte Weltsystem als vollständig unhaltbar dargestellt sei.

4) Dass er die Frage der Weltsysteme wohl als unbestimmt hinstelle, jedoch in solcher Weise, dass er nicht zu glauben scheine, eine derartige Erklärung werde im Allgemeinen erfolgen.

5) Dass er die von der Kirche als Autorität betrachteten Autoren der Verachtung und dem Spotte preisgebe.

6) Dass er einige Gleichheit im Verständnisse geometrischer Sätze zwischen dem menschlichen und dem göttlichen Geiste behaupte.

7) Dass er als Beweisgrund anführe, die Ptolemäer gingen zu den Coppernicanern über.

8) Dass er die Erscheinungen der Ebbe und Fluth auf die neue Theorie zurückführe.

Hieraus folgert nun die Commission noch nicht, dass das ganze Werk zu unterdrücken sei, sondern dass es zu corrigiren wäre, wenn man es im Allgemeinen dieser Wohlthat würdig erachtete.

Der letzte Punkt des Memorandums ist die Behauptung, der Autor hätte einen im Jahre 1616 erhaltenen Befehl, demzufolge er die neue Lehre aufzugeben gehabt habe, übertreten, zieht jedoch aus allem diesem keinerlei Consequenz, sondern überlässt die Schöpfung des Urtheils dem Pabste.

Ein eigenthümliches psychologisches Bild bietet uns das Benehmen Urbans VIII. gegen Galilei. Er, der den toskanischen Physiker als Cardinal Barberini in schwungvollen Versen besungen, der als Pabst denselben mit der grössten Aufmerksamkeit behandelte und ihn mit Auszeichnungen überhäufte, trat jetzt, da es einigen Uebelwollenden gelungen war, ihm einzureden, seine eigene Person sei in den „Dialogen" lächerlich gemacht worden, mit der grössten Härte gegen den unglücklichen greisen Gelehrten auf. Ohne Rücksicht darauf, dass dieser soeben eine schwere Krankheit überstanden hatte und dass er ein von drei Aerzten ausgestelltes Zeugniss beibrachte, welches darlegte, dass er ohne Lebensgefahr eine so grosse Reise nicht zurücklegen könne, ohne Rücksicht darauf, dass er an einem schweren Leibesschaden litt, war es ihm strenge geboten, sich innerhalb eines Monats in Rom einzustellen, widrigenfalls er gefangen und in Eisen (carceratum et ligatum cum ferris) nach Rom gebracht werden würde.

So blieb denn dem 70jährigen Greise kein anderer Ausweg, als durch ein von der Pest heimgesuchtes Gebiet den schweren Weg nach Rom anzutreten.

Am 20. Januar 1633 machte e   h in einer Sänfte auf den Weg und musste bei Ponte a Centino in dem ungesunden Pagliathale eine lange Quarantaine überstehen. Am 13. Februar langte er in Rom an, wo er in dem Hause des toskanischen Gesandten Niccolini abstieg. Einige Tage schien das „heilige Officium" von seiner Anwesenheit in der ewigen Stadt keine Notiz zu nehmen, hierauf erschien ein Rath des Officiums bei ihm, unter dem Vorwande aus rein persönlicher Initiative gekommen zu sein, um die Angelegenheit mit dem Gelehrten zu besprechen, vielleicht jedoch aus dem Grunde, um den Vertheidigungsplan des gefürchteten Dialektikers kennen zu lernen. So fasste mindestens der gewiegte Staatsmann Niccolini die Sache auf, Galilei hingegen ging in seiner Naivetät in die Falle und freute sich, die Inquisition von seinen guten katholischen Gefühlen überzeugen zu können. So zog sich der Prozess bis Anfangs April hin, endlich am 8. April wurde er in das Gebäude des Officiums, jedoch nicht in den Kerker, sondern in ein Zimmer überführt, am 12. April erschien er zum ersten Male vor dem Inquisitionstribunale. Die Protokolle des ganzen Prozesses sind in der vatikanischen Bibliothek vorhanden und sind zu verschiedenen Malen im Druck erschienen, so dass wir uns von dem ganzen Verlaufe des Prozesses ein klares Bild machen können. Aus den Antworten des Angeklagten ist ersichtlich, dass er auch nicht den leisesten Versuch eines Widerspruches gewagt habe, um nur den Prozess nach Möglichkeit abzukürzen. Im Allgemeinen lässt sich constatiren, dass das Verhalten des greisen, an Geist und Körper gebrochenen Gelehrten nicht im Mindesten den Eindruck des an den Tag gelegten Heldenmuthes in uns hervorbringt. Als er die Unversöhnlichkeit seiner übermächtigen Gegner eingesehen hatte, suchte er denselben durch vollständige Unterwerfung je eher zu entrinnen. Von diesen Gefühlen geleitet, machte er sich sogar anheischig, falls man dies wünschen sollte, einen oder zwei weitere „Tage" zu den Dialogen hinzuzufügen, in denen er das coppernicanische System gründlich widerlegen wolle. Einigermassen begreiflich wird dies wenig würdige Verhalten des Gelehrten, wenn wir bedenken, dass derselbe zu jener Zeit nahezu 70 Jahre alt, krank und gebrechlich gewesen und dass die Zeit nicht allzu lange vorüber war, in welcher zu Rom der Scheiterhaufen Giordano Bruno's geraucht hatte.

Noch am Tage des zweiten Verhöres durfte Galilei in das Gesandtschaftshotel zurückkehren. Am 10. Mai wurde er zum dritten Male vor das Inquisitionsgericht gerufen und ihm hierauf zur Verfertigung einer Vertheidigungsschrift 8 Tage Frist gewährt. Galilei, der jedoch das Verfahren kannte, überreichte die inzwischen schon verfertigte Schrift.

Der Prozess nahm nun seinen gewöhnlichen Verlauf. Unter Androhung des peinlichen Verhöres (der Folter) wird der geängstigte, alte Mann zum Widerrufe gezwungen. Die Folter selbst ist bei Galilei nicht angewendet worden, wenigstens kennen wir absolut keine Thatsache, welche uns zu einer solchen Annahme berechtigen würde, ja selbst die Kerker der Inquisition hat er allem Anscheine nach nicht kennen gelernt.

Die Strafe, welche über ihn verhängt wurde, bestand in dem Abschwören der Lehre von der Bewegung der Erde, ferner in förmlichem Kerker bei dem heiligen Officium, so lange es demselben gefallen sollte, endlich als eine heilsame Busse das wöchentliche Beten der Busspsalmen.

Diese im Namen von 10 Cardinälen gefällte Sentenz wurde dem Galilei mitgetheilt am 22. Juni 1633 Vormittags in der Kirche „Sta. Maria sopra la Minerva". Nach Anhörung derselben musste er kniend verläugnen und abschwören die Lehre von der Bewegung der Erde und das

Gelöbniss ablegen, jedermann, der dieser ketzerischen Ansicht huldigen würde — falls dies zu seiner Kenntniss kommen sollte — der Inquisition anzuzeigen.

Das ganze Verfahren der Inquisition, welches in der unwürdigen und wenn man noch das Alter und den körperlichen Zustand Galilei's bedenkt, empörenden Komödie der Abschwörung gipfelt, ist jedoch selbst vom Standpunkte des Gesetzbuches, nach welchem das heilige Officium vorging, rechtlos, da es von einem gefälschten Documente ausgeht. Die Triebfedern zu diesem, in jeder Weise unmotivirten Verfahren finden wir in der Feindschaft einiger einflussreicher Mönche und der Gereiztheit des sich persönlich beleidigt fühlenden Pabstes, der es sich vorgesetzt hatte, den Beleidiger seinen eisernen Willen fühlen zu lassen. Der Eid, den der eingeschüchterte Galilei in der Kirche „Sta. Maria sopra la Minerva" abgelegt hat, war ein falscher Eid, den man wohl entschuldigen muss, jedoch nie rechtfertigen kann.

Nach dieser, auf authentischen Quellen beruhenden Darstellung braucht wohl nicht weiter ausgeführt zu werden, dass die Erzählung, Galilei habe nach Ablegung seines Eides zornig mit dem Fusse auf den Boden gestampft und dabei gemurmelt: „Und sie bewegt sich doch" (E pur si muove), eine schlecht erfundene Anekdote sei. Die Gemüthsverfassung des Gelehrten war während der ganzen Dauer des Prozesses eine solche, dass er keines Widerstandes fähig war. Auch hätte er diesen unverbesserlichen Trotz mit der härtesten Kerkerstrafe bitter gebüsst*).

Von dieser Zeit an hörte Galilei nicht auf, Gefangener der Inquisition zu sein. Der Pabst sah ihm zwar die Kerkerstrafe in den Gewölben des Inquisitionstribunals nach, doch wurde er in der Villa des Grossherzogs „Trinità del Monte" internirt. Allein der schwer gekränkte Greis sehnte sich von Rom weg, wo ihm so viel Ungemach widerfahren und erhielt die Erlaubniss, sich nach Siena zu seinem Freunde und Verehrer, dem Erzbischof Ascanio Piccolomini zu begeben, wo er eine neuere Verfügung über seinen Aufenthaltsort abwarten sollte.

Wir übergehen nun auf die kurze Darstellung der letzten Lebensjahre Galilei's. In Siena am 9. Juli angekommen, wurde er vom Erzbischofe und dessen Freunde Alessandro Marsilli freundlichst aufgenommen. Dieselben suchten ihn auf jede Weise aufzuheitern, er sehnte sich jedoch nach Florenz zurück. — Während er in Siena sein Schicksal mit weiser Resignation trug und an der mechanischen Abhandlung: „Dialoge über zwei neue Wissenschaften" (Discorsi e dimostrazioni matematiche intorno a due nuove scienze attenenti alla meccanica ed ai movimenti

---

*) Die gewöhnliche Erzählung trägt noch grellere Farben auf. Nach derselben hätte man Galilei eingekerkert, hierauf gefoltert und ihn abschwören lassen. Bei dieser Gelegenheit habe er sein „E pur si muove" gerufen, sei dann in den Kerker geschleppt worden, wo man ihm die Augen ausgestochen hätte.

locali. Altrimenti dialoghi delle nuove scienze) arbeitete, war man in Rom angelegentlich thätig, die coppernicanische Weltanschauung wenigstens in Italien zu unterdrücken. Es wurde über alle jene, welche das Erscheinen des galilei'schen Werkes ermöglicht, strenges Gericht gehalten, ferner wurden die Copien der galilei'schen Schwurformel an alle päbstlichen Nunciaturen, an alle Bischöfe und Erzbischöfe versendet.

Endlich glückte es dem toskanischen Gesandten bei der Curie die Erlaubniss für die Uebersiedelung des Gelehrten nach Florenz zu erlangen, doch blieb er in der Villa Arcetri, ausserhalb der Stadt internirt. Ihn gänzlich zu befreien, wollte durchaus nicht gelingen.

Seine letzte Arbeit, die oben erwähnten „Discorsi e dimostrazioni" beendigte er im Jahre 1636. Er wollte dieselbe Kaiser Ferdinand II. dediziren. Als er jedoch erfuhr, dass dieser gänzlich in den Händen der Jesuiten sei und dass sich sein Feind Scheiner in Wien befinde, ging er von diesem Vorsatze ab und übersandte das Manuskript den Elzeviren zu Leyden, wo es 1638 im Drucke erschien.

In diese Zeit fallen auch die Unterhandlungen mit den holländischen Generalstaaten, welchen er eine Methode der geographischen Längenbestimmung, mit Hülfe der Jupitermonde ausführbar, vorgeschlagen hatte. Die Verhandlungen dauerten eine Zeit lang, zerschlugen sich jedoch später zum Theile wegen der Unzweckmässigkeit der Methode.

Zu jener Zeit, als Galilei ungeduldig die Austragung dieser Angelegenheit erwartete, beschäftigte er sich trotz seines schweren Augenleidens mit teleskopischen Untersuchungen, deren Resultat die Entdeckung der „Libration" des Mondes war. Sein Augenleiden nahm bald eine schlimme Wendung, so dass er erst auf seinem rechten, hierauf auch auf dem linken Auge erblindete. Im Jahre 1638 war er vollständig blind. Wahrhaft ergreifend ist jener Brief, in dem er seinen gelehrten Freund Diodati in Paris von seinem neuen Unglücke benachrichtigt. Der Brief ist vom 2. Januar 1638 datirt und beginnt folgendermassen: „In „Beantwortung Eures mir sehr angenehmen Schreibens vom 20. November „theile ich Euch bezüglich Eurer Nachfrage um meine Gesundheit mit, „dass zwar mein Körper einen etwas besseren Kräftezustand, als in der „letzten Zeit, wiedererlangt hat, aber ach! verehrter Herr, Galilei, Euer „ergebener Freund und Diener, ist seit einem Monate völlig und unheilbar „blind; so zwar, dass dieser Himmel, diese Erde, dieses Weltall, welche „ich mit meinen merkwürdigen Beobachtungen und klaren Darlegungen „hundert — ja tausendfach über die von den Gelehrten aller früheren „Jahrhunderte allgemein angenommenen Grenzen erweitert habe, nun für „mich auf einen so engen Raum zusammengeschrumpft sind, dass derselbe „nicht über jenen hinausreicht, den mein Körper einnimmt" *).

---

*) Opere compl. VII, pag. 207. Uebersetzung von Gebler. Galilei und die röm. Curie. pag. 346.

Jetzt endlich, da Galilei schon halb im Grabe stand und man von ihm nichts mehr zu fürchten hatte, jetzt endlich wurde ihm gestattet, nach Florenz zu übersiedeln. Inzwischen waren die „Dialoghi delle Nuove Scienze" in Leyden erschienen, welche mit einem Male die wissenschaftliche Welt in Bewegung versetzten. Von überall kamen Anerkennungsschreiben und auszeichnende Besuche, was zur Folge hatte, dass man den einigermassen hergestellten Gelehrten wieder in seine Villa Arcetri überführte. Zum letzten Male wendete sich Galilei im Jahre 1639 mit einem Bittgesuche an das heilige Officium, doch wurde seine Bitte, deren Gegenstand nicht klar erkennbar ist, von dem unversöhnlichen Pabste abgeschlagen. In der Folge wünschte und hoffte Galilei nichts mehr von Rom.

An der Schwelle seines Lebens raffte sich Galilei noch zweimal zu einem energischen Schritte auf. Es scheint fast, als hätte er von der Inquisition nun nichts mehr erwartet, sich vor derselben jedoch auch nicht mehr gefürchtet.

Der erste Fall bezieht sich auf den gewesenen Schüler des Meisters, Fortunio Liceti, der zu Anfang des Jahres 1640 eine Abhandlung über den Bologneser phosphorescirenden Stein geschrieben hatte, in welcher er die im „Nuncius sydereus" angeführte Meinung des Galilei über das aschgraue Licht des Mondes angreift. Auf den Wunsch des Herzogs Leopold von Medici, der sich späterhin durch die Gründung der „Accademia del Cimento" bleibende Verdienste um die Wissenschaft erworben hat, machte sich der greise Gelehrte auf, um Liceti zu antworten. In Gestalt eines langen, auf 50 gedruckte Seiten sich erstreckenden Briefes, welcher an den Herzog gerichtet ist, widerlegt Galilei in meisterhafter Weise seinen Gegner. Die kleine Schrift ist in formeller Beziehung seinen besten Arbeiten anzureihen.

Der zweite Fall, in dem Galilei und zwar dieses Mal zuletzt ein Lebenszeichen von sich gab, wurde durch eine indiskrete Anfrage Francesco Rinuccini's, später Bischof von Pistoja, veranlasst, als dieser die von Pieroni angeblich beobachtete parallaktische Verschiebung der Fixsterne erklärt wissen wollte. Galilei wagt es in seinem vom 29. März 1641 datirten Briefe zwar nicht, das coppernicanische System als wahr anzuerkennen, jedoch zeigt er, dass das ptolemäische ganz gewiss falsch sei.

Noch kurz vor seinem Ende gab er den Beweis, dass sein Geist, trotz des körperlich vollständigen Verfalles, noch die alte Spannkraft besitze. Als sich bei der Bestimmung der geographischen Länge die Nothwendigkeit einer genaueren Zeitbestimmung ergab, da fiel er auf die Idee der Verwendung des Pendels zu diesem Zwecke. Nach dem Zeugnisse seines Schülers Viviani, der ihn in der letzten Zeit nicht mehr verliess, hat Galilei in der zweiten Hälfte des Jahres 1641 sich mit der Ausführung einer Pendelvorrichtung zur Ausgleichung des Uhrganges bestimmt, beschäftigt und hat somit vor Huygens den Gedanken der Penduluhr gefasst und denselben auch theilweise zur Ausführung gebracht. Das unvollendete Modell, das übrigens eine ganz andere Einrichtung zeigt als das von Huygens, ist auch heute noch vorhanden.

Als Castelli, der treue Schüler Galilei's, von der bevorstehenden Auflösung seines verehrten Meisters hörte, eilte er zu ihm. Ausserdem kam noch der zu grossen Hoffnungen berechtigende Torricelli. Castelli konnte nicht bis zu Ende bleiben, bloss Viviani und Torricelli umstanden sein Bett, als er in Folge eines starken Gichtanfalles bettlägerig wurde (5. November 1641). In langen, schlaflosen Nächten, zwischen Anfällen seines schmerzlichen Leidens arbeitete sein nimmermüder Geist; Torricelli und Viviani, welche kaum von seinem Bette kamen, zeichneten pietätsvoll jedes Wort des grossen Sterbenden auf. Endlich am 8. Januar des Jahres 1642 nach Empfang der Sterbesakramente, versehen mit dem Segen Urbans VIII. schloss Galilei die längst erblindeten Augen für immer. Sein Alter war 77 Jahre, 10 Monate und 20 Tage. Das Sterbebett umgaben: sein Sohn Vincenzo, seine Schwiegertochter Sestilia Bocchineri, seine Schüler Viviani und Torricelli, ferner der Ortspfarrer und zwei Repräsentanten der Inquisition.

Die römische Curie fürchtete auch noch den todten Galilei und verhinderte eine Sammlung für ein prächtiges Grabmal, mit dem man den grossen Gelehrten ehren wollte, selbst sein letzter Wunsch, in der Kirche „Santa Croce" in der Gruft der „Galilei" beerdigt zu werden, wurde nicht erfüllt, sondern er wurde in einer Seitenkapelle beerdigt, wo er 32 Jahre blieb. — Endlich musste jedoch auch der unbeugsame Pabst Urban vom Stuhle Petri's herabsteigen und nach seinem Tode fürchtete man das Andenken des grossen Meisters der Dialektik in Rom nicht mehr so sehr, als vordem. Viviani, dessen grösster Stolz es war, sich „discepolo ultimo di Galileo" zu nennen, gestaltete die Façade seines Hauses in Florenz zu einem Denkmale seines Meisters um. In der Mitte derselben befand sich die Bronzebüste Galilei's, rechts und links davon längere Aufschriften, welche sich auf diesen bezogen. Jedoch er begnügte sich damit nicht, sondern hinterliess seinen Erben die testamentarische Verpflichtung, um ca. 4000 Scudi ein würdiges Denkmal für Galilei zu errichten. Dies geschah erst 1734, zu welcher Zeit die Inquisition keinerlei Einwurf machte. Die Ueberführung der sterblichen Ueberreste des grossen Meisters geschah am 12. März 1737, dieselben wurden in der Kirche „Sta. Croce" unter einem prächtigen Grabdenkmale bestattet.

Dessungeachtet gehörten die Werke Galilei's, Keppler's und die anderer Coppernicaner zu den verbotenen Büchern. Noch im Jahre 1744, als Toaldo die Werke Galilei's herausgab, hielt er es für nothwendig, in seinem Vorworte die Lehre von der zweifachen Bewegung der Erde als Theorie hinzustellen, deren Aufgabe es bloss sei, die Erscheinungen besser

darzustellen. Im Jahre 1736 bemühte sich der französische Astronom
Lalande, während seines Aufenthaltes zu Rom die Streichung der auf
das coppernicanische System bezüglichen Schriften aus dem Index durchzusetzen, doch ohne Erfolg.

Endlich im Jahre 1820 geschah es, dass der Professor der Optik
und Astronomie am römischen Archivgymnasium, Canonicus Joseph
Settele, ein Lehrbuch der Astronomie schrieb, in welchem das coppernicanische Weltsystem zu Grunde gelegt wurde. Diese Schrift wurde nun
vom Palastmeister und Büchercensor beanstandet; derselbe verlangte
die Darstellung der coppernicanischen Ansicht als unbewiesene Hypothese,
was Settele, der sich vor der ganzen wissenschaftlichen Welt hierdurch
lächerlich gemacht hätte, verweigerte. Er appellirte an den Pabst und
Pius VII. ertheilte allsogleich die Erlaubniss, frei die coppernicanische
Lehre zu verkünden. Hierbei beruhigte sich jedoch der Censor Anfossi
nicht, sondern erörterte in einer Abhandlung die Frage: ob jemand, der
das tridentinische Glaubensbekenntniss für wahr halte, der coppernicanischen Lehre anhängen könne. Durch diese Schrift veranlasst, wurde im
Cardinalscollegium des heiligen Officiums auf Grund eingehender Erörterungen verkündigt, dass die nach der allgemeinen Meinung der
modernen Astronomen acceptirte coppernicanische Theorie in Schrift und
Wort in Rom frei verkündet werden könne. Dies geschah am 11. Sept.
des Jahres 1822; es dauerte jedoch noch einige Jahre, bis 1835 eine
neue Auflage des Index der verbotenen Bücher ausgegeben wurde, aus
welchem endlich die 5 auf das coppernicanische System bezüglichen
Werke ausgelassen wurden *).

So endete also im Jahre 1835 endgültig jener denkwürdige Streit,
den die römische Curie als blindes Werkzeug der aus allen Angeln
gehobenen aristotelischen Philosophie Jahrhunderte lang gegen den unerbittlich vorwärts schreitenden Menschengeist gekämpft hatte, welcher
Streit naturgemässer Weise mit einer kläglichen Niederlage enden musste.

Grossherzog Leopold II. von Toskana errichtete im naturwissenschaftlichen Museum zu Florenz ein Denkmal, welches Galilei
vorstellt, umgeben von den Bildsäulen der vier bedeutendsten Schüler:
Castelli, Cavalieri, Torricelli und Viviani.

Der Prozess Galilei's hat eine reiche Literatur hervorgerufen
und so existirt denn für die Biographie des grossen toskanischen Physikers reichhaltiges Material. Wir geben im folgenden aus der langen
Liste nur den Titel einiger Werke an:

---

*) Coppernicus. „De revolutionibus Orbium coelestium; Diego
von Stunica: „In Job;" P. Foscarini: „Lettera sopra l'opinione dei
Pittagorici e del Copernico della mobilità della Terra e Stabilità del Sole, e
il nuovo Pittagorico Sistéma del Mondo;" Keppler: „Epitome astronomiae
Copernicanae;" endlich Galilei: „Dialogo intorno ai due massimi sistemi del
mondo."

Frisi. Elogio del Galileo, Milano 1775. Jagemann. Geschichte des Lebens und der Schriften von Galileo Galilei. Weimar 1783. Libri. Histoire de la vie et des oeuvres de Galileo Galilei, Paris 1841. Chasles (Philarète). Galileo Galilei, Stuttgart 1854. Eckert. Galileo Galilei, dessen Leben und Verdienste um die Wissenschaften. Basel 1858. Epinois (Henri de l'). Galilei, son procès, sa condamnation d'après des documents inédits. Paris 1867. Gherardi. Il Processo Galileo riveduto sopra documenti di nuova fontè. Rivista europea. Anno 1. Vol III. Firenze 1870. Marini. Galileo e l'inquisizione. Roma 1850. Martin. Galilée, les droits de la science et la méthode des sciences physiques. Paris 1868. Gebler. Galileo Galilei und die Röm. Curie. Nach den authentischen Quellen. Stuttgart 1876—80 (1—2). Reumont. Galilei und Rom. Beiträge zur italienischen Geschichte. 1. Band. Berlin 1853. Wohlwill. Der Inquisitionsprozess des Galileo Galilei. Berlin 1870. Terrier (Léonce). Galilei. Vortrag in der gemeinnützigen Gesellschaft zu Neufchâtel. Basel 1878. Caspar. Galileo Galilei. Zusammenstellung der Forschungen und Entdeckungen Galilei's. Stuttgart 1854. Die letztgenannte Schrift beschäftigt sich hauptsächlich mit einer Analyse seiner Werke.

Indem wir hier die endlose Liste der auf Galilei bezüglichen Schriften abbrechen, erwähnen wir noch, dass der erste Biograph des grossen Physikers Niccolo Gherardini war, der ihn 1633 zu Rom kennen lernte und seine Biographie 15 Jahre nach seinem Tode herausgab. Der zweite Biograph war sein Schüler Vincenzio Viviani, dessen Abhandlung: „Racconto istorico della vita di Galileo Galilei" in der Florentiner Gesammtausgabe der Galilei'schen Werke im 15. Band enthalten ist.

Die einzig vollständige Ausgabe der Galilei'schen Werke ist die unter der Direktion Albèri's veranstaltete. Dieselbe führt den Titel „Le opere di Galileo Galilei, Prima edizione completa condotta sugli autentici manoscritti palatini e dedicata a S. A. I. e R. Leopoldo II. granduca di Toscana." 16 Bände. Firenze 1842—56.

Galilei blieb unverehelicht, jedoch hatte er von der Venetianerin Marina Gamba aus morganatischer Ehe Kinder: 2 Töchter und einen Sohn, Vincenzo. Der letztere hütete die Manuskripte seines Vaters nicht eben gewissenhaft, ja sein Sohn Cosimo sah sogar eine Gewissenssache im Vernichten derartiger ketzerischer Schriften. Auf diese Weise ging auch ein Theil zu Grunde, jedoch der weitaus grössere blieb erhalten und gelangte in die Hände Viviani's. Derselbe wollte diese Schriften herausgeben, allein der römische Einfluss war ein viel zu mächtiger, als dass ein derartiges Unternehmen durchführbar gewesen wäre. Die Schriften wurden verborgen gehalten und erst im Jahre 1739, als einige Blätter schon als Maculatur verbraucht worden waren, gingen sie durch Kauf in die Hände Nelli's über. So gelangten sie später, wenigstens theilweise in die grossherzogliche Bibliothek. Die ge-

sammten Werke erschienen in immer vollständigeren Ausgaben in Bologna
1655—56 in 2 Bänden, hierauf in Florenz 1718 in 3 Bänden, zu Padua
1744 in 4 Bänden, zu Mailand 1811 in 13 Bänden, endlich die erwähnte
Florentiner Ausgabe in 16 Bänden.

Galilei hat in der Geschichte der exakten Naturwissenschaft
einen neuen Zeitraum inaugurirt; seine wissenschaftliche Thätigkeit ist
für die Physik eine durchaus epochale. Als seine Hauptverdienste können
wir seine optisch-astronomischen und seine mechanischen Entdeckungen
anführen. Die ersteren waren es, welche seinen Namen berühmt machten,
und wegen welcher er so vieles zu leiden hatte. Seiner mechanischen
Entdeckungen wegen hätte ihn niemand angefochten. Und doch sind
es eben diese Entdeckungen, auf welchen seine Bedeutung für die
Geschichte der Wissenschaft beruht, durch welche er zum Begründer der
theoretischen Physik wurde.

Wir wollen in Folgendem kurz die bedeutenderen Werke Galilei's
besprechen und hierauf den Gesichtskreis der galileischen Physik ausstecken.

Die Hauptwerke, deren wir zu gedenken haben, sind die folgenden:
„Trattato della sfera", „Nuncius sydereus", „Dialogo intorno ai due
massimi Sistemi del mondo Tolemaico e Copernicano", „Discorso intorno
alle cose, che stanno in su l'acqua", „Sermones de motu gravium",
„Della scienza meccanica", schliesslich das mechanische Hauptwerk:
„Dialoghi delle nuove scienze".

Wir wollen zuerst die astronomischen Schriften besprechen:

Trattato della sfera. Die Authenticität dieser Schrift wird von
einigen angezweifelt. Dieselbe besteht aus einer Art von Kosmographie,
welche der Autor wahrscheinlich als Lehrbuch für seine Vorlesungen
in der ersten Zeit seines Lehramtes benützt hat. Dieselbe ist von rein
aristotelischem Standpunkte geschrieben und kann als Compendium der
peripatetischen Astronomie betrachtet werden.

Nuncius sydereus, magna longeque admirabilia spectacula pandens
suspiciendaque proponens unicuique, praesertim vero philosophis atque
astronomis, quae a Galileo Galilei, patricio florentino, Patavini Gymnasii
publico mathematico, perspicilli nuper a se reperti beneficio sunt obser-
vata in Lunae facie, fixis innumeris, lacteo circulo, stellis nebulosis,
apprime vero in quatuor planetis circa Jovis stellam disparibus intervallis atque periodis celeritate mirabili circumvolutis, quos nemini in
hanc usque diem cognitus novissime auctor deprehendit primus, atque
Medicea sidera nuncupandos decrevit. Venetiis 1610 (Francof. 1610,
London 1653, Bononiae 1655), ferner:

Continuazione del Nuntio sidereo di Galileo Galilei Linceo, overo
saggio d'istoria dell' ultime sue osservationi fatte in Saturno, Marte, Venere
e Sole. Bolognia 1655. — In diesen beiden Schriften sind die Entdeckungen, welche Galilei mit dem Fernrohre am Himmel machte, beschrieben.
Den Anfang macht eine ausführliche Beschreibung seines Teleskopes.

Dialogo intorno ai due massimi sistemi del mondo Tolemaico
e Copernicano. Florenz 1632. Wir kommen nun zur Besprechung
der classischen Schrift Galilei's, welche sich die Aufgabe stellt, die
coppernicanische Theorie mit seiner meisterhaften Dialektik zu vertheidigen, ohne deshalb den Autor der Verfolgung preiszugeben. In derselben unterreden sich zwei damals schon verstorbene Schüler und
Freunde Galilei's: Filipo Salviati aus Florenz und Giovan Francesco Sagredo, Senator von Venedig, mit Simplicius, dem bekannten Commentator des Aristoteles. Salviati ist der begeisterte Anhänger des coppernicanischen Systemes, Sagredo der verständige,
wissensdurstige, gebildete Laie, Simplicius der unbedingte Anhänger
der peripatetischen Philosophie. Salviati bekämpft mit vernichtendem
Sarkasmus die aristotelischen Theorien, wobei jedoch die letzteren
nirgends übertrieben, oder karikirt, sondern strenge den Lehren der peripatetischen Philosophie entsprechend dargestellt werden. Dabei ist formell der Bedingung, die coppernicanische Lehre bloss hypothetisch
zu behaupten, überall Rechnung getragen. So oft nämlich eine wichtige
Behauptung bewiesen ist, beeilt sich Salviati hinzuzufügen: er wolle
mit nichten die Wirklichkeit des coppernicanischen Systemes behaupten,
darüber könne weder Physik, noch Mathematik, weder Logik noch
Metaphysik entscheiden, sondern bloss eine „höhere Einsicht". Allerdings sind alle diese Stellen so eingefügt, dass sie leicht erkennen lassen,
dass sie bloss deshalb eingeschoben seien, damit die Publikation des
Werkes im Allgemeinen gestattet werde.

Das Werk zerfällt in 4 Abtheilungen oder „Tage". — Der erste
„Tag" behandelt den Unterschied zwischen den elementaren und den
himmlischen Körpern, der zweite handelt von der Bewegung der Erde
um ihre Axe, der dritte von der Bewegung der Erde um die Sonne, der
vierte von der Ebbe und Fluth des Meeres.

Der „erste Tag" legt die aristotelische Lehre vom Weltgebäude
dar und enthält deren Widerlegung. Wir können die bekämpfte Theorie
in die folgenden vier Sätze zusammenfassen: 1) die Welt besteht aus
elementaren und aus himmlischen Körpern; 2) die Himmelskörper sind
unveränderlich und unzerstörbar; 3) die Erde ruht im Centrum des
Weltalls; 4) die Gestalt der Himmelskörper ist die der Sphäre.
Simplicius erscheint als ein durch und durch gebildeter Aristoteliker, dem die Begriffe „Autorität" und „aristotelische Lehre" gleichbedeutend sind, der ausserdem keine andere Erkenntnissquelle kennt, als
die Autorität des geschriebenen Wortes. Salviati überall in seiner
demolirenden Thätigkeit von Sagredo unterstützt, unternimmt es, die
gänzliche Unhaltbarkeit der oben angeführten Behauptungen darzuthun.
Die Eintheilung der Körper in irdische und himmlische ist unstatthaft,
da die Verschiedenheit, auf welche sich diese Unterscheidung gründet,
nicht richtig ist. Weder sind die Bewegungen der beiden Gattungen

von Körpern prinzipiell verschieden, noch gilt der Unterschied, demzufolge nur die irdischen Körper dem Entstehen und Vergehen unterworfen wären. Er zeigt hierauf, dass bei der Annahme der geradlinigen Bewegung der irdischen Körper keine Ordnung in der Welt denkbar sei. Um das Chaos zu entwirren, denkt er sich, die platonische Conception im „Timaios" nachahmend, einen göttlichen Architekten, der sich vorgesetzt hat eine Welt zu schaffen. Derselbe nimmt die einzelnen Kugeln oder Planeten und lässt sie gegen das Centrum bis auf ihre Bahn herabgleiten, wo sie in die letztere einbiegen und mit der erhaltenen Geschwindigkeit in derselben kreisen*). Alle Weltkörper haben die gleiche, kreisförmige Bewegung, und die Erde ist in dieser Beziehung nicht von ihnen verschieden.

Hieraus folgt, dass die Zerstörbarkeit oder Unzerstörbarkeit allen Weltkörpern, die Erde nicht ausgenommen, gemeinsam ist. Ausserdem zeigt die Erfahrung, dass die Erde nur an ihrer äusseren Schale Veränderungen unterworfen sei. Uebrigens ist auch der Himmel bis zu einem gewissen Grade veränderlich. Am Firmament beobachten wir folgende Veränderungen: 1) die Erscheinung der Kometen; 2) die 1572 und 1604 erschienenen neuen Sterne, die unter die höchsten Fixsterne gehörten; 3) die in fortwährender Veränderung begriffenen Sonnenflecken, deren Ausdehnung oft die Ausdehnung von ganz Asien übertrifft.

Der Satz, dass die Erde im Mittelpunkte des Weltalls sich befinde, ist trotz des aristotelischen Beweises zweifelhaft, da der Beweis aus einer Prämisse ausgeht, derzufolge alle geradlinig bewegten Körper vom Weltcentrum nach dessen Umfange sich bewegen; so dass dieser Beweis als „Cirkelschluss" zum mindesten aus logischen Gründen angefochten werden kann. — Die Gestalt der Himmelskörper betreffend weist G a l i - l e i nach, dass dieselben schwerlich ganz genau kugelförmig seien, besonders vom Monde kann dies nicht behauptet werden, da derselbe von hohen Bergen bedeckt sei. Es folgen nun eine Serie von Bemerkungen und Beobachtungen über die Mondoberfläche, wobei gesagt wird, dass auf demselben schwerlich unseren irdischen verwandte Wesen vorkommen, was aber gar kein Grund sei, anzunehmen, dass nicht andere, uns gänzlich unbegreifliche Wesen dort vorkommen, „denn das Mafs „unserer Erkenntniss ist kein Mafs der vorhandenen Dinge".

Im „zweiten Tag" wird ausgeführt, wie schon A r i s t a r c h o s , P y t h a g o r a s und andere Gelehrte des Alterthums die Bewegung der Erde um die Sonne gelehrt haben. Er führt hierauf die Gründe des A r i s t o t e l e s für die Unbeweglichkeit der Erde an und bekämpft dieselben. A r i s t o t e l e s behauptet nämlich, die Kreisbewegung sei für die Erde unnatürlich, sie müsste vor allem die Auf- und Niedergänge der Sterne verwirren, ferner würden die senkrecht geworfenen oder fallenden

---

*) Le Opere. Firenze 1842. Tomo I, pag. 34, 35.

Körper sich nicht in senkrechter Bahn bewegen können, genau im
Meridian abgeschossene Projektile nach Osten oder Westen abweichen,
die rotirende Erde würde vermöge ihrer Schwungkraft alle Gegenstände
ihrer Oberfläche abschleudern u. s. f.

Galilei legt das grösste Gewicht auf die Widerlegung der letzten, am schwersten zu beseitigenden Einwürfe. Sein Hauptargument
besteht darinnen, dass er die Zusammengehörigkeit der irdischen Dinge
hervorhebt, demzufolge der fallende Stein ebensogut dem Zuge der Erde
nach Osten folge, als der Thurm, von welchem er herabgeworfen wird,
die Kanonenkugel ebensowohl als die Kanone selbst u. s. f. Dasselbe
gilt von den Wolken und den Vögeln, die in der Luft fliegen. — Dass
die auf der Erdoberfläche befindlichen Gegenstände von derselben nicht
abgeschleudert werden, wie der Koth vom Wagenrade, das erläutert
Galilei am Beispiele zweier Räder, an denen er durch eine einfache
geometrische Betrachtung zeigt, dass die Schwungkraft dem zwischen
Tangente und Kreisumfang in der Richtung des Radius liegenden Linien-
stücke proportional sei, was somit bei grösseren Kreisen für gleich lange
Bogenstücke kleinere Werthe gibt. Es folgt hieraus, dass bei der Grösse
des Erdradius die Schwungkraft ihrer Rotation so unbedeutend sei, dass
sie durch den viel bedeutenderen Zug der Schwerkraft überwunden werden
könne.

Es folgen hierauf die Gründe für die Bewegung der Erde, mit
Berufung auf die an den übrigen Weltkörpern gemachten Erfahrungen.
Die Umlaufzeit der Jupitermonde betrüge der Reihe nach 42 Stunden,
2½, 7 und 16 Tage, die des Jupiters selbst 12 Jahre, die des Saturnus
30 Jahre. Da soll nun die Fixsternsphäre, gegen welche selbst die
Bahn des Saturnus klein erscheint, ihren Umschwung in 24 Stunden
beendigen? Wenn wir hingegen die Sonne als fest betrachten, so lösen
sich alle diese Widersprüche mit Leichtigkeit auf. — Die fallenden
Körper bewegen sich nicht in Geraden, sondern in Curven; die geradlinige
Bewegung, von der Aristoteles so viel spricht, existirt auf der Erde
gar nirgends, dieselbe kommt in der Natur nicht vor. Zum Schlusse
wird der Einwurf bekämpft, als brauche die Erde Gelenke und Glieder,
um sich zu bewegen. — Wo von der Beschleunigung des freien Falles
gesprochen wird, nimmt Galilei der Wirklichkeit nicht im Mindesten
entsprechende runde Zahlen an.

„Der dritte Tag" enthält eine Darlegung des coppernicanischen
Systemes, mit Berufung auf seine eigenen teleskopischen Entdeckungen.
Aus William Gilbert's Versuchen über den Magnetismus schliesst er,
dass ein kleines Magnetstäbchen sich gegen einen grösseren Magneten
ebenso verhalte, als ein Magnet in Beziehung auf die Erde. Hiebei
führt er an, was auch Gilbert noch unbekannt war, dass nämlich die
Magnete sich gegen die Pole zu etwas neigen.

Der „vierte Tag" beschäftigt sich mit der Ebbe und Fluth des

Meeres. Galilei sieht diese nach der ptolemäischen Hypothese nicht
zu erklärende Erscheinung als besten Beweis der Bewegung der Erde
an. Wenn man eine mit Wasser gefüllte Schale nach einer Seite fort-
rückt, so hat man die Erscheinungen der Ebbe und Fluth in verkleiner-
tem Massstabe. Wenn sich die Erde und mit ihr die Meeresbecken nicht
bewegten, so hätten wir keine Bewegung des Wassers in denselben. Der
in der Erdbahn jeweilig nach aussen fallende Theil des Erdkörpers hat
in Folge der sich addirenden kreisenden und rotirenden Bewegung eine
grössere Geschwindigkeit und somit eine grössere Schwungkraft als der
in der Erdbahn nach innen fallende Theil unseres Planeten. Einmal
im Tage hat somit jeder Punkt der Erdoberfläche seine geschwindeste,
einmal seine langsamste Bewegung, hieraus erklärt sich die Bewegung
der Meere. — Den Grund der monatlichen Periode findet Galilei in
der Einwirkung des Mondes; die jährliche Periode erklärt er aus der
Neigung der Erdaxe gegen die Ekliptik. — Die Passatwinde versucht
er durch die Annahme zu erklären, dass die mit der Erde nicht fest
verbundene Luft nur in ihren unteren Schichten der Bewegung derselben
folge; im Bereiche ausgedehnter Wasserspiegel bleiben jedoch auch die
unteren Schichten zurück und es entsteht hiedurch ein von Ost nach
West gerichteter Luftstrom.

Nachdem nun die Kämpfer der beiden verschiedenen Meinungen das
Gefecht einstellen, überschüttet Salviati den Gegner Simplicio mit
Complimenten über dessen Ausdauer und die Unerschrockenheit, mit der er
die Doctrin seines Meisters Aristoteles verfochten habe und bittet ihn, seine
Lebhaftigkeit im Angreifen mit dem Eifer für die Sache zu entschuldigen.
— Solche Entschuldigungen hält nun Simplicio für gänzlich überflüssig,
da er ja an öffentliche Discussionen gewöhnt sei und es hiebei oft viel
heftiger hergehe. Die Auseinandersetzungen des Gegners habe er nicht
immer verstanden, doch habe er eine höchst gesunde Doctrin stets vor
Augen, die er von einer höchst gelehrten und hervorragenden Persönlichkeit (persona dottissima ed eminentissima) gehört habe, derzufolge
es dem Schöpfer jedenfalls möglich gewesen sei, die von uns beobachteten
Erscheinungen auf tausenderlei Weise hervorzubringen, so dass es eine
Kühnheit wäre, die göttliche Macht und Weisheit in die Schranken einer
„fantasia particolare" zu bannen.

Salviati erklärt nun diese (vom Pabst Urban VIII. selbst stammende) Meinung für eine wunderbare, wahrlich engelgleiche Doctrin, sie
sei in voller Uebereinstimmung mit derjenigen, welche von Gott her-
rührend uns das Recht ertheilt, die Einrichtung der Welt zu besprechen.

Die Einflechtung der Argumentation des Pabstes Urban VIII. sollte
eine geschickte Schmeichelei für denselben sein, trug jedoch später dazu
bei, diesen gegen den kühnen Autor zu erbittern.

Indem wir nun auf die mechanischen Schriften Galilei's übergehen,
besprechen wir zuerst seine Abhandlung über die schwimmenden Körper.

Discorso intorno alle cose che stanno in su l'acqua o che in quella si muovono. Galilei findet den Grund des Schwimmens eingetauchter Körper einzig und allein in dem spezifischen Gewichte derselben, das kleiner sein müsse, als das der Flüssigkeit. Die Ansicht der aristotelischen Schule, derzufolge die Fähigkeit der Körper zu schwimmen auf der tafelförmigen Gestalt derselben beruhe, wird widerlegt. — Wenn ein Körper im Wasser einsinkt, drängt er dasselbe zur Seite, wodurch das Niveau erhöht wird. Das Wasser, als schwerer Körper widersteht der in Niveauerhöhung bestehenden Bewegung und sucht den Körper herauszuheben. Die Momente des Druckes der Flüssigkeit und das des Körpers müssen mit einander verglichen werden. Galilei gebraucht überall eine selbstauferlegte Beschränkung, er betrachtet nämlich das Wasser stets als in ein Gefäss eingeschlossen, wodurch er zu Betrachtungen über die Menge des gehobenen Wassers gelangt, die an und für sich ganz nutzlos sind, da sie sich auf das Verhältniss der Grösse des Gefässes zu dem des Körpers beziehen. Mit einer Wachskugel, welche durch aufgedrückte Feilspäne mit dem Wasser gleich dicht gemacht wurde, wird nachgewiesen, dass das Schwimmen der Körper mit dem Zusammenhange der Flüssigkeitstheilchen nichts zu thun habe, da die auf erwähnte Weise beschwerte Wachskugel auf Salzwasser schwimmt, in reinem Wasser jedoch untertaucht. Goldblättchen, dünne Bleiplatten u. s. w. schwimmen auf Wasser so lange sie nicht eingetaucht sind, wobei sie am Grunde einer Vertiefung liegen, die sich in der Oberfläche des Wassers bildet; werden sie jedoch eingetaucht, so sinken sie unter *). — Es folgen nun einige Erscheinungen, über welche sich Galilei keine Rechenschaft geben kann: warum erhalten sich z. B. auf Kohlblättern ziemlich grosse Wassermassen, ohne zu zerfliessen, warum erhält sich Wasser in einer mit der engen Oeffnung nach unten gekehrten Glaskugel ohne auszúfliessen, während es allsogleich ausfliesst, wenn man die Oeffnung in rothen Wein eintaucht?

Sermones de motu gravium. Diese Jugendarbeit Galilei's, welche zuerst in der Albèri'schen Ausgabe seiner Werke das Licht der Welt erblickt hat, beschäftigt sich durchwegs mit Problemen, welche sich in dem grossen mechanischen Werke des Autors (den „Discorsi") ausführlicher behandelt, vorfinden. Wir beschränken uns hier auf die blosse Erwähnung des Gegenstandes derselben. Alexander und Dominicus sind die beiden sich unterredenden Personen. Der erstere ist der reformatorischer gesinnte. Es wird das Schwimmen der Körper, die Bewegung derselben in widerstehenden Mitteln besprochen u. s. w. Die Körper werden ohne Ausnahme für schwer erklärt **). — Als Anhang der in Rede stehenden

---

*) Die bekannte Erscheinung der Oberflächeñspannung der Flüssigkeiten.

**) „Alexander: Si loquamur de gravitate vel levitate absoluta, dico, corpora omnia, sive mixta sive immixta sint illa, habere gravitatem; si vero

Schrift gelten die folgenden Abhandlungen: „De proportionibus
motuum ejusdem mobilis super diversa plana inclinata",
„Contra Aristotelem concluditur, rectum et circularem
motum esse inter se proportionatos", „De motu circulari
quaeritur an sit naturalis an violentus," „Contra Aristotelem
probatur, si motus naturalis in infinitum extendi posset,
eum non in infinitum fieri velociorem," „De motu naturaliter
accelerata". Die letzte Abhandlung schliesst mit der folgenden wichtigen Definition: „Motum uniformiter, seu aequabiliter acceleratum dico
„illum, cujus momenta, seu gradus celeritatis a discessu ex quiete,
„augentur juxta ipsiusmet temporis incrementum a primo instanti lationis."

Della scienza meccanica e delle utilità che si traggono
dagl'instrumenti di quella con un frammento sopra la forza
della percossa*). Diese Abhandlung beschäftigt sich mit der Lehre
vom Gleichgewichte an den einzelnen einfachen mechanischen Potenzen.
Den Schluss bildet ein Fragment über den Stoss. In dieser Abhandlung
wird das Prinzip der virtuellen Geschwindigkeiten als eine allgemeine
Eigenschaft des Gleichgewichts an Maschinen bezeichnet.

Discorsi e dimostrazioni matematiche intorno a due nuove
scienze attenenti alla meccanica ed ai movimenti locali: Altrimenti **dialoghi delle nuove scienze****). Wir übergehen nun auf das
mechanische Hauptwerk Galilei's „über zwei neue Wissenschaften": Die
Lehre von der Festigkeit der Körper und über die Dynamik, d. i. Lehre vom
Fall, vom Wurfe und vom Stosse. Die ganze Schrift ist gleich der über die
„beiden Weltsysteme" in Wechselgesprächen abgefasst. Die sich Unterredenden sind wieder Salviati, Sagredo und Simplicio. Die erste (Leydener) Ausgabe der „Discorsi" bestand bloss aus vier Tagen: 1. Tag. Von der
Cohärenz der Theile fester Körper. 2. Tag. Von der Bruchfestigkeit
der Körper. 3. Tag. Von der gleichförmigen und der naturgemäss
beschleunigten Bewegung. 4. Tag. Von der gewaltsamen Bewegung
oder vom Wurfe. Von den zwei angefügten „Tagen" beschäftigt sich
der fünfte mit der Lehre von den „Proportionen", der sechste behandelt
„die Kraft des Stosses". Der Inhalt der zwei „ersten Tage" ist kurz der
folgende: Grosse Körper widerstehen erfahrungsgemäss äusseren Einflüssen

---

de gravitate vel levitate respectiva sermonem habemus, dico, corpora omnia
itidem habere gravitatem, alia tamen majorem, alia minorem; istam autem
minorem gravitatem esse quam levitatem appellamus: et sic dicimus ignem
leviorem esse quam aerem, non quia gravitate careat, sed quia minorem habet
gravitatem quam habet aer; aerem vero eodem modo leviorem aqua dicimus".
Le Opere. Tomo XI, pag. 29.

*) Le Mechaniques de Galilée Mathématicien et Ingenieur du Duc de
Florence etc. Trad. par le P. M. Mersenne. Paris 1634; eine Ausgabe des
Originals erschien zu Ravenna 1649.

**) Erschien bei den Elzeviren zu Leyden 1638.

weniger, als kleinere. Die Festigkeit der Körper ist somit nicht im Verhältnisse zu ihrer Grösse und Galilei sucht deshalb den Grund der verschiedenen Festigkeit in der Eigenschaft des Stoffes, aus dem die Körper bestehen. Es wird nun der Vorgang des Zerreissens von Holz, Stricken u. s. f. untersucht. Er will die Grösse der „resistenza del vacuo" bestimmen, wobei er unwillkürlich die Grösse des Luftdruckes misst. Er kommt hiedurch zur Erfahrung, dass die Grösse des „horror vacui" eine Wassersäule von 18 Florentiner Ellen in der Saugpumpe zu erhalten im Stande sei. — Nun kann jedoch mit Hülfe des „horror vacui" die Festigkeit der Körper nicht erklärt werden. Er findet den Grund in der grossen Anzahl der leeren Räume, welche den Körper durchziehen, wobei er den Begriff einer continuirlichen, begrenzten Ausdehnung, durchsetzt von unendlich vielen, unendlich kleinen leeren Räumen mit Hülfe des „aristotelischen Rades" *) zu erklären sucht. — Bei den Flüssigkeiten scheinen ihm die Poren mit irgend einer Substanz ausgefüllt zu sein, weshalb die comprimirende Wirkung des „horror vacui" bei festen Körpern besser wirkt, als bei flüssigen. — Wenn die Materie des Feuers die Poren ausfüllt, so können diese dem Körper keine Festigkeit mehr geben und derselbe zerschmilzt. Verlässt hingegen der Wärmestoff den Körper, so drängt die Natur vermöge ihres Abscheues gegen die Leere die Theilchen aneinander und der Körper wird wieder fest.

Es folgen nun nach diesen einleitenden Bemerkungen die Untersuchungen über die Festigkeit, welche Balken oder Stäbe dem Zerbrechen entgegensetzen. Galilei gründet seine Betrachtungen zumeist auf das Prinzip des ungleicharmigen Hebels. Für Balken, die an einem Ende befestigt, am andern belastet sind, findet er die folgenden Sätze: 1) Bei Balken von gleichem Querschnitt und ungleicher Länge wächst die Festigkeit im umgekehrten Verhältnisse der Quadrate ihrer Längen. 2) Für Balken von gleicher Länge und ungleichem Querschnitte wächst die Festigkeit im Verhältnisse der Kuben ihrer Durchmesser. — Es werden nun die Widerstände von ähnlich geformten Balken untersucht, wobei er findet, dass dieselben bei wachsender Grösse an Bruchfestigkeit verlieren. Hieraus erklärt sich die verhältnissmässig geringe Kraft sehr grosser Menschen. Er zeichnet nun den Knochen eines Riesen, der dreimal so lang als der eines gewöhnlichen Menschen, dieselbe Stärke hätte; derselbe ist unförmlich dick.

Nach diesen Betrachtungen folgte die Untersuchung der Festigkeit eines an beiden Enden unterstützten Balkens, hierauf die Tragkraft keilförmiger und parabolischer Balken, hohler Röhren u. s. f.

Der wichtigste Theil des ganzen Werkes ist der „dritte Tag", in welchem sich die Untersuchungen über den freien Fall befinden. Im Eingang spricht Galilei sich über die älteren mechanischen Schriften

---

*) Vgl. oben pag. 66.

aus und bemerkt, dass in denselben wenig bewiesen ober beobachtet sei. Des Aristoteles Theorie wird in den zwei folgenden Sätzen zusammengefasst:

1) In einem und demselben Medium sind die Geschwindigkeiten fallender Körper ungleich und verhalten sich wie die Gewichte derselben.

2) In verschiedenen Medien sind die Geschwindigkeiten eines und desselben Körpers verschieden, und verhalten sich umgekehrt wie die Dichtigkeiten der Medien.

Diese Sätze werden nun auf Grund seiner eigenen Fallversuche widerlegt. Der erste Versuch bestand darinnen, dass er vom Glockenthurme zu Pisa von einer Höhe von 200 Fuss eine halbpfündige Kugel und eine hundertpfündige Bombe herabfallen liess, wobei die letztere kaum um Handbreite voreilte. Zwei zusammengebundene Steine fielen ebenso schnell, als wenn sie nicht zusammengebunden waren, was der aristotelischen Annahme direkt widerspricht. Hieraus folgert er, dass alle Körper mit gleicher Geschwindigkeit fallen. Der zweite Versuch des Galilei bestand darinnen, dass er verschiedene Körper in verschiedenen Medien fallen liess. In Wasser und in Luft zeigten sich grosse Verschiedenheiten in der Fallgeschwindigkeit eines und desselben Körpers. Der dritte Versuch weist nach, dass die Geschwindigkeiten in desto höherem Grade von einander abweichen, je grösser die durchlaufenen Räume an und für sich waren.

Auf diese Versuche gründet sich nun die Lehre Galilei's vom freien Fall. Jeder Körper hat das Bestreben mit beschleunigter Bewegung gegen den Mittelpunkt der Erde zu fallen. Von den Hindernissen abgesehen, wächst seine Geschwindigkeit proportional der Zeit. Der Widerstand des Mittels ist ein nicht zu beseitigendes Hinderniss, dasselbe wächst im Verhältniss der Geschwindigkeit des fallenden Körpers. In Folge dessen heben sich schliesslich Beschleunigung und Widerstand auf und der Körper beginnt sich gleichförmig zu bewegen.

Nach einer Folge von nicht eben überzeugenden Betrachtungen über die verzögernde Wirkung des Mediums auf die fallenden Körper, übergeht Galilei auf den vierten Fallversuch. Dieser wichtigste der galileischen Fallversuche geschah auf einer schiefen Ebene*). Eine hölzerne etwa 12 Ellen lange und eine halbe Elle breite Bahn war gegen den Horizont in geneigter Stellung befestigt. Dieselbe hatte in der Mitte eine mit Pergament ausgefütterte etwas über einen Finger breite Rinne, in welcher Galilei Broncekugeln herabrollen liess. Die Bewegung geschah sehr langsam, die Zeit des Falles wurde durch das Gewicht desjenigen Wassers gemessen, welches während der Bewegung aus einer engen Oeffnung ausgeflossen war. Diese Methode der Zeitbestimmung fand Galilei genügend genau.

Ein fünfter Fallversuch bestand darinnen, dass Galilei eine Blei-

---

* Die Beschreibung derselben findet sich „Le Opere di Gal. Galilei". Tom. XIII. pag. 172.

und eine gleich grosse Korkkugel an langen Schnüren schwingen liess. Bei gleicher Länge des Pendels war auch die Schwingungszeit, somit die Fallgeschwindigkeit gleich. Hieraus schloss Galilei, dass die Körper von Natur aus mit gleicher Geschwindigkeit fallen.

Galilei entwickelt nun eine Anzahl von Sätzen über die gleichförmige und die gleichförmig beschleunigte Bewegung der Körper, unter welchen besonders die letzteren unsere Aufmerksamkeit erwecken. „Die Geschwindigkeitsgrade in jedem Zeitmomente verhalten sich bei der gleichförmig beschleunigten Bewegung wie die Zeiten, welche seit dem Anfange der Bewegung verflossen sind." — „Die Zeit, in welcher ein fallender Körper einen bestimmten Weg zurücklegt, ist gleich der Zeit, in welcher er, mit der halben Endgeschwindigkeit gleichförmig bewegt, denselben Weg zurücklegen würde." — „Die Fallräume verhalten sich wie die Quadrate der Fallzeiten." — „Die Fallzeiten auf gleichlangen, verschieden geneigten Ebenen verhalten sich wie die Quadratwurzeln aus den Höhen der schiefen Ebenen." — „Längs der Kreissehnen fallen die Körper vom Scheitel eines Kreises in gleichen Zeiten herab." . . . .

Der „vierte Tag" beschäftigt sich mit der Bewegung geworfener Körper. Galilei behandelt besonders den horizontalen Wurf. „Die Bahn des geworfenen Körpers ist eine Parabel." Die Bewegungsgesetze geworfener Körper will er jedoch nicht unbedingt für Kanonen- und Flintenkugeln gelten lassen.

Ein dem „vierten Tage" angehängter „Appendix" beschäftigt sich mit der Bestimmung des Schwerpunktes verschiedener Körper (besonders Kegel und Conoid).

Der „sechste Tag" behandelt die Lehre vom Stoss oder Schlag. Galilei widerlegt die aristotelische Darstellung, welche den Stoss mit dem Drucke verwechselt. Er hat jedoch selbst nicht die richtige Erkenntniss über die Erscheinung. Den Unterschied zwischen Druck und Stoss findet er darinnen, dass der blosse Druck nur einen kleineren Widerstand überwinden kann, der Stoss hingegen die allergrössten Widerstände bewege, aber nur durch begrenzte Räume.

Indem wir mit der Besprechung der „Discorsi" die Analyse der galileischen Werke beschliessen, wollen wir es versuchen die Bedeutung Galilei's für die Mechanik kurz zu charakterisiren. Der weitaus wichtigste Schritt war die Be₁ dung der Lehre von der gleichförmig beschleunigten Bewegung als Wirkung einer constant wirkenden Kraft. Nachdem Galilei sich durch die Beseitigung der peripatetischen Ansichten über die verschiedenen Arten von Bewegungen, über die Fallbewegung und den angeblichen Einfluss, den das Medium auf die Erhaltung der Bewegung haben sollte, Raum zu seiner neuen Lehre verschafft hatte, geht er an die Begründung seiner Theorie der gleichförmigen, sowie der gleichförmig beschleunigten Bewegung. Hiebei ist nun die Erkenntniss, dass zur Erhaltung der gleichförmigen Bewegung keinerlei

Kraft erforderlich sei, von ungeheurer Tragweite, da ja nach der Meinung der Aristoteliker selbst für diese eine ununterbrochen wirkende Kraft nothwendig war. Hiedurch ergab sich denn nach jener Theorie die Annahme einer Aushülfskraft als unabweislich geboten. Diese aushelfende Kraft meinte man in der Wirkung des Mediums gefunden zu haben. In die hinter dem fallenden Körper entstehende Leere drängte nach dieser Ansicht die aus ihrer Stelle gepresste Luft, wodurch der fallende Körper einen fortwährenden Impuls zur Beschleunigung seiner Bewegung erhalten sollte. Galilei sah nun ein, dass die Luft höchstens als Hinderniss der Bewegung wirken könne, somit von derselben höchstens eine Retardation, nimmermehr jedoch eine Acceleration des Bewegten erwartet werden könne. Er fasste die Erscheinung dergestalt auf, dass der bewegte Körper, so lange weder ein Hinderniss seine Bewegung verzögere, noch ein neuer Impuls dieselbe vermehre, in völlig gleichförmiger Bewegung seine geradlinige Bahn beschreiben müsse; sobald jedoch in Folge einer stetig wirkenden Kraft, z. B. in Folge der Wirkung der Schwerkraft, der Körper in jedem Momente einen neuen Bewegungsimpuls erhalte, müsse auch seine Geschwindigkeit fortwährend zunehmen. Es ist dies jedenfalls die natürlichste Hypothese, welche auch durch die Erfahrung unterstützt wird. Aus dieser Annahme folgt jedoch, dass die Geschwindigkeit des fallenden Körpers nicht — wie dies die Peripatetiker voraussetzen — im Verhältnisse des zurückgelegten Weges zunehme, sondern im Verhältnisse der verflossenen Zeit, vom Anfange der Bewegung an gerechnet. Eine weitere Folgerung hieraus war der zweite Hauptsatz der gleichförmig beschleunigten Bewegung, dass nämlich die Wege mit der Zeit in quadratischem Verhältnisse wachsen.

Diese Sätze entwickelte Galilei auf rein spekulativem Wege, woraus noch nicht folgte, dass dieselben auch der Wirklichkeit entsprechen müssten. Wenn z. B. ein bewegter Körper auf einen andern in Bewegung befindlichen Körper trifft, so hängt seine Geschwindigkeit nach dem Stosse von der Geschwindigkeit des gestossenen Körpers ab. Aehnliches beobachten wir an den Windmühlen, Segelschiffen, auf welche der Wind um so stärker wirkt, je geringer die Geschwindigkeit derselben ist. Es schien deshalb nicht unmöglich, dass die Wirkung der Schwerkraft auf bewegte Körper von der Geschwindigkeit derselben abhänge. Es war dies somit eine Frage, welche auf empirischem Wege entschieden werden musste. Die Resultate, welche er aus darüber angestellten Versuchen zog, rechtfertigten seine Annahmen, er fand vor allem, dass die Bewegung des fallenden Körpers eine gleichförmig beschleunigte sei, und dass die Schwerkraft auf ruhende Körper eben so wirke, als auf bewegte.

Diese Sätze fand Galilei schon im Jahre 1602, jedoch erst in den „Discorsi" theilte er dieselben in ihrer ganzen Ausführlichkeit mit.

Galilei hat von seinen Vorgängern allerdings ein ziemliches Material halbverarbeiteter mechanischer Vorstellungen und Auffassungen übernommen, jedoch er konnte am Ende seines langen, in fortwährender angestrengter Geistesarbeit zugebrachten Lebens den stolzen Ausspruch des „Octavianus Augustus" wiederholen, der von sich sagte, er habe Rom als einen Backsteinhaufen übernommen und es als eine Stadt von Marmorpalästen hinterlassen. In gleicher Weise hat Galilei das armselige Material, aus dem gebildet er die Mechanik seiner Zeit vorfand, durch den Marmorbau seiner neuen dynamischen Vorstellungen ersetzt. Vor allem ist es die Vorstellung der Erzeugung der Geschwindigkeit eines Körpers als aus einzelnen auf einen frei beweglichen Körper wirkenden Kraftimpulsen entstanden, welcher wir eine besondere Bedeutung beilegen müssen. Dieselbe findet sich schon in dem „Dialogo intorno ai due massimi sistemi del mondo"*), wo die Zeit durch die Theile einer wachsenden Linie, die Geschwindigkeiten durch auf die Linie der Zeit senkrechte Linien dargestellt werden. Auf diese Weise erhalten wir eine geometrische Figur (im Falle der gleichförmig beschleunigten Bewegung: ein Dreieck), deren Flächeninhalt die Summe aller Geschwindigkeiten vorstellt. Durch Ergänzung des Dreieckes zum Parallelogramme findet Galilei, dass die Bewegung mit der Endgeschwindigkeit in derselben Zeit einen doppelt so grossen Raum ergeben würde. — Jedoch schon im „ersten Tage" desselben Werkes finden wir in jener umständlichen Weise, in der unser Autor die grundlegenden Begriffe vorzutragen pflegt, die Entstehung einer endlichen Geschwindigkeit durch fortwährendes Wachsen um unendlich kleine Incremente (während unendlich kurzer Zeit), wobei diese Geschwindigkeit alle Grade, ohne auch nur einen zu überspringen, durchläuft, welche Grade zwischen Null und einer endlichgrossen Geschwindigkeit liegen. — Wenn auf diese Weise in der Geschwindigkeit ein Mafsstab für die Grösse einer wirkenden Kraft gefunden war, so war dieses doch nur als derjenige Factor anzusehen, mit dem die im Begriffe der Kraftwirkung liegende Raumveränderung an der letzteren participirt. Da es sich um die Herumführung im Raume von etwas Materiellem handelt, so ist es wohl klar, dass auch dies Materielle: der Stoff oder die Materie auf den Mafsstab, den wir uns zu bilden haben, von Einfluss sein wird. Wir gelangen hiedurch auf eine Naturthatsache, die wir einfach als eines der empirischen Grundgesetze der Mechanik registriren müssen. Es ist dies das Gesetz der Trägheit, oder besser gesagt, des Beharrungsvermögens der Materie. Es werden die beiden Sätze des Verhaltens von in Ruhe befindlicher Materie und der in Bewegung begriffenen gewöhnlich mit einander zu einem Satze verbunden, wie wir dies im ersten Bewegungsgesetze am Anfange der Newton'schen „Philosophiae naturalis principia mathematica" ebenfalls finden**), in Wirklichkeit sind jedoch

---

*) Opere compl. Tomo I, pag. 252.

**) „Corpus omne perseverare in statu suo quiescendi vel movendi unidie beiden Sätze, wenigstens was die Art der Erkenntniss derselben betrifft, von einander sehr verschieden. Der erste, auf den Zustand der Ruhe befindliche Theil des Gesetzes ist an und für sich evident, jedoch der zweite ist durchaus nicht selbstverständlich, sondern widerspricht sogar der gewöhnlichen, oberflächlichen Wahrnehmung. — Die beiden Sätze, der von einer als Summirung unendlich vieler, unendlich kleiner Geschwindigkeitsgraden entstehenden Geschwindigkeit, sowie der Satz vom Beharrungsvermögen der Materie bilden die Grundpfeiler der von Galilei als Wissenschaft creirten Dynamik, da sie die Elemente des Kräftemasses geben.

Wir haben nun noch von einem mechanischen Begriffe zu sprechen, den Galilei mit einer gewissen Vorliebe anwendet, es ist der Ausdruck „impeto" (Anfall, Andrang), den er für eine augenblickliche Kraftwirkung anwendet. Derselbe ist mit dem Begriffe „Moment" gleichbedeutend, welches wiederum als Kraft (virtù) definirt wird, mit welcher der „Motor bewegt und das Bewegliche widersteht". Diese Kraft — heisst es weiter — hängt nicht von der einfachen Schwere ab, sondern von der Geschwindigkeit der Bewegung und der Neigung der Räume, in denen die Bewegung vor sich geht*). An einer andern Stelle: in den „Discorsi" (Bd. XIII, pag. 174) wird der Begriff „Moment" durch eine Häufung von Worten ähnlicher Bedeutung näher erklärt: ‚l'impeto, il ‚talento, l'energia, o vogliamo dire il momento del discendere." An dritter Stelle finden wir eine Definition des Begriffes: „Moment" in der Jugendarbeit „Della scienza meccanica", wo das Moment als der Andrang (impeto) herabzusteigen definirt wird, der sich aus der Schwere, der Lage und anderem zusammensetzt, wovon eine solche Neigung entsteht**).

Die Hauptprobleme der Dynamik, mit welchen sich Galilei beschäftigte, waren der freie Fall, die Bewegung auf der schiefen Ebene, die Bewegung geworfener Körper, ferner die Lehre vom Stosse der Körper. Während die beiden ersten Probleme von Galilei vollständig gelöst wurden, und ihm auch die Lösung des dritten fast vollständig gelang,

---

„formiter in directum, nisi quatenus illud a viribus impressis cogitur statum „suum mutare."

*) „Momento appresso i meccanici significa quella virtù, quella forza, „quella efficacia con la quale il motor muove e il mobile resiste, la qual „virtù depende non solo dalla semplice gravità, ma dalla velocità del moto „e dalle diverse inclinazioni degli spazj sopra i quali si fa il moto, perchè „più fa impeto un grave descendente in uno spazio molto declive che in un „meno." Discorso intorno alle cose che stanno in su l'acqua. Le opere. Tomo XII, pag. 14, 15.

**) Le opere di Gal. Galilei. Tomo XI, pag. 96. Ausführlich über diesen Gegenstand handelt Dühring „Geschichte der allg. Principien der Mechanik". Berlin 1873. pag. 23 ff.

ist die Lehre von der Percussion der Körper nicht mehr ganz richtig und vollständig gelöst. — Bezüglich der Pendelbewegung fand er zwei wichtige Gesetze: 1) Dass das Gewicht des Pendels keinen Einfluss auf dessen Schwingungsdauer habe. 2) Dass die Schwingungsdauer des Pendels mit der Quadratwurzel aus seiner Länge in geradem Verhältnisse stehe*). Die Idee, das Pendel als Regulator der Räderuhren anzuwenden, beschäftigte Galilei in der letzten Zeit seines Lebens. Vollständig erblindet, liess er, durch seinen Sohn unterstützt, eine Vorrichtung verfertigen, welche diesen Zweck erfüllen sollte. Diese Vorrichtung existirt auch heute noch, dieselbe ist im „Supplementbande" der florentinischen Galileiausgabe abgebildet und von Albèri beschrieben. Da bei der Pendelvorrichtung des Galilei für eine Triebkraft, welche dieselbe in Gang halten würde, nicht gesorgt ist, so bleibt das Verdienst der Erfindung der Penduluhr ungeschmälert dem holländischen Physiker Huygens.

Kurz zusammengefasst, können wir die Hauptverdienste Galilei's um die Mechanik in folgenden Punkten darstellen:

1. Stellte er die Gesetze der gleichförmigen und der gleichförmig beschleunigten Bewegung auf und wies nach, dass der freie Fall eine gleichförmig beschleunigte Bewegung sei.

2. Fand er die richtige Fassung des Trägheitsgesetzes der Materie in seiner vollen Allgemeinheit.

3. Das Gesetz von der Zusammensetzung und theilweise auch der Zerlegung der Kräfte.

4. Die Gesetze der Bewegung auf der schiefen Ebene.

5. Die Gesetze der Wurfbewegung.

6. Einige Sätze über die Pendelbewegung.

7. Stellte er den Satz der virtuellen Momente in vollständig richtiger, wenn auch nicht in seiner allgemeinsten Form auf. Er verwendete denselben auch bei Problemen der Hydrostatik.

Die Schwerkraft sah er für eine constante Kraft an, dass dieselbe im Innern der Erde, oder auf hohen Bergen eine andere sein könne, darüber finden wir keine Bemerkung. So kam er denn auch nicht auf den Gedanken, dass die Schwerkraft über die Grenzen der Erde hinaus wirken könne und etwa die Planetenbewegung verursache.

In Galilei verehren wir den Begründer unserer heutigen Physik. Er zerstörte gründlich die peripatetischen Cirkel und begründete eine neue, direkt auf ihr Ziel lossteuernde Forschung. Jedoch auch seinem Reorganisationswerke waren Grenzen gesteckt, Grenzen, über welche hinaus im 17. Jahrhunderte sich auch eines Galilei's Geist nicht zu heben vermochte. Er hatte in seiner Jugend die peripatetischen Lehren in sich aufgenommen und war eben dadurch in den Stand gesetzt, die

---

*) Discorsi. Le opere. Tomo XIII, pag. 98, 99.

selben in so erfolgreicher Weise bekämpfen zu können. Jedoch anderseits konnte er sich auch der Wirkung dieser aristotelischen Schulung
nicht gänzlich entziehen. Dort, wo er sich mit der Molekularphysik und
der Aëromechanik beschäftigte, fällt er gänzlich in die peripatetischen
Ansichten zurück. Die Ursache der Festigkeit der festen Körper sucht
er in der „resistenza del vacuo", als Ursache der Erhebung des Wassers
im Pumpenstiefel erscheint ihm der allerdings begrenzte „horror vacui".
In den „Discorsi" vergleicht er eine unter dem Pumpenkolben hängende
Wassersäule mit einem Drahte, der bei einer gewissen Länge unter seinem
eigenen Gewichte abreisst. Dies ist um so auffälliger, da wir im selben
Werke eine ganz richtige Bestimmung des Gewichtes der Luft finden.

Noch eine Erfindung ist zu erwähnen, welche Galilei gewöhnlich
zugeschrieben wird, es ist dies die Erfindung des Thermometers. Allerdings findet sich in seinen Schriften keine Erwähnung hievon, doch
wird die Thatsache sowohl von Nelli, als auch von Viviani, also
von zweien seiner Biographen, behauptet, so dass wir keine Ursache
haben es zu bezweifeln, dass Galilei schon 1597 ein thermometerartiges
Instrument verfertigt habe, welches er 1603 auch seinem Schüler Castelli
vorweisen liess. Das Galilei'sche Thermometer war ein Luftthermo-
meter mit willkürlicher Skala.

Zum Schlusse wollen wir das vollständige Inhaltsverzeichniss der
Werke Galilei's anführen, wie wir dieselben in der Albèri'schen, der
vollständigsten Ausgabe seiner Schriften, finden. Dieselbe besteht aus
15 Bänden und einem „Supplemento", also 16 Bände (in Grossoctav):
1. Band. Dialogo intorno ai due massimi sistemi del mondo. 2. Band.
Lettere di Galileo intorno al sistema Copernicano. Discorso di Gal. a
Monsig. Orsino intorno il flusso e reflusso. Postille etc. 3. Band.
Trattato della Sfera. Sydereus nuncius. Lettere intorno le apparenze
della Luna. De Phaenomenis in orbe Lunae, et de Luce et Lumine
disputatio J. C. La Galla. Postille di Gal. al discorso del La Galla.
Lettere intorno alle macchie solari. 4. Band. De tribus Cometis.
Discorso delle Comete di Mario Guiducci, Libra Astronomica ac Philo-
sophica, a Loth. Sarsio Sigensano. Postille di Galileo alla Libra Astronomica. Il Saggiatore etc. 5. Band. Tavole dei moti medj. Osserva-
zioni e calcoli ed effemeridi. 6.—10. Band. Briefe von und an Galilei.
11. Band. De motu gravium. Della scienza meccanica. Trattato di
Fortificazione. Le Operazioni del Compasso Geometrico e Militare.
Difesa di Gal. Galilei contro il Capra. 12. Band. Discorso intorno
alle cose che stanno in su l'acqua und Briefe physikalisch-mathematischen
Inhaltes. 13. Band. Discorsi e dimostrazioni matematiche intorno a
due nuove scienze. 14. Band. Kleinere Abhandlungen. (Illustrazioni
del Viviani e del Grandi ai dialoghi delle nuove scienze. — Componi-
menti minori e frammenti diversi in materie scientifiche: La bilancetta,
parere sopra una macchina per alzare acqua, lettere intorno la stima

di un cavallo, parere intorno all' angolo del contatto, considerazione sopra il giuoco dei dadi, risposta al problema del sembrar l'acqua prima fredda indi calda, parere su di una macchina da pestare, pensieri sulla confricazione, avvertenza intorno il camminare del cavallo, theorica speculi concavi sphaerici, problemi varj, pensieri varj.) 15. Band. Belletristische Abhandlungen. „Vita di Galileo" von Viviani. Supplemento. Die auf den Inquisitionsprozess bezüglichen Schriften, ferner „Dell' Orologio a Pendolo di Galileo Galilei".

Wie man aus dieser Zusammenstellung ersieht, enthält diese reichhaltige Ausgabe nicht bloss alle erhaltenen Werke Galilei's, sondern ausserdem die auf ihn bezüglichen Schriften anderer, sowie verschiedene auf seinen Lebensgang und seine Schicksale bezügliche Documente.

Rückblick.

Bevor wir von der Epoche Galilei's scheiden und auf die Nachfolger desselben übergehen, wollen wir einen Blick auf diejenigen Gebiete unserer Wissenschaft werfen, welche durch die geistige Thätigkeit der Koryphäen dieser Periode wenig oder gar nicht berührt wurden. Wir haben gesehen, wie das Hauptgewicht der Bestrebungen jenes Zeitalters auf das Gebiet der Mechanik und der Optik fiel, alle andern hingegen nur oberflächlich berührte. Um jedoch ein einigermassen vollständiges Bild des Zustandes der Wissenschaft von den Naturerscheinungen geben zu können, müssen wir die von dem grossen Forschungswege abliegenden Erscheinungskreise und den Stand der Kenntnisse in denselben einer näheren Betrachtung unterziehen. Besonders ist es das Gebiet der Elektricität und des Magnetismus, ferner die Wärmelehre, welche unsere Aufmerksamkeit auf sich zieht. Ueberdies haben wir die Geschichte einiger wichtiger physikalischer Instrumente anzuführen, deren Erfindung in diese Zeit fällt. Es sind dies das Fernrohr und das Thermometer. Wir beginnen mit der Erfindungsgeschichte dieser letzteren.

Geschichte der Fernröhren.

Eine Reihe von Nachrichten über die ersten Versuche, Glaslinsen oder aber Hohlspiegel und Linsen zu combiniren, welche die Erfindung des Teleskopes für die verschiedensten Nationen in Anspruch zu nehmen versuchen, machen die Frage nach dem wirklichen Erfinder dieser wichtigen optischen Vorrichtung zu einem unlösbar schwierigen Probleme. Wir haben gesehen, dass die Ansprüche Roger Bacon's, Porta's und anderer durchaus nicht haltbar seien. Ebenso steht es mit den Ansprüchen, die man für die Japanesen und Chinesen erhoben hat, als hätten diese Teleskope gekannt, da sie in einer Encyklopädie den Jupiter von zwei Monden begleitet abbilden. Nun ist dieses Werk allerdings erst nach dem Jahre 1713 erschienen, verräth jedoch an andern Stellen wenig Einfluss seitens der europäischen Cultur und Wissenschaft. Trotzdem ist es klar, dass die Erwähnung der Jupitersmonde keinen genügenden Beweis dafür bietet, dass die Japanesen oder Chinesen das Fernrohr erfunden haben.

Einige aus dem Mittelalter stammende Nachrichten berichten vom Gebrauche langer Röhren beim Betrachten der Sterne; unter diesen sind jedoch aller Wahrscheinlichkeit nach leere Röhren gemeint, deren Zweck es war, das seitliche Licht abzuhalten, wie man denn auch wusste, dass aus schachtartigen Vertiefungen die Gestirne besser beobachtet werden können. Derlei leere, das Seitenlicht abblendende Röhren wenden wir übrigens ja auch heute noch beim Betrachten von Bildern an.

Man hat versucht, die Erfindung der Linsencombination des Teleskopes dem Engländer Leonard Diggs zuzuschreiben, der in seiner 1571 herausgegebenen „Pantometrie" von einer gewissen Combination von Gläsern handelt, welche unter bestimmten Winkeln zu einander aufgestellt sein sollen. Die ganze Beschreibung ist jedoch so unbestimmt, dass man selbst darüber nicht klar werden kann, ob das Instrument aus Linsen oder Spiegeln zusammengesetzt gewesen sei.

Es wäre möglich, dass man vor den Linsenteleskopen Reflectoren benützt oder wenigstens einigermassen gewusst habe, durch Combination eines Hohlspiegels mit einem Brennglase ferne Gegenstände näher zu bringen. Wenigstens deuten hierauf einige sagenhafte Erzählungen, wie z. B. die von dem Hohlspiegel auf dem Pharos von Alexandrien, mit dessen Hülfe man die aus den griechischen Häfen auslaufenden Schiffe beobachtet habe.

Zu erwähnen bleibt noch die Behauptung Fracastoro's, die wir in seiner Schrift „Homocentricorum seu de stellis liber unus" (Venet. 1538) lesen, nämlich dass man durch Aufeinanderlegen zweier Glaslinsen ferne Gegenstände näher sehen könne. Aehnliches finden wir bei Porta, ohne dass man sich veranlasst sehen könnte, diesem die Erfindung des Teleskopes zuzuschreiben, da es sich der ganzen Beschreibung zufolge bloss um eine Art Brille handelt.

Alle Gründe verglichen, scheint es sicher und erwiesen zu sein, dass das erste wirkliche Fernrohr, das den Namen des holländischen oder galileischen führt, in Holland erfunden worden sei. Die Quellen hiefür sind die folgenden: Petrus Borellus: „De·vero telescopii inventore" erschienen 1655, ferner Auszüge aus den holländischen Staatsarchiven von van Swinden ausgeschrieben, herausgegeben von Moll, Professor zu Utrecht, endlich findet sich noch eine Bemerkung in der Dioptrik von Descartes. Dieser letztere behauptet, dass Jakob Metius um das Jahr 1607 nach mannigfachen Versuchen mit Sammel- und Zerstreuunglinsen die Combination des holländischen Rohres erfunden habe. Dieser Metius, oder wie er eigentlich heissen soll, Adrianszoon, war der Sohn des Adrian Anthoniszoon, des Inspektors der holländischen Festungen, desselben, dem man für die Ludolfische Zahl das angenäherte Verhältniss 355 : 113 verdankt. Unter seinen vier Söhnen war der zweite, Adrian, durch besondere Vorliebe für die Mathematik ausgezeichnet. Derselbe war auch eine Zeit lang als Gehülfe Tycho Brahe's auf der Insel Hven. Derjenige der vier Brüder, dessen Namen man mit der Erfindung des Teleskopes in Verbindung gebracht hat, war der jüngste Sohn Adrian's: Jakob, welcher für das von ihm verfertigte Teleskop von Seite der holländischen Generalstaaten ein Privilegium verlangte, da er dieses Instrument in ebenso guter Ausführung zu Stande bringe, als dasjenige sei, welches ein Middelburger Brillenmacher kürzlich den Staaten angeboten habe. Hieraus folgt, dass die Erfindung des Fernrohrs nicht von Adrianszoon stamme, sondern, dass schon vor dem Jahre 1608 von einem Middelburger Brillenmacher das erste derartige Instrument sei verfertigt worden.

Man hat nun in der That ein Document gefunden, das den Namen des vermuthlichen ersten Erfinders nennt. Es wird nämlich dem Middelburger Brillenschleifer Franz Lippershey (Lippersheim, Laprey), der sich um ein 30jähriges Privilegium oder um ein Jahresgehalt bewirbt, geantwortet, er möge versuchen, seine Erfindung derartig umzugestalten, dass man mit beiden Augen gleichzeitig durch das Instrument sehen könne, ferner wird um die Grösse der geforderten Belohnung gefragt. Lippershey lieferte nun für 900 Gulden ein binoculares Instrument mit Bergkrystalllinsen, das zur allgemeinen Zufriedenheit ausfiel. Ein Patent erhielt er jedoch nicht, da auch andere von der Erfindung wussten (z. B. Adrianszoon), doch wurden noch zwei neue Instrumente für den Preis von 600 Gulden bei ihm bestellt.

Ausser Lippershey und Adrianszoon wird als Erfinder des Teleskopes noch Zacharias Jansen genannt, der ebenfalls Brillenmacher zu Middelburg war. Für diesen letzteren tritt Borellus in seinem obenerwähnten Buche ein. Borellus, 1591 zu Middelburg geboren, war ein Spielkamerade des Zacharias Jansen, des Sohnes eines Brillenmachers, der mit seinem Vater das Mikroskop erfunden haben soll, welches derselbe dem Prinzen Moritz von Nassau überreichte, während später ein ähnliches dem Erzherzoge Albert zum Geschenk gemacht wurde, der es wieder dem Gelehrten Cornelius Drebbel schenkte. — Es scheint somit, als habe Jansen das Mikroskop erfunden, während die Erfindung des Teleskopes mit grösserer Wahrscheinlichkeit auf Lippershey hinweist. Wahrscheinlich waren die ersten Mikroskope, wie das holländische Fernrohr aus einer Sammel- und einer Zerstreuungslinse zusammengesetzt.

Ueber die Erfindung des Teleskopes hat auch die Sage ihr buntes Netz gebreitet. Hieronymus Sirturus erzählt*): im Jahre 1609 sei ein Geist oder sonst ein unbekannter Mann in holländischer Tracht nach Middelburg gekommen und habe bei dem Brillenschleifer Lipperseim einige concave und convexe Gläser bestellt. Als er nun diese am bestimmten Tage abgeholt habe, habe er ein convexes und ein concaves Glas in einiger Entfernung von einander gehalten und durch beide Linsen gesehen. Hierauf habe er seine Arbeit bezahlt und sei mit den Gläsern fortgegangen, ohne dass man von demselben in der Folge etwas gehört hätte. Der Brillenschleifer ahmte hierauf den Fremden nach und habe zu seinem Erstaunen die nähernde Wirkung der Linsencombination entdeckt. So habe er das erste Teleskop für den Prinzen Moritz verfertigt.

Eine vielverbreitete Erzählung schreibt die Erfindung des Teleskopes den Kindern des Lippershey zu, welche in der Werkstatt ihres Vaters mit Glaslinsen gespielt hätten und durch einen Zufall wahrnahmen, dass durch zwei Linsen betrachtet der Hahn des nahen Kirchthurmes vergrössert erscheine.

Alles zusammengehalten, was sich heute noch über die Erfindung des Teleskopes festsetzen lässt, erscheint es als höchst wahrscheinlich, dass Lippershey im Oktober des Jahres 1608 das erste Teleskop verfertigt und den Generalstaaten überreicht habe. Das Material seiner Linsen war Bergkrystall; in der Folge hat er auch Binocularteleskope verfertigt. Dagegen scheint Jacob Adrianszoon (Metius) erst nach Lippershey Fernröhren verfertigt zu haben. Zacharias Jansen hat mit seinem Vater wahrscheinlich das erste zusammengesetzte Mikroskop construirt.

Die Kenntniss der neuen Erfindung verbreitete sich mit grosser Schnelligkeit durch ganz Europa. In Frankreich beobachtete der Astronom, zugleich Rath im Parlament von Aix: Peiresc, bereits im November 1610 die Jupitersmonde. Derselbe fasste auch den Plan, die Erscheinungen an denselben zur Bestimmung der geographischen Länge zu benützen und war erfreut, als er vernahm, dass Galilei sich mit dem nämlichen Gedanken beschäftige.

In Deutschland wurde ein schadhaftes Fernrohr dem markgräflich-brandenburgisch-anspachischen Rathe Fuchs von Bimbach angeblich schon im Jahre 1608 zum Kaufe angeboten, dieser lehnte es jedoch ab, konnte aber die Einrichtung desselben dem Anspacher Astronomen Marius (Mayr) beschreiben, dem es auch glückte, ein derartiges In-

---

*) De origine et fabrica telescopiorum.

strument zu verfertigen. Im folgenden Jahre beobachtete dieser Astronom mittelst eines aus Holland erhaltenen Teleskopes die Jupitermonde, die er vor Galilei gesehen haben will, wodurch er mit dem letzteren in eine Polemik verwickelt wurde.

Auch nach England und Italien verbreitete sich rasch die Kunde von dem wunderbaren Instrumente. Nach der Erzählung des Sirturus hätte ein Franzose das erste Fernrohr schon im Mai 1609 nach Italien gebracht. Ein zweites derartiges Instrument erhielt um dieselbe Zeit der Cardinal Borghese aus Flandern zugeschickt.

Die Ansprüche des Galilei auf die Erfindung des Teleskopes sind im „Astronomicus Nuncius" *) enthalten. „Vor ungefähr 10 Monaten „erfuhr ich von einem in Belgien erfundenen Instrumente, durch welches „man entfernte Gegenstände deutlich sehen könne und mancherlei „wunderbare Gerüchte wurden über diese Erfindung verbreitet, die von „Einigen bezweifelt, von Anderen geglaubt wurden. Als mir Jakob „Badovere in seinem Briefe aus Paris diese Nachrichten bestätigte, sann „ich darüber nach, wie ein derartiges Instrument zu construiren wäre, „und hatte, von den Gesetzen der Dioptrik geleitet, bald das Ziel er„reicht. An den Enden eines bleiernen Rohres befestigte ich zwei „Gläser, ein plan-convexes und ein plan-concaves. Als ich das Auge dem „letzteren näherte, sah ich die Gegenstände etwa dreimal näher und „neunmal grösser, als wenn ich sie mit unbewaffnetem Auge betrachtete. „Bald hatte ich ein besseres Instrument verfertigt, das eine mehr als „sechszigmalige Vergrösserung gab. Da ich keine Arbeit und keine „Kosten scheute, kam ich endlich dahin, ein so vortreffliches Instrument „zu erhalten, welches mir die Gegenstände beinahe tausendmal grösser „und dreissigmal näher zeigte."

Der Ausspruch Galilei's, er habe, geleitet durch die Gesetze der Dioptrik, die Linsencombination des Fernrohres gefunden, ist nicht ganz strenge zu nehmen, da der Hauptfactor der Erfindung jedenfalls der gelingende Versuch war. — Das holländische Teleskop war jedoch zu astronomischen Zwecken vermöge der Kleinheit des Gesichtsfeldes wenig geeignet. Dagegen hat nun Keppler durch die von ihm angegebene Combination zweier convexer Linsen die Idee zu einem sehr wichtigen optischen Instrumente gegeben. Das keppler'sche oder astronomische Fernrohr hat ein grosses Gesichtsfeld und da die Objektivlinse im Innern des Rohres in der That ein reelles optisches Bild erzeugt, so gestattet es auch die Anwendung eines Fadenkreuzes, welches in die Ebene jenes reellen Bildes gebracht mit demselben gleichzeitig durch das Ocular vergrössert gesehen werden kann. Dadurch ist es auch geeignet, als Bestandtheil von Winkelmessapparaten verwendet zu werden. Keppler hatte nun allerdings von der vollen Tragweite seiner Entdeckung keine

---

*) Opere complete. Tomo III, pag. 60.

richtige Vorstellung, er begnügte sich mit der Angabe des Instrumentes, ohne dass er je versucht hätte, ein solches auszuführen. Scheiner war der erste, der zwischen 1613—1617 ein astronomisches Fernrohr nach Keppler's Angabe verfertigte und dasselbe zu astronomischen Untersuchungen anwandte.

Es sind nur noch zwei Namen zu erwähnen, deren Träger Verdienste um die Erfindung der Fernröhren haben, es sind dies Fontana und Schyrl. Francesco Fontana geb. 1580 zu Neapel, gestorben daselbst 1656, gehörte dem Jesuitenorden an. Derselbe behauptete in einer 1646 erschienenen Schrift das Fernrohr 1608, das Mikroskop 1618 erfunden zu haben, doch steht diese Behauptung ohne irgend welche Stütze da. Anton Maria Schyrläus de Rheita, geboren 1597 in Böhmen, gestorben 1660 in Ravenna. Derselbe war Kapuzinermönch im Kloster Rheit in Böhmen. Von ihm stammt das terrestrische oder Erdfernrohr, d. i. eine Combination von 4 convexen Linsen, welches aufrechtstehende Bilder gibt. Die Beschreibung dieses Instrumentes findet sich in einer Schrift, welche den curieusen Titel führt: „Oculus Enochii et Eliae seu Radius sidereomysticus" (Antwerpen 1645). Schliesslich erwähnen wir noch, dass die gebräuchlichen Benennungen: „Teleskop" und „Mikroskop" von dem Mitgliede der „Accademia dei Lyncei" Demiscianus, einem geborenen Griechen stammen, während man dieselben vordem „Conspicilia", „Perspicilia", „Occhiali" u. s. f. genannt hatte.

Geschichte des Thermometers.

Die Wärmeerscheinungen konnten erst dann Gegenstand erfolgreicher Beobachtungen werden, als es gelang einen Apparat zu erfinden, welcher geeignet war, den Wärmezustand eines Körpers anzuzeigen, oder denselben zu messen.

Dem ersten Zwecke entspricht das „Thermoskop", die Messung des Wärmezustandes oder der Temperatur eines Körpers gestattet das „Thermometer".

Die Erfindung des Thermometers ist gleich der des Fernrohrs einigermassen in Dunkel gehüllt, wenn auch die Geschichte desselben bei weitem weniger unzugänglich ist, als die des Teleskopes. Es ist höchst wahrscheinlich, dass das erste Thermometer von Galilei verfertigt worden sei. Allerdings suchen wir in seinen Werken vergeblich nach der Beschreibung des wärmemessenden Instrumentes, bloss in Briefen ist desselben Erwähnung gethan. Viviani erwähnt in seiner Biographie des Galilei, dass dieser kurze Zeit nach dem Antritt seines Lehramtes in Padua im Jahre 1592 das Thermometer erfunden habe, d. h. ein Instrument aus Glas mit Wasser und Luft gefüllt, welches dazu diene, die Unterschiede und die Veränderungen in der Temperatur der Luft zu erkennen. Nelli gibt einen Brief an, den der Schüler Galilei's, Pater Castelli an Monsignore Cesarini, vom 20. Sept. 1638 datirt, geschrieben habe, in welchem von einem Versuche seines Lehrers die Rede ist. Derselbe nahm ein Glasgefäss von der Grösse eines Hühnereies mit einem zwei Spannen langen Rohre versehen, welches letztere die Weite eines Strohhalmes hatte. Er erwärmte die Glaskugel mit den Händen und kehrte es mit der Oeffnung der Röhre nach unten, wobei er es in ein Gefäss mit Wasser tauchte. Sobald sich nun die Luft in der Kugel abkühlte, zog sie sich zusammen und die Flüssigkeit erhob sich eine Spanne hoch in der Röhre.

In seinem Briefe vom 9. Mai 1613 nennt Francesco Sagredo, der Freund Galilei's das Thermometer ein Instrument, welches der letztere erfunden habe. Es ist dies derselbe Sagredo, dem Galilei in einigen seiner dialogisirten Werke ein ehrenvolles Denkmal gesetzt hat. Sagredo beobachtete mit dem Thermometer einige bemerkenswerthe Erscheinungen. In einem späteren Briefe vom Jahre 1615 (15. März) heisst es wörtlich: „Aber da, wie Sie mir schreiben, und ich auch zu- „versichtlich glaube, Sie der erste Verfertiger und Erfinder gewesen „sind, so glaube ich, dass die Instrumente, welche von Ihnen und Ihren „vortrefflichen Künstlern gemacht worden sind, weit die meinen über- „treffen". . . . Sagredo, der sich selbst mit der Verbesserung des Thermometers beschäftigte, erkennt dasselbe demnach als eine unbestreitbar galilei'sche Erfindung an. Leider existirt kein Brief Galilei's aus dieser Zeit, der über die Erfindung des Thermometers handeln würde, bloss ein Fragment, das aus einem an Sagredo gerichteten Schreiben zu stammen scheint*), ist uns erhalten, das wir wohl in jene Zeit zu setzen haben. In demselben entwickelt Galilei die Theorie seines Thermometers nach den üblichen philosophischen Ansichten jener Zeit. Wärme wird als eine leichte Flüssigkeit aufgefasst, welche durch die Luft nach oben gedrängt wird, Kälte ist hingegen der Mangel an Wärme.

Wir entnehmen aus den Briefen Sagredo's, dass dieser Galilei für den Erfinder des Thermometers gehalten habe. Man hat neben Galilei auch die Italiener Sanctorius und Sarpi, ferner den Holländer Drebbel und die Engländer Fludd und Bacon als Erfinder des Thermometers genannt.

Sanctorius (eigentlich Santorio), um 1560 zu Capo d'Istria geboren, gestorben 1636 zu Venedig, war Professor der theoretischen Medizin an der Universität zu Padua. Derselbe war als Arzt berühmt und entwickelte in seinen Schriften eine Fülle von interessanten Vorschlägen zur Anwendung verschiedener physikalischer Vorrichtungen in

---

*) Ausgabe der galilei'schen Werke von 1744 (in Padua erschienen) III. Bd. Pensieri varj. pag. 444 ff.

der medizinischen Praxis. Hierher gehören auch die des Thermometers und des Pendels. Er hat auch selbstständig physikalische Apparate erdacht, so z. B. ein Saitenhygrometer. In seinen Commentarien zur ersten Abtheilung des ersten Buches zu Avicenna findet sich die Beschreibung des Thermometers und seine Anwendung zur Bestimmung der Temperatur der Luft, ferner der Bluttemperatur Gesunder und Fieberkranker. Es liegt jedoch kein Grund vor anzunehmen, Santorio habe das Thermometer selbstständig erdacht.

Fra Paolo Sarpi, geboren 1552 zu Venedig, gestorben 1623 ebendaselbst, war ein Servitenmönch, welcher durch seine Geschichte des Tridentiner Concils berühmt wurde. Derselbe beschäftigte sich jedoch auch mit Astronomie, Algebra, Physik und Anatomie. In letzterer Wissenschaft hat er einige wichtige Entdeckungen gemacht. Sarpi scheint jedoch das Thermometer erst nach dem Jahre 1617 gekannt und benützt zu haben, auch erwähnt er desselben nirgends in seinen Werken.

Cornelius Drebbel, zu Alkmar im Jahre 1572 geboren, war ein vermögender Landmann oder vielleicht besser ausgedrückt: Grundbesitzer. Derselbe hatte nun wohl keine gelehrte Bildung erhalten, wenigstens konnte er nicht lateinisch, jedoch besass er eine für seine Zeit nicht gewöhnliche naturwissenschaftliche Bildung, wenn dieselbe auch — wie dies ja bei Porta ebenfalls der Fall war — mehr auf die Hervorbringung magischer Vorrichtungen, als auf die Erforschung der Naturerscheinungen gerichtet war. Drebbel unterrichtete die Söhne des deutschen Kaisers Ferdinand II., der ihn zum kaiserlichen Rath ernannte. Von den Soldaten des Winterkönigs Friedrich V. von der Pfalz gefangen genommen, blieb er eine Zeitlang in Haft und verlor sein Vermögen. Nach seiner Befreiung ging er nach England an den Hof Jakob's I., wo er bis an seinen im Jahre 1634 erfolgten Tod blieb. In seinem „Traktat von der Natur der Elemente", welches ursprünglich in holländischer Sprache geschrieben, schon im Jahre 1608 in's Deutsche übersetzt war, beschreibt er einen Versuch über die Ausdehnung der Luft durch die Wärme. Eine Retorte taucht mit ihrer Mündung in ein Gefäss mit Wasser. Erhitzt man die Blase der Retorte, so dehnt sich die Luft aus und entweicht aus der Mündung durch das Wasser. Mehr theilt Drebbel über diesen Versuch nicht mit, während Porta, dessen ähnliches Experiment Drebbel gekannt zu haben scheint, auf diese Weise den Grad der Verdünnung der Luft durch die Erhitzung bestimmt.

Im vorigen Jahrhunderte hat man Drebbel allgemein für den Erfinder des Thermometers gehalten. Zuerst scheint ihm diese Erfindung Caspar Ens in der Uebersetzung der Schrift: „Récréation mathématique", welche im Jahre 1624 in erster Auflage erschien, deren Autor der Jesuitenpater Leurechon war, zugeschrieben zu haben. Das 76. Problem des Werkes gibt eine Beschreibung des Thermometers: „Du Thermometre ou instrument pour mesurer les degrez de chaleur ou de froidure, qui sont en l'air." Ens übersetzt diese Ueberschrift in folgender Weise: „Thermometra sive instrumentum Drebilianum." Drebbel hat nun allerdings in seiner Neigung zu magischen Kunststücken thermometrische Vorrichtungen angewendet, welche am Ofen angebracht verschiedene Gegenstände durch den Temperaturwechsel in Bewegung erhielten, wodurch er ein „perpetuum mobile" zu Stande bringen wollte, jedoch gibt es gar keinen Grund dafür, weshalb man ihm die Erfindung des Thermometers zuschreiben sollte. Wie Kästner[*]) treffend bemerkt, hat Drebbel, der durch Nachsinnen manches zu seiner Zeit unbekannte Kunststück erfunden hat, welches von solchen, die nichts davon verstanden, als wunderbar beschrieben wird, sich bei seinen Apparaten und Maschinen wohl mehr eingebildet, als er wirklich zu leisten im Stande gewesen wäre.

Robert Fludd (a Fluctibus), geboren 1574 zu Milgate (Kent), starb 1637 in London. Derselbe war Arzt und abenteuerte durch verschiedene Länder, so bereiste er auch Italien. Das Thermometer beschreibt er in seiner „Philosophia Moysaica, in qua sapientia et scientia creationis et creaturarum sacra, vereque christiana (utpote, cuius basis sive fundamentum est unicus ille lapis angularis Jesus Christus) ad amussim et enucleate explicatur Authore Rob. Flud, alias de Fluctibus Armigero, et in Medicina Doctore Oxoniensi". Goudae M. D. C. XXXVIII. Im zweiten Capitel des ersten Abschnittes (I. Buch) beschreibt er das „instrumentum, vulgo speculum calendarium", welches fälschlich als eine neuere Erfindung ausgegeben werde, welches er jedoch schon in einem mindestens 500 Jahre alten Manuskripte gezeichnet und beschrieben gefunden. Er beschreibt jedoch nicht den Inhalt und die näheren Verhältnisse dieser angeblichen Handschrift. Das von Fludd beschriebene Thermometer stimmt im Wesentlichen mit dem galilei'schen überein. Es besteht nämlich aus einer Kugel, die in eine gekrümmte Röhre ausläuft, deren Ende in ein Wassergefäss getaucht ist. Die gebogene Röhre ist in gleiche Theile getheilt. Ausserdem findet sich auch ein ähnlicher Apparat mit geradem Rohre gezeichnet. — Nachdem somit selbst Fludd die Erfindung des Thermometers nicht für sich beansprucht, so haben wir gewiss keine Ursache, seinen Namen unter denen der muthmasslichen Erfinder des Thermometers zu nennen.

Es bliebe von den angeführten Gelehrten noch der Name Bacon's übrig, dem jedoch die Erfindung des Thermometers ebenfalls nicht zugeschrieben werden kann, da er erst 1620 im „Novum Organon" von dem „vitrum calendare" spricht, wie er das Thermometer nennt.

Wenn wir alles zusammenhalten, so erscheint es als die wahrscheinlichste Annahme, dass Galilei in der Zeit seines Aufenthaltes in Padua um das Jahr 1592 das erste Thermometer in der obenangeführten Form

---

[*]) Kästner. Geschichte der Mathematik. IV, pag. 52.

eines von der Aenderung des Luftdruckes und der Luftfeuchtigkeit abhängigen Luftthermometers construirt und damit auch einige Versuche angestellt habe. Jedoch die rapid schnelle Folge seiner astronomischen Entdeckungen nahm seine Aufmerksamkeit dermassen in Anspruch, dass ihm für die Fortsetzung dieser Untersuchungen keine Zeit blieb. So finden wir denn in seinen Abhandlungen nirgends eine Erwähnung des wichtigen Apparates.

Schliesslich haben wir noch eine Art von Thermoskop zu erwähnen: schwimmende, halb mit Flüssigkeit gefüllte, durch eine enge Röhre mit der äusseren Flüssigkeit communicirende Glaskugeln, die bei verschiedenen Temperaturen in der Flüssigkeit sanken oder aufstiegen. Dieselben scheinen von Ferdinand II. Grossherzog von Toskana zuerst verwendet worden zu sein.

Die Akustik.

Während die Lehre von der Harmonie oder der Consonanz der Töne schon im Alterthum neben der Entwicklung der Musik bedeutende Fortschritte gemacht hatte, war die physikalische Theorie des Schalles noch durchaus in ihren Anfängen begriffen. Für die musikalische Theorie wurde besonders in Italien durch die Errichtung einiger Lehrkanzeln für Musik gesorgt, besonders war es der gelehrte venetianische Musiker Giuseppe Zarlino, gestorben 1599, der die Theorie der Musik verbesserte. — Einige auf Akustik bezügliche Bemerkungen finden wir bei Bacon. Derselbe unterscheidet zwischen „Ton" und „Laut". Der erstere kommt auf regelmässige Weise zu Stande, der zweite auf unregelmässige. Solche Körper, deren Theile und Poren regelmässig und geordnet sind, geben Töne. Tönende Körper können sein: die Metalle, Gläser etc., ferner Luft und Wasser. Bei den Lauten scheint die Luft grossen Abänderungen in ihrer Dichte unterworfen zu sein, während sie bei Tönen gleichförmig bleibt.

Unter den Accorden ist der vollkommenste der Grundton und die Quinte, hierauf folgt die Terz. Am widrigsten dem Gehöre sind die Secunde und die Septime, weil sie am nächsten zum Einklang und zur Octave stehen.

Bacon unterscheidet die örtliche Bewegung des Mittels von der Fortpflanzung des Schalles. Die Fortpflanzung des Schalles findet sowohl in Luft als in Wasser statt. Die Stärke des Schalles hängt von der Stärke des Schlages ab, die Klarheit und Feinheit desselben von der Härte des geschlagenen Körpers. Je grösser die Masse des erschütterten Körpers ist, um so tiefer ist der Ton, je kleiner hingegen, um so höher. — Der Ton verwirrt sich nicht, er mag durch eine enge Spalte gehen, durch den Wind geführt oder sonst gestört werden, bloss in sehr grosser

Entfernung machen sich derartige Hindernisse fühlbar. — Der Schall erstreckt sich nach allen Richtungen, Schlag und Schall erfolgt in demselben Augenblicke, wenn er auch noch einige Zeit hindurch gehört wird. Beim Tönen befinden sich die Theile der Körper in zitternder Bewegung, welche die Luft fortwährend erschüttert. Es erhellt dies daraus, dass eine tönende Glocke oder Saite durch Berühren verstummt. — Bacon schlägt vor, die Geschwindigkeit des Schalles mit Hülfe einer in einiger Entfernung abgeschossenen Kanone zu bestimmen, da die Geschwindigkeit des Lichtes eine ungemein grosse ist und somit fast augenblicklich wahrgenommen werde, während der Schall zu seiner Fortpflanzung einige Zeit benöthigt. Es ist dieselbe Methode, welche späterhin in der That zur Bestimmung der Schallgeschwindigkeit in der Luft benützt wurde.

Ueber die Reflexion des Schalles führt Bacon an, dass bei nahen Gegenständen, an denen die Zurückwerfung des Schalles stattfindet, ein Nachhall, bei entfernteren hingegen ein Echo entstehe. Dass die Reflexion genau nach denselben Gesetzen stattfinde, wie bei dem Lichte, wusste er jedoch noch nicht. Auch bei Galilei finden wir einige auf Akustik bezügliche Bemerkungen, unter anderen die Beobachtung, dass das Wasser in einem Glase, wenn man dasselbe mit dem nassen Finger am Rande streiche, ringförmige Wellen an seiner Oberfläche bilde, sobald ein Ton entstehe. Je höher der Ton, um so enger rücken die Wellenberge aneinander. Eine ähnliche Erscheinung, welche er anführt, ist die folgende. Wenn man mit einem Schabeisen rasch über eine Messingplatte hinfährt, so entsteht ein schriller Ton und wenn dieser zu Stande kommt, so sieht man auf der Metallglocke ein System von feinen, parallelen Strichen. Je höher der Ton, um so näher aneinander fallen die Striche. — Wichtiger sind seine Beobachtungen über die Schwingungen der Saiten. Er findet, dass die Tonhöhe von der Anzahl der Schwingungen in einer gewissen Zeit abhänge und dass bei gleichen Saiten die Schwingungsdauer der Saitenlänge proportional sei.

Die Wärmelehre.

Die unbestimmte Ausdrucksweise der naturwissenschaftlichen Schriftsteller ferner Jahrhunderte über Materien, deren wirkliche Beschaffenheit in jenen Zeiten noch unvollkommen bekannt oder gänzlich unbekannt war, kann leicht zu Täuschungen und zwar zu Gunsten jener Schriftsteller verleiten. Wenn wir z. B. bei Francis Bacon lesen, die Wärme bestehe in einer expansiven Bewegung, so könnten wir uns wohl der Täuschung hingeben, jener Gelehrte habe vorahnend die heutige Theorie der Wärme in ihrer Grundhypothese ausgesprochen. Bei genauerer Untersuchung sehen wir jedoch, dass dies nicht der Fall sei. Den Beweis für seine Behauptung findet Bacon in den folgenden Eigenschaften der

Wärme. Sie dehnt die Körper aus und zerstreut zuletzt deren Theile, die Expansion erfolgt zwar nach allen Seiten, jedoch am stärksten nach oben hin; die Wärme ist jedoch keine expansive Bewegung der ganzen Masse, sondern bloss der kleineren Theile, welche sich in vibrirender Bewegung befinden *).

Keppler hält die Wärme für eine blosse Qualität.

Die wichtigste Erfindung in jener Zeit auf dem Gebiete der Wärmelehre war die des Thermometers, und um dieselbe gruppiren sich auch die wichtigsten Versuche, welche über Wärme angestellt wurden. Was wir sonst bei den verschiedenen Schriftstellern, besonders bei Bacon über diesen Gegenstand finden, beruht zum grössten Theile auf vagen Erklärungen wahrgenommener Erscheinungen. — Bezüglich der Flamme führt er an, dass diese brennender Rauch oder Dampf sei, doch sind seine Ansichten über diese Erscheinung jedenfalls weniger richtig und dem wirklichen Vorgange weniger entsprechend, als diejenigen eines Leonardo da Vinci.

Elektricität und Magnetismus.

Die Erscheinungen der Elektricität waren bis in die zweite Hälfte des 16. Jahrhunderts nur höchst unvollkommen bekannt. Alles was man über dieses Phänomen wusste, reduzirte sich auf die Thatsache, dass Bernstein und einige andere Substanzen gerieben auf leichte Gegenstände anziehend wirkten. Der erste, der auf dem Gebiete der Elektricitätslehre die wissenschaftliche Forschung inaugurirte, war der englische Physiker Gilbert.

William Gilbert, geboren zu Colchester im Jahre 1540, gestorben 1603 zu London, lebte von 1573 an als Arzt in der letzgenannten Stadt. Von der Königin Elisabeth zu ihrem Leibarzte gewählt, bezog er ein fixes Gehalt, welches auch Jakob I. fortbezahlte. Die bedeutendsten auf Physik bezüglichen Schriften Gilbert's sind die folgenden: „De magnete magneticisque corporibus et de magno magnete tellure Physiologia nova, Londini 1600", ferner „De mundo nostro sublunari Philosophia nova, Amstelodami 1651" (posthum von Boswell edirt). Während das erste der erwähnten Werke sich mit der Lehre von der Elektricität und vom Magnetismus beschäftigt, enthält das posthume zweite Werk den Versuch zur Aufrichtung eines neuen philosophischen Systemes, das an die Stelle des aristotelischen Lehrgebäudes zu setzen wäre.

Die Verdienste Gilbert's um die Untersuchung der Elektricität sind kurz die folgenden: Indem er die verschiedenen Stoffe untersucht, findet er eine grosse Anzahl von Körpern, welche gleich dem Bernstein

---

*) Bacon. De interpretatione naturae sententiae XII. Opera omnia. Edit. Spedding. Vol. III, pag. 780.

gerieben, die Eigenschaft des Anziehens leichter Gegenstände erlangen. Hierher gehören: Der Diamant und andere Edelsteine, das Glas, ferner — wenn auch in geringerem Mafsstabe — die Harze, Steinsalz, Talk u. s. f. Dagegen sind nicht elektrisirbar: Marmor, Knochen, Holz, schliesslich die Metalle. Die durch Reibung elektrisch gewordenen Körper ziehen dichte Substanzen an, während sie feinere, wie Luft, Feuer u. s. w. abstossen.

Gilbert erklärte das Reiben für nothwendig, um Elektricität zu erregen, ebenso wusste er, dass trockene Luft und Wärme den elektrischen Zustand conservire, während Feuchtigkeit der Luft die Wirkungen der Elektricität schwäche.

Die anziehende Wirkung der Elektricität untersuchte Gilbert mit Hülfe von 3—4 Zoll langen auf einer Spitze balancirenden Metallnadeln, Flüssigkeiten brachte er in Tropfenform auf eine feste Unterlage und nahm wahr, dass dieselben sich in konischer Gestalt gegen elektrische Körper hinzögen.

Bezüglich des Unterschiedes, der zwischen elektrischen und magnetischen Erscheinungen stattfindet, bemerkt Gilbert: 1) dass die Elektricität durch Reibung entstehe und durch Feuchtigkeit vernichtet werde, während der Magnet seine anziehende Kraft ohne gerieben zu werden besitze und dieselbe auch in feuchter Luft nicht verliere; 2) dass der Magnet nur auf magnetische Körper wirke, der elektrisirte hingegen auf die meisten andern Körper; 3) dass der magnetische Körper beträchtliche Lasten trage, der elektrisirte nur sehr leichte Gegenstände. Hierauf folgen noch andere unwesentliche Unterschiede[*]). Die Ansichten, welche Gilbert über das Wesen der Elektricität entwickelt, unterscheiden sich nicht wesentlich von denjenigen, welche man bezüglich des Magnetismus im Alterthume aufgestellt hat. Gewisse Emanationen werden angenommen, welche die elektrische Anziehung erklären sollen. Das aus den elektrischen Körpern ausströmende feine Fluidum verursacht die Annäherung derselben, sowie zwei sich berührende Wassertropfen ineinander fliessen. Dieses elektrische Fluidum vergleicht er mit der Feuchtigkeit der Flüssigkeiten. Die Erklärung der elektrischen Phänomene ist, wie man sieht, bei Gilbert eine höchst schwankende und wenig sagende.

Viel bedeutender als die Kenntnisse bezüglich der elektrischen Erscheinungen, waren diejenigen, welche man zu Ende des 16. Jahrhunderts, die magnetischen Phänomene betreffend, besass. Mit der Erfindung der Magnetnadel, oder besser gesagt, mit der Einführung des Compasses in Europa um die Zeit des 12. Jahrhunderts war die Möglichkeit der Erforschung des magnetischen Zustandes der Erde gegeben.

---

[*]) De magnete, magneticisque corporibus et de magno magnete tellure Physiologia nova. Londini 1600. Lib. I, cap. II.

Allein es dauerte noch geraume Zeit, ehe man darüber klar wurde,
dass die ganze Erde als ein riesiger Magnet zu betrachten sei, dessen
Pole nicht genau mit den geographischen Polen zusammenfallen. — Es
ist mit Sicherheit nicht mehr zu eruiren, wer zuerst die Deklination der
Magnetnadel wahrgenommen habe, nach einer Erzählung Thévenot's
in seinem „Recueil des voyages" (Paris 1681) soll Peter Adsigerius
im Jahre 1269 eine Deklination des Compasses wahrgenommen haben,
welche 5⁰ betrug. Da jedoch die nähern Umstände dieser Beobachtung
fehlen, so hat dieselbe keinen Werth. Mit grösserer Sicherheit kann von
Columbus erzählt werden, dass er die Deklination auf seinen Reisen
zuerst beobachtet habe. Auf seiner ersten Entdeckungsreise fand er am
13. September 1492 in der Entfernung von 200 Seemeilen westlich von
Ferro durch eine astronomische Beobachtung, dass die Magnetnadel um
ca. 5½ Grade nach Westen aus dem Meridiane abweiche. Es wird nun
berichtet, dass diese Erfahrung Columbus beunruhigt habe, was einigermassen befremdet, wenn wir bedenken, dass zu jener Zeit im mittelländischen Meere und in den spanischen Häfen eine viel grössere östliche
Deklination statt hatte, welche doch gewiss nicht unbemerkt bleiben
konnte. Es scheint somit, als habe Columbus viel mehr der Umschlag
der Deklination aus der östlichen Richtung, welche man wahrscheinlich
in der Unvollkommenheit des Instrumentes begründet sah, in eine westliche Richtung, beunruhigt, als die Thatsache der Abweichung des Compasses aus dem Meridian. Jedenfalls hatte der Entdecker von Amerika
auf seinen ausgebreiteten Seereisen reichlich Gelegenheit und Veranlassung, die magnetische Deklination und deren verschiedenen Betrag
an den verschiedenen Stellen des Ozeans wahrzunehmen und zu
beobachten.

Spätere Schriftsteller: Gilbert und Riccioli nennen zwei andere
Seefahrer als die Entdecker der Deklination, nämlich Sebastian Cabot
und Gonzales Oviedo. Der erstere entdeckte im Jahre 1497, als er
im Auftrage Heinrichs VII. von England eine Fahrt gegen Westen unter-
nahm, das Festland von Amerika, auf das er als erster Europäer seinen
Fuss setzte. Ihm schreibt Gilbert die Entdeckung der magnetischen
Deklination zu. Was Gonzales Oviedo betrifft, so war dieser eben-
falls ein Zeitgenosse des Columbus. Derselbe hat eine Beschreibung von
Indien verfasst, in welcher er berichtet, dass die Magnetnadel an den
Azoren keine Deklination besitze.

Ausser den genannten Seefahrern wird die Entdeckung der Deklination von andern Schriftstellern noch verschiedenen anderen als Entdeckung zugewiesen. So wird von einigen dem englischen Seemanne
Robert Norman, der um die Mitte des 16. Jahrhundertes lebte, die
erste Wahrnehmung bezüglich der Abweichung des Compasses vindizirt,
was jedoch wahrscheinlich ein Irrthum ist, da Norman vielmehr die
Inklination der Magnetnadel entdeckt haben soll. Ebenso wird von

Georg Hartmann in Nürnberg erzählt, derselbe habe 1536 bei Verfertigung von Sonnenuhren eine Abweichung von 10¼ Graden gefunden. Im Jahre 1550 soll Orontius Finaeus in Paris ebenfalls die magnetische Deklination beobachtet haben.

Bezüglich der Erklärung des Phänomens der Deklination hat man zu jener Zeit verschiedene Meinungen ausgesprochen. Anfänglich suchte man den Grund in der Unvollkommenheit der angewendeten Nadeln und des dazu gehörigen Beiwerks; erst nachdem sich an vielen Stellen der Erde dieselbe Erfahrung geltend machte, sah man ein, dass man es hier mit einem gesetzmässig stattfindenden Phänomene zu thun habe.

Gilbert, welcher der erste war, der lehrte, dass die Erde ein grosser Magnet sei, dem Wasser jedoch keinerlei magnetische Wirkung zuschrieb, meinte, die Deklination sei bloss eine gegen die Continente gerichtete Abweichung, so dass das Nordende der Nadel stets gegen die grössere Landmasse hin wiese, eine Ansicht, welche später von den Seefahrern widerlegt wurde.

Als Entdecker der magnetischen Inklination wird gewöhnlich Robert Norman angeführt. Derselbe schrieb jedoch auch über die Deklination des Compasses in seiner Schrift: „The new attractive". Allgemein glaubte man, die Nadel weise gegen einen bestimmten Punkt am Himmel, Norman nahm hingegen an, dass sich dieser Punkt im Innern des Erdkörpers befinde.

Zu verschiedenen Malen tauchte die Idee auf, aus der Abweichung des Compasses die geographische Länge eines Ortes zu bestimmen, da man anfänglich die Deklination eines bestimmten Ortes der Erdoberfläche für constant hielt. Henry Gellibrand, Professor der Astronomie am Gresham College zu London, wies im Jahre 1634 nach, dass die Deklination veränderlich sei und in London z. B. innerhalb eines Zeitraumes von 70 Jahren um mehr als 7° abgenommen habe. Diese Entdeckung beunruhigte die Seefahrer, welche in der unveränderlichen Weisung der Magnetnadel die sichere Stütze schwinden fühlten. Aehnliche Erfahrungen wie in London, machte man in Paris, wo die Deklination in eben dieser Zeit um nahe denselben Betrag abgenommen hatte.

Wie oben erwähnt wird die Entdeckung der Inklination gewöhnlich dem Engländer Norman zugeschrieben. Es ist jedoch aus einem vom 5. März 1544 datirten, an den Herzog von Preussen gerichteten Schreiben Georg Hartmann's ersichtlich, dass dieser schon um jene Zeit die Neigung der Magnetnadel kannte.

Georg Hartmann wurde 1489 zu Eckoltsheim bei Bamberg geboren, und starb 1564 als Vikar an der St. Sebalduskirche zu Nürnberg. In dem oben erwähnten Briefe führt er an, dass er ausser der Abweichung der Nadel vom Meridiane, noch eine Neigung derselben unter den Horizont beobachtet habe. Die Beobachtung des Hartmann war jedoch

höchst unvollständig, so dass er eine Inklination von 9 Graden fand,
während dieselbe in Wirklichkeit ca. 70 Grade beträgt.

Der Erfinder des Inklinatoriums ist Robert Norman. Er construirte eine Vorrichtung, an welcher die Nadel um eine horizontale
Axe drehbar war, mittelst welcher er für die Inklination zu London
71° 50' fand.

Der eigentliche Begründer der Lehre vom Erdmagnetismus ist
William Gilbert, er war der erste, der die Erde für einen grossen
Magneten erklärte, welche gleich einem Stahlmagnete zwei Pole besitze.
Er magnetisirte eine Stahlkugel, welche er „Erdchen", terella, nannte,
an welcher er mittelst eines angenäherten kleinen Magneten die Aenderung
der Richtung nachzuweisen suchte, welche wir an der Magnetnadel an
den verschiedenen Orten der Erdoberfläche wahrnehmen. Gilbert behauptete schon, trotzdem er ausser in London an keinem andern Orte
Inklinationsbestimmungen ausgeführt hatte, dass die Inklination am
Aequator Null sei und gegen die Pole hin wachse. Diese Behauptung
wurde erst nach seinem Tode durch Hudson, der in der Hudsonsbay
im Jahre 1608 unter 75° 22' nördlicher Breite eine Inklination von
89° 30' mass, bestätigt.

Gilbert meinte die Inklination zur Bestimmung der geographischen
Breite eines Ortes benützen zu können. Dies fällt wohl etwas auf, da
er anderseits wusste, dass man mit Hülfe der Deklination die geographische Länge nicht bestimmen könne. Wenn wir jedoch bedenken,
dass Gilbert die Erde als eine regelmässig magnetisirte Kugel ansah,
deren magnetische Pole mit den geographischen Polen zusammenfielen,
so kann man seinen Irrthum wohl begreiflich finden. Die Unregelmässigkeiten, welche man bezüglich der Nordweisung der Nadel beobachtete, schrieb er lediglich störenden Einflüssen zu, welche in der
unregelmässigen Gestalt der Erdveste begründet wären, da er nur den
festen Theil des Erdkörpers als Sitz der magnetischen Kraft ansah.

Gilbert hat versucht, den Magnetismus der Erde mit der Axendrehung derselben in Verbindung zu bringen, was ihm jedoch nicht gelingen wollte. Bezüglich der Richtkraft, welche die Erde auf einen
Magneten ausübt, hatte er keine klaren Vorstellungen. So stellt er
z. B. die Frage auf, weshalb ein schwimmender Magnet sich bloss in den
Meridian einstelle, nicht aber gegen den Nordpol zu schwimme. Er
kommt zu dem Resultate, dass die anziehende Kraft der Erde stärker
sei als ihre magnetische Richtkraft und somit die Fortbewegung der
Magnetnadel hindere.

Der magnetische Grundversuch, demzufolge sich gleichartige Pole
abstossen, ungleichartige anziehen, war Gilbert und vor ihm auch
schon Porta und Hartmann bekannt. Gilbert nannte deshalb den
nach Norden weisenden Pol der Nadel ihren Südpol.

Gilbert kannte auch die induzirende Wirkung des Erdmagnetismus auf weiches Eisen. Er weiss, dass eine senkrecht aufgestellte oder in der Richtung des Meridians liegende Eisenstange magnetisch werde, dass in diesen Richtungen gehaltene Stahlstäbe durch Hämmern permanenten Magnetismus erhalten, dass die Magnete durch Ausglühen ihren Magnetismus verlören, denselben während des Auskühlens jedoch wieder erhielten u. s. f. Auch hatte er über den Vorgang beim Magnetisiren durchaus richtige Ansichten. Er wusste z. B. dass ein Magnetpol beim Streichen über Stahl oder Eisen an jener Stelle, wo er abgerissen wird, immer den entgegengesetzten Pol hervorrufe.

Wenn wir kurz die Kenntnisse Gilbert's über den Magnetismus zusammenstellen, so kommen wir zu den folgenden Hauptpunkten: Jeder Magnet hat zwei Pole, die gleichnamigen stossen sich ab, die ungleichnamigen ziehen sich an; die Wirkung des Magnetismus geht durch alle andern Körper hindurch, ist somit nicht isolirbar; durch Zerbrechen eines Magneten erhalten wir kleinere, schwächere, jedoch durchwegs gleichgerichtete Magnete; der Magnet induzirt in weichem Eisen und Stahl Magnetismus; in der Glühhitze verliert sich der Magnetismus; eine Folge der Inductionsfähigkeit des Magnetismus ist die Verstärkung der Wirkung eines natürlichen Magneten durch die Armatur aus weichem Eisen; aus demselben Grunde trägt der Magnet eine grössere Last Eisen als andere Substanzen; die Erde ist ein grosser Magnet, Sitz des Erdmagnetismus ist das feste Land, die magnetische Axe der Erde fällt mit der Umdrehungsaxe derselben zusammen, die Magnetpole liegen an den Enden der Erdaxe; aus der Lage der Magnetpole der Erde erklärt sich die Erscheinung der Inklination, die Deklination kommt durch die magnetische Anziehung der grösseren Continentalmassen zu Stande.

Gilbert hat die Magnetnadeln schon an dünne Fäden aufgehängt, wodurch er im Stande war, die Deklination ziemlich genau zu bestimmen. Ueberhaupt finden wir bei diesem Forscher eine für jene Zeit überraschend richtige Auffassung der magnetischen Erscheinungen, welche selbst gegen diejenige, welche spätere Schriftsteller über diesen Gegenstand an den Tag legen, sehr vortheilhaft abstechen.

Zu Gilbert's Zeiten hatte man viererlei Boussolen; je nach der Oertlichkeit, wo dieselbe benützt werden sollte, war der Nordpunkt in Bezug auf die Lage der Nadel an einer andern Stelle. Die Boussole der Seefahrer auf dem mittelländischen Meere war dermassen gestellt, dass die Linie, von der die Abweichung gerechnet wurde, genau nach Norden fiel, die auf dem baltischen Meere gebrauchten Boussolen wiesen drei Viertel Windstriche östlich*), an denen der russischen Seefahrer zwei Drittel, an denen der Engländer, Spanier und Portugiesen einen halben Windstrich nach Osten.

Bezüglich der Magnetisirung der Magnetnadel hält es Porta für

---

*) Die Windrose war auch damals schon in 32 Theile getheilt.

nothwendig, den magnetisirenden Stahlstab mit einem Hammer gelinde
zu schlagen und erst dann die Nadel damit zu bestreichen, da er glaubt,
auf diese Weise werde der Magnetismus aus den Poren des Stahls her-
ausgeklopft. Auch glaubt er, zwischen der Grösse des magnetisirenden
und des zu magnetisirenden Stabes müsse ein gewisses Grössenverhältniss
stattfinden, da sonst der Magnet nicht kräftig werden könne. Endlich
müsse die Spitze der Nadel abgestumpft werden.

Gilbert widerlegt diese Ansichten, indem er nachweist, dass mit
Hülfe eines grossen Magneten eine kleine Nadel sehr wirksam magneti-
sirt werden könne, ferner zeigt er, dass es nicht vortheilhaft sei, die
Spitze des Magneten abzustumpfen, dass vielmehr eine scharfe Spitze
zweckmässiger sei. Die Nadel müsse hingegen von gut gehärtetem Stahle
sein und nicht allzu dünn. Das Nordende der Magnetnadel müsse in
nördlichen Gegenden leichter sein als das Südende, damit dieselbe auf
einer lothrechten Stütze balancirt im Gleichgewichte horizontal stehe.

Dort, wo der Strom der Ereignisse, wie dies am Schlusse des Alterthums der Fall ist, durch eine Folge von welterschütternden Vorgängen unterbrochen wird, ist es leicht — insofern es die Reichhaltigkeit unserer Quellen gestattet — ein Bild über diejenigen Meinungen, Ansichten und Kenntnisse von den natürlichen Dingen zu geben, deren Inbegriff die physikalische Weltanschauung jenes Zeitalters bildet. Neues Völkermaterial entströmte dem Innern Asiens und den Wüsten der arabischen Halbinsel, und eine von der Sinnenwelt abgewendete Ideenrichtung bemächtigte sich für einige Zeit des gesammten Abendlandes und als der Sinn für Naturerkenntniss wieder erwachte, da begann er wohl auf demselben Fundamente weiter zu bauen, jedoch mit andern Werkzeugen, nach einem andern Stile. — Ganz anders jedoch und um vieles schwieriger gestaltet sich die Aufgabe dort, wo es sich darum handelt, einen im lebhaften Fortschritt befindlichen Prozess festzuhalten. So wie wir vor unsern Augen das Anschiessen der Krystalle aus einer Salzlösung beobachten können, ohne dass wir uns deshalb über den molekularen Vorgang der Krystallbildung Aufklärung zu verschaffen im Stande wären, so sehen wir die wissenschaftlichen Ideen werden, ohne dass wir vermöchten, die einzelnen Phasen des Wachsthumsprozesses gesondert wahrzunehmen. Und um so schwieriger ist dies Beginnen am Ende jenes Zeitraumes, den wir durch die grossartige naturwissenschaftliche Thätigkeit begrenzt haben, vermöge welcher Galilei diese Epoche zu einer ewig denkwürdigen in der Geschichte der Physik gemacht hat. Eine energische Thätigkeit finden wir dort bei Vielen, um den zahlreichen Problemen, welche die Erscheinungswelt bietet, nachzuspüren, und dieselben zur Lösung zu bringen, als sollte mit einem Schlage die jahrhundertelange Vernachlässigung eingebracht werden.

Die Hauptmomente, welche die galilei'sche Epoche kennzeichnen, sind die Art der wissenschaftlichen Forschung, die Ansichten über das Himmelsgebäude und zum Schlusse die Kenntniss der Grundgesetze von der Bewegung und von den Kräften.

Die Methode der Naturforschung, wie sie in den Hauptvertretern

der galilei'schen Epoche zur vollen Ausbildung gelangt, ist die der induktiven Forschung. Während die Naturforschung des Mittelalters in
dem aus dem griechischen Alterthume überkommenen Wissenschafts-
systeme einen derartig imponirenden Bau von wissenschaftlichen Kenntnissen und Meinungen verehrte, dass derselbe über jeden wesentlichen
Einwurf erhaben schien, so dass das höchste Streben bloss auf die richtige
Auffassung der Lehre des Alterthums zielte, setzte sich die Naturwissenschaft jenes, von uns soeben besprochenen neueren Zeitalters die Aufgabe, auf die Quellen der Erkenntniss über die natürlichen Dinge, auf
die Erfahrung, sei es durch die Beobachtung, sei es durch den zweck-
entsprechend ausgeführten Versuch: das Experiment, zurückzugreifen, um
so aus den gesammelten einzelnen empirischen Daten mit Hülfe der spekulativen Thätigkeit der Vernunft die allgemeine Regel: das Naturgesetz
abzuleiten. Zu verschiedenen Zeiten, in den verschiedensten Ländern
erheben sich Stimmen, welche diese Methode als die einzig zum Ziele
führende verkünden, allein noch lange dauert es, bis sich die Männer
finden, die mit kühnem Griffe aus der Flucht der verworrenen Geschehnisse die charakteristischen Grunderscheinungen herauszuheben verstehen,
und dieselben als Wirkung von solchen Kräften und Agentien darzustellen vermögen, die sich nach einfachen, dem Verstande einleuchtenden
Gesetzen vollziehen. Wenn wir von den verschiedenen primitiven Versuchen in dieser Richtung absehen, so sehen wir die Inaugurirung der
induktiven Forschung bei Keppler, der durch die Untersuchung der
Bewegung des Planeten Mars die Gesetze der Planetenbewegung entdeckte, wir sehen ferner den glänzenden Erfolg der induktiven Methode
bei Galilei, der durch seine Untersuchungen über die Wirkung der
Schwerkraft der Begründer der Dynamik wurde. Diese beiden sind es,
welche den Unterbau herstellten, auf dem sich nach ihrem Tode, durch
viele fleissige Hände gefördert, in kurzen zwei Jahrhunderten der stolze
Bau der mechanischen Theorie der Naturerscheinungen und der der
Mechanik der Himmelskörper erhob.

    Als zweites Moment der galilei'schen Epoche, welches hier unsere
Aufmerksamkeit in Anspruch nimmt, haben wir die Entwicklung der
Meinungen über das Weltgebäude zu betrachten. In jenem Briefe, in
dem Galilei kurz vor seinem Lebensende seinem gelehrten Freunde
Diodati anzeigt, dass er gänzlich erblindet sei, sagt er von sich mit dem
Selbstgefühle des grossen Genius, dass er „durch seine merkwürdigen
Beobachtungen und klaren Darlegungen das Weltall hundert-, ja tausend-
fach über die von den Gelehrten aller früheren Jahrhunderte angenom-
menen Grenzen erweitert habe" und spricht hiedurch in kurzen Worten
das Hauptergebniss seiner und der Forschung seiner Epoche aus. Die
Vorstellung von der Unermesslichkeit des Himmelsgebäudes und der
Vielheit der Welten, welche, während sie einerseits die Erde zu einem
unbedeutenden kleinen Balle herabdrückte, anderseits die Macht der

menschlichen Vernunft dekretirte, welche im Besitze eines gebrechlichen sterblichen Wesens doch im Stande ist, die Dimensionen jenes ungeheuer ausgedehnten Weltenbaues auszumessen: diese Vorstellung bildet einen wesentlichen Bestandtheil unserer heutigen Weltanschauung.

Weniger in die Augen fallend, weil schwerer zugänglich, ist das Verdienst des galilei'schen Zeitalters bezüglich der Festsetzung der Prinzipien unserer heutigen Mechanik. Die galilei'sche Kraftconception ist in ihrer genialen und folgenreichen Fassung zu einem Grundpfeiler der Physik geworden. Auf sie gestützt, war es möglich, ausgebreitete Bezirke von Erscheinungen auf reine Bewegungserscheinungen zurückzuführen und so eine Richtung in der Naturwissenschaft einzubürgern, welche sich in unsern Tagen auch auf dem Gebiete der Welt der organischen Erscheinungen geltend zu machen sucht.

Was uns die galilei'sche Epoche noch sonst zu bieten vermag, das ist ihr Streben, die Gesetze des reflektirten und des gebrochenen Strahles aufzufinden und damit einerseits den Vorgang des Sehens erklären zu können, und anderseits Werkzeuge zu verfertigen, welche sowohl die unmerkbar kleinen, als die unermessbar entfernten, grossen Gegenstände und Dinge unserer Wahrnehmung zugänglich zu machen im Stande seien. Das Teleskop, Mikroskop und das Thermometer sind die wichtigsten physikalischen Apparate, deren Erfindung in jene Periode fällt. Ohne das erste derselben wären die grossartigen Entdeckungen auf dem Gebiete der Himmelskunde unmöglich gewesen.

Was wir noch sonst auf dem Gebiete der andern Erscheinungskreise in jener Periode vorfinden, das sind wenig bedeutende, meist vereinzelte Kenntnisse, welche bloss als Anläufe zu spätern Bildungen Wichtigkeit besitzen. Weitaus überragt alles Uebrige an Bedeutung die erdmagnetische Theorie Gilbert's, so wie seine andern Kenntnisse über die Natur und das Verhalten der magnetischen Kraft.

Indem wir hiemit unsere Schilderung über die Epoche der Novatoren der Physik schliessen, wollen wir nur noch einen Blick auf die beiden Endpunkte des in diesem Bande geschilderten Zeitraumes werfen. Aristoteles und Galilei, das sind die Namen jener Denker, welche gleichsam die Ecksteine der dargestellten Periode bilden. Zweitausend Jahre liegen zwischen den Trägern dieser beiden Namen und die Lebenszeit vieler Millionen Menschen fällt in den Zeitraum, den sie abgrenzen. Wenn wir von dem Wissenskreise, in welchem die beiden Geistesheroen gelebt haben, absehen, so finden wir in ihrer wissenschaftlichen Denkungsweise einen wesentlichen Unterschied. Während Aristoteles dort, wo er sich mit den Naturerscheinungen beschäftigt, überall die letzten Gründe der Dinge zu erforschen strebt und hiedurch die Physik und Metaphysik fortwährend durcheinanderwirrt, finden wir bei Galilei schon das bestimmt ausgesprochene Bestreben, die Erscheinungen bloss bis an die Grenzen der Naturwissenschaft zu verfolgen, welche bloss in einem je

genaueren Beschreiben der Erscheinungen besteht, nicht aber in dem
Forschen nach den transcendentalen letzten Ursachen, die stets über alle
Grenzen der exakten Naturforschung hinaus liegen werden. Und die
neue Zeit hat sich bemüht, dieser Erbschaft einer grossen Periode in
immer vollständigerer Weise gerecht zu werden: „Nam causarum
finalium inquisitio sterilis est et tanquam virgo Deo
consecrata nihil parit."

Register.